DELIUS KLASING

Dr. Hans-Rüdiger Etzold
Diplom-Ingenieur für Fahrzeugtechnik

So wird's gemacht

pflegen – warten – reparieren

Band 39

Ford SIERRA
Limousine/Turnier

Benziner			
1,6 l / 55 kW	(75 PS)	6/82– 8/89
1,6 l / 59 kW	(80 PS)	9/89– 2/93
1,8 l / 64 kW	(87 PS)	3/89–12/90
1,8 l / 65 kW	(88 PS)	9/87– 8/89
1,8 l / 66 kW	(90 PS)	11/84– 8/89
2,0 l / 74 kW	(100 PS)	10/85– 2/93
2,0 l / 77 kW	(105 PS)	6/82– 4/89
2,0 l / 77 kW	(105 PS)	5/89–12/89
2,0 l / 85 kW	(115 PS)	2/85– 4/89
2,0 l / 88 kW	(120 PS)	5/89– 2/93
Diesel		
1,8 l / 55 kW	(75 PS)	1/90– 2/93
2,3 l / 49 kW	(67 PS)	10/82–12/89

Delius Klasing Verlag

Redaktion: Günter Skrobanek

Die Deutsche Bibliothek – CIP-Einheitsaufnahme

So wird's gemacht: pflegen – warten – reparieren /
Hans-Rüdiger Etzold. – Bielefeld: Delius Klasing.
Bd. 39. Ford Sierra Limousine/Turnier: Benziner, Diesel;
von 6/82 bis 2/93. – 10. Aufl. – 2000
ISBN 3-7688-0450-X

10. Auflage / K9r
ISBN 3-7688-0450-X

Umschlaggestaltung: Ekkehard Schonart
Druck: Kunst- und Werbedruck, Bad Oeynhausen
Printed in Germany 2000

Delius Klasing Verlag, Siekerwall 21, D-33602 Bielefeld
Tel.: 0521/559-0, Fax: 0521/559-113
e-mail: info@delius-klasing.de
http://www.delius-klasing.de

Lieber Leser

obwohl die Automobile von Modellgeneration zu Modellgeneration technisch wesentlich aufwendiger und komplizierter werden, greifen von Jahr zu Jahr immer mehr Heimwerker zum »So wird's gemacht«-Handbuch. Die Erklärung dafür ist einfach: Weil die Technik des Automobils komplizierter geworden ist, kommt man selbst als Fachmann bei Wartungs- und Reparaturarbeiten am Fahrzeug ohne eine spezielle Anleitung nicht mehr aus.

Grundsätzlich muß sich der Heimwerker natürlich darüber im klaren sein, daß man mit Hilfe eines Handbuches nicht automatisch zum Kfz-Mechaniker wird. Auch deshalb sollte man nur solche Arbeiten durchführen, die man sich selbst zutraut. Das gilt insbesondere natürlich für jene Arbeiten, die die Verkehrssicherheit des Fahrzeugs beeinträchtigen können. Gerade in diesem Punkt sorgt das »So wird's gemacht«-Handbuch jedoch für praktizierte Verkehrssicherheit. Durch die exakte Beschreibung der erforderlichen Arbeitsschritte und den Hinweis, die Sicherheitsaspekte nicht außer acht zu lassen, wird der Heimwerker vor der Arbeit entsprechend sensibilisiert und fachlich richtig informiert. Auch wird darauf hingewiesen, im Zweifelsfall die Arbeit lieber einem Fachmann zu überlassen.

Vor jedem Arbeitsgang empfiehlt sich ein Blick in das vorliegende Buch. Dadurch werden Umfang und Schwierigkeitsgrad der Reparatur offenbar. Außerdem wird deutlich, welche Ersatz- oder Verschleißteile eingekauft werden müssen und ob unter Umständen die Arbeit nur mit Hilfe von Spezialwerkzeug durchgeführt werden kann.

Für die meisten Schraubverbindungen ist das Anzugsmoment angegeben. Bei Schraubverbindungen, die in jedem Fall mit einem Drehmomentschlüssel angezogen werden müssen (Zylinderkopf, Achsverbindungen usw.), ist der Wert **fett** gedruckt. Nach Möglichkeit sollte man generell jede Schraubverbindung mit einem Drehmomentschlüssel anziehen. Übrigens: Für viele Schraubverbindungen sind Innen- oder Außen-Torxschlüssel erforderlich.

Auch der fachkundige Hobbymonteur, der sein Fahrzeug selbst wartet und repariert, sollte bedenken, daß der Fachmann viel Erfahrung hat und durch die Weiterschulung und den ständigen Erfahrungsaustausch über den neuesten Technikstand verfügt. Mithin kann es für die Überwachung und Erhaltung der Betriebs- und Verkehrssicherheit des eigenen Fahrzeugs sinnvoll sein, in regelmäßigen Abständen eine Fachwerkstatt aufzusuchen.

Natürlich kann das vorliegende Buch nicht auf jede aktuelle, technische Frage eingehen. Dennoch hoffe ich, daß die getroffene Auswahl an Reparatur-, Wartungs- und Pflegehinweisen in den meisten Fällen die auftretenden Probleme zufriedenstellend löst.

Hans-Rüdiger Etzold

Inhaltsverzeichnis

Der Motor

Der FORD SIERRA wird von einem wassergekühlten Vierzylinder-Reihenmotor angetrieben, der vorn längs zur Fahrtrichtung eingebaut ist. Zwischen den vier Zylindern befinden sich Kanäle, durch die das Kühlmittel fließt. Es wird von der Kühlmittelpumpe dauernd in Bewegung gehalten und sorgt für den erforderlichen Wärmeaustausch.

Der Motorblock besteht aus Grauguß; die fünffach gelagerte Kurbelwelle ist zum Massenausgleich mit Gegengewichten versehen.

Auf den Motorblock ist der Zylinderkopf aufgeschraubt. Im Zylinderkopf sind die Ventile beim Benzinmotor leicht V-förmig angeordnet. Sie werden von einer zentral angeordneten, obenliegenden Nockenwelle über Schlepphebel direkt betätigt.

Die Nockenwelle wird von der Kurbelwelle über einen geräuscharmen Zahnriemen angetrieben. Durch den Zahnriemen wird außerdem eine Zwischenwelle angetrieben, die ihrerseits den Zündverteiler, die Ölpumpe sowie die Kraftstoffpumpe antreibt.

Der Ölkreislauf besteht aus der Ölpumpe, dem Ölfilter, dem Öldruckschalter, dem Kurzschlußventil und dem Ölüberdruckventil. Das Kurzschlußventil öffnet bei verstopftem Ölfilter, das Ölüberdruckventil öffnet bei zu hohem Druck.

An den Zylinderkopf sind Abgas- und Ansaugkrümmer angeschlossen. Für die Gemischaufbereitung sorgt je nach Modell ein Vergaser oder eine Einspritzanlage.

Der FORD SIERRA ist mit Benzin- oder Dieselmotoren erhältlich. Als Benzinmotor kommen OHC-, seit 3.89 CVH- und seit 5.89 DOHC-Motoren zum Einsatz. **OHC** = **O**ver**h**ead **c**amshaft = Im Zylinderkopf obenliegende Nockenwelle; **CVH** = **C**ompound **v**alve **h**emispherical Chamber = halbkugelförmige Brennkammern mit V-förmig angeordneten Ventilen; **DOHC** = **D**ouble **o**ver**h**ead **c**amshafts = 2 obenliegende Nockenwellen. Der besseren Übersicht wegen sind der **2,3-l-Dieselmotor** und der **1,8-l-Turbodieselmotor** in einem gesonderten Kapitel aufgeführt, siehe Seite 110.

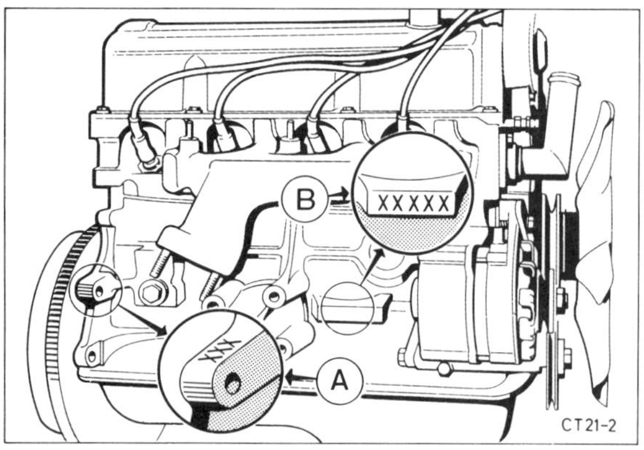

Die **Motornummer –B–** ist am Motorblock eingeschlagen.

- CVH-Motor: Vorn rechts unterhalb der Ansaugbrücke.
- OHC-Motor: Rechts neben dem Generator.
- DOHC-Motor: Vorn links unterhalb vom Verteiler.
- V6-Motor: Links unter dem Zylinderkopf.

Die ersten beiden Stellen geben das Herstellungsdatum an, wobei der erste Buchstabe für das Herstellungsjahr steht: C = 1982, D = 1983, E = 1984 usw. Der zweite Buchstabe gibt den Herstellungsmonat an.

Mod'Jahr	Jan	Feb	Mär	Apr	Mai	Jun	Jul	Aug	Sep	Okt	Nov	Dez
1982= C	L	Y	S	T	J	U	M	P	B	R	A	G
1983= D	C	K	D	E	L	Y	S	T	J	U	M	P
1984= E	B	R	A	G	C	K	D	E	L	Y	S	T
1985= F	J	U	M	P	B	R	A	G	C	K	D	E
1986= G	L	Y	S	T	J	U	M	P	B	R	A	G
1987= H	C	K	D	E	L	Y	S	T	J	U	M	P
1988= J	B	R	A	G	C	K	D	E	L	Y	S	T
1989= K	J	U	M	P	B	R	A	G	C	K	D	E
1990= L	L	Y	S	T	J	U	M	P	B	R	A	G
1991=M	C	K	D	E	L	Y	S	T	J	U	M	P
1992= N	B	R	A	G	C	K	D	E	L	Y	S	T
1993= P	J	U	M	P	B	R	A	G	C	K	D	E

Danach folgt eine 5stellige Seriennummer.

Der **Modellcode – A –** besteht aus 3 Buchstaben und sagt etwas über den Hubraum und die Verdichtung des Motors:

Hubraum	Verdichtung	Modell
	T = Dieselmotor	
L = 1,6 l	A = niedrige Verdichtung/	B/D/R
R = 1,8 l	Normalbenzin (LC)	S/T = Sierra
N = 2,0 l	C/E/S = hohe Verdichtung/	
Y = 2,3 l	Superbenzin (HC)	

z. B.: NET = 2,0 l/Superbenzin/Sierra

Abweichungen sind jedoch insbesondere bei neueren Modellen möglich.

Die **Fahrgestellnummer** befindet sich im Bodenblech auf der Beifahrerseite unter dem Bodenteppich zwischen Sitz und Einstiegleiste.

Die wichtigsten Motordaten

Motorbezeichnung	1,6 HC	1,6 HC	1,6 HC	1,6 i	1,8 HC	1,8 HC	1,8	1,8 TD	2,0 HC	2,0 HC	2,0 i Kat.	2,0 i	2,0	2,0i	2,3 D
Motortyp	OHC	OHC	OHC	CVH	OHC	OHC	CVH	OHC	OHC	OHC	OHC	OHC	DOHC	DOHC	OHC
Modellcode	LCS	LCT	LSD	L 6 B	REB	–	R 2 C	RFB/RFL	NE 5	NET	N 4 B	N 4 A	N 8 C	N 9 C	YTR
Hubraum cm^3	1593	1593	1597	1598	1796	1796	1769	1753	1993	1993	1993	1993	1998	1998	2304
Leistung kW bei 1/min PS bei 1/min	55/5300 75/5300	55/5300 75/5300	55/4900 75/4900	59/5500 80/5500	66/5400 90/5400	65/5400 88/5400	64/5200 87/5200	55/4500 75/4500	74/5400 100/5400	77/5200 105/5200	74/5100 100/5100	85/5500 115/5500	77/5500 105/5500	88/5500 120/5500	49/4200 67/4200
Drehmoment Nm bei 1/min	120/2900	120/2900	123/2900	121/3500	140/3500	140/3500	145/3000	152/2200	153/4000	157/4000	148/4000	160/4000	170/3000	171/2500	139/2000
Bohrung ∅ mm	87,67	87,67	81,30	79,96	86,20	86,20	80,00	82,50	90,82	90,82	90,82	90,82	86,00	86,00	94,00
Hub mm	66,00	66,00	76,95	79,52	76,95	76,95	88,00	82,00	76,95	76,95	76,95	76,95	86,00	86,00	83,00
Verdichtung	9,2 : 1	9,2 : 1	9,5 : 1	9,0 : 1	9,5 : 1	9,5 : 1	9,3 : 1	21,5 : 1	9,2 : 1	9,2 : 1	8,5 : 1	9,2 : 1	10,3 : 1	10,3 : 1	22,2 : 1
Maximale Drehzahl Dauer 1/min Kurzzeitig 1/min	5800 6100	5800 6100	5950 6175	5950 6175	5850 6075	5850 6075	5850 6075	4500 5150	5850 6075	5850 6075	5550 5775	6050 6275	5950 6175	5950 6175	4800 4850
Kraftstoff ROZ mind.	Super/ 97	Super/ 97	Super/ 97[1]	S bleifrei 95	Super/ 97[1]	S bleifrei 95	S bleifrei 95	Diesel	S bleifrei 95	Super/ 97[1]	N bleifrei 91	Super/ 97[2]	S bleifrei 95	S bleifrei 95	Diesel
Vergaser/ Einspritzanlage	Motor- craft- VV	Motor- craft- VV	Weber- 2V- Register- vergaser	Zentral- Ein- spritzung	Pierburg- 2V- Register- vergaser	Pierburg 2V- Register- vergaser	Pierburg- 2V- Register- vergaser[4]	Diesel- Ein- spritzung	Weber- 2V- Register- vergaser	Weber- 2V- Register- vergaser	L-Jetronic	L-Jetronic	Weber- TLD- Register- vergaser	L-Jetronic	Diesel- Ein- spritzung
Katalysator	–	–	–	geregelt	–	unge- regelt	unge- regelt	–	unge- regelt	–	geregelt	–[3]	unge- regelt	geregelt	–
Zündfolge	1-3-4-2	1-3-4-2	1-3-4-2	1-3-4-2	1-3-4-2	1-3-4-2	1-3-4-2	1-3-4-2	1-3-4-2	1-3-4-2	1-3-4-2	1-3-4-2	1-3-4-2	1-3-4-2	1-3-4-2

[1]) Seit 11/84 ist der Betrieb mit bleifreiem Super-Plus (ROZ 98) möglich. Für bleifreies Euro-Super (ROZ 95) muß die Zündung umgestellt werden.
[2]) Seit 2/85 ist der Betrieb mit bleifreiem Super-Plus (ROZ 98) möglich. Für bleifreies Euro-Super (ROZ 95) muß die Zündung umgestellt werden.
[3]) Ein ungeregelter Katalysator ist als Einbausatz verfügbar.
[4]) Ab 5/92 mit Zentraleinspritzung (CFI) und geregeltem Katalysator.

Motor aus- und einbauen

Der Motor wird ohne Getriebe nach oben ausgebaut. Zum Herausnehmen des Motors wird ein Kran benötigt. Steht dieser nicht zur Verfügung, kann der Motor auch mit zwei bis drei Mann herausgehoben werden. Da auch auf der Wagenunterseite einige Verbindungen gelöst werden müssen, sind zum Anheben des Fahrzeuges entweder eine Hebebühne oder ein Wagenheber erforderlich. Bei Montagearbeiten im Motorraum sollten zum Schutz die Kotflügel grundsätzlich abgedeckt werden.

Ausbau

- Massekabel von der Batterie abklemmen.
- Motorhaube ausbauen, siehe Seite 195.
- Luftfilter ausbauen, siehe Seite 84, 107.

1,6-l-Motor

- Lüfterabdeckung mit 2 Schrauben abschrauben, nach vorn hochheben und dabei zwei Kunststoffnasen aus dem Querträger aushängen. Abdeckung herausnehmen.

1,8-/2,0-l-Motor

- Obere und untere Luftführung vom Kühler mit je zwei Schrauben und zwei Clips abbauen. Vor Entfernen der unteren Luftführung Verbindungsrohr vom Kühler lösen.
- Kühlmittel ablassen, siehe Seite 45.

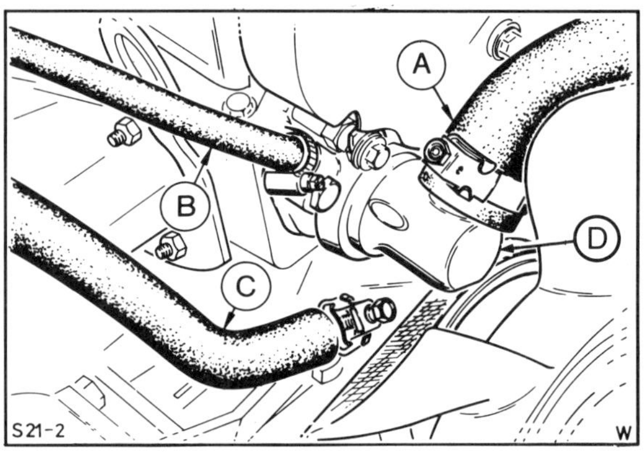

S21-2

- Kühlmittelschlauch –A– und Verbindungsschlauch –B– vom Thermostatgehäuse –D– abziehen. Dazu Schellen ganz öffnen und zurückschieben.
- Heizungsschlauch –C– vom Stutzen der Kühlmittelpumpe abziehen und aus Halteklammer ausclipsen.
- Kühlmittelschläuche von der Startautomatik abziehen.
- Folgende elektrische Leitungen mit Tesaband kennzeichnen und abklemmen:
  1. Mehrfachstecker am Generator
  2. Temperaturgeber, hinter dem Verteiler am Motorblock
  3. Thermoschalter für Vergaserkühlung
  4. Leerlaufabschaltventil, am Vergaser
  5. Öldruckschalter, neben dem Ölmeßstab
  6. Kabel vom Ölmeßstab, falls vorhanden
  7. Zündkabel, mittleres Kabel der Zündspule
  8. Mehrfachstecker beim Verteiler trennen
  9. Massekabel links hinten am Motorblock

- Widerlager für Gaszug vom Vergaser abschrauben.
- Gaszug am Drosselklappenhebel aushängen. Hierzu mit geeignetem Schraubendreher Sicherungsklammer anheben und Kunststoffpfanne nach hinten vom Kugelkopf des Drosselklappenhebels abdrehen. Sicherungsklammer abnehmen.

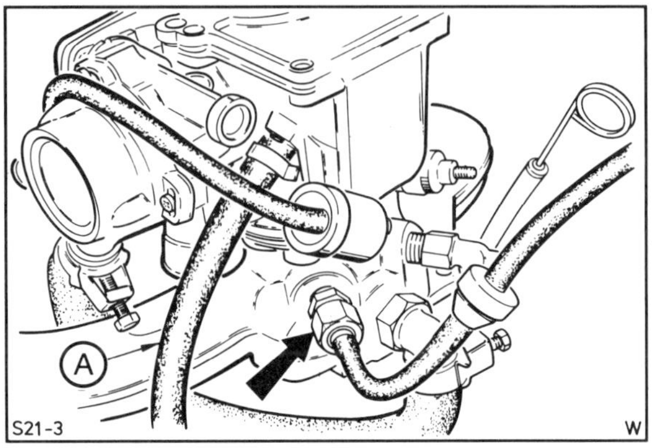

S21-3

- Unterdruckleitung für Bremskraftverstärker abschrauben –Pfeil–. Bei Befestigung mit Federbuchse, Buchse gleichmäßig in den Messingeinsatz drücken und festhalten. Unterdruckleitung vorsichtig aus der Federbuchse ziehen. **Achtung:** Wenn zu fest gezogen oder die Unterdruckleitung verkantet wird, verriegelt die Federbuchse die Leitung.
- Falls vorhanden, Unterdruckleitung für Economyleuchten vom Dreiwegstück abziehen.
- Kraftstoffleitungen oben und unten von der Kraftstoffpumpe und vom Vergaser –A– abziehen. Leitungen vorher mit Tesaband markieren.
- Keilriemen für Lenkhilfe, falls vorhanden, ausbauen. Dazu Umlenkrolle lösen, Riemen entspannen und abnehmen.
- Ölpumpe für Lenkhilfe mit Halter vom Motorblock abschrauben. Hierzu drei Schrauben herausdrehen, Pumpe zur Seite legen und mit Draht festbinden.
- Fahrzeug aufbocken, siehe Seite 249.
- Anlasser ausbauen, siehe Seite 211.
- Abgasrohr vom Abgaskrümmer abschrauben.

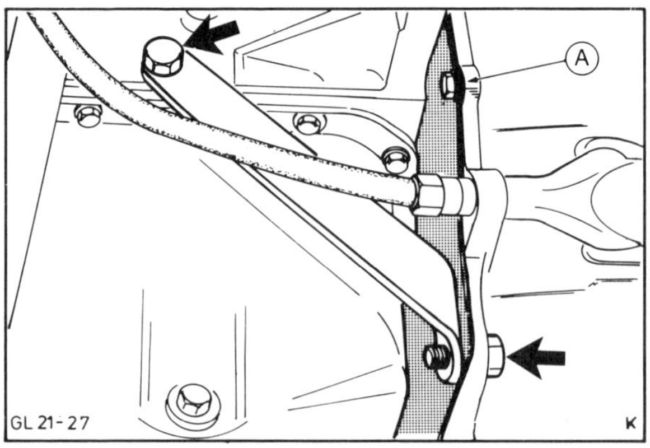

GL 21-27

- Schraube –A– für Motor-Zwischenblech herausdrehen sowie Strebe zwischen Motor und Getriebe abschrauben –Pfeile–.

- Wagen ablassen.
- 5 Schrauben Motor/Getriebe von oben herausschrauben, dabei Batterie-Massekabel abnehmen.
- Getriebe mit Wagenheber abstützen, breites Holzbrett dazwischenlegen und leicht anheben.
- Hebevorrichtung in die Befestigungsösen am Motor einhängen und Motor mit Kran leicht anheben.

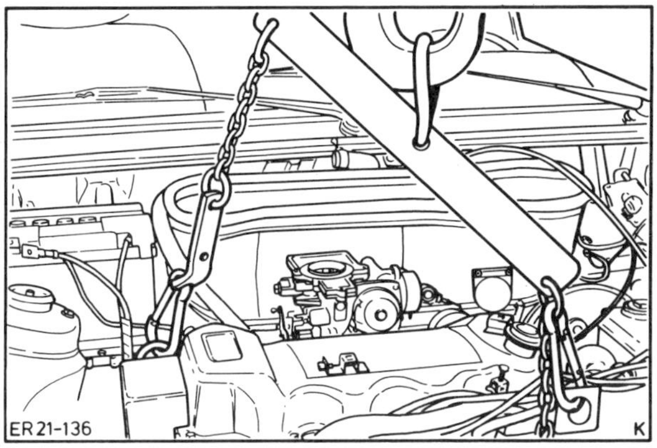
ER 21-136 K

- Steht kein Kran zur Verfügung, kräftiges Seil durch die Befestigungsösen ziehen. Geeignete Stange durchschieben, Motor etwas anheben und auf Böcken lagern. Die Stange kann auch in den Sicken der Kotflügel gelagert werden, dazu dicke Holz-Zwischenlage verwenden und diese zur Sicherung mit Schraubzwingen festklemmen.

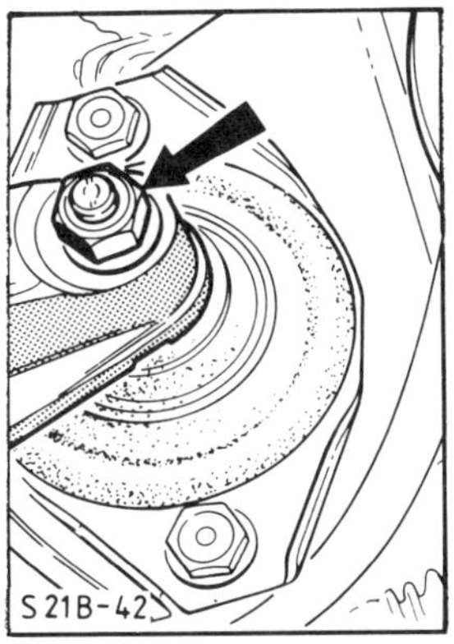
S 21B-42

- Halteböcke von den Motorlagern mit 2 Muttern –Pfeil– abschrauben.
- Stehbolzen aus dem Achskörper herausschrauben. Dazu Stehbolzen mit zwei Muttern kontern, das heißt: 2 Muttern hintereinander auf den Bolzen schrauben, wobei die 2. Mutter fest gegen die 1. Mutter geschraubt wird. 1. Mutter hierbei gegenhalten. Anschließend 1. Mutter links herum, also gegen die 2. Mutter drehen und dadurch den Stehbolzen lösen. Stehbolzen komplett mit Gummipuffer abschrauben.
- Motor mit Montierhebel vom Getriebe abdrücken und vorsichtig herausheben. **Achtung:** Der Motor muß beim Herausheben sorgfältig geführt werden, um Beschädigungen am Aufbau zu vermeiden.

Einbau

Vor Einbau des Motors Verzahnung der Antriebswelle und Führungshülse des Drucklagers am Getriebe leicht mit Mehrzweckfett einfetten.

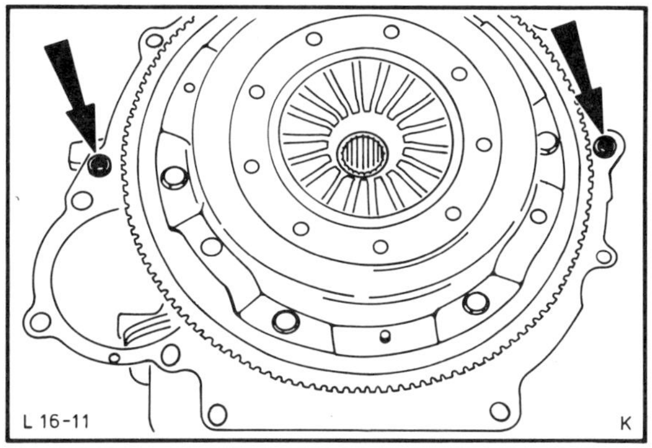
L 16-11 K

- Zwischenblech auf Paßhülsen aufsetzen und an einigen Punkten mit etwas Fett am Motorblock festkleben.
- Motor absenken und an Getriebe anflanschen. Falls sich der Motor nicht auf das Getriebe aufschieben läßt, Motorkurbelwelle verdrehen, damit die Getriebewelle in die Kupplungsscheibe einrasten kann.
- Alle Befestigungsschrauben Motor/Getriebe beiziehen. Gleichzeitig Batterie-Massekabel anschrauben.
- Befestigungsschrauben Motor/Getriebe oben mit **45 Nm** festziehen.
- Stehbolzen für Motoraufhängung in Achskörper reindrehen und durch 2 gekonterte Muttern mit **60** Nm anziehen.
- Hebevorrichtung und Wagenheber entfernen.
- Fahrzeug aufbocken, siehe Seite 249.
- Befestigungsschrauben Motor/Getriebe unten reindrehen und mit **45 Nm** festziehen.
- Motor-Zwischenblech mit Schraube befestigen.
- Strebe zwischen Motor und Getriebe anschrauben.
- Abgasrohr mit neuer Dichtung und neuen Muttern am Abgaskrümmer anschrauben.
- Anlasser einbauen, siehe Seite 211.
- Fahrzeug ablassen.
- Ölpumpe für Lenkhilfe mit Halter am Motorblock anschrauben, Keilriemen auflegen und spannen, siehe Seite 206.
- Widerlager für Gaszug am Vergaser anschrauben.
- Kunststoffpfanne des Gaszugs auf Kugelkopf des Drosselklappenhebels aufsetzen und Sicherungsklammer seitlich von Hand aufschieben.
- Sämtliche elektrischen Leitungen entsprechend den angebrachten Markierungen anklemmen, siehe unter „Ausbau".
- Unterdruckleitung für Bremskraftverstärker mit Überwurfmutter anschrauben. Bei Ausführung mit Federbuchse, Leitung in die Buchse einschieben, bis der Bund der Leitung an der Federbuchse anliegt. Leitung wieder vorsichtig zurückziehen; die Federbuchse muß die Leitung jetzt verriegeln.

- Kraftstoffleitungen entsprechend den angebrachten Markierungen an Kraftstoffpumpe und Vergaser anschließen und mit Schellen sichern.
- Heizungsschläuche auf Startautomatik und Kühlmittelpumpe aufschieben und mit Schellen sichern.
- Kühlmittelschlauch und Verbindungsschlauch zum Ausgleichbehälter am Thermostatgehäuse aufschieben und mit Schellen sichern.
- Kühlmittel auffüllen, siehe Seite 45.
- Luftfilter einbauen, siehe Seite 84, 107.
- Motorhaube einbauen, siehe Seite 185.
- Massekabel an Batterie anklemmen.
- Ölstand kontrollieren.
- Motor starten und Dichtigkeit der Kraftstoff- und Kühlmittelschläuche prüfen.
- Motor warmlaufen lassen.
- Leerlaufeinstellung überprüfen, siehe Seite 54, 61, 69, 76, 82.
- Zündzeitpunkt prüfen, siehe Seite 214.
- Nach Erreichen der Betriebstemperatur Kühlmittelstand prüfen, ggf. ergänzen.

Der OHC-Benzinmotor

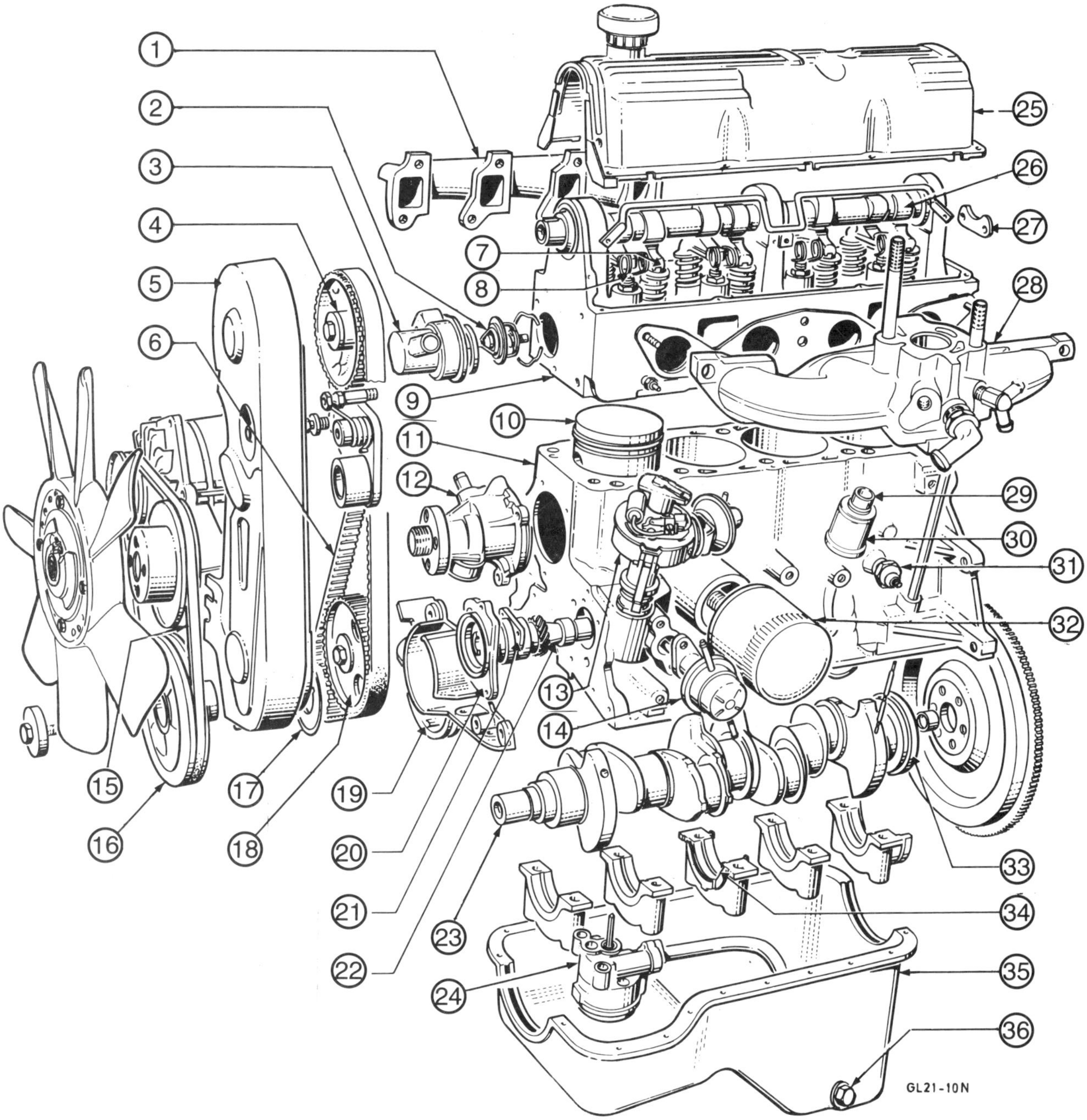

1 – Abgaskrümmer
2 – Kühlmittelregler (Thermostat)
3 – Thermostatgehäuse
4 – Nockenwellen-Zahnrad
5 – Zahnriemen-Abdeckblech
6 – Zahnriemen
7 – Schlepphebel
8 – Schlepphebelfeder
9 – Zylinderkopf
10 – Kolben
11 – Motorblock
12 – Kühlmittelpumpe
13 – Verteiler
14 – Kraftstoffpumpe
15 – Keilriemen
16 – Kurbelwellenriemenscheibe
17 – Kurbelwellenzahnrad
18 – Zwischenwellenzahnrad
19 – Stirndeckel für Kurbelwelle
20 – Stirndeckel für Zwischenwelle
21 – Halteplatte für Zwischenwelle
22 – Zwischenwelle
23 – Kurbelwelle
24 – Ölpumpe
25 – Zylinderkopfdeckel
26 – Nockenwelle
27 – Halteplatte für Nockenwelle
28 – Ansaugkrümmer
29 – Regulierventil
30 – Ölabscheider
31 – Öldruckschalter
32 – Ölfilter
33 – Kurbelwellendichtring
34 – Anlaufhalbring
35 – Ölwanne
36 – Ölablaßschraube

Zahnriemen aus- und einbauen

Ausbau

- Getriebe in Leerlaufstellung bringen, Handbremse anziehen.
- Keilriemen ausbauen, siehe Seite 206.
- Kurbelwelle auf OT des 1. Zylinders stellen. Hierzu Kurbelwellenriemenscheibe an der Befestigungsschraube in Motordrehrichtung verdrehen, bis die OT-Markierung mit der Marke am Abdeckblech übereinstimmt, siehe Abbildung GL 21-9.

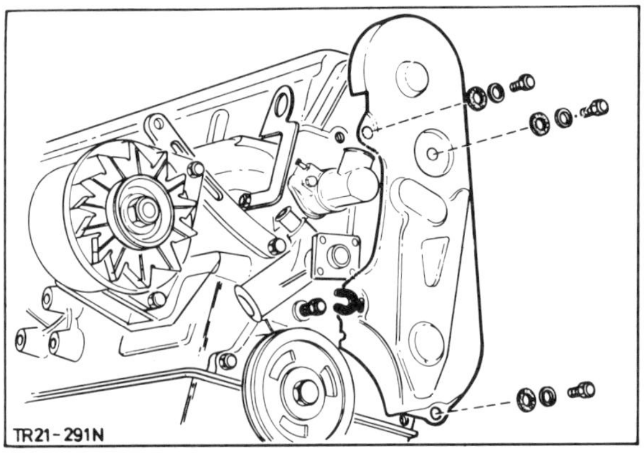
TR21-291N

- Zahnriemen-Abdeckblech abschrauben und mit Führungsclip seitlich vom Haltebolzen abziehen. Abdeckblech unten herausschwenken, dann vom Nockenwellenrad abnehmen.
  In der Abbildung ist zur Verdeutlichung der Lüfter weggelassen.

Achtung: Der Motor darf nicht am Nockenwellenzahnrad durchgedreht werden, da sonst der Zahnriemen überbeansprucht wird.

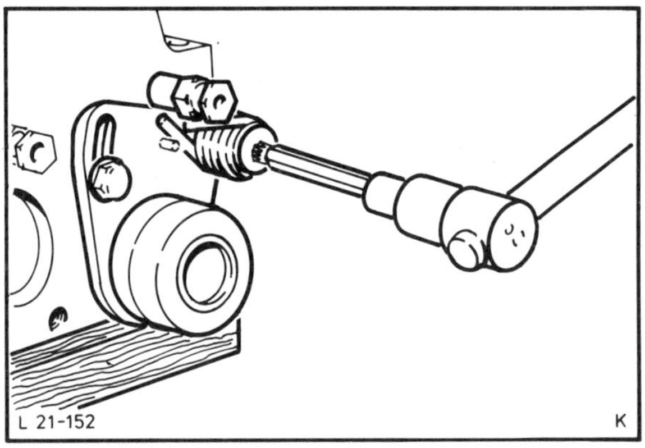
L 21-152 K

- Zahnriemen entspannen. Dazu am Zahnriemenspanner zuerst die Innenvielzahnschraube, SW 8, dann die Sechskantschraube lösen. Anschließend Zahnriemenspanner gegen die Federkraft andrücken und Schrauben wieder festziehen.

Achtung: Zum Lösen der Sechskantschraube wird ein tiefgekröpfter Ringschlüssel SW 13 benötigt. Andernfalls Kühlmittel zum Teil ablassen und Thermostatgehäuse ausbauen.

- Kurbelwellenriemenscheibe abschrauben, dazu 4. Gang einlegen und Handbremse anziehen. Falls der Zahnriemen nur vom Nockenwellenzahnrad abgenommen wird, braucht die Kurbelwellenriemenscheibe nicht ausgebaut zu werden.
- Zahnriemen abnehmen.

Achtung: Zahnriemen in jedem Fall ersetzen, wenn er Risse aufweist, verölt ist oder Flanken und Zähne beschädigt sind.

Einbau

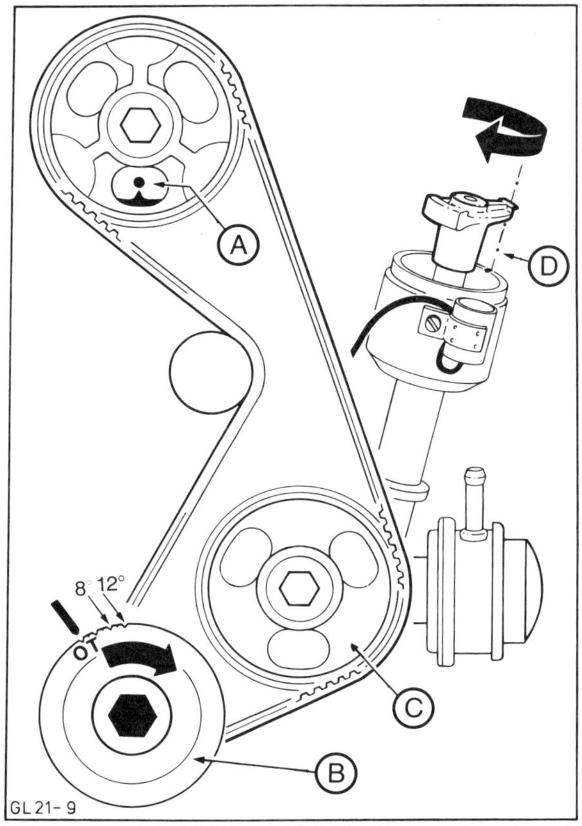

GL 21-9

Achtung: Beim Drehen der Nockenwelle und ausgebautem Zahnriemen darf der Kolben nicht auf OT stehen, sonst können Schäden an Kolben und Ventilen entstehen. Daher Kurbelwelle an der Riemenscheibe so verdrehen, daß die OT-Markierung auf der Riemenscheibe –B– ca. $^{1}/_{4}$ Umdrehung vor oder nach der Markierung am Motorblock steht. Dabei Kurbelwelle insgesamt nicht weiter als 90° verdrehen.

- Prüfen, ob das Nockenwellenzahnrad –A– auf der OT-Markierung des Zylinderkopfes steht, gegebenenfalls Zahnrad entsprechend verdrehen.
- Zwischenwelle –C– so verdrehen, daß die Kerbe an der Zunge des Verteilerläufers über der Kerbe am Rand des Verteilers steht –D–. Vorher Verteilerkappe abnehmen, dazu 2 Halteklammern seitlich mit Schraubendreher abhebeln beziehungsweise Kappe mit 2 Schrauben abschrauben.

- Zahnriemen auf Kurbelwellenzahnrad auflegen und Kurbelwellenriemenscheibe anschrauben. Riemenscheibe mit **120 Nm** festziehen.

Achtung: Falls sich bei Rückwärtsdrehen der Riemenscheibe die Befestigungsschraube löst, 4. Gang einlegen, Handbremse anziehen und Schraube mit vorgeschriebenem Drehmoment festziehen.

Achtung: Beim Auflegen des Zahnriemens darf weder die Nockenwellenstellung noch die Zwischenwellenstellung oder die der Riemenscheibe an der Kurbelwelle verändert werden. Sonst können schwerwiegende Schäden am Motor entstehen, beziehungsweise der Motor gibt nicht mehr seine volle Leistung ab. Nachdem der Zahnriemen gespannt wurde, empfiehlt es sich, die Einstellung von Nockenwelle und Riemenscheibe nochmals zu kontrollieren. Das bedeutet: Wenn die Markierung auf dem Nockenwellenrad mit der Bezugsmarke übereinstimmt, muß gleichzeitig die Markierung auf der Kurbelwelle mit der entsprechenden Bezugsmarke übereinstimmen und der Verteilerläufer über der OT-Kerbe stehen. Andernfalls ist die Einstellung von Nockenwellenrad und Kurbelwellenrad bei abgenommenem Zahnriemen zu wiederholen.

- Zahnriemen auflegen und Zahnriemenspanner lösen.
- Motor an der Kurbelwellen-Riemenscheibe zweimal durchdrehen, damit sich der Zahnriemenspanner gegen den Zahnriemen legt. Anschließend Zahnriemenspanner festziehen, zuerst Sechskant-, dann Innenvielzahnschraube. Anzugsdrehmoment für die Innenvielzahnschraube: **25 Nm.**

Achtung: Der Motor darf bei aufgelegtem Zahnriemen nur in Motordrehrichtung gedreht werden, siehe auch Pfeil in Abbildung GL 21-9 auf der Riemenscheibe –B–.

- Kurbelwelle um 2 Umdrehungen weiterdrehen und Übereinstimmung der Markierungen von Nockenwellenzahnrad, Verteilerläufer und Kurbelwellenriemenscheibe mit der jeweiligen Bezugsmarke überprüfen. Gegebenenfalls Einstellung wiederholen.
- Zahnriemen-Abdeckblech einsetzen und mit 3 Schrauben befestigen.
- Verteilerkappe einbauen, siehe Seite 214.

Zylinderkopf aus- und einbauen

Der Zylinderkopf kann auch bei eingebautem Motor ausgebaut werden.
Eine defekte Zylinderkopfdichtung macht sich durch Leistungsverlust, Kühlflüssigkeitsverlust, Ölverlust oder Kühlflüssigkeit im Motoröl bemerkbar. Außerdem erkennt man eine defekte Zylinderkopfdichtung an Bläschenbildung der Kühlflüssigkeit. Hierzu den Verschlußdeckel vom Ausgleichbehälter abnehmen und den Motor starten. Eine stark sprudelnde Kühlflüssigkeit ist ein Hinweis auf eine defekte Zylinderkopfdichtung.

Achtung: Für die Befestigung des Zylinderkopfes werden unterschiedliche Schrauben verwendet. Bei Fahrzeugen bis 9.84 wird der Zylinderkopf mit 38 mm langen **Innenvielzahnschrauben** befestigt. Seit 10.84 werden 70 mm lange **Innen-Torx-Schrauben** verwendet. **Unbedingt unterschiedliche Anzugsdrehmomente beachten.**

Ausbau

Es empfiehlt sich vor Ausbau des Zylinderkopfes auch das Kapitel „Motorausbau“ durchzulesen, da einige Arbeitsanweisungen dort näher erklärt worden sind.

- Massekabel von der Batterie lösen.
- Luftfilter ausbauen, siehe Seite 84, 107, 114.
- Kühlmittel ablassen, siehe Seite 45.
- Oberen Kühlmittelschlauch und Verbindungsschlauch zum Ausgleichbehälter von Thermostatgehäuse abbauen.
- Kraftstoffleitung vom Vergaser und Motorbelüftungsschlauch vom Ansaugkrümmer abziehen.
- Unterdruckschlauch für Bremskraftverstärker vom Ansaugkrümmer abschrauben.
- Gaszug am Vergaser abbauen, siehe Seite 54.
- Elektrische Leitungen für Temperaturgeber, Thermoschalter und Leerlaufabschaltventil mit Tesaband markieren und abklemmen.
- Zündkabel von Zündkerzen abziehen und am Zylinderkopfdeckel aushängen.
- Zündkerzen herausschrauben.
- Verteilerkappe abnehmen, dazu Kappe abschrauben oder Halteklammern seitlich mit Schraubendreher abhebeln. Verteilerläufer abziehen.
- Unterdruckschlauch für Verteiler vom Vergaser abziehen.
- Kühlmittelschläuche von der Startautomatik abziehen.
- Abgasrohr vom Abgaskrümmer mit 3 Muttern abschrauben.
- Zahnriemen vom Nockenwellenzahnrad abbauen, siehe Seite 16.
- **2,0-l-Motor:** Halter für Gaszug abschrauben.
- 10 Schrauben für Zylinderkopfdeckel herausdrehen und Deckel vorsichtig abnehmen. **Achtung:** Die Dichtung ist an der Stirnseite und im Bereich der Gewindebohrungen an den Zylinderkopf angeklebt.

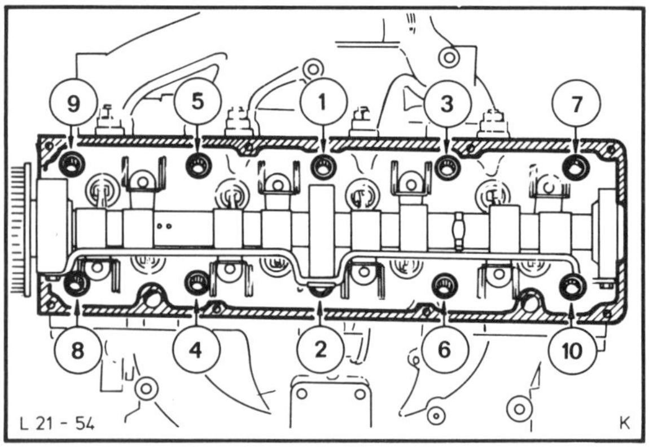

- Zylinderkopfschrauben in umgekehrter Reihenfolge der Numerierung, also von 10 nach 1, zunächst mit einer halben Umdrehung entspannen und dann herausdrehen.

Achtung: Bis 9.84 wird hierzu ein Innenvielzahnschlüssel SW 12 benötigt, seit 10.84 ein Innen-Torx-Schlüssel.

- Zylinderkopf komplett mit Ansaug- und Abgaskrümmer abnehmen.

Achtung: Zylinderkopf nach dem Ausbau nicht auf der Dichtfläche absetzen, dabei könnten voll geöffnete Ventile beschädigt werden. Daher Zylinderkopf auf 2 Holzleisten legen.

Einbau

Vor dem Einbau Zylinderkopf und Zylinderblock von Dichtungsresten freimachen. Darauf achten, daß nichts in die Öffnungen fällt.

- Zylinderkopfdichtung grundsätzlich ersetzen.
- Neue Dichtung ohne Dichtmittel so auflegen, daß keine Bohrungen verdeckt werden.

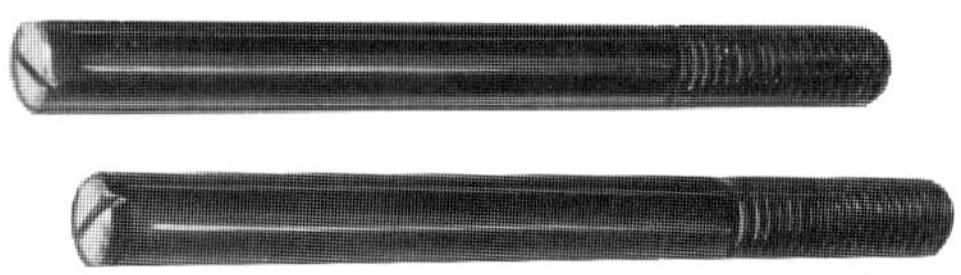

A 9319

- Zum Zentrieren des Zylinderkopfes Führungsstifte anfertigen, indem man an zwei alten Zylinderkopfschrauben den Kopf absägt und jeweils eine Nut für den Schraubendreher anbringt.
- Führungsstifte in die Bohrungen 7 und 9 einschrauben.
- Um Beschädigungen an Ventilen und Kolben zu vermeiden, Kurbelwelle an der Riemenscheibe so verdrehen, daß alle Kolben ungefähr auf gleicher Höhe stehen.
- Zylinderkopf aufsetzen.
- Die übrigen 8 Zylinderkopfschrauben, an Kopf und Gewinde geölt, ansetzen und handfest anziehen. **Achtung:** Innen-Torx-Zylinderkopfschrauben dürfen **nur einmal** verwendet werden, deshalb Innen-Torx-Schrauben grundsätzlich erneuern. Auf keinen Fall dürfen Innenvielzahn- und Innen-Torx-Schrauben gemischt eingebaut werden.
- Führungsstifte mit Schraubendreher herausschrauben, die restlichen 2 Zylinderkopfschrauben einsetzen und handfest anziehen.

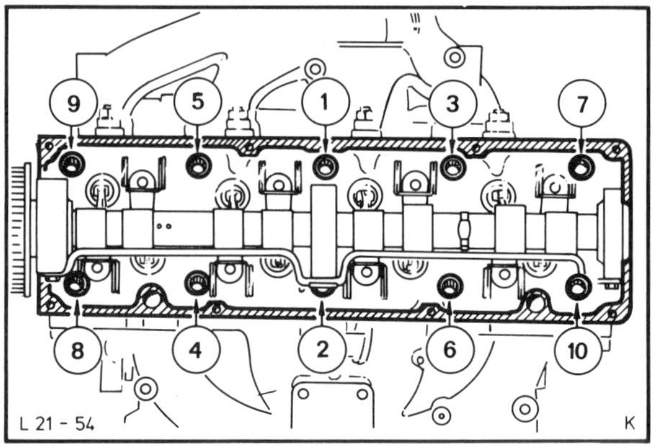

- Zylinderkopfschrauben gemäß der Reihenfolge 1–10 in **drei Stufen** anziehen.

Achtung: Das Anziehen der Zylinderkopfschrauben ist mit größter Sorgfalt durchzuführen. Vor dem Anziehen der Schrauben sollte der Drehmomentschlüssel auf seine Genauigkeit geprüft werden. Die Zylinderkopfschrauben müssen bei kaltem Motor angezogen werden.

Zylinderkopfschrauben mit Innenvielzahnkopf

- Beim Anziehen zuerst Zylinderkopfschrauben der Reihe nach – von 1 bis 10 – mit Drehmomentschlüssel und **50 Nm** festziehen. In der **2. Stufe** alle Schrauben von 1 bis 10 mit **60 Nm** anziehen. Nach einer **Wartezeit von 10 bis 20 Minuten,** Zylinderkopfschrauben von 1 bis 10 mit **78 Nm** festziehen.

Achtung: Innenvielzahnschrauben müssen bei warmem Motor nochmals angezogen werden.

Zylinderkopfschrauben mit Innen-Torx-Kopf

- Beim Anziehen zuerst Zylinderkopfschrauben der Reihe nach – von 1 bis 10 – mit Drehmomentschlüssel und **40 Nm** festziehen. In der **2. Stufe** alle Schrauben von 1 bis 10 mit **75 Nm** anziehen. Nach einer **Wartezeit von 5 Minuten,** Zylinderkopfschrauben mit einem **starren** Schlüssel und **$^1/_4$ Umdrehung (90°)** in einem Zug weiterdrehen. Dabei Drehwinkel abschätzen: Schlüssel längs zum Zylinderkopf ansetzen und so weit drehen, bis der Schlüsselarm quer zum Zylinderkopf steht.

Achtung: Innen-Torx-Schrauben dürfen bei warmem Motor **nicht** nachgezogen werden.

- Zahnriemen auflegen und spannen, siehe Seite 16.
- Ventilspiel überprüfen, gegebenenfalls einstellen, siehe Seite 34, 111.
- **2,0-l-Motor:** Halter für Gaszug anschrauben.
- Zylinderkopfdeckel mit alter Dichtung aufsetzen. Befestigungsschrauben mit Steckschlüssel ohne Hebel handfest anziehen.
- Abgasrohr mit neuer Dichtung an Abgaskrümmer anschrauben.
- Zündkerzen prüfen und mit 35 Nm einschrauben.

● Verteilerläufer aufstecken. Durch leichtes Verdrehen des Läufers prüfen, ob er richtig in die Verteilerwelle eingerastet ist.

● Verteilerkappe aufsetzen, anschrauben oder mit Halteklammern befestigen.

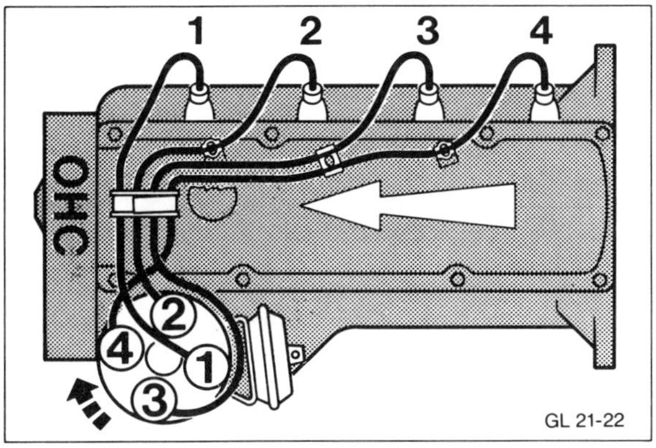

● Zündkabel an Zündspule anschließen und in richtiger Reihenfolge auf die Zündkerzen stecken. Auf dem Verteilerdeckel ist neben dem Anschluß für Zylinder 1 eine Markierung angebracht.

● Sämtliche Kühlmittelschläuche aufschieben und mit Schellen sichern.

● Unterdruckleitung für Verteiler am Vergaser aufschieben.

● Sämtliche elektrische Leitungen entsprechend der Kennzeichnung anklemmen, siehe unter „Ausbau".

● Unterdruckleitung für Bremskraftverstärker am Ansaugkrümmer anschrauben.

● Gaszug einbauen und einstellen, siehe Seite 54.

● Kraftstoffleitung am Vergaser aufschieben und mit Schelle sichern.

● Motorbelüftungsschlauch am Ansaugkrümmer aufstecken.

● Kühlmittel auffüllen, siehe Seite 45.

● Luftfilter einbauen, siehe Seite 84, 107, 114.

● Ölstand im Motor kontrollieren, gegebenenfalls Öl nachfüllen.

● Batterie-Massekabel anklemmen.

● Motor starten und ca. 15 Minuten bei 1000/min laufen lassen. Motor abstellen, Zylinderkopfdeckel abschrauben und alle **Innenvielzahn-Zylinderkopfschrauben** der Reihe nach **von 1 bis 10** (Abbildung L 21-54) mit einem Drehmomentschlüssel und **105 Nm** festziehen.

Achtung: Innen-Torx-Schrauben dürfen **nicht** nachgezogen werden.

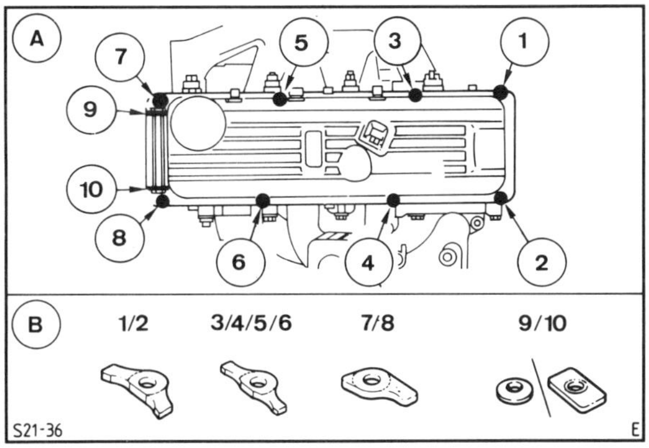

● Zylinderkopfdeckel mit **neuer** Dichtung aufsetzen. Schrauben in 4 Stufen mit vorgeschriebenem Drehmoment festziehen.

1. Stufe: Schrauben 1 bis 6 mit 6 Nm festziehen.
2. Stufe: Schrauben 7 und 8 mit 2 Nm festziehen.
3. Stufe: Schrauben 9 und 10 mit 6 Nm festziehen.
4. Stufe: Schrauben 7 und 8 mit 6 Nm nachziehen.

Achtung: Seit 9.83 Schrauben mit zugehörigen Verstärkungsblechen –B– einsetzen.

● Ölstand im Motor kontrollieren. Wenn die Zylinderkopfdichtung defekt war, Ölfilter wechseln und Ölwechsel durchführen, siehe Seite 43.

● Zündzeitpunkt überprüfen, siehe Seite 214.

● Leerlaufeinstellung überprüfen, siehe Seite 54, 61, 69, 76, 82.

● Nach Probefahrt Motor auf Dichtigkeit – Öl, Kühlflüssigkeit – überprüfen.

Nockenwelle aus- und einbauen

Achtung: Werden Teile der Ventilsteuerung wieder verwendet, müssen diese an gleicher Stelle wieder eingebaut werden. Damit keine Verwechselungen vorkommen, empfiehlt es sich, ein entsprechendes Ablagebrett anzufertigen.

Ausbau

- Massekabel von Batterie abklemmen.
- Luftfilter ausbauen, siehe Seite 84, 107.
- Zylinderkopf ausbauen und auf zwei Holzklötze legen, damit ein eventuell offenstehendes Ventil nicht beschädigt werden kann, siehe Seite 17.
- Vergaser ausbauen, siehe Seite 53, 60, 68, 75.

L 21-159 K

- Ölspritzrohr abschrauben.

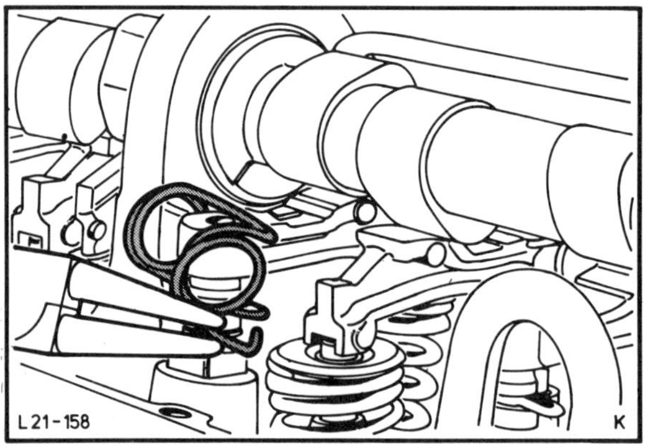
L 21-158 K

- Haltefedern für Schlepphebel aus der Halteklammer am Kugelbolzen aushängen und abnehmen.

L 21-150 K

- Schlepphebel seitlich herausziehen. Vorher Nockenwelle so drehen, daß die jeweilige Ventilfeder entlastet ist. Werkzeug 21-005A zwischen Nockenwelle und oberem Ventilteller einsetzen und Ventilfeder etwas niederdrücken, bis sich der Schlepphebel herausziehen läßt. Steht das Spezialwerkzeug nicht zur Verfügung, Ventilfeder mit Schraubendreher vorsichtig zusammendrücken.
- Nockenwellenzahnrad an der Zentralschraube losschrauben und mit Anlaufblech abnehmen. Dabei mit Gabelschlüssel am Gußansatz der Nockenwelle hinter dem 6. Nocken gegenhalten.
- Halteplatte für Nockenwelle abschrauben und Nockenwelle vorsichtig nach hinten herausziehen.
- Wellendichtring auf der Zahnriemenseite vorsichtig aus dem Zylinderkopf heraushebeln.

Einbau

Vor dem Einbau kann die Nockenwelle gegebenenfalls von der Werkstatt auf Schlag geprüft werden.

- Sämtliche Einbauteile sorgfältig mit Waschbenzin reinigen, Dichtflächen säubern.
- Nockenwelle, Nockenwellenlager sowie Halteplatte leicht mit Hypoidöl SAE 80/90 (Getriebeöl) einölen.
- Nockenwelle vorsichtig vom hinteren Lager her einsetzen. **Achtung:** Dabei darf die Lagerlauffläche nicht beschädigt werden.
- Halteplatte einsetzen und anschrauben.
- Wird eine eingelaufene Nockenwelle mit hoher Kilometerleistung wieder eingebaut, ist das Axialspiel zu messen. Die Werkstatt benutzt hierfür eine Tastuhr, die am Zylinderkopf angeschraubt wird. Nockenwelle gegen die Zahnriemenseite des Zylinderkopfes drücken und Meßuhr auf Null stellen. Anschließend Nockenwelle gegen die Halteplatte drükken und an der Meßuhr das Spiel ablesen. Sollwert: 0,104 bis 0,204 mm.
- Ventilfedern etwas niederdrücken und Schlepphebel einsetzen. **Achtung:** Schlepphebel wieder an gleicher Stelle einbauen.

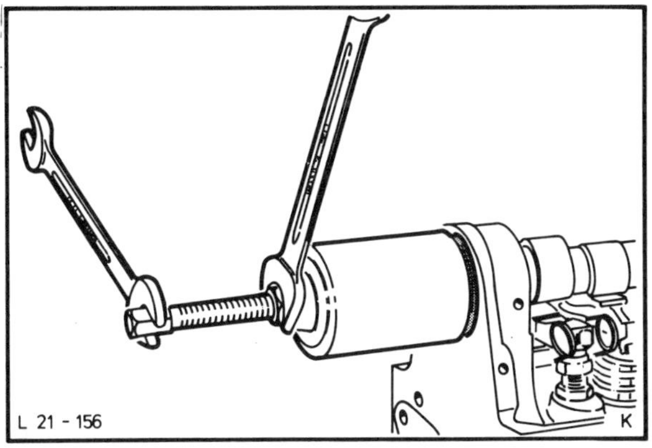

- Neuen Wellendichtring an der Dichtlippe leicht mit Hypoidöl einölen und mit Werkzeug 21-009A einziehen. Steht das Spezialwerkzeug nicht zur Verfügung, kann man sich mit einem kurzen Rohr behelfen, wobei Innen- und Außendurchmesser dem des Dichtrings entsprechen müssen. Dichtring und Rohr ansetzen, Nockenwellen-Zahnrad auf Zapfen aufschieben und mit Befestigungsschraube langsam anschrauben und dadurch Dichtring bis zum Anschlag eintreiben.
- Werkzeug entfernen, Zahnrad aufschieben und mit **50 Nm** festziehen. Dabei mit Gabelschlüssel an der Nockenwelle gegenhalten.
- Haltefedern für Schlepphebel ansetzen und in die Halteklammern einhängen. Die Halteklammer muß dabei zur Nockenwelle zeigen.
- Ventilspiel prüfen, gegebenenfalls einstellen, siehe Seite 34, 111.
- Vergaser einbauen, siehe Seite 53, 60, 68, 75.
- Zylinderkopf einbauen, siehe Seite 17.
- Luftfilter einbauen, siehe Seite 84, 107.
- Ölstand im Motor kontrollieren.
- Motor warmlaufen lassen.
- Zündzeitpunkt überprüfen, siehe Seite 214.
- Leerlauf kontrollieren, siehe Seite 54, 61, 69, 76, 82.
- Nach Probefahrt Zylinderkopfdeckel und Nockenwellendichtung auf Dichtheit überprüfen.

Ventile aus- und einbauen

Achtung: Werden Teile der Ventilsteuerung wieder verwendet, müssen diese an gleicher Stelle wieder eingebaut werden. Damit keine Verwechslungen vorkommen, empfiehlt es sich, ein entsprechendes Ablagebrett anzufertigen.

Ausbau

- Massekabel von Batterie abklemmen.
- Luftfilter ausbauen, siehe Seite 84, 107.
- Zylinderkopf ausbauen und auf 2 Holzklötze legen, damit ein eventuell offenstehendes Ventil nicht beschädigt werden kann, siehe Seite 17.
- Vergaser ausbauen, siehe Seite 53, 60, 68, 75.

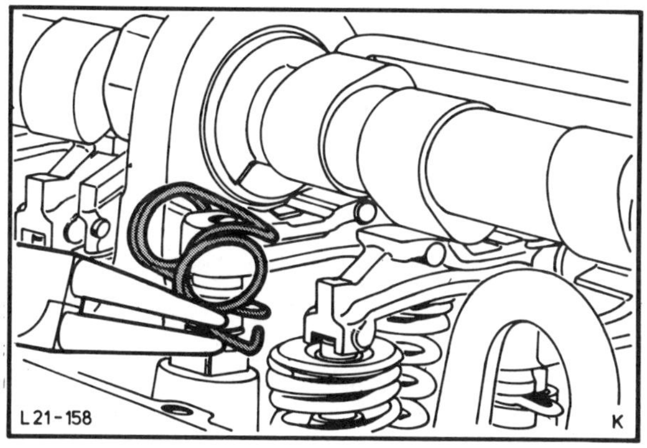

- Haltefeder für Schlepphebel aushängen und abnehmen.

- Schlepphebel seitlich herausziehen. Vorher Nockenwelle so drehen, daß der jeweilige Schlepphebel entlastet ist. Werkzeug 21-005A zwischen Nockenwelle und oberem Ventilteller einsetzen und Ventilfeder niederdrücken. Steht das Spezialwerkzeug nicht zur Verfügung, Ventilfeder mit 2 Schraubendrehern vorsichtig zusammendrücken. Es kann auch ein handelsüblicher Federspanner verwendet werden. Unter Umständen müssen dann Ansaug- und Abgaskrümmer ausgebaut werden.

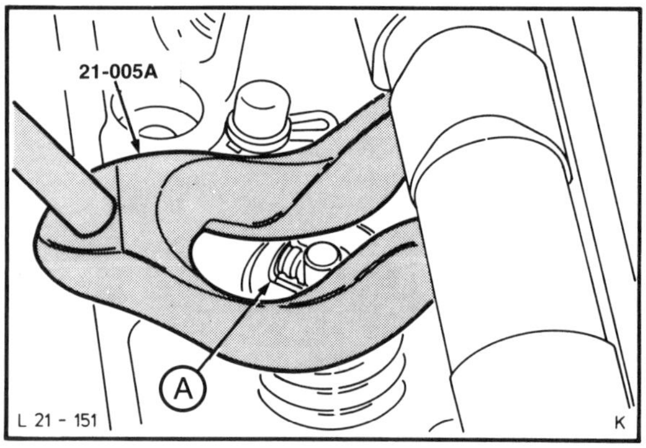

- Ventilkeile –A– vom Ventilschaft abnehmen. Damit das Ventil beim Entfernen der Ventilkeile nicht runterrutscht, muß in den Brennraum des Zylinderkopfs ein entsprechender Lappen eingelegt werden.

Achtung: Beim Herausnehmen der Ventilkeile darf der Ventilschaft nicht durch den heruntergedrückten Ventilfederteller beschädigt werden. Bei beschädigtem Schaft ist eine sichere Abdichtung nicht mehr gewährleistet. Als Folge verschleißen die Ventilführungen schneller und der Ölverbrauch erhöht sich stark. Ein beschädigtes Ventil deshalb umgehend ersetzen.

- Ventilfeder entspannen, Ventilfederteller und Ventilfeder herausnehmen.
- Ventil herausziehen, Ventilschaftabdichtung mit Schraubendreher abhebeln und mit unterem Federteller herausnehmen.
- Auf dieselbe Art die restlichen Ventile ausbauen.

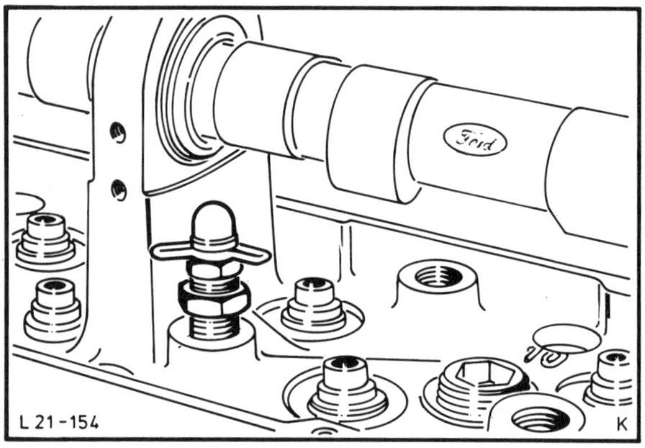

- Falls erforderlich, Kugelbolzen mit Kontermutter und Halteklammer herausschrauben.

Einbau

Vor Einbau der Ventile, Ventilführungen prüfen und eventuell Ventilsitze nacharbeiten, siehe Seite 23.

- Falls ausgebaut, Kugelbolzen komplett mit Kontermutter und Halteklammer einschrauben und mit 55 Nm anziehen.

Achtung: Ventilfederteller sind an der Unterkante der Bohrung für die Kegelstücke vereinzelt sehr scharfkantig. Dadurch können die Ventilschäfte beschädigt werden (Riefen, etc.). Beschädigte Ventile sind zu ersetzen, Ventilfederteller vor dem Einbau ggf. zu entgraten.

- Unteren Ventilfederteller einsetzen.
- Ventilschaft an den Anlageflächen der Ventilkegelstücke entgraten.
- Aus Sicherheitsgründen Ventilschaftabdichtungen grundsätzlich erneuern.
- Ventilschaft und Ventilführung mit Hypoid-Öl SAE 80/90 (Getriebeöl) leicht einölen und Ventil einsetzen.
- Ventilschaft an den Anlageflächen der Ventilkegelstücke mit Klebeband abkleben, damit die Ventilschaftabdichtung beim Einbauen nicht beschädigt wird.

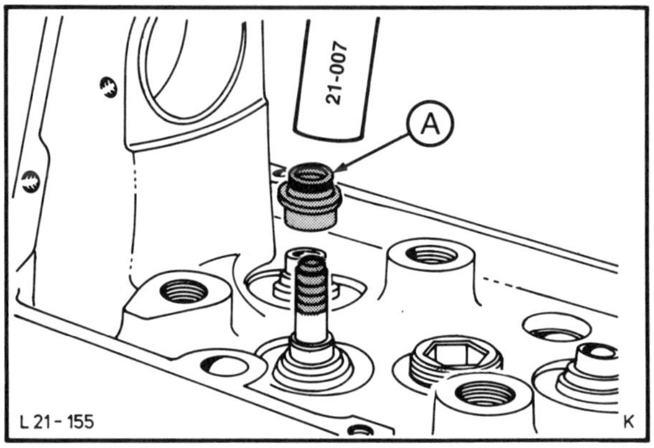

- Ventilschaft-Abdichtung –A– leicht einölen und mit geeignetem Treibdorn 21-007A (2,0-l-DOHC-Motor: Werkzeug 21-130A) bis zum Anschlag aufdrücken. **Achtung:** Um Beschädigungen der Ventilschaft-Abdichtung zu vermeiden, vor dem Einbau Ventilschaft an den Anlageflächen der Ventilkegelstücke mit glattem Klebeband abkleben. Nach dem Einbau Klebeband entfernen.
- Ventilfeder und Ventilteller oben einsetzen.
- Ventilfeder zusammendrücken und Ventilkegelstücke richtig einsetzen, Ventilfeder entspannen und nächstes Ventil einsetzen. Dabei Ein- und Auslaßventile nicht verwechseln.
- Kugelbolzen mit Hypoidöl SAE 80/90 einölen und Schlepphebel einsetzen. Vorher Nockenwelle so verdrehen, daß der entsprechende Nocken nach oben zeigt.
- Schlepphebel mit Haltefeder sichern.
- Ventilspiel einstellen, siehe Seite 34, 111.
- Gegebenenfalls Ansaug- und Abgaskrümmer anschrauben, Vergaser einbauen, siehe Seite 53, 60, 68, 75.
- Zylinderkopf mit neuer Zylinderkopfdichtung einbauen, siehe Seite 17.
- Luftfilter einbauen, siehe Seite 84, 107.
- Massekabel an Batterie anklemmen.

Ventilführungen prüfen

Bei Instandsetzungsarbeiten von Zylinderköpfen mit undichten Ventilen genügt es nicht, die Ventile und Ventilsitze zu bearbeiten beziehungsweise zu erneuern. Es ist außerdem dringend erforderlich, die Ventilführungen auf Verschleiß zu prüfen. Besonders wichtig ist die Prüfung an Motoren mit längerer Laufzeit. Verschlissene Ventilführungen gewährleisten keinen zentrischen Ventilsitz und führen zu hohem Ölverbrauch. Ist der Verschleiß zu groß, sind entweder die Ventilführungen aufzureiben oder zu erneuern (Werkstattarbeit).

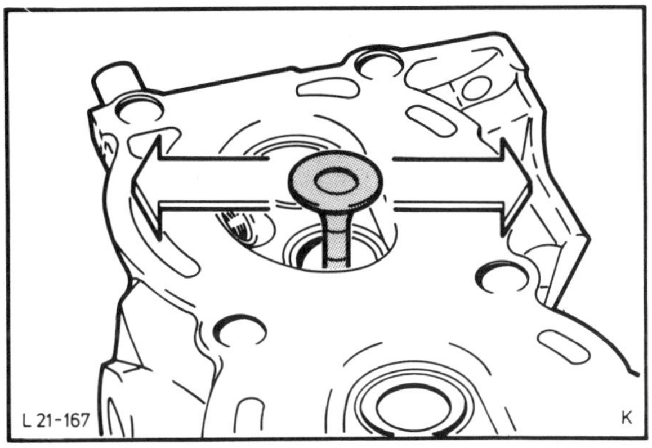

- Ventil in Ventilführung stecken und Spiel durch seitliches Hin- und Herbewegen des Ventils prüfen. Die Ventilführung darf dabei kein spürbares Spiel aufweisen.

Ventilführung	Einlaßventil	Auslaßventil
Zulässiges Spiel mm	0,020–0,063	0,046–0,089

Zum Vergleich: Ein Blatt Schreibmaschinenpapier hat eine Dicke von ca. 0,1 mm.

- Spiel behelfsmäßig messen: Stahlwinkel an Zylinderkopf und Ventil anlegen, Ventil hin- und herbewegen und Spiel mit Fühlerblattlehre messen.
- Ventilführung mit entsprechender Reibahle auf nächste Übergröße von Werkstatt aufreiben lassen, dabei grundsätzlich von der Brennraumseite her beginnen.

Achtung: Wurden die Ventilführungen aufgerieben, müssen in jedem Fall Ventile mit Übermaß am Schaft eingebaut werden.

Ventilsitz im Zylinderkopf nacharbeiten

Ventilsitze mit Verschleiß- oder Verbrennungsspuren können nachgearbeitet werden, solange die Korrekturwinkel und Sitzbreiten eingehalten werden. Andernfalls muß der Zylinderkopf ersetzt werden. Ventilsitzringe können mit den üblichen Werkstattmitteln erneuert werden (Werkstattarbeit!) Für das Nacharbeiten werden Reibahlen benötigt. Die Arbeiten sollte man von einer Werkstatt durchführen lassen.

Ventilsitz einschleifen

Bei einwandfrei bearbeiteten Ventilsitzen und neuen Ventilen ist das Einschleifen der Ventilsitze im Zylinderkopf nicht unbedingt erforderlich.

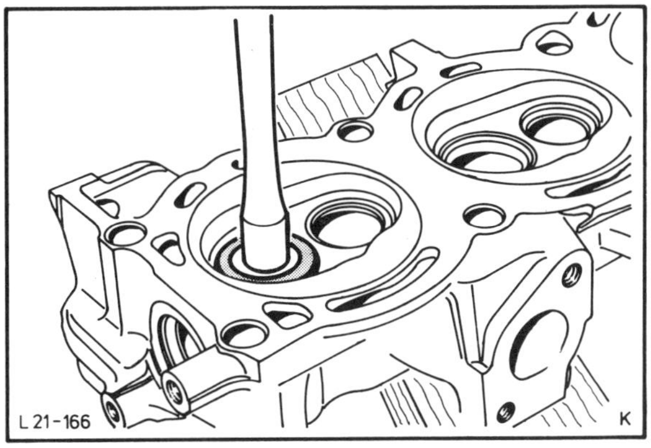

- Die Ventile dürfen nur mit feinkörniger Schleifpaste eingeschliffen werden. Für die notwendigen Drehbewegungen wird ein Gummisauger auf den Ventilteller gesetzt. Rillenbildung auf den Sitzflächen beim Einschleifen läßt sich durch häufiges Anheben und gleichmäßiges Weiterdrehen des Ventils während des Schleifvorgangs vermeiden.

Achtung: Die Schleifpaste ist nach dem Einschleifen sorgfältig zu entfernen.

- Geprüft werden kann der Schleifvorgang am Tragbild sowie mit Kraftstoff; Ventil lose einsetzen, Kraftstoff in Brennraum einfüllen, Kraftstoff darf nicht aus der Ventilführung auslaufen. Sonst Schleifvorgang wiederholen.

Der DOHC-Motor

Seit Mai 1989 kommt im FORD SIERRA der neue **2,0-l-DOHC-Motor** zum Einsatz. DOHC steht für **D**ouble **o**ver**h**ead **c**amshafts, im Zylinderkopf befinden sich also 2 obenliegende Nockenwellen. Angetrieben werden die Nockenwellen von der Kurbelwelle über eine schmale Rollenkette, die in einer in den Guß des Motorblocks integrierten Kapsel an der Stirnwand des Motors läuft. Kühlmittel- und Ölpumpe befinden sich seitlich links und rechts in 2 Ausbuchtungen des Motorblocks. Während die Ölpumpe durch eine zusätzliche Kette angetrieben wird, versetzt die Kühlmittelpumpe ein wartungsarmer Keilrippenriemen in Drehung.

Die Kurbelwelle ist 5fach gelagert und mit 8 Gegengewichten versehen. Auf das letzte Gegengewicht ist eine Impulsscheibe mit 36 (−1) Zähnen aufgenietet, von der induktiv die Signale für Kurbelwinkel und Zündimpuls abgenommen werden.

Oben auf den Motorblock ist der Leichtmetall-Zylinderkopf aufgeschraubt. Er besteht aus Aluminium, weil dieses Metall eine bessere Wärmeleitfähigkeit und ein geringeres spezifisches Gewicht gegenüber Grauguß aufweist.

Der Zylinderkopf ist nach dem sogenannten Querstromprinzip aufgebaut. Das bedeutet, daß das frische Kraftstoff-Luftgemisch auf der einen Seite des Zylinderkopfes einströmt, während die verbrannten Gase auf der gegenüberliegenden Seite ausgestoßen werden. Durch die Querstrom-Anordnung ist ein schneller Gaswechsel sichergestellt.

Die Nockenwellen betätigen die V-förmig angeordneten Ein- und Auslaßventile über hydraulische Tassenstößel. Die Hydrostößel gleichen dabei jegliches Ventilspiel aus, so daß eine Überprüfung des Ventilspiels im Rahmen der Wartung entfällt.

Der Hochspannungs-Zündverteiler sitzt direkt an der Stirnseite des Motors und wird von der Einlaßnockenwelle angetrieben.

Die Kraftstoffversorgung übernimmt je nach Motorleistung ein Weber-TLD-2V-Vergaser oder eine Bosch L-Jetronic. Die elektrische Kraftstoffpumpe befindet sich zusammen mit dem Tankgeber im Kraftstoffvorratsbehälter.

Da der neu entwickelte DOHC-Motor gegenüber dem bisherigen OHC-Motor vor allem Unterschiede beim Ausbau des Zylinderkopfes aufweist, sind diese Arbeiten hier in einem gesonderten Kapitel zusamengefaßt. Alle anderen Kapitel (Motorschmierung, Kühlung, Kraftstoffanlage usw.) gelten auch für den DOHC-Motor.

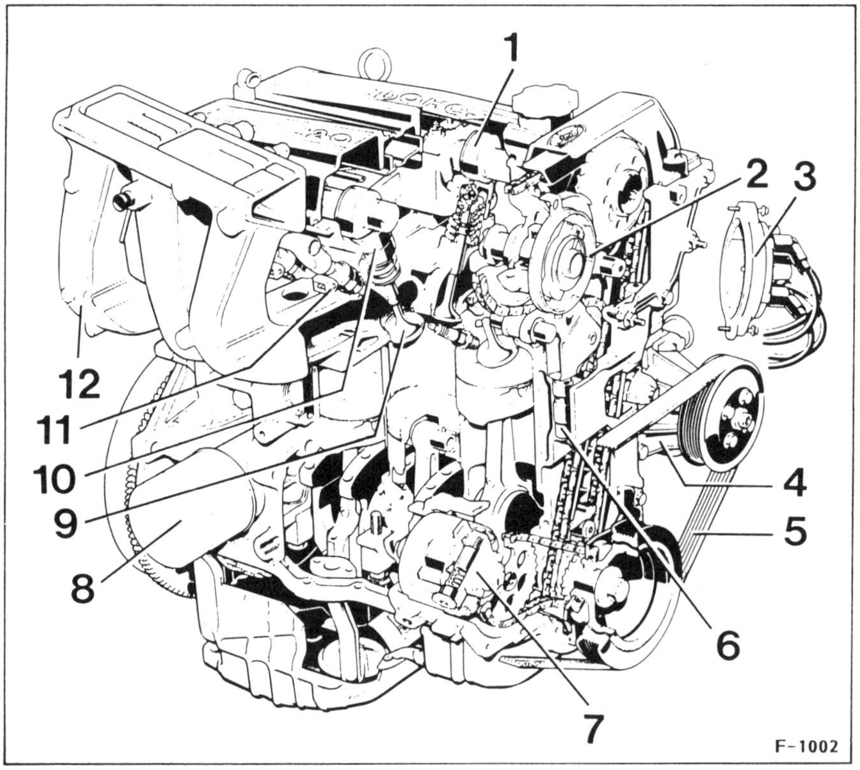

1 – Nockenwelle
2 – Zündverteiler
3 – Verteilerkappe
4 – Kühlmittelpumpe
5 – Keilrippenriemen
6 – Hydrostößel-Kettenspanner
7 – Ölpumpe
8 – Ölfilter
9 – Einlaßventil
10 – Hydraulischer Tassenstößel
11 – Einspritzventil
12 – Ansaugkrümmer

Zylinderkopf aus- und einbauen

Woran eine defekte Zylinderkopfdichtung zu erkennen ist, steht auf Seite 17.

Ausbau

Achtung: Um Beschädigungen am Zylinderkopf zu vermeiden, dürfen die Zylinderkopfschrauben erst gelöst werden, wenn der Motor auf ca. +25° C abgekühlt ist.

- Batterie-Massekabel abklemmen.
- Belüftungsschlauch vom Ansaugkrümmer und vom Halter an der Karosserie abbauen.
- Luftfilter ausbauen, siehe Seite 84.
- Kühlflüssigkeit ablassen, siehe Seite 45.
- Oberen Kühlmittelschlauch vom Kühler sowie die Verbindungsschläuche zum Ausgleichbehälter und zum Zylinderkopf am Thermostatgehäuse abziehen. Vorher Schellen lösen und ganz zurückschieben.
- Falls erforderlich, Belüftungsschlauch vom Zylinderkopfdeckel abziehen.
- **Vergasermotor:** Gaszug komplett mit Halter abschrauben.
- **Einspritzmotor:** Kunststoffclip seitlich abziehen und Gaszug aushängen.
- Unterdruckleitungen je nach Ausführung abziehen von: MAP-Sensor (Druckgeber Ansaugluft), Aktivkohlebehälter, Klimaanlage, Automatik-Getriebe.
- **Einspritzmotor:** Kraftstoffleitungen von Druckspeicher und Einspritzrohr abziehen, vorher Schellen lösen.
- Stecker von den Kühler-Lüftermotoren abziehen.
- **Einspritzmotor:** Mehrfachsteckverbindung für Motorsteuerung (Nähe Ölfilter) trennen.
- Hochspannungskabel von der Zündspule abziehen.
- Obere Befestigungsmutter für vorderes Abgasrohr vom Abgaskrümmer abschrauben.
- Fahrzeug aufbocken, siehe Seite 249.
- Restliche Schrauben für vorderes Abgasrohr/Abgaskrümmer abschrauben.
- Fahrzeug ablassen, siehe Seite 249.
- Sämtliche Zündkerzenstecker abziehen.
- Halter für Zündkabel von der oberen Abdeckung der Steuerkette abnehmen.
- Zündkerzen herausschrauben.

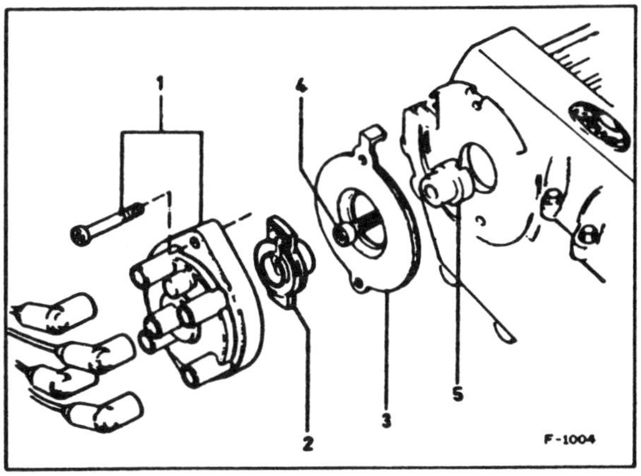

- Verteilerkappe –1– mit Innentorxschlüssel T25 abschrauben und mit Zündkabeln herausnehmen.
- Verteilerläufer –2– abziehen.
- Verteilergehäuse –3– ausclipsen.
- Zylinderkopfdeckel mit 11 Schrauben und 4 Muttern abschrauben.
- Obere Abdeckung für Steuerkette abschrauben.

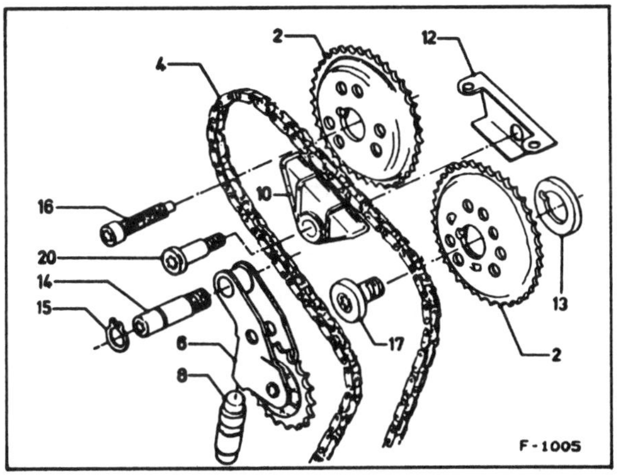

- Innentorxschrauben –16/17– für die 2 Nockenwellenräder –2– lösen.
- Motor auf Zünd-OT stellen. Dazu Schalthebel in Leerlaufstellung bringen, Handbremse anziehen und mit Stecknuß Motor an der Zentralschraube der Kurbelwellen-Riemenscheibe in Motordrehrichtung verdrehen. Der Kolben des 1. Zylinders steht in OT, wenn die Markierungen auf den Nockenwellenrädern auf Höhe der Zylinderkopf-Oberkante links und rechts nach außen zeigen.
- Stellung der Nockenwellenräder zur Steuerkette –4– markieren. Dazu mit einer Reißnadel links und rechts je einen Strich über Kettenrad und Kette ziehen.
- Obere Führung der Steuerkette ausclipsen.
- Kettenführungsschiene –10/12– oben mit einer Torxschraube –20– abschrauben.

- Kettenspannerarm –6– ausbauen. Dazu Sicherungsring –15– für Haltestift –14– herausziehen. **Achtung:** Sicherungsring mit Magnet festhalten, damit er beim Ausbau nicht herunterfällt.
- Je nach Ausführung Haltestift für Kettenspannerarm herausziehen oder herausschrauben. Dazu über den Stift eine 15-mm-Stecknuß ansetzen, Schraube M6×70 in Haltestift einschrauben. Haltestift herausziehen indem die Schraube gegen die Stecknuß gedreht wird. Kettenspannerarm abnehmen.
- Beide Nockenwellenräder abschrauben. Steuerkette seitlich über den Zylinderkopf legen.
- Hydrostößel –8– für Kettenspanner herausnehmen.

Achtung: Ausgebaute Teile des Ventiltriebes so ablegen, daß sie beim Einbau wieder an der gleichen Stelle eingebaut werden können.

- Beide Nockenwellen ausbauen. Dazu Lagerdeckel wechselweise vorsichtig lösen.
- Ölleitungen abnehmen.
- Tassenstößel aus dem Zylinderkopf herausziehen.

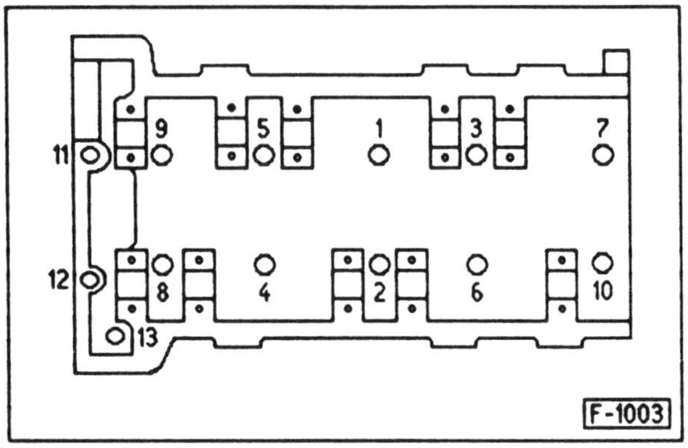

- 13 Innentorx-Zylinderkopfschrauben in der Reihenfolge von 13 nach 1 ca. ½ Umdrehung lösen und anschließend herausdrehen.
- Zylinderkopf komplett mit Abgas- und Ansaugkrümmer abheben.

Achtung: Zylinderkopf nach dem Ausbau nicht auf der Dichtfläche absetzen, dabei könnten voll geöffnete Ventile beschädigt werden. Deshalb Zylinderkopf auf 2 Holzleisten legen.

Einbau

- Vor dem Einbau Zylinderkopf und Zylinderblock mit geeignetem Schaber von Dichtungsresten freimachen. **Darauf achten, daß keine Dichtungsreste in die Bohrungen fallen.** Bohrungen mit Lappen verschließen.
- Zylinderkopf auf Risse, Zylinderlauffläche auf Riefen überprüfen.
- Zylinderkopfdichtung grundsätzlich ersetzen.
- Neue Dichtung ohne Dichtmittel so auf die Führungsbolzen auflegen, daß keine Bohrungen verdeckt werden.

Achtung: Dichtungen, deren Teilenummer mit »A2J« oder »A2K« endet, dürfen nicht verwendet werden. Das gilt insbesondere dann, wenn die Zylinderkopfdichtung aufgrund von Ölundichtigkeiten ersetzt wurde.

Achtung: Um Beschädigungen an Kolben und Ventilen zu vermeiden, muß die Kurbelwelle vor dem Aufsetzen des Zylinderkopfes so gedreht werden, daß der Kolben des 1. Zylinders etwa 20 mm vor OT steht. Vorher mit Farbe OT-Stellung der Kurbelwellen-Riemenscheibe kennzeichnen. Nachdem die Nockenwellen eingebaut sind und sich in OT-Stellung befinden (Nuten an der Stirnseite befinden sich auf Höhe Zylinderkopf-Oberkante und zeigen nach außen), Kurbelwelle wieder in OT-Stellung für Zylinder 1 drehen.

- Zylinderkopf aufsetzen.
- **Neue** Zylinderkopfschrauben an Kopf und Gewinde leicht einölen und handfest anschrauben. **Achtung:** Zylinderkopfschrauben grundsätzlich ersetzen. Die M11-Schrauben in die Bohrungen 1-10 einsetzen, die 2 langen M8-Schrauben in die Bohrungen 11 und 12 sowie die kurze M8-Schraube in die Bohrung 13.

Achtung: Das Anziehen der Zylinderkopfschrauben ist mit größter Sorgfalt durchzuführen. Vor dem Anziehen der Schrauben sollte der Drehmomentschlüssel auf seine Genauigkeit überprüft werden. Außerdem wird zum Anziehen der Zylinderkopfschrauben eine Winkelscheibe, zum Beispiel HAZET 6690, benötigt. Oder man setzt einen starren Schlüssel längs zum Motorblock auf die Schraube auf, mißt mit einem Winkelmesser die 90° und markiert sie mit Kreide auf dem Zylinderkopf.

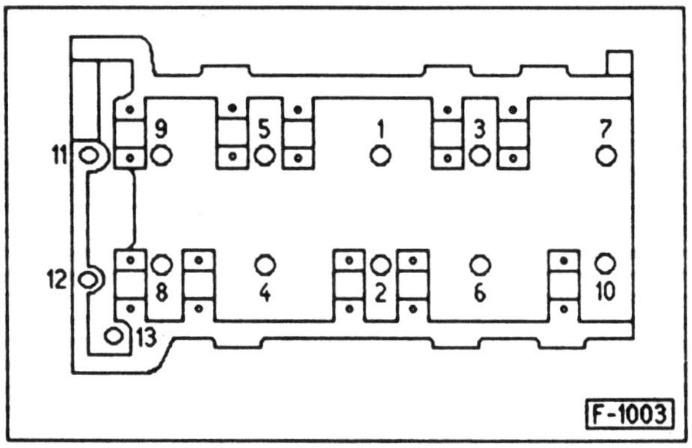

- Die M11-Zylinderkopfschrauben werden in 4 Stufen angezogen. In jeder Stufe Schrauben jeweils in der Reihenfolge von 1 bis 10 anziehen.

1. Stufe mit Drehmomentschlüssel und **25 Nm**
2. Stufe mit Drehmomentschlüssel und **55 Nm**
3. Stufe mit starrem Schlüssel **90°** weiterdrehen
4. Stufe mit starrem Schlüssel **90°** weiterdrehen

Achtung: Die Zylinderkopfschrauben dürfen **nicht** nachgezogen werden.

- **Neue** M8-Schrauben –11, 12, 13– an der Stirnseite des Zylinderkopfes mit **40 Nm** festziehen. **Achtung:** Es dürfen nur noch Schrauben mit Sechskantkopf verwendet werden, bisher Torxkopf.
- Ventilstößel leicht einölen und in der gleichen Anordnung wie beim Ausbau einsetzen.
- Nockenwellen-Lagerstellen einölen und beide Nockenwellen so einsetzen, daß die Mitnehmernuten an der Frontseite nach rechts zeigen.

- Nockenwellen-Lagerdeckel entsprechend ihrer Numerierung wechselseitig mit **25 Nm** anschrauben. Wenn auf dem Lagerdeckel beispielsweise **4L** steht, bedeutet das, daß es sich um den Deckel für die Lagerstelle **4** von vorn handelt und zwar für die **l**inke Nockenwelle, in Fahrtrichtung gesehen (Auslaßnockenwelle).
- Zusammen mit den Lagerdeckeln Halter für Kettenführung vorn und Ölleitungen mit anbauen.
- Kunststoff-Kettenführung mit 1 Torxschraube anschrauben.

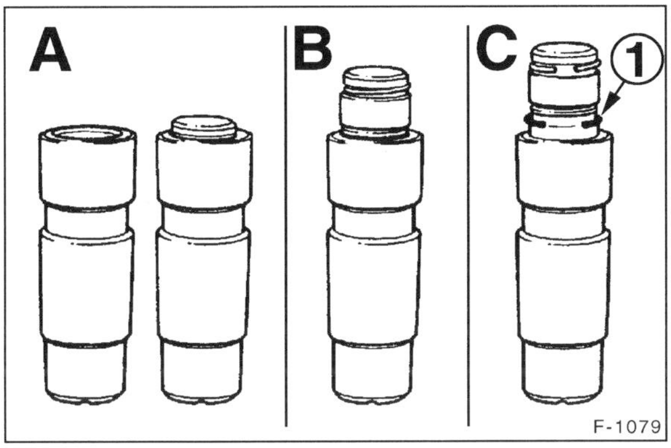

F-1079

Achtung: Es dürfen nur **neue**, **eingerastete** Hydrostößel –A– eingebaut werden. Teilentriegelte –B– oder voll entriegelte Hydrostößel –C– (Rastenring –1– ist sichtbar) müssen verschrottet werden. Entriegelte Stößel dürfen **nicht** manuell wieder eingerastet werden. Falls nach dem Zusammenbau eine Korrektur der Steuerzeiten erforderlich ist, muß dazu ebenfalls ein neuer, eingerasteter Stößel eingebaut werden.

- Eingerasteten Hydrostößel mit dem Kolben nach oben vorsichtig in den Zylinderkopf einsetzen. **Achtung:** Es besteht Verletzungsgefahr!
- Kettenspannerarm in den Zylinderkopf einsetzen, mit Paßstift befestigen und Sicherungsring vorsichtig in die Nut des Paßstiftes schieben.
- Nockenwellen in OT-Stellung für Zylinder 1 drehen. Die Nuten an den Stirnseiten liegen auf Höhe der Zylinderkopf-Oberkante und zeigen nach links und rechts außen.
- Kurbelwelle entsprechend der angebrachten Markierungen auf OT stellen.
- Steuerkette auf Nockenwellenräder aufsetzen und Räder in OT-Stellung ansetzen und mit **60 Nm** festschrauben; dabei Verteilerantrieb –5– mit Innentorxschraube –4– auf der rechten Seite mit anbauen, siehe Abbildung F-1004.

Achtung: Die Nockenwellenräder werden an der Stelle ihrer Vorprägung (Langloch) auf die Mitnehmernuten der Nockenwelle aufgesetzt. Der angekörnte Zahn des Nockenwellenrades beziehungsweise die weiße Markierung liegt auf Höhe der Zylinderkopf-Oberkante und zeigt jeweils nach außen.

Achtung: Beim Aufsetzen der Zahnräder muß die Steuerkette an der, dem Kettenspanner gegenüberliegenden Seite gespannt sein.

- Prüfen, ob der Stößel des Kettenspanners entspannt ist. Gegebenenfalls mit einem geeigneten Stift und einem Kunststoffhammer Stößel aus der Arretierung lösen.
- Motor an der Kurbelwellen-Riemenscheibe mehrmals in Motordrehrichtung durchdrehen und dabei Einstellung kontrollieren.

Achtung: Bei jeder 2. OT-Stellung von Zylinder 1 (nicht Zünd-OT) müssen sich die Markierungen an den Nockenwellenrädern auf Höhe der Zylinderkopf-Oberkante in der Mitte genau gegenüberstehen.

- Obere Kettenführung in den Halter einclipsen.

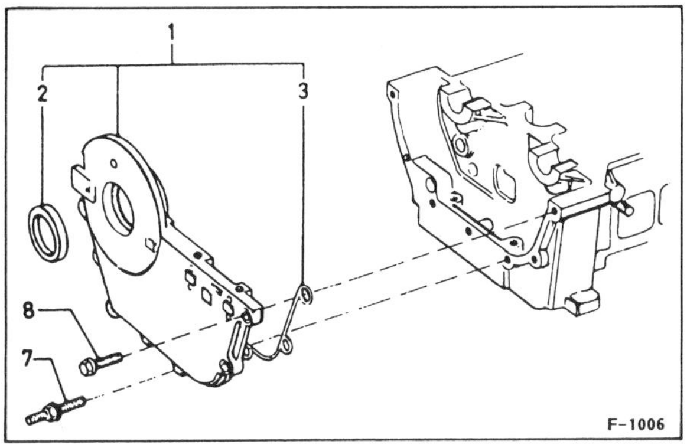

F-1006

- **Neuen** Dichtring –2– in die obere Abdeckung –1– der Steuerkette einsetzen. Abdeckung mit neuer Dichtung –3– ansetzen. Dabei FORD-Werkzeug 21-093A beziehungsweise geeignete Hülse über den Verteilerantrieb schieben, damit die Dichtlippe des Radialdichtringes nicht beschädigt wird.
- Abdeckung mit 3 Stehbolzen –7– und 4 Schrauben –8– sowie 8 Nm festschrauben.
- Anlagefläche der Zylinderkopfdeckel-Dichtung mit Kaltreiniger sorgfältig reinigen. Die beiden Trennstellen zwischen Zylinderkopfstirnseite und oberer Steuergehäuse-Abdekkung –1– in Abbildung F-1006 mit Dichtmasse, zum Beispiel Curil oder FORD-1477968, bestreichen.
- Zylinderkopfdeckel mit **neuer** Dichtung auf Stehbolzen schieben und Schrauben leicht beidrehen. Falls die Verstärkungshülsen ausgebaut waren, die 4 kurzen Hülsen vorn einsetzen.
- Schrauben und Muttern in folgender Reihenfolge mit 8 Nm festziehen: 1 – Schraube hintere Stirnseite, 2 – die beiden hinteren Muttern, 3 – hinteres Schraubenpaar, 4 – mittleres Schraubenpaar, 5 – die beiden mittleren Schrauben der vorderen Stirnseite, 6 – die beiden äußeren Schrauben der vorderen Stirnseite, 7 – vordere Muttern, 8 – vorderes Schraubenpaar.
- Zündkerzen einschrauben und mit 25 Nm festziehen.
- Verteilergehäuse ansetzen, Verteilerläufer aufschieben und festen Sitz prüfen.
- Verteilerkappe ansetzen und ganz leicht mit Innentorx-Schraubendreher T25 festziehen (3-5 Nm).
- Kerzenstecker entsprechend der Beschriftung auf den Zündkabeln aufschieben.
- Fahrzeug aufbocken, siehe Seite 249.
- Vorderes Abgasrohr mit neuer Dichtung am Abgaskrümmer anschrauben.

- Fahrzeug ablassen, siehe Seite 249.
- Obere Mutter für Abgaskrümmer anschrauben.
- Mehrfachstecker Motorkabelbaum verbinden.
- Stecker für Lüftermotor(en) aufschieben.
- Hochspannungskabel auf Zündspule aufstecken.
- Falls vorhanden, Unterdruckleitungen anschließen an: MAP-Sensor, Aktivkohlebehälter, Klimaanlage, Automatik-Getriebe.
- Gaszug mit Halter anschrauben beziehungsweise einhängen.
- Sämtliche Belüftungs- und Kühlmittelschläuche aufschieben und mit Schellen sichern.
- Luftfilter einbauen.
- Falls vorhanden, Stecker am Leerlaufregelventil aufschieben.
- Kühlmittel auffüllen.
- Batterie-Massekabel anklemmen.
- Ölstand im Motor prüfen, gegebenenfalls Öl nachfüllen. Wurde der Zylinderkopf abgebaut aufgrund einer defekten Zylinderkopfdichtung, empfiehlt sich ein vorgezogener Ölwechsel einschließlich eines Ölfilterwechsels, da sich im Motoröl Kühlflüssigkeit befinden kann.
- Bei betriebswarmem Motor Leerlauf, CO-Gehalt und Zündzeitpunkt prüfen.

Achtung: Die Zylinderkopfschrauben dürfen nach einer Fahrstrecke von 1000 km **nicht** nachgezogen werden.

CVH-Motor

Im **CVH-Motor** wird die obenliegende Nockenwelle durch einen Zahnriemen angetrieben, der ebenfalls die Kühlmittelpumpe antreibt. Die Ventile werden über Kipphebel und hydraulische Ventilstößel (Ventilspielausgleicher) betätigt. Anders als in der Abbildung dargestellt, ist beim 1,8-l-CVH-Motor der Zündverteiler an der vorderen Stirnseite angeflanscht. Der 1,6-l-CVH-Motor besitzt eine verteilerlose Zündanlage (EDIS), die seitlich am Motorblock angeschraubt ist.

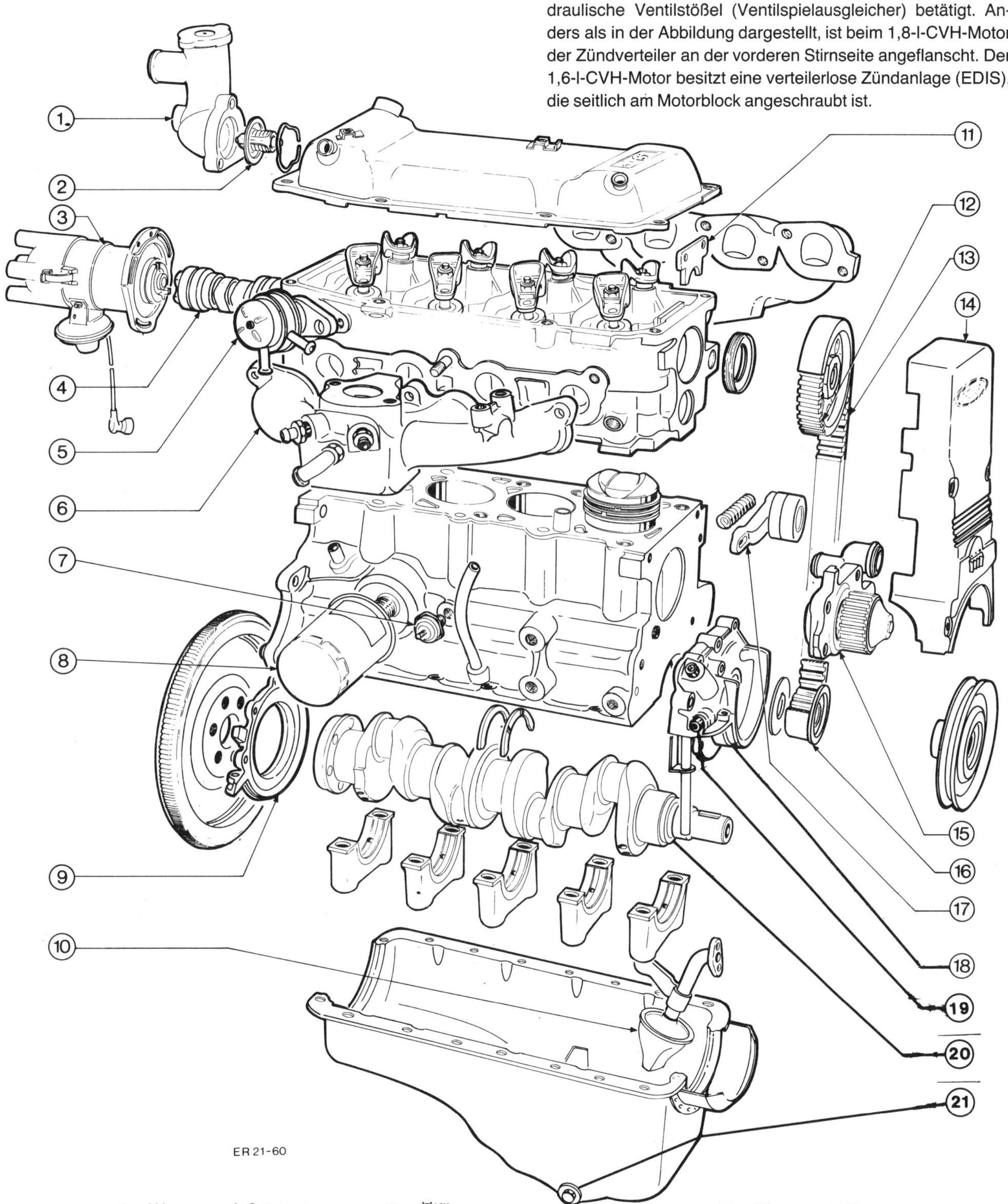

1 = Wasserauslaßstutzen
2 = Thermostat
3 = Zündverteiler
4 = Nockenwelle
5 = Kraftstoffpumpe
6 = Ansaugkrümmer
7 = Öldruckschalter
8 = Ölfilter
9 = Kurbelwellen-Dichtringträger
10 = Ölpumpensieb mit Saugrohr
11 = Nockenwellen-Halteplatte
12 = Nockenwellen-Zahnriemenrad
13 = Zahnriemen
14 = Zahnriemenabdeckung
15 = Wasserpumpe
16 = Kurbelwellen-Zahnriemenrad
17 = Zahnriemenspanner
18 = Ölpumpe
19 = Öldruckregelventil
20 = Kurbelwelle
21 = Ölablaßschraube

Zahnriemen aus- und einbauen

Achtung: Im Werk wird der Zahnriemenspanner ohne Spannfeder eingebaut. Beim späteren Einbau des Zahnriemens muß die Spannfeder daher zusätzlich miteingebaut werden. Außerdem wird zum Prüfen der Zahnriemenspannung ein Prüfgerät benötigt, zum Beispiel FORD 21-113.

Ausbau

- Keilriemen ausbauen, siehe Seite 206.

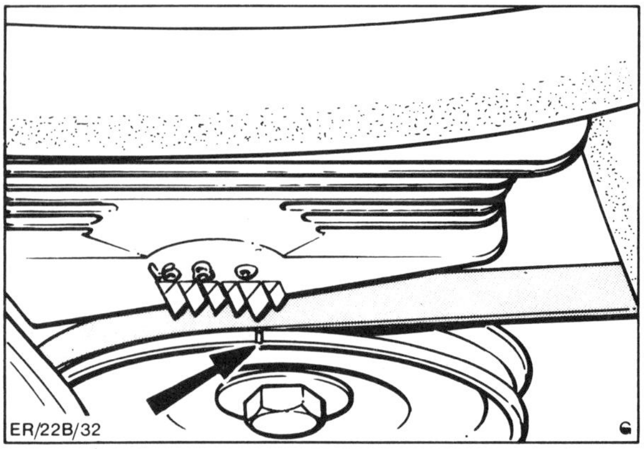
ER/22B/32

- Zylinder 1 auf OT stellen. Dazu Getriebe in Leerlaufstellung bringen, Handbremse anziehen. Kurbelwelle an der Riemenscheibe in Motordrehrichtung verdrehen, bis die Kerbe an der Riemenscheibe der Bezugsmarke »O« gegenübersteht. Zum Verdrehen des Motors kann auch der 5. Gang eingelegt und das Fahrzeug bei gelöster Handbremse auf einer ebenen Fläche verschoben werden.
- Zahnriemen-Abdeckung abschrauben und nach oben herausnehmen. Riemenscheibe dabei nicht verdrehen.
- Kurbelwellen-Riemenscheibe ausbauen, dazu 4. oder 5. Gang einlegen und Handbremse anziehen.

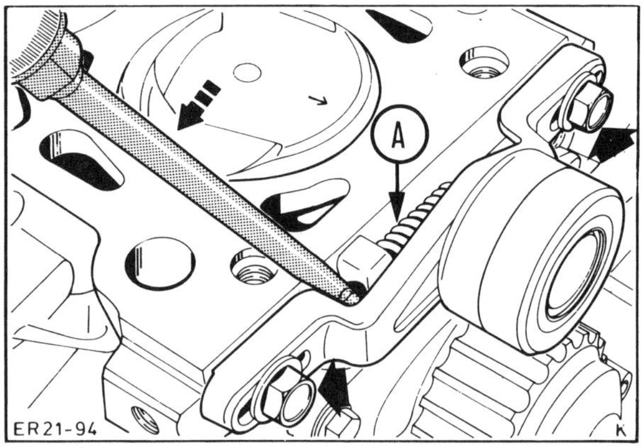

ER 21-94

- Befestigungsschrauben lösen und Zahnriemenspanner mit Schraubendreher nach links drücken; Schrauben anschließend wieder festziehen.

Achtung: Ist die Spannfeder –A– nicht vorhanden, Zahnriemenspanner ausbauen und Feder einsetzen.

- Zahnriemen abnehmen.

Achtung: Bei ausgebautem Zahnriemen Motor möglichst nicht verdrehen, sonst können an Kolben und Ventilen schwere Schäden entstehen.

Einbau

- Zahnriemen auf jeden Fall ersetzen, wenn er Risse aufweist, verölt ist oder Flanken und Zähne beschädigt sind.

Achtung: Nockenwelle und Kurbelwelle werden bei ausgebautem Zahnriemen grundsätzlich nicht mehr verdreht.

Falls die Nockenwelle jedoch im Rahmen anderer Arbeiten verdreht werden muß, unbedingt darauf achten, daß dabei kein Kolben im OT steht. Andernfalls drücken die Ventile beim Drehen der Nockenwelle auf den Kolben, wobei Kolben und Ventile beschädigt werden können. Um dies zu verhindern Kurbelwelle so verdrehen, daß die Markierung auf dem Zahnrad ca. 90° (1/4 Umdrehung) vor oder nach der OT-Markierung am Motorblock steht. Dabei Kurbelwelle insgesamt nicht weiter als 90° verdrehen.

Bevor die Kurbelwelle wieder in OT-Stellung gebracht wird, darauf achten, daß sich die Nockenwelle in OT-Stellung befindet.

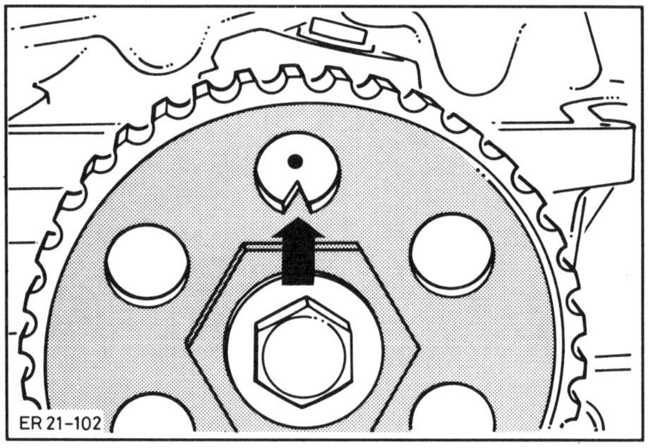
ER 21-102

- Die Markierung des Nockenwellen-Zahnrades muß mit der OT-Markierung auf dem Zylinderkopf übereinstimmen, gegebenenfalls Nockenwellenrad verdrehen.

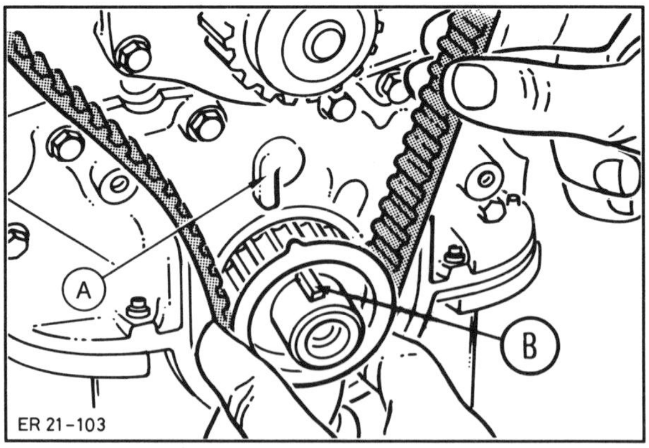

ER 21-103

- Gleichzeitig muß die Scheibefeder –B– der Markierung dam Ölpumpengehäuse –A– gegenüberstehen, gegebenenfalls Kurbelwelle verdrehen. Dabei den kürzesten Weg wählen.

- Zahnriemen im Gegenuhrzeigersinn auflegen. Dabei an der Kurbelwelle beginnen.

Achtung: Beim Auflegen des Zahnriemens darf weder die Nockenwellenstellung noch die der Kurbelwelle verändert werden. Sonst können schwerwiegende Schäden am Motor entstehen, beziehungsweise der Motor gibt nicht mehr seine volle Leistung ab. Nachdem der Zahnriemen gespannt wurde, empfiehlt es sich, die OT-Stellung Nockenwelle und Kurbelwelle nochmals zu kontrollieren. Gegebenenfalls Einstellung bei abgenommenem Zahnriemen wiederholen.

Zahnriemen spannen/prüfen

- Zahnriemenspanner lösen und verschieben, bis der Zahnriemen gespannt ist. Zahnriemenspanner festschrauben.
- Kurbelwelle 2 Umdrehungen im Uhrzeigersinn weiterdrehen bis die Markierungen für OT wieder übereinstimmen.

- Kurbelwelle um etwa 60° **entgegen** dem Uhrzeigersinn drehen. Dabei verdreht sich das Nockenwellenrad um 3 Zähne.
- Prüfgerät einsetzen. Die Zahnriemenspannung wird immer zwischen Kurbelwellen- und Nockenwellenrad gemessen.

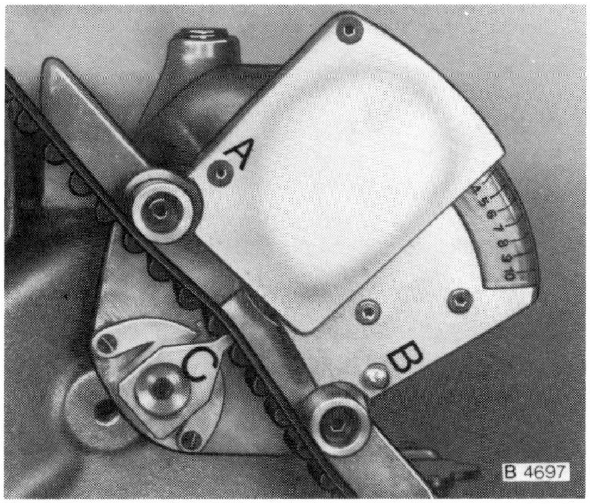

- Zahnriemen zwischen den Punkten A, B und C hindurchführen. Dabei muß der Spanner in eine Zahnlücke eingreifen.
- Der Zahnriemen ist richtig gespannt, wenn das Prüfgerät bei einem gelaufenen Riemen einen Wert zwischen 4 und 6 anzeigt. Bei einem neuen Keilriemen muß der Wert 10–11 betragen.
- Stimmt der Prüfwert nicht, Riemenscheibe der Kurbelwelle an der Zentralschraube im Uhrzeigersinn bis zum OT des 1. Zylinders verdrehen.
- Zahnriemenspanner lösen, je nach Spannungsabweichung verschieben und wieder festziehen, dabei rechte Schraube zuerst anziehen.
- Kurbelwelle um ¼ Umdrehung weiterdrehen, dann wieder zurückdrehen bis ca. 60° vor OT.
- Messung wiederholen. Bei Abweichung vom vorgegebenen Wert, Einstellung wiederholen.

Hinweis: Steht kein Zahnriemenspannungs-Prüfgerät zur Verfügung (Ausland, Panne), kann der Zahnriemen auch behelfsmäßig gespannt werden. Es ist jedoch erforderlich, die Spannung baldmöglichst mit dem Prüfgerät zu überprüfen.

- Zahnriemenspanner lösen, Kurbelwelle 2 Umdrehungen im Uhrzeigersinn weiterdrehen, damit sich die Spannrolle an den Zahnriemen anlegt.

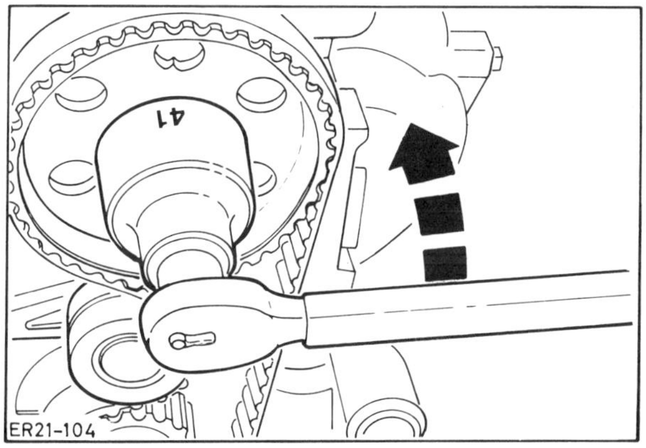

- Zum Spannen des Zahriemens Kurbelwelle festhalten, indem bei eingelegtem 4. Gang die Handbremse angezogen wird. Dann Nockenwelle mit Drehmomentschlüssel sowie 41-mm-Stecknuß entgegen dem Uhrzeigersinn drehen. **Achtung:** Nicht an der Befestigungsschraube für die Nockenwelle drehen. Für den Einsatz der 41-mm-Stecknuß mit dem Drehmomentschlüssel wird ein Reduzierstück ½″ – ¾″ benötigt.
- Nockenwelle mit 20 bis 30 Nm festhalten und Zahnriemenspanner festschrauben (20 Nm), dabei rechte Schraube zuerst anziehen.
- Kurbelwelle um 2 Umdrehungen weiterdrehen bis der 1. Zylinder wieder auf OT steht. Gleichzeitige Übereinstimmung der OT-Markierungen von Nockenwellen- und Kurbelwellen-Zahnrad überprüfen. Gegebenenfalls Einstellung wiederholen.
- Kurbelwellen-Riemenscheibe einbauen und mit **110 Nm** anschrauben, dazu 4. Gang einlegen und Handbremse anziehen.
- Kunststoffabdeckung für Zahnriemen ansetzen und festschrauben.
- Keilriemen einbauen und spannen, siehe Seite 206.

Zylinderkopf aus- und einbauen

Der Zylinderkopf kann bei eingebautem Motor ausgebaut werden. Abgas- und Ansaugkrümmer bleiben angeschlossen. Zylinderkopf nur bei kaltem Motor (Raumtemperatur ca. 20°C, mindestens 6 Stunden Standzeit) ausbauen.

Eine defekte Zylinderkopfdichtung ist an folgenden Merkmalen erkennbar:

- Leistungsverlust.
- Kühlflüssigkeitsverlust. Weiße Abgaswolken bei warmem Motor.
- Ölverlust.
- Kühlflüssigkeit im Motoröl, Ölstand nimmt nicht ab, sondern zu. Graue Farbe des Motoröls, Schaumbläschen am Peilstab, Öl dünnflüssig.
- Motoröl in der Kühlflüssigkeit.
- Kühlflüssigkeit sprudelt stark.
- Keine Kompression auf 2 benachbarten Zylindern.

Ausbau

Achtung: Einige Arbeiten sind im Kapitel »Motor aus- und einbauen« näher beschrieben, deshalb empfiehlt es sich, dieses Kapitel ebenfalls durchzulesern.

- Batterie-Massekabel abklemmen.
- Luftfilter ausbauen, siehe Seite 84.
- Halterung für Ölmeßstab ausbauen.
- Kühlmittel ablassen, siehe Seite 45.
- Unteren Kühlmittelschlauch sowie Heizungsschlauch vom Anschlußrohr der Kühlmittelpumpe abziehen, vorher Schelle ganz öffnen und zurückschieben.
- Oberen Kühlerschlauch und Verbindungsschlauch zum Ausgleichbehälter ausbauen.
- Heizungsschlauch beim 1,8-l-Motor von der Startautomatik, beim 1,6-l-Motor von der CFI-Einspritz-Einheit abziehen.
- Folgende elektrische Leitungen abklemmen:
  1,6/1,8-l-Motor:
  - Geber Fernthermometer
  - Temperaturgeber Kühlmittel
  - Thermoschalter Motorlüfter

  1,6-l-Motor:
  - Temperaturgeber Ansaugluft
  - Drosselklappen-Stellmotor
  - Geber für Drosselklappenstellung
  - Einspritzventil
  - Zündkabel von den Zündkerzen

  1,8-l-Motor:
  - Drehstromgenerator
  - Startautomatik
  - Geber Drehzahl/Kurbelwellenposition
  - Zündverteiler
  - Öldruckschalter
  - Massekabel Motor/Batteriekonsole
  - Hochspannungskabel Zündspule
  - Magnetventil Kraftstoff-Schubabschaltung
- Unterdruckleitungen abziehen von:
  - Bremskraftverstärker
  - Ansaugkrümmer

  Ohne Impulsluftsystem
  - Unterdruckdose für Startautomatik
  - Schließdämpfer

  Mit Impulsluftsystem
  - Dreikanal-Unterdruckdose (PVS)
- Gaszug aushängen.
- Kraftstoffleitungen mit Tesaband kennzeichnen und von Kraftstoffpumpe und Vergaser abziehen.
- Fahrzeug aufbocken, siehe Seite 249.
- Vorderes Abgasrohr abschrauben, siehe Seite 122.
- Fahrzeug ablassen, siehe Seite 249.
- **1,8-l-Motor:** Verteilerkappe und Verteilerläufer mit Gehäuse abnehmen. Dazu die Laschen des Mitnehmerzapfens zusammendrücken.
- Zahnriemen vom Nockenwellenrad abbauen, siehe Seite 30.
- Nockenwellen-Zahnriemenrad abschrauben. Dazu Zahnrad mit Maul- oder Ringschlüssel SW 41 festhalten und Befestigungsschraube lösen.
- Zylinderkopfdeckel ausbauen.
- Zündkerzen ausbauen.

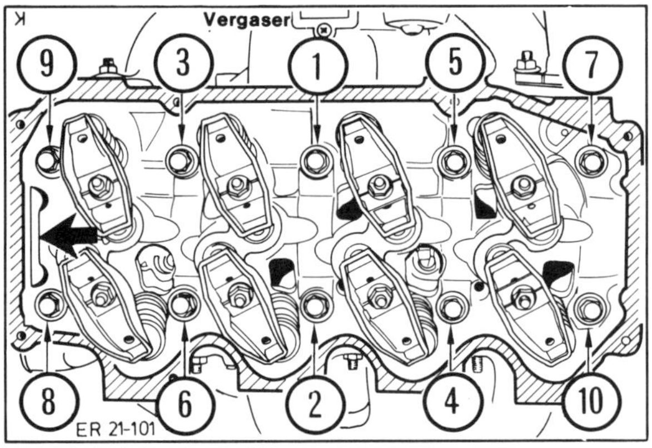

- Zylinderkopfschrauben in umgekehrter Reihenfolge der Numerierung, also von 10 nach 1, herausdrehen.

Achtung: Der Zylinderkopf muß vorher ausreichend abgekühlt sein.

- Zylinderkopf abheben.

Achtung: Zylinderkopf nach dem Ausbau nicht auf der Dichtfläche absetzen, dabei könnten voll geöffnete Ventile beschädigt werden. Deshalb Zylinderkopf auf 2 Holzleisten legen.

Einbau

Vor dem Einbau Zylinderkopf und Zylinderblock mit geeignetem Schaber von Dichtungsresten freimachen. Darauf achten, daß keine Dichtungsreste in die Bohrungen fallen. Bohrungen mit Lappen verschließen.

- Zylinderkopf und Motorblock mit Stahllineal in Längs- und Querrichtung auf Planheit prüfen. Der zulässige Wärmeverzug darf über die gesamte Länge gemessen nicht mehr als 0,15 mm betragen. Gegebenenfalls Dichtfläche des Zylinderkopfes bis maximal 0,3 mm nacharbeiten (Werkstattarbeit). Anschließen Brennraumkanten mit Schmirgelleinen entgraten, nicht anfasen. **Achtung:** Die Brennraumtiefe muß mindestens 14,5 bis 13,9 mm betragen. Wird dieser Wert unterschritten, Zylinderkopf ersetzen.

- Zylinderkopf auf Risse, Zylinderlauffläche auf Riefen überprüfen.
- Bohrungen der Zylinderkopfschrauben sorgfältig von Öl und anderen Rückständen reinigen.

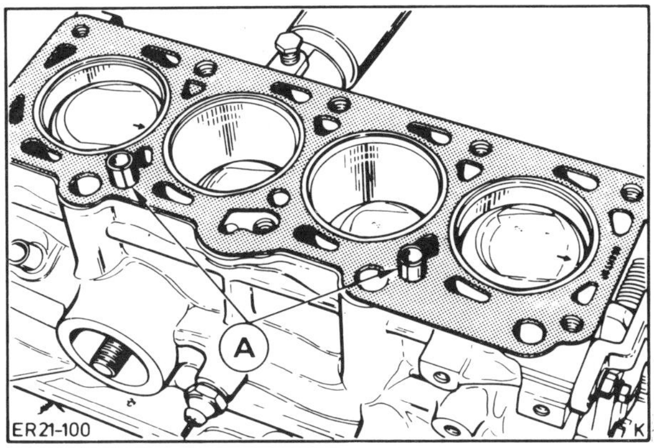

- Führungsbüchsen –A– auf festen Sitz überprüfen.
- Zylinderkopfdichtung grundsätzlich ersetzen.
- Neue Dichtung ohne Dichtmittel so auflegen, daß keine Bohrungen verdeckt werden. Die Zylinderkopfdichtung für den 1,8-l-Motor ist mit „1.8" gekennzeichnet und wird mit der roten Dichtraupe nach oben aufgelegt. Die Dichtung für den 1,6-l-Motor ist mit 1 Zacken ca. oberhalb des Ölfilterflansches gekennzeichnet.
- Vor Aufsetzen des Zylinderkopfes prüfen, ob sich die Nockenwelle in OT-Stellung befindet, siehe Seite 30.
- Zylinderkopf aufsetzen.
- **Neue** Zylinderkopfschrauben einsetzen und handfest anziehen. **Achtung:** Zylinderkopfschrauben immer ersetzen.

Achtung: Das Anziehen der Zylinderkopfschrauben ist mit größter Sorgfalt durchzuführen. Vor dem Anziehen der Schrauben sollte der Drehmomentschlüssel auf seine Genauigkeit überprüft werden. Außerdem wird zum Anziehen der Zylinderkopfschrauben eine Winkelscheibe, zum Beispiel HAZET 6690, benötigt. Steht die Winkelscheibe nicht zur Verfügung, Schlüssel ansetzen, Winkelmesser-Lineal am Schlüsselarm anlegen und mit Kreide den entsprechenden Winkel anzeichnen. Anschließend Schlüsselarm in einem Zug bis zur angezeichneten Markierung drehen.

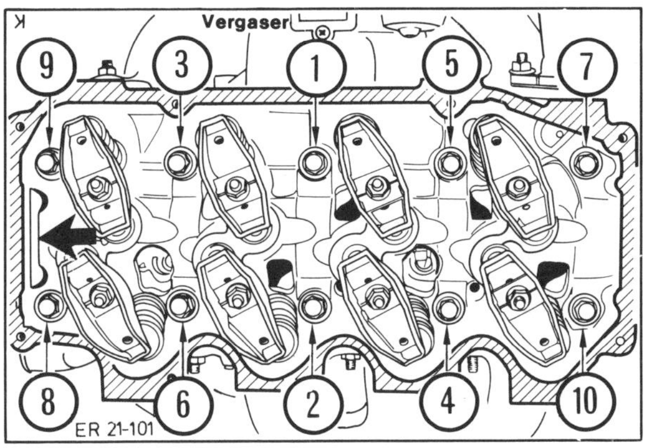

- Die Zylinderkopfschrauben werden in mehreren Stufen angezogen. In jeder Stufe Kopfschrauben jeweils in der Reihenfolge von 1 bis 10 anziehen.

Anzugsdrehmomente 1,8-l-Motor

1. Stufe mit Drehmomentschlüssel **50 Nm**
2. Stufe Schrauben ½ Umdrehung **lösen**
3. Stufe mit Drehmomentschlüssel **50 Nm**
4. Stufe mit starrem Schlüssel **90°** weiterdrehen
5. Stufe mit starrem Schlüssel **90°** weiterdrehen

Anzugsdrehmomente 1,6-l-Motor

1. Stufe mit Drehmomentschlüssel **30 Nm**
2. Stufe mit Drehmomentschlüssel **50 Nm**
3. Stufe mit starrem Schlüssel **90°** weiterdrehen
4. Stufe mit starrem Schlüssel **90°** weiterdrehen

Achtung: Die Zylinderkopfschrauben dürfen nach dem Warmlaufen **nicht** nachgezogen werden.

- Innere Zahnriemenabdeckung einsetzen und Nockenwellen-Zahnriemenrad mit Mitnehmer für Verteilerläufer anbauen. Dazu **neue** Befestigungsschraube mit Dichtmittel, zum Beispiel FORD-SDM-4G9105-A einsetzen und mit **105 Nm** festziehen.
- Zahnriemen einbauen und spannen.
- Zylinderkopfdeckel mit **neuer** Dichtung aufsetzen und mit 10 Nm über Kreuz festziehen.
- **1,8-l-Motor:** Verteilerläufer und Verteilerkappe einbauen.
- Zündkerzen einschrauben.
- Fahrzeug aufbocken, siehe Seite 249.
- Vorderes Abgasrohr mit neuer Dichtung anschrauben.
- Fahrzeug ablassen, siehe Seite 249.
- Zündkerzenstecker entsprechend der Beschriftung auf den Zündkabeln aufschieben. Die Zylinder 1 bis 4 werden von der Zahnriemenseite zur Schwungradseite gezählt.
- Sämtliche elektrische Leitungen und Unterdruckschläuche anschließen, siehe unter »Ausbau«.
- Kraftstoffleitungen entsprechend den angebrachten Markierungen an Kraftstoffpumpe und Vergaser anschließen.
- Gaszug einhängen.
- Halterung Ölmeßstab einbauen.
- Kühlmittelschläuche aufschieben und mit Schellen sichern.
- Luftfilter einbauen.
- Keilriemen einbauen und spannen, siehe Seite 206.
- Batterie-Massekabel anklemmen.
- Kühlmittel auffüllen, siehe Seite 45.
- Ölstand im Motor prüfen, gegebenenfalls Öl nachfüllen. Wurde der Zylinderkopf abgebaut aufgrund einer defekten Zylinderkopfdichtung, empfiehlt sich ein vorgezogener Ölwechsel einschließlich eines Ölfilterwechsels, da sich im Motoröl Kühlflüssigkeit befinden kann.
- Motor warmlaufen lassen, Motoröl- und Kühlmittelstand sowie je nach Motorversion Leerlauf- und Zündeinstellung prüfen.

W Wartung am Motor

Sichtprüfung auf Ölverlust

Bei ölverschmiertem Motor und hohem Ölverbrauch überprüfen, wo das Öl austritt. Dazu folgende Stellen überprüfen:

- Öleinfülldeckel abziehen und Dichtung auf Porosität oder Beschädigung prüfen.
- Belüftungsschläuche vom Zylinderkopfdeckel zum Motorblock-Stutzen bzw. zum Ansaugkrümmer auf festen Sitz prüfen.
- Zylinderkopfdeckel-Dichtung
- Zylinderkopf-Dichtung
- Trennstelle Zündverteilerflansch
- Ölfilterdichtung: Ölfilterflansch an Motorblock sowie Ölfilter an Ölfilterflansch
- Öldruckschalter (Kupferdichtring)
- Ölablaßschraube (Kupferdichtring)
- Ölwannendichtung
- Trennstelle zwischen Motor und Getriebe bzw. Kupplungsabdeckblech (Dichtung an Schwungrad oder Getriebewelle).
- Wellendichtringe für Nockenwelle, Zwischenwelle und Kurbelwelle (Zahnriemenseite des Motors).

Da sich bei Undichtigkeiten das Öl meistens über eine größere Motorfläche verteilt, ist der Austritt des Öls nicht auf den ersten Blick zu erkennen. Bei der Suche geht man zweckmäßigerweise wie folgt vor:

- Motorwäsche durchführen. Motor mit handelsüblichem Kaltreiniger einsprühen und nach einer kurzen Einwirkungszeit mit Wasser abspritzen. Vorher Zündverteiler und Generator mit Plastiktüte abdecken.
- Trennstellen und Dichtungen am Motor von außen mit Kalk oder Talkumpuder bestäuben.
- Ölstand kontrollieren, ggf. auffüllen.
- Probefahrt durchführen. Da das Öl bei heißem Motor dünnflüssig wird und dadurch schneller an den Leckstellen austreten kann, sollte die Probefahrt über eine Strecke von ca. 30 km auf einer Schnellstraße durchgeführt werden.
- Anschließend Motor mit Lampe absuchen, undichte Stelle lokalisieren und Fehler beheben.

Kompression prüfen

Benzinmotor

Die Kompressionsprüfung erlaubt Rückschlüsse über den Zustand des Motors. Und zwar läßt sich bei der Prüfung feststellen, ob die Ventile oder die Kolben (Kolbenringe) in Ordnung bzw. verschlissen sind. Außerdem zeigen die Prüfwerte an, ob der Motor austauschreif ist bzw. komplett überholt werden muß. Für die Prüfung wird ein Kompressionsdruckprüfer benötigt, der recht preiswert in Fachgeschäften angeboten wird.

Der Druckunterschied zwischen den einzelnen Zylindern darf maximal 3,0 bar (atü) betragen. Falls ein oder mehrere Zylinder gegenüber den anderen einen Druckunterschied von mehr als 3,0 bar (atü) haben, ist dies ein Hinweis auf defekte Ventile, verschlissene Kolbenringe bzw. Zylinderlaufbahnen. Ist die Verschleißgrenze erreicht, muß der Motor überholt bzw. ausgetauscht werden.

Der Kompressionsdruck soll zwischen 11 – 13 bar (atü) liegen.

- Zur Prüfung des Kompressionsdruckes soll der Motor betriebswarm sein. Sämtliche Zündkerzen rausdrehen. Kompressionsdruckprüfer nach Bedienungsanleitung anschließen.
- Niederspannungskabel (Klemme 15) von der Zündspule abziehen.
  1,6-l-CVH-Motor: Dreifachstecker von der EDIS-Zündspule abziehen. Die Zündspule ist am Motorblock unterhalb des Ansaugkrümmers angebracht.
- Von zweitem Mann Gaspedal durchtreten lassen, Gaspedal während der ganzen Prüfung mit dem Fuß festhalten.
- Starter betätigen, bis der Prüfwert seinen Höchstwert erreicht hat.
- Nacheinander sämtliche Zylinder prüfen, mit Sollwert vergleichen.
- Niederspannungskabel beziehungsweise Dreifachstecker an der Zündspule aufschieben.

Ventilspiel prüfen/einstellen

Benzinmotor

Achtung: Da der DOHC-Motor hydraulische Tassenstößel und der CVH-Motor hydraulische Ventilstößel besitzt, die automatisch jegliches Ventilspiel ausgleichen, muß bei diesen Motoren das Ventilspiel im Rahmen der Wartung nicht eingestellt werden.

Um unterschiedliche Wärmeausdehnungen im Ventiltrieb zu kompensieren, muß in der Regel ein gewisses Ventilspiel vorhanden sein.

Bei zu geringem Spiel verändern sich die Steuerzeiten, die Verdichtung ist schlecht, die Motorleistung nimmt ab, der Motorlauf ist unregelmäßig. In extremen Fällen können sich die Ventile verziehen oder die Ventile bzw. Ventilsitze verbrennen.

Bei zu großem Spiel stellen sich starke mechanische Geräusche ein, die Steuerzeiten verändern sich, der Motor gibt wegen mangelhafter Zylinderfüllung weniger Leistung ab, der Motorlauf ist unregelmäßig.

Das Einstellen der Ventile hat nur dann den gewünschten Erfolg, wenn die Ventile einwandfrei abdichten, diese kein unzulässiges Spiel in den Ventilführungen haben und am Schaftende nicht eingeschlagen sind.

Das Ventilspiel ist im Rahmen der Wartung alle 20 000 km zu überprüfen, gegebenenfalls zu berichtigen.

Das Ventilspiel wird bei kaltem Motor (Umgebungstemperatur) geprüft und eingestellt.

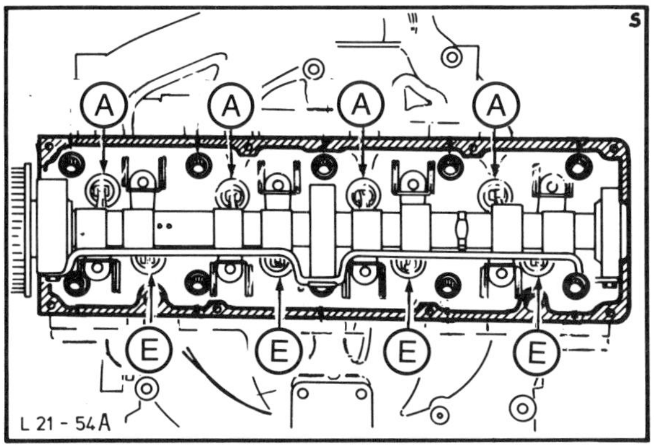

Spiel für Einlaßventile (E): 0,20 mm
Spiel für Auslaßventile (A): 0,25 mm

- Batterie-Massekabel abklemmen.
- Luftfilter ausbauen, siehe Seite 84, 107.
- Zündkabel von den Zündkerzen abziehen.
- Zylinderkopfdeckel mit 10 Schrauben abschrauben.
- Getriebe in Leerlaufstellung bringen, Handbremse anziehen. Motor an der Zentralschraube der Kurbelwellen-Riemenscheibe in Motordrehrichtung, rechtsherum, durchdrehen, bis der Nocken des einzustellenden Ventils mit der Spitze nach oben zeigt.

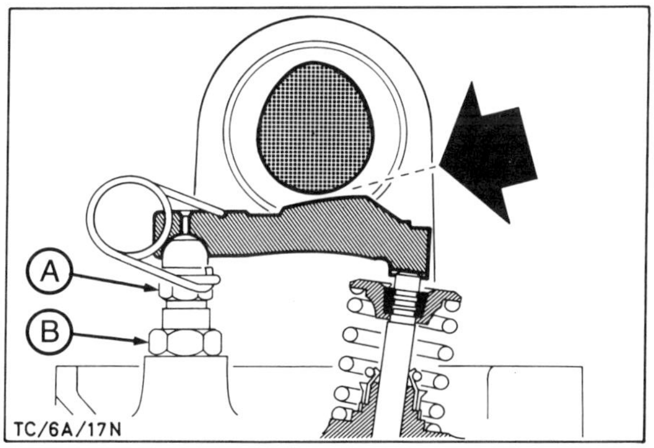

- Das Ventilspiel wird zwischen Nocken und Schlepphebel –Pfeil– mit einer Fühlerblattlehre gemessen. Dabei muß sich die Fühlerblattlehre saugend hin- und herbewegen lassen.

Achtung: Einlaß- und Auslaßventile nicht verwechseln.

- Falls das Ventilspiel nicht dem Sollwert entspricht, Ventilspiel an der Kugelkopfschraube –A– einstellen.
- Kontermutter –B– mit Geißfußschlüssel lösen, dabei an der Kugelkopfschraube –A– gegenhalten. Dann Kugelkopfschraube verdrehen, bis der Sollwert für das Ventilspiel erreicht wird. Anschließend Kugelkopfschraube festhalten und Kontermutter mit **55 Nm** festziehen. Das Spezialwerkzeug für die Ventileinstellung wird von der Firma Hazet angeboten.
- Ventilspiel nochmal kontrollieren.
- Zylinderkopfdeckel mit neuer Dichtung aufsetzen und Schrauben in richtiger Reihenfolge mit Drehmomentschlüssel anziehen, siehe Seite 19.
- Zündkabel in richtiger Reihenfolge aufstecken, siehe Seite 19.
- Luftfilter einbauen, siehe Seite 84, 107.
- Massekabel an Batterie anklemmen.

Starthilfe

Achtung: Zwischen Hauptkabelstrang und Pluspol der Batterie ist eine ca. 10 cm lange Leitungssicherung angebracht (Schmelzpunkt: ca. 55 A). Wird eine der Batterien falsch angeschlossen, oder entsteht ein Kurzschluß im Hauptkabelstrang, so verglüht diese Sicherung. Dadurch wird die gesamte elektrische Anlage funktionslos. In diesem Fall Sicherung ersetzen.

Bei der Starthilfe mit einem Starthilfekabel sind einige Punkte zu beachten:

- Der Leitungsquerschnitt der Starthilfekabel soll bei Ottomotoren bis ca. 2,5 l Hubraum mindestens 16 mm^2 (Durchmesser ca. 5 mm) betragen. Bei Dieselmotoren oder Ottomotoren über ca. 2,5 l Hubraum soll der Leitungsquerschnitt mindestens 25 mm^2 betragen. Maßgebend ist dabei jeweils das Fahrzeug mit der entladenen Batterie. Der Leitungsquerschnitt ist in der Regel auf der Packung der Starthilfekabel angegeben. Beim Neukauf ist grundsätzlich ein Starthilfekabel mit isolierten Kabelzangen und 25 mm^2 Querschnitt empfehlenswert, da es sich auch für Motoren mit geringerem Hubraum eignet.
- Beide Batterien müssen eine Spannung von 12 Volt haben.
- Eine entladene Batterie kann bereits bei –10° C gefrieren. Vor Anschluß der Starthilfekabel muß eine gefrorene Batterie unbedingt aufgetaut werden.
- Die entladene Batterie muß ordnungsgemäß am Bordnetz angeklemmt sein.

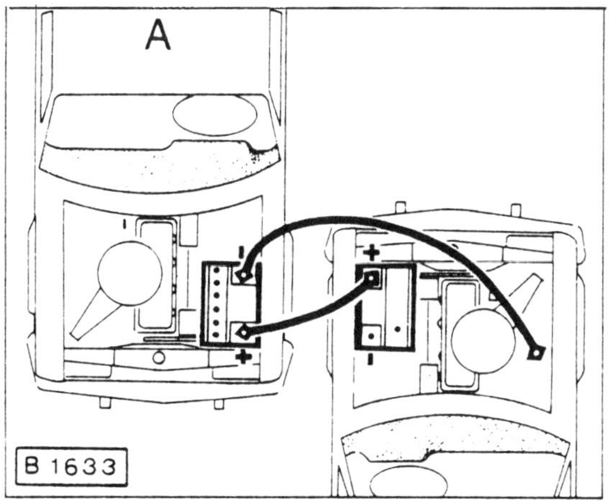

- Fahrzeuge so weit auseinanderstellen, daß kein metallischer Kontakt besteht. Andernfalls könnte bereits beim Verbinden der Pluspole ein Strom fließen.
- Bei beiden Fahrzeugen Handbremse anziehen. Schaltgetriebe in Leerlaufstellung, automatisches Getriebe in Parkstellung »P« schalten.
- Alle Stromverbraucher ausschalten.
- Motor des stromgebenden Fahrzeuges –A– im Leerlauf laufen lassen.

- Starthilfekabel in folgender Reihenfolge anschließen: 1. Rotes Kabel an den Pluspol der entladenen Batterie anklemmen. 2. Das andere Ende des roten Kabels an den Pluspol der stromgebenden Batterie anklemmen. 3. Schwarzes Kabel an den Minuspol der stromgebenden Batterie anklemmen. 4. Das andere Ende des schwarzen Kabels an eine gute Massestelle, zum Beispiel den Motorblock des Empfängerfahrzeuges, anschließen. Dadurch werden Masseverluste vermieden. Unter ungünstigen Umständen könnte beim Anschließen des Kabels an den Minuspol der leeren Batterie, durch Funkenbildung und Knallgasentwicklung, die Batterie explodieren.
- Polzangen nochmals auf festen Sitz prüfen. Darauf achten, daß die Starthilfekabel nicht durch sich drehende Teile, wie etwa durch den Kühlerventilator, beschädigt werden können.

Achtung: Die Klemmen der Starthilfekabel dürfen bei angeschlossenen Kabeln nicht in Kontakt miteinander kommen, beziehungsweise die Plusklemmen dürfen keine Massestellen (Karosserie oder Rahmen) berühren.

- Motor des Empfängerfahrzeuges (leere Batterie) starten und laufen lassen. Beim Starten Anlasser nicht länger als 15 Sekunden ununterbrochen betätigen, da sich durch die hohe Stromaufnahme Polzangen und Kabel erwärmen. Deshalb zwischendurch eine »Abkühlpause« von mindestens 1 Minute einlegen.
- Grundsätzlich Motor des Spenderfahrzeuges während des Startvorganges mit Leerlaufdrehzahl drehen lassen. Dadurch wird eine eventuelle Beschädigung des Generators durch Spannungsspitzen beim Startvorgang vermieden. Sinkt allerdings die Leerlaufdrehzahl stark ab, kann etwas Gas gegeben werden.
- Während des Starthilfevorganges offene Flammen in der Nähe der Batterie vermeiden, weil aus der Batterie brennbare Gase austreten können.
- **Nach der Starthilfe** Kabel in **umgekehrter** Reihenfolge abklemmen.

Achtung: Werden die vorgeschriebenen Anschlußhinweise nicht genau eingehalten, besteht die Gefahr der Verätzung durch austretende Batteriesäure. Außerdem können Verletzungen oder Schäden durch eine Batterieexplosion entstehen. Zudem können Defekte an den elektrischen Anlagen beider Fahrzeuge auftreten.

Störungstabelle Motor

Wenn der Motor nicht anspringt, Fehler systematisch einkreisen. Damit der Motor überhaupt anspringen kann, müssen immer zwei Grundvoraussetzungen erfüllt sein: Das Kraftstoff-Luftgemisch muß bis in die Zylinder gelangen, der Zündfunke muß an den Zündkerzen vorhanden sein. Als erstes ist deshalb immer zu prüfen, ob überhaupt Kraftstoff gefördert wird. Wie man dabei vorgeht, steht in der Störungstabelle „Vergaser".

Um festzustellen, ob ein Zündfunke vorhanden ist, Hochspannungskabel aus der Mitte der Zündverteilerkappe herausziehen und im Abstand von etwa 10 mm gegen Masse (Motor) legen. **Achtung:** Kabel **nicht** mit der Hand festhalten. Zündkabel entweder mit isolierter Zange halten oder mit Tesaband entsprechend befestigen. Von Hilfsperson Motor starten lassen. Wenn ein Zündfunke überspringt, Zündkerzen herausschrauben, in Zündkerzenstecker stecken und einzeln gegen Masse legen. Von Hilfsperson Motor starten lassen. Wenn kein Zündfunke überspringt, Fehler nach Tabelle aufspüren.

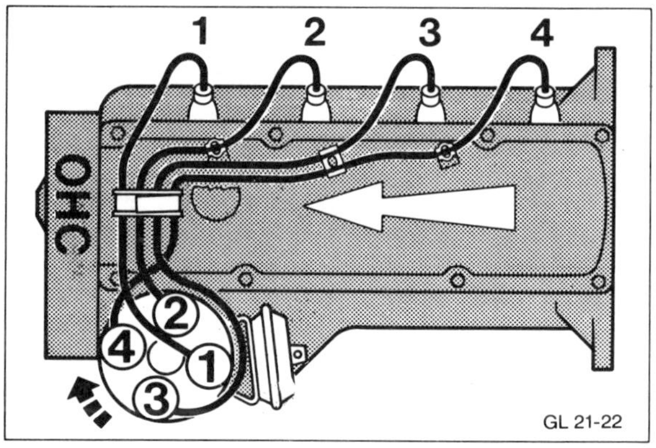

Beim Aufstecken der Zündkabel Zündfolge beachten: 1–3–4–2. Auf der Verteilerkappe ist neben dem Anschluß für Zylinder 1 eine Markierung angebracht.

Möglicherweise ist der überspringende Zündfunke zu schwach um das Kraftstoff-/Luftgemisch zu entzünden. Deshalb mit einem Voltmeter Spannung an Klemme 15 der Zündspule messen. Zur Vermeidung von Hochspannungsüberschlägen sind unbedingt die Sicherheitsmaßnahmen zur elektronischen Zündanlage zu beachten, siehe Seite 215.

Beim Messen ist folgendermaßen vorzugehen:

- Voltmeter an Klemme 15 der Zündspule und an Masse anschließen.
- Zusätzliche Leitung von Klemme 1 der Zündspule an Masse legen.
- Anlasser betätigen und Eingangsspannung während des Startvorgangs mit Voltmeter messen.
- Die Spannung muß mindestens 9 Volt betragen.
- Zur Überprüfung des Verteilerläufers mit Entstörteil für Radioempfang wird ein Ohmmeter benötigt.

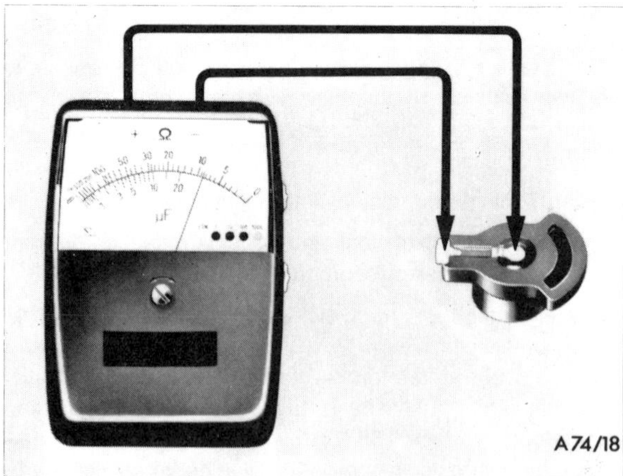

- Ohmmeter nach der Abbildung anschließen. Der Widerstand darf maximal 5 ± 1,0 kΩ betragen. Auf die gleiche Art wird der Widerstand des Zündkabels einschließlich des Zündkerzensteckers geprüft, siehe Seite 221.

Störung: Der Motor springt schlecht oder gar nicht an

Ursache	Abhilfe
Bedienungsfehler beim Starten	**Benzinmotor:**
	■ **Motor kalt:** Gaspedal **1 ×** (Vergasermotor **2 ×**) langsam durchtreten. Kupplungspedal durchtreten und Motor starten, dabei **nicht** das Gaspedal betätigen. Springt der Motor nicht innerhalb von 5 Sekunden an, kurz warten und Startvorgang wiederholen. Springt der Motor nach 3 Startversuchen nicht an, ca. 10 Sekunden warten und Startvorgang wie bei »Motor heiß« beschrieben, durchführen.
Dieselmotor:	■ **Motor warm:** Gaspedal **halb** niedertreten und in dieser Stellung halten und Motor starten. Springt der Motor nach 3 Startversuchen nicht an, ca. 10 Sekunden warten und Startvorgang wie bei »Motor heiß« beschrieben, durchführen.
■ **Motor kalt:** Zündschlüssel in Position II drehen und warten bis die Vorglühkontrolleuchte erlischt. Gas- und Kupplungspedal ganz durchtreten, Motor starten.	■ **Motor heiß:** Gaspedal **ganz** niedertreten und in Vollgasstellung halten und Motor starten. Nach dem Anspringen Gaspedal mit steigender Drehzahl langsam entlasten.
■ **Motor warm:** Motor ohne vorzuglühen starten. Springt der Motor innerhalb von 20 Sekunden nicht an, kurz warten und Startvorgang wiederholen.	
Motor bleibt während der Fahrt oder nach Verlassen des Fahrzeuges unvermittelt stehen	■ Sicherheitsschalter für Kraftstoffabschaltung löst zu früh aus. Gegen neueste Ausführung (1664785) ersetzen. Der Schalter befindet sich in der Reserveradmulde
Kein Zündfunke vorhanden Verteilerkappe feucht, verschmutzt*	■ Verteilerkappe reinigen und trocknen, innen mit Zündspray einsprühen
Risse in der Verteilerkappe, Brandkanäle*	■ Verteilerkappe erneuern
Schleifkohle in der Zündverteilerkappe abgenutzt*	■ Schleifkohle erneuern
Verteilerläufer defekt*	■ Verteilerläufer erneuern
Widerstand des Verteilerläufers zu hoch*	■ Verteilerläufer erneuern
Widerstand in Zündkerzenleitung/Zündkerzenstecker zu hoch	■ Zündleitung/Zündkerzenstecker erneuern
Zündkerzenstecker in falscher Reihenfolge aufgesteckt	■ Zündkerzenstecker nach Zündfolge 1-3-4-2 aufstecken
Zündkerzen wegen zu vieler Startversuche naß	■ Zündkerzen ausbauen und trocknen
Zündkerzen außen feucht und verschmutzt	■ Zündkerzen reinigen, trocknen, Silikonschutzkappe auf Zündkerze und Stecker schieben
Leistung der Zündspule zu gering	■ Elektrische Leitungen an der Zündspule auf festen Sitz und guten Kontakt prüfen
Zündspule gerissen, Brandkanäle	■ Zündspule erneuern
Spannungsverlust durch Berührung elektrischer Anschlüsse bzw. Leitungen mit Schläuchen des Motors	■ Elektrische Leitungen richtig führen
Keine Stromversorgung des Steuergerätes	■ Elektrische Leitungen nach Schaltlaufplan prüfen
Masseanschluß für Steuergerät unterbrochen	■ Masseanschlüsse am Stecker des Steuergerätes mit Ohmmeter gegen Batterie-Minus oder Masse prüfen. Die Widerstände müssen $< 1\ \Omega$ sein, andernfalls Massepunkte nach Stromlaufplan prüfen
Induktiver Impulsgeber defekt	■ Widerstand prüfen, gegebenenfalls Induktivgeber oder Leitung ersetzen
Anlasser dreht zu langsam	■ Batterie laden, in der kalten Jahreszeit Winteröl einfüllen, Anlasser überprüfen
Kompression schlecht	■ Ventilspiel einstellen (nicht CVH-Motor), Motor überholen
Ventilspiel falsch	■ Ventilspiel korrigieren (nicht CVH-Motor)

*) Nicht bei Fahrzeugen mit EDIS-Zündung (verteilerloses Zündsystem)

Motor-Schmierung

Für die Motor-Schmierung sind **Mehrbereichsöle** vorgeschrieben, so daß ein jahreszeitbedingter (Sommer/Winter) Ölwechsel nicht erforderlich ist. Mehrbereichsöle bauen auf einem dünnflüssigen Einbereichsöl auf (z. B. 10 W) und werden durch sogenannte »Viskositätsindexverbesserer« im heißen Zustand stabilisiert. Dadurch ist sowohl für den kalten wie auch für den heißen Motor die richtige Schmierfähigkeit gegeben.

Es können auch **Leichtlauföle** verwendet werden. Dabei handelt es sich um Mehrbereichsöle, denen unter anderem Reibwertverminderer zugesetzt wurden, wodurch sich die Reibung innerhalb des Motors vermindert. Für das Leichtlauföl wird als Grundöl ein Synthetiköl verwendet. Die Angabe »Mineralisch«, »Teilsynthetisch« oder »Vollsynthetisch« ist nur ein Hinweis auf die Zusammensetzung des Basisöls. Zusammen mit den übrigen Bestandteilen können sich ganz unterschiedliche Qualitäten ergeben.

Anwendungsbereich/Viskositätsklassen

Die SAE-Bezeichnung gibt die Viskosität (Zähflüssigkeit) des Motoröls an. Beispiel: SAE 10 W 40:

10 – Viskosität des Öls in kaltem Zustand. Je kleiner die Zahl, desto dünnflüssiger ist das kalte Motoröl.

W – Das Motoröl ist wintertauglich.

40 – Viskosität des Öls in heißem Zustand. Je größer die Zahl, desto dickflüssiger ist das heiße Motoröl.

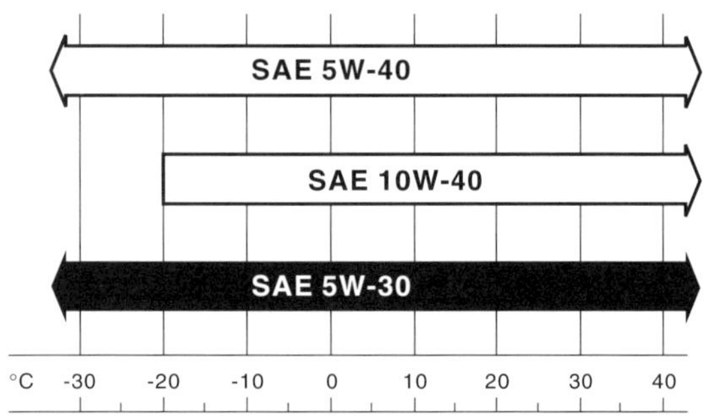

F-1643

In der Abbildung wird die Motoröl-Viskosität in Abhängigkeit von der Außentemperatur dargestellt. Da die Einsatzbereiche benachbarter SAE-Klassen sich überschneiden, können kurzfristige Temperaturschwankungen unberücksichtigt bleiben. Es ist zulässig, Öle verschiedener Viskositätsklassen miteinander zu mischen, wenn einmal Öl nachgefüllt werden muß und die Außentemperaturen nicht mehr der Viskositätsklasse des im Motor befindlichen Öles entsprechen.

Zusatzschmiermittel – gleich welcher Art – sollen weder dem Kraftstoff noch den Schmierölen beigemischt werden.

Spezifikation des Motoröls

Die Qualität eines Motoröls wird durch Normen der Automobil- sowie der Ölhersteller gekennzeichnet.

Die Klassifikation der Motoröle amerikanischer Ölhersteller erfolgt nach dem **API**-System (API: American Petroleum Institut): Die Kennzeichnung erfolgt durch jeweils zwei Buchstaben. Der erste Buchstabe gibt den Anwendungsbereich an: **S** = Service, für **Ottomotoren** geeignet; **C** = Commercial, für **Dieselmotoren** geeignet. Der zweite Buchstabe gibt die Qualität in alphabetischer Reihenfolge an. Von höchster Qualität sind Öle der API-Spezifikation **SJ** für Ottomotoren und **CF** für Dieselmotoren.

Europäische Ölhersteller klassifizieren ihre Öle nach der **»ACEA«-Spezifikation** (**A**ssociation des **C**onstructeurs **E**uropéens d'**A**utomobiles), die vor allem die europäische Motorentechnologie berücksichtigt. Öle für PKW-Benzinmotoren haben die ACEA-Qualitätsklassen A1 bis A3; Dieselmotoröle von B1 bis B3. Von höchster Qualität sind Öle **»A3«** für Ottomotoren und **»B3«** für Dieselmotoren.

Achtung: Motorenöle, die vom Hersteller ausdrücklich als Öle für Dieselmotoren bezeichnet werden, sind für Ottomotoren nicht geeignet. Es gibt Öle, die sowohl für den Otto- als auch für den Dieselmotor geeignet sind. In diesem Fall sind beide Spezifikationen (Beispiel: ACEA A3-96/B3-96 oder API SH/CD) auf der Öldose vermerkt.

Das richtige Motoröl für den FORD SIERRA

Benzinmotoren:

Es wird ein Leichtlauf-Motoröl der Viskosität SAE **5W-30** entsprechend der FORD-Spezifikation WSS-M2C913-A oder WSS-M2C912-A1 empfohlen.

Steht dieses Motoröl nicht zur Verfügung, können Motoröle der Spezifikation ACEA A3/B3 mit Viskosität SAE 5W-40 oder 10W-40 verwendet werden.

Ebenfalls zulässig ist ein Öl der Viskosität SAE 10W-30 entsprechend den Spezifikationen ACEA A1/B1, ACEA A2/B2 oder ACEA A3/B3.

Dieselmotoren:

Es wird ein Motoröl der Viskosität SAE **10W-40** und der Spezifikation ACEA A3/B3 empfohlen.

Steht dieses Motoröl nicht zur Verfügung, können Motoröle der Spezifikation ACEA A3/B3 mit Viskosität SAE 5W-40 oder 15W-40 verwendet werden.

Ebenfalls zulässig ist ein Öl der Viskosität SAE 15W-40 entsprechend der Spezifikation ACEA A2/B2.

Der Ölkreislauf

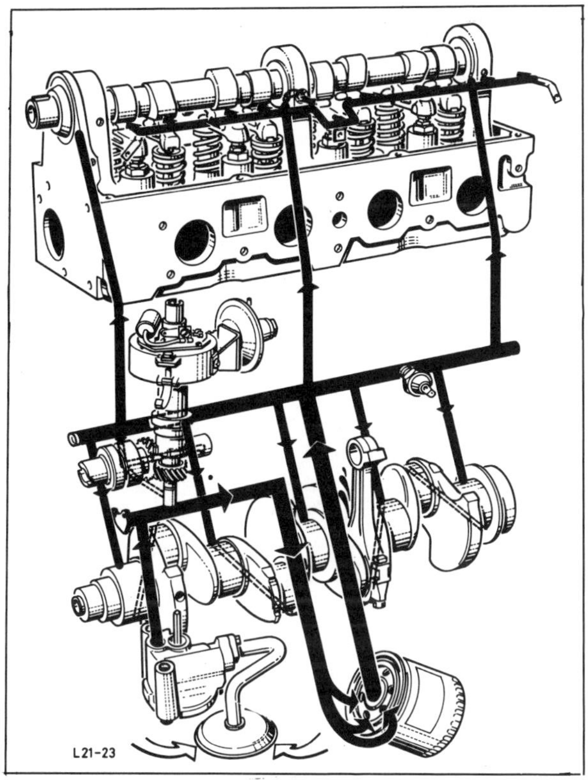

Die Ölpumpe saugt das Motoröl aus der Ölwanne an und drückt es über einen kurzen Kanal, der auf der einen Seite von der Halteplatte für die Zwischenwelle verschlossen wird, in den Hauptstromölfilter. Ein im Ölpumpengehäuse untergebrachtes Überdruckventil (Öldruckregelventil) regelt den Öldruck. Bei zu hohem Druck öffnet das Ventil, und ein Teil des Öls kann in die Ölwanne zurückfließen.

Durch die Mittelachse der Filterpatrone gelangt das gefilterte Öl in den Hauptölkanal. Bei verstopftem Ölfilter leitet ein Kurzschlußventil das Öl direkt und ungefiltert in den Hauptölkanal.

Vom Hauptölkanal zweigen fünf Kanäle ab zur Schmierung der Kurbelwellenlager. Durch schräge Bohrungen in der Kurbelwelle wird das Öl an die Pleuellager geleitet und von dort gegen Kolbenbolzen und Zylinder gespritzt.

Die Zwischenwelle ist direkt mit dem Hauptölkanal verbunden. Über eine Bohrung in der Zwischenwelle wird die Verteilerwelle schubweise mit Öl versorgt.

Gleichzeitig gelangt Motoröl über drei Steigleitungen direkt zu den Nockenwellenlagern. Vom mittleren Lager verteilt sich das Öl über die Ölspritzleitung auf sämtliche Nocken und Schlepphebel.

Ölverbrauch

Bei einem Verbrennungsmotor versteht man unter dem Ölverbrauch diejenige Ölmenge, die als Folge des Verbrennungsvorganges verbraucht wird. Auf keinen Fall ist Ölverbrauch mit Ölverlust gleichzusetzen, wie er durch Undichtigkeiten an Ölwanne, Zylinderkopfdeckel usw. auftritt.

Normaler Ölverbrauch entsteht durch Verbrennung jeweils kleiner Mengen im Zylinder; durch Abführen von Verbrennungsrückständen und Abrieb-Partikeln. Zudem verschleißt das Öl durch die hohen Temperaturen und die hohen Drücke, denen es im Motor fortwährend ausgesetzt ist.

Ferner haben auch äußere Betriebsverhältnisse, Fahrweise sowie Fertigungstoleranzen einen Einfluß auf den Ölverbrauch. Im Normalfall ist dieser Verbrauch so gering, daß zwischen den vorgeschriebenen Ölwechselintervallen kein oder nur ein geringfügiges Nachfüllen erforderlich ist.

Unbedingt muß Öl nachgefüllt werden, wenn die „Nachfüll"-Markierung erreicht ist (Nachfüllmenge dann max. 1,0 l).

Die Motordurchlüftung

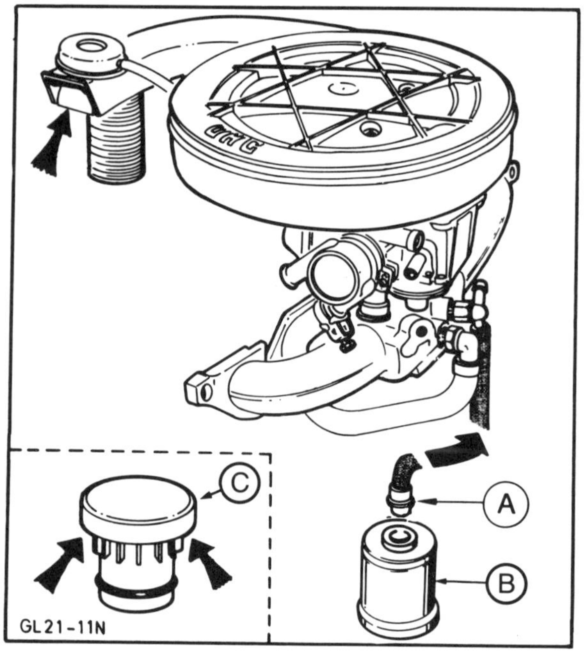

Die Motordurchlüftung ist erforderlich, damit im Kurbelgehäuse kein schädlicher Überdruck entstehen kann.

Da die Kolbenringe nicht vollständig abdichten können, gelangen Verbrennungsgase in das Kurbelgehäuse. Vermischt mit heißen Öl- und Kraftstoffdämpfen kann sich dadurch ein für den Kurbeltrieb schädlicher Überdruck aufbauen. Um dies zu vermeiden, werden die Gase über einen Verbindungsschlauch vom Motor angesaugt und verbrannt. Der Ölabscheider –B– sorgt dafür, daß kein Motoröl angesaugt werden kann. Zur Verbesserung der Durchlüftung kann Frischluft über ein Stahlwollefilter im Öleinfülldeckel –C– in das Oberteil des Zylinderkopfes eindringen. Von hier durchströmt die Luft das Kurbelgehäuse. Über den Ölabscheider –B– mit dem Regulierventil –A– werden die Gase durch einen Schlauch vom Ansaugkrümmer angesaugt. Die Durchlüftung des Motors ist abhängig von der angesaugten Luftmenge des laufenden Motors. Das Regulierventil muß ebenso wie der Stahlwollefilter in der Öleinfüllkappe alle 20 000 km mit Kraftstoff gereinigt werden. Das Ventil ist alle 40000 km zu ersetzen.

Öldruck überprüfen

- Wagen warmfahren, die Öltemperatur soll ca. 80° C betragen. Ölstand kontrollieren.
- Öldruckschalter ausbauen. Der Öldruckschalter befindet sich beim Benzinmotor links neben dem Ölpeilstab, beim Dieselmotor im Ölfiltersockel.

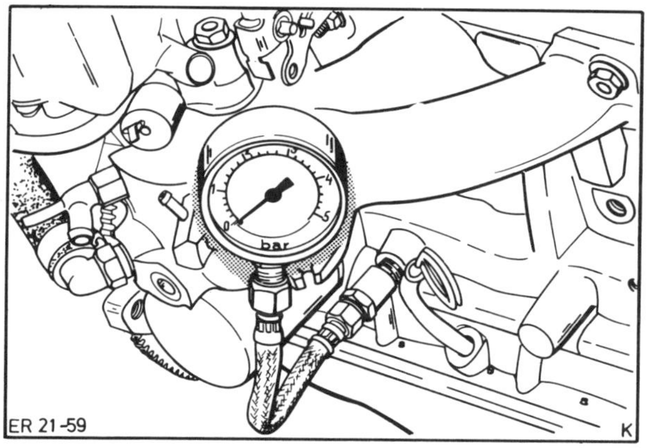

- Anstelle des Öldruckschalters geeignetes Manometer in den Motorblock einschrauben.
- Motor starten und im Leerlauf belassen. Öldruck prüfen. Beim CVH gelten die angegebenen Werte nur für das Motoröl 10W-30.
- **Benzin- und 1,8-l-Dieselmotor:** Drehzahl langsam auf die Prüfdrehzahl von 2000/min erhöhen und Öldruck prüfen. Bei Drehzahlen über 2000/min darf der Öldruck 5 bar nicht überschreiten.
- **2,3-l-Dieselmotor:** Drehzahl langsam auf die Prüfdrehzahl 3000/min erhöhen und Öldruck prüfen. Bei Drehzahlen über 3000/min darf der Öldruck 5 bar nicht überschreiten.

Motor	Mindestöldruck	
	Leerlaufdrehzahl	Prüfdrehzahl
OHC	2,1 bar	2,5 bar
DOHC	1,6 bar	3,1 bar
CVH	1,03 bar	2,52 bar
1,8-l-Diesel	0,75 bar	1,5 bar
2,3-l-Diesel	1,5 bar	3,0 bar

- Öldruckschalter mit neuem Dichtring einsetzen und vorsichtig mit 15 Nm festziehen.
- Falls der Öldruck vom Sollwert abweicht, siehe »Störungstabelle Ölkreislauf«.

Ölwanne aus- und einbauen

Ausbau (OHC - Motoren)

- Batterie-Massekabel abklemmen.
- Motoröl ablassen.
- Räder in Geradeausstellung bringen.

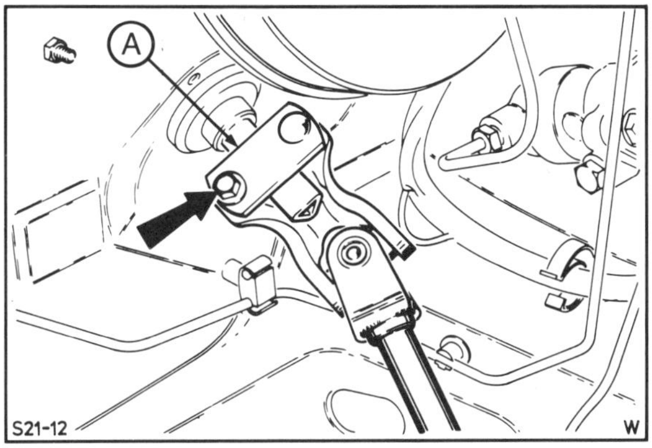

- Stellung der Lasche –A– zur Lenkspindel mit Reißnadel markieren.
- Schraube –Pfeil– vom Verbindungsgelenk der Lenkspindel abschrauben und Lasche zur Seite schwenken.
- Fahrzeug vorn aufbocken, siehe Seite 249.
- Anlasser ausbauen, siehe Seite 211.
- Beide Motorböcke vom Achskörper abschrauben (2 Muttern).
- 23 Schrauben für Ölwanne herausdrehen und Ölwanne vom Motorblock abdrücken, gegebenenfalls vorsichtig mit Schraubendreher abhebeln.
- Motor anseilen und leicht anheben, siehe Seite 13.
- Mit Werkstattwagenheber Vorderachse unterstützen, dabei Holzbrett zwischen Wagenheber und Achse legen.

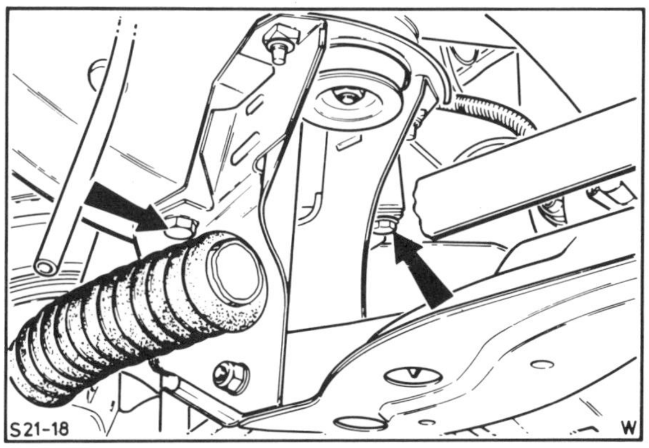

- 4 Befestigungsbolzen für die Vorderachse am Längsträger abschrauben und Vorderachse vorsichtig mit Wagenheber absenken.

Achtung: Vorderachse nur so weit absenken, daß die Ölwanne herausgenommen werden kann.

- Ölwanne herausnehmen.

Einbau

- Dichtungsreste an den Dichtflächen von Motorblock und Ölwanne vollständig entfernen. Anlagefläche der Ölwanne richten, falls sie beim Ausbau verbogen wurde.
- Stoßstelle von Stirnraddeckel an Motorblock mit Dichtungsmittel (A70SX-19554-BA) einstreichen.
- Neue Dichtungen mit Fett oder Dichtungsmittel am Motorblock ankleben, dabei auf richtigen Sitz achten.
- Ölwanne ansetzen und mit 4 Schrauben befestigen. **Achtung:** Schrauben nur ganz leicht anziehen.
- Vorderachse vorsichtig mit Wagenheber anheben, Befestigungsbolzen am Längsträger einschrauben und mit **80 Nm** festziehen.
- Motor ablassen, Haltevorrichtung und Wagenheber entfernen.

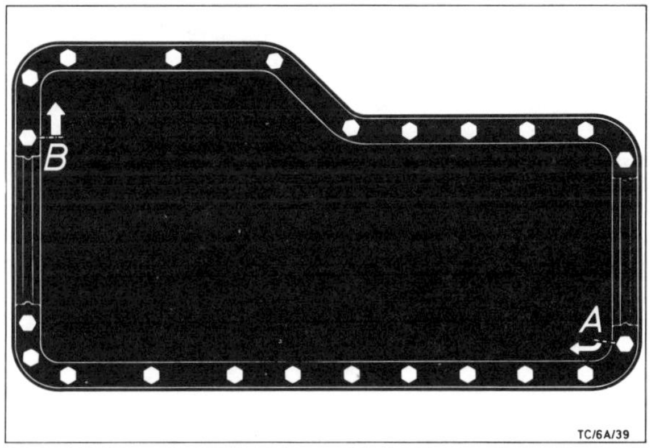

- Restliche Ölwannenschrauben hineindrehen und in drei Stufen festziehen:
  1. Stufe: Bei **–A–** beginnen und alle Schrauben mit **1 bis 2 Nm** (von Hand) festziehen.
  2. Stufe: Bei **–B–** beginnen und alle Schrauben mit **7 Nm** anziehen.
  3. Stufe: Bei **warmem Motor** sämtliche Schrauben nachziehen. Hierzu bei **–A–** beginnen, Anzugsdrehmoment **8 bis 10 Nm.**
- Verbindungsgelenk und Lenkspindel zusammenstecken und Haltelasche mit 20 Nm anschrauben.

Achtung: Wenn die Vorderräder in Geradeausstellung stehen, muß sich die Lenkspindel in Mittelstellung befinden.

- Motorböcke am Achskörper anschrauben und mit **60 Nm** festziehen.
- Anlasser einbauen, siehe Seite 211.
- Motoröl auffüllen.
- Batterie-Massekabel anklemmen.
- Motor starten und ca. 20 Minuten laufen lassen. Motor abstellen und Ölwanne auf Undichtigkeiten überprüfen.
- Ölwannenschrauben in der **3. Stufe** anziehen. Bei **–A–** beginnen und alle Schrauben mit **8 bis 10 Nm** anziehen.
- Fahrzeug ablassen.

Ölpumpe aus- und einbauen

Ausbau

- Ölwanne ausbauen.

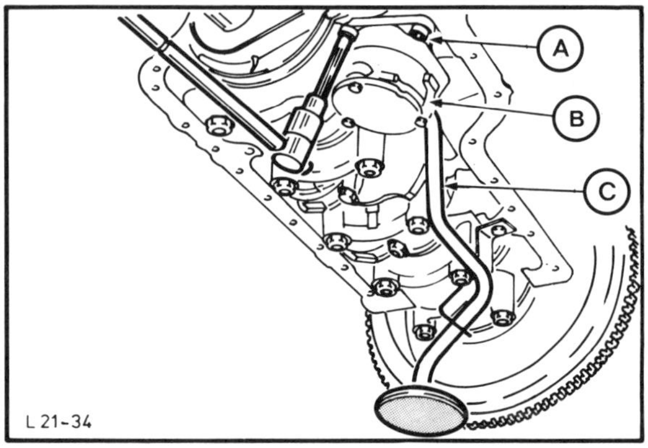

- 3 Befestigungsschrauben –A– mit Innenvielzahnschlüssel (SW 12) herausdrehen und Ölpumpe –B– mit Saugrohr –C– abnehmen.

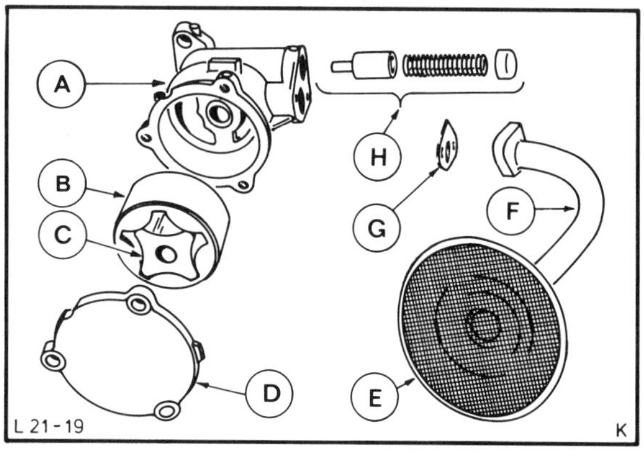

A – Gehäuse
B – Äußerer Rotor
C – Innerer Rotor
D – Deckel
E – Ölansaugsieb
F – Saugrohr
G – Dichtung
H – Überdruckventil

- Ölpumpe zerlegen. Das Spiel zwischen Rotor und Gehäuse soll 0,150 bis 0,301 mm betragen.
- Axialspiel mit Stahllineal und Fühlerblattlehre prüfen. Dazu Stahllineal auf das Pumpengehäuse auflegen, dann Rotor in Längsrichtung der Pumpenachse bewegen und Spiel messen. Das Axialspiel soll 0,028 bis 0,104 mm betragen.
- Spaltmaß zwischen Innen- und Außenrotor prüfen. Dazu Pumpenachse drehen und Spiel zwischen den Flanken messen. Das Spiel soll 0,05 bis 0,20 mm betragen.
- Rotor in das Gehäuse einsetzen und Deckel mit neuer Dichtung und 10 Nm anschrauben.
- Saugrohr mit neuer Dichtung anschrauben, Überdruckventil einsetzen.
- Ölpumpe am Motorblock mit 20 Nm festschrauben.
- Ölwanne einbauen.

Wartung an der Motor-Schmierung

Motorölwechsel

Der Ölwechsel ist alle 10000 km oder, falls sehr wenig gefahren wird, einmal im Jahr durchzuführen. Dabei wird gleichzeitig die Filterpatrone gewechselt.

Bei erschwerten Einsatzbedingungen wie Kurzstreckenverkehr, häufiger Kaltstart und staubige Straßenverhältnisse sollten Motoröl und Filter in kürzeren Abständen gewechselt werden. Das Motoröl darf auch mittels einer Sonde abgesaugt werden.

Achtung: Das Altöl und der Ölfilter müssen auf jeden Fall bei den Altöl-Sammelstellen abgegeben werden. Die Verkaufsstellen für neues Motoröl sind verpflichtet, das beim Ölwechsel anfallende Altöl kostenlos entgegenzunehmen. Außerdem informieren Gemeinde- und Stadtverwaltungen darüber, wo sich die nächste Altöl-Sammelstelle befindet. **Keinesfalls darf Altöl einfach weggeschüttet oder dem Hausmüll mitgegeben werden.** Größere Umweltschäden wie beispielsweise Grundwasserverseuchung wären sonst unvermeidbar.

- Motor auf Betriebstemperatur bringen (Öltemperatur 60 °C).
- Gefäß zum Auffangen des Altöls unterstellen.
- Ölablaßschraube herausdrehen und Altöl ganz ablassen. Die Ablaßschraube befindet sich, in Fahrtrichtung gesehen, links an der Ölwanne.
- Anschließend Ölablaßschraube mit neuem Dichtring einschrauben und fest, aber nicht mit zu großer Gewalt anziehen. Anzugsdrehmoment 25 Nm.

Achtung: Werden im Motoröl Metallspäne und Abrieb in größeren Mengen festgestellt, deutet dies auf Freßschäden hin, zum Beispiel Kurbelwellen- oder Pleuellagerschäden. Um Folgeschäden zu vermeiden, ist nach erfolgter Reparatur die sorgfältige Reinigung von Ölkanälen und Ölschläuchen unerläßlich. Zusätzlich soll der Ölkühler, falls vorhanden, erneuert werden.

- Ölfilter ausbauen. Die Werkstätten benutzen hierzu ein spezielles Werkzeug. Steht dieses nicht zur Verfügung, kann auch ein Lederriemen genommen werden. Man kann auch einen spitzen Schraubendreher seitlich in den Ölfilter eintreiben. Beim Drehen läuft dann allerdings Öl aus – Gefäß unterstellen.
- Beim Einbau Hinweise auf dem Ölfilter beachten.
- Ölfilterflansch mit Kraftstoff reinigen.
- Gummidichtring am Ölfilter leicht einölen.
- Neuen Ölfilter nur handfest anschrauben. Patrone so weit aufschrauben, bis der Gummidichtring den Ölfilterflansch berührt, dann Filter eine $^{3}/_{4}$ Umdrehung festziehen.
- Neuen Ölfilter nur handfest anschrauben.
- Neues Öl am Einfüllstutzen des Zylinderkopfdeckels einfüllen.

Ölwechselmenge:

Motor	**mit** Filterwechsel	**ohne** Filterwechsel	Ölpeilstab Min. – Max.
OHC-Benzinmotor	3,75 l	3,25 l	1,0 l
CVH-Benzinmotor	3,5 l	3,25 l	1,0 l
DOHC-Benzinmotor	4,5 l	4,0 l	1,0 l
6-Zylinder-Motor	4,25 l	4,0 l	1,0 l
1,8-l-Dieselmotor	5,5 l	5,1 l	1,0 l
2,3-l-Dieselmotor	5,6 l	5,0 l	2,0 l

- Nach Probefahrt Dichtigkeit der Ablaßschraube und des Ölfilters überprüfen, gegebenenfalls vorsichtig nachziehen.
- Ölstand mit Ölmeßstab prüfen, gegebenenfalls Motoröl auffüllen.
- Um die Betriebsverhältnisse des Motors besser überwachen zu können, soll beim Ölwechsel immer ein Öl gleichen Typs und möglichst auch gleicher Marke verwendet werden. Daher ist es zweckmäßig, bei jedem Ölwechsel ein Hinweisschild am Motor zu befestigen, auf dem Marke und Viskosität des Öles vermerkt sind.
- Wahllos abwechselnder Gebrauch verschiedener Öltypen ist ungünstig. Motorenöle gleichen Typs, aber verschiedener Marken sollen möglichst nicht gemischt werden. Motorenöle gleichen Typs und gleicher Marke, aber verschiedener Viskosität können im Bedarfsfall während jahreszeitlicher Überschneidung ohne weiteres nachgefüllt werden.

Motordurchlüftung prüfen

- Im Rahmen der Wartung alle 20000 km Öleinfüllkappe vom Zylinderkopfdeckel abziehen und in Benzin reinigen, siehe Seite 40.
- Regulierventil jeweils nach 40000 km ersetzen.

Störungstabelle Ölkreislauf

Störung	Ursache	Abhilfe
Kontrollicht leuchtet nicht nach Einschalten der Zündung	■ Öldruckschalter defekt	Zündung einschalten, Leitung vom Öldruckschalter abziehen und gegen Masse halten. Wenn die Lampe aufleuchtet, Schalter ersetzen
	■ Strom zum Schalter unterbrochen, Kontakte korrodiert	Elektrische Leitung und Anschlüsse prüfen
	■ Kontrollampe defekt	Kontrollampe ersetzen
Kontrollicht verlischt nicht nach Anspringen des Motors	■ Öl sehr warm	Unbedenklich, wenn Kontrollicht beim Gasgeben verlischt
Kontrollicht verlischt nicht beim Gasgeben bzw. leuchtet während der Fahrt	■ Öldruck zu gering	Ölstand prüfen, ggf. auffüllen; Öldruck nach Vorschrift prüfen
	■ Elektrische Leitung zum Öldruckschalter hat Kurzschluß gegenüber Masse	Kabel am Schalter abziehen und isoliert ablegen (nicht gegen Masse legen), Zündung einschalten. Wenn die Kontrollampe aufleuchtet, Leitung überprüfen
	■ Öldruckschalter defekt	Schalter auswechseln
Zu niedriger Öldruck im gesamten Drehzahlbereich	■ Zu wenig Öl im Motor	Motoröl nachfüllen
	■ Ansaugsieb in der Saugglocke verschmutzt	Ölwanne ausbauen, Ansaugsieb reinigen
	■ Saugrohr lose oder gebrochen	Ölwanne ausbauen, Saugrohr überprüfen
	■ Ölpumpe verschlissen	Ölpumpe ausbauen und prüfen, gegebenenfalls ersetzen
	■ Lagerschaden	Motor demontieren
Zu niedriger Öldruck im unteren Drehzahlbereich	■ Öldruckregelventil klemmt in offenem Zustand durch Verschmutzung	Ventil ausbauen und prüfen
Zu hoher Öldruck bei Drehzahlen über 2000/min (ca. 5,5 bar)	■ Öldruckregelventil öffnet nicht wegen Verschmutzung	Ventil ausbauen und prüfen

Die Motor-Kühlung

Der Kühlmittelkreislauf

Der Kühlmittelkreislauf wird thermostatisch geregelt. Solange der Motor kalt ist, zirkuliert das Kühlmittel nur im Motorblock und – bei geöffneter Heizung – im Wärmetauscher. Mit zunehmender Erwärmung öffnet der Thermostat den großen Kühlmittelkreislauf. Das Kühlmittel wird von der ständig im Einsatz befindlichen Kühlmittelpumpe über den Kühler geleitet. Die Kühlflüssigkeit durchströmt den Kühler von oben nach unten und wird dabei durch die an den Kühlrippen vorbeistreichende Luft gekühlt.

Ein Thermoschalter in der Nabe des Lüfterrotors steuert über eine Flüssigkeitskupplung die Drehzahl des Lüfters. Der Lüfter dreht also nicht ständig mit der Drehzahl des Motors, sondern wird je nach Bedarf aus- oder eingekuppelt. Die Lüftergeschwindigkeit hängt nur von der Motortemperatur und nicht von der Motordrehzahl ab. Allerdings kann die Lüfterdrehzahl die Motordrehzahl nicht übersteigen.

Durch den nicht ständig mitlaufenden Lüfter wird die nutzbare Motorleistung erhöht, der Kraftstoffverbrauch verringert und der Keilriemenverschleiß vermindert.

Der Inhalt des Kühlsystems beträgt beim Benzinmotor 8,0 Liter, beim Dieselmotor 9,5 Liter.

Kühler-Frostschutzmittel

Die Kühlanlage wird vom Werk mit einer Mischung aus Wasser und FORD-Kühlerfrost- und Korrosions-Schutzmittel aufgefüllt. Das Kühlkonzentrat verhindert Frost- und Korrosionsschäden und hebt außerdem die Siedetemperatur des Wassers an. Deshalb muß das Kühlsystem unbedingt ganzjährig mit Kühlerfrost- und Korrosionsschutzmittel gefüllt sein.

Achtung: Für den FORD SIERRA nur das Kühlkonzentrat »Super Plus 4« von FORD oder ein anderes Frostschutzmittel nach FORD-Spezifikation ESD-M97B-49A verwenden.

Im Rahmen der Wartung muß die Kühlflüssigkeit nicht gewechselt werden, vorausgesetzt es ist ausschließlich eine Mischung aus dem Kühlkonzentrat FORD-Super Plus 4 und Wasser eingefüllt.

Um das richtige Mischungsverhältnis zwischen Kühlmittel und Wasser zu erhalten, sind die Herstellerangaben zu beachten. Der Frostschutz sollte in unseren Breiten bis mindestens –30° C reichen.

Mischungsverhältnisse bei einem Frostschutz bis –30° C.

Motor	Kühlkonzentrat	Wasser	Gesamtmenge
OHC	4,0 l	4,0 l	8,0 l
CVH	4,75 l	4,75 l	9,5 l
DOHC-2V DOHC-i	4,0 l 3,7 l	3,9 l 3,6 l	7,9 l 7,3 l
Diesel	4,75 l	4,75 l	9,5 l

Thermostat aus- und einbauen/prüfen

Der Thermostat öffnet mit zunehmender Erwärmung des Motors den großen Kühlmittelkreislauf. Bleibt der Thermostat durch einen Defekt geschlossen, wird der Motor zu heiß. Erkennbar ist das an einer im roten Bereich stehenden Kühlmittel-Temperaturanzeige, während gleichzeitig der Kühler kalt bleibt. Ein defekter Thermostat kann aber auch nach dem Abkühlen der Kühlflüssigkeit weiterhin geöffnet bleiben. Dies erkennt man daran, daß der Motor nicht mehr seine Betriebstemperatur erreicht bzw. daß der Zeiger der Kühlmittel-Temperaturanzeige langsamer ansteigt als bisher oder im Winter die Heizleistung nachläßt.

Ausbau

- Massekabel von der Batterie abklemmen.
- Kühlmittel ablassen und auffangen.

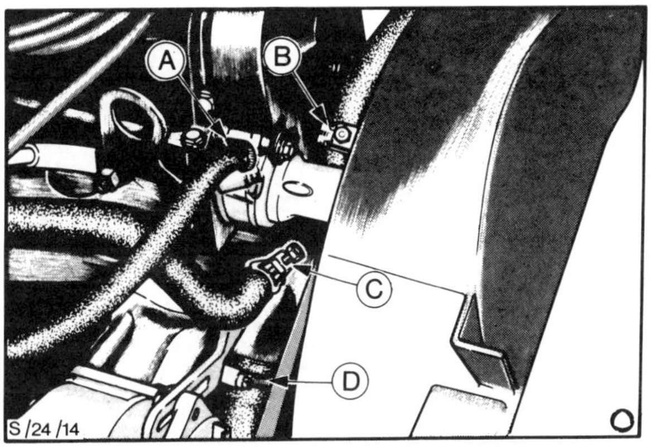

- Oberen Kühlmittelschlauch –B– und Verbindungsschlauch –A– zum Ausgleichbehälter vom Thermostatgehäuse abziehen. Dabei Schellen ganz öffnen und zurückschieben. C – Heizungsschlauch, D – Unterer Schlauch.
- Thermostatgehäuse mit 2 Schrauben vom Zylinderkopf abschrauben.

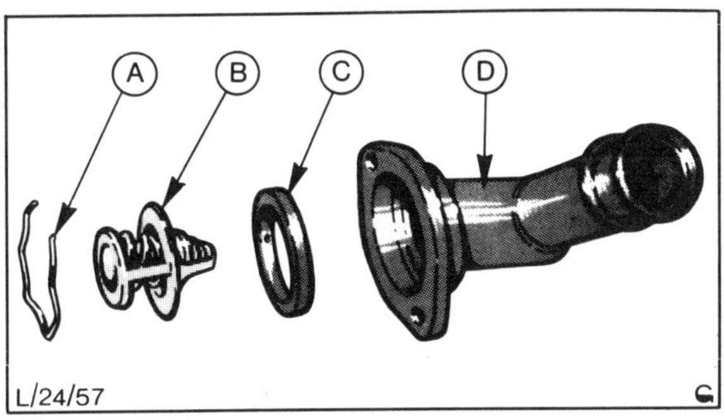

- Sicherungsring –A– mit Schraubendreher heraushebeln. Thermostat –B– mit Dichtring –C– aus dem Gehäuse –D– herausnehmen.

DOHC-Motor

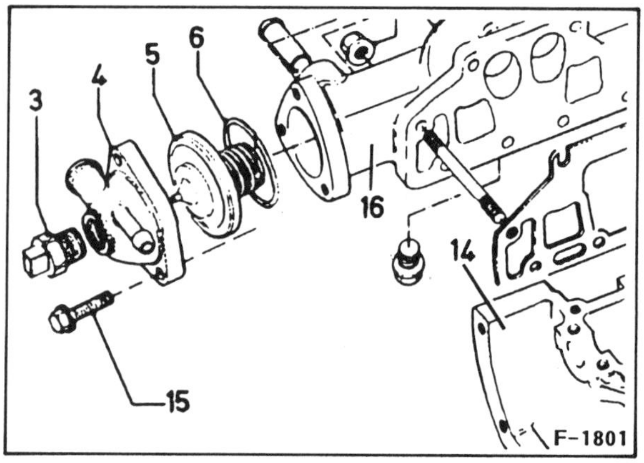

- Thermostatgehäuse –4– vom Ansaugkrümmer –16– abschrauben –15– und zusammen mit Thermoschalter –3– abnehmen.
- Thermostat –5– mit Dichtring –6– herausnehmen; 14 – Zylinderkopf.

Prüfen

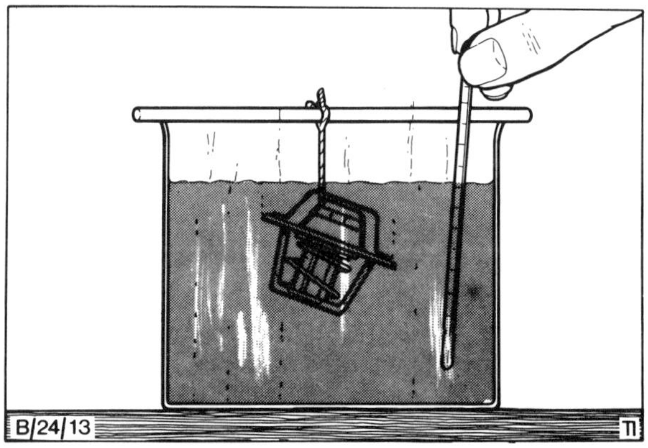

- Thermostat im Wasserbad langsam erwärmen. Dabei darf der Thermostat nicht die Wände des Behälters berühren.
- Der Thermostat öffnet bei +85° bis +89° C.

Achtung: Es kann nur der Öffnungsbeginn überprüft werden, da das Öffnungsende bei einer Temperatur über dem Siedepunkt des Wassers liegt.

- Bei fehlerhafter Funktion Thermostat ersetzen.

Einbau

- Dichtflächen am Thermostatgehäuse und am Zylinderkopf reinigen.
- Thermostat mit neuem Dichtring in Gehäuse einsetzen und mit Sicherungsring sichern.
- Gehäuse mit neuer Dichtung an Zylinderkopf ansetzen und mit 20 Nm festziehen.
- Oberen Kühlmittelschlauch sowie Verbindungsschlauch zum Ausgleichbehälter an Thermostatgehäuse anschließen und mit Schellen sichern.
- Kühlmittel auffüllen.
- Massekabel an Batterie anschließen.
- Motor warmlaufen lassen, bis der obere Kühlmittelschlauch handwarm ist. Schlauchanschlüsse und Ablaßschraube auf Dichtheit überprüfen.

Kühler aus- und einbauen

Ausbau

- Massekabel von der Batterie abklemmen.
- Kühlmittel ablassen und auffangen.

1,6-l-Motor

- Lüfterabdeckung mit 2 Schrauben abschrauben, nach vorn hochheben und dabei 2 Kunststoffnasen aus dem Querträger aushängen. Abdeckung herausnehmen.

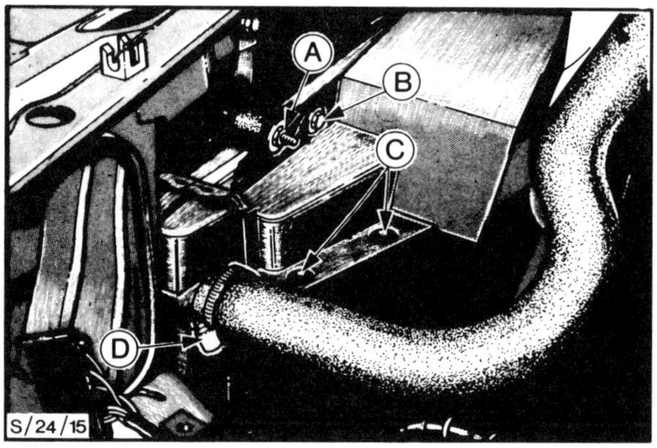

- Oberen Kühlmittelschlauch –D– vom Kühler abziehen. Schlauch vom Ausgleichbehälter am Kühler abbauen. Dazu Schellen ganz lösen und zurückschieben.

1,8-l-, 2,0-l-Motor

- Obere und untere Luftführung vom Kühler mit 2 Schrauben –B– und zwei Clips –C– abbauen. Vor Entfernen der unteren Luftführung Verbindungsrohr vom Kühler lösen.
- 2 Kühler-Halteschrauben –A– oben herausdrehen.

2,0-l-DOHC-Motor

- Stecker von den Elektrolüftern abziehen.
- Kühlmittelschläuche vom Kühler abziehen.
- Aus der oberen Kühlerbefestigung die Arretierungsstifte herausziehen.
- Kühler unten von den Gummilagern abschrauben.
- An der oberen Befestigung Kunststoffhaken zusammendrücken und Kühler nach unten herausnehmen.

Fahrzeuge mit automatischem Getriebe:

- *Auffangwanne mit Kühlmittel entfernen, andere Auffangwanne unterstellen.*

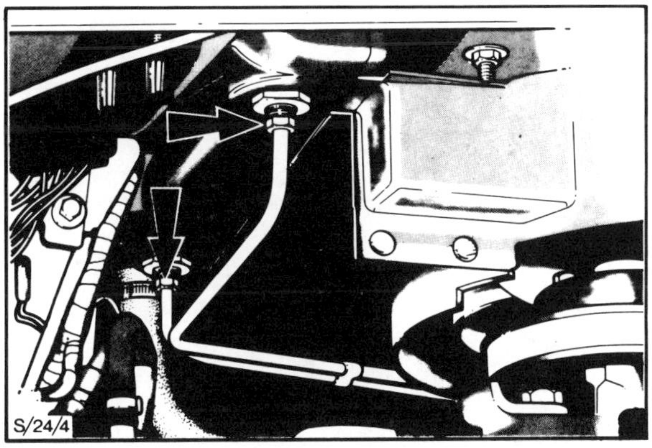

S/24/4

- *Anschlußleitungen für den Getriebeölkühler am unteren Wasserkasten lösen. Leitungen mit geeigneten Korken verschließen, damit nicht zuviel Öl ausläuft.*

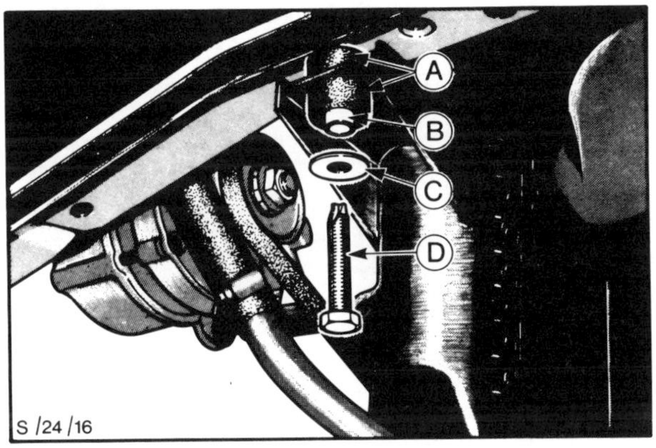

S /24 /16

- 2 Halteschrauben –D– unten herausdrehen und mit Unterlegscheiben –C–, Distanzbuchse –B– und Dämpfungsgummis –A– herausnehmen.
- Kühler nach unten herausheben.

Einbau

Sämtliche Kühlmittelschläuche auf Einschnitte, Risse und sonstige Beschädigungen überprüfen und, falls erforderlich, auswechseln.

- Kühler von unten einsetzen und anschrauben. Auf richtigen Sitz der Dämpfungsgummis achten, siehe Abbildung S/24/16.

Fahrzeuge mit automatischem Getriebe:

- *Leitungen vom Getriebeölkühler am Kühler anschrauben.*
- Sämtliche Kühlmittelschläuche aufstecken und mit Schellen sichern.
- Kühlmittel auffüllen.
- Masseband an die Batterie anklemmen.
- Motor warmlaufen lassen und Schlauchanschlüsse auf Dichtheit überprüfen.
- Kühlmittelstand kontrollieren.
- *Ölstand im automatischen Getriebe prüfen, siehe Seite 134.*

Lüfter aus- und einbauen

Ausbau

- Massekabel von der Batterie abklemmen.
- Obere Luftführung ausbauen, siehe Abbildung S/24/15.

S /24 /5

- Lüfterkupplung von der Nabe der Kühlmittelpumpe abschrauben. Hierzu wird ein abgewinkelter Maulschlüssel SW 32 benötigt.

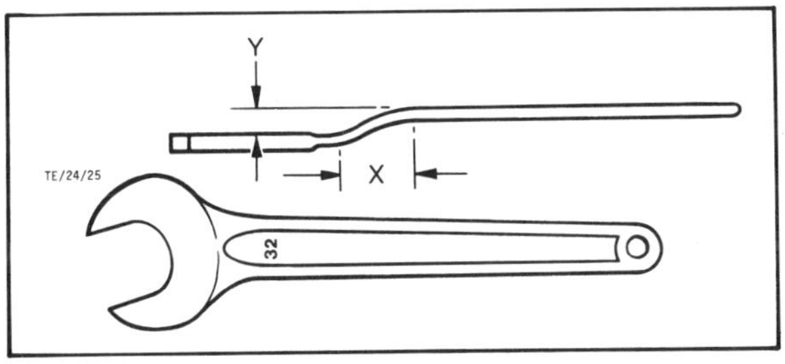

TE/24/25

- Den passenden Maulschlüssel kann man selbst anfertigen. X = 25 mm, Y = 12 mm.

Achtung: Die Befestigungsmutter des Lüfters hat Linksgewinde.

- Beim Lösen der Mutter, Keilriemen der Kühlmittelpumpe eindrücken und dadurch die Nabe festhalten, damit sie sich nicht mitdreht. Wenn die Mutter besonders fest sitzt, mit geeignetem Hammer gegen den Maulschlüssel schlagen und so die Mutter lösen.

S/ 24/6

- Lüfter abnehmen.

- Sollen Lüfter und Kupplung getrennt werden, 4 Befestigungsschrauben herausdrehen und Kupplung herausnehmen.

Einbau

- Kupplung in den Lüfter einsetzen und Befestigungsschrauben mit 9 Nm festziehen. **Achtung:** Um eine Beschädigung an Gewinde und Kupplung zu vermeiden, dürfen diese Schrauben keinesfalls fester als mit 10 Nm angezogen werden.
- Lüfter mit Kupplung an die Nabe der Kühlmittelpumpe anschrauben. Dabei Nabe am Keilriemen gegenhalten.
- Obere Luftführung einbauen.
- Massekabel an Batterie anklemmen.

DOHC-Motor

- Stecker von den Lüftermotoren abziehen.
- Luftleitblech oben mit 2 Muttern abschrauben, nach oben aus den beiden unteren Führungen herausziehen und komplett mit den Elektromotoren herausheben.
- Luftleitblech mit Lüftern in die unteren Halterungen einsetzen und oben anschrauben.
- Elektrische Leitungen aufstecken.

Kühlmittelpumpe aus- und einbauen

Ausbau

- Batterie-Massekabel abklemmen.
- Kühlmittel ablassen.
- Lüfter mit Kupplung ausbauen.

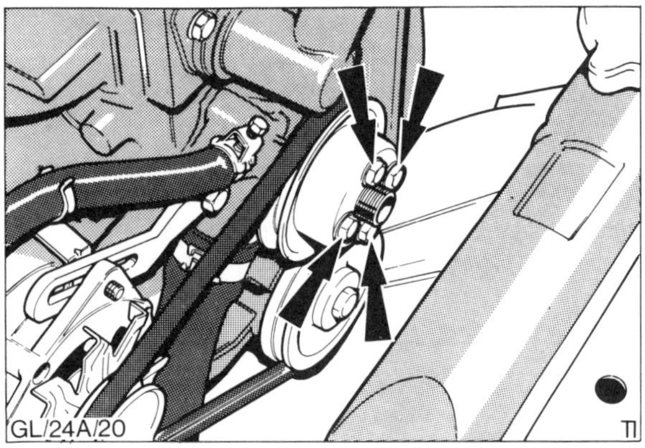

- 4 Befestigungsschrauben –Pfeile– an der Riemenscheibe für die Kühlmittelpumpe lösen. Gleichzeitig Keilriemen festhalten, damit sich die Scheibe nicht mitdreht.
- Keilriemen ausbauen, siehe Seite 206.
- 4 Befestigungsschrauben aus der Riemenscheibe herausdrehen und Scheibe von der Nabe abnehmen.

- Heizungsschlauch –A– von der Kühlmittelpumpe abziehen, vorher Schelle ganz lösen und zurückschieben. B – Unterer Kühlmittelschlauch.
- Zahnriemen-Abdeckblech ausbauen, siehe Seite 16.

- 3 Befestigungsschrauben –Pfeile– herausdrehen und Kühlmittelpumpe abnehmen.

Einbau

- Dichtungsreste von Motorblock und Pumpengehäuse vollständig entfernen.
- Kühlmittelpumpe mit neuer Dichtung ansetzen und die Befestigungsschrauben reindrehen. Die beiden M8-Schrauben mit 20 Nm , die M10-Schraube mit 40 Nm festziehen.
- Zahnriemen-Abdeckung einbauen, siehe Seite 16.
- Riemenscheibe anschrauben, nicht festziehen.
- Keilriemen einbauen und spannen, siehe Seite 206.
- Befestigungsschrauben der Riemenscheibe mit 25 Nm festziehen, dabei mit Keilriemen gegenhalten.
- Lüfter einbauen. **Achtung:** Die Befestigungsmutter hat Linksgewinde.
- Unteren Kühlmittelschlauch sowie Heizungsschlauch aufstecken und mit Schellen sichern.
- Kühlmittel auffüllen.
- Batterie-Massekabel anklemmen.
- Motor warmlaufen lassen und Schlauchanschlüsse sowie Kühlmittelpumpe auf Dichtheit überprüfen.

Wartung an der Motor-Kühlung

W

Kühlmittelstand prüfen

- Der Kühlmittelstand sollte in regelmäßigen Abständen – etwa alle vier Wochen – geprüft werden, zumindest aber vor jeder größeren Fahrt.

Achtung: Verschlußdeckel für Ausgleichbehälter bei heißem Motor vorsichtig öffnen. Verbrühungsgefahr! Beim Öffnen Lappen über den Verschlußdeckel legen.

- Das Kühlmittel muß bei kaltem Motor zwischen den „Min."- und „Max."-Marken stehen. Bei warmem Motor kann es auch etwas über die „Max."-Marke reichen.
- **Kaltes** Kühlmittel nur bei **kaltem Motor** nachfüllen, um Motorschäden zu vermeiden.
- Zum Nachfüllen – auch in der warmen Jahreszeit – nur eine Mischung von Original-FORD-Kühlerfrostschutz (rosa) und sauberem, kalkarmem Wasser verwenden.
- Sichtprüfung auf Dichtheit durchführen, wenn der Kühlmitteltelstand häufig unterhalb der Min.-Markierung steht.

Kühlmittel wechseln

Bei Modellen seit 2/92 muß die Kühlflüssigkeit im Rahmen der Wartung nicht mehr gewechselt werden, vorausgesetzt es ist ausschließlich eine Mischung aus dem Kühlkonzentrat »FORD-Super Plus 4« und Wasser eingefüllt.

Wird die Kühlflüssigkeit im Rahmen einer Reparatur abgelassen, sollte sie zur Wiederverwendung aufgefangen werden. Werden allerdings die Kühlmittelpumpe, der Kühler oder der Zylinderkopf ersetzt, ist die Kühlflüssigkeit grundsätzlich zu erneuern. Dies ist erforderlich, weil sich die Korrosionsschutzanteile in der Einlaufphase an den neuen Leichtmetallteilen absetzen und somit eine dauerhafte Korrosionsschutzschicht bilden.

Achtung: Kühlmittel ist leicht giftig und sollte nicht einfach weggeschüttet werden. Gemeinde- und Stadtverwaltungen informieren darüber, wo sich die nächste Problemstoff-Sammelstelle befindet beziehungsweise wie das alte Kühlmittel entsorgt werden soll.

Achtung: Seit 8/98 wird bei neuen FORD-Fahrzeugen ab Werk das Kühlkonzentrat »Motorcraft Super Plus 2000« verwendet. Das Kühlkonzentrat »Super Plus 2000« ist an der orangen Färbung erkennbar. Es darf nicht mit dem blau/grünen »Super Plus 4« vermischt werden, sonst können schwerwiegende Schäden an Motor und Kühlsystem die Folge sein.

Wurde versehentlich fehlende Kühlflüssigkeit im Ausgleichbehälter mit dem falschen Kühlkonzentrat ergänzt, muß das Kühlmittel ganz abgelassen werden und das gesamte Kühlsystem mit klarem Wasser durchgespült werden. Anschließend ist das Kühlsystem **wieder mit dem ursprünglich verwendeten** Kühlkonzentrat zu befüllen. Ein Wechsel des Kühlkonzentrates von »Super Plus 4« auf das neue und bessere »Super Plus 2000« ist von FORD für den SIERRA **nicht** freigegeben.

Ablassen

- Massekabel von der Batterie abklemmen.
- Heizung im Innenraum auf „warm" stellen.
- Deckel am Ausgleichbehälter um 90° öffnen und Überdruck aus dem Kühlsystem entweichen lassen. Dann Deckel ganz abnehmen.

Achtung: Bei heißem Motor vor dem Öffnen des Deckels einen dicken Lappen auflegen, um Verbrühungen durch heiße Kühlflüssigkeit oder Dampf zu vermeiden.

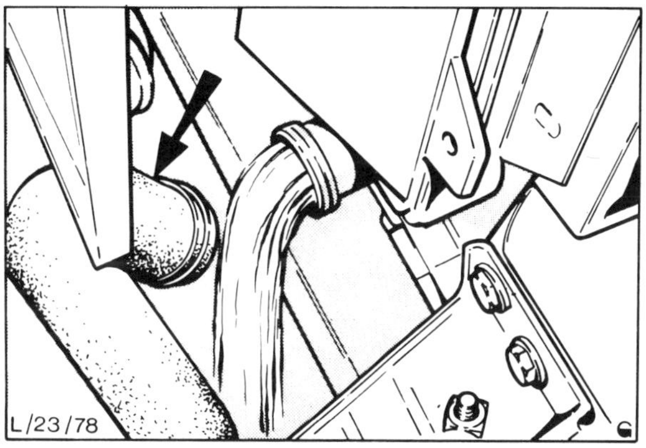

- Sauberes Auffanggefäß unter den Kühler stellen und unteren Kühlmittelschlauch –Pfeil– abziehen. Dabei Schelle ganz öffnen und zurückschieben.
- Kühlmittel vollständig ablaufen lassen. Anschließend unteren Kühlmittelschlauch am Kühler aufstecken und mit Schelle sichern.

Auffüllen

- Kühlmittel über den Einfüllstutzen am Ausgleichbehälter bis zur Max.-Markierung auffüllen und Ausgleichbehälter verschließen.
- Massekabel an Batterie anschließen.
- Motor warmlaufen lassen und Schlauchanschlüsse auf Dichtheit überprüfen.
- Kühlmittelstand kontrollieren, gegebenenfalls bis zur Max.-Markierung nachfüllen.

W

Sichtprüfung auf Dichtheit

- Kühlmittelschläuche durch Zusammendrücken und Verbiegen auf poröse Stellen untersuchen.
- Die Schläuche dürfen nicht zu kurz auf den Anschlußstutzen sitzen.
- Festen Sitz der Schlauchschellen kontrollieren.
- Dichtung des Verschlußdeckels von Thermostatgehäuse bzw. Ausgleichbehälter auf Beschädigungen überprüfen.
- Motor warmlaufen lassen, bis Lüfter für Kühler einschaltet. Darauf achten, ob Kühlflüssigkeit im Bereich der Kühlmittelpumpe austritt.

Mitunter ist es schwierig, die Leckstelle ausfindig zu machen. Dann empfiehlt sich eine Druckprüfung (Spezialgerät erforderlich) durch die Werkstatt. Hierbei kann ebenfalls das Überdruckventil des Verschlußdeckels geprüft werden.

Hinweis: Wenn beim 1,8-l-Diesel das Kühlmittel mit Luft durchsetzt ist oder sich Emulsionen bilden, Kühlmittelschlauch zwischen Zylinderkopf und Ausgleichbehälter prüfen. Der richtige Schlauch hat die Teile-Nr. D89BB8B081BE, gegebenenfalls Schlauch ersetzen.

Frostschutz prüfen

Vor Beginn der kühleren Jahreszeit sollte die Konzentration des Frostschutzmittels geprüft werden.

- Motor warmfahren, bis Kühlmittel im Ausgleichbehälter ca. handwarm ist.
- Verschlußdeckel des Ausgleichbehälters vorsichtig öffnen, siehe unter „Kühlmittel ablassen".
- Mit Meßspindel Kühlflüssigkeit ansaugen und am Schwimmer Kühlmitteldichte ablesen. Bei FORD-Kühlmittel beträgt sie 1,069.
- In unseren Breiten sollte der Frostschutz bis mindestens −25°C reichen.

FORD-Kühlkonzentrat ergänzen

Beispiel: Die Frostschutz-Messung mit der Spindel ergibt einen Frostschutz bis −10° C. In diesem Fall aus dem Kühlsystem 2,7 l Kühlflüssigkeit ablassen und dafür 2,7 l reines Frostschutzkonzentrat auffüllen.

Gemessener Wert in °C	Differenzmenge in Liter OHC-, DOHC-Motor	CVH-, Diesel-Motor
0	4,0	4,75
− 5	3,4	4,0
− 10	2,7	3,2
− 15	2,0	2,4
− 20	1,4	1,7
− 25	0,7	0,8

- Verschlußdeckel für Ausgleichbehälter verschließen und nach Probefahrt Frostschutz erneut überprüfen.

Störungstabelle Kühlmitteltemperatur

Störung: Die Kühlmitteltemperatur-Anzeige steht im roten Bereich

Ursache	**Abhilfe**
Zu wenig Kühlmittel im Kreislauf	■ Ausgleichbehälter muß bis zur Markierung voll sein
Thermostat öffnet nicht	■ Prüfen, ob oberer Kühlmittelschlauch warm wird. Wenn nicht, Thermostat ersetzen
Kühlmittelpumpe defekt	■ Kühlmittelpumpe ausbauen und überprüfen
Geber für Kühlmitteltemperaturanzeiger defekt	■ Geber überprüfen lassen
Kühlmitteltemperaturanzeige defekt	■ Anzeigegerät überprüfen lassen

Die Kraftstoffanlage

Zur Kraftstoffanlage gehören der Kraftstoffbehälter, die Kraftstoffleitung, die Kraftstoffpumpe und der Vergaser beziehungsweise die Einspritzanlage mit Luftfilter.

Der Kraftstoffbehälter befindet sich hinten unter dem Kofferraum. Der jeweilige Kraftstoffvorrat wird dem Fahrer durch eine Kraftstoffuhr angezeigt. Durch ein Entlüftungssystem wird der Tank belüftet.

Damit **unverbleiter Kraftstoff** getankt werden kann, müssen folgende Voraussetzungen erfüllt sein. 1. Die Ventilsitzringe im Zylinderkopf müssen aus gehärtetem Material sein, da sonst die Ventilsitze schneller verschleißen. Ein nachträglicher Einbau der gehärteten Ventilsitzringe lohnt sich wegen des hohen Aufwandes nicht. 2. Da Euro-Superbenzin lediglich eine Oktanzahl von 95 ROZ besitzt (verbleites Superbenzin: 98 ROZ), müßte je nach Modell die Zündung in Richtung »spät« verstellt werden, um ein Klopfen des Motors zu verhindern. Die Folge sind Leistungseinbuße und höherer Verbrauch. Um dies zu vermeiden empfiehlt es sich, stattdessen Super-Plus mit 98 ROZ zu tanken.

Für Fahrzeuge, die nicht mit den gehärteten Ventilsitzringen ausgestattet sind, ist eingeschränkter Betrieb mit bleifreiem Kraftstoff möglich: Bei jeder 4. Tankfüllung muß verbleiter Superkraftstoff getankt werden und das Ventilspiel ist alle 10000 km zu überprüfen.

Motor	Kennbuchstabe	Herstellung	Super-Plus
1,6 l/75 PS	LCT	bis 10/84	eingeschränkt
1,6 l/75 PS	LCS	–	eingeschränkt
1,6 l/75 PS	LSD	bis 10/84	eingeschränkt
2,0 l/105 PS	NET	bis 10/84	eingeschränkt
1,6 l/75 PS	LCT	ab 11/84	geeignet
1,6 l/75 PS	LSD	ab 11/84	geeignet
1,8 l/90 PS	REB	ab 11/84	geeignet
2,0 l/105 PS	NET	ab 11/84	geeignet
2,0 l/115 PS	N4A	–	geeignet

Vergaser

Die SIERRA-Motoren sind mit unterschiedlichen Vergasern bestückt. Da einige Arbeitsanweisungen gleich sind, werden diese nur beim FORD-VV-Vergaser beschrieben.

Motor	Vergaser
1,6-l/75 PS 1,6-l/75 PS-Economy	MOTORCRAFT-VV-Flachstromvergaser
1,6-l/75 PS E.max.	WEBER-2V-Registervergaser mit 5-facher Stufenscheibe der Startautomatik
1,8-l/87-90 PS	PIERBURG-2V-Registervergaser
2,0-l OHC bis 9.84	WEBER-2V-Registervergaser
2,0-l OHC 9.84–4.89	WEBER-2V-ISC-Registervergaser mit Schrittmotor
2,0-l DOHC seit 5.89	WEBER-2V-TLD-Registervergaser

Sicherheitshinweise

- Beim Öffnen der Kraftstoffanlage austretenden Kraftstoff mit einem Lappen auffangen. Hautkontakt mit Kraftstoff vermeiden. **Schutzbrille tragen.**
- **Kein offenes Feuer, nicht rauchen, keine glühenden oder sehr heißen Teile in die Nähe des Arbeitsplatzes bringen. Unfallgefahr! Feuerlöscher bereitstellen.**
- **Unbedingt für gute Belüftung des Arbeitsplatzes sorgen. Kraftstoffdämpfe sind giftig.**

Vergasereinstellung

Jeder Vergaser wird im Werk geprüft und auf Markenbenzin eingestellt. An dieser Einstellung sollte nichts verändert werden. Sehr hoher Kraftstoffverbrauch und schlechte Motorleistung haben nämlich fast immer andere Ursachen, wobei Fahrweise und Verkehrsbedingungen eine besonders große Rolle spielen. Man kann sich für gewöhnlich auf ein sorgfältiges Einstellen des Leerlaufs beschränken. Eine korrekte Leerlaufeinstellung ist wichtiger als man gemeinhin glaubt, denn sie beeinflußt noch bis zu mittleren Drehzahlen hinauf den Übergang des Motors.

Achtung: Bei Fahrzeugen, die mit einer elektronischen Zündanlage ausgestattet sind, müssen verschiedene Punkte beachtet werden, um Verletzungen von Personen bzw. die Zerstörung der Zündanlage zu vermeiden, siehe Seite 215.

Störungen in der Kraftstoffzufuhr

Bei Störungen in der Kraftstoffzufuhr ist die Anlage in folgender Reihenfolge zu prüfen (nur Fahrzeuge mit mechanischer Kraftstoffpumpe):

Bei Störungen in der Kraftstoffzufuhr ist die Anlage in folgender Reihenfolge zu prüfen:

- Prüfen, ob Kraftstoff im Behälter ist.
- Kraftstoffschlauch von Benzinpumpe am Vergaser lösen. Motor mit dem Anlasser kurz durchdrehen und beobachten, ob aus dem Schlauch stoßweise Kraftstoff austritt (Vorsicht, Brandgefahr!).

Wird Kraftstoff gefördert:

- Erweist sich das Schwimmergehäuse als leer: Schwimmernadelventil auf freien Durchgang sowie Druck der Kraftstoffpumpe prüfen.

Wird kein Kraftstoff gefördert:

- Zuleitung zur Kraftstoffpumpe lösen.
- Läuft dort Kraftstoff heraus, Kraftstoffpumpe auf Dichtigkeit prüfen, eventuell ausbauen und untersuchen.
- Läuft kein Kraftstoff heraus, Kraftstoffleitung durchblasen, Kraftstoffbehälter ausbauen und reinigen.

Motorcraft VV-Vergaser

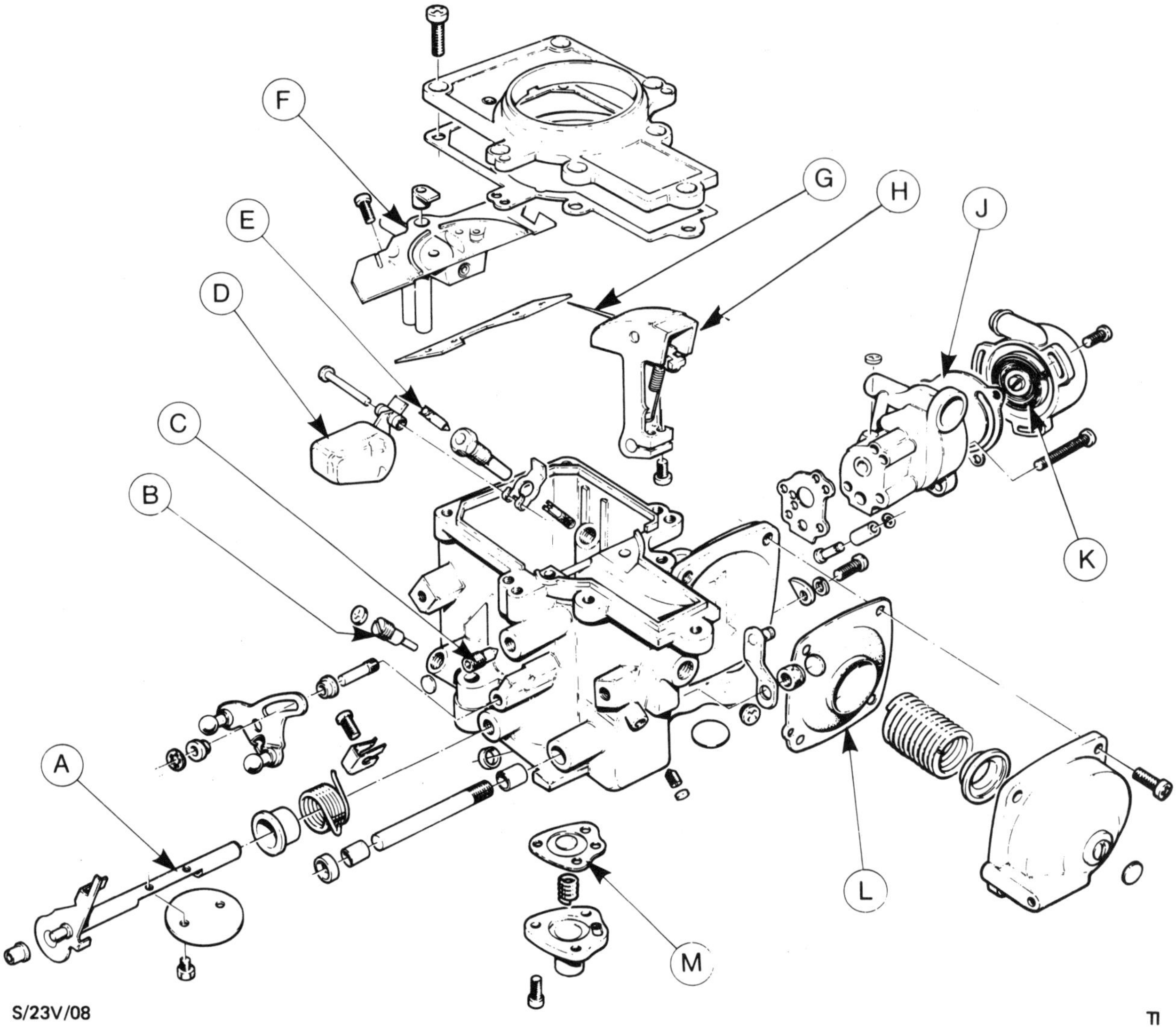

S/23V/08

TI

A = Welle für Drosselklappe
B = CO-Einstellschraube
C = Umgemisch-Regulierschraube (nicht einstellbar)
D = Schwimmer
E = Schwimmernadelventil
F = Hauptdüsenträger
G = Düsennadel
H = Lufttrichterventil
J = Startautomatik
K = Bimetallfeder
L = Steuermembran
M = Membran für Beschleunigerpumpe

Vergaser aus- und einbauen

Ausbau

- Batterie-Massekabel abklemmen.
- Luftfilter ausbauen, siehe Seite 84.
- Verschlußdeckel für Ausgleichbehälter öffnen.

Achtung: Bei warmem Motor vorher Überdruck aus Kühlsystem entweichen lassen. Verbrühungsgefahr! Verschlußdeckel vorsichtig öffnen, siehe Seite 49.

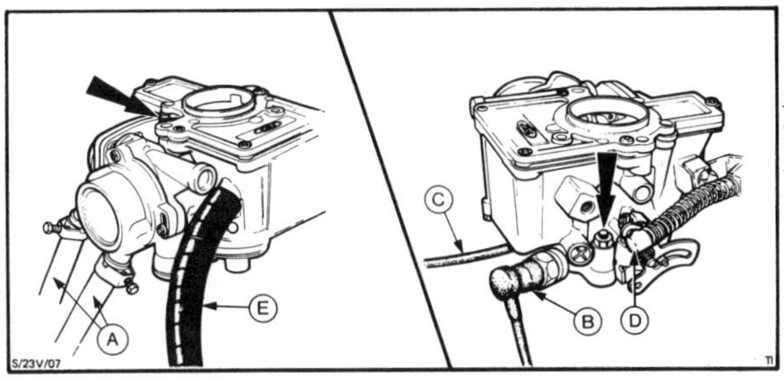

- Schläuche –A– von der Startautomatik abziehen und so aufhängen, daß keine Kühlflüssigkeit herausläuft, oder mit geeignetem Stopfen verschließen.
- Kabel –B– vom Leerlaufabschaltventil abziehen.
- Unterdruckleitung –C– abziehen.
- Gaszug –D– aushängen und mit Widerlager abschrauben.
- Kraftstoffschlauch –E– vom Vergaser abziehen.

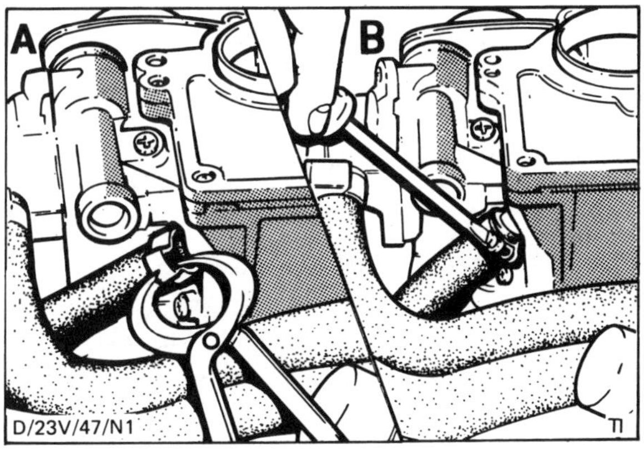

Achtung: Ist eine Klemmschelle –A– montiert, diese durchkneifen und beim Einbau statt dessen eine Schraubschelle –B– verwenden.

- Zwei Muttern – Pfeile (Abb. S/23 V/07) – abschrauben, Unterlegscheiben abnehmen und Vergaser herausheben.
- Ansaugrohr mit sauberem Tuch abdecken.

Einbau

- Dichtflächen von Vergaser und Ansaugkrümmer reinigen.

Achtung: Die Dichtungsreste dürfen nicht in das Saugrohr fallen.

- Vergaser mit neuer Dichtung anschrauben.
- Unterdruckleitung am Vergaser aufstecken.
- Kraftstoffschlauch aufstecken und mit Schelle sichern.
- Gaszug anbauen und einstellen, siehe Seite 13/54.
- Elektrische Leitung für Leerlaufabschaltventil aufschieben.
- Kühlmittelschläuche an Startautomatik anschließen und mit Schellen sichern.
- Batterie-Massekabel anklemmen.
- Luftfilter einbauen, siehe Seite 84.
- Leerlauf und CO-Wert einstellen, siehe Seite 54.

Leerlaufdrehzahl und CO-Wert prüfen/einstellen

- Motor warmfahren, Öltemperatur muß mindestens +60° C betragen.
- Automatikfahrzeuge: Gaszugeinstellung muß in Ordnung sein.
- Elektrische Verbraucher (Radio, Scheinwerfer usw.) ausschalten.
- Zündzeitpunkteinstellung überprüfen, siehe Seite 218.
- Drehzahlmesser und CO-Meßgerät nach Vorschrift anschließen; Luftfilter aufgeschraubt lassen.
- Motor etwa eine halbe Minute mit 3000/min, anschließend mit Leerlaufdrehzahl laufen lassen.
- Sobald sich die Anzeigen der Meßgeräte stabilisiert haben, Meßwerte ablesen und mit Sollwerten vergleichen, siehe Seite 83.

TI/8/VV/28

- Bei Abweichung der Leerlaufdrehzahl, Einstellschraube –A– verdrehen, bis der Sollwert erreicht wird.
- Bei Abweichung des CO-Wertes, Sicherungskappe von der CO-Einstellschraube –B– entfernen. Dazu Plastikkappe in der Mitte lochen, geeignete Schraube eindrehen und Schraube mitsamt der Sicherungskappe herausziehen. Wenn nötig, Luftfilter abnehmen und anschließend wieder aufsetzen.
- Motor etwa eine halbe Minute mit 3000/min drehen lassen. Anschließend im Leerlauf abwarten, bis sich die Anzeigen der Meßgeräte stabilisieren.
- CO-Gehalt durch Verdrehen der CO-Einstellschraube – B – auf Sollwert einstellen. Gegebenenfalls Drehzahl an der Leerlaufdrehzahl-Einstellschraube korrigieren.

Achtung: Die Einstellung muß innerhalb von 30 Sekunden nach Stabilisierung der Anzeigegeräte vorgenommen werden. Andernfalls Einstellungsvorgang wiederholen.

- Leerlaufdrehzahl und CO-Wert nochmals überprüfen.
- Neue Sicherungskappe anbringen.

Gaszug einstellen

Achtung: Der Gaszug ist sehr knickempfindlich und somit beim Einbau besonders sorgfältig zu behandeln. Ein einziger leichter Knick kann zum späteren Bruch im Fahrbetrieb führen. Züge, die geknickt wurden, dürfen daher **nicht** eingebaut werden.

- Batterie-Massekabel abklemmen.
- Luftfilter ausbauen.
- Gaspedal ganz niedertreten und in dieser Stellung halten (Helfer erforderlich) oder mit einem Holzbrett gegen den Sitz festklemmen.

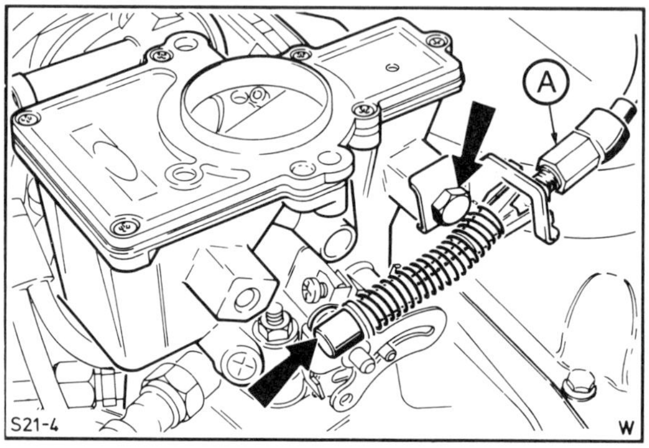

S21-4

- Einstellmutter – A – so verdrehen, daß sich das Vergasergestänge gerade in Vollgasstellung befindet.
- Gaspedal loslassen, dann durchtreten und von Hand prüfen, ob sich das Vergasergestänge in Zugrichtung weiterbewegen läßt. Falls Spiel vorhanden, Einstellung wiederholen.
- Luftfilter einbauen.
- Batterie-Massekabel anklemmen.

SIERRA mit OHC-Motor und 2V-Vergaser

Seit 1.89 wird der Gaszug an der Drosselklappenwelle mit einem zusätzlichen Halteclip befestigt. Der Halteclip hat die Teilenummer 6468019 und kann nachträglich montiert werden, wenn sich der Gaszug selbsttätig von der Drosselklappenwelle löst.

Schwimmernadelventil aus- und einbauen

Das Schwimmernadelventil reguliert die Kraftstoffmenge in der Schwimmerkammer. Bleibt das Ventil durch Verschmutzung in offenem Zustand hängen, steigt der Kraftstoffspiegel in der Schwimmerkammer an, was zwangsläufig zu höherem Verbrauch führt. Wenn das Ventil nicht mehr öffnet, saugt der Motor die Schwimmerkammer leer und bleibt stehen. Ursachen für Funktionsstörungen des Schwimmernadelventils sind in der Regel Verschmutzung durch unsauberen Kraftstoff oder eine eingeschlagene Ventilspitze.

Ausbau

- Massekabel von Batterie abklemmen.
- Luftfilter ausbauen, siehe Seite 84.
- 7 Schrauben für Vergaserdeckel lösen und Deckel abnehmen.

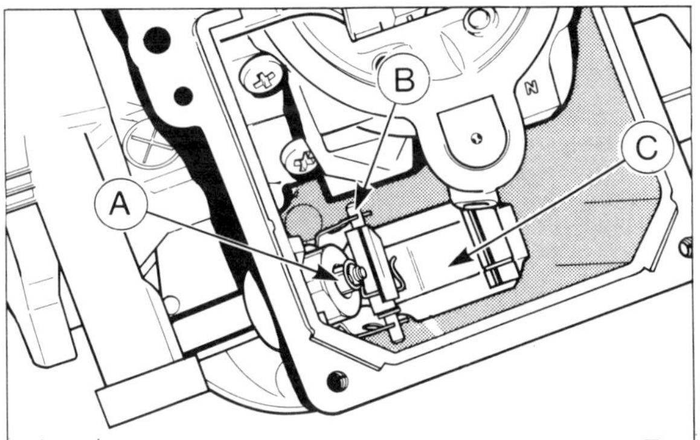

S/23V/13

- Schwimmerachse – B – aus den Federklammern herausdrücken. Schwimmer – C – im Gehäuse absenken.
- Schwimmernadelventil – A – mit Spitzzange vorsichtig herausziehen.

Einbau

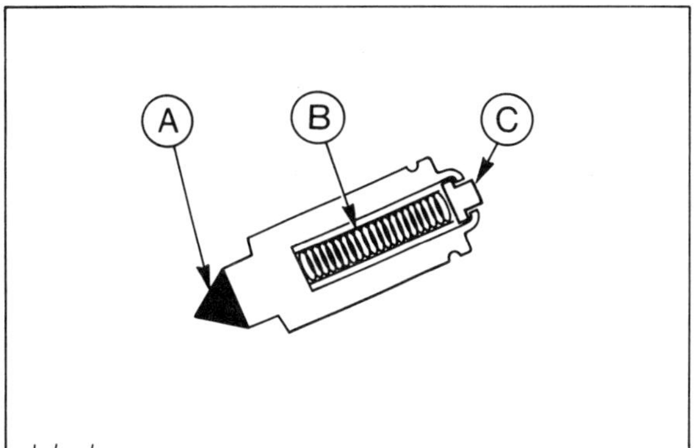

G/8/VV/8N

- Vor dem Einbau die gummibeschichtete Spitze –A– des Nadelventils auf Beschädigungen überprüfen. Ventilsitz reinigen.
- Schwimmernadelventil vorsichtig einsetzen.
- Schwimmer mit Schwimmerachse in die Federklammern einhängen.

Achtung: Der Kolben –C– des Ventils muß am Schwimmer anliegen, sobald Kraftstoff in die Schwimmerkammer fließt. B = Feder.

- Neue Dichtung auflegen und Vergaserdeckel anschrauben.
- Luftfilter einbauen.
- Massekabel an Batterie anschließen.
- Leerlaufdrehzahl und CO-Gehalt überprüfen, eventuell einstellen, siehe Seite 54.

Steuermembran aus- und einbauen

Die Unterdruckmembran steuert über ein Gestänge das Lufttrichter-Ventil entsprechend dem Ansaugunterdruck im Lufttrichter. Ist die Membran defekt, bleibt die Düsennadel in Leerlaufstellung. Der Motor dreht also nur noch im Leerlauf.

Ausbau

- Batterie-Massekabel abklemmen.
- Vergaser ausbauen, siehe Seite 54.

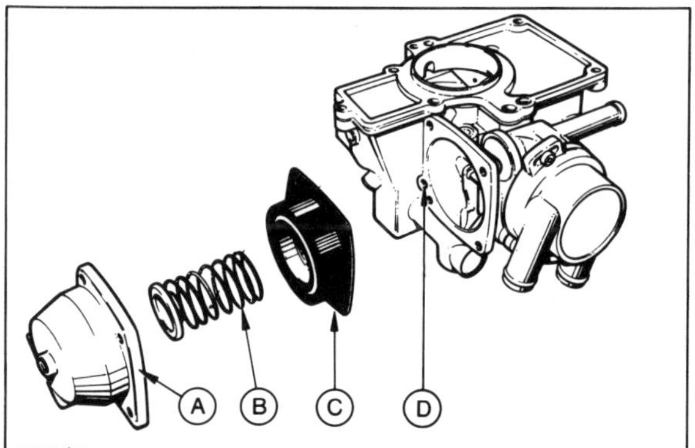

D/23V/29

- 4 Schrauben herausdrehen und Gehäuse –A– mit Feder –B– abnehmen. **Achtung:** Hierzu wird ein Winkelschraubendreher der Größe T 20 für Innen-Torx-Schrauben benötigt. Dieses Werkzeug wird von der Fa. Hazet angeboten.
- Steuermembran –C– am Gestänge ausclipsen und herausnehmen.

Einbau

- Membran am Gestänge befestigen.

Achtung: Das Unterdruckloch der Membran muß mit der Öffnung des Unterdruckkanals –D– am Vergaser übereinstimmen.

- Membrangehäuse –A– mit Feder –B– ansetzen und Schrauben lose reindrehen.
- Lufttrichter-Ventil von Hand öffnen und Schrauben für Membrangehäuse anziehen.
- Vergaser einbauen, siehe Seite 54.
- Batterie-Massekabel anklemmen.
- Leerlaufdrehzahl und CO-Gehalt einstellen.

Leerlaufabschaltventil prüfen

Das Leerlaufabschaltventil verschließt beim Abschalten der Zündung den Zulauf des Leerlauf- und Zusatzgemisches in die Mischkammer. Dadurch wird verhindert, daß der abgeschaltete Motor aufgrund von Glühzündungen nachläuft. Bei einem Defekt des Ventils springt der Motor nicht an.

Prüfen

- Zündung einschalten und elektrische Zuleitung zum Ventil mehrmals abziehen und aufstecken. Dabei muß das Ventil hörbar klicken.

Das Ventil kann auch in ausgebautem Zustand überprüft werden:

- Ventil abschrauben und an Masse legen (auf Motor).
- Von Batterie-Pluspol Leitung an die Klemme für Leerlaufabschaltventil anschließen.
- Vorn am Ventil den Stift ca. 3 bis 4 mm einschieben. Dabei muß der Kern angezogen werden, sonst Ventil auswechseln bzw. elektrische Zuleitung überprüfen.

Startautomatik aus- und einbauen

In der Startautomatik zieht sich die Bimetallfeder bei niedrigen Temperaturen zusammen. Dadurch öffnet sich das Steuerventil und sorgt für eine Anreicherung des Kraftstoff-/Luftgemisches. Dieses fettere Gemisch wird benötigt, damit der kalte Motor rundläuft. Bei warmem Motor wird die Bimetallfeder durch die Kühlflüssigkeit beheizt. Die Feder dehnt sich aus und schließt das Steuerventil. Die Gemischzusammensetzung im Leerlauf normalisiert sich wieder.

- Batterie-Massekabel abklemmen.
- Luftfilter ausbauen.
- Verschlußdeckel für Ausgleichbehälter öffnen.

Achtung: Bei warmem Motor vorher Überdruck aus Kühlsystem entweichen lassen. Verbrühungsgefahr! Verschlußdekkel vorsichtig öffnen, siehe Seite 49.

- Deckel für Startautomatik mit 3 Schrauben in den Langlöchern abschrauben und mit Draht so aufhängen, daß keine Kühlflüssigkeit ausläuft. **Achtung:** Hierzu wird ein Winkelschraubendreher der Größe T 20 für Innen-Torx-Schrauben benötigt. Dieses Werkzeug wird von der Fa. Hazet angeboten.

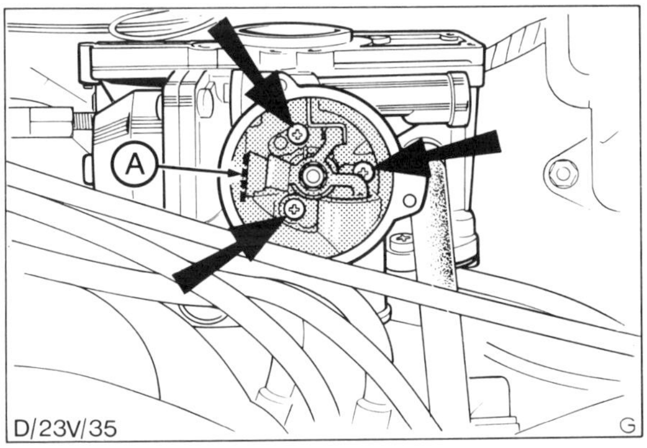

- Startautomatik mit 3 Schrauben – Pfeile – vom Vergaser abschrauben.

Einbau

Wird eine neue Startautomatik montiert, so müssen die Gewinde für die Befestigungsschrauben des Starterdeckels erst geschnitten werden. Daher vor dem Einbau der Startautomatik Gewinde mit den vorhandenen Befestigungsschrauben in die Bohrungen schneiden. **Achtung:** Gewinde unbedingt mit den Schrauben und **nicht** mit einem Gewindeschneider schneiden.

- Startautomatik mit neuer Dichtung einsetzen und festschrauben.
- Dichtung anbringen und Bimetallfeder in den mittleren Schlitz am Mitnehmerhebel – A – einsetzen.
- Starterdeckel ansetzen und mit 3 Schrauben lose anschrauben. Dabei untere Schraube zuerst einsetzen.

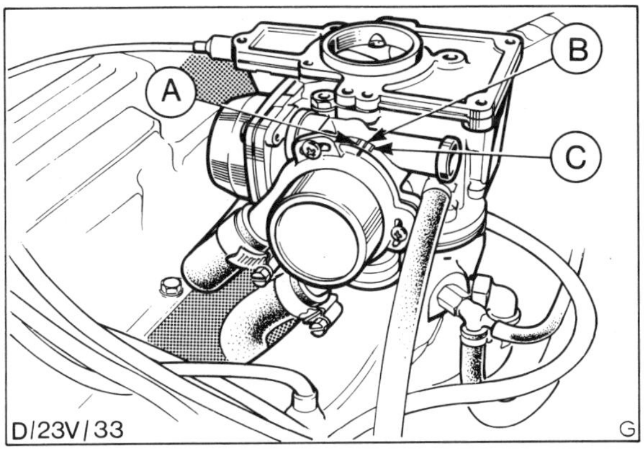

- Starterdeckel so ausrichten, daß die Markierung auf dem Starterdeckel mit der mittleren Markierung –B– auf dem Gehäuse der Startautomatik übereinstimmt. Eine Übereinstimmung mit Markierung –C– führt zu einem mageren Gemisch, bei –A– wird ein fetteres Gemisch erreicht.

Achtung: Die Markierung am Starterdeckel ist eine eingesägte Nut, **nicht** ein erhabener Gußgrat.

- Luftfilter einbauen, siehe Seite 84.
- Deckel für Ausgleichbehälter verschließen.
- Batterie-Massekabel anklemmen.
- Falls die Startautomatik zu früh abschaltet (Motor bleibt während der Warmlaufphase stehen), kann der Starterdeckel nach –C– verstellt werden.
- Falls die Startautomatik früher abschalten soll, Starterdeckel nach –A– verdrehen.

Düsennadel aus- und einbauen

Die Düsennadel bestimmt die Kraftstoffmenge, die der Motor im jeweiligen Betriebszustand durch den Vergaser erhält. Ist die Düsennadel eingeschlagen oder verbogen, verändert sich dadurch das Kraftstoff-/Luftverhältnis. Als Folge läuft der Motor im Leerlauf nicht mehr rund und ruckelt beim Übergang zu mittleren Drehzahlen.

Ausbau

- Massekabel von Batterie abklemmen.
- Luftfilter ausbauen, siehe Seite 84.
- Vergaserdeckel abnehmen, dazu 7 Torx-Schrauben herausdrehen. **Achtung:** Hierzu wird ein Winkelschraubendreher der Größe T 20 für Innen-Torx-Schrauben benötigt. Dieses Werkzeug wird von der Fa. Hazet angeboten.
- Verschlußstopfen gegenüber der Düsennadel von innen nach außen aus dem Vergasergehäuse herausdrücken.

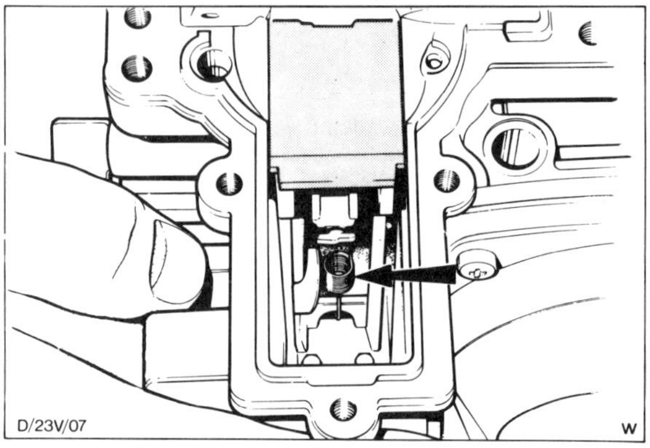
D/23V/07 W

- Feder – Pfeil – aushängen.

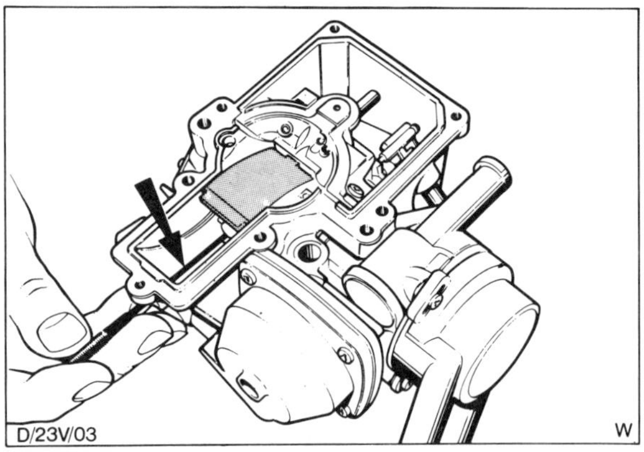
D/23V/03 W

- Mit Schraubendreher – Pfeil – durch Öffnung im Vergasergehäuse Düsennadel vorsichtig herausschrauben.
- Verbogene und eingeschlagene Düsennadel ersetzen.

Einbau

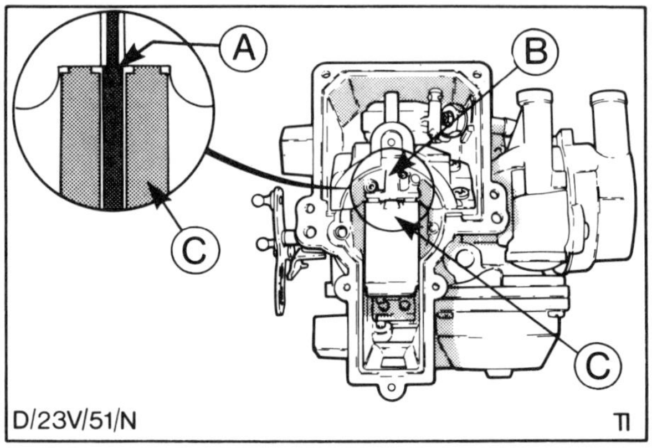

D/23V/51/N TI

- Düsennadel vorsichtig in das Lufttrichterventil einführen. Die Bezugskante –A– muß mit der Stirnseite des Lufttrichterventils –C– übereinstimmen. In dieser Stellung Düsennadel einschrauben. B = Düsenträger.
- Feder für Düsennadel-Lufttrichterventil einhängen.
- Neuen Verschlußstopfen in das Vergasergehäuse einsetzen.
- Vergaserdeckel mit neuer Dichtung anschrauben.
- Luftfilter einbauen.
- Massekabel an Batterie anschließen.

Pierburg-2V-Vergaser

A = Bimetallfedergehäuse
B = O-Ring
C = Deckel für Startautomatik
D = Pulldown-Dose
E = Unterdruckdose für Sekundärdrosselklappe
F = Leerlaufdrehzahl-Einstellschraube
G = Beschleunigerpumpe
H = Ventil für Vollastanreicherung
K = Vergasergehäuse
L = Stutzen für Kraftstoffzulauf
M = Hauptdüse Stufe I
N = Hauptdüse Stufe II
O = Vergaserdeckel
P = Leerlaufdüse
Q = Messing-Verschlußschraube

Achtung: Wenn der Motor nachläuft, obwohl Vergaser und Zündung richtig eingestellt sind, kann anstelle der Verschlußschraube –Q– ein Leerlaufabschaltventil montiert werden. Elektrische Anschlüsse: Stecker vom positiven Anschluß der Zündspule (Klemme 15) abziehen und mit Anschlußkabel zum Leerlaufabschaltventil verbinden. Zweiten Stecker des Anschlußkabels an der Zündspule anschließen. Zündung in Position II schalten und prüfen, ob das Ventil anzieht (klickt). CO-Gehalt und Leerlaufdrehzahl prüfen.

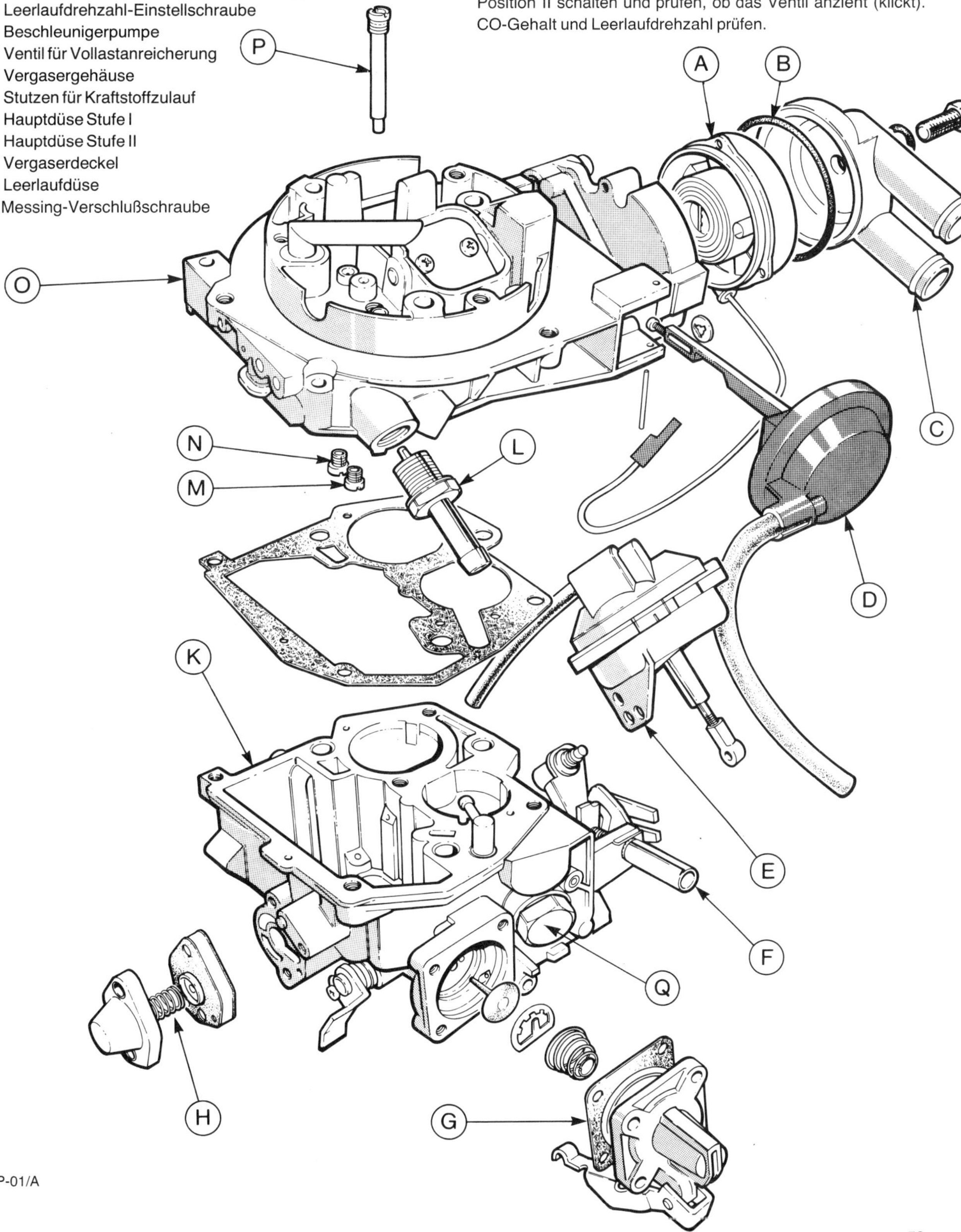

S-23P-01/A

Vergaser aus- und einbauen

Ausbau

- Batterie-Massekabel abklemmen.
- Luftfilter ausbauen, siehe Seite 84.
- Kabel am Thermoschalter für Startautomatik abziehen, zugehörigen Kabelbinder am Kühlmittelschlauch durchschneiden.
- Gasgestänge am Drosselklappenhebel ausclipsen.
- Kraftstoffschlauch am Vergaser abziehen. **Achtung:** Vorher Schelle lösen und ganz zurückschieben. Ist eine Klemmschelle montiert, diese mit Seitenschneider durchkneifen und beim Einbau durch eine Schraubschelle ersetzen.
- 2 Kühlmittelschläuche vom Deckel der Startautomatik abziehen und so aufhängen, daß keine Kühlflüssigkeit herausläuft, oder mit Stopfen verschließen.

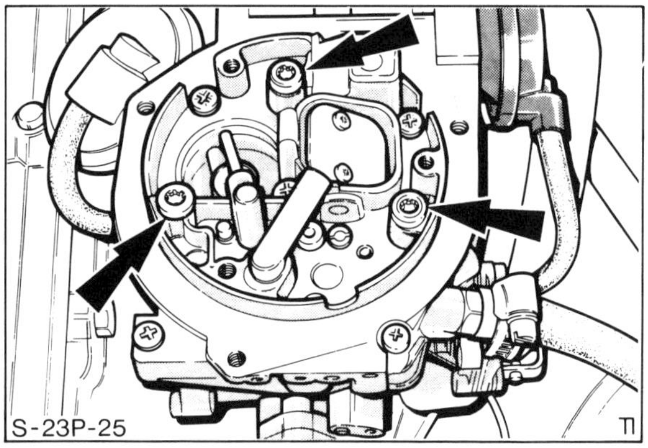

S-23P-25

- 3 Innentorx-Schrauben – Pfeile – herausdrehen und Vergaser abheben.
- Ansaugrohr mit sauberem Tuch abdecken.

Einbau

- Dichtflächen von Vergaser und Ansaugkrümmer reinigen.
- Vergaser aufsetzen und mit 3 Befestigungsschrauben anschrauben.
- Kühlmittelschläuche am Starterdeckel aufschieben und mit Schraubschellen sichern.
- Kraftstoffleitung aufschieben und mit Schraubschelle befestigen.
- Stecker am Thermoschalter aufschieben und Kabel mit Kabelbinder am Kühlmittelschlauch befestigen.
- Gasgestänge am Drosselklappenhebel aufdrücken und einrasten.
- Luftfilter einbauen. **Achtung:** Dabei darf der Unterdruckschlauch nicht geknickt werden.
- Batterie-Massekabel anklemmen.
- Leerlaufdrehzahl und CO-Wert einstellen, siehe Seite 61.
- Kühlmittelstand prüfen, gegebenenfalls Kühlflüssigkeit auffüllen.

Vergaseroberteil aus- und einbauen

Ausbau

- Batterie-Massekabel abklemmen.
- Luftfilter ausbauen, siehe Seite 84.
- Vergaser außen mit einem Pinsel und Kraftstoff reinigen.
- Kraftstoffschlauch am Vergaser abziehen. **Achtung:** Gegebenenfalls Klemmschelle durchkneifen und beim Einbau stattdessen eine Schraubschelle verwenden.
- Kabel vom Thermoschalter für Startautomatik abziehen, zugehörigen Kabelbinder am Kühlmittelschlauch durchschneiden.
- Kühlmittelschläuche an der Startautomatik abziehen, vorher Schellen lösen und zurückschieben.
- Schlauch von der Pulldown-Dose abziehen.

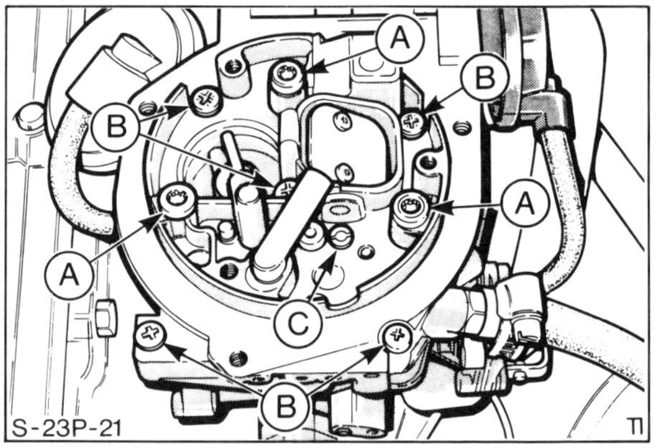

S-23P-21

- Zunächst Kreuzschlitzschrauben –B– für Vergaserdeckel, dann Innentorx-Befestigungsschrauben –A– für Vergaser herausdrehen. **Achtung:** Je nach Ausführung kann der Vergaserdeckel mit 4 oder 5 Schrauben befestigt sein.
- Vergaserdeckel vorsichtig abheben, das Vergasergehäuse verbleibt auf dem Ansaugkrümmer.
- Mit Lappen restlichen Kraftstoff aus der Schwimmerkammer absaugen. Schwimmerkammer reinigen.
- Dichtung abnehmen und Anlageflächen von Vergasergehäuse und -deckel reinigen.
- Kraftstoff-Zulaufstutzen –D– abschrauben. Filtersieb herausnehmen und reinigen, siehe Abbildung S-23P-22 auf Seite 61.

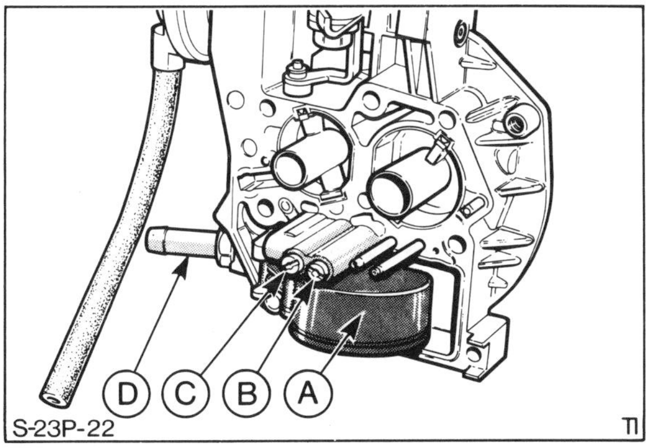

S-23P-22

- Hauptdüse für Stufe I –C– und Stufe II –B– sowie Leerlaufdüse –C in Abbildung S-23P-21– herausschrauben und mit Preßluft durchblasen. **Achtung:** Andere Düsen dürfen nicht ausgebaut werden. Düsen entweder nacheinander ausbauen oder so ablegen, daß sie beim Einbau nicht verwechselt werden können. Düsengröße siehe Seite 83.
- Düsensitze mit Preßluft reinigen.

Achtung: Die Schwimmerstellung ist im Werk sehr genau eingestellt worden. Zum Reinigen dürfen deshalb der Schwimmer –A– und das Schwimmernadelventil nicht ausgebaut werden.

Einbau

- Düsen an der selben Stelle wieder einschrauben und nicht zu fest anziehen.
- Neue Dichtung auflegen und nach den Bohrungen ausrichten.

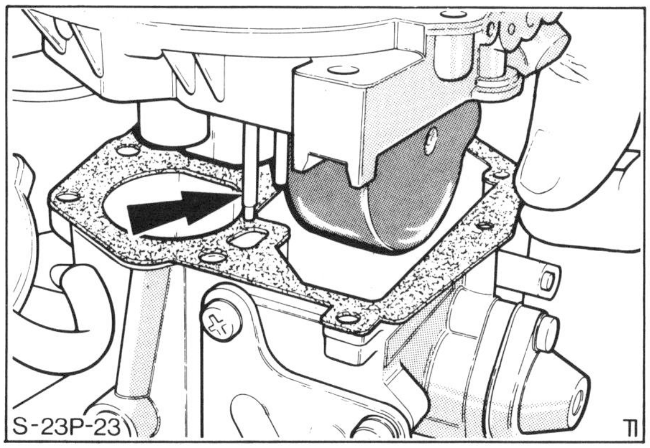

S-23P-23

- Vergaserdeckel aufsetzen und festschrauben. **Achtung:** Das Steigrohr –Pfeil– muß in den zugehörigen Kanal ragen.
- Befestigungsschrauben für Vergaser festziehen.
- Kraftstoff-Einlaßstutzen anschrauben.
- Kraftstoffleitung anschließen und mit Schraubschelle sichern. **Achtung:** Der Schraubenkopf darf umliegende Teile nicht berühren.
- Kühlmittelschläuche aufschieben und mit Schlauchschellen sichern.
- Gaszug am Drosselklappenhebel einhängen, Sicherungsclip einrasten.
- Kabel am Thermoschalter anklemmen. Kabel mit Kabelbinder am Kühlmittelschlauch befestigen.
- Luftfilter einbauen, prüfen ob Unterdruckleitung angeschlossen ist, siehe Seite 84.
- Batterie-Massekabel anklemmen.
- Leerlaufdrehzahl und CO-Gehalt prüfen, gegebenenfalls einstellen.

Leerlaufdrehzahl und CO-Gehalt einstellen

- Motor warmfahren, Öltemperatur muß mindestens + 60° C betragen.
- Elektrische Verbraucher (Radio, Scheinwerfer usw.) ausschalten.
- Bei abgestelltem Motor, Drehzahlmesser und CO-Prüfgerät nach Vorschrift anschließen.
- Motor starten und etwa eine halbe Minute mit 3000/min, anschließend mit Leerlaufdrehzahl laufen lassen.
- Sobald sich die Anzeigen der Meßgeräte stabilisiert haben, Meßwerte ablesen und mit Sollwerten vergleichen, siehe Seite 83.

Achtung: Schwankungen von ± 0,2 % beim CO-Wert und ± 25/min bei der Leerlaufdrehzahl sind normal.

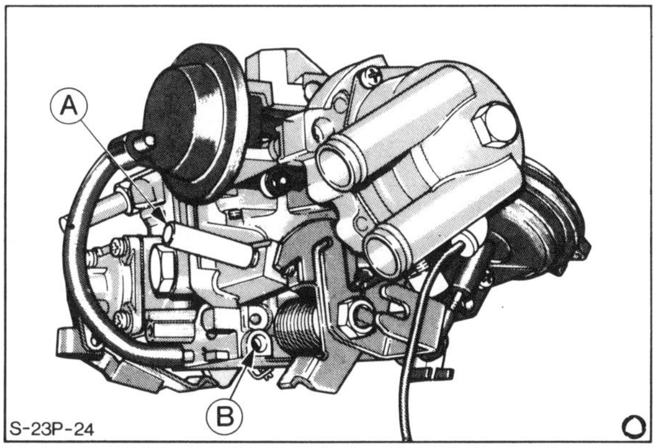

S-23P-24

- Bei Abweichung der Leerlaufdrehzahl, Einstellschraube –A– verdrehen, bis der Sollwert erreicht wird.
- Bei Abweichung des CO-Wertes, Sicherungskappe von der CO-Einstellschraube –B– entfernen. Dazu Plastikkappe in der Mitte lochen, geeignete Holz- oder Blechschraube eindrehen und Schraube mitsamt der Sicherungskappe herausziehen. Wenn nötig, Luftfilter abbauen und anschließend wieder aufsetzen.
- Motor etwa eine halbe Minute mit 3000/min drehen lassen. Anschließend im Leerlauf abwarten, bis sich die Anzeigen der Meßgeräte stabilisieren.
- CO-Gehalt durch Verdrehen der CO-Einstellschraube –B– auf den Sollwert einstellen. Gegebenenfalls Drehzahl an der Leerlaufdrehzahl-Einstellschraube korrigieren.

Achtung: Die Einstellung muß innerhalb von 30 Sekunden nach Stabilisierung der Anzeigen vorgenommen werden. Andernfalls Einstellungsvorgang wiederholen.

- Leerlaufdrehzahl und CO-Wert nochmals überprüfen.
- Neue Sicherungskappe für CO-Einstellschraube anbringen.

Beschleunigerpumpe aus- und einbauen

Die Beschleunigerpumpe bewirkt eine Gemischanreicherung beim Beschleunigen im unteren Drehzahlbereich. Dadurch wird ein sogenanntes „Beschleunigungsloch", das heißt ein Ruckeln des Motors durch verzögertes Gasannehmen vermieden.

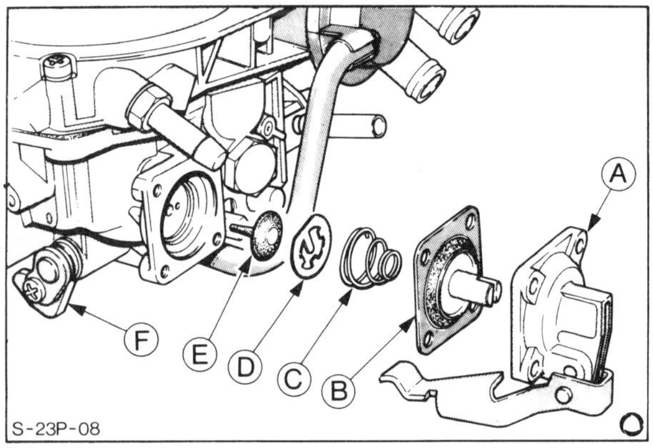

Die Beschleunigerpumpe arbeitet mechanisch, wenn sich der Drosselklappenhebel unterhalb der Halbgasstellung befindet. Beim Gasgeben drückt der, an der Welle der Primärdrosselklappe befestigte Nocken –F– den Betätigungshebel am Deckel –A– nach unten. Dadurch wölbt sich die Membran –B– zum Vergaser hin, preßt die Feder –C– zusammen und verschließt über das Dichtelement –E– den Kraftstoff-Zulauf zum Pumpenraum. Gleichzeitig drückt die nach innen gewölbte Membran den Kraftstoff, der sich bereits im Pumpenraum befindet, über einen Kanal im Vergaser zum Primärsaugrohr und bewirkt dadurch eine zusätzliche Gemischanreicherung. Sobald sich die Drosselklappe wieder vollständig geschlossen hat, drückt die Feder die Membran in ihre Ruhestellung zurück. Ein federbelastetes Kugelventil schließt den Abflußkanal, und das Dichtelement gibt den Zulauf in den Pumpenraum frei, so daß wieder Kraftstoff von der Schwimmerkammer in den Pumpenraum strömen kann.

Ausbau

- Batterie-Massekabel abklemmen.
- Luftfilter ausbauen, siehe Seite 84.
- Deckel –A– der Beschleunigerpumpe abschrauben.
- Membran –B–, Feder –C–, Haltescheibe –D– und Dichtelement –E– herausnehmen.

Einbau

- Membran und Dichtelement auf Risse und Beschädigungen untersuchen, gegebenenfalls erneuern.
- Anlageflächen von Pumpendeckel und Vergaser gründlich reinigen.
- Dichtelement, Haltescheibe und Feder einsetzen.
- Membran ansetzen und nach den Gewindebohrungen ausrichten.
- Pumpendeckel vorsichtig gegen den Vergaser drücken und anschrauben. Dabei Schrauben über Kreuz und nicht zu stark anziehen.
- Luftfilter einbauen, siehe Seite 84.
- Batterie-Massekabel anklemmen.

Ventil für Vollastanreicherung aus- und einbauen

Die Kraftstoff-Hauptdüsen des Vergasers sind auf ein optimales Kraftstoff/Luft-Gemisch im Teillastbereich (1/4 bis 3/4 durchgetretenes Gaspedal) abgestimmt. Durch diese kraftstoffsparende Abstimmung würde der Motor im Vollastbereich zu wenig Kraftstoff erhalten und dadurch seine volle Leistung nicht erreichen. Das Vollast-Anreicherungsventil führt dem Motor daher im Vollastbereich (Gaspedal in Vollgasstellung) zusätzlichen Kraftstoff zu. Gesteuert wird das Ventil über den hinter der Drosselklappe herrschenden Unterdruck.

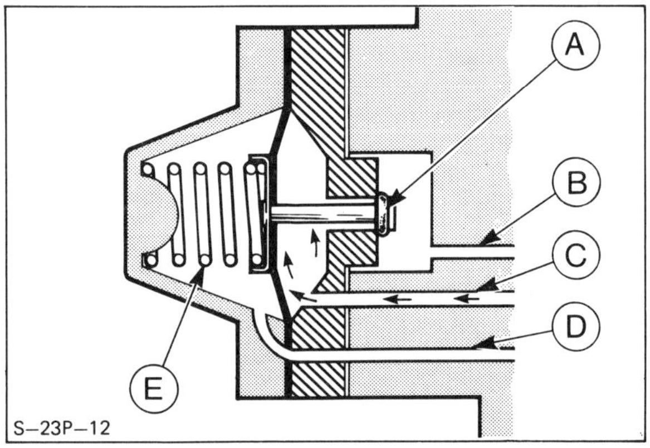

Im Teillastbereich entsteht hinter der Drosselklappe ein Unterdruck, der über die Bohrung –D– auf die Rückseite der Membran wirkt. Durch den Unterdruck wird die Membran gegen den Federdruck zurückgezogen und das Ventil –A– schließt den Kraftstoffauslaß.

Bei voll geöffneter Drosselklappe (Vollgas) baut sich der Unterdruck fast vollständig ab. Dadurch kann die Feder –E– die Membran in die entgegengesetzte Richtung drücken, das Ventil öffnet und zusätzlicher Kraftstoff kann über die Kanäle –C– und –B– zum Saugrohr fließen.

Ausbau

- Batterie-Massekabel abklemmen.

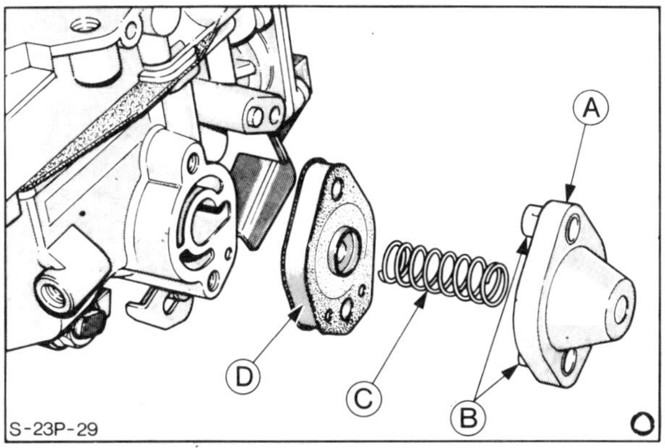

- Ventildeckel –A– abschrauben und komplett mit Feder –C– und Membran abnehmen. In der Abbildung befindet sich die Membran am Distanzstück –D–.
- Membran mit kleinem Schraubendreher an den Nylonhülsen –B– vom Deckel lösen und abnehmen.

Einbau

- Membran auf Risse oder Beschädigungen prüfen, gegebenenfalls ersetzen. Sämtliche Dichtflächen reinigen.
- Feder in Deckel und Membran einsetzen und Teile vorsichtig zusammendrücken, bis die Nylonhülsen einrasten.
- Ventil am Vergaser ansetzen und anschrauben. Dabei Schrauben nicht zu stark anziehen.
- Batterie-Massekabel anschließen.

Die Startautomatik

In der Startautomatik zieht sich die Bimetallfeder bei niedrigen Temperaturen zusammen und schließt die Starterklappe. Dadurch erhöht sich bei laufendem kalten Motor der Kraftstoffanteil im Verhältnis zur angesaugten Luft, das Gemisch wird angereichert. Der kalte Motor benötigt dieses fettere Gemisch, damit er rundläuft. Die Bimetallfeder wird zunächst durch ein elektrisches Heizelement erwärmt. Sobald der Motor eine bestimmte Temperatur erreicht hat, schaltet ein, im Kühlmittelkreislauf angebrachter, Thermoschalter die elektrische Beheizung der Startautomatik wieder ab. Die Beheizung der Bimetallfeder erfolgt nun durch die warme Kühlflüssigkeit. Durch die Erwärmung des Startautomatik-Gehäuses dehnt sich die Bimetallfeder aus und öffnet dadurch die Starterklappe im Vergaser. Dadurch normalisiert sich die Gemischzusammensetzung im Leerlauf wieder.
Das seitlich am Vergaser angebrachte Pulldown-System sorgt dafür, daß nach dem Start die Starterklappe etwas geöffnet wird. Dadurch wird das fette Startgemisch für den Kaltleerlauf etwas abgemagert. Die Öffnung der Starterklappe wird dabei durch die jeweilige Stellung der Bimetallfeder begrenzt (entsprechend der Temperatur in der Startautomatik).

Pulldown-Dose aus- und einbauen

Die Pulldown-Dose zieht unmittelbar nach Anspringen des Motors die Starterklappe (obere Klappe im Vergaser) auf ein bestimmtes Maß auf, um eine Überfettung des Warmlaufgemisches zu vermeiden. Die Steuerung erfolgt über Unterdruck, der unterhalb der Primärdrosselklappe vom Saugrohr abgenommen wird. Durch den Unterdruck wird die Pulldown-Membran angezogen. Eine mit der Membran verbundene Zugstange greift an den Mitnehmerhebel und öffnet die Starterklappe. Je wärmer die Bimetallfeder wird, desto weiter kann die Pulldown-Dose die Starterklappe öffnen. Die Bewegung der Verbindungsstange kann mit einer Einstellschraube begrenzt werden.

Ausbau

- Vergaser ausbauen.
- Unterdruckschlauch an der Membrandose abziehen.

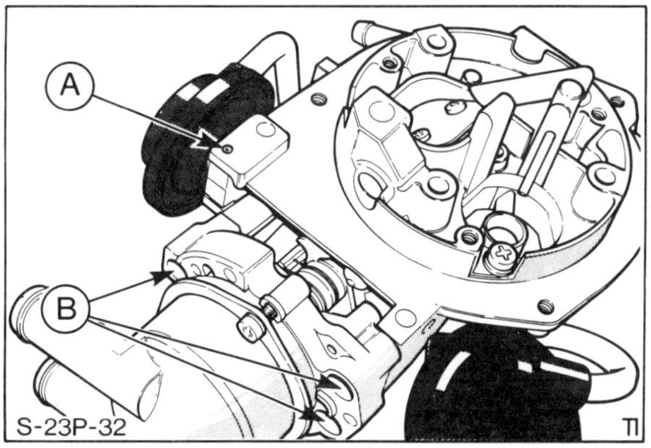

- Sicherungsstift –A– mit geeignetem Dorn aus der Pulldown-Dose heraustreiben.
- Startergehäuse vom Vergaser abschrauben –B–. Startautomatik absenken, nicht aushängen.

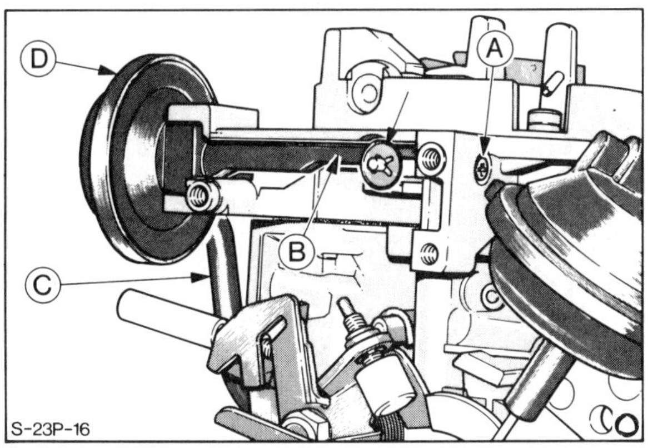

- Sicherungsscheibe – Pfeil – abhebeln und Membrandose –D– mit Verbindungsstange –B– herausnehmen. A – Einstellschraube, C – Unterdruckschlauch.

Einbau

- Pulldown-Dose einsetzen und Sicherungsscheibe auf Sicherungsstift aufdrücken.
- Startergehäuse anschrauben.
- Unterdruckleitung anschließen.
- Spaltmaß der Starterklappe prüfen, gegebenenfalls einstellen.
- Vergaser einbauen.

Starterklappenspalt prüfen/einstellen

Der Starterklappenspalt ist zu prüfen, beziehungsweise einzustellen, wenn die Pulldown-Dose ausgebaut wurde oder der Motor schlecht anspringt – der kalte Motor geht kurz nach dem Anspringen wieder aus.

- Vergaser ausbauen.

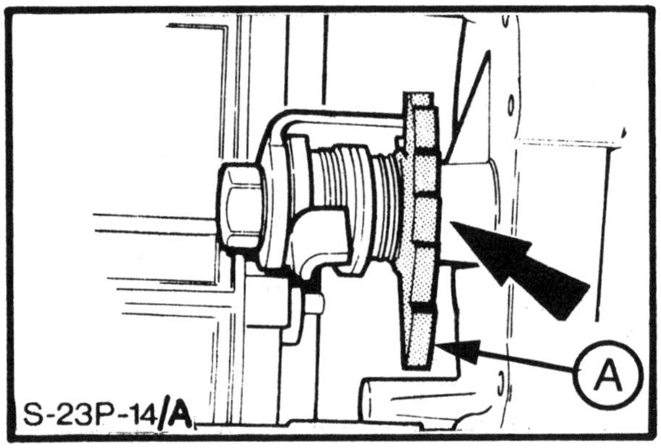

- Prüfen, ob die Schraube für Schnelleerlauf auf der höchsten Stufe –A– der Stufenscheibe – Pfeil – anliegt.
- Verbindungsstange auf Anschlag bis an die Einstellschraube herandrücken und in dieser Stellung halten.

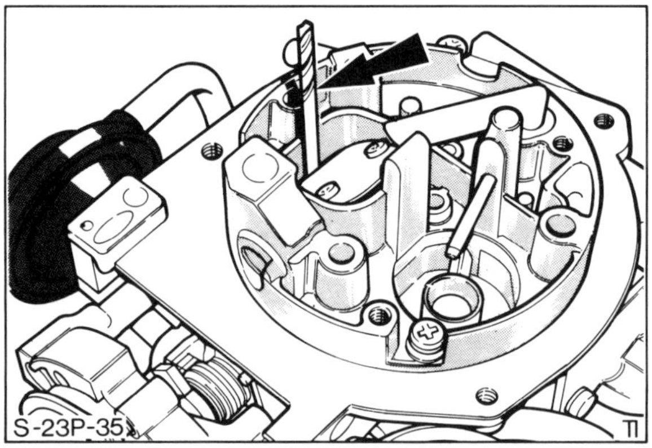

- Spaltmaß zwischen Unterkante der Starterklappe und dem Saugrohr mit einem 3 mm Bohrer – Pfeil – prüfen.
- Falls erforderlich, Spalt an der Einstellschraube –A– (Abbildung S-23P-16) mit Innensechskantschlüssel SW 2 entsprechend einstellen.

Unterdruckdose für Sekundärsaugrohr aus- und einbauen

Bei hohen Drehzahlen und Motorlasten wird über Unterdruck die Sekundär-Drosselklappe geöffnet, damit der Motor eine ausreichende Menge von Kraftstoff/Luft-Gemisch erhält. Der Unterdruck wird vom Primär-Saugrohr abgenommen und über einen Schlauch zur Unterdruckdose geleitet. Bei niedrigen Drehzahlen ist der Unterdruck im Primär-Saugrohr gering, die Membran in der Unterdruckdose wird durch eine Feder in Ruhestellung gehalten, die Sekundär-Drosselklappe ist geschlossen. Wird die Primär-Drosselklappe durch Gasgeben weit geöffnet, erhöht sich durch die hohe Strömungsgeschwindigkeit auch der Unterdruck. Die Membran in der Unterdruckdose zieht an und öffnet die Sekundär-Drosselklappe. Sobald Gas weggenommen wird, sorgt ein Nocken am Primär-Drosselklappenhebel dafür, daß auch die Sekundär-Drosselklappe schließt.
Bei defekter Unterdruckdose erreicht der Motor nicht mehr seine Höchstleistung, beziehungsweise ruckelt im Übergangsbereich zwischen Teillast und Vollast.

Ausbau

- Batterie-Massekabel abklemmen.
- Luftfilter ausbauen, siehe Seite 84.

- Verbindungsstange –B– am Drosselklappenhebel ausclipsen.
- Unterdruckschlauch am Vergaser abziehen.
- Unterdruckdose mit Kreuzschlitzschraubendreher abschrauben –A– und herausnehmen.

Einbau

- Unterdruckdose ansetzen und anschrauben.
- Verbindungsstange am Drosselklappenhebel aufdrücken.
- Unterdruckschlauch am Vergaserstutzen aufschieben.
- Luftfilter einbauen, siehe Seite 84.
- Batterie-Massekabel anklemmen.

Drehzahlüberhöhung prüfen/ einstellen

Die Drehzahlüberhöhung ist nach einer vollständigen Vergaserüberholung oder nach Ausbau der Startautomatik einzustellen.

- Motor auf Betriebstemperatur bringen, Öltemperatur + 60° C.
- Motor abstellen.
- Leerlaufdrehzahl und CO-Gehalt prüfen, gegebenenfalls einstellen.

Achtung: Eine exakt eingestellte Leerlaufdrehzahl ist wichtig für die richtige Einstellung der Drehzahlüberhöhung.

- Luftfilter ausbauen, siehe Seite 84.
- Motor starten und im Leerlauf belassen.

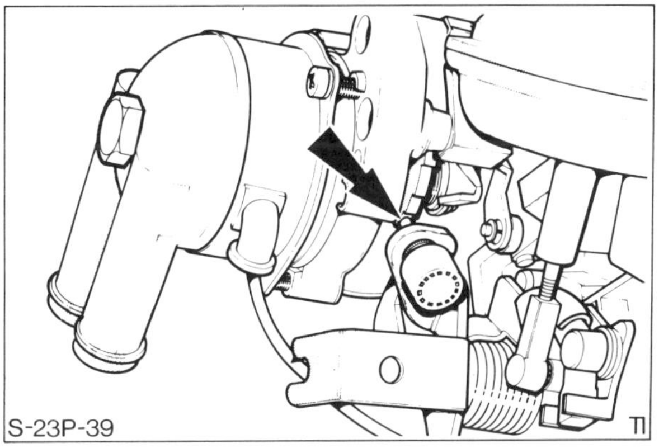

- Einstellschraube für Drehzahlüberhöhung auf die niedrigste Stufe der Stufenscheibe stellen. Dazu am Drosselklappenhebel etwas Gas geben, Stufenscheibe entsprechend verdrehen und Drosselklappenhebel loslassen.
- Motordrehzahl ablesen und mit Sollwert vergleichen, siehe Seite 83.
- Falls der Prüfwert abweicht, Drehzahlüberhöhung an der Einstellschraube einstellen. Dazu Motor abstellen und Kunststoffkappe mit Zange abziehen. Die Kappe wird dabei zerstört. Drosselklappe so weit öffnen (am Drosselklappenhebel Gas geben), bis die Schraube von unten mit einem schmalen Schraubendreher verstellt werden kann. Schraube nach rechts drehen – Drehzahl erhöht sich; Schraube nach links drehen – Drehzahl wird niedriger.
- Motor starten und Drehzahlüberhöhung nochmals prüfen, gegebenenfalls nachstellen.

Achtung: Bei der Prüfung muß die Einstellschraube auf der niedrigsten Stufe der Stufenscheibe aufliegen.

- Meßgeräte abklemmen.
- Luftfilter einbauen, siehe Seite 84.

Starterdeckel aus- und einbauen/ einstellen

Der Starterdeckel ist auszubauen, wenn die Startautomatik aufgrund einer gebrochenen Bimetallfeder nicht mehr anspricht. Schaltet die Startautomatik zu früh oder zu spät ab, ist der Starterdeckel einzustellen.

Ausbau

- Batterie-Massekabel abklemmen.
- Luftfilter ausbauen, siehe Seite 84.
- Stecker am Thermoschalter abziehen, Kabelbinder am Kühlmittelschlauch durchschneiden und Kabel zur Seite legen.

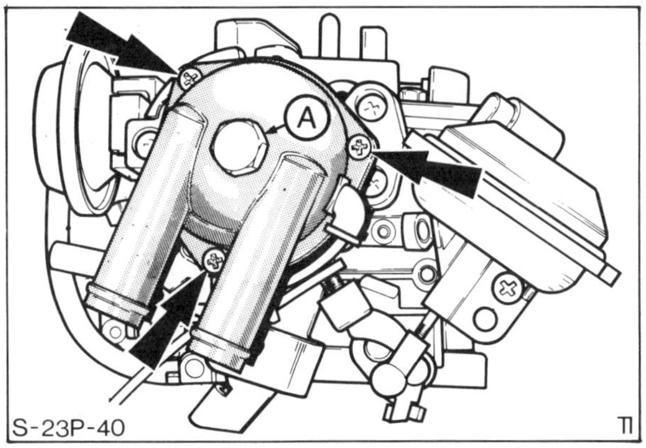

- Bimetallfedergehäuse abschrauben – Pfeile –. Bimetallfeder am Starterklappenhebel aushängen und Gehäuse abnehmen.
- Deckel –A– abschrauben, vorher Gefäß unterstellen, um ausfließende Kühlflüssigkeit aufzufangen. Deckel abnehmen und dabei darauf achten, daß keine Dichtringe verloren gehen.

Einbau

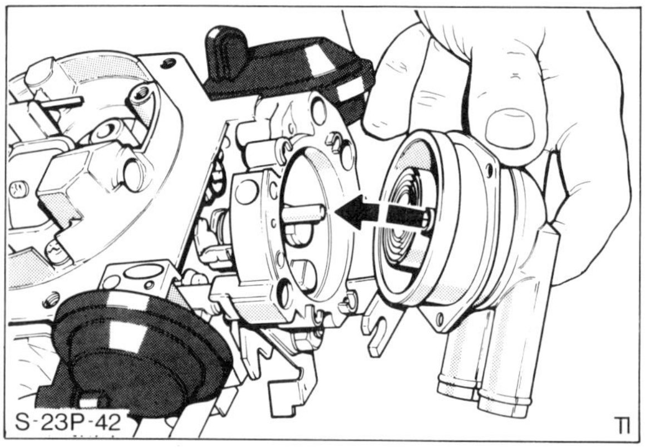

- Bimetallfeder am Starterklappenhebel einhängen –Pfeil–. Gehäuse anschrauben, Schrauben nicht festziehen.

Achtung: Es spielt keine Rolle, welche der 6 Gewindebohrungen am Vergaser für die Befestigung des Klemmringes benützt werden.

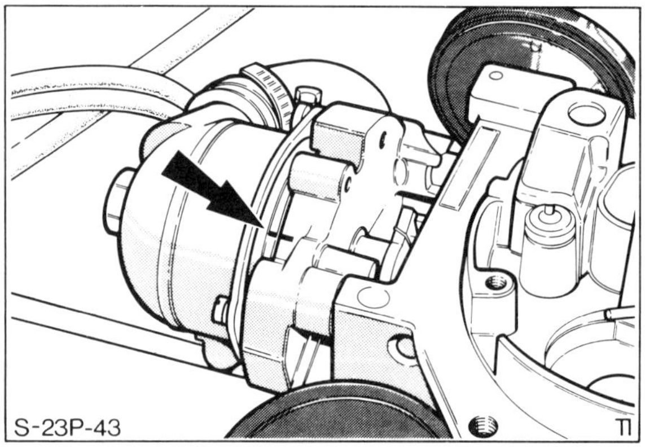

- Gehäuse 1/4 Umdrehung nach rechts drehen, bis die Markierungen – Pfeil – übereinstimmen.
- Schrauben am Klemmring festziehen.

Achtung: Die Grundeinstellung der Startautomatik sollte nur wenn unbedingt erforderlich verstellt werden. Falls die Startautomatik zu früh abschaltet (Motor bleibt während der Warmlaufphase stehen), Starterdeckel etwas nach links verdrehen (max. 5 mm). Falls die Startautomatik früher abschalten soll, Starterdeckel etwas (max. 5 mm) nach rechts drehen.

- Dichtringe für Deckel auf Porosität oder Beschädigung prüfen, gegebenenfalls ersetzen.
- Deckel anschrauben, dabei auf richtigen Sitz der Dichtringe achten.
- Stecker für Thermoschalter aufschieben, Kabel mit Kabelbinder am Kühlmittelschlauch befestigen.
- Kühlmittelstand prüfen, gegebenenfalls Kühlmittel auffüllen, siehe Seite 49.
- Luftfilter einbauen, siehe Seite 84.
- Batterie-Massekabel einbauen.

Weber 2V-Vergaser

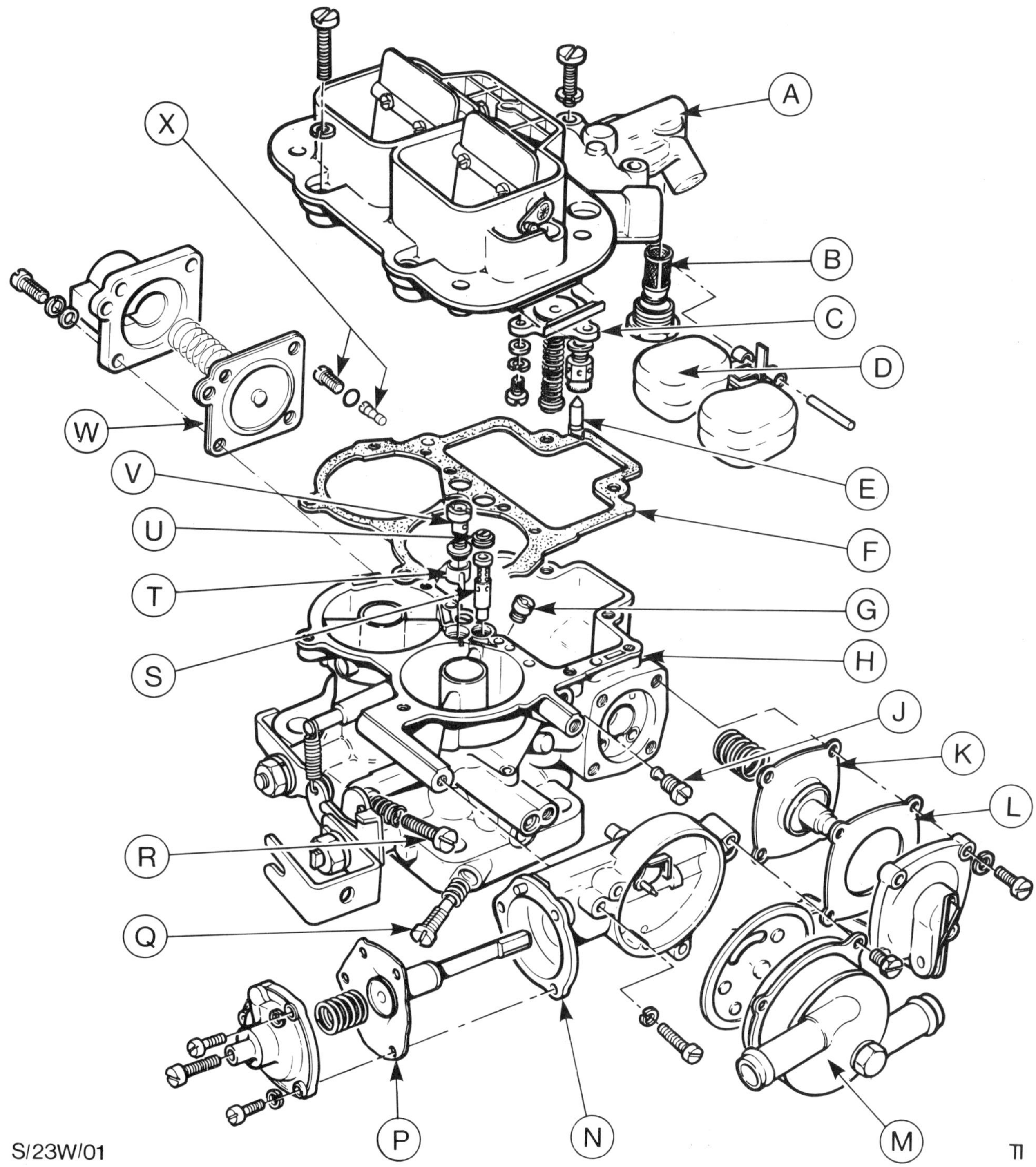

A = Vergaserdeckel
B = Filtersieb
C = Membraneinheit
D = Schwimmer
E = Schwimmernadelventil
F = Dichtung
G = Hauptdüse
H = Vergasergehäuse
J = Leerlaufdüse
K = Membran für Beschleunigerpumpe
L = Dichtung für Beschleunigerpumpe
M = Starterdeckel
N = Startautomatikgehäuse
P = Unterdruckmembran
Q = CO-Einstellschraube
R = Leerlaufdrehzahl-Einstellschraube
S = Mischrohr
T = Spritzrohr für Beschleunigerpumpe
U = Luftkorrekturdüse
V = Kugelventil für Beschleunigerpumpe
W = Membran für Unterdruck-Einspritzvorrichtung
X = Leerlaufdüse

Vergaser aus- und einbauen

Ausbau

- Batterie-Massekabel abklemmen.
- Luftfilter ausbauen, siehe Seite 84.
- Verschlußdeckel für Ausgleichbehälter öffnen.

Achtung: Bei warmem Motor vorher Überdruck aus Kühlsystem entweichen lassen. Verbrühungsgefahr! Verschlußdeckel vorsichtig öffnen, siehe Seite 49.

- Schläuche von der Startautomatik abziehen und so aufhängen, daß keine Kühlflüssigkeit herausläuft, oder mit geeignetem Stopfen verschließen.
- Gaszug aushängen.

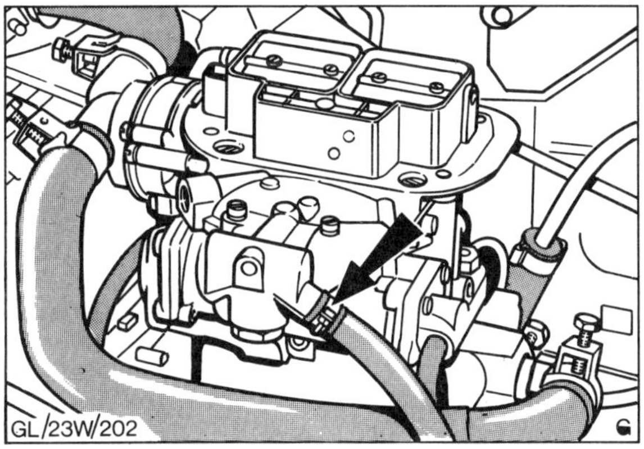

- Kraftstoffleitung – Pfeil – vom Vergaser abziehen. **Achtung:** Gegebenenfalls Klemmschelle durchkneifen und beim Einbau statt dessen eine Schraubschelle verwenden, siehe auch Seite 53.
- Unterdruckleitung zum Zündverteiler am Vergaser abziehen.
- 4 Befestigungsmuttern abschrauben und Vergaser komplett mit Dichtung abheben.
- Ansaugrohr mit sauberem Tuch abdecken.

Einbau

- Dichtflächen von Vergaser und Ansaugkrümmer reinigen. Darauf achten, daß kein Schmutz in das Ansaugrohr fällt.
- Vergaser mit neuer Dichtung anschrauben.
- Unterdruckleitung zum Verteiler am Vergaser aufstecken.
- Kraftstoffleitung aufschieben und mit Schelle sichern. **Achtung:** Der Schraubenkopf der Schelle darf weder über dem Schlauch liegen noch umliegende Teile berühren.
- Betätigungshebel für Drosselklappen einhängen.
- Kühlmittelschläuche an der Startautomatik aufschieben und mit Schellen sichern.
- Luftfilter einbauen.
- Batterie-Massekabel anklemmen.
- Leerlaufdrehzahl und CO-Wert einstellen, siehe Seite 69.
- Kühlmittelstand prüfen und gegebenenfalls nachfüllen.

Vergaseroberteil aus- und einbauen

Falls nur das Vergaseroberteil abgebaut werden muß, verbleibt der Vergaser am Motor.

Ausbau

- Batterie-Massekabel abklemmen.
- Luftfilter ausbauen, siehe Seite 84.
- Vergaser außen reinigen.
- Kraftstoffleitung vom Vergaser abziehen. **Achtung:** Gegebenenfalls Klemmschelle durchkneifen und beim Einbau statt dessen eine Schraubschelle verwenden.

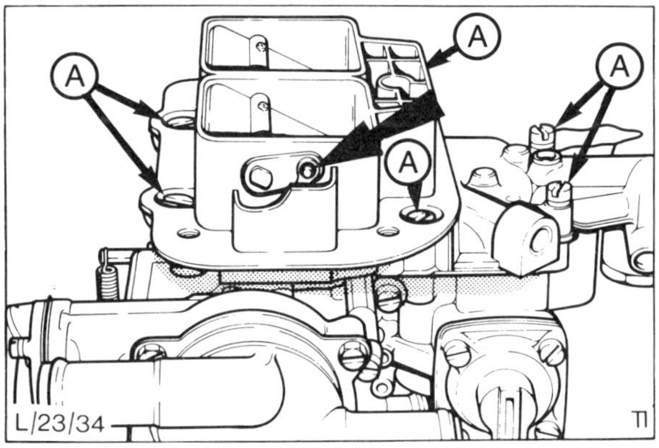

- Sicherung – Pfeil – vorsichtig mit Schraubendreher abdrücken und Starterklappen-Verbindungsstange vom Hebel der Starterklappenwelle aushängen.
- 6 Schrauben –A– herausdrehen und Vergaserdeckel abnehmen.

Einbau

- Neue Dichtung auf Vergaserunterteil auflegen.
- Vergaserdeckel aufsetzen, dabei die Starterklappen-Verbindungsstange durch die Staubdichtung im Deckel einführen.
- Vergaseroberteil mit sechs Schrauben anschrauben.
- Verbindungsstange einhängen und mit Sicherungsscheibe sichern.
- Kraftstoffleitung aufschieben und mit Schelle sichern. **Achtung:** Der Schraubenkopf der Schelle darf weder über dem Schlauch liegen noch umliegende Teile berühren.
- Luftfilter einbauen.
- Batterie-Massekabel anklemmen.
- Leerlaufdrehzahl und CO-Gehalt einstellen, siehe Seite 69.

Leerlaufdrehzahl und CO-Wert prüfen/einstellen

- Motor warmfahren, Öltemperatur muß mindestens +60° C betragen.
- Automatikfahrzeuge: Gaszugeinstellung muß in Ordnung sein.
- Elektrische Verbraucher (Radio, Scheinwerfer usw.) ausschalten.
- Zündzeitpunkteinstellung überprüfen, siehe Seite 218.
- Drehzahlmesser und CO-Meßgerät nach Vorschrift anschließen; Luftfilter aufgeschraubt lassen.
- Motor etwa eine halbe Minute mit 3000/min, anschließend mit Leerlaufdrehzahl laufen lassen.
- Sobald sich die Anzeigen der Meßgeräte stabilisiert haben, Meßwerte ablesen und mit Sollwerten vergleichen, siehe Seite 83.

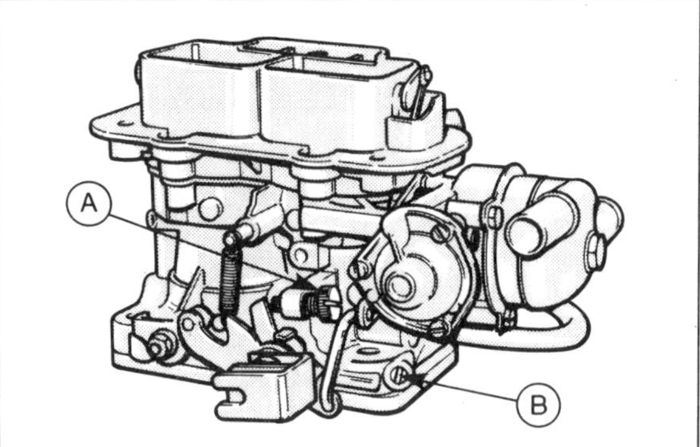

S/23W/11

- Bei Abweichung der Leerlaufdrehzahl, Einstellschraube –A– verdrehen, bis der Sollwert erreicht wird. Sollwert siehe Seite 83.
- Bei Abweichung des CO-Wertes, Sicherungskappe von der CO-Einstellschraube –B– entfernen. Dazu Plastikkappe in der Mitte lochen, geeignete Schraube eindrehen und Schraube mitsamt der Sicherungskappe herausziehen. Wenn nötig, Luftfilter abbauen und anschließend wieder aufsetzen.
- Motor etwa eine halbe Minute mit 3000/min drehen lassen. Anschließend im Leerlauf abwarten, bis sich die Anzeigen der Meßgeräte stabilisieren.
- CO-Gehalt durch Verdrehen der CO-Einstellschraube – B – auf Sollwert einstellen. Gegebenenfalls Drehzahl an der Leerlaufdrehzahl-Einstellschraube korrigieren.

Achtung: Die Einstellung muß innerhalb von 30 Sekunden nach Stabilisierung der Anzeigen vorgenommen werden. Andernfalls Einstellungsvorgang wiederholen.

- Leerlaufdrehzahl und CO-Wert nochmals überprüfen.
- Neue Sicherungskappe anbringen.

Die Startautomatik

In der Startautomatik zieht sich die Bimetallfeder bei niedrigen Temperaturen zusammen und schließt die Starterklappen. Dadurch erhöht sich bei laufendem kalten Motor der Kraftstoffanteil im Verhältnis zur angesaugten Luft, das Gemisch wird angereichert. Der kalte Motor benötigt dieses fettere Gemisch, damit er rundläuft. Bei warmem Motor wird die Bimetallfeder durch die Kühlflüssigkeit beheizt. Die Feder dehnt sich aus und öffnet die Starterklappen. Die Gemischzusammensetzung im Leerlauf normalisiert sich wieder.

Die Grundeinstellung der Startautomatik sollte nur wenn unbedingt erforderlich verändert werden.

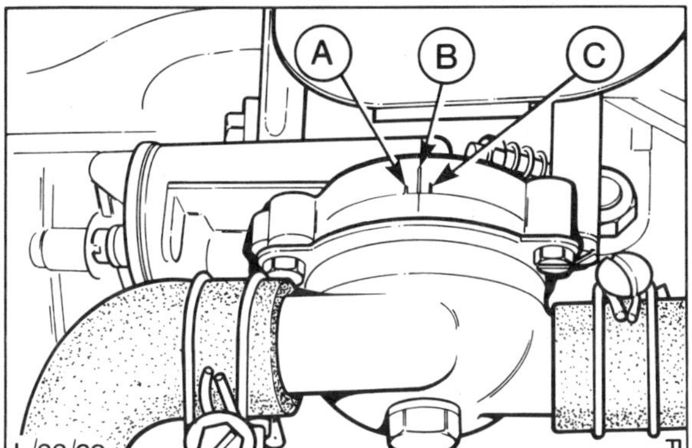

L/23/69

- Die Markierung am Starterdeckel muß mit der mittleren Markierung –B– des Gehäuses fluchten.
- Eine Übereinstimmung mit der Markierung –A– führt zu fettem Gemisch, die Einstellung auf –C– ergibt ein mageres Gemisch.
- Falls die Startautomatik zu früh abschaltet (Motor bleibt während der Warmlaufphase stehen), kann der Starterdeckel auf die Markierung –A– eingestellt werden.
- Falls die Startautomatik früher abschalten soll, Starterdeckel auf Position –C– stellen.
- Zum Einstellen des Starterdeckels die 3 Schrauben am Klemmring etwas lösen, Starterdeckel verdrehen und Schrauben wieder anziehen.

Startautomatik aus- und einbauen

Ausbau

- Massekabel von der Batterie abklemmen.
- Luftfilter ausbauen.

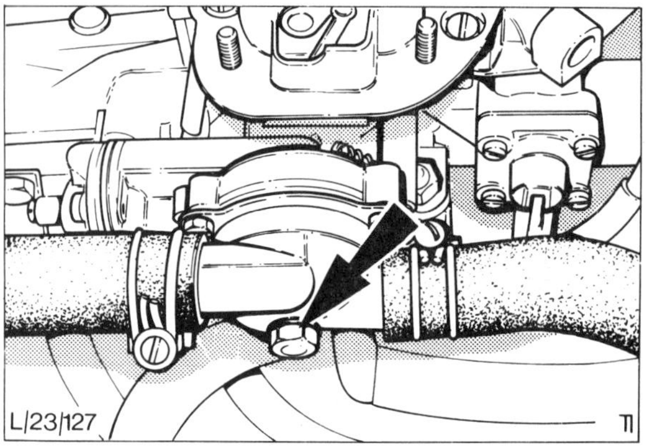

- Beide Kühlmittelschläuche von der Startautomatik Abziehen und so hoch wie möglich aufhängen, damit nur wenig Kühlflüssigkeit ausläuft.

Achtung: Bei warmem Motor vorher Deckel am Ausgleichbehälter öffnen und Druck entweichen lassen. Vor dem abziehen der Schläuche Deckel wieder aufschrauben, damit möglichst wenig Kühlflüssigkeit verloren geht. Gegebenenfalls dicken Lappen über Deckel und Schläuche legen, Verbrühungsgefahr.

- Zentralschraube – Pfeil – herausdrehen und Anschlußstutzen abnehmen.

- Befestigungsschrauben – Pfeile – lösen und Starterdeckel abnehmen.
- Abschirmscheibe herausnehmen.
- Sicherung – A – mit Schraubendreher abhebeln und Starterklappen-Verbindungsstange vom Hebel der Starterklappenwelle aushängen.

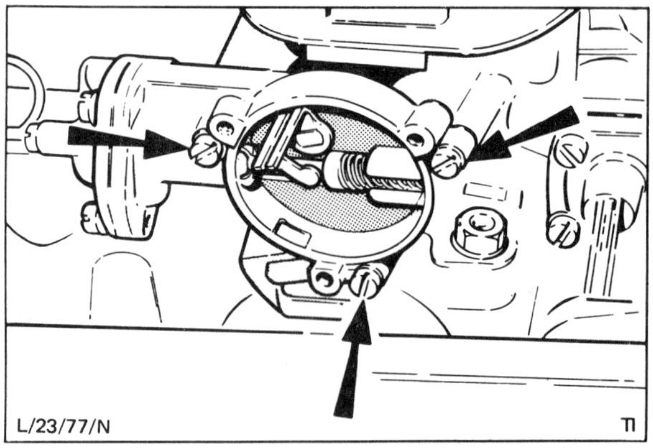

- Startautomatik-Gehäuse abschrauben – Pfeile –. Verbindungsstange vom Hebel der Stufenscheibe aushängen und Gehäuse komplett abnehmen.

Einbau

- Untere Verbindungsstange am Hebel der Stufenscheibe einhängen.

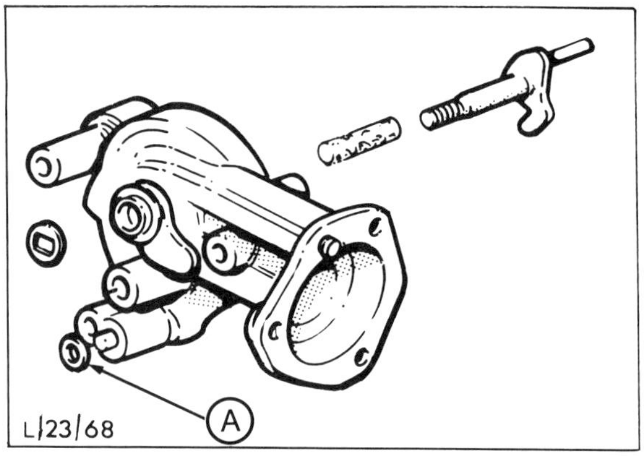

- Der O-Ring –A– muß richtig um das Unterdruckröhrchen anliegen.
- Gehäuse für Startautomatik ansetzen. Dabei Verbindungsstange für Starterklappen durch die Staubdichtung im Vergaserdeckel einführen.
- Gehäuse mit 3 Schrauben anschrauben.
- Verbindungsstange am Hebel der Starterklappen einhängen und mit Sicherungsscheibe befestigen.
- Starterklappenspaltmaß bei Unterdruckverstellung prüfen, gegebenenfalls einstellen.
- Starterklappenspaltmaß in der Zwischenstufe prüfen, gegebenenfalls einstellen.

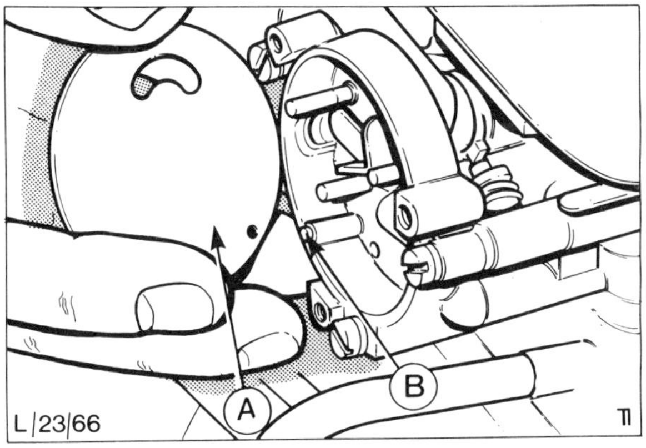

L/23/66

- Abschirmscheibe –A– einsetzen. Dabei muß der Führungsstift –B– in die Bohrung der Scheibe eingreifen.
- Bimetallfeder am Mitnehmerhebel einhängen, Starterdeckel ansetzen und mit drei Befestigungsschrauben lose anschrauben. Strichmarkierungen oben am Gehäuse zur Deckung bringen, siehe Abbildung L/23/69.
- Kühlmittelschläuche aufstecken und mit Schellen sichern.
- Massekabel an Batterie anschließen.
- Drehzahlüberhöhung prüfen und gegebenenfalls einstellen.
- Kühlmittelstand kontrollieren, eventuell auffüllen.
- Luftfilter einbauen.

Starterklappenspalt prüfen/einstellen

Der Starterklappenspalt ist nach einer vollständigen Vergaserüberholung und nach Ausbau des Vergaseroberteils einzustellen, oder wenn der Motor schlecht Gas annimmt beziehungsweise Warmlaufschwierigkeiten vorhanden sind.

- Batterie-Massekabel abklemmen.
- Luftfilter ausbauen, siehe Seite 84.
- Starterdeckel ausbauen und Abschirmscheibe herausnehmen.

Spaltmaß einstellen bei Unterdruckverstellung

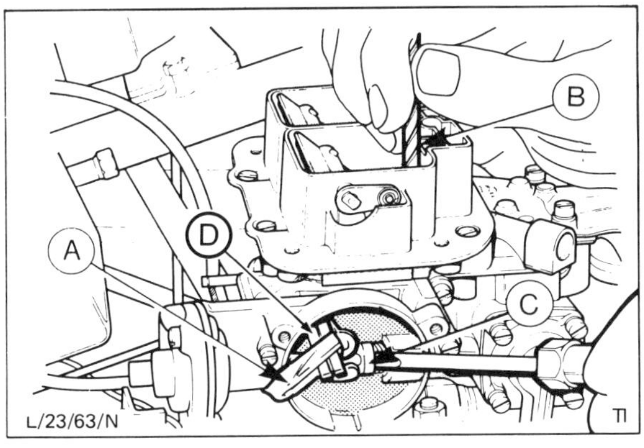

L/23/63/N

- Drosselklappenhebel (– C – in Abbildung L/23/64/N) auf Vollgas stellen, das heißt den Hebel bis zum Anschlag bewegen und festhalten.
- Mitnehmerhebel – D – der Startautomatik verdrehen, bis die Starterklappen geschlossen sind, dann festhalten.
- Drosselklappenhebel loslassen.
- Mitnehmerhebel –D– in dieser Stellung mit Gummiband –A– fixieren. Gummiband am Vergaser einhängen, Starterklappen müssen geschlossen sein.
- Mit Schraubendreher Membranstange –C– bis zum Anschlag reindrücken. **Achtung:** Die Membranstange ist federbelastet. Um die Unterdruckwirkung nachzuahmen ist es wichtig, daß die Stange ganz bis zum Anschlag gedrückt wird.
- Spaltmaß mit geeignetem Bohrer –B– messen. Sollwert siehe Seite 83.

L/23/64/N

- Gegebenenfalls Schraubstopfen vom Deckel –B– der Unterdruckmembrane entfernen und Einstellschraube mit Schraubendreher –A– hinein- bzw. herausdrehen, bis der Sollwert erreicht wird. **Achtung:** Bei einigen Modellen wird ein kürzerer Schraubendreher benötigt, um ihn am Drosselklappengestänge vorbei einführen zu können.
- Sicherungskappe in den Membrandeckel einschrauben und Gummiband entfernen.

Spaltmaß einstellen in der Zwischenstufe

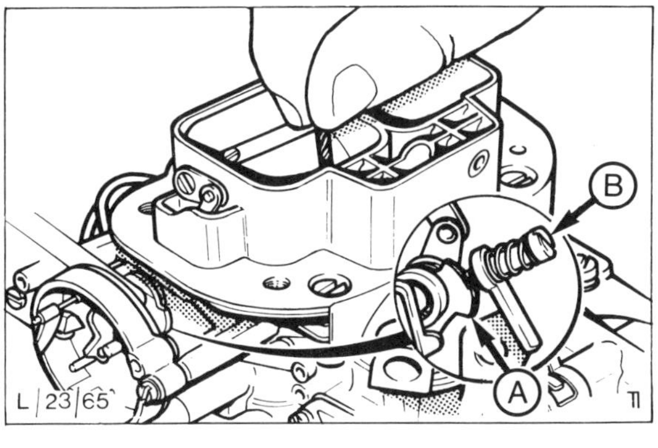

L/23/65

- Drosselklappenhebel etwas zurückdrehen und Stufenscheibe –A– verdrehen, bis die Schnell-Leerlauf-Einstellschraube –B– den oberen Absatz der Stufenscheibe berührt.
- Drosselklappenhebel loslassen und dadurch Stufenscheibe fixieren.

- Starterklappen von Hand so weit schließen, bis der Absatz der Stufenscheibe fest an der Einstellschraube anliegt.

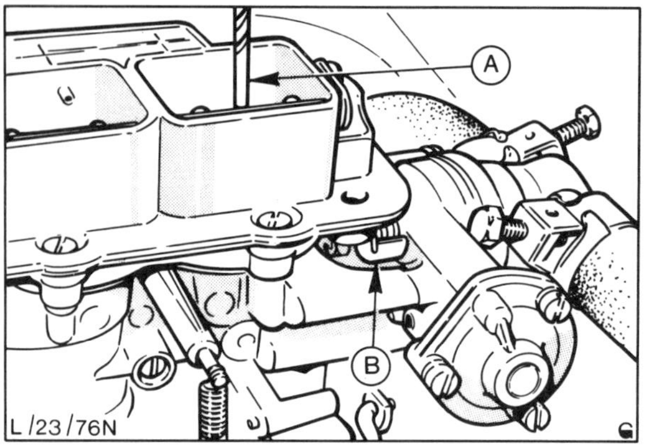

- Spaltmaß der Starterklappe mit entsprechendem Bohrer –A– messen, Sollwert siehe Seite 83.
- Zur Korrektur des Spaltmaßes Anschlagzunge –B– am Zwischenhebel entsprechend verbiegen.
- Abschirmscheibe einsetzen.
- Starterdeckel anbauen.
- Luftfilter einbauen, siehe Seite 84.
- Batterie-Massekabel anklemmen.

Drehzahlüberhöhung prüfen/einstellen

Die Drehzahlüberhöhung ist nach einer vollständigen Vergaserüberholung oder nach Ausbau der Startautomatik einzustellen.

- Motor auf Betriebstemperatur bringen, Öltemperatur ca. 60° C, Kühler handwarm.
- Motor abstellen.
- Luftfilter ausbauen, siehe Seite 84.
- Drehzahlmesser nach Vorschrift anschließen.

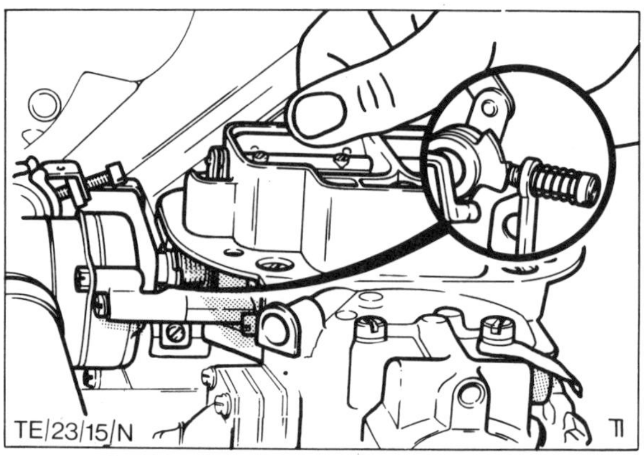

- Drosselklappenhebel zurückdrehen und Starterklappen schließen.
- **2,0-l-Motor:** Drosselklappenhebel loslassen, dadurch wird die Stufenscheibe in der Startautomatik auf der obersten Stufe festgehalten.
- **1,6-l-Motor:** Drosselklappenhebel loslassen. Starterklappe öffnen, bis die Schnelleerlauf-Einstellschraube an der dritten (mittleren) Stufe anliegt.
- Starterklappe(n) loslassen.

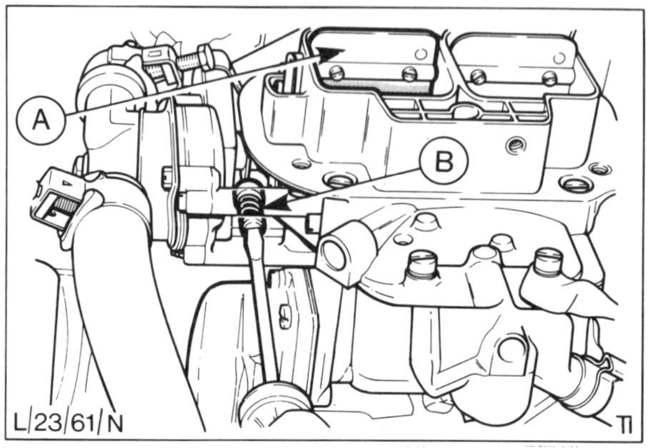

- Falls der Prüfwert abweicht, Einstellschraube –B– hinein- oder herausdrehen, bis der Sollwert erreicht wird. A – Starterklappe in geöffneter Stellung.
- Luftfilter einbauen, siehe Seite 84.

Schwimmernadelventil aus- und einbauen

Das Schwimmernadelventil reguliert die Kraftstoffmenge in der Schwimmerkammer. Bleibt das Ventil durch Verschmutzung in offenem Zustand hängen, steigt der Kraftstoffspiegel in der Schwimmerkammer an, was zwangsläufig zu höherem Verbrauch führt. Wenn das Ventil nicht mehr öffnet, saugt der Motor die Schwimmerkammer leer und bleibt stehen. Ursachen für Funktionsstörungen des Schwimmernadelventils sind in der Regel Verschmutzung durch unsauberen Kraftstoff oder eine eingeschlagene Ventilspitze.

Ausbau

- Vergaseroberteil ausbauen, siehe Seite 68.
- Schwimmerachse heraustreiben und Schwimmer abnehmen.
- Schwimmernadelventil herausziehen.
- Gehäuse für Schwimmernadelventil herausschrauben.
- Kraftstoffreste in der Schwimmerkammer mit einem saugfähigen Lappen entfernen.

Einbau

- Vor dem Einbau Spitze des Nadelventils auf Beschädigung überprüfen.
- Schwimmerkammer sowie Nadelventil und Ventilgehäuse mit Kraftstoff und einem sauberen Lappen reinigen.
- Gehäuse für Nadelventil mit neuem Kupferdichtring einschrauben.
- Nadelventil einsetzen.
- Schwimmer mit Schwimmerachse einsetzen.

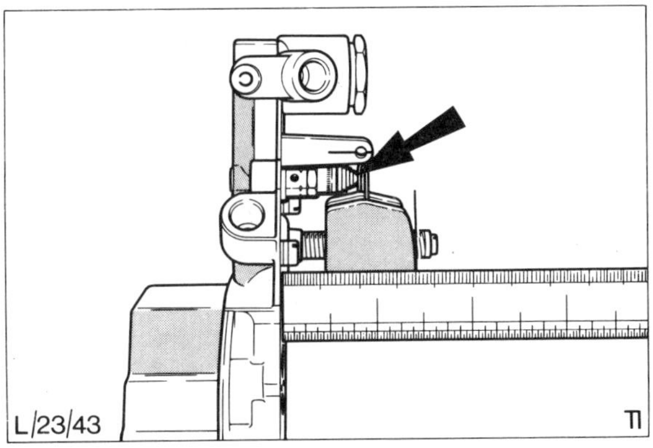

- Vergaseroberteil senkrecht halten, damit das Nadelventil geschlossen wird.
- Abstand vom Vergaserdeckelflansch bis zum Schwimmerboden messen. **Achtung:** Dabei darf die Dichtung am Vergaseroberteil nicht montiert sein. Sollwert siehe unter „Vergaserdaten".
- Gegebenenfalls Anschlagzunge – Pfeil – am Schwimmer entsprechend verbiegen.
- Vergaseroberteil mit neuer Dichtung einbauen, siehe Seite 68.

Weber 2V-ISC-Vergaser

Hinweis: Vergaser-Schrittmotor und Saugrohrvorwärmer werden vom ESC II-Steuergerät (Zündungsrechner) geregelt.

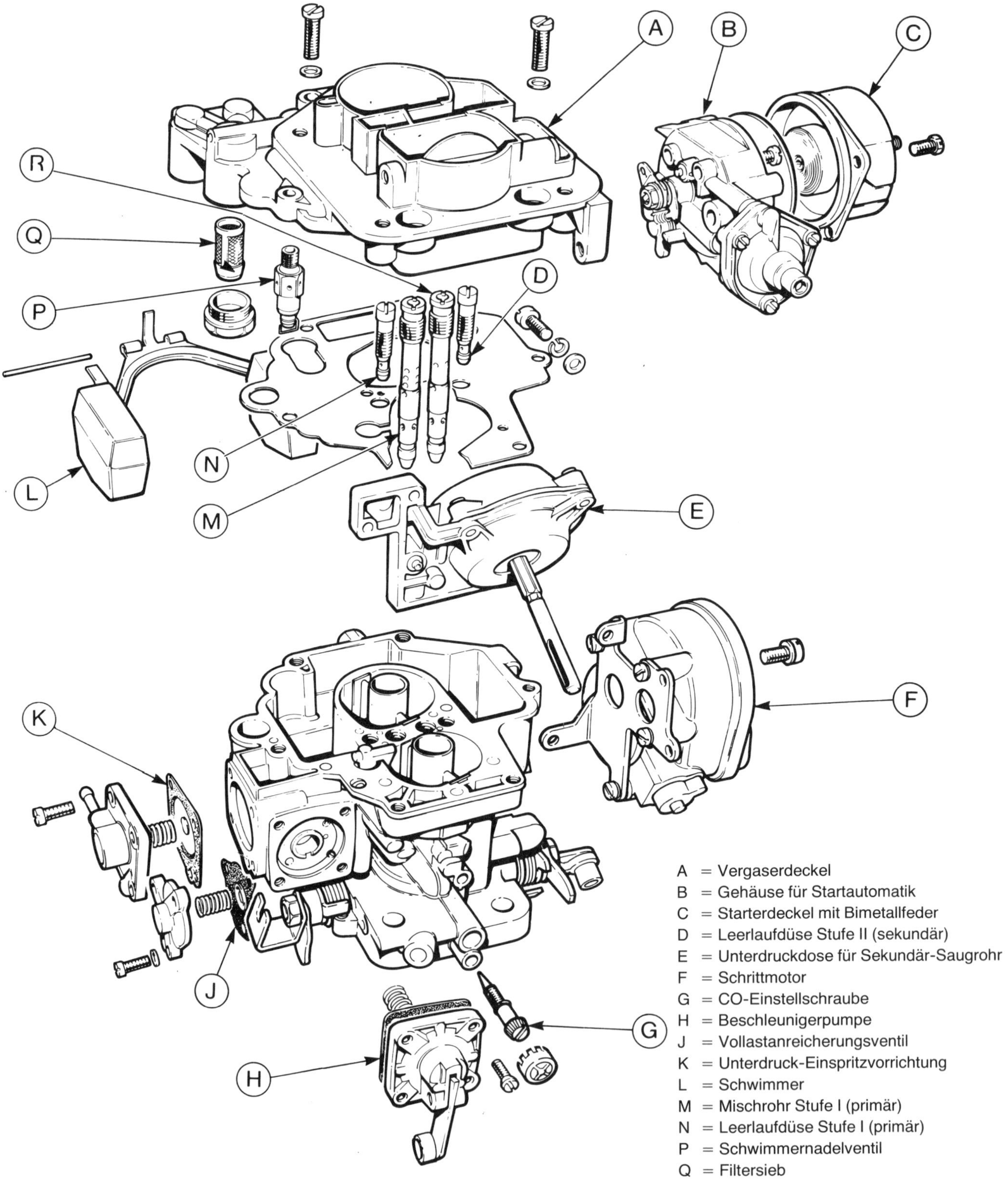

S–23W–57

A = Vergaserdeckel
B = Gehäuse für Startautomatik
C = Starterdeckel mit Bimetallfeder
D = Leerlaufdüse Stufe II (sekundär)
E = Unterdruckdose für Sekundär-Saugrohr
F = Schrittmotor
G = CO-Einstellschraube
H = Beschleunigerpumpe
J = Vollastanreicherungsventil
K = Unterdruck-Einspritzvorrichtung
L = Schwimmer
M = Mischrohr Stufe I (primär)
N = Leerlaufdüse Stufe I (primär)
P = Schwimmernadelventil
Q = Filtersieb
R = Mischrohr Stufe II (sekundär)

Vergaser aus- und einbauen

Ausbau

- Batterie-Massekabel abklemmen.
- Luftfilter ausbauen, siehe Seite 84.
- Stecker vom Starterdeckel abziehen.
- Stecker vom Vergaser-Schrittmotor abziehen, dazu Verriegelungszunge niederdrücken.
- Betätigungswelle für Drosselklappe aushängen.
- Halter für Gaszug abschrauben.
- Kraftstoffleitung am Vergaser abziehen. Vorher Schelle ganz öffnen und zurückschieben. Falls eine Klemmschelle montiert ist, diese durchkneifen und beim Einbau durch eine Schraubschelle ersetzen.
- Unterdruckleitung(en) am Vergaser mit Tesaband markieren und abziehen.
- 4 Befestigungsmuttern – Pfeile – abschrauben. Vergaser komplett mit Dichtung abheben.
- Ansaugrohr mit sauberem Tuch abdecken, damit keine Schmutzteilchen hineinfallen können.

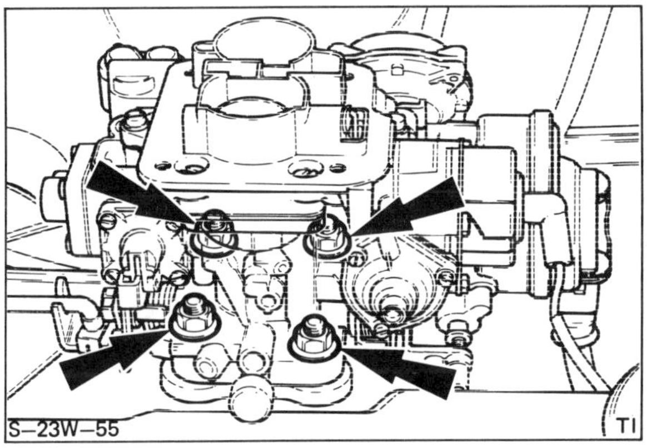

S–23W–55 TI

Einbau

- Dichtflächen von Vergaser und Ansaugkrümmer reinigen. Darauf achten, daß kein Schmutz in das Ansaugrohr fällt.
- Vergaser mit neuer Dichtung anschrauben.
- Unterdruckleitung(en) entsprechend der angebrachten Markierungen am Vergaser anschließen.
- Kraftstoffleitung aufschieben und mit Schraubschelle sichern. **Achtung:** Die Befestigungsschraube darf die umliegenden Teile nicht berühren.
- Halter für Gaszug anschrauben und Betätigungswelle für Drosselklappe einhängen.
- Stecker am Schrittmotor aufstecken und einrasten.
- Stecker am Starterdeckel aufschieben.
- Luftfilter einbauen, siehe Seite 84.
- Batterie-Massekabel anklemmen.
- Leerlaufdrehzahl prüfen.

Vergaseroberteil aus- und einbauen

Ausbau

- Batterie-Massekabel abklemmen.
- Luftfilter ausbauen, siehe Seite 84.
- Vergaser außen reinigen.
- Kraftstoffleitung vom Vergaser abziehen. **Achtung:** Gegebenenfalls Klemmschelle durchkneifen und beim Einbau stattdessen eine Schraubschelle verwenden.
- Stecker am Starterdeckel abziehen.
- Stecker am Vergaser-Schrittmotor abziehen, dazu Verriegelungszunge niederdrücken.
- Schrittmotor mit 4 Schrauben abschrauben und mit Halter abnehmen.
- Vergaserdeckel mit 6 Schrauben abschrauben und abnehmen.

Einbau

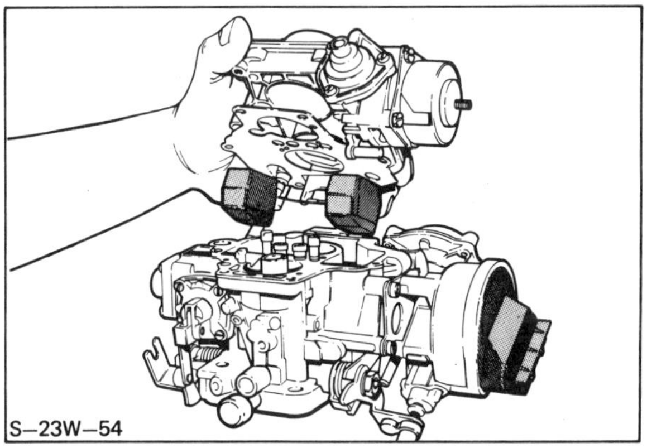

S–23W–54

- Neue Dichtung auf Vergaseroberteil auflegen.
- Vergaserdeckel aufsetzen und anschrauben.
- Schrittmotor mit Halter ansetzen und festschrauben.
- Stecker am Schrittmotor aufschieben und einrasten.
- Stecker für Startautomatik aufstecken.
- Kraftstoffleitung aufschieben und mit Schraubschelle sichern. Darauf achten, daß der Schraubenkopf nicht mit umliegenden Teilen in Berührung kommt.
- Luftfilter einbauen.
- Batterie-Massekabel anklemmen.
- Leerlaufdrehzahl prüfen.

Leerlaufdrehzahl prüfen/einstellen

Achtung: Die Leerlaufdrehzahl ist nur nach Ausbau des Vergasers, Vergaserdeckels oder des Zündverteilers zu prüfen, beziehungsweise einzustellen. Wird bei der Prüfung der Leerlaufdrehzahl im Rahmen der CO-Einstellung ein falscher Wert angezeigt, ist nach der Störtabelle vorzugehen. Unter Umständen muß das ESC II-Steuergerät geprüft werden. Diese Arbeit sollte der Werkstatt überlassen werden, da außer einem Vielfachmeßgerät mit mindestens 20 kΩ Eingangswiderstand noch eine speziell auf dieses Steuergerät abgestimmte Prüfbox sowie ein entsprechendes Prüfkabel benötigt werden.

- Motor warmlaufen lassen, Öltemperatur mindestens + 60° C.
- Elektrische Verbraucher (Radio, Scheinwerfer usw.) ausschalten.
- Motor mindestens zweimal auf über 2500/min hochdrehen.

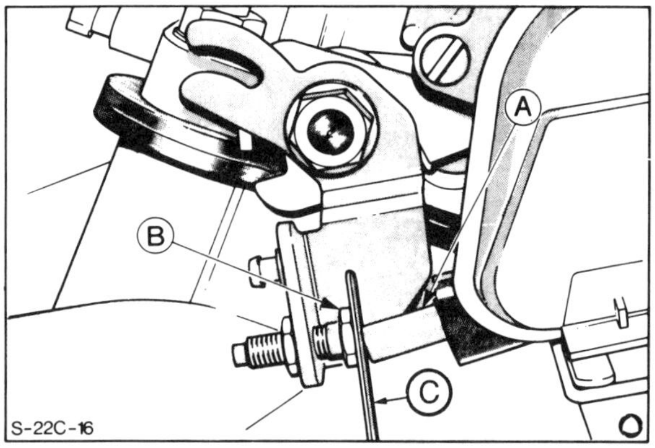

- Eine 1 mm dicke Fühlerlehre –C– zwischen den Stößel –A– des Schrittmotors und die Anschlagschraube –B– des Drosselklappenhebels halten. Die Drehzahl muß 875 ± 25/min betragen.
- Andernfalls Kontermutter lösen und Anschlagschraube entsprechend verdrehen. Kontermutter festziehen, dabei Anschlagschraube gegenhalten.
- Fühlerlehre entfernen, Motordrehzahl erneut zweimal auf über 2500/min erhöhen. Fühlerlehre wieder einsetzen und Leerlaufdrehzahl nochmals prüfen.
- Motor abstellen, Fühlerlehre herausnehmen.
- Motor starten und Funktion des Vergaser-Schrittmotors prüfen.
- CO-Gehalt prüfen, gegebenenfalls einstellen.

CO-Gehalt prüfen/einstellen

- Motor warmfahren, Öltemperatur mindestens + 60° C.
- Elektrische Verbraucher, wie Radio, Scheinwerfer usw., ausschalten.
- Drehzahlmesser und CO-Meßgerät nach Vorschrift anschließen. Der Luftfilter bleibt aufgeschraubt. **Achtung:** Zum Anschließen der Meßgeräte Motor abstellen und danach wieder starten.
- Motor etwa eine halbe Minute mit 3000/min, anschließend mit Leerlaufdrehzahl laufen lassen.
- Sobald sich die Anzeigen der Meßgeräte stabilisiert haben, Meßwerte ablesen und mit Sollwerten vergleichen, siehe Seite 72.

Achtung: Leerlaufdrehzahl nicht verstellen. Die Leerlaufdrehzahl wird durch den Vergaser-Schrittmotor in Verbindung mit dem ESC II-Steuergerät der Zündung geregelt. Wird eine falsche Leerlaufdrehzahl angezeigt, ist nach der Störtabelle vorzugehen. Unter Umständen muß das ESC II-Steuergerät geprüft werden. Diese Arbeit sollte der Werkstatt überlassen werden, da außer einem Vielfachmeßgerät mit mindestens 20 kΩ Eingangswiderstand noch eine speziell auf dieses Steuergerät abgestimmte Prüfbox sowie ein entsprechendes Prüfkabel benötigt werden.

- Bei Abweichung des CO-Wertes, Sicherungskappe von der CO-Einstellschraube – Pfeil – entfernen. Dazu Plastikkappe in der Mitte lochen, geeignete Schraube eindrehen und Schraube mitsamt der Sicherungskappe herausziehen. Wenn nötig, Luftfilter abbauen und anschließend wieder aufsetzen.
- Motor etwa eine halbe Minute mit 3000/min drehen lassen. Anschließend im Leerlauf abwarten, bis sich die Anzeigen der Meßgeräte stabilisieren.
- CO-Gehalt durch Verdrehen der CO-Einstellschraube auf Sollwert einstellen.

Achtung: Die Einstellung muß innerhalb von 30 Sekunden nach Stabilisierung der Anzeigen vorgenommen werden. Andernfalls Einstellungsvorgang wiederholen.

- CO-Wert nochmals überprüfen.
- Neue Sicherungskappe anbringen.

Die Startautomatik

Die Startautomatik besteht aus Bimetallfeder, Heizelement, Gestänge sowie einer Rückstellvorrichtung.
In der Startautomatik zieht sich die Bimetallfeder bei niedrigen Temperaturen zusammen und schließt die Starterklappe. Dadurch wird ein besonders fettes Gemisch erreicht, welches das Anspringen des Motors erleichtert. Sobald der Motor läuft, wird das Heizelement mit Strom versorgt und erwärmt sich. Dadurch dehnt sich die Bimetallfeder aus und öffnet die Starterklappe nach und nach entsprechend der Erwärmung durch das Heizelement. Der Vergaser benötigt nur eine Starterklappe für das Primär-Saugrohr, da die Sekundär-Drosselklappe erst öffnet, wenn der Motor mit hohen Drehzahlen und unter hoher Last läuft, wenn also die Startautomatik nicht mehr benötigt wird.

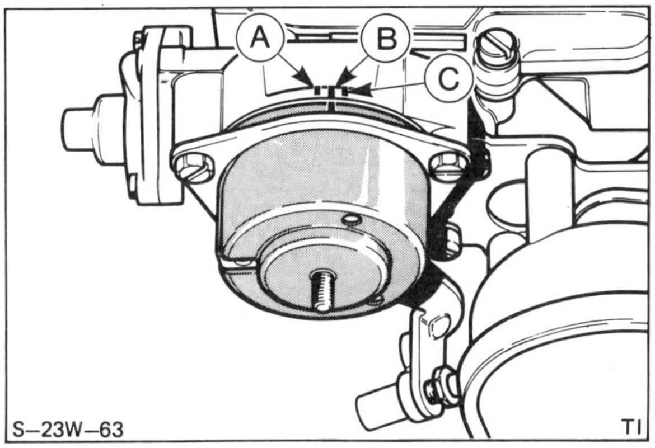

- Die Markierung am Starterdeckel muß mit der mittleren Markierung –B– des Gehäuses fluchten.
- Eine Übereinstimmung mit der Markierung –A– führt zu fettem Gemisch, die Einstellung auf –C– ergibt ein mageres Gemisch.
- Falls die Startautomatik zu früh abschaltet (Motor bleibt während der Warmlaufphase stehen), kann der Starterdeckel auf die Markierung –A– eingestellt werden.
- Falls die Startautomatik früher abschalten soll, Starterdeckel auf Position –C– stellen.
- Zum Einstellen des Starterdeckels die 3 Schrauben am Klemmring etwas lösen, Starterdeckel verdrehen und Schrauben wieder anziehen.

Startautomatik aus- und einbauen

Ausbau

- Batterie-Massekabel abklemmen.
- Luftfilter ausbauen, siehe Seite 84.
- Stecker vom Starterdeckel abziehen.

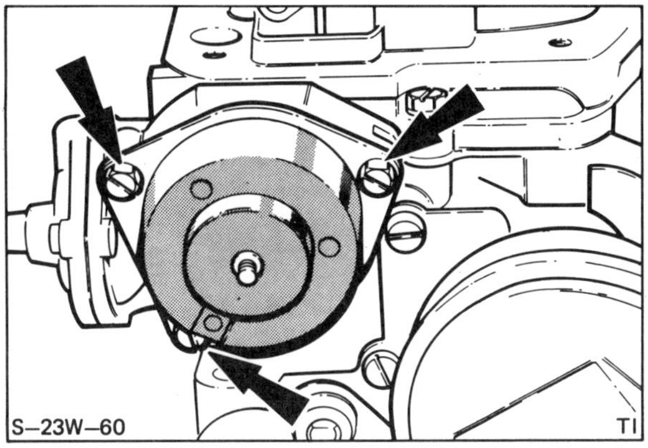

- Starterdeckel abschrauben – Pfeile –.
- Abdeckscheibe herausnehmen.
- Vergaseroberteil ausbauen.

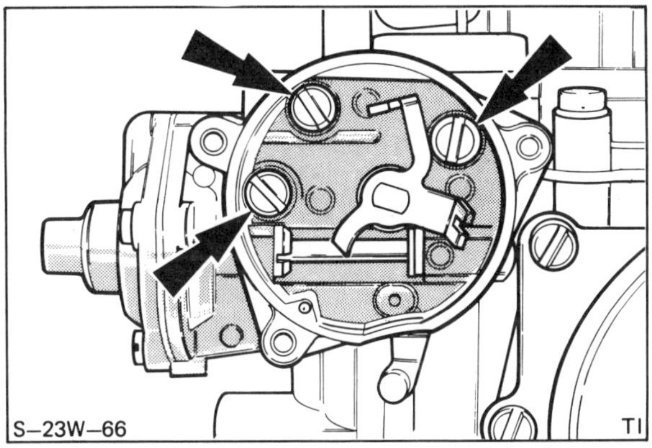

- Gehäuse der Startautomatik abschrauben – Pfeile –.

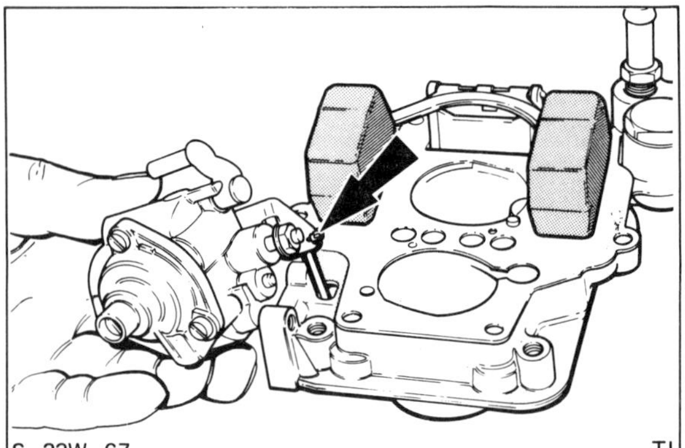
S–23W–67 TI

- Verbindungsstange aushängen – Pfeil – und Gehäuse abnehmen.
- O-Ring abnehmen und auf Beschädigungen und Porosität prüfen, gegebenenfalls ersetzen.

Einbau

- Verbindungsstange einhängen.
- Gehäuse der Startautomatik ansetzen, dabei auf richtigen Sitz des O-Ringes im Gehäuse achten. Gehäuse mit 3 Schrauben anschrauben.
- Vergaseroberteil einbauen.

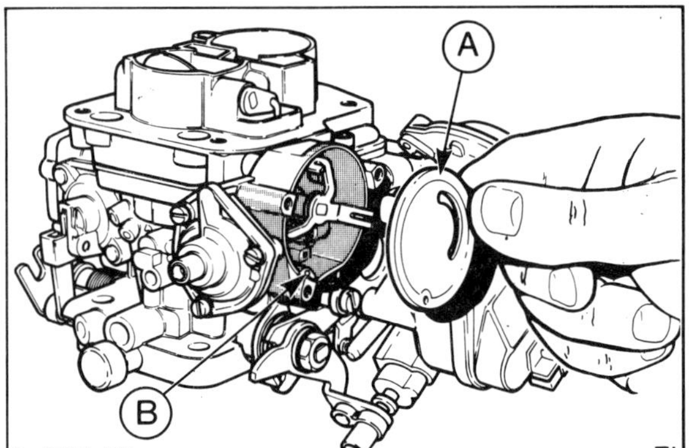

S–23W–64 TI

- Abdeckscheibe –A– einsetzen, dabei muß der Paßstift –B– am Gehäuse in die Bohrung der Abdeckscheibe eingreifen.
- Starterdeckel ansetzen, Bimetallfeder in Mitnehmerhebel einhängen. Deckel anschrauben, nicht festziehen.
- Starterdeckel drehen bis die Strichmarkierungen übereinstimmen, siehe Abbildung S-23W-63. Klemmschrauben festziehen.
- Kabel am Starterdeckel aufstecken.
- Kraftstoffleitung aufschieben und mit Schraubschelle sichern.
- Luftfilter einbauen, siehe Seite 84.
- Batterie-Massekabel anklemmen.
- CO-Gehalt prüfen, gegebenenfalls einstellen.

Starterklappenspalt prüfen/ einstellen

Der Starterklappenspalt ist zu prüfen, beziehungsweise einzustellen, wenn die Pulldown-Dose ausgebaut wurde oder der Motor schlecht anspringt – der kalte Motor geht kurz nach dem Anspringen wieder aus.

- Batterie-Massekabel abklemmen.
- Luftfilter ausbauen, siehe Seite 84.
- Kabel am Starterdeckel abziehen.
- Starterdeckel abschrauben.
- Abdeckscheibe herausnehmen.

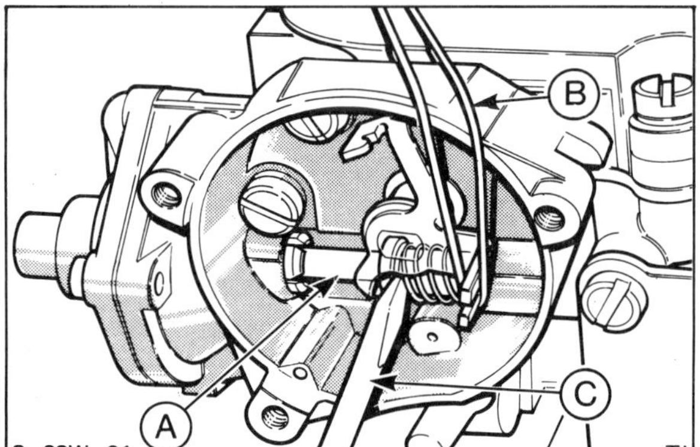

S–23W–61 TI

- Gummiband –B– am Starterklappenhebel einhängen und am Vergaser so befestigen, daß die Starterklappe geschlossen wird.
- Verbindungsstange der Starterklappen-Rückstellvorrichtung mit einem kleinen Schraubendreher –C– bis zum Anschlag eindrücken (in Richtung Membrandose) und so halten.

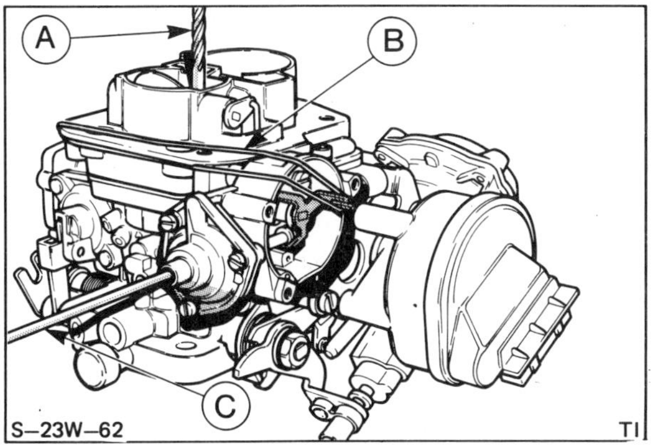

- Starterklappen-Spaltmaß mit einer Lehre oder einem Bohrer –A– prüfen. Dazu Bohrer zwischen Unterkante Starterklappe und Saugrohr einführen, Sollwert siehe Seite 83.
- Falls das Spaltmaß nicht mit dem Sollwert übereinstimmt, Stopfen aus Membrandeckel herausziehen. Dazu geeignete Schraube in den Stopfen eindrehen und Schraube zusammen mit dem Stopfen mit einer Zange herausziehen. Einstellschraube mit einem schmalen Schraubendreher –C– verdrehen und dadurch Spaltmaß auf vorgeschriebenen Wert einstellen.
- Neuen Stopfen einsetzen.
- Gummiband abnehmen.
- Startautomatik komplettieren, siehe unter „Startautomatik einbauen".

Schwimmernadelventil aus- und einbauen/einstellen

Das Schwimmernadelventil reguliert die Kraftstoffmenge in der Schwimmerkammer. Bleibt das Ventil durch Verschmutzung in offenem Zustand hängen, steigt der Kraftstoffspiegel in der Schwimmerkammer an, was zwangsläufig zu höherem Verbrauch führt. Wenn das Ventil nicht mehr öffnet, saugt der Motor die Schwimmerkammer leer und bleibt stehen. Ursachen für Funktionsstörungen des Schwimmernadelventils sind in der Regel Verschmutzung durch unsauberen Kraftstoff oder eine eingeschlagene Ventilspitze.

Ausbau

- Vergaseroberteil ausbauen, siehe Seite 75.
- Schwimmerachse heraustreiben und Schwimmer abnehmen.
- Schwimmernadelventil herausziehen.
- Gehäuse für Schwimmernadelventil herausschrauben.
- Kraftstoffreste in der Schwimmerkammer mit einem saugfähigen Lappen entfernen.

Einbau

- Vor dem Einbau Spitze des Nadelventils auf Beschädigung überprüfen.
- Schwimmerkammer sowie Nadelventil und Ventilgehäuse mit Kraftstoff und einem sauberen Lappen reinigen.
- Gehäuse für Nadelventil mit neuem Kupferdichtring einschrauben.
- Nadelventil einsetzen.
- Schwimmer mit Schwimmerachse einsetzen.

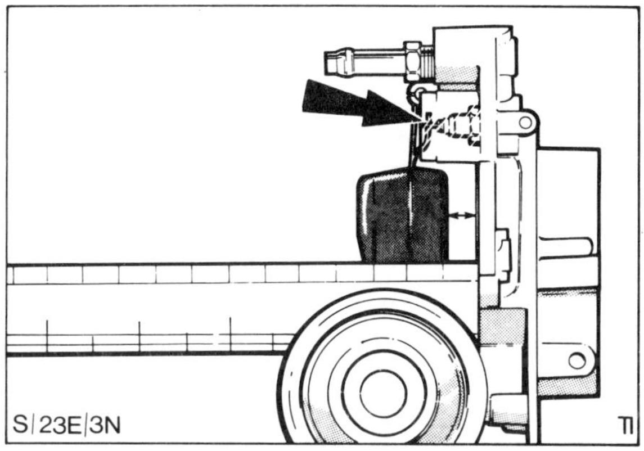

- Vergaseroberteil senkrecht halten, damit das Schwimmernadelventil geschlossen ist.
- Abstand vom Vergaserdeckelflansch bis zum Schwimmer messen. **Achtung:** Die Vergaserdeckel-Dichtung muß montiert sein.
- Gegebenenfalls Anschlagzunge – Pfeil – am Schwimmer entsprechend verbiegen.
- Vergaseroberteil mit neuer Dichtung einbauen.
- CO-Gehalt prüfen.

Pulldown-Dose aus- und einbauen

Die Pulldown-Dose zieht unmittelbar nach Anspringen des Motors die Starterklappe (obere Klappe im Vergaser) auf ein bestimmtes Maß auf, um eine Überfettung des Warmlaufgemisches zu vermeiden. Die Steuerung erfolgt über Unterdruck, der unterhalb der Drosselklappen abgenommen wird. Durch den Unterdruck wird die Pulldown-Membran angezogen. Eine mit der Membran verbundene Zugstange greift an den Mitnehmerhebel und öffnet die Starterklappe. Je wärmer die Bimetallfeder wird, desto weiter kann die Pulldowndose die Starterklappe öffnen. Die Bewegung der Verbindungsstange kann mit einer Einstellschraube begrenzt werden, siehe auch unter „Startautomatik einstellen".

Ausbau

- Batterie-Massekabel abklemmen.
- Luftfilter ausbauen, siehe Seite 84.
- Elektrische Leitung am Starterdeckel abziehen.
- Starterdeckel abschrauben.
- Abdeckscheibe abnehmen.

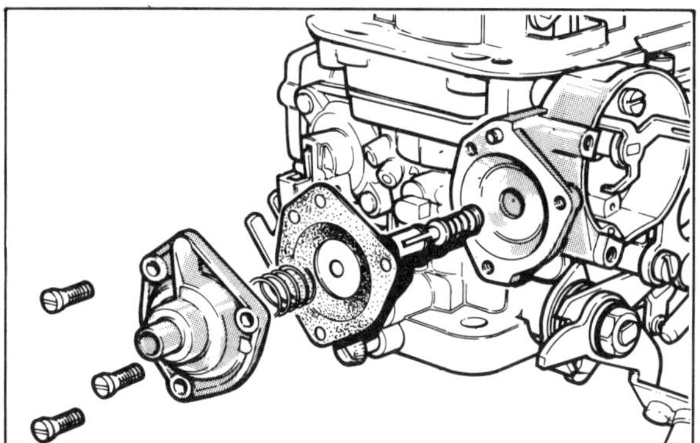
S-23W-75 N

- Deckel für Pulldown-Dose abschrauben und mit Feder abnehmen.
- Halteclip runterdrücken und Membran mit Verbindungsstange herausnehmen.

Einbau

- Membran mit Stange einsetzen, dabei muß der Halteclip einrasten.
- Deckel mit Feder ansetzen und vorsichig aufdrücken. Deckel anschrauben.
- Startautomatik komplettieren, siehe unter „Startautomatik einbauen".
- Starterklappenspalt prüfen, siehe Seite 78.
- CO-Gehalt prüfen, gegebenenfalls einstellen.

Membran für Sekundärsaugrohr aus- und einbauen

Bei hohen Drehzahlen und Motorlasten wird über Unterdruck die Sekundär-Drosselklappe geöffnet, damit der Motor eine ausreichende Menge von Kraftstoff/Luftgemisch erhält. Der Unterdruck wird vom Primär-Saugrohr abgenommen und über zwei kleine Öffnungen unterhalb der Lufttrichter zur Unterdruckdose geleitet. Bei niedrigen Drehzahlen ist der Unterdruck an der Öffnung des Primär-Saugrohres gering, die Membran in der Unterdruckdose wird durch eine Feder in Ruhestellung gehalten, die Sekundär-Drosselklappe ist geschlossen. Wird die Primär-Drosselklappe durch Gasgeben weit geöffnet, erhöht sich durch die hohe Strömungsgeschwindigkeit auch der Unterdruck. Die Membran in der Unterdruckdose zieht an und öffnet die Sekundär-Drosselklappe. Sobald Gas weggenommen wird, sorgt ein Nocken am Primär-Drosselklappenhebel dafür, daß auch die Sekundär-Drosselklappe schließt. Bei defekter Unterdruckdose erreicht der Motor nicht mehr seine Höchstleistung, beziehungsweise ruckelt im Übergangsbereich zwischen Teillast und Vollast.

Achtung: Seit 10.88 wird eine geänderte Verbindungsstange Drosselklappenhebel/Unterdruckdose mit blauer Kennzeichnung eingebaut. Falls bei bisherigen Fahrzeugen die Motordrehzahl bei Gangwechseln zu hoch ist, kann das daran liegen, daß die Sekundär-Drosselklappe nicht vollständig schließt. In diesem Fall Verbindungsstange gegen eine Ausführung mit weicherer Feder ersetzen.

Ausbau

- Batterie-Massekabel abklemmen.
- Luftfilter ausbauen, siehe Seite 84.

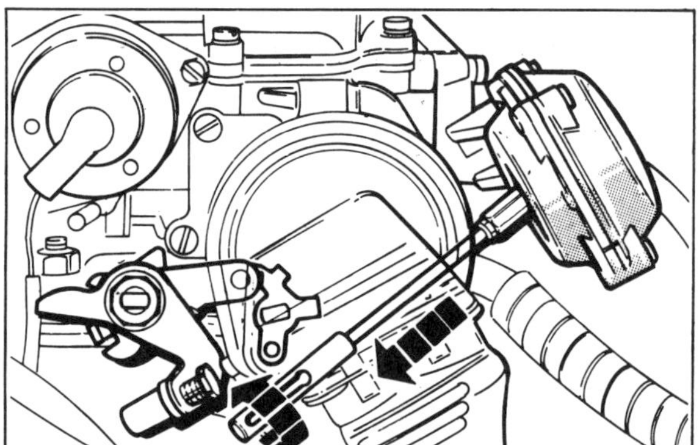
S-23W-71

- Verbindungsstange am Drosselklappenhebel aushängen.
- Falls nur die Verbindungsstange ausgebaut werden soll, Stange am Sechskant der Membranplatte abschrauben.
- Deckel für Unterdruckdose abschrauben und mit Feder abnehmen.
- Membran mit Verbindungsstange herausziehen.

Einbau

- Membran auf Beschädigungen (Risse) und Ermüdungserscheinungen prüfen, gegebenenfalls auswechseln.
- Membran mit Stange einsetzen, dabei Membran zum Stift an der Unterdrucköffnung ausrichten.
- Deckel mit Feder ansetzen und vorsichtig andrücken. Dekkel festschrauben.
- Falls nur die Verbindungsstange ersetzt wird, Stange bis zum Anschlag in den Sechskant der Membranplatte schrauben. Anschließend Stange 2 volle Umdrehungen lösen und Kontermutter festziehen.
- Verbindungsstange am Drosselklappenhebel einhängen.
- Luftfilter einbauen, siehe Seite 84.
- Batterie-Massekabel anklemmen.
- CO-Gehalt prüfen.

Saugrohrvorwärmer prüfen

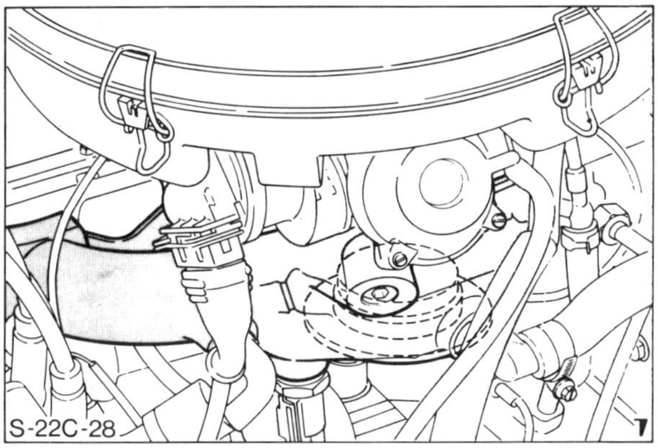

Zur Verbesserung des Fahrverhaltens während der Warmlaufphase ist im Ansaugrohr ein elektrisch beheizter Saugrohrvorwärmer eingebaut. Der Saugrohrvorwärmer heizt sich auf und gibt seine Wärme an das Kraftstoff/Luftgemisch ab. Ein- und Ausschaltzeitpunkt wird vom ESC II-Steuergerät geregelt.

- Isolation der Anschlußleitung auf Rißbildung und auf Beschädigungen prüfen.
- Elektrischen Anschluß auf gute Leitfähigkeit prüfen, gegebenenfalls Kontakte reinigen.
- Spannungsversorgung am Saugrohrvorwärmer mit Voltmeter prüfen. Sollwert mindestens 11,5 Volt. Bei der Prüfung muß der Motor kalt sein.
- Mit Ohmmeter Widerstand zwischen Anschlußkabel des Saugrohrvorwärmers und Masse prüfen. Wenn das Meßgerät (unendlich) anzeigt, ist die Heizwicklung unterbrochen. In diesem Fall Saugrohrvorwärmer ersetzen.

Sperrdiode einbauen

Bei Verwendung von bleifreiem Kraftstoff kann es vorkommen, daß der Motor nach Abstellen der Zündung nachläuft. Und zwar wird während dieser Zeit das ESC-II-Modul und die Zündspule über die Ladekontrolleuchte durch den kurzfristig weiterlaufenden Generator mit Spannung versorgt.

Prüfen

- Motor starten und mit ca. 1500 – 2000/min laufen lassen.
- Zündung ausschalten und Ladekontrolleuchte beobachten.
- Brennt die Kontrolleuchte nach Ausschalten der Zündung bis zum Stillstand des Motors, Sperrdiode einbauen. Geht die Leuchte nicht an, dann ist die Diode bereits eingebaut.

Einbau

- Batterie-Massekabel abklemmen.
- Schalttafeleinsatz ausbauen, siehe Seite 231.

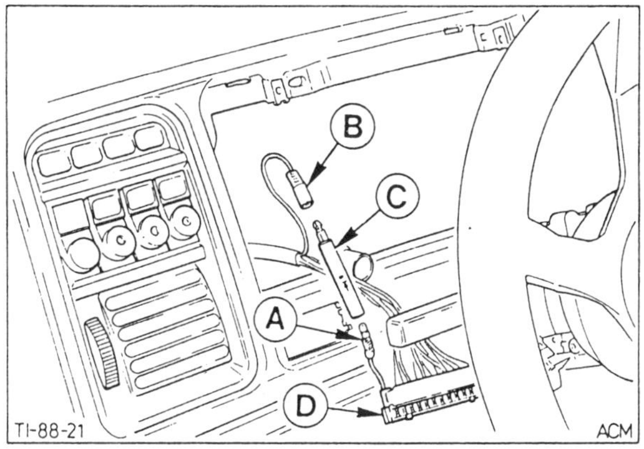

- Blaues Kabel des Mehrfachsteckers –D– ca. 10 cm vor dem Stecker trennen.
- Rundstecker –A– und Rundsteckerhülse –B– wie in der Abbildung gezeigt anbringen.
- Diode –C– einsetzen und mit Klebeband am Kabelstrang befestigen.
- Schalttafeleinsatz einbauen, siehe Seite 231.
- Batterie-Massekabel anklemmen.

Weber 2V-TLD-Vergaser

Der TLD-Vergaser entspricht weitgehend dem ISC-Vergaser, besitzt jedoch keinen Schrittmotor für die Leerlaufregelung. Die Drosselklappe im Sekundärsaugrohr wird über Unterdruck betätigt. Ein Leerlaufabschaltventil sperrt die Kraftstoffzufuhr nach Ausschalten der Zündung.

Beim Ausbau sind anstelle der 4 Muttern 4 durchgehende Torxschrauben herauszudrehen.

Leerlaufdrehzahl und CO-Gehalt prüfen/einstellen

- Motor warmfahren und im Leerlauf drehen lassen, bis der Kühlerlüfter einschaltet.
- Elektrische Verbraucher ausschalten.
- Luftfilter-Einsatz auf einwandfreien Zustand prüfen, siehe Seite 84.
- Drehzahlmesser und CO-Meßgerät nach Vorschrift anschließen.
- Motor etwa ½ Minute mit 3000/min, anschließend im Leerlauf laufen lassen.
- Sobald sich die Anzeigen der Meßgeräte stabilisiert haben, Meßwerte ablesen und mit Sollwerten vergleichen, siehe Tabelle »Vergaserdaten I«.

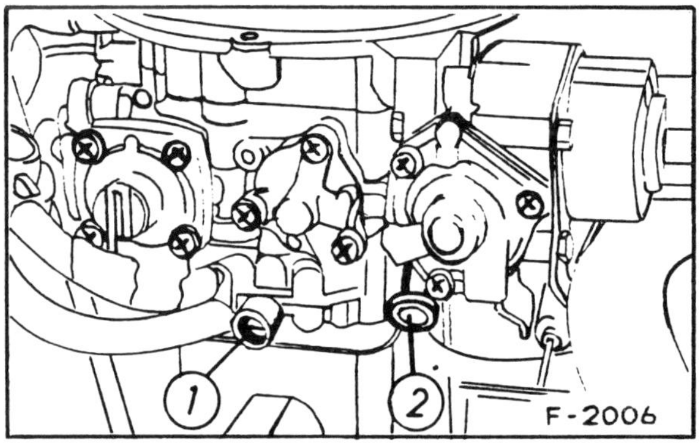

- Wird der Sollwert nicht erreicht, Leerlaufdrehzahl mit der Einstellschraube –2– einregulieren.
- CO-Gehalt prüfen. Sollwert, siehe »Vergaserdaten I«.

Achtung: Bei der Überprüfung im Rahmen der Wartung ist ein Einstellen des CO-Gehaltes normalerweise nicht erforderlich.

- Bei Abweichung des CO-Wertes, Sicherungskappe der CO-Einstellschraube –1– entfernen. Dazu Plastikstopfen in der Mitte lochen, geeignete Holz- oder Blechschraube reindrehen und Schraube mitsamt der Sicherungskappe herausziehen. Gegebenenfalls Sicherungskappe mit Zange abziehen. Wenn nötig, Luftfilter abnehmen und anschließend wieder aufsetzen. Dabei kann der Luftfilter lose aufgesetzt werden, allerdings müssen Unterdruck- und Kurbelgehäusebelüftungsschläuche angeschlossen sein.
- Motor etwa ½ Minute mit 3000/min laufen lassen, anschließend im Leerlauf abwarten, bis sich die Anzeigen der Meßgeräte stabilisieren.
- CO-Gehalt durch Verdrehen der CO-Einstellschraube –1– auf den Sollwert einstellen. **Achtung:** CO-Einstellschraube nur sehr vorsichtig verstellen.

Achtung: Die Einstellung muß innerhalb von 10 – 30 Sekunden nach Stabilisierung der Anzeigen vorgenommen werden. Andernfalls Einstellvorgang wiederholen.

- Anschließend Leerlaufdrehzahl nochmals kontrollieren und gegebenenfalls einstellen. Falls erforderlich, Leerlaufdrehzahl und CO-Gehalt durch wechselweises Verdrehen der Einstellschrauben auf die Sollwerte einstellen.
- Neuen Sicherungsstopfen einsetzen.
- Meßgeräte entfernen.
- Falls erforderlich, Luftfilter festschrauben.

Achtung: Lassen sich die Leerlaufdrehzahl und/oder der CO-Gehalt nicht einstellen, Ansaugtrakt auf Dichtheit prüfen. Dazu alle Dichtstellen der Ansauganlage mit einem Pinsel und Benzin bestreichen. Wenn sich dabei kurzfristig die Drehzahl erhöht, dann saugt der Motor Nebenluft an. Undichte Stelle lokalisieren und beseitigen.

Achtung: Kraftstoffdämpfe nicht einatmen – giftig! Benzin nicht auf glühende Teile oder Zündanlage spritzen. Feuergefahr!

Vergaserdaten I

Vergasertyp		**Weber 2V TLD**
Motor-Kennzeichnung Leistung Einsatz	 kW(PS) 	N8C 77(105) 5.89–
Vergaser-Nr. Schaltgetriebe Automatik		 88 WF 9510 ED 89 WF 9510 AB
Bestückung		
Lufttrichter Primär Sekundär	 ∅ in mm ∅ in mm	 23 25
Hauptdüse Primär Sekundär		 112 140
Mischrohr Primär Sekundär		 F66 F3
Luftkorrekturdüse Primär Sekundär		 210 120
Einstellung		
Leerlaufdrehzahl bei Schaltgetriebe Automatik	 1/min 1/min	 850 ± 25 800 ± 25
CO-Gehalt	Vol.%	0,6 ± 0,25
Schwimmereinstellung	mm	29 ± 0,5
Starterklappenspalt (Maximalwert)	mm	5,0 ± 0,5
Drehzahlüberhöhung	1/min	1800 ± 50
Leerlauf-Drehzahlüberhöhung (direkt am Anschlußrohr angeschlossen) Schaltgetriebe Automatik	 1/min 1/min	 2600 ± 50 2200 ± 50

Vergaserdaten II

Vergasertyp	Motorkraft VV		Pierburg 2V	Pierburg 2V	Weber 2V	Weber 2V	Weber 2V-ISC		
Motor-Kennzeichnung	LCS	LCT	REB	R2C	LSD	NET	NET	NE 5	
Leistung kW (PS)	55 (75)	55 (75)	65–66 (88–90)	64 (87)	55 (75)	77 (105)	77 (105)	74 (100)	
Einsatz				seit 3.89		bis 9.84	10.84–4.89		
Kenn-Nummer Schaltgetriebe Automatik	83HF9510KAA	83HF9510KCA 83HF9510KDA	85HF9510KC	87YF9510EC	84HF9510CA	83HF9510AA 83HF9510BA	85HF9510CA 85HF9510DA	85HF9510GA 85HF9510HA	85HF9510MA 85HF9510NA

Vergaser-Bestückung

	LCS	LCT	REB	R2C	LSD	NET	NET	NE 5	
Lufttrichter Primärsaugrohr ∅ in mm Sekundärsaugrohr ∅ in mm	 – –	 – –	 23 26	 22 23	 21 23	 26 27	 25 27	 23 25	
Drosselklappenbohrung Primärsaugrohr ∅ in mm Sekundärsaugrohr ∅ in mm	 – –	 – –	 – –	 – –	 28 30	 32 36	 30 34	 30 34	
Leerlaufkraftstoff/Luftdüse	–	–	45/120	47,5/135	–	–	–	–	
Luftkorrekturdüse Stufe I Stufe II	– –	– –	– –	– –	185 (195)[5] 190 (170)	165/170[1] 120/120[1]	165/160[1] 150/150[1]	180 160	200/180[1] 160/160[1]
Mischrohr Stufe I Stufe II	– –	– –	– –	– –	F59 F22	F66/F50[1] F66/F66[1]	F22 F22	F59 F59	
Leerlaufdüse	–	–	–	–	50/40 (70)	45	45	45/50[1]	
Hauptdüse Stufe I (primär) Stufe II (sekundär)	– –	– –	102,5 130	100 105	97 (95) 110 (115)	130/130[1] 130/132[1]	112/110[1] 135/135[1]	107 125	105/110[1] 130/125[1]

Einstellung

	LCS	LCT	REB	R2C	LSD	NET	NET	NE 5
Leerlaufdrehzahl 1/min	800 ± 25	800 ± 25	850–900	850–900	800 ± 25[4]	800 ± 25	800/min[2]	800/min[2]
CO-Gehalt Vol.%	1,5 ± 0,5	1,5 ± 0,5	1,3	1,0 ± 0,25	1,0 ± 0,25[4]	1,5 ± 0,2	1,0 ±0,25	1,25 ± 0,25
Drehzahlüberhöhung 1/min	–	–	830 ± 30[3]	–	1700 ± 100	2900 ± 100	–	–
Starterklappenspalt mm – bei Unterdruckverstellung mm – der Zwischenstufe mm	– – –	– – –	4 – –	2,3 – –	– 6,25 ± 0,25 –	– 6,5 ± 0,25 1,5 ± 0,25	9,0/8,0[1] – –	7,5 – –
Schwimmereinstellung mm	–	–	–	–	6,0 ± 0,5	41,0 ± 0,5	8,0 ± 0,5	8,0 ± 0,5
Ansprechtemperatur für Thermostat im Luftfilter °C	20	20	–	–	20	28	28	28

[1]) Automatisches Getriebe [2]) Leerlaufdrehzahl durch ESC II-Steuergerät geregelt [3]) Schnelleerlauf-Einstellschraube auf der niedrigsten Stufe der Stufenscheibe
[4]) Mit ungeregeltem Katalysator: 875 ± 50/min, 0,75 ± 0,25 Vol. % [5]) Klammerwerte: Düsensatz Verbrauchsminderung.

Luftfilter aus- und einbauen

Ausbau

- Batterie-Massekabel abklemmen.

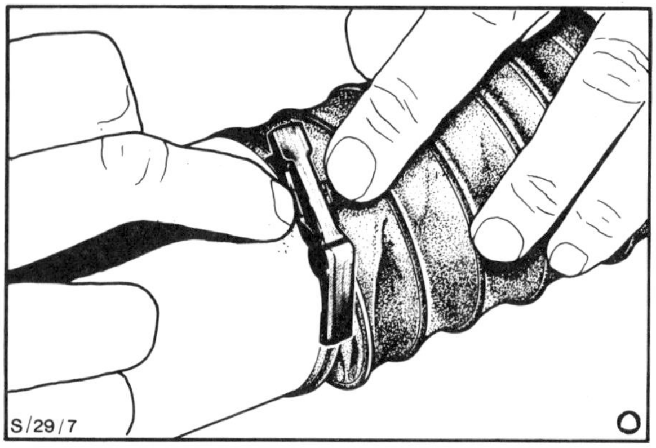

- Luftschlauch am Schnorchel abbauen.

1,6-l-Motor

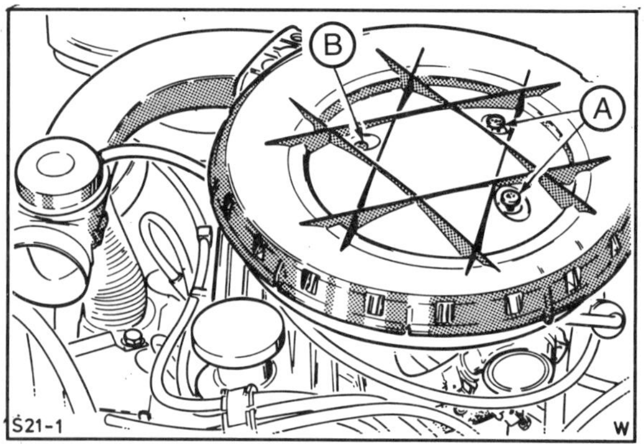

2,0-l-Motor

- Befestigungsschrauben –A– bzw. – Pfeile – herausdrehen; B – Befestigungsschraube für Deckel.
- Rote Unterdruckleitung vom Dreiweg-Verteilerstück abziehen.

2,0-l-DOHC-Motor

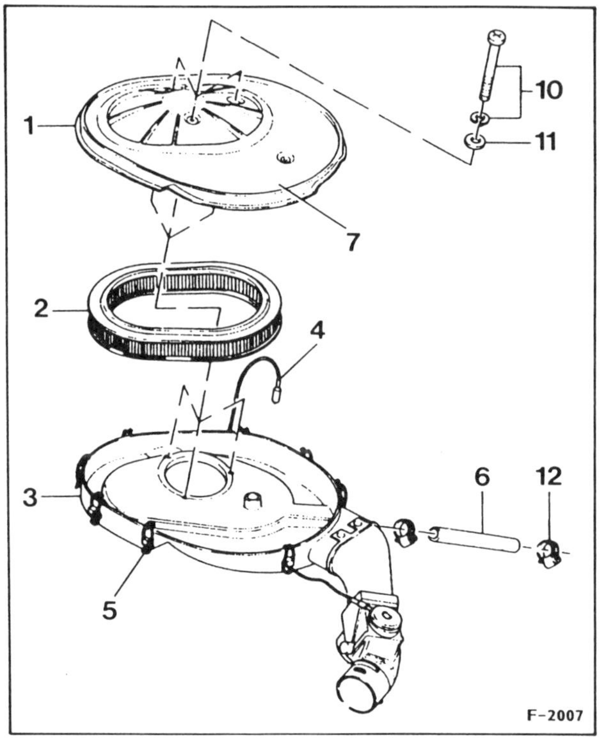

- 3 Schrauben –10– mit Unterleg- und Dichtscheiben –11– herausdrehen.
- Kurbelgehäuse-Belüftungsschlauch –6– vom Zylinderkopfdeckel abziehen, vorher Klammer –12– mit Zange zusammendrücken und zurückschieben.
- Luftfilter etwas abheben und Unterdruckleitung –4– am Vergaser abziehen.
- Luftfilter vom Vergaser abziehen und mit Warmluftschlauch abnehmen.
- Ansaugöffnung des Vergasers mit sauberem Lappen abdecken.

Einbau

- Warmluftschlauch am Abgaskrümmer aufstecken.
- Lappen vom Vergasereinlaß abnehmen und Luftfilter aufsetzen.
- Schrauben mit Unterlegscheiben einsetzen und festschrauben.
- Unterdruckschlauch am Verteilerstück aufschieben.
- Luftschlauch am Schnorchel anschließen, Schnellverschluß einclipsen.
- Batterie-Massekabel anklemmen.

Ansaugluftvorwärmung prüfen

Die Ansaugluftvorwärmung wird automatisch geregelt. Falls die Ansaugluftvorwärmung defekt ist, können verschiedene Beanstandungen auftreten.

- Schlechter Leerlauf in der Warmlaufphase.
- Übergangsstörungen.
- Schlechte Leistung, Höchstgeschwindigkeit wird nicht erreicht.
- Hoher Kraftstoffverbrauch.

Stellung des Klappenventils prüfen

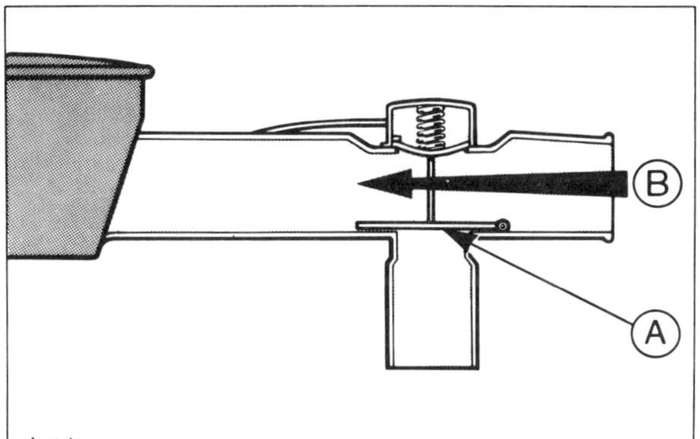

F/23/64

- Das Klappenventil –A– muß bei ausgeschaltetem Motor ganz geschlosssen sein.
- Von vorn durch den Ansaugluftstutzen –B– des Luftfilters schauen und Ventilstellung überprüfen.
- Motor anlassen.

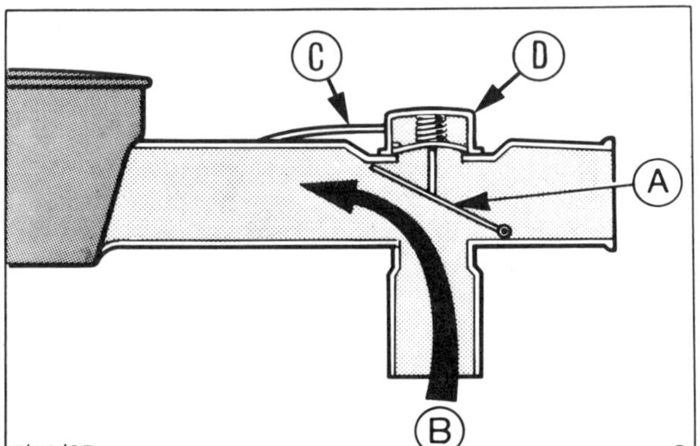

F/23/65

- Im Leerlauf muß das Klappenventil –A– ganz geöffnet sein, damit Warmluft –B– vom Abgaskrümmer in den Luftfilter geleitet wird.

Achtung: Diese Prüfung unbedingt bei kaltem Motor durchführen. Die Temperatur am Abgaskrümmer (bei kaltem Motor die Umgebungstemperatur) muß unter der Ansprech-Temperatur des Thermostats liegen, siehe Seite 83.

- Bleibt das Ventil geschlossen, so sind die Membrandose –D– und der Thermostat zu überprüfen.

Membrandose und Thermostat prüfen

- Unterdruckschläuche von der Membrandose zum Thermostat und vom Thermostat zum Ansaugkrümmer auf festen Sitz überprüfen.
- Schläuche durch Verbiegen auf Beschädigung und Porosität untersuchen, gegebenenfalls auswechseln.
- Schlauch –C– von der Membrandose unten am Luftfilter vom Thermostat abziehen und durch Saugen mit dem Mund Funktion des Klappenventils überprüfen. Wenn sich jetzt das Ventil öffnet, ist der Thermostat defekt und muß erneuert werden.
- Bleibt das Klappenventil geschlossen, Membrandose komplett auswechseln.
- Die Werkstatt verwendet zum Prüfen der Membrandose eine Vakuumpumpe mit angeschlossenem Manometer. Die Pumpe wird an den Schlauch –C– angeschlossen und die Membrandose mit einem Unterdruck von mehr als 100 mm Hg (Quecksilbersäule) beaufschlagt. In diesem Zustand muß das Klappenventil voll geöffnet sein. Bei einem Unterdruck von weniger als 50 mm Hg sollte das Ventil ganz geschlossen sein.

Kraftstoffpumpe aus- und einbauen/prüfen

Die Kraftstoffpumpe befindet sich am Motorblock auf der linken Seite und wird von der Zwischenwelle angetrieben. **Achtung:** Die Anleitung gilt nicht für den 2,0-l-Motor seit 10.84 mit elektrischer Kraftstoffpumpe.

Ausbau

Achtung: Kein offenes Feuer, Brandgefahr!

- Massekabel von der Batterie abklemmen.
- Luftfilter ausbauen.
- Kraftstoffschläuche mit Tesaband markieren, von der Pumpe abziehen und verschließen.

Achtung: Sind die Schläuche mit Klemmschellen gesichert, diese durchkneifen und beim Einbau statt dessen geeignete Schraubschellen verwenden.

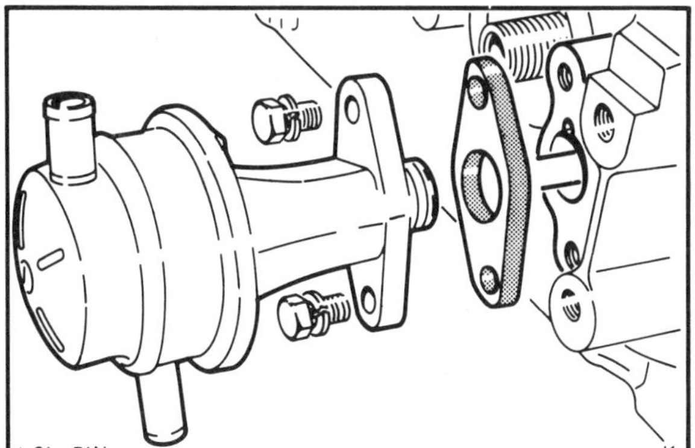
L 21 - 51N

- 2 Schrauben am Pumpenflansch lösen und Kraftstoffpumpe komplett mit Dichtung und Pumpenstößel herausnehmen.

Prüfen

- Stößel in die Pumpe einsetzen und in kurzen Abständen reindrücken, dabei muß ein deutliches Sauggeräusch entstehen.
- Durch Auflegen eines Fingers auf die Anschlußstellen der Kraftstoffschläuche und gleichzeitigem Hin- und Herbewegen des Stößels kann die Saug- oder Druckwirkung der Pumpe geprüft werden.
- Die Werkstatt kann den Förderdruck der Pumpe messen. Er soll 0,24 bis 0,38 bar betragen.
- Die Pumpe kann nicht repariert werden, bei einem Defekt ist sie komplett zu ersetzen.

Einbau

- Dichtflächen von Kraftstoffpumpe und Zylinderkopf reinigen.
- Pumpenstößel leicht einölen und in die Bohrung schieben.
- Kraftstoffpumpe mit neuer Dichtung ansetzen und mit 16 Nm festschrauben. Vorher Dichtung mit Dichtungsmittel einstreichen.
- Kraftstoffschläuche entsprechend der Kennzeichnung aufstecken und mit Schraubschellen sichern. Die Leitung vom Tank führt in den Pumpendeckel.
- Luftfilter einbauen, Batterie-Massekabel anklemmen.
- Um zu prüfen, ob die Kraftstoffpumpe fördert, Schlauch vom Pumpengehäuse am Vergaser abziehen. Lappen unterlegen oder Schlauch in ein Gefäß halten und kurz starten. Während des Startvorgangs muß der Kraftstoff stoßweise austreten.

Achtung: Kein offenes Feuer, Brandgefahr!

- Bei laufendem Motor Pumpenflansch und Schlauchanschlüsse auf Dichtheit überprüfen.

Elektrische Kraftstoffpumpe aus- und einbauen

Nur 2,0-l-OHC-Motor seit 10.84

Die elektrische Kraftstoffpumpe befindet sich am Fahrzeugboden, links hinter der Hinterachse. Es handelt sich hierbei um eine selbstentlüftende Exzenter-Flügelzellenpumpe mit einer Förderleistung von mindestens 0,4 Liter in 30 Sekunden bei 12 Volt.

Ausbau

Achtung: Kein offenes Feuer. Brandgefahr!

- Batterie-Massekabel abklemmen.
- Fahrzeug aufbocken.
- Pumpe und Halter äußerlich reinigen.
- Auffangbehälter für Kraftstoff unter die Pumpe stellen.

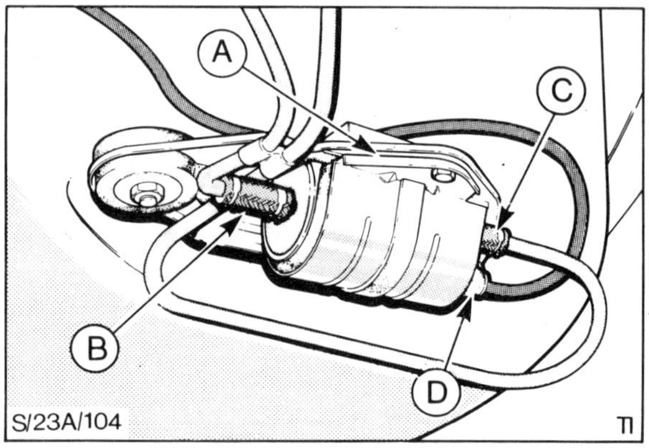

- Zulaufleitung –B– von der Kraftstoffpumpe abziehen. Vorher Leitung mit geeigneter Schraubklemme abklemmen, damit kein Kraftstoff aus dem Tank ausläuft. **Achtung:** Leitung beim Abklemmen nicht beschädigen. Anschließend Kraftstoffleitung mit einem Stopfen verschließen, z. B. Schraube mit passendem Durchmesser in die Leitung stekken.
- Kraftstoff-Rücklaufleitung –C– von der Pumpe abziehen und mit Stopfen verschließen.
- Mehrfachstecker –D– abziehen.
- Schraube am Halter –A– lösen und Pumpe herausziehen.

Einbau

- Leitungs- und Kabelanschlüsse reinigen.
- Pumpe in Halterung einschieben, Schraube festziehen. **Achtung:** Auf richtigen Sitz der Gummimanschette achten. Die Pumpe darf nicht direkt mit dem Halter in Berührung kommen.
- Stopfen aus den Kraftstoff-Leitungen herausnehmen und Leitungen aufschieben. Nochmals festen Sitz der Leitungen prüfen, dann Schraubklemme abnehmen.
- Elektrische Leitung anschließen.
- Fahrzeug ablassen.
- Batterie-Massekabel anschließen.
- Motor starten und Kraftstoff-Anschlüsse an der Pumpe auf Dichtheit prüfen.

Kraftstoffvorratsbehälter aus- und einbauen

Hinweis: Bei Kraftstoffgeruch aus dem hinteren Teil des Fahrzeuges, sämtliche Leitungsanschlüsse und Stopfen im Bereich des Bodenblechs auf festen Sitz prüfen. Trichter vom Belüftungsventil am Tankeinfüllstutzen abziehen und Leitung mit 130 cm langer Hilfsleitung auf die andere Seite des Tankes verlegen. Dazu Fahrzeug hinten aufbocken und Radhausabdekkung hinten rechts ausbauen. Belüftungsleitung mit geeigneten Clips fixieren und Trichter aufstecken.

Achtung: Kraftstoffbehälter nur ausbauen, wenn geeignete Pumpe zum Absaugen des Kraftstoffs vorhanden ist. Kraftstoff nicht über einen Schlauch mit dem Mund ansaugen. In der Nähe dürfen sich keine offene Flamme oder eingeschaltete elektrische Geräte befinden. Behälter nur im Freien ausbauen.

Ausbau

- Massekabel von der Batterie abklemmen.
- Kraftstoffbehälter entleeren.

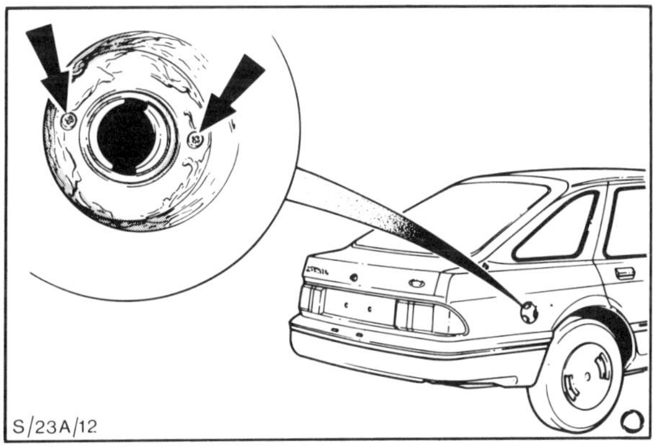
S/23A/12

- 2 Schrauben herausdrehen, mit denen der Einfüllstutzen an der Karosserie befestigt ist.
- Fahrzeug aufbocken, siehe Seite 237.

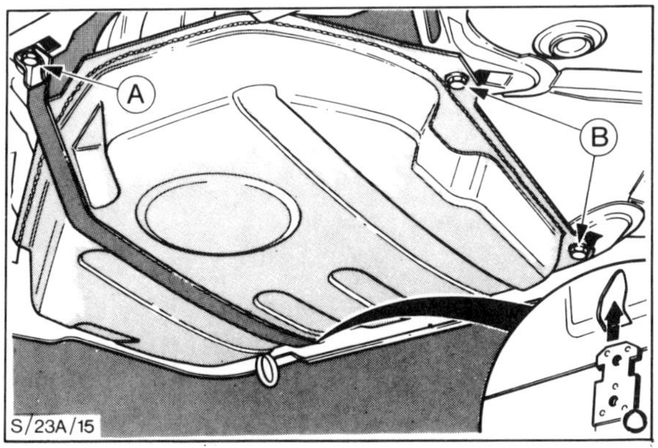

S/23A/15

- 2 Befestigungsschrauben –B– herausdrehen.
- Kraftstoffbehälter mit der Hand oder mit einem Wagenheber und einer Holzzwischenlage abstützen.
- Halteband abschrauben –A– und abnehmen.
- Kraftstoffbehälter vorsichtig auf ein Rollbrett absenken.

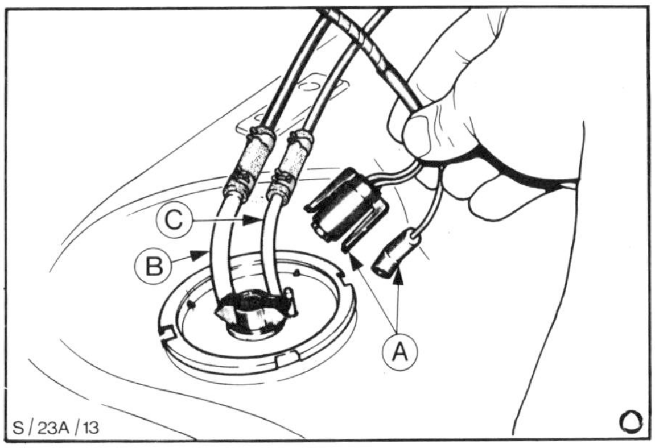

S/23A/13

- Mehrfachstecker –A– abziehen.
- Kraftstoffzufuhrleitung –B– und Rücklaufleitung –C– am Leitungsverbinder abziehen. Vorher Leitungsverbinder mit geeignetem Werkzeug abklemmen oder Kraftstoff aus den Leitungen in einen kleinen Behälter ablaufen lassen.
- Kraftstoffbehälter auf Rollbrett unter dem Fahrzeug hervorziehen.
- Tankgeber mit geeigneter Rohrzange ausbauen, oder mit Hartholzstab entgegen dem Uhrzeigersinn losschlagen.

Achtung: Zum Losschlagen keinen Metallgegenstand verwenden, da sonst Funken entstehen können. Die Werkstatt benutzt hierfür einen Spezialschlüssel.

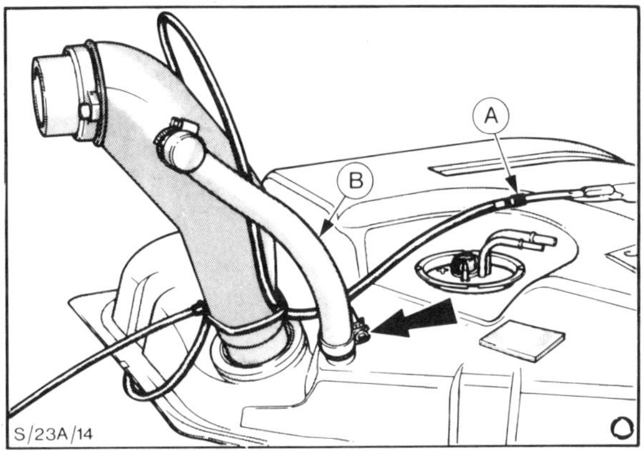

S/23A/14

- Untere Schlauchschelle –Pfeil– am Belüftungsschlauch –B– für den Einfüllstutzen lösen. Belüftungsschlauch zusammen mit Einfüllstutzen und Dichtung abziehen.
- Belüftungsleitung –A– für Kraftstoffbehälter trennen und abnehmen.

Einbau

- Einfüllstutzen mit Dichtung aufschieben, Belüftungsschlauch mit Schlauchschelle befestigen.
- Belüftungsleitung für Kraftstoffbehälter anschließen und wie in der Abbildung gezeigt verlegen.
- Tankgeber mit neuer Dichtung einbauen.
- Kraftstoffleitung und, wo vorhanden, Rücklaufleitung an den Geber anschließen und mit Schellen sichern.
- Elektrische Leitungen am Geber anschließen.

- Kraftstoffbehälter ansetzen und mit Halteband und Schrauben befestigen.
- Fahrzeug ablassen.
- Einfüllstutzen an der Karosserie anschrauben.
- Kraftstoffbehälter auffüllen und Anschlüsse auf Dichtheit überprüfen.
- Massekabel an Batterie anklemmen.

W

Wartung an der Vergaseranlage

Vergaser prüfen

- Vergasergelenke sowie Gaszug reinigen und leicht ölen.
- Funktion der Ansaugluft-Vorwärmung prüfen, siehe Seite 84.
- Leerlaufdrehzahl und CO-Gehalt prüfen, siehe Seite 54, 61, 69, 76, 82.

Luftfiltereinsatz reinigen/erneuern

Alle 40000 km Luftfiltereinsatz erneuern, alle 10000 km ausklopfen. Bei stärkerem Staubanfall Filtereinsatz in kürzeren Abständen reinigen bzw. erneuern. **Achtung:** Filtereinsatz weder mit Benzin reinigen noch mit Öl benetzen.

Ausbau

- Luftfilter abschrauben. **Achtung:** Die Bezeichnungen beziehen sich auf die Abbildungen auf Seite 84.
- Befestigungsschraube –7– (–B–) herausdrehen, Halteklammern –5– öffnen und Filterdeckel –1– abnehmen. Beim 1,6-l-Motor Deckel aus den Plastiknasen ausknöpfen.
- Luftfilter –2– herausnehmen.
- Luftfiltergehäuse –3– mit sauberem Lappen auswischen.
- Filtereinsatz mit der Schmutzseite nach unten vorsichtig ausklopfen, bzw. Einsatz erneuern.

Einbau

- Filtereinsatz einlegen.
- Deckel aufdrücken und mit Schraube befestigen.
- Luftfilter einbauen, siehe Seite 84.

Sieb der Kraftstoffpumpe reinigen

Um das Kraftstoffsieb zu reinigen, muß die Pumpe nicht ausgebaut werden.

Achtung: Folgende Arbeitsanweisungen gelten nur für mechanische Pumpen mit abnehmbarem Deckel. Bei Pumpen mit versiegeltem, nicht abnehmbarem Deckel, Kraftstoff-Zufuhrschlauch abziehen und Kraftstoffkammer mit sauberem Kraftstoff spülen.

- Massekabel von der Batterie abklemmen.
- Kraftstoffpumpe äußerlich mit Benzin reinigen. **Achtung:** Kein offenes Feuer. Brandgefahr!
- Halteschraube in der Mitte des Pumpendeckels herausdrehen und Deckel abnehmen.
- Filtersieb mit Dichtring aus dem Deckel herausnehmen, in Benzin reinigen und möglichst mit Preßluft ausblasen.
- Kraftstoffsieb mit neuem Dichtring in Deckel legen.
- Deckel auf Pumpe aufsetzen und anschrauben.
- Batterie anklemmen und bei laufendem Motor prüfen, ob die Pumpe dicht ist.

Störungstabelle Vergaser

Voraussetzungen für das Abstellen von Fehlern anhand dieser Tabelle sind eine einwandfreie Einstellung und Funktion des Motors, aller Nebenaggregate sowie ein dichtes Saugrohr und eine korrekte Steuerung der Vorwärmung im Luftfilter. Außerdem ist zu prüfen, ob eine Störung in der Kraftstoffzufuhr oder der Zündanlage besteht. Grundsätzlich sämtliche elektrischen Leitungen und Unterdruckschläuche auf festen Sitz oder Beschädigungen prüfen.

Störung	Mögliche Ursache	Abhilfe
1. Der kalte Motor springt nicht an	1. Starterklappe(n) schließen nicht	
	a) Starterdeckel steht nicht auf Markierung	Auf Markierung stellen
	b) Starterklappe(n) schwergängig	Gangbarmachen
	c) Bimetallfeder defekt oder ausgehängt	Erneuern oder einhängen
	2. Unterdruckleitungen geknickt oder beschädigt	Leitungen prüfen, gegebenenfalls ersetzen
	3. Schrittmotor arbeitet nicht	Zündung ein- und ausschalten, Motor nicht starten. Der Stößel des Schrittmotors muß vollständig zurückgezogen und nach ca. 4 Sek. wieder herausgedrückt werden. Andernfalls ESC II-Steuergerät prüfen lassen (Werkstattarbeit)
	4. ESC II-Steuergerät defekt	Prüfen lassen (Werkstattarbeit)
2. Motor bleibt nach dem Kaltstart stehen	1. Ansaugluft-Vorwärmung defekt	Prüfen
	2. Starterklappe(n) öffnen nicht	
	a) Starterklappe schwergängig	Gangbarmachen
	b) Starterklappenspalt zu groß/ zu klein	Einstellen
	c) Startermembrane oder Schlauch zur Membrane defekt	Erneuern
	3. Starterklappe(n) öffnen zu weit	Einstellen
	4. Nicht genügend Kraftstoff in der Schwimmerkammer durch Ausdampfen bei heiß abgestelltem Motor	Durchstarten, Gaspedal mehrmals durchtreten, dann bei niedergetretenem Pedal starten
3. Motor bleibt vor Erreichen der Betriebstemperatur stehen	1. Wie unter 2. 1–4	Wie unter 2. 1–4
	2. Leerlaufeinstellung nicht wie vorgesehen	Drehzahl und CO-Vol.-% einstellen
	3. Starterklappe öffnet, bzw. Steuerventil schließt zu schnell/zu langsam	
	a) Starterdeckel steht nicht auf Markierung	Auf Markierung stellen
	b) Bimetallfeder defekt oder ausgehängt	Starterdeckel erneuern oder Feder einhängen
	4. Vereisung durch hohe Luftfeuchtigkeit	Kraftstoffzusatz-Vorwärmung überprüfen, Ansaugrohr-Vorwärmer prüfen.

Störung	Mögliche Ursache	Abhilfe
4. Heißstart schwierig	Überfetten durch Ausdampfen und Tropfen von Kraftstoff infolge des Hitzestaus	Durchstarten, Gaspedal mehrmals durchtreten, dann bei niedergetretenem Pedalstarten
5. Leerlauf unregelmäßig – Motor bleibt stehen (Motor warm)	1. Leerlaufeinstellung	
	a) Drehzahl zu niedrig	Einstellen. ISC-Vergaser siehe unter 1.2–4
	b) CO-Wert zu niedrig/zu hoch	Einstellen
	2. Leerlauf-/Hauptdüsendurchgang zu gering	
	a) Düsen verschmutzt	Reinigen, dazu Vergaseroberteil ausbauen, Düsen herausschrauben und mit Preßluft durchblasen. Es kann auch eine Nylonborste von einer Reinigungsbürste verwendet werden. Keinesfalls jedoch einen harten Gegenstand, zum Beispiel eine Nadel benutzen, dadurch kann die Düse beschädigt werden. Düsen an gleicher Stelle wieder einbauen.
	b) Düsen beschädigt	Erneuern
	c) Düsennadel verbogen	Düsennadel ersetzen
	3. Undichtigkeiten	
	a) Am Saugrohr	Dichtungen erneuern
	b) Am Vergaser	Dichtungen erneuern
	4. Kraftstoffniveau zu hoch	
	a) Schwimmernadelventil undicht	Reinigen, evtl. erneuern
	b) Schwimmer zu schwer, beschädigt	Erneuern
	5. Leerlaufabschaltventil (wo vorhanden)	Ventil prüfen
	a) Öffnet nicht	Erneuern
	b) Schließt zeitweise	Für einwandfreien elektrischen Anschluß sorgen
	6. Starterdeckel defekt	
	a) Starterdeckel nicht auf Markierung	Auf Markierung stellen
	b) Bimetallfeder defekt oder ausgehängt	Erneuern bzw. Feder einhängen
	7. ESC II-Steuergerät defekt	Steuergerät prüfen lassen (Werkstattarbeit)
6. Ruckeln bei konstanter Fahrt (Teillast)	1. Wie unter 5. 2. + 3.	
	a) Spritzrichtung falsch	Einstellen
7. Übergangsfehler beim Beschleunigen	1. Wie unter 5. 2. + 3.	
	2. Beschleunigungspumpe	
	a) Einspritzmenge zu groß/zu klein	Einstellen
	b) Pumpensaughebel oder Druckventil klebt	Reinigen
	c) Einspritzrohr verschmutzt	Reinigen
	d) Spritzrichtung falsch	Einstellen

Störung	Mögliche Ursache	Abhilfe
	3. Drosselklappe schwergängig	
	a) Klappe ist nicht angestellt	Einstellen
	b) Gaszug hakt	Gangbarmachen bzw. erneuern
	c) Drosselklappenwellenlager ausgeschlagen	Vergaser austauschen
8. Endleistung wird nicht erreicht	1. Kraftstoff-Luftgemisch zu mager oder viel zu fett	
	a) Kraftstoff-Filter verschmutzt	Erneuern
	b) Kraftstoffzufluß mit Rücklauf verwechselt	Anschluß korrigieren
	c) Düsenbestückung nicht nach Vorschrift	Düsen nach Tabelle einbauen
	d) Düsen verschmutzt	Reinigen
	e) Kraftstoffniveau zu tief/zu hoch	Schwimmer prüfen, evtl. erneuern
	f) Tankbelüftung zu	Reinigen
	2. Luftdurchsatz zu klein	
	a) Starterklappen öffnen nicht vollständig (nur 2V-Vergaser)	Beheizung prüfen, Bimetallfeder prüfen, evtl. erneuern
	b) Vollgasstellung wird nicht erreicht	Gaszug einstellen
	c) Steuermembran undicht	Membran ersetzen
	d) Luftfiltereinsatz verschmutzt	Erneuern
9. Motor läuft nach	1. Leerlaufabschaltventil defekt	Erneuern
	2. Anstellung der Drosselklappe zu groß	Einstellen
	3. Weber 2V-Vergaser ohne Leerlaufabschaltventil	Motoreinstellung prüfen, ggf. Vergaser mit Leerlaufabschaltventil einbauen
	4. Pierburg 2V-Vergaser	Leerlaufabschaltventil einbauen
	5. Weber ISC-Vergaser	Sperrdiode einbauen
10. Knallen im Auspuff beim Schieben	Gemisch zu mager Wie unter 5. 1–3 + 5.5	Wie 5. 1–3 + 5.5
11. Verbrauch zu hoch. Der Kraftstoffverbrauch wird ganz entscheidend von den Einsatzbedingungen des Fahrzeugs, der Verkehrsdichte und dem Fahrstil des Fahrers beeinflußt und kann, ohne daß ein Fehler am Fahrzeug vorliegt, mehr als den doppelten Normverbrauch erreichen.	1. Leerlaufgemisch zu fett	
	a) CO-Einstellung falsch	Einstellen
	b) Leerlaufdrehzahl zu hoch	Einstellen (nicht 2,0-l-Motor seit 10.84)
	2. Düsen, Düsennadel ausgeschlagen	Erneuern
	3. Kraftstoffniveau zu hoch	
	a) Schwimmer zu schwer	Schwimmer und Dichtring prüfen, evtl. erneuern
	b) Schwimmernadelventil hängt	Ventil reinigen, ggf. ersetzen
	4. Starterklappe öffnet nicht ganz	Wie unter 1.1 c) oder 3.3 b)
	5. Düsenbestückung falsch	Düsen nach Tabelle einbauen bzw. durch optimierten Reparatur-Düsensatz ersetzen (Weber 2V)
	6. Luftfilter verschmutzt, verölt	Erneuern
	7. Ansaugluftvorwärmung defekt	Vorwärmung überprüfen
	8. ESC II-Steuergerät defekt	Prüfen lassen (Werkstattarbeit)

Die Einspritzanlage

Der 2,0-l-Einspritzmotor des FORD SIERRA hat als Gemischbildner eine L-Jetronic-Einspritzanlage. Das elektronische Steuergerät der Einspritzanlage (EEC: Electronic Engine Control) beinhaltet auch die elektronische Steuerung der Zündanlage.

Schemazeichnung L-Jetronic

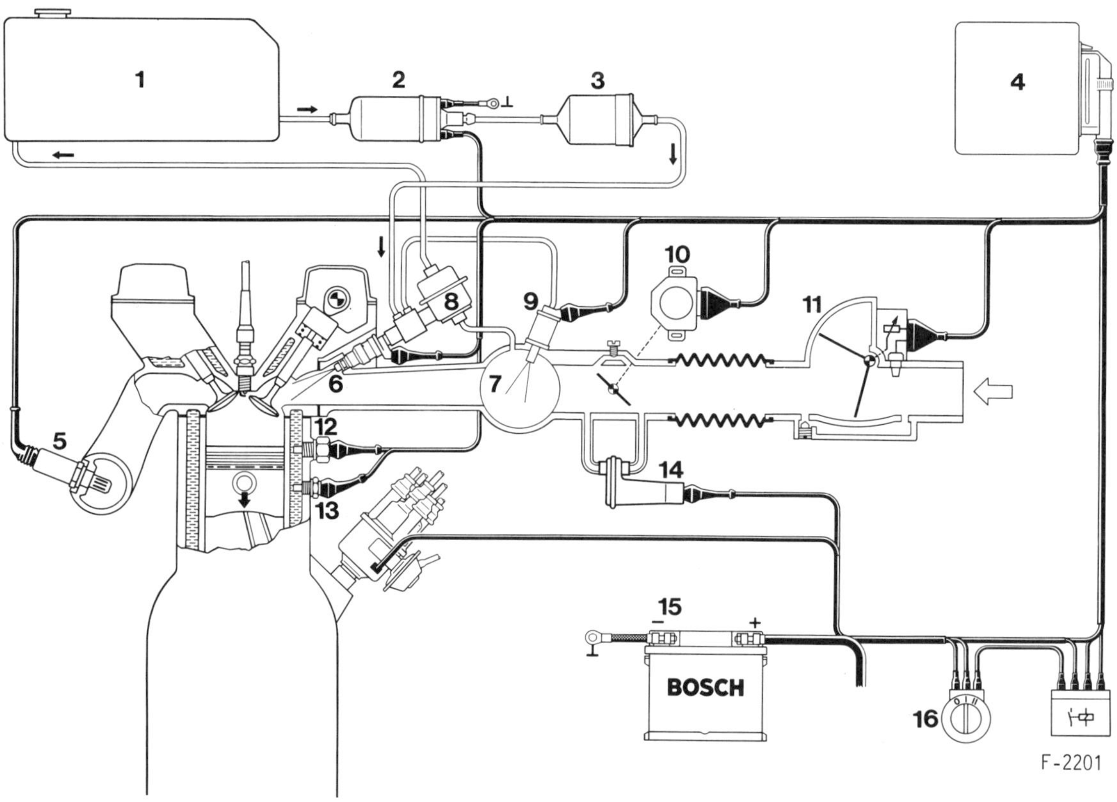

1 – Kraftstoffbehälter
2 – Elektrokraftstoffpumpe
3 – Kraftstoffilter
4 – Steuergerät
5 – Lambda-Sonde (nur bei geregeltem Katalysator)
6 – Einspritzventil
7 – Sammelsaugrohr
8 – Kraftstoffdruckregler
9 – Kaltstartventil (nicht immer vorhanden)
10 – Drosselklappenschalter
11 – Luftmengenmesser
12 – Thermozeitschalter (nicht immer vorhanden)
13 – Motortemperaturfühler
14 – Leerlaufregelventil oder je nach Ausführung Zusatzluftschieber
15 – Batterie
16 – Zünd-Start-Schalter

Die L-Jetronic ist eine elektronische Benzineinspritzung, die den Kraftstoff intermittierend, also stoßweise in das Ansaugrohr vor die Einlaßventile einspritzt.

Der Kraftstoff wird aus dem Kraftstoffbehälter von der elektrischen Kraftstoffpumpe angesaugt und über den Kraftstoffilter zum Verteilerrohr und dann zu den Einspritzdüsen gefördert. Ein Druckregler am Verteilerrohr sorgt dafür, daß der Druck im Kraftstoffsystem in Abhängigkeit vom Ansaug-Unterdruck konstant gehalten wird.

Die Luftmenge wird vom Motor über Luftfilter und Sammelsaugrohr angesaugt und vom Luftmengenmesser gemessen. Im Gehäuse des Luftmengenmessers befindet sich eine Stauklappe, die von der Luftströmung in eine bestimmte Stellung ausgelenkt und gehalten wird. Die Winkelstellung der Stauklappe dient als Maß für die durchströmende Luftmenge. Über ein Potentiometer werden entsprechende Signale an das Steuergerät übermittelt.

Das Steuergerät regelt entsprechend der gemessenen Luftmenge und der jeweiligen Motordrehzahl die Einspritzzeit und dadurch die Einspritzmenge. Bei längerer Öffnung des Einspritzventils wird mehr Kraftstoff eingespritzt. Zusätzliche Fühler und Geber sorgen auch in extremen Fahrsituationen für die richtig bemessene Kraftstoffmenge.

- Das Kaltstartventil spritzt bei kaltem Motor während des Startvorganges zusätzlich Kraftstoff in das Sammelsaugrohr, damit der Motor leichter anspringt.
- Der Thermozeitschalter regelt die Einspritzzeit des Kaltstartventils.
- Der elektrisch beheizte Zusatzluftschieber stabilisiert während der Warmlaufphase die Motordrehzahl.
- Das Leerlaufregelventil reguliert die Leerlaufluftmenge unter Umgehung der Drosselklappe. Dadurch wird eine gleichbleibende Leerlaufdrehzahl erreicht, unabhängig davon, ob gerade Zusatzverbraucher, wie etwa Servolenkung oder Kältekompressor, eingeschaltet sind. Angesteuert wird der Leerlaufsteller vom elektronischen Steuergerät der Einspritzanlage.
- Der Drosselklappenschalter sitzt direkt an der Drosselklappenwelle. Er übermittelt dem Steuergerät die Leerlauf- und die Vollaststellung der Drosselklappe. Dadurch wird insbesondere die Schubabschaltung gesteuert, denn so lange der Leerlaufkontakt des Schalters geschlossen ist und gleichzeitig die Drehzahl über ca. 1200/min liegt, wird vom Steuergerät die Kraftstoffzufuhr für den Motor gesperrt.
- Das Steuergerät befindet sich hinter einer Abdeckung über dem Handschuhfach.
- Die Lambda-Sonde mißt bei Fahrzeugen mit geregeltem Katalysator den Restsauerstoffgehalt im Abgas und steuert über das Steuergerät die Gemischzusammensetzung, siehe auch Seite 124.

Beim Ausfall wichtiger Informationen schaltet das Steuergerät auf ein Notlaufprogramm für »Eingeschränkten Betrieb« um. Dadurch wird sichergestellt, daß der Motor weiterlaufen kann. Die Fahrleistung läßt in einem solchen Fall jedoch deutlich nach.

Die L-Jetronic ist weitgehend wartungsfrei. Nur der Luftfiltereinsatz und der Kraftstoffilter müssen alle 40000 km ersetzt werden. Der CO-Wert kann nur bei Fahrzeugen ohne geregelten Katalysator eingestellt werden. Die Leerlaufdrehzahl ist nicht einstellbar, da sie durch ein separates Steuergerät geregelt wird.

Achtung: Bei Arbeiten an der Einspritzanlage ist auf peinliche Sauberkeit zu achten. Vor der Demontage sind die entsprechenden Teile mit Benzin zu säubern. Die Anlage steht unter hohem Druck. Deshalb ist vor dem Auswechseln von Teilen zum Druckabbau die Kraftstoffleitung am Kaltstartventil langsam zu lösen. Dabei Lappen um Kraftstoffanschluß legen. Spritzgefahr! Austretenden Kraftstoff mit Lappen auffangen.

Sauberkeitsregeln bei Arbeiten an der Einspritzanlage

- Verbindungsstellen und deren Umgebung vor dem Lösen gründlich mit Kraftstoff reinigen.
- Ausgebaute Teile auf einer sauberen Unterlage ablegen und abdecken. Folien oder Papier verwenden. Keine fasernden Lappen benutzen!
- Geöffnete Bauteile sorgfältig abdecken bzw. verschließen, wenn die Reparatur nicht umgehend ausgeführt wird.
- Nur saubere Teile einbauen. Ersatzteile erst unmittelbar vor dem Einbau aus der Verpackung nehmen.
- Bei geöffneter Anlage: Möglichst nicht mit Druckluft arbeiten. Das Fahrzeug möglichst nicht bewegen.

Sicherheitshinweise zur Einspritzanlage

- Motor nicht starten ohne fest angeschlossene Batterie.
- Zum Starten des Motors **keinen** Schnellader verwenden.
- Nie bei laufendem Motor die Batterie vom Bordnetz trennen.
- Beim Schnelladen Batterie vom Bordnetz trennen.
- Bevor eine Prüfung der elektronischen Einspritzanlage erfolgt, muß gewährleistet sein, daß die Zündung in Ordnung ist, das heißt Zündung und Zündkerzen müssen den Vorschriften entsprechen.
- Bei Temperaturen über 80° C (Trockenofen), Steuergerät ausbauen.
- Auf einwandfreien Sitz der Anschlußstecker achten.
- Mehrfachstecker des Steuergerätes nicht bei eingeschalteter Zündung abziehen oder aufstecken.
- Bei einer Kompressionsdruckprüfung Stromversorgung für Kraftstoffpumpenrelais unterbrechen, Relaisstecker ziehen.

CO-Wert prüfen/einstellen

Bei Katalysator-Fahrzeugen kann der CO-Wert nicht eingestellt werden.

- Motor warmlaufen lassen. Öltemperatur soll mindestens +60° C betragen.
- Drehzahlmesser und CO-Prüfgerät nach Vorschrift anschließen.
- Zündzeitpunkt prüfen, siehe Seite 218.
- Motor ca. 15 Sekunden mit einer Drehzahl von 3000/min, dann im Leerlauf laufen lassen.
- Warten, bis sich die Anzeigen der Prüfgeräte stabilisiert haben, dann CO-Gehalt und Leerlaufdrehzahl ablesen. **Sollwert: 0,5–1,0 Vol. %.**

Achtung: Liegt der CO-Gehalt weit über 2 % oder unter 0,3 %, Fachwerkstatt aufsuchen. Es muß dann ein spezielles Prüfverfahren angewandt werden.

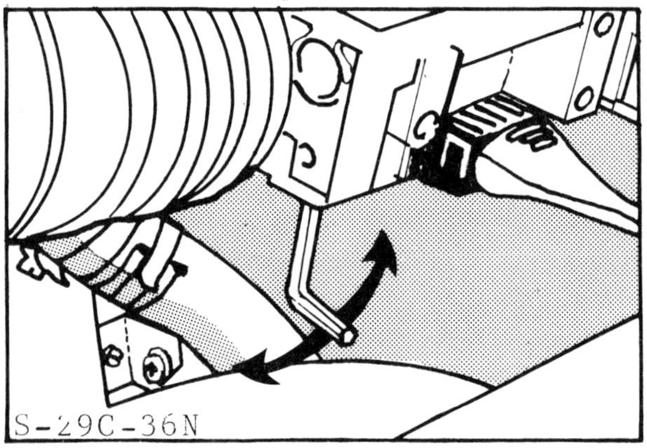

- Abdeckkappe am Luftmengenmesser entfernen und Gemischregulierschraube einstellen, bis der korrekte CO-Gehalt bei der Leerlaufdrehzahl erreicht wird. Zur Erhöhung des CO-Gehaltes Einstellschraube hineindrehen, zur Verringerung herausdrehen. Die Leerlaufdrehzahl wird vom EEC-IV-Steuergerät geregelt und ist nicht einstellbar. Sie soll bei Fahrzeugen mit Schaltgetriebe 875/min, bei Fahrzeugen mit Automatikgetriebe 800/min betragen.

Achtung: Die Einstellung muß im Zeitraum von 10 bis 30 Sekunden nach Stabilisierung der Prüfgeräteanzeigen erfolgen. Dauert die Einstellung länger als 30 Sekunden, muß der Motor erneut ca. 15 Sekunden lang mit einer Drehzahl von 3000/min laufen. Anschließend Prüfung wiederholen.

- Motor abstellen, Prüfgeräte abbauen.
- Neue Sicherungskappe am Luftmengenmesser einsetzen.

Fehlersuche Motorregelung 2,0-l-Motor (115 PS)

Die beschriebenen Testabläufe müssen genau in der vorgegebenen Reihenfolge durchgeführt werden. Die Fehlersuche ist in folgende Beanstandungen unterteilt:

- Motor dreht, springt aber nicht an.
- Fahrverhalten/Motorleistung unzureichend.

Selbsttest-Funktion

Zur Erleichterung der Fehlersuche besitzt das EEC-IV-Modul (EEC = **E**lectronic **E**ngine **C**ontrol) eine eingebaute Selbsttest-Funktion, die bei bestimmten Fehlersuchverfahren abgerufen werden muß. In der Nähe der Batterie befindet sich ein Stecker, an den eine Leuchtdiode oder ein Analog-Voltmeter zur Decodierung der Selbsttest-Signale angeschlossen wird. Selbsttest-Codes und die dazugehörigen Prüfverfahren, siehe Seite 90.

Zur Prüfung anhand der Fehlersuchtabelle werden folgende handelsübliche Geräte benötigt:

- Drehzahlmesser
- CO-Prüfgerät
- Oszilloskop
- Kraftstoffdruckmanometer, z. B. FORD 23-024
- Vielfachmeßgerät, z. B. SIEMENS-MULTIMETER B1002
- Vakuumpumpe mit Vakuummeter
- Leuchtdiode mit Anschlußstecker von LÖWENER, Bestell-Nr. 0132060, oder Adapterkabel zur Verbindung eines Analog-Voltmeters mit dem Selbsttestanschluß vom EEC-IV-Modul. Ein solches Kabel läßt sich aus dem Kabelstrang eines schadhaften elektrisch betätigten Außenspiegels eines FORD SIERRA wie folgt herstellen.

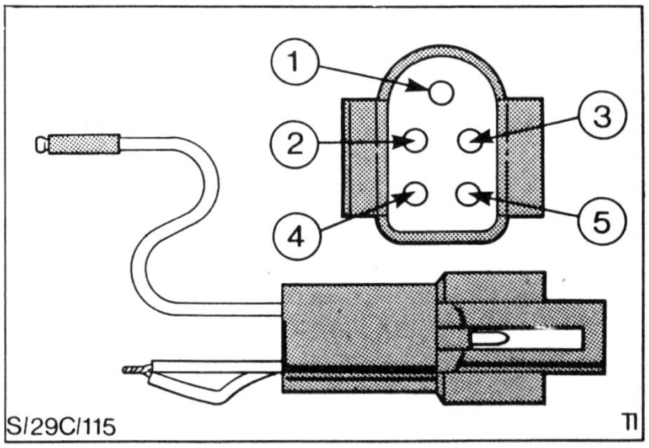

- Drähte der Stifte 2 und 3 direkt am Steckergehäuse abschneiden.
- Drähte der Stifte 4 und 5 etwa 50 mm vom Stecker abtrennen, blanke Drahtenden miteinander verbinden und isolieren.
- Am Ende des Drahts von Stift 1 einen in das Analog-Meßgerät passenden Stecker anbringen.
- Voltmeter zwischen Draht von Stift 1 und der (+)-Batterieklemme anschließen, Motor anlassen und Selbsttest-Codes anhand der Zählungen des Zeigerausschlags ablesen.

Fehlersuchtabelle 1
Fahrverhalten/Motorleistung unzureichend

Test	Ergebnis	Maßnahme
Nr. 1 ● Arbeitet System im Modus „Eingeschränkter Betrieb" (LOS)?	Nein	Weiter mit Test 2
Zündung einschalten und auf das Laufgeräusch der Kraftstoffpumpe achten; die Pumpe muß nach ungefähr 1 Sekunde abschalten. Läuft sie ununterbrochen weiter, ist LOS-Modus aktiviert. Zündung abschalten.	Ja	Stecker vom ECC-IV-Steuergerät abziehen. Test wiederholen. Läuft die Pumpe weiter, Kabeldefekt lokalisieren und beheben. Steuergerät anschließen. Ist der Fehler immer noch vorhanden, weiter mit Test 16.
Nr. 2 ● Gibt Selbsttest-Anzeige Systemfehler an?	Ja	Code 11 – Weiter mit Test 3 Code 12, Code 13, Code 14, Code 15, Code 31 und Code 32 siehe Seite 101.
Analog-Voltmeter oder Leuchtdiode über Adapter an den Selbsttest-Stecker anschließen. Bei einer Leuchtdiode Kabelklemme an der (+)-Batterieklemme befestigen. Motor starten und Fehlercode wie folgt auswerten: ■ Jede Fehlercode-Reihe beginnt mit einem EIN-Impuls von 5 Sekunden. ■ Die 1. Code-Ziffer besteht aus einem oder mehreren EIN/AUS-Impulsen von je 1 Sekunde Dauer. ■ Danach folgt eine Pause von 4 Sekunden. ■ Die 2. Code-Ziffer besteht aus einem oder mehreren EIN/AUS-Impulsen von je 1 Sekunde Dauer. ■ Nach einer Pause von 6 Sekunden wird die Impuls-Reihe wiederholt oder ein zweites codiertes Signal gesendet. Die Codes werden solange wiederholt, bis der Motor abgestellt wird. Zur Kontrolle der Ausgangssignale Codes mindestens zweimal wiederholen.	Nein	Weiter mit Test 3
Nr. 3 ● Sitzen sämtliche Leitungsanschlüsse der Motorelektrik fest?	Ja	Weiter mit Test 4
● Befinden sich Unterdruck- und Kraftstoffleitungen in gutem Zustand? ● Ist der Gaszug leichtgängig? ● Ist das Ansaugsystem dicht? Motor starten und System auf Undichtigkeit prüfen.	Nein	Lose Anschlüsse befestigen. Schadhafte Unterdruck- und Kraftstoffleitungen auswechseln. Falls erforderlich, Gaszug auswechseln oder einstellen. Ggf. Undichtigkeiten beheben.

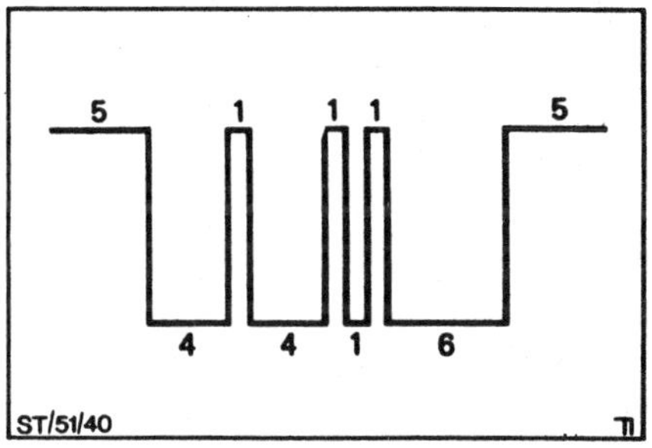

Test	Ergebnis	Maßnahme
Nr. 4		
● Ist der Luftfilter-Einsatz verschmutzt? Deckel-Ansauggeräuschdämpfer abbauen und Luftfilter-Einsatz prüfen.	Ja Nein	Luftfilter-Einsatz auswechseln. Weiter mit Test 5 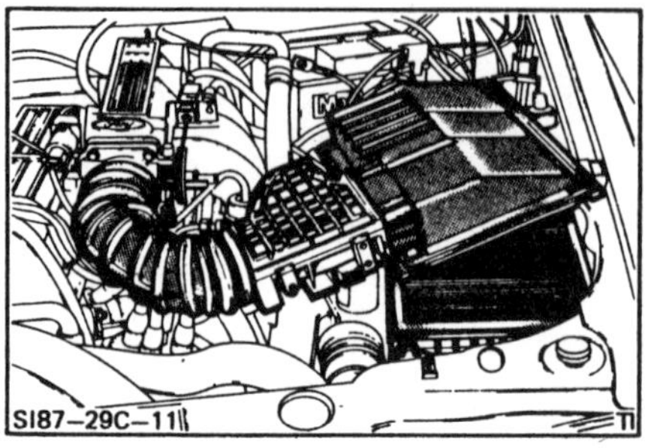 S187–29C–11
Nr. 5		
● Prüfgeräte gemäß Herstelleranweisung anschließen. ● Motor starten und auf Betriebstemperatur bringen. Motor abstellen. **Beachte:** Bei Prüfgeräten ohne Oszilloskop nach Anweisung des Herstellers verfahren.		Weiter mit Test 6
Nr. 6		
● Liegt an allen Zündkerzen Hochspannung an? Motor starten und Hochspannungs-Anzeige am Oszilloskop prüfen.	Ja Nein	Weiter mit Test 7 Verteilerkappe, Verteilerläufer und oberen Zündspulenanschluß auf Haarrisse und Verschleiß prüfen. Widerstand der Zündkabel und der Radioentstörung prüfen. Ggf. Teile auswechseln. 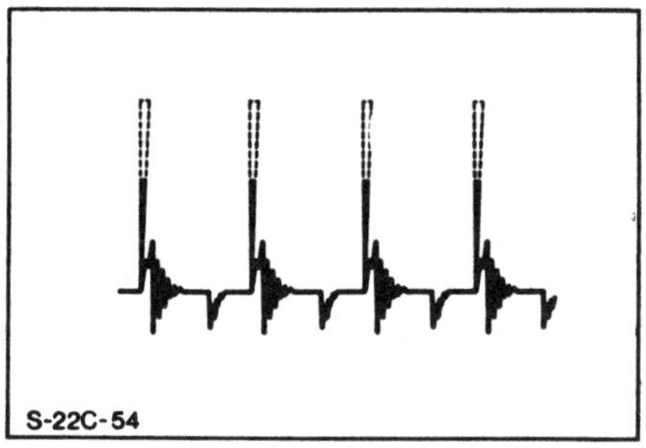 S-22C-54
Nr. 7		
● Ist die Zündkerzenspannung vorschriftsmäßig? ● Motor starten und im Leerlauf drehen lassen. Zündkerzenspannung prüfen. Alle Anzeigen müssen gleich hoch sein, ca. 8 bis 14 kV. ● Drehzahl kurzzeitig auf 3000/min erhöhen und prüfen, ob alle Anzeigen gleichmäßig unter 20 kV liegen.	Ja Nein	Weiter mit Test 8 Falls erforderlich, Zündkerze(n) auswechseln.

Test	Ergebnis	Maßnahme
Nr. 8 ● Haben alle Zylinder die gleiche Leistung? ● Leerlaufdrehzahl erhöhen, dazu Fühlerlehre (1,7 mm) zwischen Drosselklappenanschlag und -hebel einsetzen. ● Leistungsvergleich gemäß Herstelleranweisung durchführen. **Achtung:** Zündfunkenprüfkabel anstelle einer Isolierzange verwenden. Prüfung nur bei Fahrzeugen ohne Katalysator durchführen. Der Drehzahlabfall sollte bei allen Zylindern ungefähr gleich sein. Fühlerlehre entfernen.	Ja Nein	Weiter mit Test 9 Anschlüsse Einspritzventile überprüfen, Ventilspiel einstellen und Test wiederholen. Ist der Fehler noch vorhanden, komplette Kompressionsprüfung durchführen und ggf. Motor instandsetzen. Wenn Kompression in Ordnung, weiter mit Test 12. 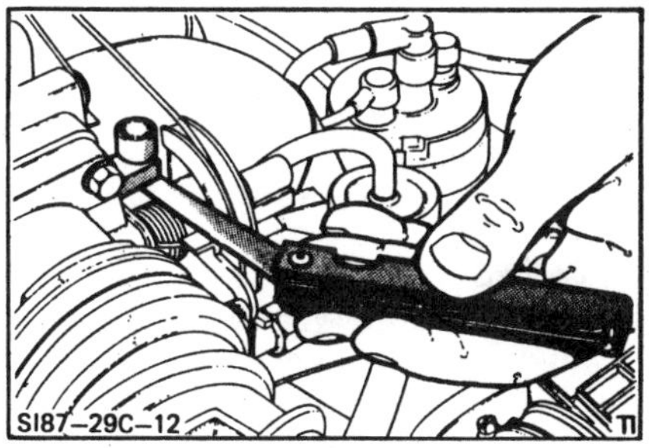
Nr. 9 ● Ist die Versiegelung der Verteiler-Klemmschraube beschädigt?	Ja Nein	Statischen Zündzeitpunkt prüfen, siehe Seite 218. Weiter mit Test 10 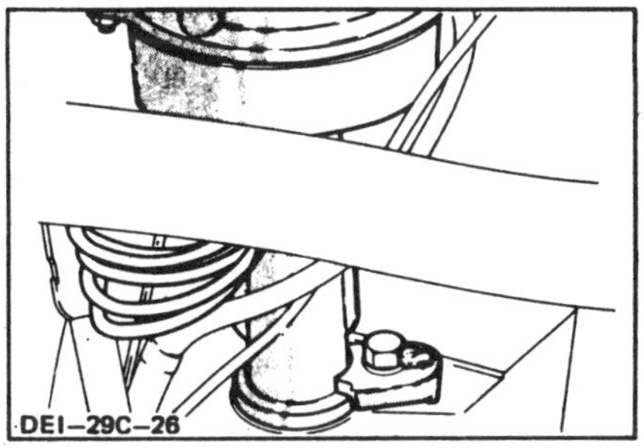
Nr. 10 ● Ist der Motorbelüftungsschlauch frei? ● Schlauch abbauen. Ölabscheider und Schlauch auf Verunreinigungen überprüfen.	Ja Nein	Weiter mit Test 11 Schlauch und/oder Ölabscheider reinigen oder auswechseln. 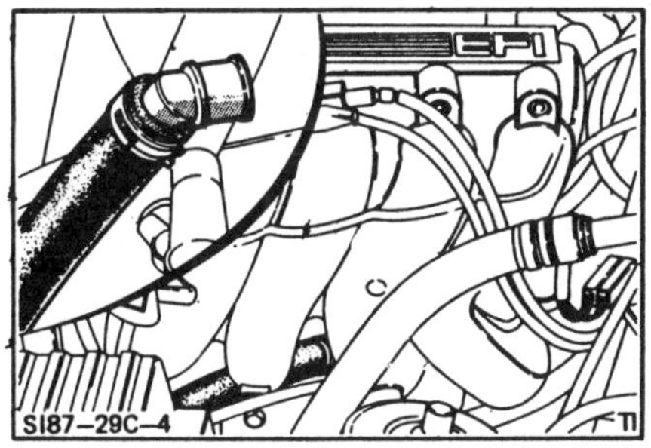
Nr. 11 ● Ist der Luftmengenmesser mit Öl verunreinigt und klemmt Stauklappe? ● Luftschlauch von Luftmengenmesser und Drosselklappenstutzen abziehen. Stauklappen auf Freigängigkeit prüfen, siehe Abbildung.	Ja Nein	Luftmengenmesser mit einem benzingetränkten Lappen reinigen. Blockierten Luftmengenmesser auswechseln. Weiter mit Test 12 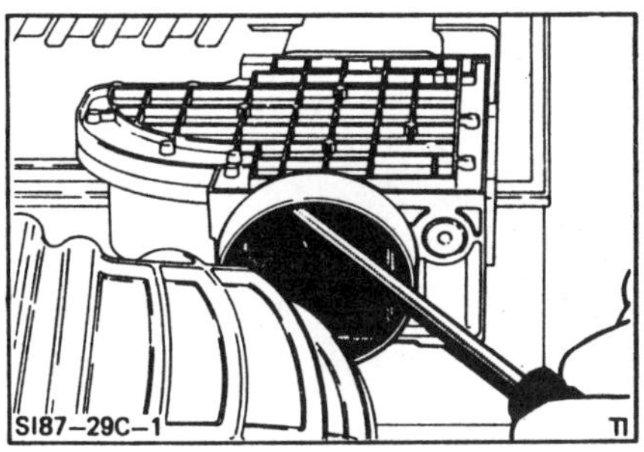

Test	Ergebnis	Maßnahme
Nr. 12 ● Ist der Kraftstoffdruck vorschriftsgemäß?	Ja	Weiter mit Test 13 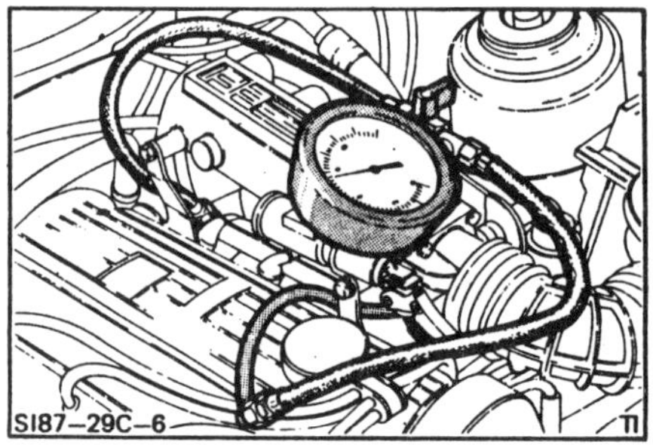
● Manometer zwischen Einlaßleitung und Kraftstoffverteilerrohr anbringen (Ventil zeigt zum Verteilerrohr). ● Manometerventil schließen. ● Kabelanschlüsse – Zündspule und Einspritzventile abziehen. Zündung zweimal ein- und ausschalten, ohne den Motor zu starten. Der Systemdruck muß auf über 5 bar ansteigen. Prüfen, ob der Druck ungefähr 1 Minute aufrechterhalten wird.	Nein	Kraftstoffsystem auf Leckstellen und Beschädigungen prüfen. Ggf. Filter oder Kraftstoffleitungen auswechseln und Test wiederholen. Ist der Fehler noch vorhanden, Kraftstoffpumpe auswechseln, siehe Seite 107.
Nr. 13 ● Ist der Druck im Kraftstoffverteilerrohr korrekt und konstant?	Ja	Weiter mit Test 16
● Manometerventil öffnen. ● Zündung einschalten, ohne den Motor zu starten. Warten, bis sich der Druck stabilisiert hat. Es muß ein Druck von ungefähr 2,5 bar angezeigt werden. Zündung ausschalten und 2 Minuten warten. Der Druck im Kraftstoffverteilerrohr darf um nicht mehr als 0,3 bar fallen.	Nein	Weiter mit Test 14
Nr. 14 ● Ist der Druckregler undicht?	Ja	Regler auswechseln. Weiter mit Test 16. 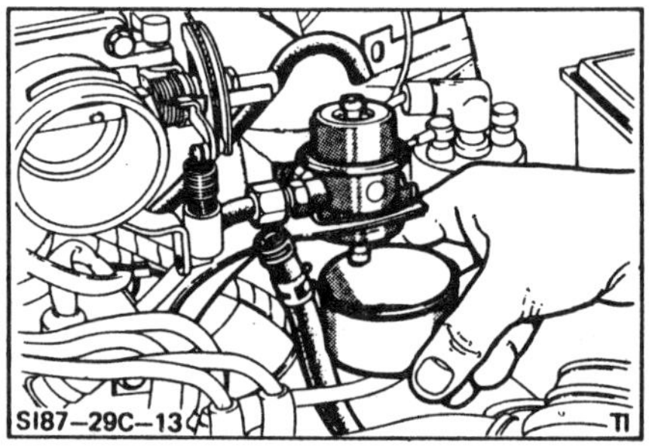
● Kraftstoffrücklaufleitung und Unterdruckleitung vom Druckregler abziehen. Aus dem Regler darf kein Kraftstoff austreten.	Nein	Neue Einspritzventile für die Zylinder einbauen lassen, die in Test 8 zu niedrige Leistung aufwiesen. Weiter mit Test 15.
Nr. 15 ● Arbeitet der Druckregler einwandfrei?	Ja	Weiter mit Test 18 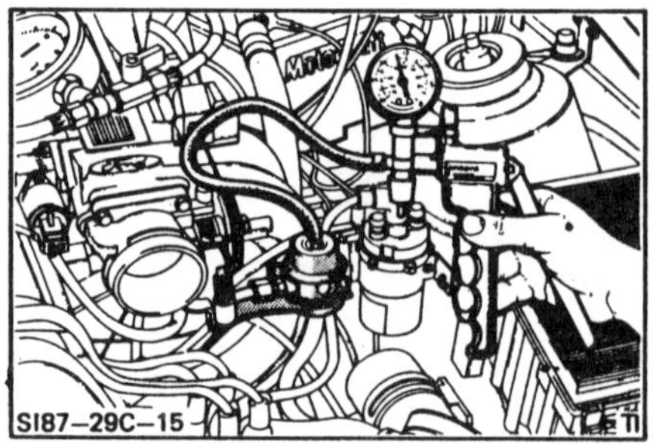
● Unterdruckleitung abziehen und Druckregler unter Verwendung einer Vakuumpumpe mit einem Unterdruck von 867 mbar (65 cm Hg) beaufschlagen. Der Druck im Kraftstoffverteilerrohr muß um 0,5 bar fallen. ● Kraftstoff-Manometer entfernen.	Nein	Regler auswechseln

Test	Ergebnis	Maßnahme
Nr. 16 ● Ist der Ansaug-Unterdruck ausreichend? ● Vakuumpumpe an Ansaugkrümmer – Unterdruckleitung anschließen. Motor starten und im Leerlauf drehen lassen. Der Unterdruck muß zwischen 533 und 667 mbar (40 und 50 cm Hg) betragen.	Ja Nein	Probefahrt durchführen. Ist Beanstandung noch vorhanden, Systemprüfung durchführen lassen. Prüfen, ob Unterdruckleitung ververstopft ist. Ansaugkrümmer prüfen. Ventilspiel prüfen, ggf. einstellen. Ggf. Teile auswechseln.

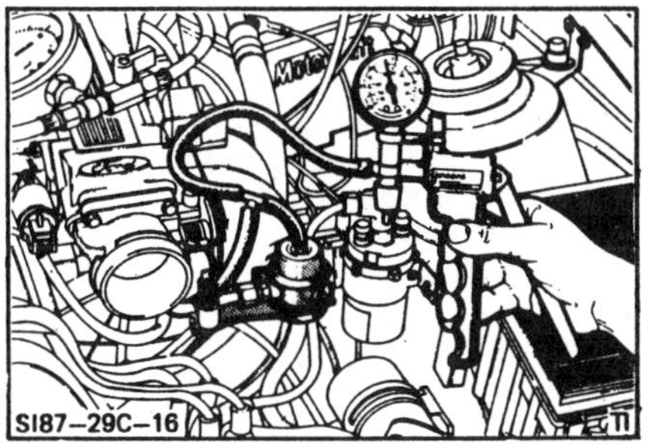
S187–29C–16 TI

Fehlersuchtabelle 2
Motor dreht, springt aber nicht an

Test	Ergebnis	Maßnahme
Nr. 1 ● Sind alle Leitungsanschlüsse der Motorelektrik angeschlossen? ● Ist die Batteriespannung beim Starten größer als 7 V? ● Sind Unterdruck- und Kraftstoffleitungen in gutem Zustand?	Ja Nein	Weiter mit Test 2 Mehrfachstecker anschließen. Falls erforderlich, Batterie aufladen. Schadhafte Leitungen auswechseln.
Nr. 2 ● Arbeitet die Kraftstoffpumpe einwandfrei? ● Zündung einschalten, Motor nicht starten, Kraftstoffpumpe sollte ca. 1 Sekunde laufen.	Ja Nein	Weiter mit Test 3 Sicherheitsschalter prüfen. Ausgelösten Schalter eindrücken. Falls Fehler noch vorhanden, weiter mit Test 8.

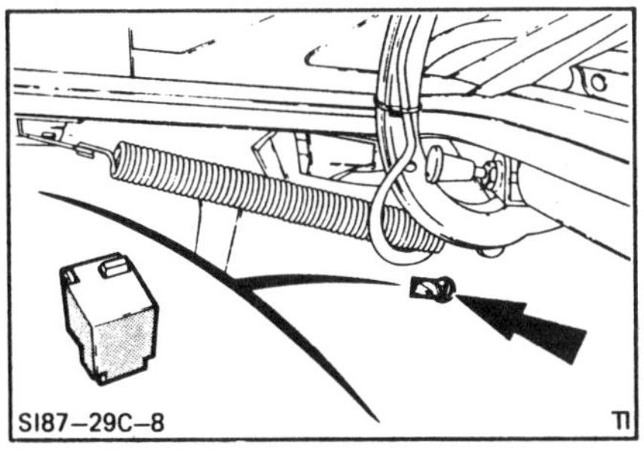
S187–29C–8 TI

Test	Ergebnis	Maßnahme
Nr. 3 ● Liegt Hochspannung an den Zündkerzen an? ● Zündkabel von Zündkerze des 1. Zylinders abziehen. Zündfunkenprüfkabel mit Zündkabel und Masse verbinden. ● Motor starten. Zündfunke sollte sichtbar überspringen. Zündkabel anschließen.	Ja Nein	Statischen Zündzeitpunkt prüfen, s. S. 218, dann weiter mit Test 7. Weiter mit Test 4

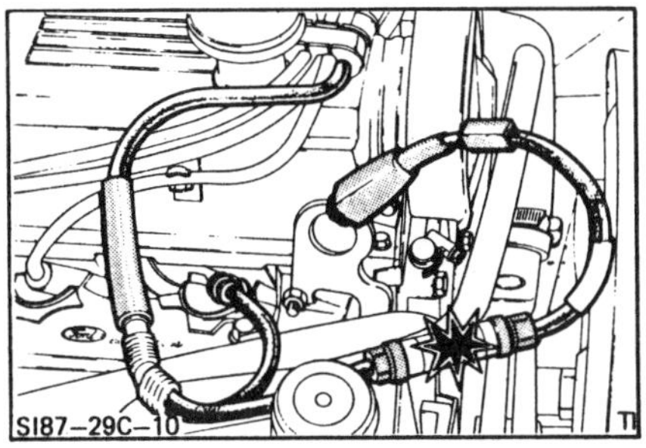
S187–29C–10 TI

Test	Ergebnis	Maßnahme
Nr. 4 ● Erzeugt die Zündspule Hochspannung? ● Hochspannungskabel der Zündspule vom Zündverteiler abziehen. Zündfunkenprüfkabel mit Hochspannungskabel und Masse verbinden. Motor starten. ● Zündfunke sollte sichtbar überspringen. ● Zündfunkenprüfkabel abziehen und Hochspannungsleitung am Zündverteiler anschließen.	Ja Nein	Verteilerkappe auf Abnutzung und Haarrisse prüfen. Verteilerläufer prüfen. Widerstand der Zündkabel und der Radioentstörung prüfen, Teile ggf. auswechseln. Weiter mit Test 7. Hochspannungskabel der Zündspule auswechseln und Test wiederholen. Ist der Fehler noch nicht behoben, weiter mit Test 5. 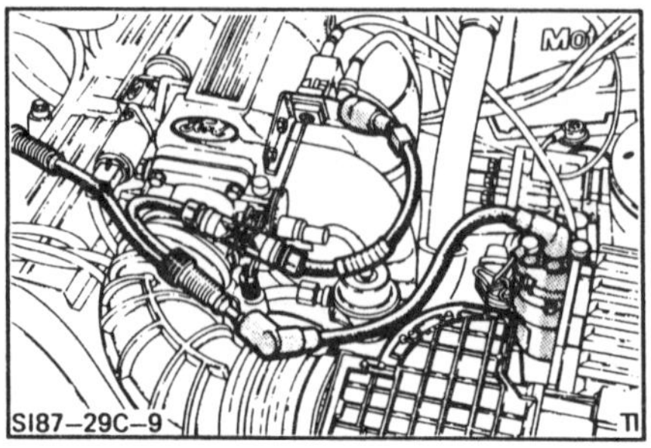 SI87–29C–9
Nr. 5 ● Erzeugt die Zündspule Hochspannung? Prüflampe an (+) und (–) Klemme der Zündspule anschließen. Motor starten, Lampe muß aufblinken.	Ja Nein	Weiter mit Test 6 Weiter mit Test 8 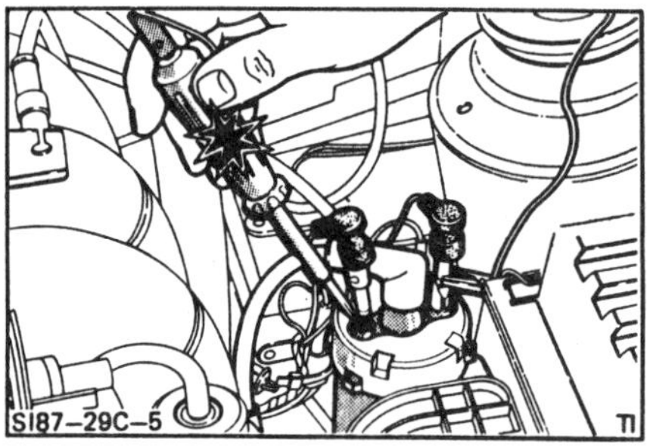 SI87–29C–5
Nr. 6 ● Ist der Widerstand der Zündspulenwicklungen vorschriftsmäßig? Hoch- und Niederspannungskabel von der Zündspule abziehen. Prüfen, ob der Widerstand zwischen (+) und (–) Klemme 0,7 bis 0,9 Ohm beträgt. Prüfen, ob der Widerstand zwischen (+) Klemme und Hochspannungsanschluß 4500 bis 7000 Ohm beträgt.	Ja Nein	Weiter mit Test 7 Zündspule auswechseln. 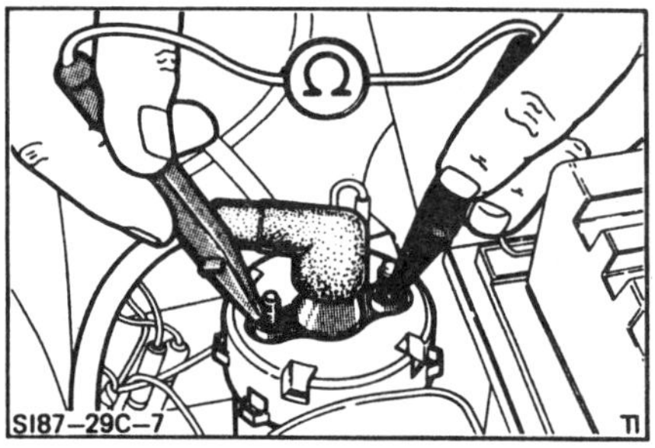 SI87–29C–7
Nr. 7 ● Ist der Kraftstoffdruck vorschriftsgemäß? Manometer zwischen Einlaßleitung und Kraftstoff-Verteilerrohr anbringen. Ventil zeigt zum Verteilerrohr und ist geschlossen. Manometerventil schließen. Kabel von Zündspule und Kabelstrang Einspritzventile abziehen. Zündung zweimal ein- und ausschalten. Der Systemdruck muß auf über 5 bar ansteigen. Prüfen, ob der Druck ungefähr 1 Minute konstant bleibt.	Ja Nein	Ventil öffnen und Manometer entfernen; weiter mit Test 8. Kraftstoffsystem auf Undichtigkeiten und Beschädigungen prüfen. Ggf. Filter oder Kraftstoffleitungen auswechseln und Test wiederholen. Ist der Fehler noch vorhanden, Kraftstoffpumpe auswechseln, siehe Seite 107. 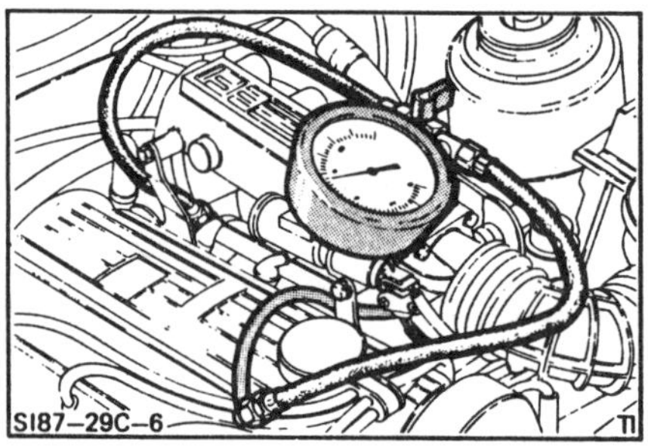 SI87–29C–6
Nr. 8 ● Springt der Motor immer noch nicht an, Mehrfachstecker vom EEC IV-Steuergerät abziehen.		Systemprüfung durchführen lassen.

Die Selbsttest-Codes

Das EEC-IV-Modul kann während der Selbsttest-Funktion einen oder mehrere Codes ausgeben. Diese Codes geben an, daß in einem bestimmten Schaltkreis ein Fehler festgestellt worden ist. Derartige Codes weisen lediglich auf einen möglichen Fehler hin und bedeuten nicht unbedingt, daß ein bestimmter Geber schadhaft ist.

Bei angeschlossener Leuchtdiode oder Voltmeter am Selbsttest-Stecker ist die Leerlaufdrehzahl unregelmäßig. Dies liegt an der Regelung des Leerlaufdrehzahl-Regelventils durch das Steuergerät. Bleibt die Drehzahl unverändert, so bedeutet dies eine Störung im Leerlaufdrehzahl-Regelventil.

Die Codes werden wie folgt übertragen:
Der Beginn der Fehlercode-Reihe wird durch einen 5 Sekunden andauernden EIN-Impuls angezeigt.

Jede Ziffer des Codes entspricht einer Reihe von EIN- und AUS-Impulsen von jeweils 1 Sekunde Dauer. Sämtliche Codes bestehen aus zwei Ziffern, die untereinander durch eine Pause von 4 Sekunden getrennt sind.

Achtung: Während eines Testzyklus kann mehr als ein Code übertragen werden, wobei zwischen den einzelnen Codes eine Pause von 6 Sekunden liegt. Der Testzyklus wird solange fortgesetzt, bis die Zündung abgeschaltet wird oder die Selbsttest-Anschlüsse von Masse abgeklemmt werden. Ein Testzyklus sollte möglichst zweimal ablaufen, um sicherzustellen, daß der Code richtig interpretiert wurde. Am Ende eines Zyklus wird der 5 Sekunden andauernde Ein-Impuls wiederholt, wodurch eine weitere Codefolge angekündigt wird.

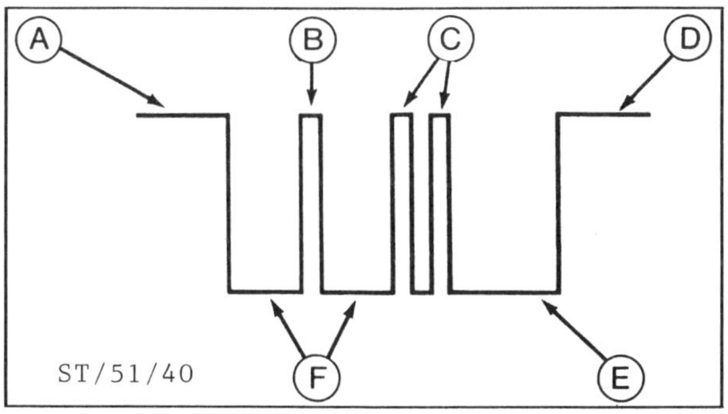

Typischer Testcode – Code 12

A = Startsignal
B = Erste Ziffer
C = Zweite Ziffer
D = Start des zweiten Testzyklus
E = Code-Ende
F = Zeitliche Trennung der Ziffern

Achtung: Sendet das EEC-IV-Steuergerät keinen Testcode, wie folgt vorgehen:

- Zündung ausschalten.
- Zündschlüssel in Stellung II bringen, Motor nicht anlassen, etwa 5 Sekunden warten.
- Motor starten.

Es folgt eine Auflistung der Codes, die vom EEC-IV-Modul ausgegeben werden können, sowie die Angabe der Seite mit den zugehörigen Prüfschritten. Bevor mit den einzelnen Prüfschritten begonnen wird, noch einmal vergewissern, daß der Code richtig abgelesen wurde. Zur Bestätigung des Codes Selbsttest-Funktion wiederholen.

Nach Ermittlung des oder der Codes werden die nächsten Schritte in den Testverfahren genau angegeben.

Code	Bedeutung	Seite
11	Kein Fehler vom Steuergerät festgestellt	–
12	Luftmengenmesser defekt	102
13	Temperaturgeber – Kühlmittel nicht vorschriftsgemäß	103
14	Temperaturgeber – Ansaugluft nicht vorschriftsgemäß	102
15	Potentiometer – Drosselklappe defekt	104
31	Verdrahtungs- und/oder Modulfehler	–
32	Verdrahtungs- und/oder Modulfehler	–

Bei Ausgabe eines Codes, der auf einen Fehler im Luftmengenmesser hinweist, keine Änderungen am Luftmengenmesser vornehmen. Da es sich bei dem angezeigten Fehler um einen schadhaften Kabelstecker oder einen Kurzschluß zwischen Kabel und Modul handeln kann, ist gemäß den auf den Folgeseiten beschriebenen Prüfschritten vorzugehen. Die Durchführung sämtlicher Prüfpositionen gewährleistet, daß die Ursache einer Störung gefunden wird. Es dürfen keine Prüfschritte übersprungen werden.

Codes 12 und 14: Luftmengenmesser

Test	Ergebnis	Maßnahme
Nr. 1 ● Ist der Mehrfachstecker am Luftmengenmesser sauber und sicher befestigt? ● Mehrfachstecker vom Luftmengenmesser abziehen und Kontakte mit Kontaktspray reinigen. Mehrfachstecker anbringen, darauf achten, daß der Verriegelungsklip einrastet.		Weiter mit Test 2 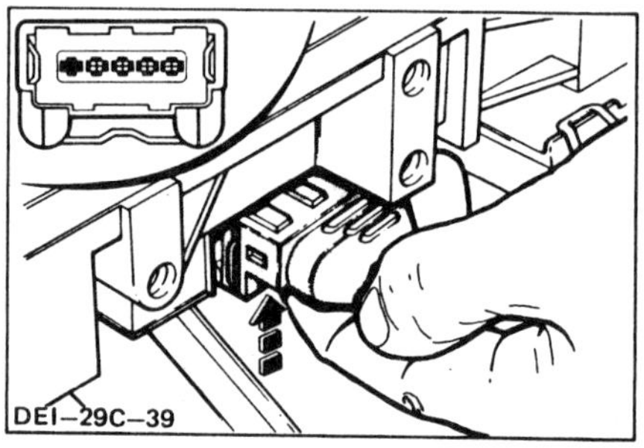 DEI–29C–39
Nr. 2 ● Ist der Luftmengenmesser vorschriftsmäßig eingestellt? ● Mehrfachstecker vom Luftmengenmesser abziehen. ● Folgende Prüfungen bei ausgeschalteter Zündung mit einem geeigneten Vielfachmeßgerät durchführen. Prüfspitzen an Buchse (+) (−) — Richtiges Ergebnis 43 46 — 25 bis 120 Ohm* 26 43 — 250 bis 600 Ohm 25 46 — 1,0 bis 3,2 kOhm * Bei angeschlossenem Meßgerät Stauklappe langsam völlig öffnen und prüfen, ob der Anzeigewert gleichmäßig ansteigt. **Beachte:** Kurz vor der vollständigen Öffnung fällt der Anzeigewert wieder ab.	Ja Nein	Weiter mit Test 3 Durchgang der Verkabelung zwischen Mehrfachstecker und Steuergerät prüfen, ggf. Kabelfehler beheben. Ist der Fehler noch vorhanden, Luftmengenmesser auswechseln. 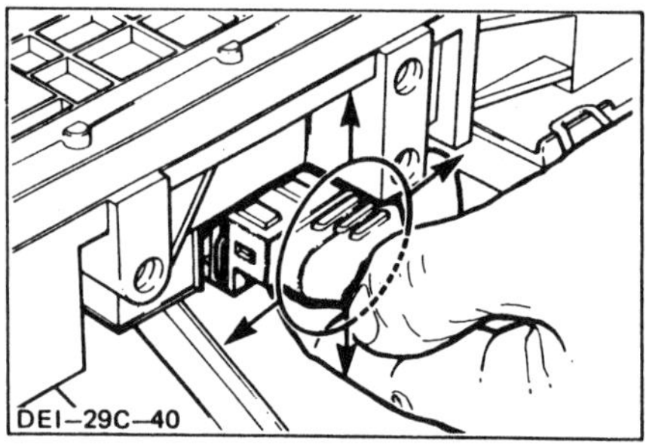 DEI–29C–40 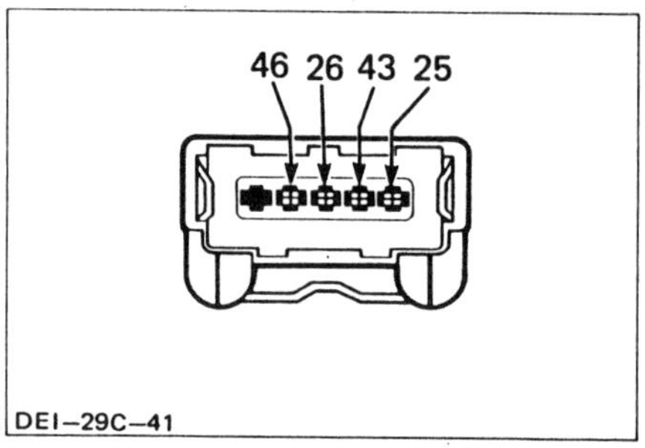 DEI–29C–41
Nr. 3 ● Ist der Fehler noch vorhanden? ● Motor starten und Selbsttest erneut durchführen.	Ja Nein	Luftmengenmesser auswechseln. Ist der Fehler immer noch vorhanden, EEC-IV-Steuergerät auswechseln. Prüfgeräte abbauen. Schaltkreis ist in Ordnung.

Codes 13: Temperaturgeber – Kühlmittel

Test	Ergebnis	Maßnahme
Nr. 1 ● Ist der Mehrfachstecker am Temperaturgeber Kühlmittel sauber und sicher befestigt? ● Mehrfachstecker vom Geber abziehen und Kontakte mit Kontaktspray reinigen. Mehrfachstecker anbringen, darauf achten, daß der Verriegelungsklip einrastet.		Weiter mit Test 2
Nr. 2 ● Funktioniert der Temperaturgeber Kühlmittel vorschriftsmäßig?	Ja	Weiter mit Test 4
● Motor-Kühlmitteltemperatur mit einem Thermometer messen; Widerstand des Gebers zwischen den Stiften 7 und 46 mit einem geeigneten Meßgerät messen.	Nein	Weiter mit Test 3
Nr. 3 ● Ist die Kabelverbindung zwischen Mehrfachstecker EEC IV und Geber unterbrochen?	Ja	Kabelfehler lokalisieren und beheben
● Mehrfachstecker vom Geber abziehen und Kabel wie folgt auf Durchgang prüfen: Stift 7 mit einem der Mehrfachstecker-Anschlüsse verbinden. Anderen Stift auf Kurzschluß im Kabel prüfen. Stift 46 mit anderem Anschluß verbinden.	Nein	Geber auswechseln. Weiter mit Test 4
Nr. 4 ● Ist der Fehler noch vorhanden?	Ja	Geber auswechseln. Ist der Fehler immer noch vorhanden, EEC-IV-Steuergerät auswechseln.
● EEC-IV-Steuergerät anschließen, Motor starten und Selbsttest erneut durchführen.	Nein	Prüfgeräte abbauen. System ist in Ordnung.

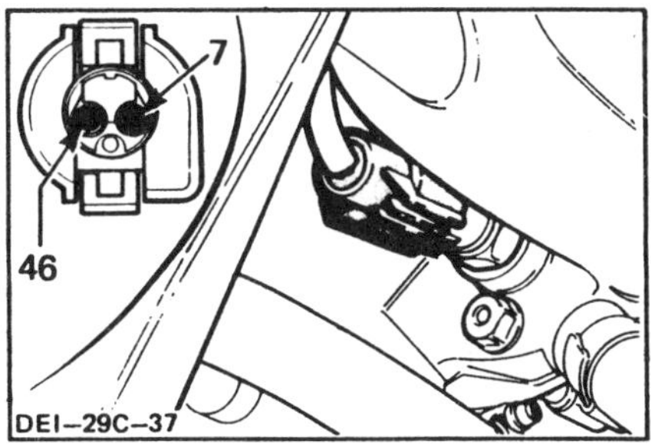

DEI–29C–37

Kühlmittel-Temperatur °C	Widerstand Min. kOhm	Widerstand Max. kOhm
0	90	100
20	35	40
40	15	18
60	7	8
100	1,9	2,2

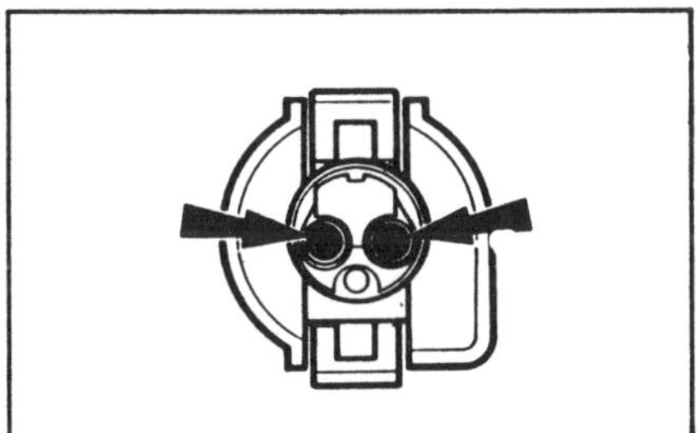
DEI–29C–38

Code 15: Potentiometer – Drosselklappe

Test	Ergebnis	Maßnahme
Nr. 1 ● Sind die Mehrfachstecker von Sensor und Kabelstrang an der Motorrückseite sauber und sicher befestigt? ● Mehrfachstecker abziehen und Kontakte mit Kontaktspray reinigen. Mehrfachstecker anbringen, darauf achten, daß die Verriegelungsclipse einrasten.		Weiter mit Test 2
Nr. 2 ● Ist das Potentiometer in Ordnung? Prüfen, ob die Drosselklappe zum Anschlag zurückkehrt. Falls erforderlich, Gaszug (Gaszüge) einstellen oder auswechseln. Folgende Prüfungen mit einem geeigneten Vielfachmeßgerät durchführen: Prüfspitzen an Buchse (+) (−) – Richtiges Ergebnis 47 46 – 300 Ohm bis 1,2 kΩ 26 47 – 450 Ohm bis 1,5 kΩ	Ja Nein	Weiter mit Test 4 Weiter mit Test 3
Nr. 3 ● Ist die Kabelverbindung zwischen EEC-IV-Steuergerät und Geber unterbrochen? ● Mehrfachstecker vom Potentiometer abziehen und Kabel gemäß Abbildung auf Durchgang prüfen.	Ja Nein	Kabelfehler lokalisieren und beheben. Geber auswechseln. Weiter mit Test 4.
Nr. 4 ● Ist der Fehler noch vorhanden? ● EEC-IV-Steuergerät anschließen, Motor starten und Selbsttest erneut durchführen.	Ja Nein	Geber auswechseln. Ist der Fehler noch vorhanden, EEC-IV-Steuergerät auswechseln. Prüfgeräte abbauen. System ist in Ordnung.

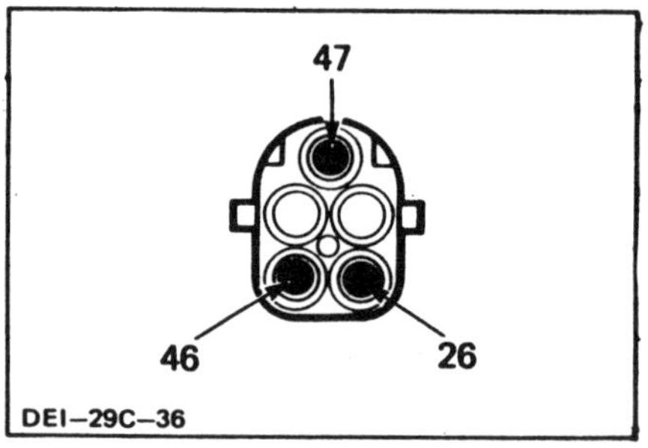

Fehlersuche Motorregelung 2-l-100-PS-Motor

Das EEC-Modul hat gegenüber dem SIERRA ohne Katalysator eine erweiterte und andere Selbsttestaufgabe. Wegen des aufwendigen Prüfumfangs sollte diese Prüfung von einer Werkstatt durchgeführt werden. Bei jeder Beanstandung wird zuerst ein Funktionstest durchgeführt, um die wichtigsten Motorfunktionen zu kontrollieren. Die nachfolgenden Testabläufe müssen in der vorgegebenen Reihenfolge durchgeführt werden. Zum Prüfen wird ein Vielfachmeßgerät benötigt, z. B. SIEMENS-MULTIMETER B1002, sowie ein Oszilloskop.

Achtung: Wenn der Motor nach dem Heißstart im Leerlauf »sägt«, obwohl die Fehlersuche nach der untenstehenden Tabelle sowie der Selbsttest kein Ergebnis erbrachten beziehungsweise die Fehler bereits behoben wurden, ist das EEC-IV-Modul gegen ein Modul neuester Ausführung auszutauschen.

Test	Ergebnis	Maßnahme
Nr. 1		
● Funktioniert die Kraftstoffpumpe?	Ja	Weiter mit Test 2
● Zündung einschalten und auf Laufgeräusch der Kraftstoffpumpe achten.	Nein	Spannung an der Kraftstoffpumpe prüfen. Relais – Kraftstoffpumpe und Sicherung prüfen. Ggf. Teile austauschen. Funktioniert Pumpe noch nicht, Systemprüfung durchführen lassen. 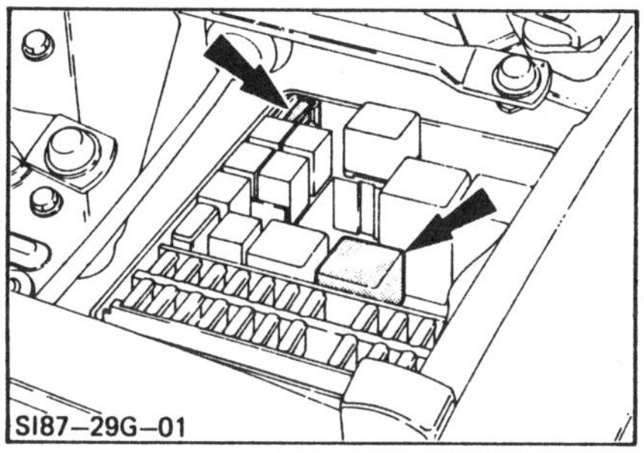
Nr. 2		
● Arbeitet System im Modus „Eingeschränkter Betrieb" (LOS)?	Nein	Weiter mit Test 3
● Zündung einschalten und auf Laufgeräusch der Kraftstoffpumpe achten. Die Pumpe muß nach ungefähr einer Sekunde abschalten. Läuft sie ununterbrochen weiter, ist LOS-Modus aktiviert. Zündung auschalten.	Ja	EEC-IV-Modul abschließen, Test wiederholen. Läuft die Pumpe weiter, Kabeldefekt lokalisieren und beheben. EEC-IV-Modul anschließen und Test wiederholen. Ist der Fehler noch vorhanden, Systemprüfung durchführen lassen.
Nr. 3		
● Sind alle Leitungsanschlüsse der Motorelektrik angeschlossen?	Ja	Weiter mit Test 4
● Sind Unterdruck- und Kraftstoffleitungen in gutem Zustand?	Nein	Mehrfachstecker anschließen. Beschädigte Kraftstoff-/Unterdruckleitungen auswechseln.
Nr. 4		
● Motor-Testgerät gemäß Herstelleranweisung anschließen.		Weiter mit Test 5
● Motor starten und auf Betriebstemperatur bringen. **Achtung:** Für Testgeräte ohne Oszilloskop, siehe Anweisung des Herstellers.		

Test	Ergebnis	Maßnahme
Nr. 5 ● Liegt an allen Zündkerzen Hochspannung an? ● Motor starten und Anzeige am Oszilloskop beachten.	Ja Nein	Weiter mit Test 6 Verteilerkappe, Verteilerläufer und oberen Zündspulen-Anschluß auf Haarrisse und Verschleiß prüfen. Widerstand der Hochspannungskabel prüfen. Ggf. Teile auswechseln. Liegt noch keine Hochspannung an, Systemprüfung durchführen lassen. 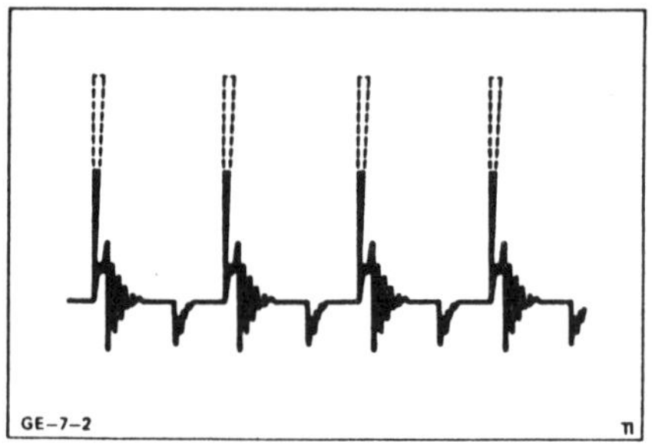 GE-7-2
Nr. 6 ● Springt der Motor an und dreht im Leerlauf?	Ja Nein	Weiter mit Test 8 Weiter mit Test 7
Nr. 7 ● Ist der Katalysator verstopft? ● Katalysator vom vorderen Auspuffrohr trennen. Motor starten. Falls Motor anspringt, ist der Katalysator verstopft.	Ja Nein	Neuen Katalysator einbauen. Weiter mit Test 8 Kraftstoffsystem-Prüfung durchführen.  DE1-29J-67
Nr. 8 ● Ist die Zündkerzen-Spannung in Ordnung? ● Motor starten und im Leerlauf drehen lassen. Zündkerzen-Spannung prüfen. Alle Anzeigen sollten gleich hoch sein, ca. 8 bis 14 kV. Drehzahl kurzzeitig auf 3000/min erhöhen und prüfen, ob alle Anzeigen gleichmäßig unter 20 kV liegen. Motor abstellen.	Ja Nein	Weiter mit Test 9 Ggf. Zündkerze(n) erneuern. Zündkabel prüfen, ggf. erneuern. 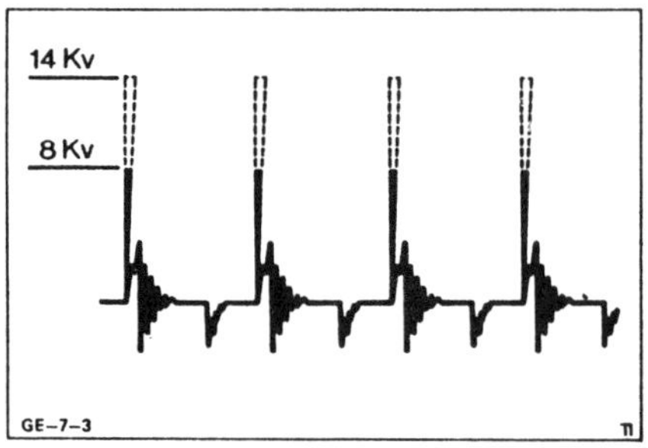 GE-7-3
Nr. 9 ● Ist das Ansaugsystem dicht? ● Motor starten und auf Undichtigkeiten prüfen.	Ja Nein	Selbsttestverfahren durchführen lassen. Ggf. Undichtigkeiten beheben. 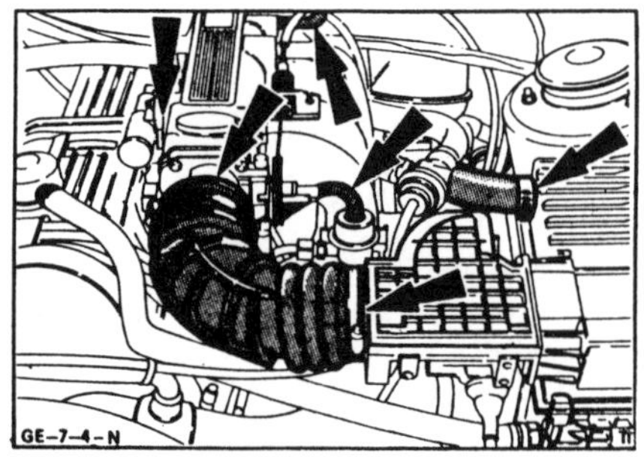 GE-7-4-N

Kraftstoffpumpe aus- und einbauen

Nur OHC-Motor

Die Kraftstoffpumpe befindet sich unter dem Kofferraum links neben dem Kraftstofftank.

Ausbau

- Batterie-Massekabel abklemmen.
- Fahrzeug hinten aufbocken, siehe Seite 249.
- Damit kein Kraftstoff ausläuft, Kraftstoffzulaufleitung mit Quetschklemme abklemmen. Darauf achten, daß der Schlauch nicht beschädigt wird.
- Geeigneten Auffangbehälter unter den Pumpenanschluß stellen. Schlauchschelle lösen und Schlauch abziehen.

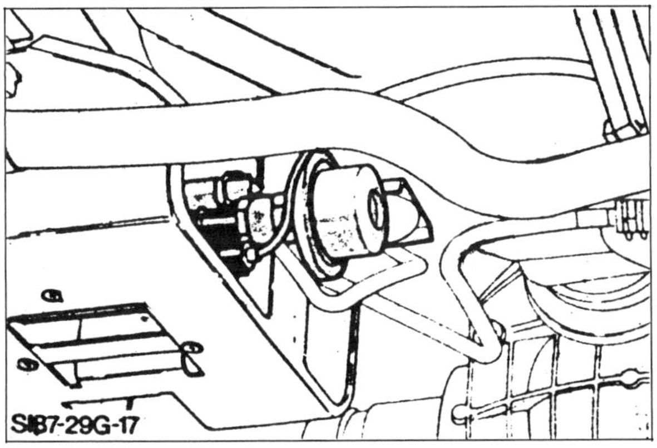
S187-29G-17

- Kraftstoffaustrittsleitung vorsichtig lösen, da das System unter Druck steht. Austretenden Kraftstoff mit saugfähigem Lappen auffangen, Leitung abnehmen.
- Elektrisches Kabel von der Pumpe abziehen.
- Befestigungsschraube der Pumpe lockern und Pumpe aus der Halterung herausnehmen.

Einbau

- Kraftstoff- und Kabelanschlüsse reinigen.
- Kraftstoffpumpe einsetzen und anschrauben.
- Kraftstoffaustrittsleitung mit 20 Nm festschrauben.
- Kraftstoffschlauch vom Tank auf den Pumpenanschluß aufschieben und mit Klemmschelle sichern. Quetschklemme abnehmen.
- Elektrische Leitungen anschließen.
- Batterie-Massekabel anschließen.
- Zündung 5mal ein- und ausschalten. Kraftstoffpumpe muß jedesmal anlaufen. Anschlüsse auf Dichtigkeit kontrollieren.
- Fahrzeug ablassen.

Luftmengenmesser aus- und einbauen

Ausbau

- Batterie-Massekabel abklemmen.

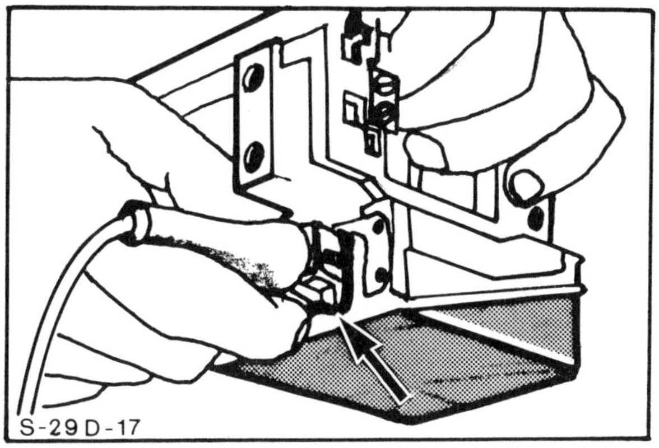
S-29D-17

- Sicherungsbügel des Mehrfachsteckers am Luftmengenmesser zusammendrücken und Stecker abziehen. Dabei am Stecker und nicht am Kabel ziehen.
- Schlauchschelle vom Luftansaugschlauch lösen und Luftansaugschlauch vom Luftmengenmesser abziehen.

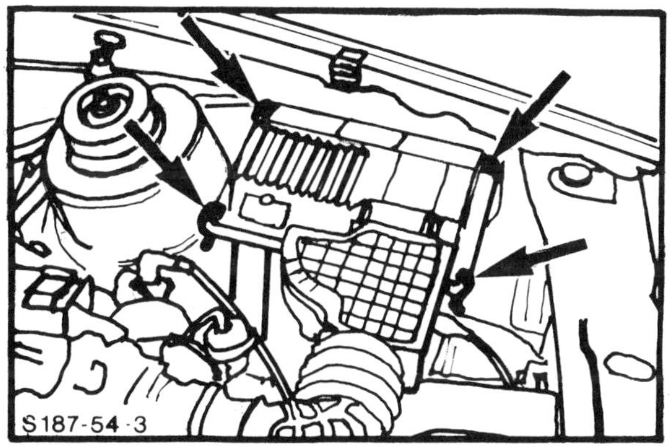
S187-54-3

- 4 Klipse vom Luftfilter lösen und Deckel zusammen mit dem Luftmengenmesser abheben.

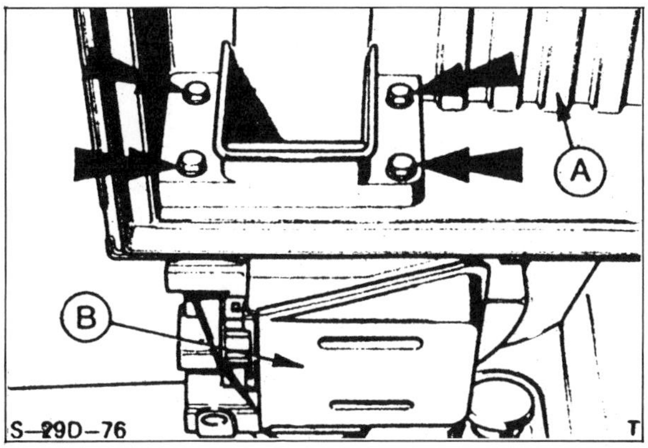

S-29D-76

- 4 Schrauben herausdrehen und Luftmengenmesser vom Deckel abnehmen.

Einbau

- Dichtung in den Deckel vom Luftfilter einsetzen. Luftmengenmesser am Deckel ansetzen und mit 4 Befestigungsschrauben anschrauben.
- Deckel mit 4 Klipsen festklammern.

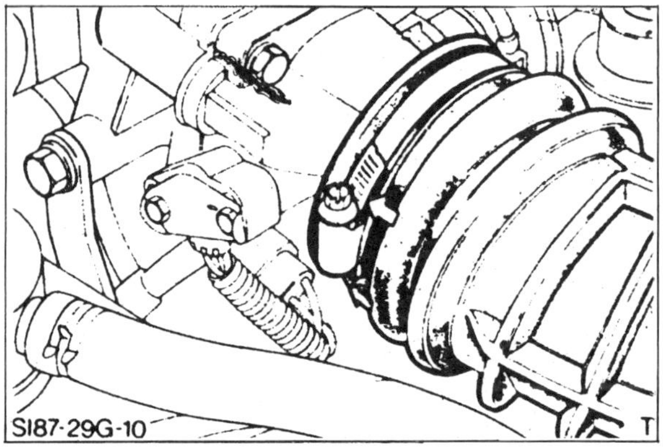

- Luftansaugschlauch aufschieben und mit Schelle sichern. Die Schelle muß seitlich, wie im Bild gezeigt, sitzen.
- Mehrfachstecker am Luftmengenmesser aufstecken. Der Sicherungsbügel muß einrasten.
- Batterie-Massekabel anschließen.
- CO-Wert einstellen, siehe Seite 94.

Kraftstoff-Druckregler aus- und einbauen

Seit 1.91 wird zur Verbesserung des Startverhaltens ein geänderter Druckregler eingebaut. Bei zu langen Motorstartzeiten, insbesondere nach längeren Fahrten mit hoher Geschwindigkeit, kann der neue Regler nachgerüstet werden. Der Kunststoffring am Unterdruckanschluß des neuen Reglers ist weiß, bisher blau.

Ausbau

- Batterie-Massekabel (–) abklemmen.

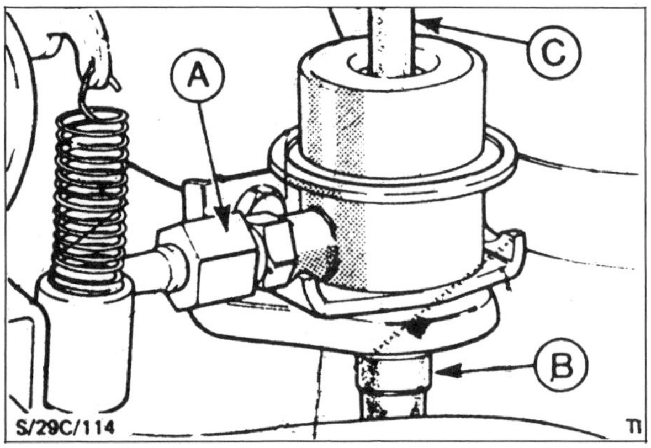

- Auffangbehälter unter den Druckregler stellen. Kraftstoff-Rücklaufleitung –B– und Unterdruckleitung –C– vom Regler abziehen.
- Kraftstoffzufuhrleitung –A– lockern, damit der Druck abgebaut wird. Austretenden Kraftstoff mit saugfähigem Lappen auffangen. Mutter abschrauben.
- Befestigungsmutter vom Regler am Halter lösen und Regler abnehmen.

Einbau

- Druckregler einsetzen und am Halter ganz leicht mit 1 Nm festschrauben.
- Kraftstoff-Rücklaufleitung mit **neuer** Halteklammer befestigen. Unterdruckleitung aufschieben.
- Kraftstoffzufuhrleitung mit 20 Nm festschrauben.
- Auffangbehälter entfernen, Batterie-Massekabel anklemmen.
- Zündung 5mal hintereinander einschalten, ohne den Motor zu starten. Die Kraftstoffpumpe läuft jedesmal an und baut den Kraftstoffdruck auf. System auf Undichtigkeiten kontrollieren.

Kühlmittel-Temperaturgeber aus- und einbauen

Ausbau

- Batterie-Massekabel abklemmen.
- Kühlmittel ablassen, siehe Seite 49.

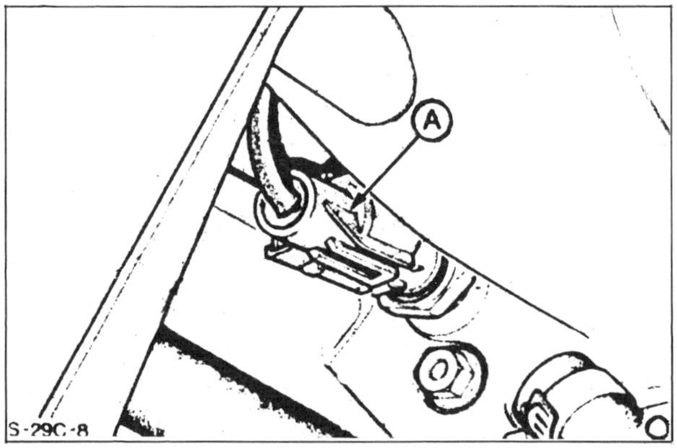

- An der Unterseite des Ansaugkrümmers zwischen 2. und 3. Zylinder Stecker –A– vom Temperaturgeber abziehen. Dabei am Stecker und nicht am Kabel ziehen.
- Temperaturgeber am Ansaugkrümmer abschrauben.

Einbau

- Temperaturgeber mit 10 Nm in den Ansaugkrümmer einschrauben.
- Mehrfachstecker aufstecken. Die Verriegelungsbügel müssen einrasten.
- Kühlmittel einfüllen, siehe Seite 49.
- Batterie-Massekabel anklemmen.
- Motor warmlaufen lassen, Dichtigkeit des Kühlmittelsystems überprüfen.

Wartung an der Einspritzanlage

W

Kraftstoffilter ersetzen

Der Kraftstoffilter befindet sich am Wagenboden im Motorraum und ist alle 40000 km zu ersetzen.

Ausbau

- Batterie-Massekabel abklemmen.
- Fahrzeug aufbocken, siehe Seite 249.
- Auffangbehälter unter den Kraftstoffilter stellen.

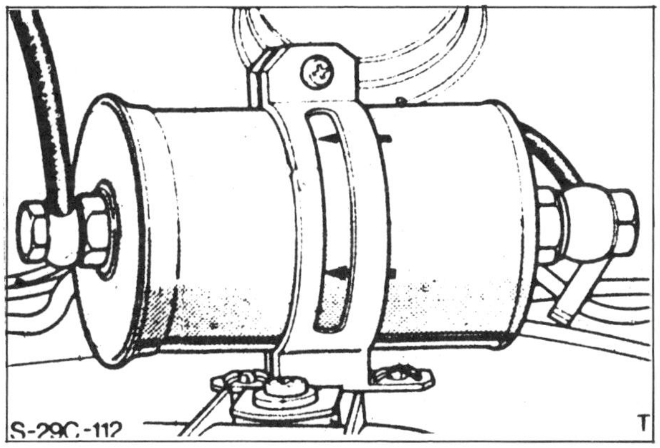

S-29C-112 T

- Kraftstoffleitungen langsam lösen, damit der Druck im System abgebaut wird. Eventuell austretenden Kraftstoff mit Lappen auffangen. Damit kein Kraftstoff ausläuft, Schläuche vorher mit Quetschklemmen abklemmen, oder nach dem Abziehen geeignete Schraube in das Schlauchende stecken.
- Befestigungsschelle abschrauben und Kraftstoffilter abnehmen.

Einbau

- Auf dem Filtergehäuse sind Pfeile. Diese geben die Durchflußrichtung des Kraftstoffes an. Sie sollen vom Tank in Richtung Motor zeigen.
- Neuen Filter einsetzen, Befestigungsschelle festziehen.
- Kraftstoffleitungen mit 20 Nm festziehen, Quetschklemmen entfernen.
- Fahrzeug ablassen.
- Batterie-Massekabel anklemmen.
- Zündung 5mal ein- und ausschalten. Filter und Kraftstoffleitungen auf Undichtigkeiten kontrollieren.

Luftfiltereinsatz wechseln

Der Luftfiltereinsatz muß alle 40000 km gewechselt werden, bei ungünstigen Einsatzbedingungen in kürzeren Abständen.

S187-54·3

- Spannverschlüsse –Pfeile– am Filterdeckel öffnen.
- Filterdeckel abnehmen.
- Filtereinsatz herausnehmen.
- Filtergehäuse mit einem Lappen sorgfältig auswischen.

Einbau

- Neuen Filtereinsatz in das Filtergehäuse legen. Dabei darauf achten, daß die Gummidichtung vom Filtereinsatz genau in der Nut vom Gehäuse liegt.
- Deckel aufsetzen und mit Spannverschlüssen befestigen.

Der Dieselmotor

Bei dem SIERRA-Dieselmotor handelt es sich um einen Reihen-Vierzylinder, der vorne längs zur Fahrtrichtung eingebaut ist. Die Zylinder sind in den Motorblock eingelassen. Bei verschlissenen oder riefigen Zylinderwänden können die Zylinder gehont werden. Nach dem Honen sind Kolben mit Übermaß erforderlich. Zwischen den vier Zylindern fließt das von einer Kühlmittelpumpe in Bewegung gehaltene Kühlmittel. Der Ölkreislauf besteht aus Ölpumpe, Ölfilter, Öldruckschalter, Kurzschlußventil, Ölüberdruckventil und Ölkühler. Das Kurzschlußventil öffnet bei verstopftem Ölfilter, das Ölüberdruckventil bei zu hohem Druck.

Sowohl der Motorblock als auch der Zylinderkopf bestehen aus Grauguß. Beim 2,3-l-Saugdiesel-Motor befindet sich die Nockenwelle im Motorblock, so daß die im Zylinderkopf befindlichen hängenden Ventile über Stößelstangen und Kipphebel betätigt werden müssen. Der 1,8-l-Turbodiesel-Motor besitzt eine oben im Zylinderkopf liegende Nockenwelle, welche die Ventile direkt über Tassenstößel aufstößt.

Technische Daten Dieselmotor

Motor		1,8-l	2,3-l
Abspritzdruck	bar	143 – 150	115 ± 5
Leerlaufdrehzahl	1/min	840 – 870	825 ± 25
Höchstdrehzahl	1/min	5150 ± 50	4800 ± 50
Drehzahlabfall	s	max. 5	max. 5

Das Diesel-Prinzip

Beim Dieselmotor wird reine Luft in die Zylinder angesaugt und dort sehr hoch verdichtet. Dadurch steigt die Temperatur in den Zylindern über die Zündtemperatur des Dieselöls an. Wenn der Kolben kurz vor dem oberen Totpunkt steht, wird in die hochverdichtete und etwa +700° C bis +900° C heiße Luft Dieselöl eingespritzt. Das Dieselöl zündet von selbst, Zündkerzen sind also nicht erforderlich. Bei sehr kaltem Motor wird durch die Verdichtung der Luft die Zündtemperatur nicht erreicht. In diesem Fall muß die Luft in den Zylindern erwärmt werden. Dazu befindet sich in jeder Wirbelkammer eine Glühkerze, die den Brennraum aufheizt. Nach einem Kaltstart wird die Leerlaufdrehzahl automatisch angehoben, so daß der Motor gleichmäßig läuft.

Der Kraftstoffdruck wird von einer mechanischen Einspritzpumpe aufgebaut und über Einspritzdüsen in die für jeden Zylinder vorhandene Wirbelkammer eingespritzt. Durch die Form der Wirbelkammer erhält die Luft beim Verdichtungshub eine bestimmte Wirbelbewegung, so daß sich der eingespritzte Kraftstoff optimal mit Luft vermischt.

Der Kraftstoff wird direkt von der Verteilereinspritzpumpe über das Kraftstoffilter angesaugt. Allerdings kann nur dann Kraftstoff gefördert werden, wenn die Anlage entlüftet ist. Das Kraftstoffilter hält Verunreinigungen und Wasser zurück. Es ist deshalb von größter Wichtigkeit, daß das Kraftstoffilter entsprechend den Wartungsvorschriften entleert beziehungsweise ausgewechselt wird.

Die Einspritzpumpe selbst ist wartungsfrei, angetrieben wird sie über eine Steuerkette von der Kurbelwelle. Alle beweglichen Teile in der Pumpe werden vom Dieselkraftstoff geschmiert. Dies gilt auch für die Einspritzdüsen. Der nicht zur Schmierung benötigte Kraftstoff wird von den Einspritzdüsen über Rücklaufleitungen der Einspritzpumpe zugeführt.

Da der Dieselmotor als Selbstzünder nicht durch Spannungsunterbrechung der Zündung abgeschaltet werden kann, hat er ein Magnetventil, welches die Kraftstoffzufuhr unterbricht. Beim Start des Motors wird das Magnetventil über den Glühanlaßschalter mit Spannung versorgt und gibt den Kraftstoffkanal frei.

Der Abgasturbolader

Der 1,8-l-Dieselmotor (mit 55 kW/75 PS) ist mit einem Turbolader ausgerüstet. Beim Turbolader sitzen auf einer Welle zwei Turbinenräder, die in zwei voneinander getrennten Gehäusen untergebracht sind. Für den Antrieb der Turbinenräder sorgen die ohnehin vorhandenen Abgase. Sie bringen die Laderwelle auf bis zu 120000 Umdrehungen in der Minute. Und da Abgas- und Frischluftrotor auf gleicher Welle sitzen, wird mit gleicher Drehzahl Frischluft in die Zylinder gedrückt.

Aufgrund des guten Füllungsgrades lassen sich bei vorhandenen Motoren Leistungszuwachsraten von bis zu 100 Prozent verwirklichen. Abhängig ist der Leistungszuwachs unter anderem vom Ladedruck, der bei einem Pkw-Motor zwischen 0,4 bis 0,8 bar (Reifenfülldruck etwa 1,8 bar) liegt. Erhöht sich der Ladedruck über den vom Werk eingestellten Wert, öffnet das Wastegateventil, der Druck kann entweichen.

Neben der Motorleistung steigt bei der Verwendung eines Abgasturboladers auch das Drehmoment an, was vor allem im Hinblick auf einen elastischen Motorlauf wünschenswert ist. Voraussetzung ist allerdings, daß die Laderwelle mit ausreichender Drehzahl rotiert und somit einen ordentlichen Füllungsgrad garantiert. In der Regel muß der Motor schon mit rund 2500/min drehen, damit ein spürbarer Ladedruck einsetzt.

Gegenüber einem Ottomotor ist es beim Dieseltriebwerk nicht erforderlich, aufgrund der Aufladung die normale Verdichtung zu verringern, so daß auch im unteren Drehzahlbereich der eingespritzte Kraftstoff vollständig ausgenutzt wird.

Der Turbolader ist ein äußerst präzise hergestelltes Bauteil. Es empfiehlt sich deshalb, eine Reparatur nur von einem Fachmann ausführen zu lassen. In der Regel wird der Turbolader bei einem Defekt komplett ausgetauscht.

Fahren im Winter

Kraftstoffzusätze sollen dem Diesel nicht zugegeben werden, es sei denn, es herrscht zu große Kälte. Mit abnehmenden Außentemperaturen verringert sich das Fließvermögen des Dieselkraftstoffs durch Paraffin-Ausscheidung. Der Dieselkraftstoff wird dickflüssig wie Honig. Aus diesem Grund werden von den Mineralölfirmen dem Dieselkraftstoff im Winter Zusätze beigemischt (»Winter-Diesel«), die das Fließverhalten bei Kälte verbessern und ein Fahren bis etwa -15° C er möglichen. Falls nur »Sommer-Diesel« zur Verfügung steht beziehungsweise wenn die Temperaturen bis unter -20° C absinken, kann man eine der folgenden Maßnahmen ergreifen, um den Dieselkraftstoff flüssig und das Fahrzeug somit betriebsfähig zu halten.

- Dem Kraftstoff bis zu 30 % Petroleum beimischen.

oder

- Im Handel erhältliche Kraftstoffzusätze, sogenannte Fließverbesserer nach Herstellerangabe verwenden.

oder

- Bei extremer Kälte kann dem Dieselkraftstoff beim Tanken auch bis zu 15 % Normalbenzin zugemischt werden.

Achtung: Zum Beimischen nur Normalbenzin verwenden, kein Superbenzin.

Die Beimischung von Benzin sollte nur im Notfall und auch nur mit äußerster Vorsicht durchgeführt werden, denn die durch die Kraftstoffmischung entstehenden Dämpfe erhöhen die Explosionsgefahr.

- Aus Sicherheitsgründen soll die Beimischung nur im Fahrzeugtank erfolgen. Normalkraftstoff dabei stets vor dem Dieselkraftstoff in den Tank einfüllen.
- Die Benzinbeimischung sollte möglichst vor dem Beginn der Paraffinausscheidung erfolgen, da sonst erst Kraftstoffilter und -leitungen von dem dickflüssigen Diesel befreit werden müssen.
- Es besteht die Möglichkeit, das Fahrzeug mit der Ford-Diesel-Kraftstoffheizung nachzurüsten zu lassen. Fachwerkstatt fragen.
- Bleibt der Motor bei großer Kälte aufgrund versulzten Dieselkraftstoffs stehen, ist es mitunter sehr schwierig, den Motor wieder zum Laufen zu bringen. Dabei bieten sich folgende Möglichkeiten an:
- Kraftstoffilter ausbauen und im Wasserbad erwärmen, bis der Dieselkraftstoff wieder flüssig wird.
- Kraftstoffilter ausbauen und durch neuen Filter ersetzen.
- Fahrzeug in Garage schieben oder abschleppen und Garage heizen.
- Einspritzanlage mit heißem Wasser abspritzen.

Achtung: Auf keinen Fall dürfen die Einspritzanlage oder der Tank mit einer Lötlampe oder einem vergleichbaren Gerät erhitzt werden. Explosionsgefahr!

Kraftstoffeinspritzung instand setzen

Bei Arbeiten an der Einspritzanlage sind die folgenden Regeln zur Sauberkeit sorgfältig zu beachten:

1 – Verbindungsstellen und deren Umgebung **vor dem Lösen** gründlich reinigen.
2 – Ausgebaute Teile auf einer **sauberen** Unterlage ablegen und abdecken. Folien oder Papier verwenden. Keine fasernden Lappen benutzen!
3 – Geöffnete Bauteile sorgfältig abdecken bzw. verschließen, wenn die Reparatur nicht umgehend ausgeführt wird.
4 – Nur **saubere** Teile einbauen.
- Ersatzteile erst unmittelbar vor dem Einbau aus der Verpackung nehmen.
- Keine Teile verwenden, die unverpackt (z. B. in Werkzeugkästen usw.) aufgehoben wurden.

5 – Bei geöffneter Anlage:
- Möglichst nicht mit Druckluft arbeiten.
- Das Fahrzeug möglichst nicht bewegen.

Außerdem ist darauf zu achten, daß kein Dieselkraftstoff auf die Kühlmittelschläuche läuft. Gegebenenfalls müssen die Schläuche sofort wieder gereinigt werden. Angegriffene Schläuche sind zu ersetzen.

Ventilspiel einstellen

Das Ventilspiel muß bei kaltem Motor nach einer Abkühlzeit von ca. 4 Stunden eingestellt werden.

Das Ventilspiel ist im Rahmen der Wartung bei km-Stand 20000 und alle weiteren 20000 km, spätestens jedoch, wenn wenig gefahren wird, alle 2 Jahre, zu prüfen und gegebenenfalls einzustellen.

Das Einstellen der Ventile hat nur dann den gewünschten Erfolg, wenn die Ventile einwandfrei abdichten, diese kein unzulässiges Spiel in den Ventilführungen haben und am Schaftende nicht eingeschlagen sind.

Bei zu geringem Spiel verändern sich die Steuerzeiten, die Verdichtung ist schlecht, die Motorleistung nimmt ab, der Motorlauf ist unregelmäßig. In extremen Fällen können sich die Ventile verziehen oder die Ventile bzw. Ventilsitze verbrennen.

Bei zu großem Spiel stellen sich starke mechanische Geräusche ein, die Steuerzeiten verändern sich, der Motor gibt wegen mangelhafter Zylinderfüllung weniger Leistung ab, der Motorlauf ist unregelmäßig.

Einstellen 2,3-l-Dieselmotor

- Batterie-Massekabel abklemmen.
- Luftfilter ausbauen, siehe Seite 115.

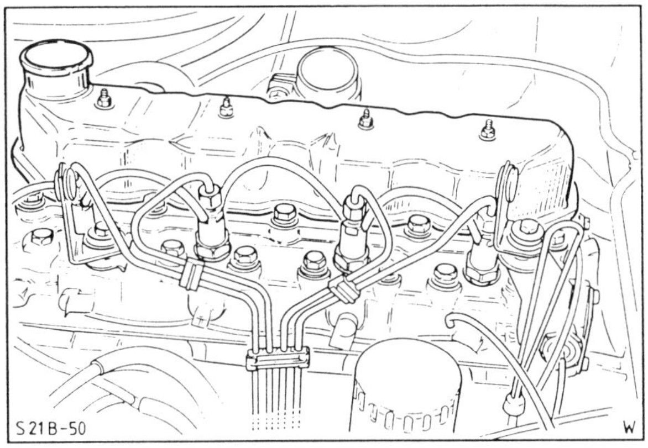

- 4 Schrauben von Zylinderkopfhaube abschrauben, Zylinderkopfhaube nach oben abnehmen.
- Kurbelwelle im Uhrzeigersinn an der Riemenscheibe mit Steckschlüssel bzw. bei eingelegtem 4. Gang durch Verschieben des Fahrzeugs so weit drehen, bis sich die Ventile

des 1. Zylinders überschneiden, das heißt, beide Kipphebel bewegen sich gegenläufig. Der 1. Zylinder befindet sich am Schwungrad, der 4. Zylinder vorn am Kühler. Wenn sich die Ventile des 1. Zylinders überschneiden, liegen die 2 Stößelstangen des 4. Zylinders nicht mehr an den Kipphebeln an, der Kolben des 4. Zylinders steht im OT (Oberen Totpunkt).

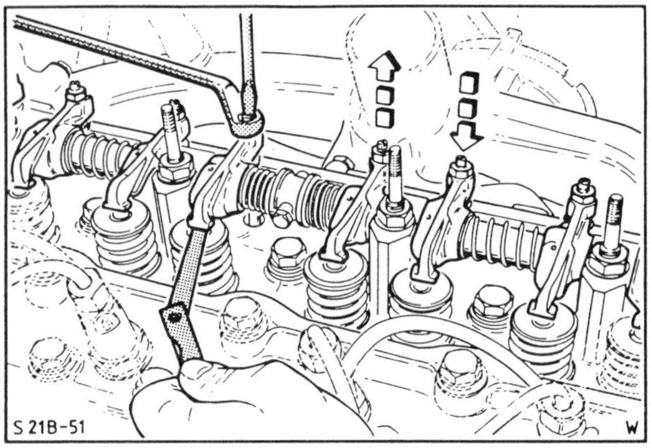

- In dieser Stellung Ventile vom 4. Zylinder prüfen. Das Bild zeigt die Einstellung beim 3. Zylinder. Das Ventilspiel ist beim Auslaßventil und beim Einlaßventil gleich und soll **0,30 – 0,35 mm** betragen. Die Fühlerblattlehre muß sich spielfrei zwischen Ventilschaft und Kipphebel hin- und herschieben lassen.
- Weicht der Wert ab, Ringschlüssel an der Kontermutter der Einstellschraube ansetzen, Einstellschraube mit Schraubendreher gegenhalten und Kontermutter lösen. Schraube verdrehen, bis sich die Fühlerlehre mit 0,30 mm spielfrei hin- und herschieben läßt. Kontermutter festziehen, dabei Schraube mit Schraubendreher gegenhalten. Anschließend Einstellung nochmals überprüfen, gegebenenfalls korrigieren.
- 2. Ventil von Zylinder 1 in gleicher Weise einstellen.
- Motor im Uhrzeigersinn weiterdrehen, bis sich die Ventile vom 3. Zylinder überschneiden. Beide Kipphebel müssen sich gegenläufig bewegen.
- Ventilspiel vom 2. Zylinder prüfen, gegebenenfalls einstellen. Nach folgendem Schema nacheinander alle Ventile einstellen:

  1. Zylinder überschneidet – 4. Zylinder einstellen
  3. Zylinder überschneidet – 2. Zylinder einstellen
  4. Zylinder überschneidet – 1. Zylinder einstellen
  2. Zylinder überschneidet – 3. Zylinder einstellen

Achtung: Der 1. Zylinder ist an dem Schwungrad.

- Deckel mit neuer Dichtung für Zylinderkopfhaube aufsetzen, 4 Schrauben mit 2 Nm anziehen.
- Luftfilter anbauen, siehe Seite 115.
- Batterie-Massekabel anklemmen.

Ventilspiel prüfen 1,8-l-Turbodieselmotor

- Motordurchlüftungsschläuche vom Zylinderkopfdeckel abziehen.
- Zylinderkopfdeckel ausbauen.

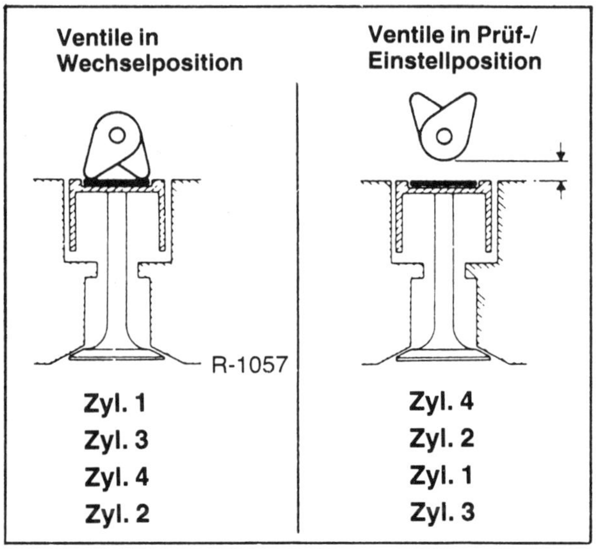

- Kurbelwelle drehen, bis das Nockenpaar des einzustellenden Zylinders gleichmäßig nach oben zeigt.

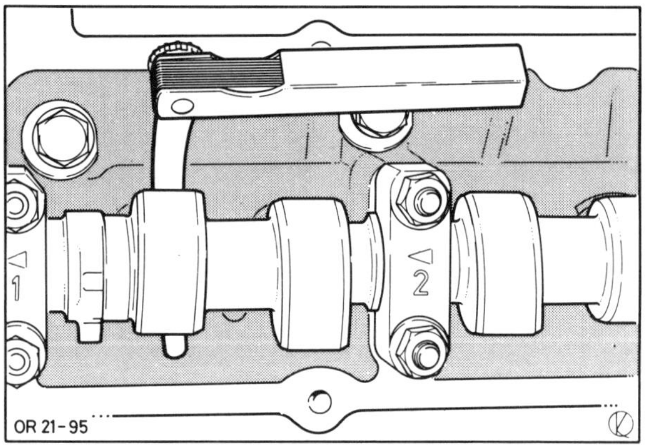

- Fühlerblattlehre zwischen Nocken und Tassenstößel einführen und Ventilspiel messen.

Ventilspiel in mm	
Einlaßventil	Auslaßventil
0,35 ± 0,05	0,50 ± 0,05

Achtung: Die Reihenfolge der Ventile von vorn (Zahnriemenseite) ist für alle Zylinder: 1. Einlaßventil, 2. Auslaßventil.

- Die entsprechende Fühlerblattlehre muß sich spielfrei zwischen Nocken und Stößel schieben lassen. Gemessenes Ventilspiel notieren.
- Kurbelwelle ½ Umdrehung weiterdrehen und Ventilspiel des in Zündreihenfolge nächsten Zylinders (3) prüfen. Zündreihenfolge: 1–3–4–2.

Einstellen

Zum Einstellen des Ventilspiels wird die vorhandene Einstellscheibe gegen eine neue mit anderer Stärke ausgetauscht.

Beispiel:

Prüftoleranz:	0,30 – 0,40 mm (= 0,35 ± 0,05 mm)
Meßwert:	0,45 mm
Spiel um:	0,05 mm zu groß

Liegen die Werte innerhalb der Toleranz, muß die Einstellscheibe nicht ausgewechselt werden. Wird die Toleranz überschritten, ist beim Einstellen der Mittelwert, hier: 0,35 mm, anzustreben.

Vorhandene Einstellscheibe: 3,85 mm
Erforderliche Einstellscheibe: 3,95 mm
(um den Mittelwert zu erreichen)

- Vor Einsetzen des Niederhalters Tassenstößel so verdrehen, daß nach dem Niederdrücken die Zange in die Aussparungen eingreifen kann.

Achtung: Beim Einstellen des Ventilspiels darf der Kolben **nicht** im OT stehen, sonst können Ventile und/oder Kolben beschädigt werden. Daher Kurbelwelle ca. ¼ Umdrehung weiterdrehen.

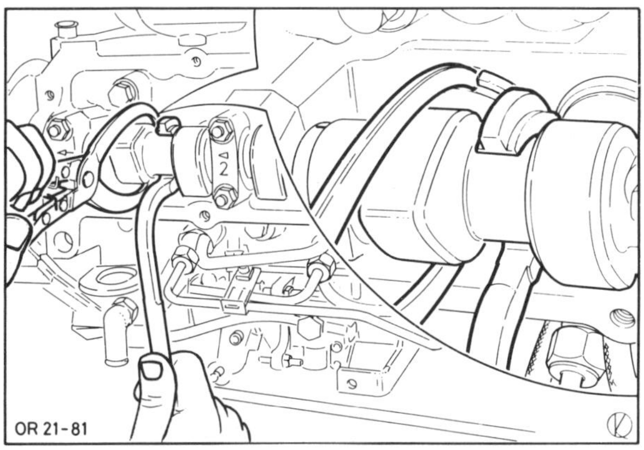

- Ventilspiel korrigieren. Hierzu benutzt die FORD-Werkstatt die Spezialwerkzeuge 21-106 und 21-107 beziehungsweise HAZET-3474 und 3499. Ohne diese Werkzeuge ist ein Einstellen der Ventile nicht möglich.
- Tassenstößel mit dem Niederhalter nach unten drücken und Einstellscheibe mit Ventilplattenzange herausnehmen. Anschließend neue Einstellscheibe so einlegen, daß die Beschriftung nach unten zeigt.
- Niederhalter entfernen und Nockenwelle weiterdrehen.
- Ventile der folgenden Zylinder genauso einstellen.
- Zylinderkopfdeckel mit neuer Dichtung anschrauben.
- Motorbelüftungsschläuche aufschieben.

Kompression prüfen

Die Kompressionsprüfung erlaubt Rückschlüsse über den Zustand des Motors. Und zwar läßt sich bei der Prüfung feststellen, ob die Ventile oder die Kolben (Kolbenringe) in Ordnung bzw. verschlissen sind. Außerdem zeigen die Prüfwerte an, ob der Motor austauschreif ist beziehungsweise komplett überholt werden muß. Für die Prüfung wird ein Kompressions-Druckprüfer benötigt, der speziell für den Dieselmotor ausgelegt sein muß.

Der Kompressionsdruck soll bei Verwendung vom MOTOMETER-Kompressionsdruckprüfgerät mindestens 20 bar betragen. Werden andere Fabrikate verwendet, können sich andere Werte ergeben, da auch das Prüfgerät einen Einfluß auf den Prüfwert hat. Wichtig ist jedoch, daß die einzelnen Zylinder annähernd den gleichen Druck haben. Der Druckunterschied zwischen den einzelnen Zylindern darf maximal 5 bar (atü) betragen. Falls ein oder mehrere Zylinder gegenüber den anderen einen Druckunterschied von mehr als 5 bar (atü) haben, ist dies ein Hinweis auf defekte Ventile, verschlissene Kolbenringe bzw. Zylinderlaufbahnen.

- Ventilspiel einstellen.
- Motor auf Betriebstemperatur bringen, Kühlwassertemperatur mindestens 90° C.
- Luftfilter ausbauen, siehe Seite 115.

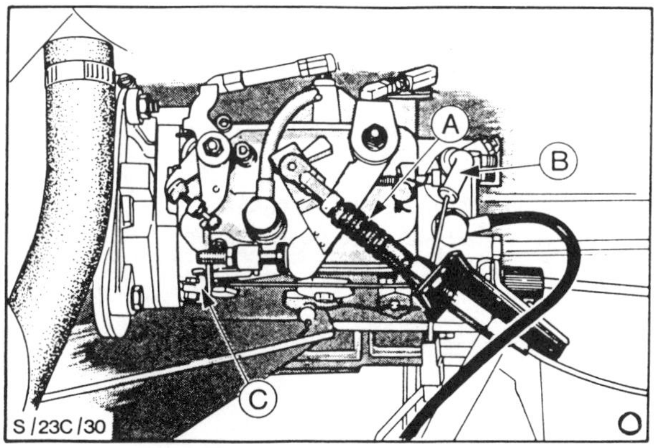

- Kabel vom elektromagnetischen Abschaltventil -B- an der Einspritzpumpe abziehen, um die Kraftstoffzufuhr zu unterbrechen.
- **1,8-l-Turbodiesel:** Mehrfachstecker vom Vorglührelais abziehen.
- Glühkerzen ausbauen, jedoch Batterie-Massekabel angeklemmt lassen, siehe Seite 117.
- Kompressionsdruckprüfer nacheinander anstelle der Glühkerzen einschrauben.
- Von Hilfsperson Motor im Leerlauf starten lassen, bis kein Druckanstieg mehr erfolgt. Prüfwert des Zylinders festhal-

ten, nacheinander Kompression sämtlicher Zylinder prüfen.

- Glühkerzen einbauen, siehe Seite 117.
- Kabel am Absteller aufstecken.
- **1,8-l-Turbodiesel:** Mehrfachstecker am Vorglührelais aufschieben.
- Luftfilter einbauen, siehe Seite 115.

Kraftstoffsystem entlüften

Das Kraftstoffsystem muß entlüftet werden, wenn der Tank leergefahren wurde oder wenn die Kraftstoffleitungen geöffnet wurden.

- Batterie-Massekabel abklemmen.

2,3-l-Dieselmotor

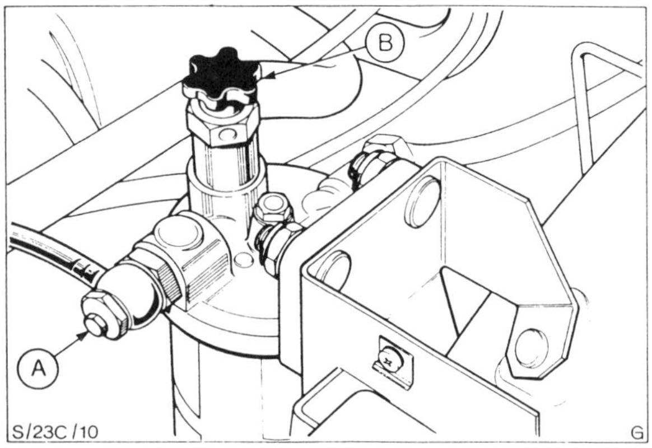

S/23C/10

- Griff der Handförderpumpe –B– am Kraftstoffilter losschrauben.
- Auffangbehälter unterstellen, kleine Entlüftungsschraube –A– am Filterausgang lösen.
- Mit der Handförderpumpe so lange pumpen, bis blasenfreier Kraftstoff austritt.
- Entlüftungsschraube –A– festschrauben, Griff der Handförderpumpe –B– von Hand festschrauben.

1,8-l-Turbodiesel

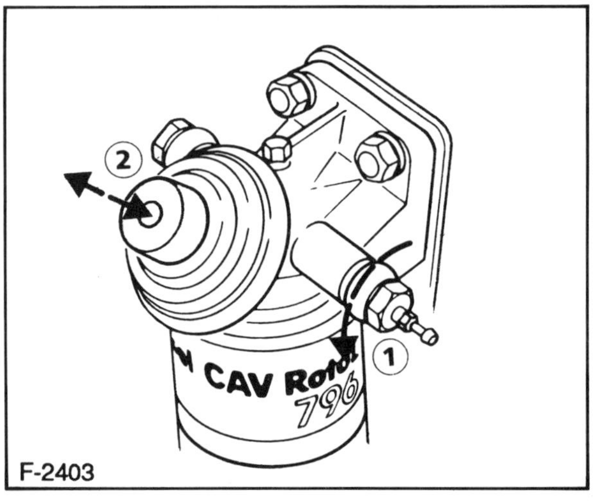

F-2403

- Entlüftungsschraube am Kraftstoffilter 2 bis 3 Umdrehungen lösen –1–.
- Handförderpumpe –2– am Kraftstoffilter betätigen, bis sich der Filter mit Kraftstoff gefüllt hat und Kraftstoff blasenfrei an der Entlüftungsschraube austritt. Anschließend Entlüftungsschraube festziehen.

- Batterie-Massekabel anklemmen.
- Motor starten. Falls der Motor nicht anspringt, Überwurfmuttern der Einspritzleitungen vom 1. und 2. Zylinder lokkern. Motor mit Anlasser durchdrehen, bis Kraftstoff an den Einspritzleitungen austritt. Wenn der Motor zündet, Einspritzleitungen wieder mit 20 Nm festziehen.
- Auffangbehälter entfernen.

Kraftstoffilter entwässern/ersetzen

1,8-/2,3-l-Motor

Für einen störungsfreien Betrieb ist der Kraftstoffilter alle 10 000 km zu entwässern und alle 20 000 km zu ersetzen.

Entwässern

S/23C/28

- Entwässerungsschraube –Pfeil– am Kraftstoffilter lösen und ca. 100 cm^3 Flüssigkeit ablaufen lassen. Es muß zum Schluß reiner Kraftstoff austreten. Ablaßschraube festziehen.

  Achtung: Falls beim Öffnen der Ablaßschraube kein Kraftstoff ausläuft, zusätzlich Entlüftungsschraube –A– in Bild S/23C/10 öffnen.
- Kraftstoffanlage entlüften.

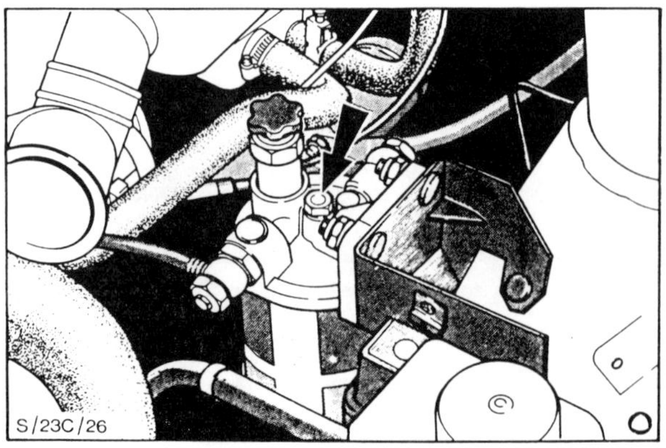

S/23C/26

Filterwechsel

- Auffangbehälter unter den Motor stellen, Kraftstoffilter wie beim Entwässern ganz entleeren.
- Mittlere Halteschraube –Pfeil– abschrauben und Filtergehäuse-Unterteil abnehmen.
- Filtergehäuse und Unterteil mit sauberem, nicht fusselndem Tuch auswischen.
- Neue Dichtungen und neues Filterelement einsetzen und Unterteil mit Halteschraube befestigen.
- Ablaßschraube festziehen.
- Kraftstoffanlage entlüften.
- Auffangbehälter entfernen.

Luftfilter aus- und einbauen

Ausbau

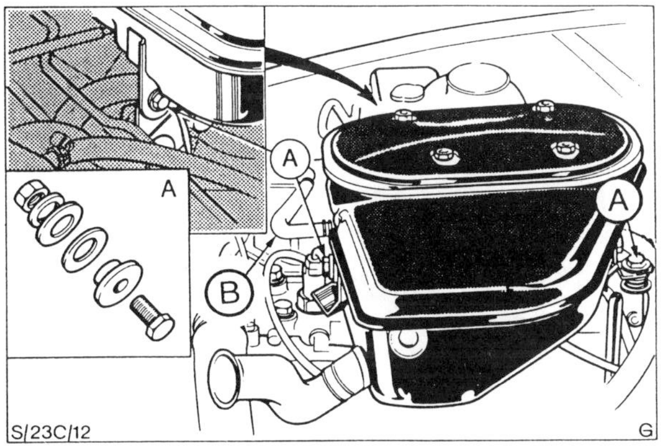

- Motorbelüftungsschlauch –B– vom Luftfilter abziehen. Vorher Klemmschellen mit Flachzange spreizen und etwas nach hinten schieben.
- 3 Schrauben –A– abschrauben, Luftfilter nach oben abnehmen.

Einbau

- Filter auf den Ansaugkrümmer aufsetzen, 3 Schrauben –A– einsetzen und anziehen. Dabei auf richtigen Sitz der Gummidichtung achten.
- Motorbelüftungsschlauch aufschieben und mit Klemmschelle sichern.

Luftfiltereinsatz wechseln (1,8-/2,3-l-Motor)

Der Papierfiltereinsatz im Luftfilter wird normalerweise alle 40000 km gewechselt. Bei starkem Staubanfall muß der Einsatz in kürzeren Abständen erneuert werden.

Ausbau 2,3-l-Motor

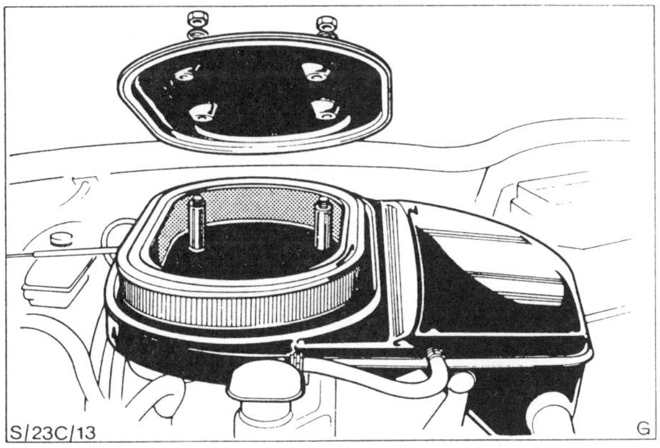

- 4 Muttern abschrauben, 4 Unterlegscheiben und Filterdeckel abnehmen.
- Filtereinsatz nach oben herausnehmen.

Einbau

- Ansaugöffnung mit sauberem Lappen abdecken, Filtergehäuse gründlich auswischen.
- Neues Filterelement einlegen, Lappen entfernen.
- Filterdeckel aufsetzen und mit 4 Schrauben und Unterlegscheiben befestigen.

Ausbau 1,8-l-Turbodiesel-Motor

- Batterie-Massekabel abklemmen.
- Ansaugrohr zum Turbolader an der Kühlerverkleidung und am Luftfilter lösen und abnehmen, dazu Schlauchschellen öffnen. Falls Kunststoff-Schlauchbinder eingebaut sind, diese durchschneiden.
- Luftfilterdeckel abnehmen, dazu 4 Drahtclipse öffnen.
- Filtereinsatz herausnehmen.

Einbau

- Neuen Filtereinsatz in den unteren Teil des Filtergehäuses einlegen, Dichtring des Filters in die Ausbuchtung des Bodens eindrücken.
- Deckel aufsetzen und mit Clipsen sichern. Darauf achten, daß der Deckel spannungsfrei aufliegt.
- Ansaugrohr aufschieben und an der Kühler-Verkleidung und am Luftfilter mit Kunststoffschlauchbindern sichern.
- Batterie-Massekabel anklemmen.

Gaszug einstellen

1,8-/2,3-l-Motor

Achtung: Der Gaszug ist sehr knickempfindlich und somit beim Einbau besonders sorgfältig zu behandeln. Ein einziger leichter Knick kann zum späteren Bruch im Fahrbetrieb führen. Züge, die geknickt wurden, dürfen daher nicht eingebaut werden.

Einstellen

- Batterie-Massekabel abklemmen.
- Gaspedal ganz niedertreten und in dieser Stellung halten (Helfer erforderlich) oder mit einem Holzbrett gegen den Sitz festklemmen.

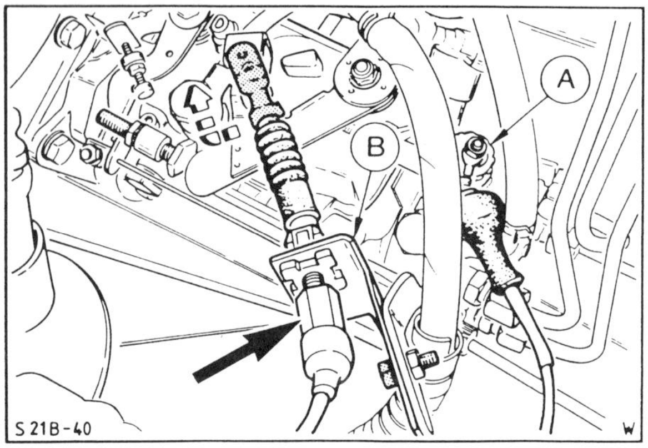

- Überprüfen, ob Sicherungshebel – Schwenkrichtung wie gestrichelter Pfeil – eingerastet ist.
- Einstellmutter –Pfeil– so verdrehen, daß sich das Gestänge der Einspritzpumpe gerade in Vollgasstellung befindet.
- Gaspedal loslassen, dann durchtreten und von Hand prüfen, ob sich das Einspritzpumpengestänge in Zugrichtung weiterbewegen läßt. Falls erforderlich, Einstellung wiederholen.
- Batterie-Massekabel anklemmen.

Schnelleerlaufzug aus- und einbauen

2,3-l-Motor

Abhängig von der Kühlmitteltemperatur steuert ein Geber im Zylinderkopf über einen Zug einen Hebel an der Einspritzpumpe und sorgt dadurch bei kaltem Motor für einen schnelleren Leerlauf. Dadurch erreicht der Motor seine Betriebstemperatur früher, und die Fahreigenschaften werden verbessert.

Ausbau

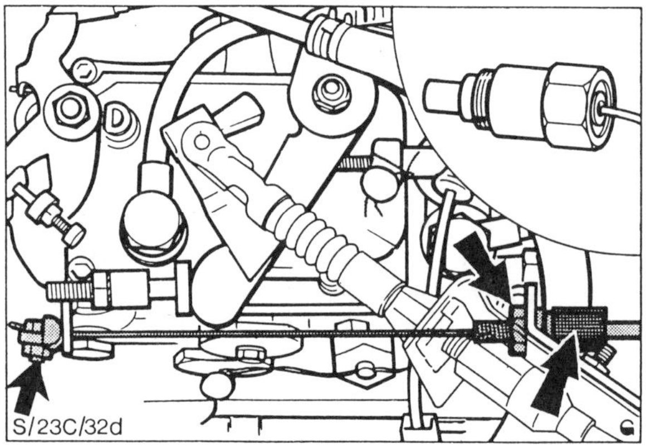

- Klemmnippel –kleiner Pfeil– lösen und Betätigungszug am Hebel aushängen.

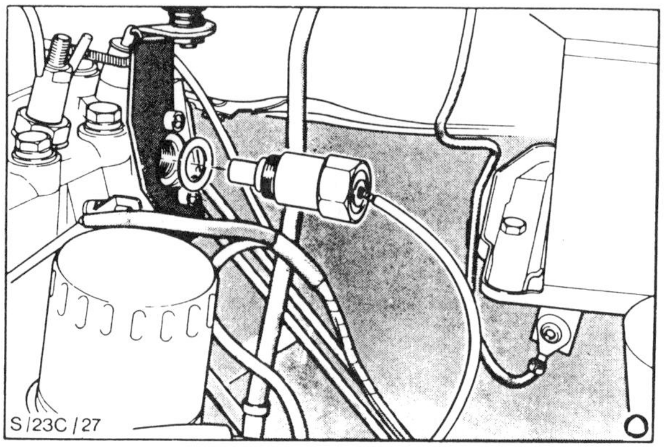

- Geber mit Zug aus dem Zylinderkopf herausschrauben.

Einbau

- Geber mit Zug mit neuem Kupferdichtring in den Zylinderkopf einbauen.
- Motor warmlaufen lassen auf Betriebstemperatur, Kühlwassertemperatur 90° C.
- Betätigungshebel in 0-Stellung bringen, Zug einhängen und Klemmnippel anziehen.
- Zug am Gegenlager einhängen und durch Einstellschraube und Kontermutter –große Pfeile– so einstellen, daß der Zug ca. 2 mm Spiel hat.

Vorglühanlage überprüfen

1,8-/2,3-l-Motor

Stromzufuhr überprüfen

- Prüflampe zwischen Glühkerze Zylinder 4 und Masse klemmen.
- Leitung am Geber für Motortemperatur abziehen.
- Zündschlüssel **maximal 15 s** auf Vorglühen drehen. Prüflampe muß leuchten.
- Leitung am Geber für Motortemperatur wieder aufstecken.

Prüflampe leuchtet nicht	Prüflampe leuchtet

Prüflampe leuchtet → Glühkerzen überprüfen

Prüflampe leuchtet nicht ↓

Klemme 30 am Relais für Glühkerzen erhält keine Spannung

- Prüflampe an Klemme 30 des Relais anklemmen.

Prüflampe leuchtet	Prüflampe leuchtet nicht

Prüflampe leuchtet nicht ↓

Mögliche Ursachen:

- Unterbrechung von Klemme 30 der Relaisstecker zur Klemme 30 des Relais.
- Relaisstecker defekt, ersetzen.

Prüflampe leuchtet ↓

Relais für Glühkerzen zieht nicht an

- Prüflampe an Relais Klemme 86 anschließen.
- Zündschlüssel auf Vorglühen drehen.

Prüflampe leuchtet	Prüflampe leuchtet nicht
Verbindung von Klemme 85 des Relais nach Masse instand setzen.	Verbindung von dem Relaisstecker zur Klemme 86 des Relais instand setzen oder Relaisstecker ersetzen.

Stromzufuhr überprüfen

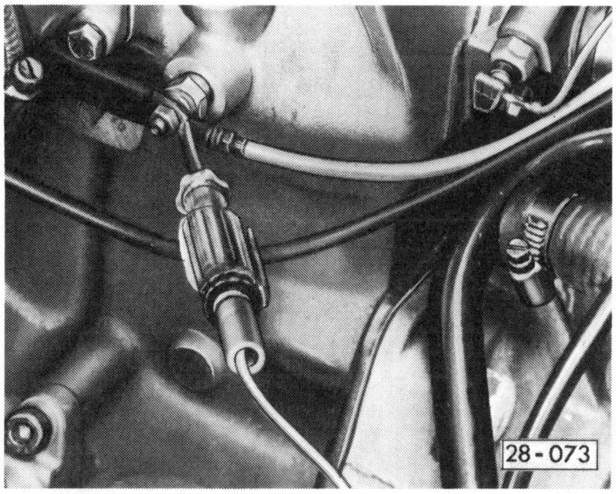

- Prüflampe zwischen Glühkerze, Zylinder 4 und Masse klemmen.

Hinweis:
Das Vorglührelais ist im Motorraum am linken Stehblech befestigt. Bei schlecht anspringendem Motor ist auch die Glühung während des Startvorganges zu kontrollieren. Während des Startvorganges (Anlasser eingeschaltet) muß Spannung an den Glühkerzen vorhanden sein. Fehlt die Spannung an den Glühkerzen, die Leitung vom Zündschloß, Klemme 50 zum Relais instand setzen, bzw. Relais für Glühkerzen ersetzen.

Die Schaltung ist dem gültigen Stromlaufplan zu entnehmen.

Glühkerzen aus- und einbauen

1,8-/2,3-l-Motor

Ausbau

- Batterie-Massekabel abklemmen.

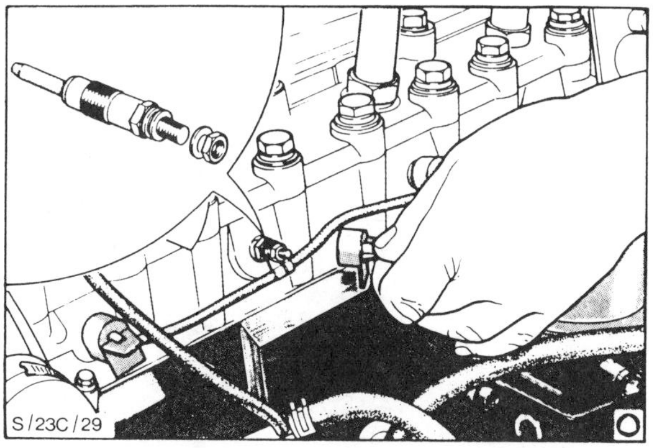

- Plastikkappen von den Glühkerzen abnehmen.
- Kabelanschluß abschrauben.
- Glühkerzen aus dem Zylinderkopf schrauben.

Einbau

- Glühkerzen einschrauben und mit **22 Nm** festziehen.
- Kabel anschließen und Plastikkappen aufdrücken.
- Batterie-Massekabel anklemmen.

Glühkerzen prüfen

1,8-/2,3-l-Motor

- Anschlußkabel und Stromschiene für Glühkerzen abnehmen.

28-074

- Prüflampe an Batterie + anklemmen und nacheinander an jede Glühkerze anlegen.
- Lampe leuchtet auf: Glühkerze in Ordnung.
- Lampe leuchtet nicht auf: Glühkerze defekt, austauschen. Bei verbrannten Glühstiften Hinweise beachten.

Glühkerzen mit verbrannten Glühstiften

Verbrannte Glühstifte von Glühkerzen sind häufig Folgeschäden von Düsenstörungen. Derartige Schäden sind nicht auf Mängel in oder an der Glühkerze zurückzuführen.

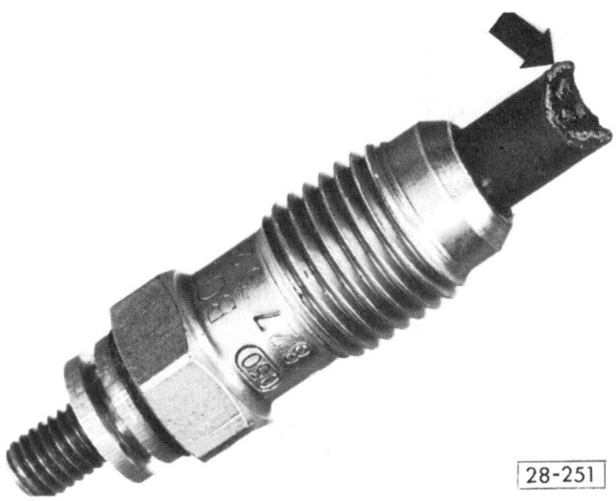
28-251

Werden im Beanstandungsfall derartige Glühkerzen gefunden – Pfeil –, genügt es nicht, diese nur zu ersetzen. Es muß auch eine Überprüfung der Einspritzdüsen auf Strahl, Schnarren, Druck und Dichtigkeit erfolgen (Werkstattarbeit).

Dabei ist besonders darauf zu achten, daß das Strahlbild bei kurzen, schnellen Hüben (4–6 Hübe/Sekunde) geschlossen und gut zerstäubt ist.

Einspritzdüsen aus- und einbauen

1,8-/2,3-l-Motor

Defekte Einspritzdüsen können zu starkem Klopfen des Motors führen und Lagerschäden vermuten lassen. Bei derartigen Beanstandungen Motor im Leerlauf laufen lassen und Einspritzleitungs-Überwurfmuttern der Reihe nach lösen. Verschwindet das Klopfen nach dem Lösen einer Überwurfmutter, so zeigt dies eine defekte Düse an.

Defekte Düsen macht man auch ausfindig, indem man der Reihe nach die Einspritzleitungs-Überwurfmuttern löst, während der Motor in schnellerem Leerlauf dreht. Bleibt die Motordrehzahl nach Lösen einer Überwurfmutter konstant, zeigt dies eine defekte Düse an. Geprüft werden kann die Einspritzdüse mit Hilfe eines Manometers (Werkstattarbeit).

Die ersten Anzeichen von Düsenstörungen treten wie folgt auf:

- Fehlzündungen.
- Klopfen in einem oder mehreren Zylindern.
- Motor überhitzt.
- Leistungsabfall des Motors.
- Übermäßig starker schwarzer Auspuffqualm.
- Hoher Kraftstoffverbrauch.

Ausbau

- Luftfilter ausbauen, siehe Seite 115.

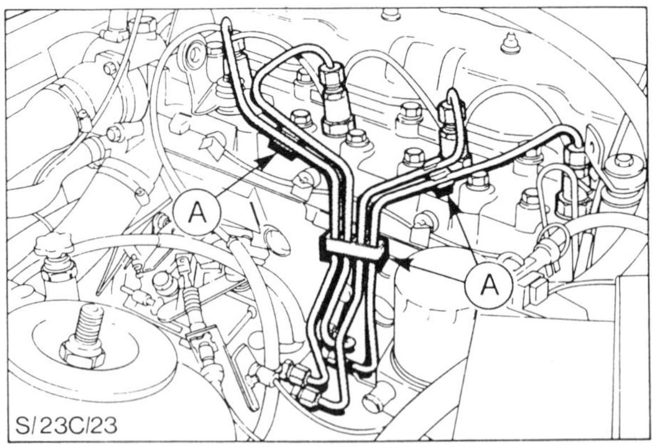

S/23C/23

- Einspritzleitungen mit Benzin reinigen, Überwurfmuttern an der Einspritzpumpe abschrauben, Anschlüsse zum Schutz vor Verschmutzung mit Verschlußkappen versehen.
- Einspritzleitungen an den Einspritzdüsen abschrauben.
- Kraftstoff-Rücklaufschläuche von den Einspritzdüsen abziehen, Anschlüsse mit Verschlußkappen versehen.

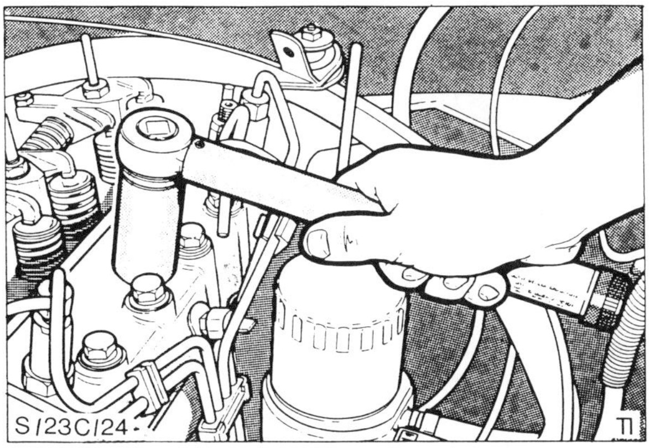

S/23C/24

● Einspritzdüsen mit handelsüblicher Stecknuß, z. B. HAZET Nr. 4555, herausschrauben. Kupferdichtringe und Wärmeausgleichscheiben aus den Bohrungen nehmen.

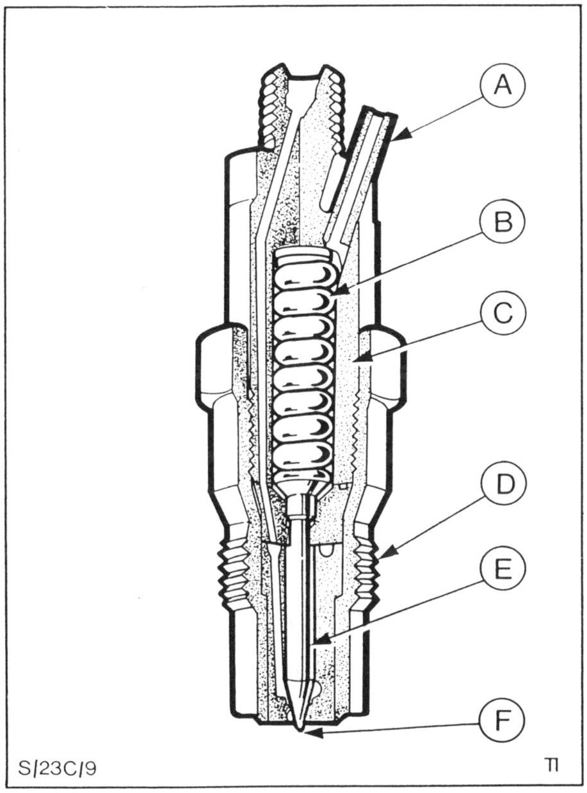

S/23C/9

A	=	Kraftstoffrücklauf	D	=	Sockel
B	=	Druckfeder	E	=	Düsennadel
C	=	Düsenkörper	F	=	Nadelspitze

● Düsenhalter zwischen Weichmetallbacken in Schraubstock spannen. Einspritzdüse zerlegen.

● Düsennadel auf eingeschlagenen oder rauhen Nadelsitz, auf abgenützte oder beschädigte Spritzzapfen prüfen. Spritzdüse mit einem Holzspachtel entrußen.

Achtung: Keinesfalls Düsen bzw. Düsennadel mit Draht, Feile oder Schmirgelleinen bearbeiten. Einspritzdüsen stets einzeln reinigen, damit Nadeln und Düsen untereinander nicht vertauscht werden können.

● Die Nadel muß allein durch ihr Eigengewicht in die Düse gleiten. Sie muß sich frei bewegen lassen.

Einbau

● Einspritzdüse zusammensetzen, Verschlußkappen von den Kraftstoffanschlüssen abnehmen.

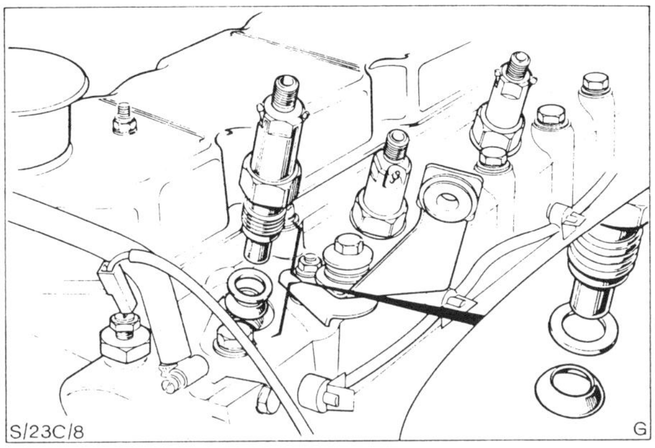

S/23C/8

● Neue Wärmeausgleichscheiben mit der gewölbten Seite nach oben, und dann neue Kupferdichtringe in den Zylinderkopf legen.

● Einspritzdüsen festziehen; 1,8-l-Motor: **70 Nm**; 2,3-l-Motor: **90 Nm**.

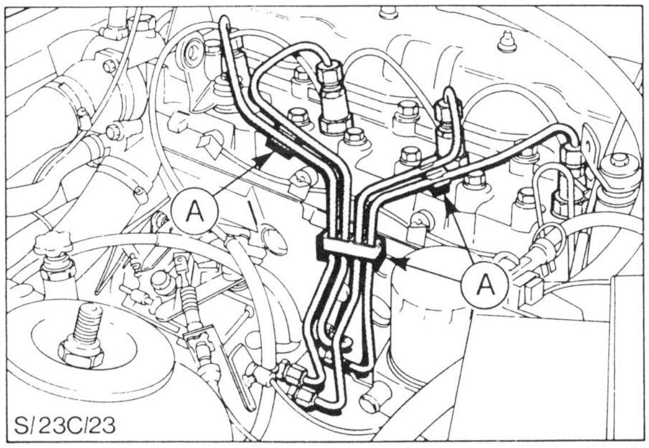

S/23C/23

● Einspritzleitungen mit Halteklammern –A– anbauen, Muttern mit 22 Nm anziehen.

● Kraftstoff-Rücklaufschläuche aufschieben.

● Luftfilter einbauen, siehe Seite 115.

● Motor starten. Wenn der Motor nicht anspringt, Kraftstoffsystem entlüften, siehe Seite 114.

Störungstabelle Motor

Bevor anhand der Störungstabelle der Fehler aufgespürt wird, müssen folgende Voraussetzungen erfüllt sein: Kraftstoff befindet sich im Tank, der Anlasser dreht normal durch (Anlaßdrehzahl mindestens 150/min).

Störung: Der Motor springt schlecht oder gar nicht an

Defekt	**Voraussetzung**	**Abhilfe**
Bedienungsfehler beim Starten	Anlassen des kalten Motors	Zündschlüssel auf Vorglühen drehen, bis die Kontrollampe erlischt Sofort nach Verlöschen der Kontrolllampe Motor anlassen
	Anlassen des betriebswarmen Motors	Es braucht nicht vorgeglüht zu werden Motor kann sofort angelassen werden
Magnetventil an der Einspritzpumpe erhält keine Spannung	Prüflampe an Ventil anschließen, Zündung einschalten, Prüflampe leuchtet Zündung abwechselnd ein- und ausschalten, Ventil muß dabei hörbar klicken	Magnetventil lose oder defekt. Ventil festziehen Wenn das Magnetventil nicht klickt, ersetzen
	Prüflampe leuchtet nicht auf	Leitungsunterbrechung vom Anlasser-Schalter ersetzen
Vorglühanlage glüht nicht vor	Stromzufuhr überprüfen: Prüflampe zwischen Glühkerze für Zylinder 4 und Masse klemmen.	Glühkerze defekt, Glühkerze überprüfen
	Prüflampe leuchtet nicht	Klemme 30 am Relais für Glühkerzen erhält keine Spannung. Unterbrechung beseitigen.
Kraftstoffanlage defekt	Kraftstoff wird nicht gefördert	Kraftstoffleitungen (Saug-, Rücklauf-, Einspritzleitungen) geknickt, verstopft, undicht Kraftstoff-Filter verstopft Nur im Winter: Eis bzw. Wachs in einer Kraftstoffleitung, Tankbelüftung verschlossen
	Kraftstoff wird gefördert	Einspritzleitungen nicht nach Zündfolge (1–3–4–2) angeschraubt. Anschlüsse der Einspritzleitungen überprüfen
Förderbeginn verstellt		Förderbeginn überprüfen lassen
Einspritzdüsen defekt		Einspritzdüsen überprüfen
Einspritzpumpe defekt	Alle Zylinder laufen mit	Einspritzpumpe auswechseln lassen
Relais für Glühkerzen zieht nicht an	Prüflampe an Klemme 86 anschließen Zündschlüssel auf Vorglühen drehen Prüflampe leuchtet	Verbindung von Klemme 85 des Relais nach Masse instand setzen oder Relais ersetzen
	Prüflampe leuchtet nicht	Verbindung von dem Relaisstecker zur Klemme 86 des Relais instand setzen
Motor hat mechanische Fehler		Kompressionsdruck prüfen

Störungstabelle Kraftstoffverbrauch zu hoch

Prüfvoraussetzung: Reifengröße und Reifenart entsprechen der Serienausrüstung, die Räder sind freigängig (Bremsen, Radlager), der Einlaufvorgang ist abgeschlossen (ca. 5000 km). Kraftstoffverbrauch exakt ermitteln.

Defekt	Ursache/Abhilfe
Luftfilter verschmutzt, Kraftstoffanlage undicht	Filtereinsatz reinigen bzw. ersetzen. Sichtprüfungen an allen Kraftstoffleitungen (Saug-, Rücklauf-, Einspritzleitungen), Kraftstoff-Filter und Einspritzpumpe durchführen
Rücklaufleitung verstopft	Rücklaufleitung von Einspritzpumpe zum Kraftstoffbehälter mit Luft durchblasen
Leerlauf- bzw. Höchstdrehzahl zu hoch	Leerlauf- und Höchstdrehzahl prüfen und einstellen
Einspritzdüsen defekt	Einspritzdüsen tropfen, verschmutzt, hängende oder gebrochene Düsennadel. Einspritzdruck falsch. Wärmeschutzdichtung unter den Einspritzdüsen defekt, undicht
Förderbeginn verstellt	Einstellung des Förderbeginns überprüfen lassen
Einspritzpumpe defekt	Probehalber neue Einspritzpumpe einsetzen
Motor hat mechanische Fehler	Ventil undicht. Zylinder/Kolben verschlissen, Zylinderkopfdichtung undicht. Verengung in der Auspuffanlage, Kompression prüfen

Störungstabelle Leerlaufstörungen

Defekt	Ursache/Abhilfe
Drehzahl nicht richtig eingestellt	Leerlaufdrehzahl bei betriebswarmem Motor prüfen und einstellen
Schwergängige Gasbetätigung	Gaszug schwergängig bzw. falsch eingestellt
Kraftstoffschlauch zwischen Einspritzpumpe und Kraftstoff-Filter lose	Schlauchanschlüsse mit Schellen befestigen
Stützplatte für Einspritzpumpe (hintere Befestigung) gerissen	Stützplatte auf Risse bzw. Bruch untersuchen, gegebenenfalls austauschen
Kraftstoffversorgung defekt	Kraftstoff-Filter verschmutzt, Kraftstoffrücklauf- und Einspritzleitungen verschmutzt, geknickt oder an den Anschlüssen verengt
Einspritzdüsen defekt	Einspritzdüsen überprüfen. Wärmeschutzdichtungen unter den Einspritzdüsen defekt
Förderbeginn verstellt	Einstellung des Förderbeginns prüfen lassen
Einspritzpumpe defekt	Versuchsweise neue Pumpe einbauen
Motor hat mechanische Fehler	Motoraufhängung prüfen. Kompression prüfen

Störungstabelle: Stark nagelnde Motorgeräusche

Defekt	Ursache/Abhilfe
Schmutz im Kraftstoffsystem, dadurch hängende Düsennadel	Einspritzdüse ersetzen, Kraftstoffleitungen durchblasen
Fehlende oder falsch montierte Wellscheibe, fehlerhaft montierte Wärmeschutzhülse, fehlender Kupferdichtring, verbrannte Wärmeschutzhülse, Düsenhalter verspannt bzw. Düsenhalter mit zu hohem Drehmoment festgeschraubt	Defekte Teile ersetzen, auf richtige Montage achten
Glühstift der Glühkerze abgebrochen bzw. abgeschmolzen	Defekte Glühkerze ersetzen
Luft im Kraftstoffsystem (Luftnageln)	Gesamtes Kraftstoffsystem vom Kraftstofftank bis zur Einspritzdüse auf Dichtheit prüfen

Die Abgasanlage

Die Abgasanlage besteht aus einem vorderen Doppelrohr sowie Neben-, Vor- und Nachschalldämpfer mit Zwischenrohren. Serienmäßig ist der SIERRA mit einer 2-teiligen Abgasanlage ausgerüstet. Soll nur der Nachschalldämpfer ausgewechselt werden, so ist das Zwischenrohr an der Stelle –A– durchzusägen. Der mittlere Teil –X– kann bei der serienmäßigen Anlage nicht für sich ausgetauscht werden, weil in der Ersatzteilausführung nur der hintere Teil mit einem Verbindungsflansch (größerer Durchmesser) ausgestattet ist. Als Ersatzteil ist nur eine 3-teilige Abgasanlage erhältlich. Wenn bereits eine solche Anlage installiert ist, kann jedes Teil einzeln ausgewechselt werden. Um eine Übertragung von Schwingungen auf die Karosserie zu verhindern, ist die Abgasanlage mit Gummistegschlaufen – Pfeile – aufgehängt.

Bei Abgasfahrzeugen mit Abgasreinigung sitzt der Katalysator anstelle des Nebenschalldämpfers in der Abgasanlage. Die für die Regelung des Katalysators erforderliche Lambda-Sonde ist in das vordere Abgasrohr eingeschraubt.

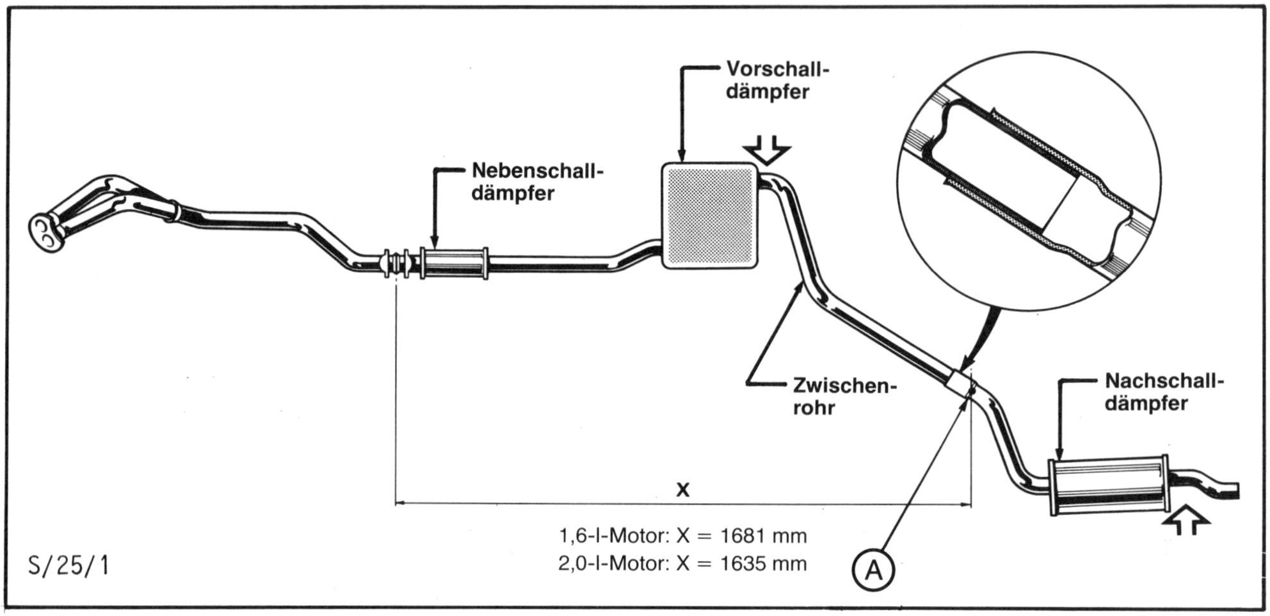

S/25/1

Abgasanlage aus- und einbauen

Ausbau

- Fahrzeug aufbocken, siehe Seite 249.
- Sämtliche Schrauben mit rostlösendem Mittel einsprühen und einwirken lassen.

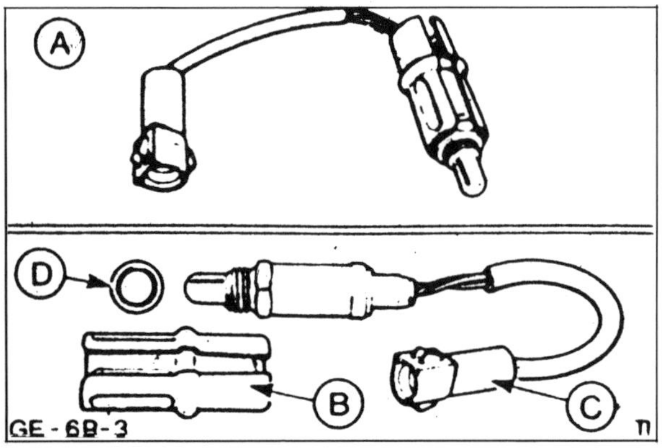

GE-6B-3

- **Katalysatorfahrzeuge:** Steckverbindung –C– für Lambda-Sonde vorn am Abgasrohr trennen. Hitzeschild –B– abziehen, Sonde aus dem Abgasrohr herausschrauben und vorsichtig mit dem Dichtring –D– aus dem Abgasrohr herausnehmen. **Achtung:** Sonde nicht am Sondenkopf anfassen. Masseband vom Katalysator an der Karosserie abschrauben.

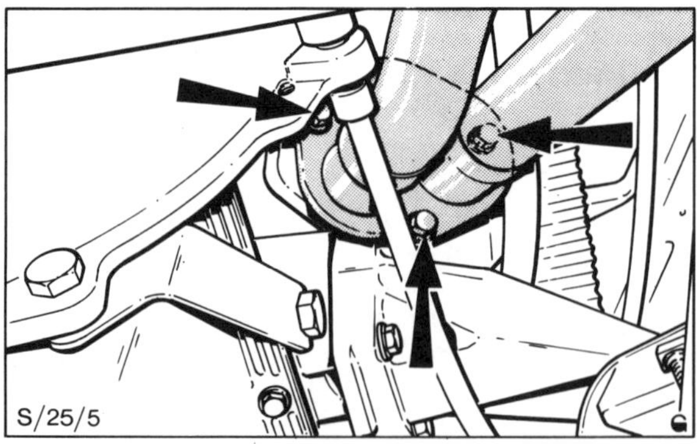
S/25/5

- Befestigungsschrauben – Pfeile – für vorderes Abgasrohr herausdrehen.

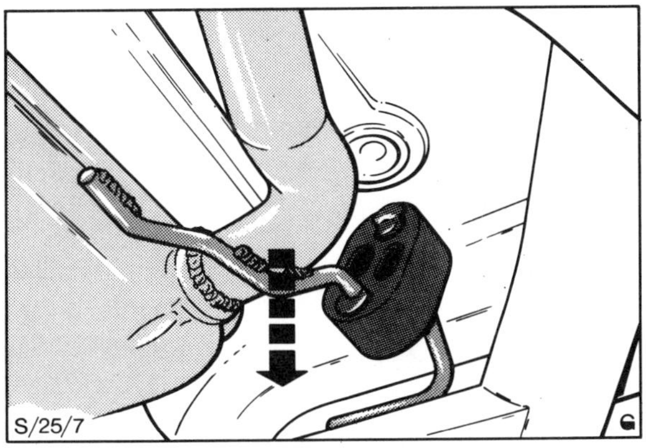

- Abgasanlage aus den Gummistegschlaufen aushängen. **Achtung:** Vorher Stegschlaufen auf Risse prüfen. Hierzu Abgasanlage leicht herunterdrücken, Stegschlaufen mit Taschenlampe untersuchen und gegebenenfalls erneuern.

Einbau

- Vor dem Einbau Krümmer und vorderen Abgasrohrflansch mit Stahlbürste reinigen. Grundsätzlich neue Dichtungen und Schrauben verwenden, gegebenenfalls auch die Gummihalterungen erneuern. Die Schrauben lassen sich später leichter lösen, wenn sie vor dem Einbau mit Hochtemperaturpaste (z. B. Liqui Moly LM-508-ASC) bestrichen werden.
- Vorderes Abgasrohr mit neuer Dichtung ansetzen und mit 40 Nm am Krümmer festschrauben.

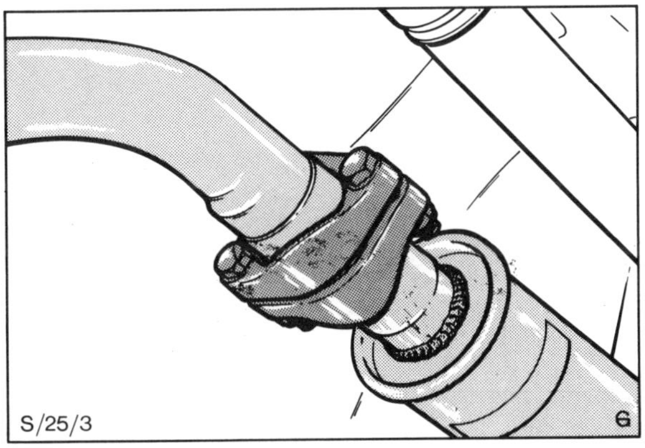

- Vorderen Schalldämpferhalter in die Stegschlaufe einhängen, ausrichten und vordere Abgasrohr-Verbindungsklemme lose anschrauben.

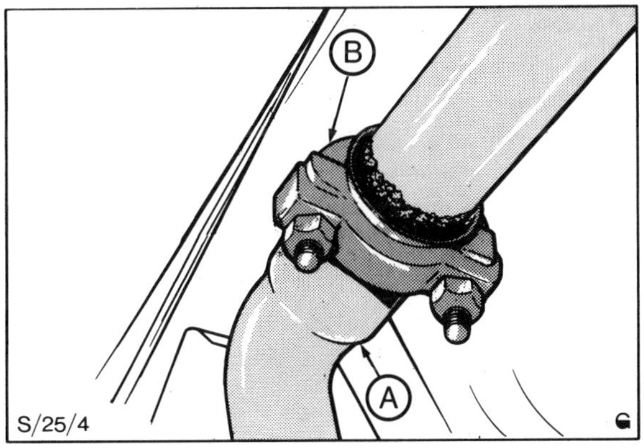

- Auf der anderen Seite U-Haltebügel –B– aufschieben und Zwischenrohr an der Verbindungsstelle mit Hochtemperaturpaste bestreichen.
- Nachschalldämpfer auf Zwischenrohr aufschieben und Halter in die Stegschlaufe einhängen.
- Abgasanlage ausrichten: Der Abstand zur Bodengruppe der Karosserie und zu anderen Teilen muß mindestens 25 mm betragen. Die Gummistegschlaufen dürfen nicht gespannt oder verformt sein.
- U-Haltebügel sowie Spannschrauben der Verbindungsklemme am vorderen Abgasrohr mit 40 Nm festziehen.
- **Katalysatorfahrzeuge:** Lambda-Sonde in das Abgasrohr mit **neuem** Dichtring und 40 Nm einschrauben. Gewinde vorher reinigen und mit handelsüblicher Hochtemperaturpaste einstreichen. Hitzeschild aufstecken, elektrische Steckverbindung einrasten. Masseband vom Katalysator an der Karosserie festschrauben.
- Motor starten und Abgasanlage auf Dichtheit überprüfen.
- Fahrzeug ablassen.

Nachschalldämpfer auswechseln

- Wenn eine zweiteilige Anlage eingebaut ist, Zwischenrohr an der Stelle –A– in Abbildung S/25/1 durchsägen. Die zweiteilige Anlage ist serienmäßig ab Werk eingebaut.

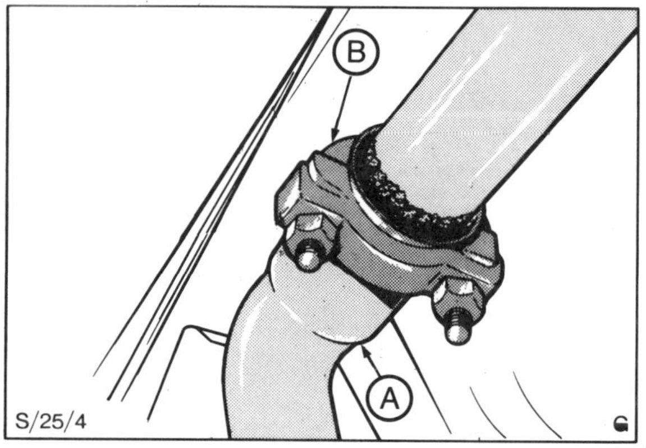

S/25/4

- Wenn eine dreiteilige Anlage eingebaut ist, U-Haltebügel –B– abschrauben und Nachschalldämpfer aus der Stegschlaufe aushängen.
- Zwischenrohr mit Schweißgerät, falls vorhanden, erwärmen. Dabei Tank mit Asbestplatte abschirmen. Nachschalldämpfer mit drehenden Bewegungen abziehen.
- Steht kein Schweißgerät zur Verfügung, Zwischenrohr an der Stelle –A– mit Eisensäge oder Trennschleifer abtrennen. Das auf dem Rohr verbleibende Flanschstück der Länge nach aufsägen und mit Meißel abschlagen.
- Neuen Nachschalldämpfer einsetzen, siehe unter »Abgasanlage einbauen«.

Katalysator aus- und einbauen

Ausbau

- Batterie-Massekabel abklemmen.
- Fahrzeug aufbocken, siehe Seite 249.
- Schrauben an den Verbindungsflanschen mit rostlösendem Mittel einsprühen und einwirken lassen.
- Massekabel vom Katalysator an der Karosserie abschrauben.

S187-29C-18

- 2 Schrauben von Flansch –B– herausschrauben.
- 2 Muttern am Flansch –C– hinter dem Katalysator abschrauben.
- Katalysator an der vorderen Stegschlaufe –D– aushängen und abnehmen.

Achtung: Katalysator ist stoßempfindlich, nicht fallen lassen.

Einbau

- Poröse oder eingerissene Stegschlaufen ersetzen, Verbindungsflansche mit Stahlbürste reinigen.
- Katalysator am hinteren Flansch –C– mit neuer Dichtung anschrauben. Schrauben noch nicht anziehen.
- Katalysator zum vorderen Abgasrohr ausrichten, vorderen Flansch leicht beiziehen.
- Katalysator in die Stegschlaufe einhängen.
- Zuerst die hinteren, dann die vorderen Flanschmuttern mit 40 Nm anziehen.
- Massekabel vom Katalysator an Karosserie anschrauben.
- Fahrzeug ablassen.
- Batterie-Massekabel anschrauben.
- Motor starten und Abgasanlage auf Dichtheit überprüfen.

Funktion des Katalysators

Einige Modelle sind serienmäßig mit Katalysatoren ausgestattet oder nachgerüstet.

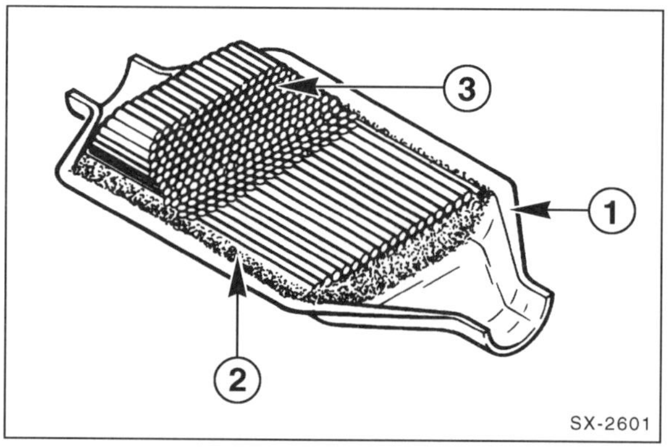

SX-2601

Der Katalysator besteht aus einem Keramik-Wabenkörper –3–, der mit einer Trägerschicht überzogen ist. Auf der Trägerschicht befinden sich Edelmetallsalze, die den Umwandlungsprozeß bewirken. Im Gehäuse –1– wird der Katalysator durch eine Isolations-Stützmatte –2– fixiert, die außerdem Wärmeausdehnungen ausgleicht.

In Verbindung mit der elektronischgesteuerten Einspritzanlage und der Lambdasonde wird die Kraftstoffmenge für die Verbrennung exakt dosiert, damit der Katalysator die Schadstoffe reduzieren kann. Die Lambdasonde sitzt im Abgasrohr vor dem Katalysator und wird vom Abgasstrom umspült. Bei der Lambdasonde handelt es sich um einen elektrischen Meßfühler, der den Restgehalt an Sauerstoff im Abgas durch elektrische Spannungsschwankungen anzeigt und Rückschlüsse auf die Zusammensetzung des Luft-Kraftstoff-Gemisches ermöglicht. In Bruchteilen von Sekunden kann die Lambdasonde entsprechende Signale an die Steuereinheit der Einspritzanlage weitergeben und dadurch das Kraftstoff-Luftverhältnis ständig verändern. Das ist einerseits erforderlich, da sich ja die Betriebsverhältnisse (Leerlauf, Vollgas) ständig ändern, zum anderen aber auch, weil nur dann eine optimale Nachverbrennung im Katalysator erfolgt, wenn noch genügend Kraftstoffanteile im Motorabgas vorhanden sind.

Damit es also bei einer Temperatur von +300° bis +800° C im Katalysator überhaupt zu einer Nachverbrennung kommen kann, muß das Kraftstoff-Luftgemisch mehr Kraftstoffanteile aufweisen, als für die reine Verbrennung erforderlich wären.

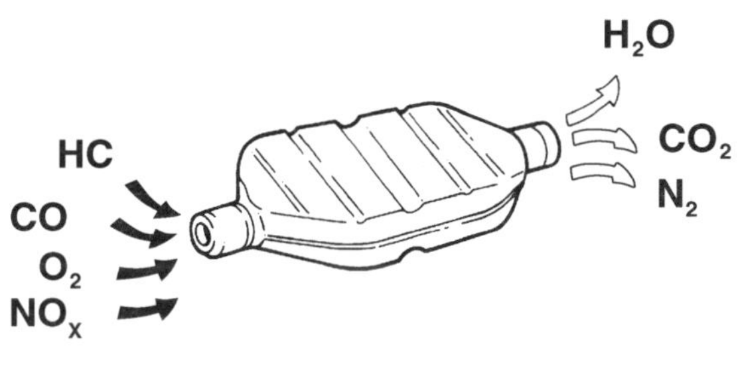

Bei den verwendeten Katalysatoren handelt es sich um sogenannte 3-Wege-Katalysatoren. Das bedeutet, daß aufgrund der Lambda-Regelung die Oxidation von Kohlenmonoxid (CO) und Kohlenwasserstoffen (HC) sowie die Reduktion der Stickoxide (NO_X) gleichzeitig durchgeführt werden.

Der Umgang mit Katalysator-Fahrzeugen

Um Beschädigungen an der Lambdasonde und am Katalysator zu vermeiden, sind nachstehende Hinweise unbedingt zu beachten:

Benzinmotoren

- Grundsätzlich nur **bleifreien** Kraftstoff tanken.
- Falls irrtümlich bleihaltiger Kraftstoff getankt wurde, müssen das Abgasrohr vor dem Katalysator sowie der Katalysator erneuert werden. Vor Einbau der Neuteile mindestens 2 Tankfüllungen mit bleifreiem Kraftstoff fahren.
- Kraftstofftank nie ganz leerfahren.
- Das Anlassen des **betriebswarmen** Motors durch Anschieben oder Anschleppen ist nicht erlaubt. Starthilfekabel verwenden. Unverbrannter Kraftstoff könnte bei einer Zündung zur Überhitzung des Katalysators und zu seiner Zerstörung führen.
- Häufige Kaltstarts hintereinander sollten vermieden werden. Sonst sammelt sich im Katalysator unverbrannter Kraftstoff, der bei Erwärmung schlagartig verbrennt und dabei den Katalysator beschädigt.
- Bei Startschwierigkeiten nicht unnötig lange den Anlasser betätigen. Während des Anlassens wird permanent Kraftstoff eingespritzt. Fehlerursache ermitteln und beseitigen.
- Treten Zündstörungen auf, muß bis zur Fehleridentifizierung verhindert werden, daß beim Starten des Motors Kraftstoff eingespritzt wird. Dazu das Steuerrelais der Kraftstoffeinspritzung beziehungsweise das Kraftstoffpumpenrelais abziehen.
- Keine Funkenprüfung mit abgezogenem Zündkerzenstecker durchführen.
- Es darf kein Zylindervergleich (Balancetest) durch Zündabschaltung eines Zylinders durchgeführt werden. Bei Zündabschaltung der einzelnen Zylinder – auch über Motortester – gelangt unverbrannter Kraftstoff in den Katalysator.
- Treten Zündaussetzer auf, hohe Motor-Drehzahlen vermeiden und Fehler umgehend beheben.
- Fahrzeug nicht über trockenem Laub oder Gras abstellen. Die Abgasanlage wird im Bereich des Katalysators sehr heiß und strahlt die Wärme auch nach Abstellen des Motors noch ab.
- Beim Ein- oder Nachfüllen von Motoröl besonders darauf achten, daß auf keinen Fall die Maximum-Markierung am Ölpeilstab überschritten wird. Das überschüssige Öl gelangt sonst aufgrund unvollständiger Verbrennung in den Katalysator und kann das Edelmetall beschädigen oder den Katalysator vollständig zerstören.
- Keinen Unterbodenschutz an der Abgasanlage aufbringen.
- Nie während der Fahrt die Zündung ausschalten.

Wartung an der Abgasanlage

W

Sichtprüfung

- Fahrzeug aufbocken.
- Befestigungsschellen, falls vorhanden, auf festen Sitz prüfen.
- Abgasanlage mit Lampe und leichtem Hammer auf Löcher, durchgerostete Teile sowie Scheuerstellen absuchen.
- Stark gequetschte Abgasrohre ersetzen.
- Gummihalterungen durch Drehen und Dehnen auf Porosität überprüfen und gegebenenfalls austauschen.
- Katalysatorfahrzeuge: Elektrischen Anschluß und festen Sitz der Lambdasonde prüfen. Masseanschluß des Katalysators auf festen Sitz prüfen.

Hinweis: Rasselgeräusche von der Abgasanlage können durch ein loses Hitzeschutzschild verursacht werden. Gegebenenfalls Katalysator ausbauen und Hitzeschutzschild nachschweißen. Vorher Batterie abklemmen.

Die Kupplung

Die Kupplung unterbricht beim Schalten der Gänge den Kraftschluß zwischen Motor und Getriebe, um ihn danach, wie auch beim Anfahren aus dem Stand, durch Reibung stoßfrei wieder herzustellen.
Die Kupplung besteht aus der Kupplungsdruckplatte und der Kupplungsscheibe, die mit der Schwungscheibe des Motors verbunden sind.
Im Getriebegehäuse ist die drehbare Ausrückwelle angeordnet. Sie trägt für die Kupplung das wartungsfreie Ausrücklager und außerhalb des Getriebegehäuses den Ausrückhebel, an dem das Kupplungsseil befestigt wird.

Funktion

In eingekuppeltem Zustand wird durch die Kupplungsmembranfeder die Kupplungsscheibe von der Druckplatte gegen das Schwungrad gepreßt und so der Kraftschluß zwischen der Kurbelwelle und der Getriebeantriebswelle hergestellt. Ausrücklager und Ausrückring berühren sich nicht.
Beim Niedertreten des Kupplungspedals wird über Kupplungsseil und Ausrückwelle das Ausrücklager gegen die Kraft der Membranfeder bewegt und die Druckplatte ein wenig angehoben. Die Kupplungsscheibe zwischen Druckplatte und Schwungrad wird dadurch frei, der Kraftschluß zwischen Motor und Getriebe somit aufgehoben.

Kupplung aus- und einbauen

Seit 1.91 wird eine geänderte Kupplung eingebaut. Wenn bei bisherigen Fahrzeugen mit OHC-Motor im 4. und 5. Gang Getriebe-Zahnradklappern auftritt oder ein hoher Kraftaufwand beim Kuppeln erforderlich ist, kann die neue Kupplung nachgerüstet werden. Dabei müssen Druckplatte (1648890) und Reibscheibe (6611517) immer zusammen ersetzt werden.
Seit 5.89 kommt eine Kupplung zum Einsatz, die ein höheres Drehmoment übertragen kann. Diese Kupplung ist mit dem Aufdruck »LOW LIFT« gekennzeichnet und kann **nicht** nachträglich in bisherige Fahrzeuge eingebaut werden.

Ausbau

Um die Kupplung ausbauen zu können, können sowohl der Motor als auch das Getriebe ausgebaut werden; sinnvollerweise baut man das Getriebe aus, siehe Seite 130.

- Sechskantschrauben an der Druckplatte abwechselnd über Kreuz um ein bis zwei Gewindegänge lösen, anschließend ganz herausdrehen.
- Damit das Schwungrad beim Lösen der Schrauben nicht mitdreht, Schwungrad an der Verzahnung mit Schraubendreher arretieren.
- Druckplatte und Kupplungsscheibe herausnehmen.
- Schwungscheibe innen ausblasen oder mit benzingetränktem Lappen auswischen.

Wird die bisherige Druckplatte bzw. Kupplungsscheibe wieder eingebaut, ist folgende Prüfung durchzuführen:

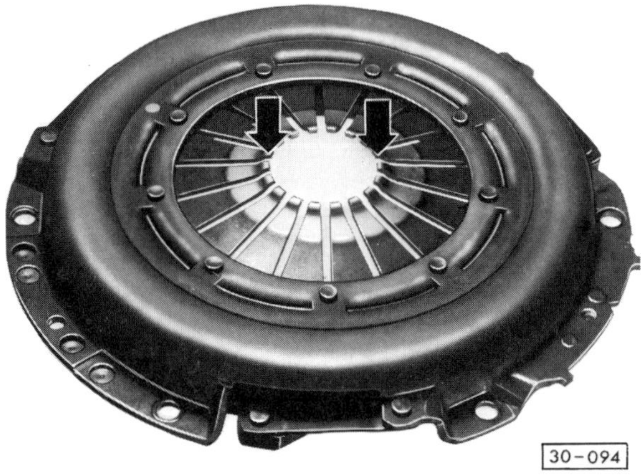

- Vor dem Einbau Druckplatte prüfen. Einlaufspuren an den Enden der Membranfeder in einer Tiefe von 0,3 mm sind bedeutungslos – Pfeile –.

- Federverbindungen zwischen Druckplatte und Deckel auf Risse, Nietbefestigungen auf festen Sitz prüfen. Kupplungen mit beschädigter oder loser Nietverbindung sind zu erneuern.
- Auflagefläche der Druckplatte auf Risse, Brandstellen und Verschleiß prüfen. Druckplatten, die bis zu 0,3 mm nach innen durchgebogen sind, dürfen noch eingebaut werden. Die Prüfung geschieht mit Lineal und Fühlerblattlehre.
- Kupplungsbelagdicke messen. Ist der Verschleiß größer als 1 mm, Kupplungsscheibe erneuern.
  Verschleißgrenze:
  High-Lift-Kupplung – 7,3 mm;
  Low-Lift-Kupplung – 6,9 mm.

Hinweis: Wurden im Fahrbetrieb, insbesondere bei höheren Drehzahlen, unangenehme Vibrationen am Kupplungspedal festgestellt, empfiehlt es sich, die Kupplungsschwinge und das Gegenlager zu ersetzen.

Einbau

- Vor dem Einbau einer neuen Kupplung, Korrosionsschutzfett von der Druckplatte restlos entfernen.
- Innenverzahnung der Kupplungsscheibe und Verzahnung der Getriebeantriebswelle sowie Führungshülse des Ausrücklagers sorgfältig reinigen.
- Verzahnung der Antriebswelle und Führungshülse mit einem dünnen Film FORD-Spezialfett (ET-Nr. 5021439) versehen. Dabei die gesamte Oberfläche der Verzahnung fetten. **Achtung:** Nicht zuviel Fett verwenden, da überschüssiges Fett im Fahrbetrieb auf die Reibflächen geschleudert wird und die Wirkung der Kupplung beeinträchtigt. Werden andere Schmierstoffe verwendet, kann das zu Schaltschwierigkeiten führen.

- Kupplungsscheibe und Kupplungsdruckplatte in Schwungscheibe einsetzen. Dabei muß die Kupplungsscheibe mit einem passenden Dorn (oder einer alten Getriebe-Antriebswelle) zentriert werden.

Achtung: Die flache Seite der Kupplungsscheibe muß zum Schwungrad zeigen.

- Schrauben für Druckplatte abwechselnd über Kreuz mit 25 Nm anziehen.
- Zentrierdorn entfernen und Getriebe einbauen, siehe Seite 130.

Kupplungsseilzug ersetzen

Ausbau

- Fahrzeug vorn aufbocken, siehe Seite 249.

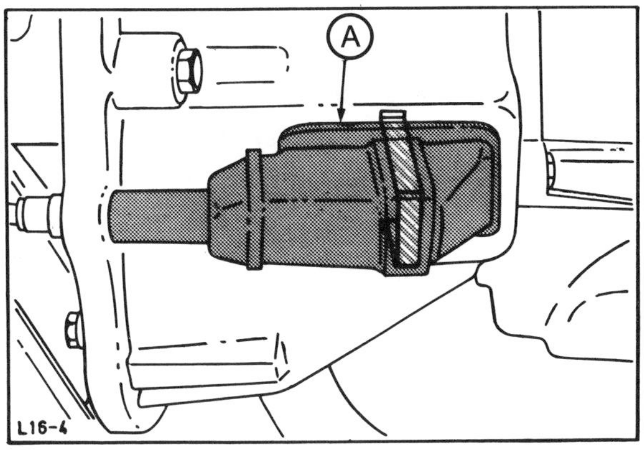

- Manschette –A– aus dem Kupplungsgehäuse herausziehen.

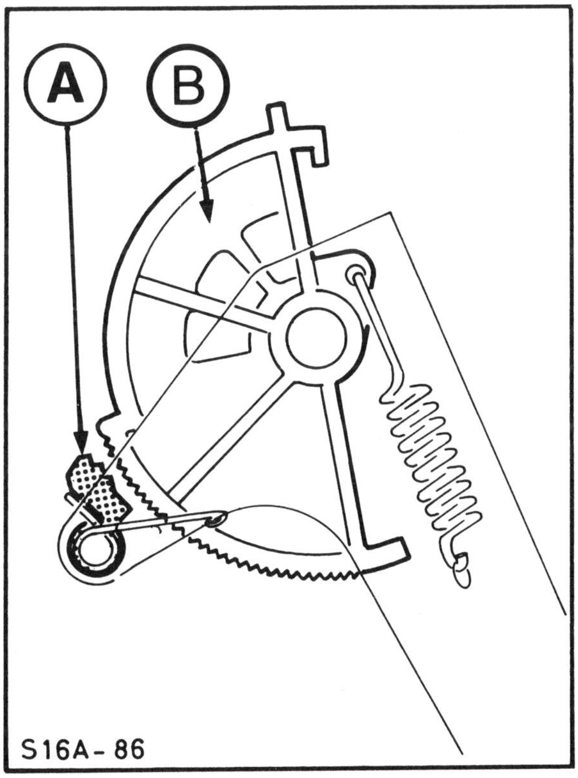

- Geeigneten Holzklotz unter das Kupplungspedal setzen und dadurch die Raste –A– vom Zahnsegment –B– abheben.

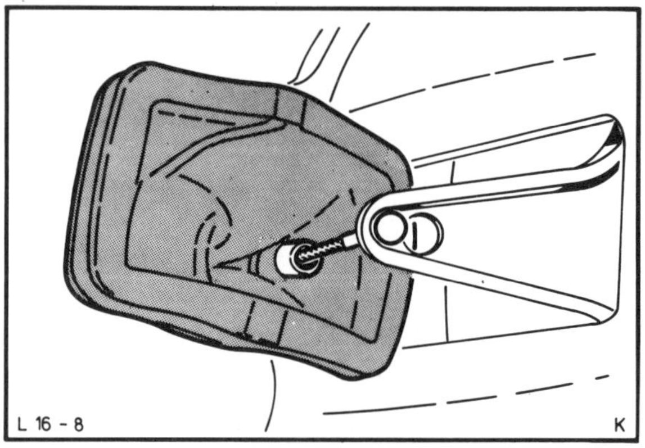

- Seilzug von der Schwinge nach unten ziehen, mit einer Zange festhalten und Seilzug aushängen.
- Manschette vom Seilzug aushängen.
- Linke Fußraumabdeckung ausbauen. Dazu 2 Clipse mit Schraubendreher heraushebeln, die beiden Blechzungen bei den Pedalen etwas zurückbiegen und die Abdeckung herausnehmen.
- Seilzug am Kupplungspedal aushängen.
- Kupplungsseilzug von der Motorraumseite aus der Stirnwand herausziehen.

Einbau

- Neuen Kupplungsseilzug in Stirnwand einsetzen.
- Seilzug am Pedal einhängen.
- Seilzug in die Führung am Kupplungsgehäuse einsetzen und Manschette aufschieben. Seil aus der Hülle ziehen, mit Zange festhalten und in die Kupplungsschwinge einhängen. Seilzug aus der Kupplungsschwinge mit etwas Fett bestreichen.
- Manschette mit Spannfeder in das Kupplungsgehäuse eindrücken.
- Holzklotz unter dem Pedal entfernen.
- Fußraumabdeckung einclipsen, Haltezungen umbiegen.
- Fahrzeug ablassen.

Kupplung einstellen

Durch eine am Kupplungspedal angebrachte Nachstellautomatik ist ein Nach- bzw. Einstellen des Kupplungsseilzuges nicht erforderlich.

Ausrücklager aus- und einbauen

Hörbare Lagergeräusche in ausgekuppeltem Zustand, also bei niedergetretenem Kupplungspedal, deuten auf ein defektes Ausrücklager hin.

Ausbau

- Getriebe ausbauen, siehe Seite 130.

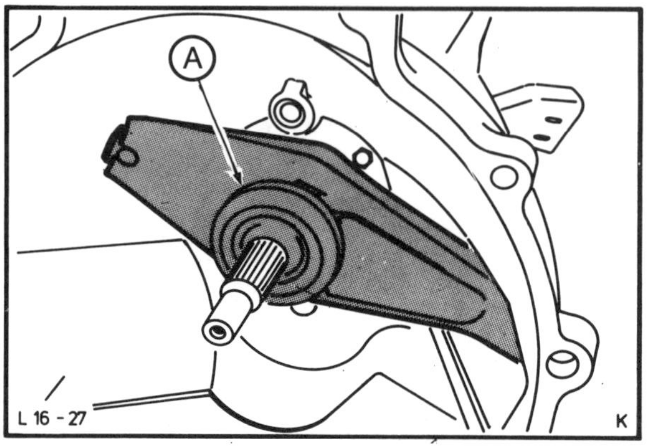

- Ausrücklager –A– von der Getriebe-Antriebswelle abziehen.

Einbau

- Sämtliche Lager- und Berührungsflächen mit MoS_2-Schmierfett fetten.
- Ausrücklager einsetzen.
- Getriebe einbauen, siehe Seite 130.

Störungsdiagnose Kupplung

Störung	Ursache	Abhilfe
Kupplungsbetätigung ist schwergängig	Führungshülse im Bereich des Lagersitzes eingelaufen	■ Neue Stahl-Führungshülse einbauen
	Kupplungsscheibe verschlissen	■ Dicke der Kupplungsscheibe prüfen, gegebenenfalls auswechseln
	Membranfederspitzen zu stark eingelaufen, Ausrücklagervorlast zu gering	■ Führungshülse kontrollieren, ggf. neue Stahl-Führungshülse einbauen. Ausrücklager, Druckplatte und Kupplungszug auswechseln
	Seilführung falsch verlegt	■ Kupplungszug in weichen Bögen verlegen
Kupplung rupft	Motor- und Getriebelager defekt	■ Prüfen, gegebenenfalls auswechseln
	Kupplungsscheibe klebt an Schwungrad	■ Original-Kupplungsscheibe vom Fahrzeughersteller einbauen
	Führungslager der Kurbelwelle hat gefressen oder ist schwergängig	■ Führungslager erneuern
	Kupplungsbetätigung ist schwergängig	■ Kupplungszug prüfen ggf. erneuern
	Gummikupplung an Gelenkwelle gerissen	■ Neue Gummikupplung mit neuen Stehbolzen einbauen
	Kupplungsbelag verölt, Radialdichtring der Kurbelwelle ist undicht	■ Radialdichtring und Kupplungsscheibe erneuern
	Kupplungsbelag verglast durch Unterbelastung	■ Kupplung stark belasten, z. B. 5mal Anfahren im 3. Gang, **Achtung:** Kuppl. nicht überhitzen. Falls keine Verbesserung eintritt, Kupplungsscheibe erneuern
Kupplung rutscht	Kupplungsscheibe verschlissen	■ Dicke der Kupplungsscheibe prüfen, gegebenenfalls auswechseln
	Spannung der Membranfeder zu gering, Membranfeder gebrochen	■ Druckplatte auswechseln
	Kupplungsbelag gebrochen	■ Kupplungsscheibe austauschen
	Kupplungsdruckplatte teilweise überhitzt oder stark riefig	■ Druckplatte und Kupplungsscheibe austauschen
	Nachstellmechanismus klemmt, Kupplungspedal hat keinen Leerweg (normal 10 mm)	■ Kupplungszug erneuern und in weichen Bögen verlegen
	Führungshülse im Bereich des Lagersitzes eingelaufen	■ Neue Stahl-Führungshülse einbauen
	Kupplungsbelag verölt, Radialdichtring der Kurbelwelle ist undicht	■ Radialdichtring und Kupplungsscheibe erneuern
Kupplung trennt nicht richtig, schlechte Schaltbarkeit	Führungslager der Kurbelwelle hat gefressen oder ist schwergängig	■ Führungslager erneuern
	Belag durch Abrieb verklebt	■ Kupplungsscheibe austauschen
	Führungshülse im Bereich des Lagersitzes eingelaufen	■ Neue Stahl-Führungshülse einbauen
	Kupplungsscheibe klemmt auf der Antriebswelle, Kerbverzahnung trocken, verklebt oder verrostet	■ Kerbverzahnung reinigen, entgraten, ggf. Rost entfernen und neu schmieren; z. B. MoS_2-Puder einbürsten oder mit FORD-Schmierfett ESDM-1C-220-A fetten. Bei starker Korrosion Kupplungsscheibe erneuern
	Kupplungspedal erreicht den Begrenzungsanschlag nicht	■ Prüfen, ob Begrenzungsanschlag erreicht wird, gegebenenfalls Fußmatte ausschneiden

Das Getriebe

Das Getriebe kann ohne Ausbau des Motors ausgebaut werden. Ein Ausbau ist aber meistens nur dann notwendig, wenn Austausch bzw. Überholung des kompletten Antriebs notwendig ist oder wenn die Kupplung erneuert werden muß. Da es jedoch in keinem Fall anzuraten ist, Reparaturen am Getriebe oder am Achsantrieb mit Heimwerkermitteln in Angriff zu nehmen, verweise ich in dieser Hinsicht auf die Werkstatt und beschreibe lediglich den Ausbau des Aggregates.

Der SIERRA ist grundsätzlich mit dem »B/C/N«-Getriebe ausgestattet. Fahrzeuge mit 2,0-l-DOHC- und 2,9-l-V6-Motor besitzen das MT-75-Getriebe, erkennbar am gerippten Kupplungsgehäuse. Dieses Getriebe hat als Rückwärtsgangsperre eine Schiebemuffe am Schalthebel.

Falls während der Fahrt im 1., 2. und 3. Gang im Schubbetrieb unterhalb von 3.500/min bis zum Stillstand schabende Geräusche vom Getriebe her auftreten, können zur Abhilfe die Synchronkupplung und der Synchronring des 5. Ganges ausgewechselt werden (Werkstattarbeit).

Getriebe aus- und einbauen

Ausbau

- Massekabel von der Batterie abklemmen.
- Schaltknopf abschrauben.
- Mittelkonsole ausbauen, bzw. bei der langen Konsole nur die Ablage ausbauen.
- Äußere Schalthebel-Manschette vom Halterahmen lösen und über den Schalthebel abziehen.

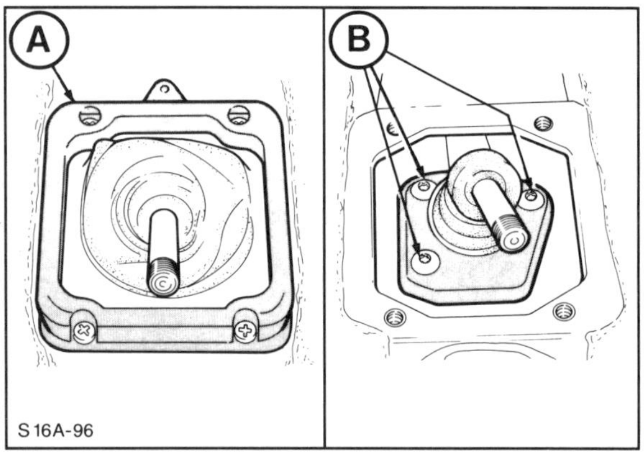

S 16A-96

- Halterahmen –A– vom Tunnel abschrauben und mit der inneren Manschette vom Schalthebel abziehen.
- Schalthebel von der Getriebeverlängerung abschrauben –B– und herausnehmen.
- **Fahrzeuge mit geregeltem Katalysator:** Mehrfachstekker Lambda-Sonde trennen. Kabelbinder durchschneiden.
- **DOHC-Motor:** 2 Befestigungsmuttern für vorderes Abgasrohr abschrauben.
- **Bei Fahrzeugen mit Dieselmotor:** Luftfilter sowie obere Luftführung vom Kühler ausbauen und obere Befestigungsschraube vom Anlasser herausdrehen.
- Fahrzeug aufbocken, siehe Seite 249.
- Stabilisator vom Längsträger ausbauen, siehe Seite 140.
- Abgasanlage hinten aus den Gummischlaufen aushängen und mit Draht an der Karosserie aufhängen oder abstützen.
- **Fahrzeuge mit geregeltem Katalysator:** Hitzeschild für Katalysator ausbauen, dazu 8 Blechclips abdrehen.
- **DOHC-Motor:** Unter Befestigungsmutter für vorderes Abgasrohr abschrauben.

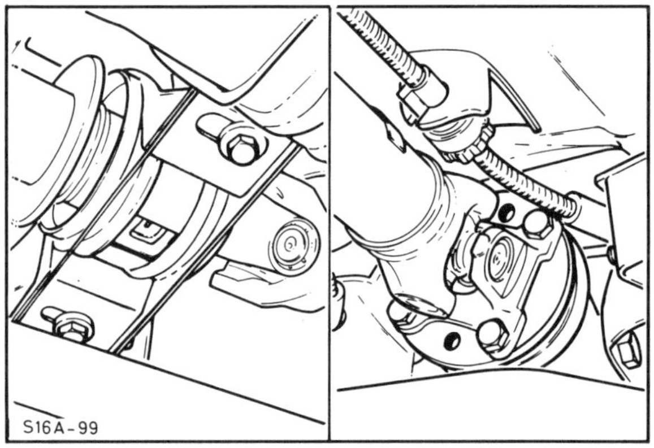

S16A-99

- Gelenkwelle am Mittellager der Bodengruppe und vom Flansch am Antriebskegelrad abschrauben.

Achtung: Beim MT75-Getriebe zum Lösen der Muttern Stehbolzen mit Torx-Nuß gegenhalten, damit sie sich nicht vom Getriebeflansch lösen können.

- Gelenkwelle aus der Getriebeverlängerung herausziehen. **Achtung:** Damit kein Getriebeöl ausläuft, Blindstopfen in die Öffnung stecken.
- Getriebe mit Werkstattwagenheber und Holzzwischenlage leicht unterstützen.

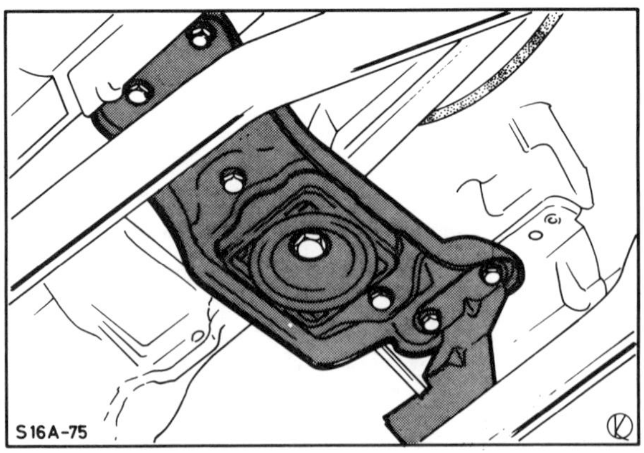

S16A-75

- Getriebetraverse mit Hitzeschild von der Bodengruppe abschrauben.

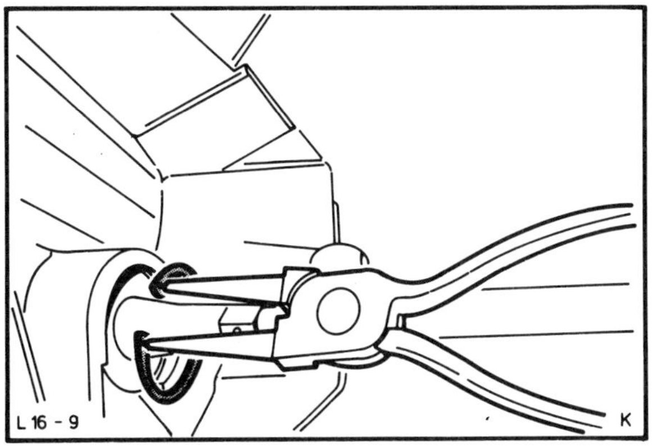

● Sicherungsring an der Antriebswelle des Geschwindigkeitsmessers mit geeigneter Zange zusammendrücken und herausnehmen. Tachowelle abnehmen.

● Kabel vom Schalter für Rückfahrleuchte abziehen.

● Anlasser ausbauen, siehe Seite 211.

Achtung: Beim Dieselmotor bleibt der Anlasser mit Halter am Motor befestigt.

● Kupplungsseil an der Kupplungsschwinge aushängen, siehe Seite 127.

● Am Zwischenblech des Kupplungsgehäuses 1 Schraube (Dieselmotor: 3 Schrauben) herausdrehen.

● Strebe zwischen Motor und Getriebe abschrauben.

● 5 Getriebeflansch-Schrauben (Dieselmotor: 3 Schrauben) herausdrehen.

● Getriebe leicht anheben und mit Montierhebel vom Motor abdrücken.

● Getriebe vorsichtig ablassen.

Einbau

● Vor Einbau des Getriebes Kupplung prüfen, siehe Seite 126.

● Innenverzahnung der Kupplungsscheibe und Verzahnung der Getriebeantriebswelle sowie Führungshülse des Ausrücklagers sorgfältig reinigen.

● Verzahnung der Antriebswelle und Führungshülse mit einem dünnen Film FORD-Spezialfett (ET-Nr. 5021439) versehen. Dabei die gesamte Oberfläche der Verzahnung fetten. **Achtung:** Nicht zuviel Fett verwenden, da überschüssiges Fett im Fahrbetrieb auf die Reibflächen geschleudert wird und die Wirkung der Kupplung beeinträchtigt. Werden andere Schmierstoffe verwendet, kann das zu Schaltschwierigkeiten führen.

● Kupplungsausrücklager auf leichten Lauf prüfen. Sind vor dem Ausbau Laufgeräusche des Ausrücklagers beim Auskuppeln aufgetreten, Lager auswechseln, siehe Seite 128.

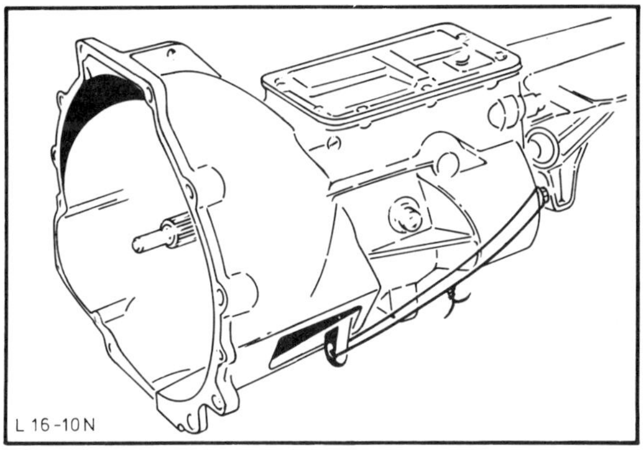

● Kupplungsschwinge nach hinten drücken. In dieser Stellung Schwinge mit Draht festbinden, damit sich die Einbaulage beim Einsetzen des Getriebes nicht verändern kann.

● Beim Einsetzen des Getriebes auf richtigen Sitz des Zwischenbleches achten. Gegebenenfalls Zwischenplatte mit etwas Fett befestigen.

● Falls beim Einsetzen des Getriebes die Getriebe-Antriebswelle nicht in die Kupplungsscheibe einrastet, Motor-Kurbelwelle verdrehen.

● Getriebe an Motor mit 45 Nm anschrauben.

● Kupplungsgehäuse-Zwischenblech einsetzen und festschrauben.

● Strebe zwischen Motor und Getriebe anschrauben.

● Kupplungsseil einhängen, siehe Seite 127.

● Antriebswelle für Geschwindigkeitsmesser einführen und mit neuem Sicherungsring sichern.

● Kabel an den Schalter für Rückfahrleuchten anschließen.

● Getriebetraverse mit Hitzeschild an Getriebe und Bodengruppe mit 25 Nm anschrauben.

● Gelenkwelle einbauen. Blindstopfen –A– aus der Getriebeverlängerung herausziehen. Gelenkwelle einsetzen und spannungsfrei anschrauben. Das heißt: Schrauben abwechselnd stufenweise anziehen. Unterlegscheibe am Mittellager nicht vergessen.

MT-75-Getriebe:

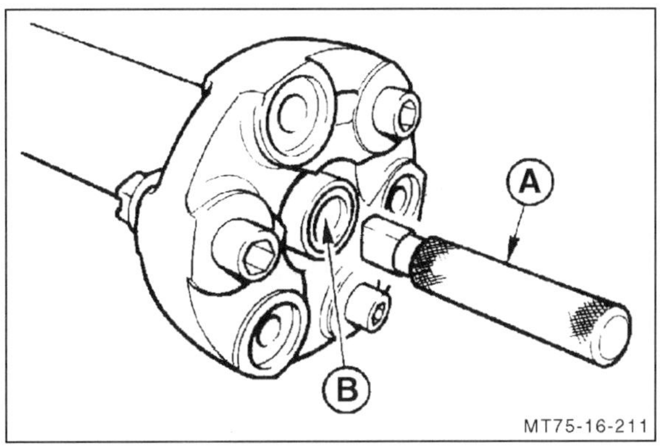

● Vor Montage der Gelenkwelle, Führungshülse überprüfen. Dazu Führungshülse auf Beschädigung sichtprüfen.

- Die Werkstatt setzt zur Prüfung den Prüfdorn 15-093 in die Führungshülse ein. Wenn sich der Dorn einsetzen läßt, Dorn um 90° drehen und Prüfung wiederholen. Falls sich der Prüfdorn in beiden Stellungen einsetzen läßt, ist die Führungshülse ausgeschlagen, und die Gelenkwelle muß erneuert werden.

MT-75-Getriebe mit »GAF-30«-Gummikupplung und Torx-Stehbolzen (bis ca. 7/90):

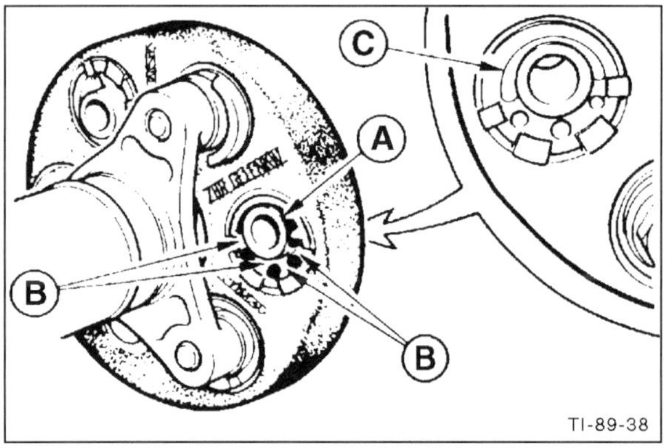

- Zustand der 4 Gummistege –B– an den 3 Buchsen sichtprüfen. Falls die Stege gerissen sind, neue Gummikupplung »GAF-41« einbauen. Dabei ebenfalls Torx-Stehbolzen gegen Sechskantstehbolzen austauschen. **Achtung:** Risse in der Gummihaut im Bereich –C– sind unbedenklich. A – Metallbuchse.
- Gelenkwelle am Differentialgehäuse ansetzen und handfest anschrauben. Gummikupplung auf Stehbolzen der Welle aufschieben und die Befestigungsschrauben am Zwischenlager handfest anschrauben. **Achtung:** Die Unterlegscheiben am Zwischenlager nicht vergessen.
- Die Befestigungsmuttern der Gummikupplung ansetzen und mit **80 Nm** anschrauben.

Achtung: Kontrollieren, ob die Stehbolzen festsitzen. Falls die Stehbolzen lose sind oder beim Anziehen mitdrehen, Gummikupplung nochmals abschrauben und Stehbolzen wie folgt neu sichern:

- Zum Sichern Stehbolzen herausdrehen und flanschseitiges Gewinde der Bolzen sowie Gewinde im Schwingungstilger fett- und schmutzfrei reinigen.
- 2 Tropfen Sicherungsmittel Loctite 270 um 180° (½ Umdrehung) versetzt auf das flanschseitige Gewinde der Stehbolzen auftragen und Stehbolzen innerhalb von max. 5 Minuten mit **90 Nm** festschrauben.

Achtung: Unterlegscheiben beidseitig einfetten, damit sich die Buchsen in der Kupplung beim Anziehen nicht mitdrehen.

- Sicherungsmittel 30 Minuten lang aushärten lassen.

Achtung: Torx-Stehbolzen **nicht** in den Schwingungstilger für Sechskant-Stehbolzen einschrauben.

MT-75-Getriebe mit »GAF-41«-Gummikupplung und Sechskant-Stehbolzen (ab ca. 8/90):

- Stehbolzen des Schwingungstilgers mit **120 Nm** auf festen Sitz prüfen.
- Gelenkwelle am Differentialgehäuse ansetzen und handfest anschrauben. Gummikupplung auf Stehbolzen der Welle aufschieben und die Befestigungsschrauben am Zwischenlager handfest anschrauben. **Achtung:** Die Unterlegscheiben am Zwischenlager nicht vergessen.
- Gummikupplung mit **80 Nm** anschrauben.

Falls erforderlich, »GAF-30«-oder »GAF-41«-Gummikupplung gegen ein neue »GAF-41«-Kupplung wie folgt austauschen.

- Festen Sitz der Sechskant-Stehbolzen am Schwingungsdämpfer prüfen. Dazu Stehbolzen mit Drehmomentschlüssel und **80 Nm** in Anzugsrichtung drehen. Wenn sich die Stehbolzen dabei verdrehen, Bolzen ersetzen. Falls Torx-Stehbolzen eingebaut sind, Stehbolzen herausschrauben und gegen neue Sechskant-Stehbolzen ersetzen.

Achtung: Eine »GAF-41«-Kupplung darf **nicht** zusammen mit Torx-Stehbolzen eingebaut werden.

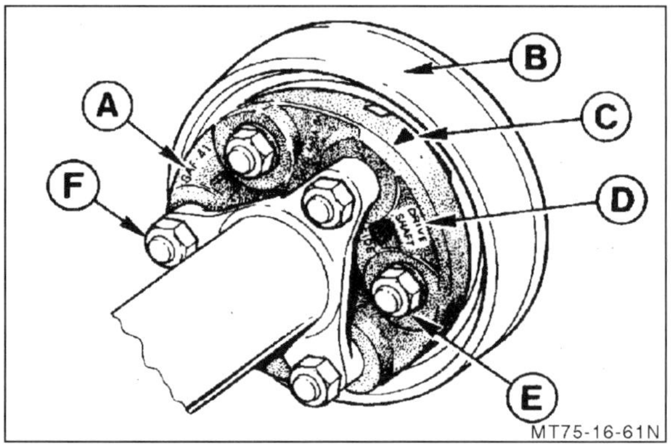

- Gummikupplung »GAF-41« –A– an der Gelenkwelle mit **80 Nm** anschrauben –F–.
- Die Einbaumarkierung –C– muß zur Getriebe- bzw. Gelenkwellenseite zeigen. D = Gelenkwellen-Seite.
- Gelenkwelle mit Gummikupplung an den Schwingungsdämpfer –B– anschrauben –E–.

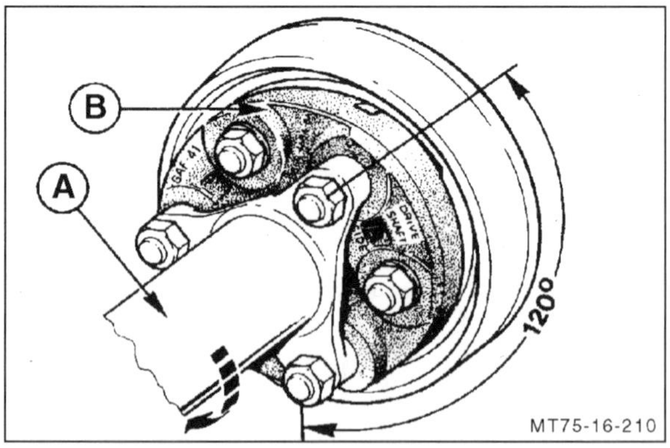

Achtung: Falls die Gummikupplung erneuert wurde, anschließend Probefahrt durchführen. Wenn dabei eine Unwucht der Gelenkwelle festgestellt wird, Gelenkwelle –A– um 120° versetzt an die Gummikupplung –B– anbauen. Ist danach immer noch Unwucht vorhanden, Gelenkwelle um weitere 120° verdrehen. Kann die Unwucht der Gelenkwelle auf diese Weise nicht beseitigt werden, Gelenkwelle erneuern.

- **Fahrzeuge mit geregeltem Katalysator:** Hitzeschild für Katalysator ansetzen und mit 8 Blechclips befestigen.
- Abgasanlage hinten in die Gummischlaufen einhängen. **DOHCMotor:** Vorderes Abgasrohr anschrauben.
- Stabilisator am Längstrager anschrauben, siehe Seite 140.
- Anlasser einbauen, siehe Seite 211.
- Getriebeölstand prüfen, ggf. auffüllen, siehe Seite 133.
- **DOHC-Motor:** Vorderes Abgasrohr oben anschrauben.
- Fahrzeug ablassen.
- **Dieselmotor:** Obere Anlasserschraube anschrauben. Obere Luftführung und Luftfilter einbauen.
- **Fahrzeuge mit geregeltem Katalysator:** Mehrfachstekker für Lambda-Sonde zusammenstecken. Leitung mit Kabelbinder fixieren.
- Schalthebel an der Getriebeverlängerung anschrauben.
- Innere Manschette über den Schalthebel schieben und mit Halterahmen anschrauben.
- Äußere Schalthebel-Manschette aufstecken.
- Mittelkonsole beziehungsweise Ablage anschrauben.
- Schaltknopf am Schalthebel aufschrauben.
- Massekabel an Batterie (–) anklemmen.

Wartung am Getriebe

W

Sichtprüfung auf Dichtheit

Folgende Leckstellen sind möglich:

- Trennstelle zwischen Motorblock und Getriebe (Schwungraddichtung/Wellendichtung-Getriebe).
- Öleinfüll-/Ölablaßschraube.
- Gelenkwelle an Getriebe.

Bei der Suche nach der Leckstelle folgendermaßen vorgehen:

- Getriebegehäuse mit Kaltreiniger reinigen.
- Ölstand kontrollieren, ggf. auffüllen.
- Mögliche Leckstellen mit Kalk oder Talkumpuder bestäuben.
- Probefahrt durchführen. Damit das Öl dünnflüssig wird, sollte die Probefahrt auf einer Schnellstraße über eine Entfernung von ca. 30 km durchgeführt werden.
- Anschließend Fahrzeug aufbocken und Getriebe mit einer Lampe nach der Leckstelle absuchen.
- Leckstellen umgehend beseitigen.

Ölstand im Schaltgetriebe prüfen

Das Getriebeöl braucht nicht gewechselt zu werden. Der Ölstand ist alle 20.000 km im Rahmen der Wartung zu prüfen.

- Fahrzeug waagerecht aufbocken.
- Getriebe auf Undichtigkeiten sichtprüfen.
- Einfüllstopfen am Getriebe herausschrauben.

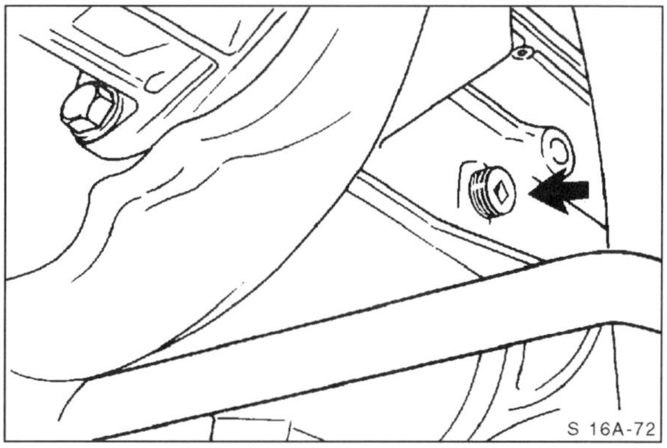

- Mit dem Finger Ölstand des Getriebes prüfen. Der Ölstand soll in Höhe der Einfüllöffnung liegen, allenfalls bis zu 5 mm darunter. Gegebenenfalls Getriebeöl nachfüllen.

Achtung: Dazu wird eine Ölspritzkanne benötigt. Beim Nachfüllen Gefäß unterstellen und überschüssiges Öl ablaufen lassen. Nicht zuviel Öl auf einmal einfüllen. Getriebeöl ist ziemlich zähflüssig, daher dauert es einige Zeit, bis es nach unten fließt und sich sammelt.

- Einfüllstutzen ansetzen und mit **40 Nm** anziehen.
- Fahrzeug ablassen.

Getriebeölspezifikation:

Getriebe	FORD-Spezifikation	Ausführung	Füllmenge
»B«	SQM2C-9008-A	Hypoidöl SAE 80	1,46 l
»C«	SQM2C-9008-A	Hypoidöl SAE 80	1,25 l
»N«	ESD-M2C175-A	Halbsynthetisches Öl	1,25 l
MT-75	ESD-M2C186-A	ATF-Öl	1,20 l

Die Vollautomatik

Der FORD SIERRA wird auf Wunsch mit einer Getriebeautomatik ausgestattet. Die Automatik hat drei Vorwärtswählbereiche, die automatisch geschaltet werden.

Um schneller beschleunigen zu können, zum Beispiel bei Überholvorgängen, hat die Automatik einen sogenannten Kickdown-Schalter, der sich beim vollen Niedertreten des Gaspedals einschaltet. Der Kickdown-Effekt sorgt dafür, daß das Getriebe entweder länger im kürzeren Gang verweilt oder von einem höheren in einen niedrigeren zurückschaltet.

Für die Beurteilung der Funktion der Getriebeautomatik und für die richtige Fehlersuche ist Erfahrung mit automatischen Getrieben und die Kenntnis der Arbeitsweise unerläßlich. Da diese Materie nur durch lange Berufserfahrung erworben werden kann, beschränke ich mich deshalb im Kapitel Automatik auf einige leichte Überprüfungsarbeiten.

Abschleppen von Fahrzeugen mit Automatik

- Wählhebelstellung „N".
- **Maximale Schleppgeschwindigkeit:** 40 km/h!
- **Maximale Schleppentfernung:** 20 Kilometer!
- Über größere Entfernungen Wagen hinten anheben oder Gelenkwelle ausbauen.
- Zündung einschalten, damit das Lenkrad nicht blockiert ist und die Blinkleuchten, das Signalhorn und gegebenenfalls die Scheibenwischer betätigt werden können.
- Da der Bremskraftverstärker nur bei laufendem Motor arbeitet, muß bei Fahrzeugen mit Bremskraftverstärker bei nicht laufendem Motor das Bremspedal entsprechend kräftiger getreten werden!
- Das Abschleppseil soll elastisch sein, damit das schleppende und das gezogene Fahrzeug geschont werden. Nur Kunstfaserseile oder Seile mit elastischen Zwischengliedern verwenden.

Ölstand im automatischen Getriebe prüfen

Der vorgeschriebene Ölstand ist für die einwandfreie Funktion des automatischen Getriebes äußerst wichtig. Darum ist die Prüfung mit großer Sorgfalt alle 20000 km durchzuführen! Der Peilstab für die Prüfung befindet sich im Motorraum.

Durch die Prüf-Öffnung wird auch das Automatik-Spezialöl eingefüllt.

- Probefahrt durchführen damit das Getriebeöl die Betriebstemperatur von ca. 65° C erreicht.

Achtung: Bei höheren oder niedrigeren Temperaturen kann der Ölstand über oder unter der Prüfmarkierung liegen (Wärmeausdehnung des Öls). Eine einwandfreie Messung ist deshalb nur in dem angegebenen Temperaturbereich möglich.

- Wagen auf ebene Fläche stellen.
- Wählhebel in Stellung „P" legen, Handbremse anziehen und Fußbremse betätigen.
- Der Motor muß während der Prüfung im Leerlauf drehen.
- Mit Wählhebel alle Positionen 3mal durchschalten, wieder in Stellung „P" legen und ca. 1 Minute warten.

- Ölmeßstab herausziehen und mit sauberem, nicht faserndem Lappen abwischen.
- Meßstab wieder einsetzen und nochmals herausziehen.
- Der Flüssigkeitsstand muß unbedingt zwischen der MIN- und der MAX-Markierung des Peilstabes liegen.
- Muß Öl nachgefüllt werden: Sauberen Trichter und passenden Schlauch verwenden.
- Nicht zuviel Öl einfüllen. Zuviel Öl kann Störungen in der Automatik hervorrufen. In jedem Fall muß zuviel eingefülltes Öl wieder abgesaugt werden.
- Altes Öl gleichzeitig am Peilstab auf Aussehen und Geruch prüfen. Verbrannte Reibbeläge verursachen Brandgeruch. Durch verschmutztes Öl können Störungen an der Getriebesteuerung auftreten.
- Schwarzes oder dunkelbraunes Getriebeöl deutet auf verschlissene Kupplungen oder ein verschlissenes Bremsband hin.
- Liegt der Ölstand unter der MIN-Markierung, Getriebe und Ölkühler auf Undichtigkeit überprüfen. Der Ölkühler befindet sich im Wasserkasten des Motorkühlers.

Achtung: Es dürfen nur die vom Werk freigegebenen Öle verwendet werden.
Getriebeöl-Spezifikation: SQM 2C 9010 A (CJ-Öl).
Das vorgeschriebene Öl darf nicht mit anderen Ölen gemischt werden. Keine Zusatzschmiermittel verwenden.
Füllmenge für Getriebe mit Wandler und Ölkühler: 6,3 l.

Ohne Öl-Füllung im Drehmomentwandler und automatischem Getriebe darf weder der Motor laufen noch darf der Wagen abgeschleppt werden.

Die Vorderachse

Die Einzelradaufhängung der Vorderräder erfolgt durch McPherson-Federbeine und geschraubte Guß-Schwenklager. Die Federbeine bestehen jeweils aus einer Schraubenfeder und einem integrierten Stoßdämpfer. Sie sind oben mit der Karosserie und unten mit dem Schwenklager verschraubt. Die Räder werden durch 2 Querlenker und einen Querstabilisator geführt.

Achtung: Seit 5.89 werden geänderte Stabilisator-Büchsen eingebaut. Falls bei bisherigen Fahrzeugen Lenkradflattern und/oder Klopfgeräusche aus dem Fußraum auftreten, obwohl der Reifen-Fülldruck in Ordnung und die Räder ausgewuchtet sind, empfiehlt es sich die neuen Stabilisator-Büchsen einzubauen.

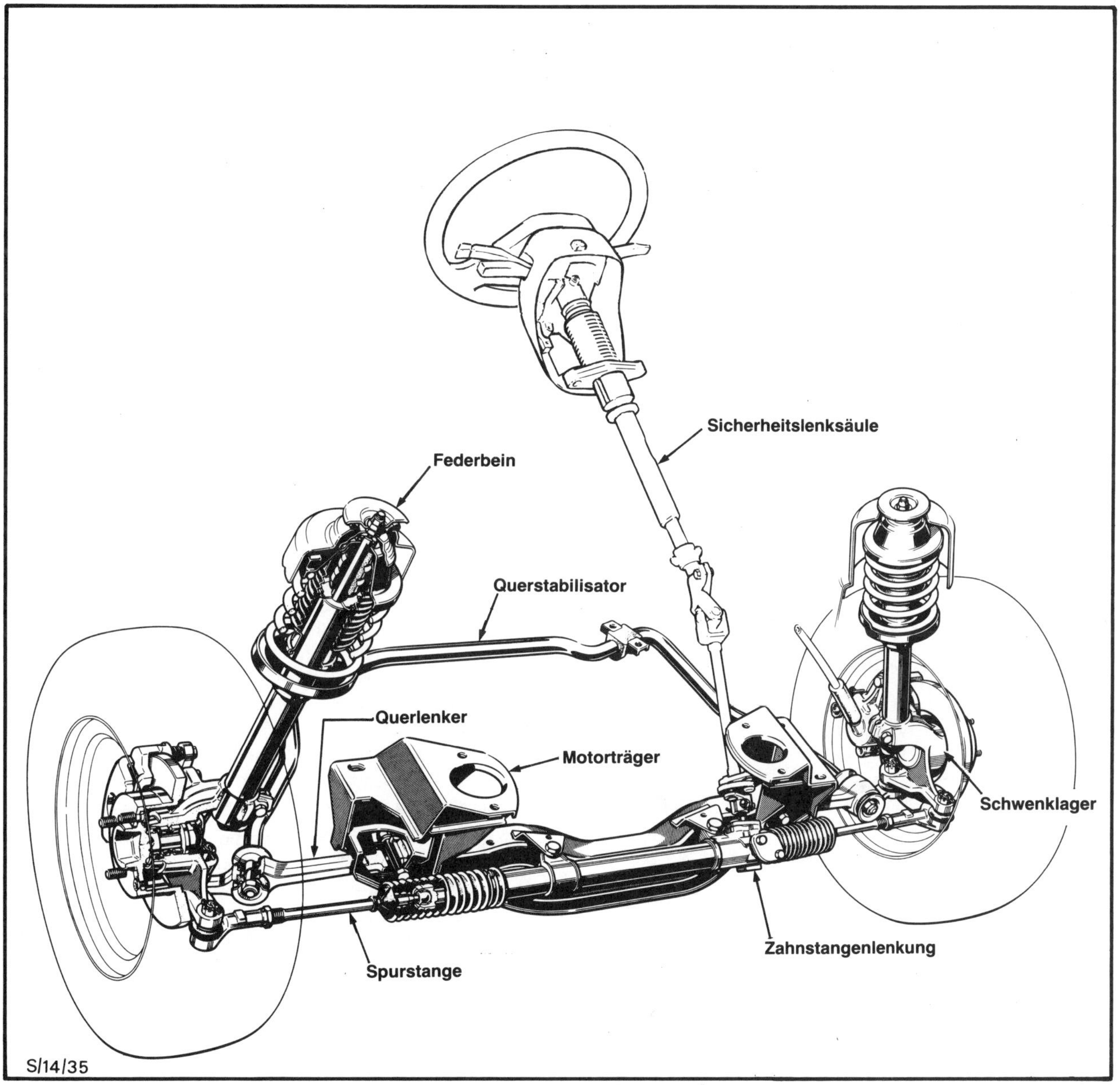

Federbein aus- und einbauen

Ausbau

- Radschrauben lösen.
- Fahrzeug vorn aufbocken, siehe Seite 249.
- Rad abnehmen.
- Kugelgelenk des Querlenkers mit Werkstattwagenheber abstützen.

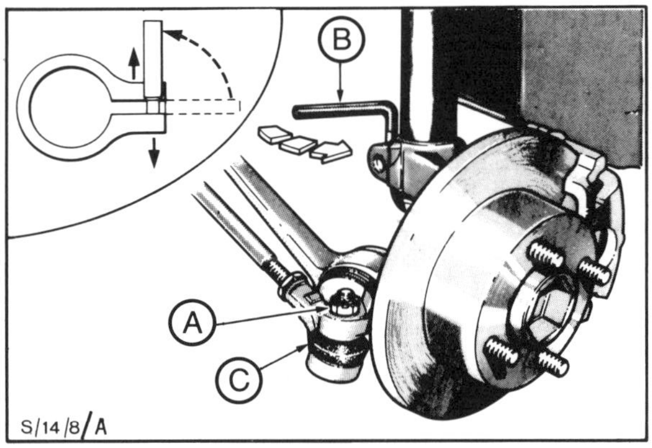

- Befestigungsschraube am Schwenklager herausdrehen.
- FORD-Werkzeug 14-026 –B– in die Nut des Schwenklagers einsetzen, um 90° drehen und dadurch Federbeinhalterung spreizen. Schwenklager nach unten drücken, damit das Federbein frei wird.

Achtung: Beim Lösen des Schwenklagers vom Federbein darf der Bremsschlauch nicht beschädigt werden. Das Spezialwerkzeug verbleibt in der Nut.

- Im Motorraum Kunststoffkappe vom Federbein abschrauben.

- Mutter vom Stützlager mit gekröpftem Ringschlüssel abschrauben. Dabei mit 6-mm-Innensechskantschlüssel gegenhalten.

Achtung: Vorher Federbein von unten abstützen oder durch Helfer gegen Herunterfallen sichern.

- Federbein nach unten herausnehmen und Nylon-Zentrierring vom Federbein abnehmen.

Einbau

- Federbein mit Nylon-Zentrierring von unten durch das Gummilager einführen. Tellerscheibe einsetzen und Mutter anschrauben, dabei Kolbenstange mit Innensechskantschlüssel gegenhalten. **Achtung:** Bevor die Mutter endgültig festgezogen wird, Kolbenstange in Mittelstellung bringen.
- Schwenklager über Federbein schieben, Spreizwerkzeug entfernen und Schraube mit 85 Nm festziehen.
- Rad anschrauben, Fahrzeug ablassen, Radschrauben mit 100 Nm anziehen.

Stoßdämpfer aus- und einbauen

Ausbau

- Federbein komplett ausbauen.
- Zum Lösen des Stoßdämpfers muß die Schraubenfeder gespannt werden. Schraubenfeder mit geeigneter Spannvorrichtung spannen. **Achtung:** Die Stoßdämpfermutter darf nur bei gespannter Feder gelöst werden.

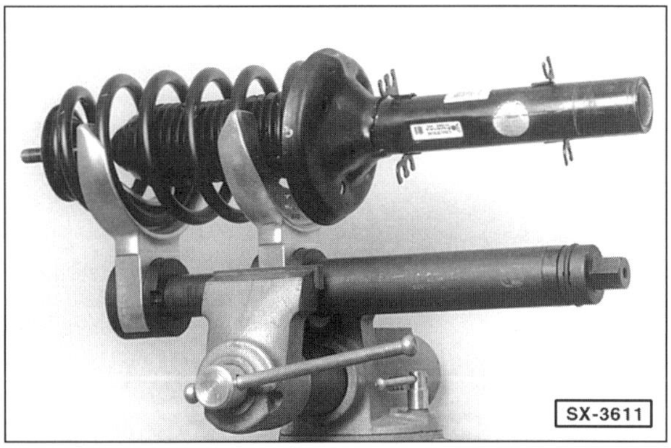

- Um den Stoßdämpfer ausbauen zu können, muß die Schraubenfeder gespannt werden. Schraubenfeder mit geeigneter, handelsüblicher Spannvorrichtung spannen, zum Beispiel HAZET 4900. HAZET-Spanner wie in der Abbildung gezeigt in Schraubstock einspannen. Zum Schutz der Federoberfläche Kunststoffunterlagen von HAZET verwenden. **Achtung: Auf keinen Fall Stoßdämpfer lösen, wenn die Feder nicht gespannt ist.**

Achtung: Federspanner so in die Windungen der Feder einsetzen, daß die Federwindungen sicher umfaßt werden und der Federspanner nicht abrutschen kann. Die Schraubenfeder steht unter großer Vorspannung, deshalb nur stabiles Werkzeug verwenden. Keinesfalls Feder mit Draht zusammenbinden. Unfallgefahr!

- Haltemutter mit Ringschlüssel abschrauben, dabei Kolbenstange mit 6-mm-Innensechskantschlüssel gegenhalten.

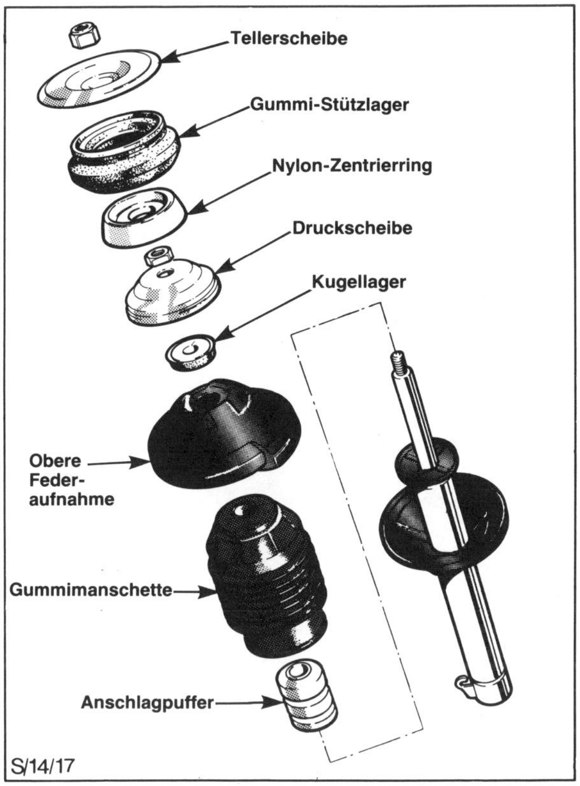

- Druckscheibe, Kugellager, obere Federaufnahme sowie Gummimanschette abnehmen.
- Gespannte Feder herausnehmen und Anschlagpuffer abziehen.
- Falls die Feder ausgewechselt werden soll, Feder langsam entspannen. Soll dagegen nur die Dämpferpatrone ersetzt werden, bleibt die Feder gespannt.

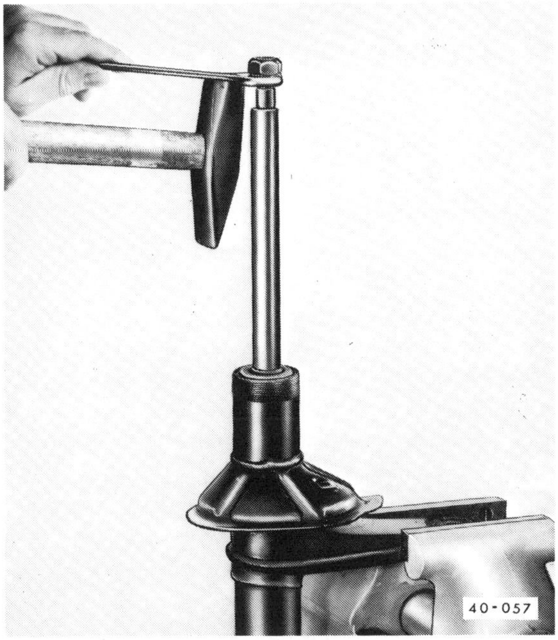

- Falls der Stoßdämpfer im Federbeinrohr korodiert ist, Stoßdämpfer mit Hammer und Schraubenschlüssel heraustreiben, vorher Mutter auf Kolbenstange aufschrauben.

Einbau

- Vor Einbau Stoßdämpfer prüfen, siehe Seite 145.
- Dämpferpatrone in Federbeinrohr einsetzen.
- Federauflage reinigen, Anschlagpuffer und Gummimanschette über die Kolbenstange schieben.

Achtung: Die Gummimanschette muß über dem Anschlagpuffer angebracht werden.

- Neue Schraubenfeder spannen und auf Federbeinrohr aufsetzen.
- Obere Federaufnahme, Kugellager und Druckscheibe aufschieben. Mutter mit **45 Nm** festziehen, ggf. mit Innensechskantschlüssel gegenhalten.
- Federspanner langsam lösen. Darauf achten, daß die Federenden entsprechend der Kontur in den Federauflagen sitzen.
- Federbein einbauen, siehe Seite 136.

Schwenklager aus- und einbauen

Ausbau

- Bremssattel ausbauen und mit Draht aufhängen, damit der Bremsschlauch nicht beschädigt wird, siehe Seite 162.

Achtung: Bremsschlauch nicht lösen, sonst muß die Bremsanlage entlüftet werden.

- Bremsscheibe von der Nabe abnehmen, vorher Halteklammer mit Dorn vom Radbolzen lösen. Falls vorhanden, Halteschraube für Bremsscheibe herausdrehen.

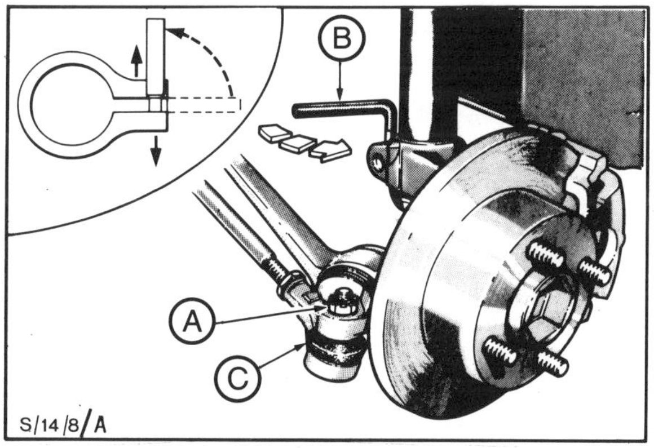

- Splint herausziehen und Kronenmutter –A– abschrauben.
- Mit handelsüblichem Ausdrücker Kugelgelenkbolzen aus dem Spurstangenhebel pressen und Spurstangenendstück vom Schwenklager abnehmen. **Achtung:** Staubkappe –C– nicht durch den Ausdrücker beschädigen.
- Kronenmutter vom Querlenker abschrauben, vorher Splint herausziehen. Querlenker vom Schwenklager abdrücken.
- Klemmschraube für das Federbein am Schwenklager herausdrehen. Spreizhebel 14-026 –B– in die Nut einsetzen und Hebel um 90° (1/4 Umdrehung) drehen. Vorher Schwenklager gegen Herunterfallen sichern.
- Schwenklager nach unten abziehen und herausnehmen.

Einbau

- Spreizhebel in das Schwenklager einsetzen und um 90° drehen. Schwenklager von unten auf das Federbein drükken.
- Klemmschraube einsetzen, Spezialwerkzeug abnehmen und Schraube mit 85 Nm festziehen.
- Querlenker mit Kronenmutter und 80 Nm am Schwenklager anschrauben. Mutter mit neuem Splint sichern, gegebenenfalls Mutter etwas weiter anziehen, bis der Splint eingesetzt werden kann.
- Spurstange am Spurstangenhebel anschrauben und mit neuem Splint sichern.
- Bremsscheibe an der Radnabe ansetzen und anschrauben, bzw. neue Sicherungsklammer auf Radbolzen aufschieben.
- Bremssattel einbauen, siehe Seite 168.

Radlager vorn aus- und einbauen

Ausbau

- Schwenklager ausbauen.

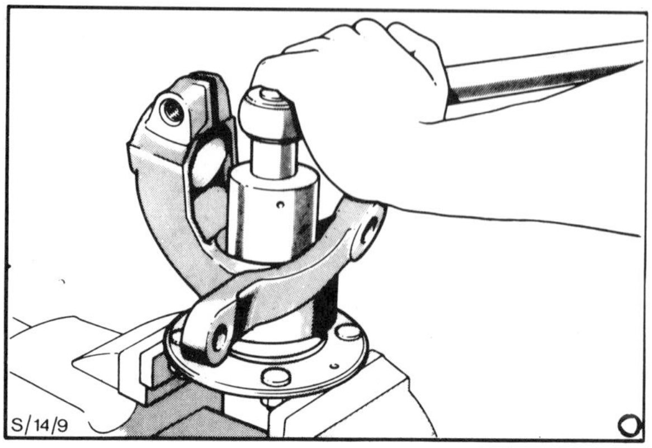

- Radmuttern auf die Radbolzen aufschrauben, der Konus der Muttern soll dabei nach außen zeigen. Dadurch wird eine Beschädigung der Radbolzen vermieden. Schwenklager wie in der Abbildung gezeigt in einen Schraubstock einspannen. **Achtung:** Schraubstock nicht zu fest anziehen.

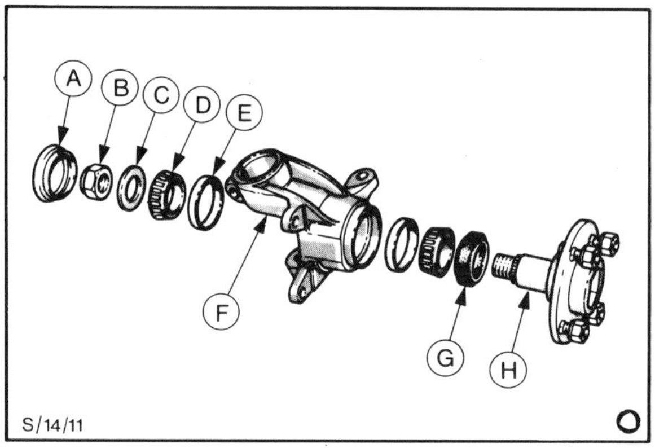

- Staubkappe -A- aus dem Schwenklager –F– herausziehen. Befestigungsmutter –B– abschrauben und inneres Lager –D– mit Scheibe –C– herausnehmen.
- Schwenklager –F– von der Radnabe –H– abheben.
- Radialdichtring –G– mit Spezialwerkzeug 21-051 herausziehen. Es kann auch ein alter Schraubendreher mit umgebogener Klinge verwendet werden. Dieser darf beim Heraushebeln des Dichrings jedoch keinesfalls am Rand des Schwenklagers abgestützt werden.
- Äußeres Kegelrollenlager herausheben.
- Lagerlaufringe –E– mit Kupferdorn herausschlagen. Dabei Dorn kreisförmig an verschiedenen Stellen des Laufrings ansetzen, um ein Verkanten zu verhindern.

Achtung: Der Dorn muß in einwandfreiem Zustand sein, damit die Sitzflächen der Lagerlaufringe nicht beschädigt werden.

- Schwenklager reinigen, Fettreste vollständig beseitigen.

Einbau

Die Kegelrollenlager der Vorderradnabe laufen in genau abgestimmten Laufringen. Lager, Laufringe, Nabe und Schwenklager sind in engen Toleranzen gefertigt. Daher entfällt eine spätere Einstellung der Lager.

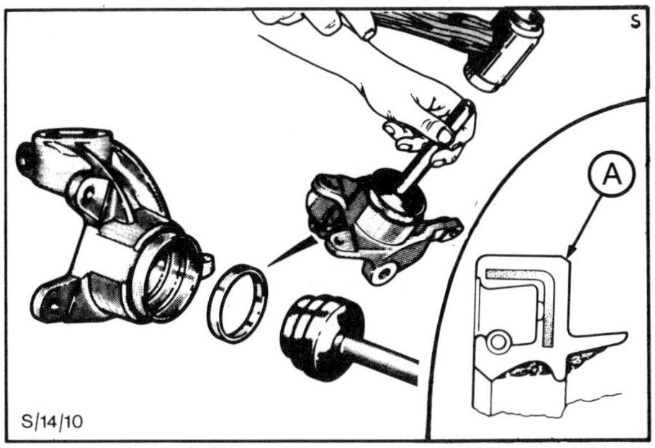

- Schwenklager auf einem Holzblock abstützen und neue Laufringe mit Spezialwerkzeug 14-024 bis zum Anschlag eintreiben. Steht das Spezialwerkzeug nicht zur Verfügung, Laufring mit geeignetem Rohr vorsichtig eintreiben.
- Zweiten Lagerlaufring auf dieselbe Weise einbauen.
- Neue Lager mit Radlagerfett (z. B. Liqui Moly LM-320) füllen. Dabei müssen alle Hohlräume zwischen den Rollen mit Fett gefüllt sein.

Achtung: Raum zwischen den Lagern nicht mit Fett füllen. Zuviel Fett in der Radnabe wird am Radialdichtring herausgedrückt.

- Äußeres Lager einsetzen und neuen Radialdichtring –A– mit geeignetem Rohr eintreiben. Vorher Hohlräume zwischen den Dichtlippen mit Fett füllen. Dadurch wird der Dichtlippenverschleiß verringert.
- Schwenklager auf die Flanschwelle schieben.
- Inneres Kegelrollenlager einsetzen, verzahnte Scheibe auflegen und neue selbstsichernde Mutter mit **330 Nm** festziehen.
- Staubkappe einsetzen.
- Schwenklager ausspannen, Radmuttern abschrauben und Schwenklager einbauen.

Querlenker aus- und einbauen

Ausbau

- Fahrzeug vorn aufbocken, siehe Seite 249.
- Querlenker vom Motorträger abschrauben, Bolzen herausziehen.

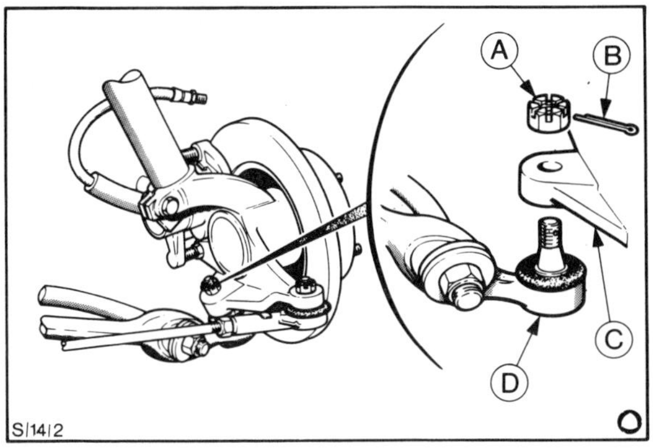

- Splint –B– herausziehen und Kronenmutter –A– vom Bolzen des Kugelgelenks –D– am Schwenklager –C– abschrauben.
- Kugelgelenk mit handelsüblichem Abdrücker abpressen. **Achtung:** Dabei Staubkappe nicht beschädigen.

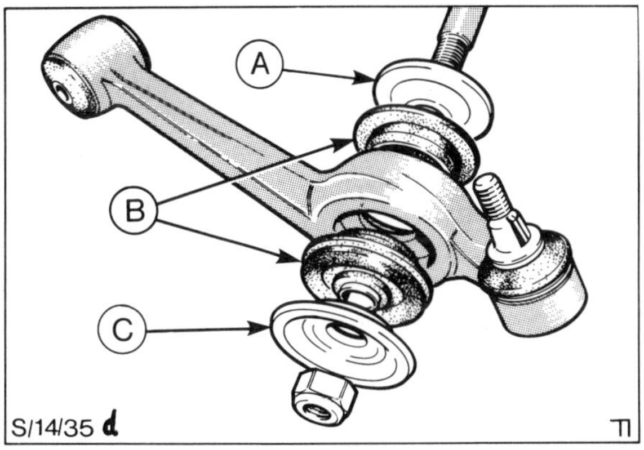

- Befestigungsmutter für Stabilisator abschrauben. Vordere, gelbe Tellerscheibe –C– und vorderes Gummilager –B– abnehmen. A – schwarze, hintere Tellerscheibe.
- Querlenker aus dem Motorträger herausziehen und abnehmen.

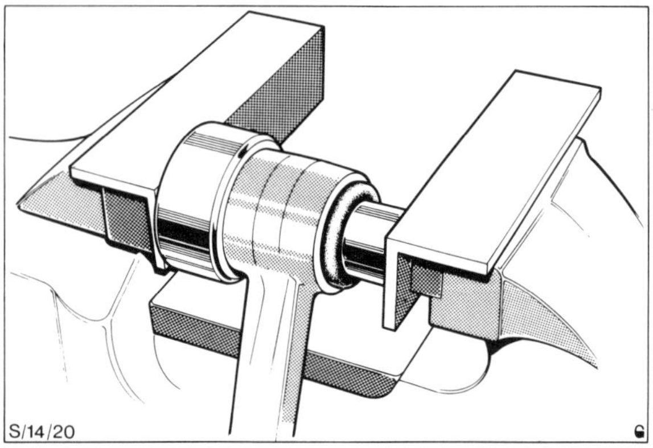

S/14/20

- Gummi-Metallager herauspressen. Hierzu zwei Rohre mit entsprechendem Durchmesser ansetzen und zusammen mit dem Querlenker in einen Schraubstock einspannen. Statt der Rohre können auch 2 Steckschlüsseleinsätze verwendet werden.

Einbau

- Neues Gummi-Metallager mit Hilfe eines Schraubstocks und 2 kurzen Rohren oder 2 Steckschlüsseleinsätzen einpressen. Damit das Gummi-Metallager besser gleitet, Oberfläche des Lagers reichlich mit Schmierseife bestreichen. **Achtung:** Keinesfalls Öl oder Fett verwenden, da dies den Gummi angreift.

Achtung: Der Schraubstock muß schnell gespannt werden, damit sich das Lager nur kurze Zeit verformt.

- Querlenker in den Motorträger einsetzen und auf den Stabilisator aufschieben.
- Gummilager und gelbe Tellerscheibe aufschieben. Mutter aufschrauben und mit **80 Nm** festziehen.

Achtung: Die federnden Gummilager sollen Fahrbahnstöße aufnehmen und haben daher ein merkbares Spiel in Längsrichtung. Die vordere Tellerscheibe ist gelb und hat eine stärkere Wölbung als die hintere schwarze Scheibe.

- Kugelgelenkbolzen in das Schwenklager einsetzen, Kronenmutter aufschrauben und mit **80 Nm** festziehen. Neuen Splint durchschieben und umbiegen. Kann der Splint nicht eingesetzt werden, Kronenmutter weiter anziehen, bis der Splint eingeführt werden kann. Auf keinen Fall Mutter lösen.
- Querlenker an Vorderachs-Motorträger montieren. Neue selbstsichernde Mutter mit Unterlegscheibe aufschrauben, aber noch **nicht** festziehen. **Achtung:** Die Mutter darf bei freihängendem Rad nicht festgezogen werden, sonst verwindet sich die Metallhülse des Gummilagers.
- Fahrzeug ablassen.
- Selbstsichernde Mutter mit **15 Nm** anziehen. Anschließend Mutter mit starrem Schlüssel um **90°** (1/4 Umdrehung) weiterdrehen.

Stabilisator aus- und einbauen

Ausbau

- Fahrzeug aufbocken, siehe Seite 249.
- 2 Haltebügel von der Karosserie abschrauben, vorher Sicherungsbleche aufbiegen.

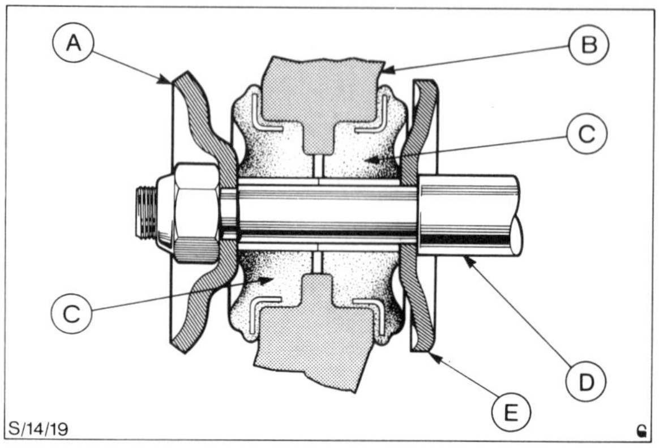

S/14/19

- Befestigungsmutter für Stabilisator –D– an beiden Querlenkern –B– abschrauben und mit vorderer Scheibe –A– und Gummilager –C– abnehmen.
- Einen Querlenker vom Vorderachs-Motorträger abschrauben, Bolzen herausziehen.
- Stabilisator aus den Querlenkern herausziehen. Hintere Gummilager –C– und Scheiben –E– abnehmen.
- Gummilager für die Haltebügel vom Stabilisator abziehen.

Einbau

- Gummilager für Haltebügel auf den Stabilisator aufschieben. In den Gummilagern befinden sich Metallhülsen, die das Aufschieben erleichtern.
- Schwarze, hintere Scheiben –E– und hintere Gummilager –C– aufschieben und Stabilisator in die Querlenker einsetzen. Vordere Gummilager und gelbe Tellerscheiben aufschieben und mit neuer selbstsichernder Mutter und **80 Nm** anschrauben.

Achtung: Die Scheiben müssen mit der Wölbung vom Querlenker weg zeigen, siehe auch Abbildung S 14/19. Die federnden Gummilager sollen Fahrbahnstöße aufnehmen und haben daher ein merkbares Spiel in Längsrichtung. Die vordere Tellerscheibe ist gelb und hat eine stärkere Wölbung als die hintere schwarze Scheibe.

- Querlenker am Vorderachs-Motorträger anschrauben, Mutter **nicht festziehen.**
- Stabilisator mit Haltebügeln an den Längsträgern anschrauben, **nicht festziehen.** Auf richtigen Sitz der Haltebügel in den Gummilagern achten.
- Fahrzeug ablassen.
- Befestigungsmutter für Querlenker am Motorträger mit **15 Nm** anziehen. Anschließend Mutter mit starrem Schlüssel **90°** (1/4 Umdrehung) weiterdrehen ohne abzusetzen.
- Sicherungsbleche einsetzen. Schrauben an den Haltebügeln mit **50 Nm** anziehen, Sicherungsbleche umbiegen.

Wartung an der Vorderachse

W

Staubkappen der Achsgelenke prüfen

- Staubkappen mit Lampe auf Beschädigungen überprüfen, dabei auf Fettspuren an den Kappen und in deren Umgebung achten.
- Ist bereits Schmutz durch eine beschädigte Staubkappe in das Gelenk eingedrungen, so muß das jeweilige Gelenk ersetzt werden.
- Radmuttern mit vorgeschriebenem Anzugsmoment von 100 Nm anziehen.

Die Hinterachse

Der FORD SIERRA besitzt eine Schräglenker-Hinterachse mit Einzelradaufhängung. Zur Abfederung dienen Schraubenfedern und hydraulische Stoßdämpfer. Bei Limousinen sind die Stoßdämpfer hinter den Schraubenfedern an den Schräglenkern befestigt. Beim TURNIER sind die Stoßdämpfer dagegen in der Mitte der Federn angeordnet.

Die Schräglenker sind mit je 2 Gummilagern am Hinterachs-Querträger befestigt und der Querträger über 2 Gummilager mit Führungsplatten am Aufbau montiert.

Die geteilte Gelenkwelle ist mit der Getriebeantriebswelle und dem Flansch des Antriebskegelrades verbunden. Sie überträgt die Motorkraft vom Getriebe über das Ausgleichgetriebe und die Achswellen auf die Hinterräder. In der Mitte wird die Gelenkwelle durch ein Kugellager gelagert. Dieses Lager ist in Gummi eingefaßt und in einem Gehäuse an der Bodengruppe der Karosserie befestigt.

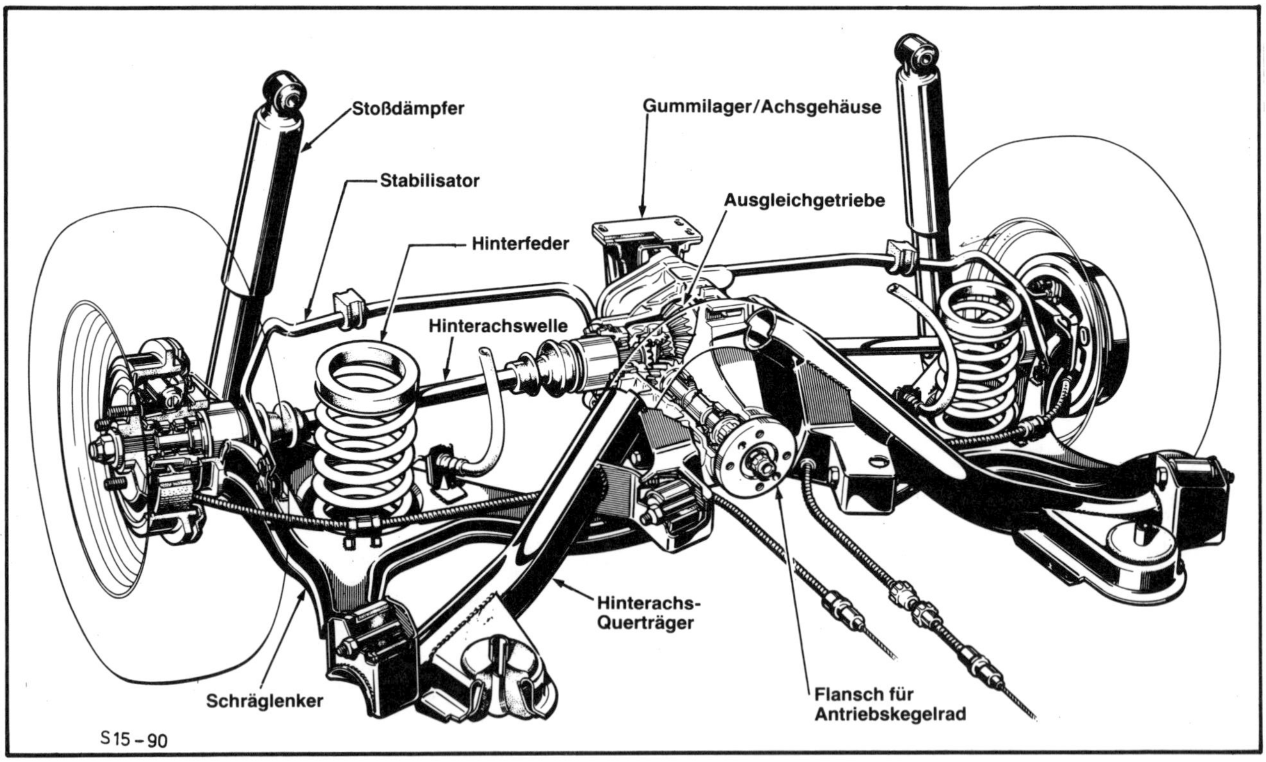

Gelenkwelle aus- und einbauen

Ausbau

- Handbremse anziehen.
- Fahrzeug aufbocken, siehe Seite 249.
- Gelenkwelle hinten mit einem Wagenheber und Holzzwischenlage unterstützen.

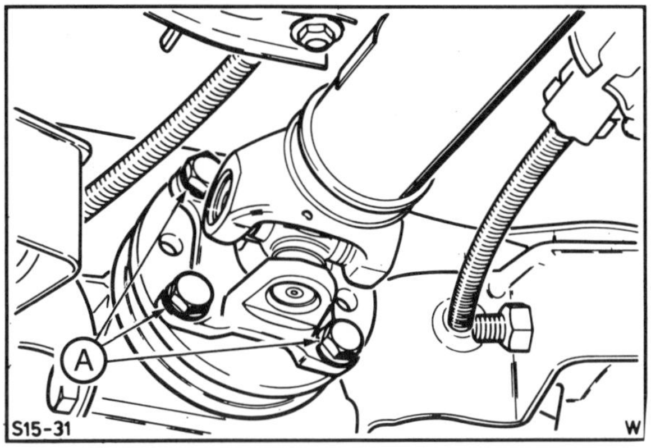

- 4 Schrauben –A– am Flansch für das Antriebskegelrad herausdrehen.

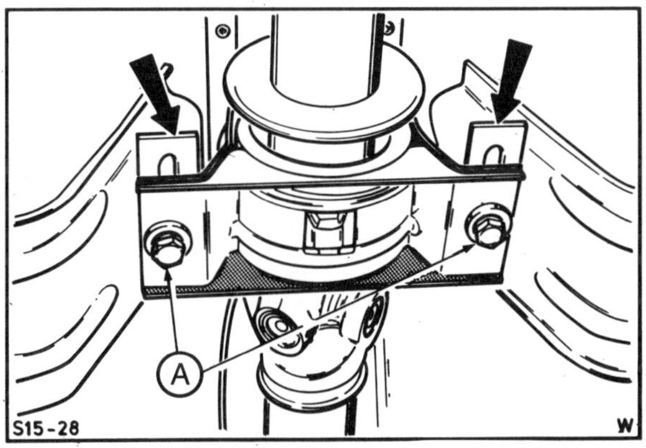

- Mittellager abschrauben –A–.

Achtung: Die zwischen Mittellagergehäuse und Bodengruppe montierten Distanzscheiben –Pfeile– müssen beim Einbau der Gelenkwelle wieder beigelegt werden, da sonst der vordere und der hintere Teil der Gelenkwelle im falschen Winkel zueinander stehen.

- Wagenheber entfernen und Gelenkwelle komplett aus der Getriebeverlängerung ziehen. Damit kein Öl austreten kann, Öffnung mit Lappen verschließen.

Einbau

- Lappen aus der Öffnung der Getriebeverlängerung herausnehmen.
- Gelenkwelle vorsichtig einführen.

Achtung: Dabei darf der Dichtring nicht beschädigt werden.

- Gelenkwellen-Mittellager mit Distanzscheiben ansetzen und **lose** am Bodenblech anschrauben.
- Gelenkwelle am Flansch für das Antriebskegelrad anschrauben, dabei Schrauben mit neuen Federringen verwenden und mit 65 Nm festziehen.
- Mittellager parallel zur Gelenkwelle ausrichten und spannungsfrei mit 20 Nm festziehen.
- Getriebeölstand kontrollieren, gegebenenfalls Getriebeöl nachfüllen, siehe Seite 133.
- Fahrzeug ablassen.

Kugellager der Gelenkwelle auswechseln

Ausbau

- Gelenkwelle ausbauen.

Achtung: Stellung der beiden Gelenkwellenhälften zueinander mit Reißnadel kennzeichnen, damit sie später wieder richtig zusammengebaut werden können.

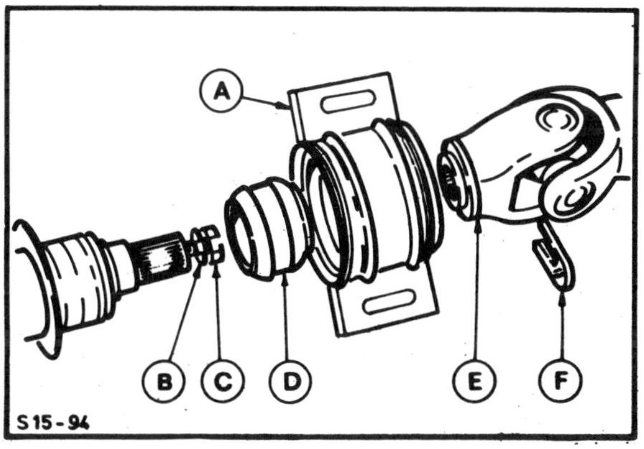

- Sicherungsblech –B– aufbiegen.
- Schraube –C– am Gabelstück lösen. Vorher Lage der U-Scheibe –F– mit Reißnadel kennzeichnen und U-Scheibe seitlich herausnehmen.

Achtung: Die Nadellager der Gelenkwellen-Gabelstücke dürfen nicht beschädigt werden, z. B. durch Schläge oder Herunterfallen, da sonst das Beugemoment der Kreuzgelenke nicht mehr innerhalb der Spezifikation liegt.

- Hinteren Teil der Gelenkwelle und Gummilager mit Gehäuse –A– vom Kugellager abziehen; –E– Gabelkopf.
- Kugellager zusammen mit den Schutzkappen –D– mit einem handelsüblichen Zweiarmabzieher von der Welle abziehen.

Einbau

- Hohlräume zwischen Kugellager und Schutzkappen mit FORD-Spezialfett S-M1C 4515–A füllen.
- Kugellager zusammen mit Schutzkappen mit einem geeigneten Rohrstück auf die Welle treiben.

Achtung: Die rote Dichtscheibe des Kugellagers (Doppeldichtung) muß zum Schiebestück zeigen.

- Gehäuse und Gummilager über das Kugellager schieben.
- Schraube mit Sicherungsblech so weit in die vordere Gelenkwelle einschrauben, daß die U-Scheibe sich gerade noch einschieben läßt.

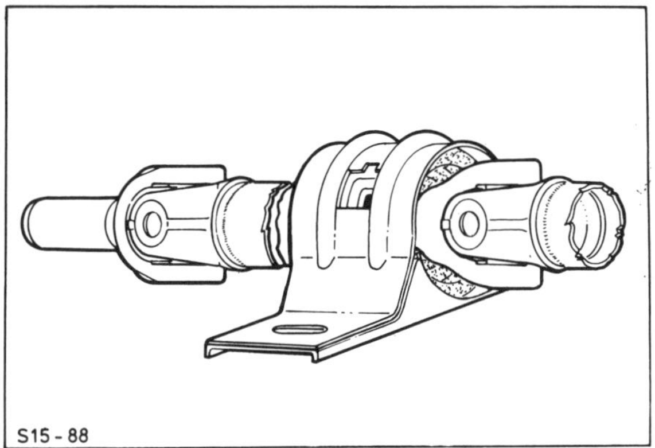

S15 - 88

- Beide Gelenkwellen zusammensetzen. Die Abbildung zeigt die Einbaulage.

Achtung: Gelenkwellen entsprechend der vorher angebrachten Markierung in der gleichen Stellung zueinander, wie vor dem Ausbau, montieren (Doppelzahn beachten). Dadurch wird Unwucht in der Gelenkwelle vermieden.

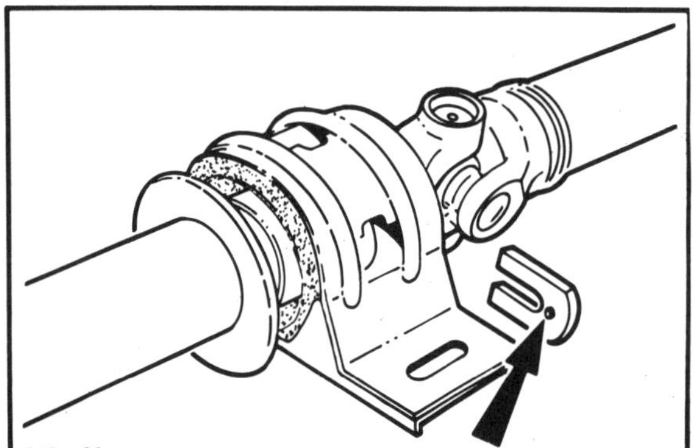

S15 - 89

- U-Scheibe entsprechend der angebrachten Markierung einschieben. Der Zapfen –Pfeil– muß dabei zur Verzahnung zeigen.
- Schraube mit 25 Nm festziehen, Sicherungsblech umbiegen.
- Gelenkwelle einbauen.

Stoßdämpfer hinten aus- und einbauen

Ausbau

- Gepäckraumabdeckung an der Heckklappe aushängen, nach hinten ziehen und herausnehmen. **TURNIER:** Hintere Rückenlehne nach vorn klappen, gegebenenfalls Gepäckraumboden vorn abschrauben.
- Abdeckung der oberen Stoßdämpferbefestigung abschrauben und seitlich herausziehen.
- Fahrzeug hinten aufbocken, siehe Seite 249.
- Limousine: Hinteres Rad abnehmen.
- Schräglenker mit Werkstattwagenheber und Holzzwischenlage unterstützen.

S15-39

- Stoßdämpfer oben abschrauben, Schraube herausziehen. **TURNIER:** Befestigungsmutter abschrauben, dabei Kolbenstange mit Innensechskantschlüssel gegenhalten.

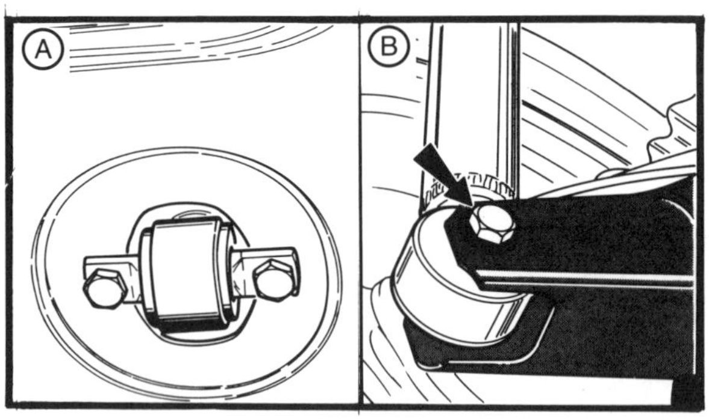

- Stoßdämpfer unten vom Schräglenker abschrauben. A–TURNIER, B–Limousine.
- Stoßdämpfer herausnehmen.

Einbau

Vor dem Einbau Stoßdämpfer prüfen.

- Stoßdämpfer einsetzen und unten am Schräglenker anschrauben.
- Stoßdämpfer auseinanderziehen, in die obere Stoßdämpferbefestigung einführen und anschrauben.
- Hinteres Rad montieren.
- Fahrzeug ablassen, Radmuttern mit 100 Nm anziehen.
- Stoßdämpferabdeckung anschrauben.
- Gepäckraumabdeckung einsetzen und an der Heckklappe einhängen, bzw. hintere Rückenlehne zurückklappen und Gepäckraumboden vorn anschrauben.

Stoßdämpfer prüfen

Der Stoßdämpfer kann von Hand geprüft werden.

- Stoßdämpfer ausbauen.
- Stoßdämpfer in Einbaulage halten, Stoßdämpfer auseinanderziehen und zusammendrücken.
- Der Stoßdämpfer muß sich über den gesamten Hub gleichmäßig schwer und ruckfrei bewegen lassen.
- Defekte Dämpfer erkennt man auch während der Fahrt an Poltergeräuschen.
- Bei einwandfreier Funktion sind geringe Spuren von Stoßdämpferöl kein Grund zum Austausch.
- Bei starkem Ölverlust Stoßdämpfer austauschen.

Stabilisator aus- und einbauen

Ausbau

- Radkappe abnehmen und Muttern an einem Hinterrad lösen.
- Fahrzeug hinten aufbocken, siehe Seite 249.
- Hinterrad abnehmen.

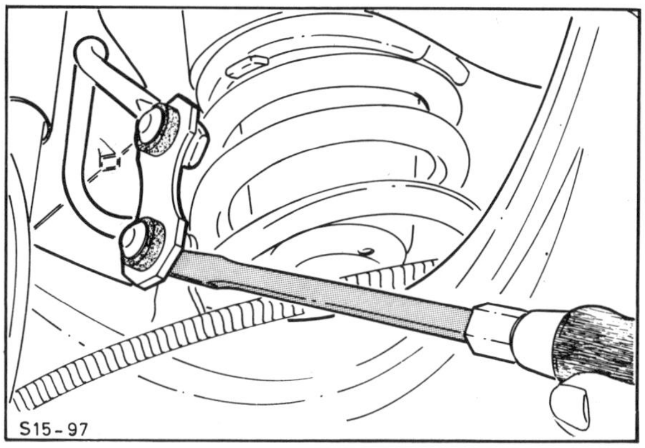
S15-97

- Verbindungslasche für Stabilisator am Schräglenker mit einem Schraubendreher ausclipsen.
- Haltebügel für Stabilisator abschrauben und aus dem Schlitz in der Karosserie herausziehen.
- Stabilisator komplett abnehmen.
- Geteilte Gummilager und Verbindungslaschen abnehmen bzw. abklipsen.

Einbau

- Gummilager der Verbindungslaschen schmieren, z. B. mit Seifenlauge, und am Stabilisator anklipsen.

Achtung: Zum Schmieren keinesfalls Fett oder Öl verwenden, da dies den Gummi angreift.

- Beide Gummilager für die Haltebügel am Stabilisator aufschieben.
- Stabilisator in Einbaulage bringen. Haltebügel in die Schlitze der Karosserie schieben und Schraube mit 20 Nm anziehen.
- Verbindungslaschen rechts und links am Schräglenker anclipsen.
- Rad einbauen, Fahrzeug ablassen.
- Radmuttern mit **100 Nm** festziehen, Radkappe montieren.

Radnabe hinten aus- und einbauen

Ausbau

- Radkappe abnehmen und Radmuttern lösen.
- Achsmutter lösen. **Achtung:** Dabei muß das Fahrzeug auf dem Boden stehen.
- Fahrzeug hinten aufbocken, siehe Seite 249.
- Radmuttern abschrauben und Hinterrad abnehmen.
- Bremstrommel ausbauen, siehe Seite 167.

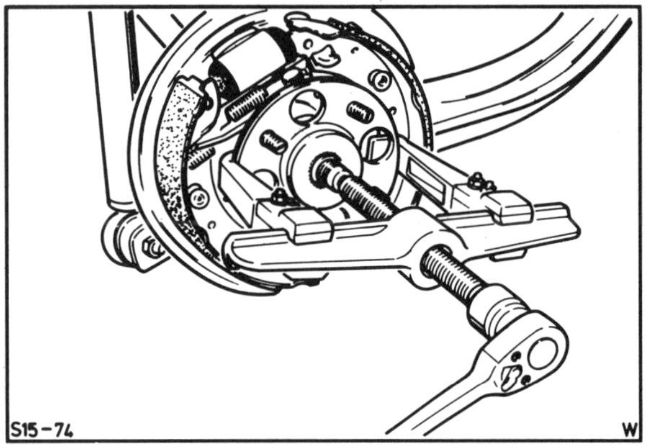

S15-74

- Achsmutter abschrauben und Achswellenflansch mit handelsüblichem Abzieher abziehen.
- Plastikabdeckung für äußeres Achsgelenk an der Rückseite des Bremsträgers ausclipsen und abnehmen, siehe auch Abbildung S 15-64 auf Seite 149.

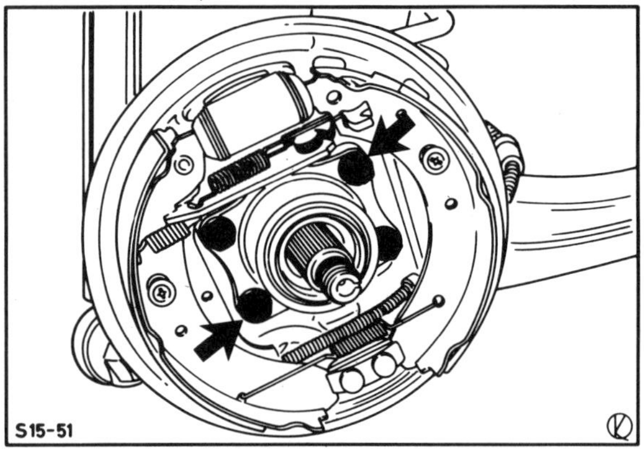

S15-51

- Radnabe mit 4 Schrauben abschrauben und herausnehmen. **Achtung:** Um eine Beschädigung der Bremsleitung zu vermeiden, Bremsträger lose mit 2 Schrauben –Pfeile– am Schräglenker befestigen.

Einbau

- 2 Halteschrauben am Bremsträger herausdrehen.
- Radnabe einsetzen und mit Bremsträger zu den Gewindebohrungen am Schräglenker ausrichten. Befestigungsschrauben einsetzen und mit 60 Nm festziehen.
- Plastikabdeckung für äußeres Achsgelenk mit 2 Clips an den oberen beiden Radnabenschrauben befestigen.
- Achswellenflansch auf Achswellenstumpf schieben, Unterlegscheibe auflegen und **neue** Achsmutter beiziehen, **nicht festziehen.**
- Bremstrommel einbauen, siehe Seite 167.
- Hinterrad ansetzen, Radmuttern handfest anziehen.
- Fahrzeug ablassen und Radmuttern mit **100 Nm** festziehen.
- Achsmutter mit **270 Nm** festziehen und verstemmen. Ansatz der Mutter mit Stahldorn in die entsprechende Nut des Gewindes treiben.
- Radkappe einsetzen.

Radlager aus- und einbauen

Ausbau

- Radnabe ausbauen.

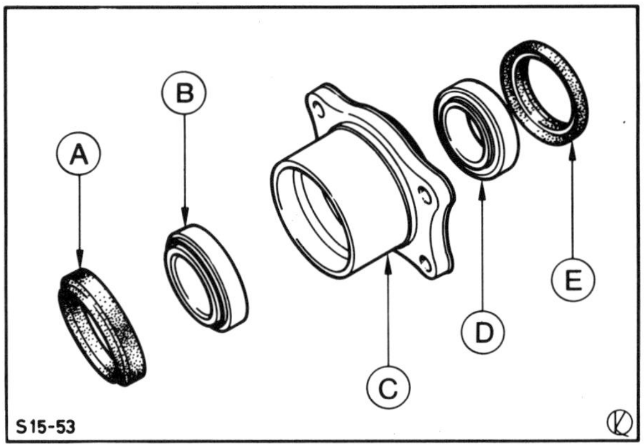

S15-53

- Radialdichtringe –A, E– mit einem Schraubendreher aus der Radnabe –C– heraushebeln. Beide Kegelrollenlager –B, D– herausnehmen.
- Lagerlaufringe mit Kupferdorn herausschlagen. Dabei Dorn kreisförmig an verschiedenen Stellen des Laufrings ansetzen, um ein Verkanten zu verhindern.

Achtung: Der Dorn muß in einwandfreiem Zustand sein, damit die Sitzflächen der Lagerlaufringe nicht beschädigt werden.

Einbau

- Sitze der Lagerlaufringe sowie Sitze der Radialdichtringe reinigen. Ist beim Heraustreiben ein Grat an den Sitzen entstanden, diesen entfernen.
- Lagerlaufringe mit einem geeigneten, kurzen Rohr vorsichtig bis zum Anschlag eintreiben. Innen- und Außendurchmesser des Rohres müssen dabei dem Laufring entsprechen.
- Lager mit Radlagerfett (z. B. Liqui Moly LM-320) füllen. Dabei müssen alle Hohlräume zwischen den Rollen mit Fett gefüllt sein.

Achtung: Raum zwischen den Lagern nicht mit Fett füllen. Zuviel Fett in der Radnabe wird am Radialdichtring herausgedrückt.

- Äußeres Lager –B– einsetzen und neuen Radialdichtring mit geeignetem Rohr eintreiben. Vorher Hohlräume zwischen den Dichtlippen mit Fett füllen. Dadurch wird der Dichtlippenverschleiß verringert.
- Inneres Lager –D– mit Dichtring –E– auf dieselbe Weise einsetzen.
- Radnabe einbauen.

Hinterachswelle aus- und einbauen

Nur Modelle ohne ABS

Ausbau

- Radnabe ausbauen.

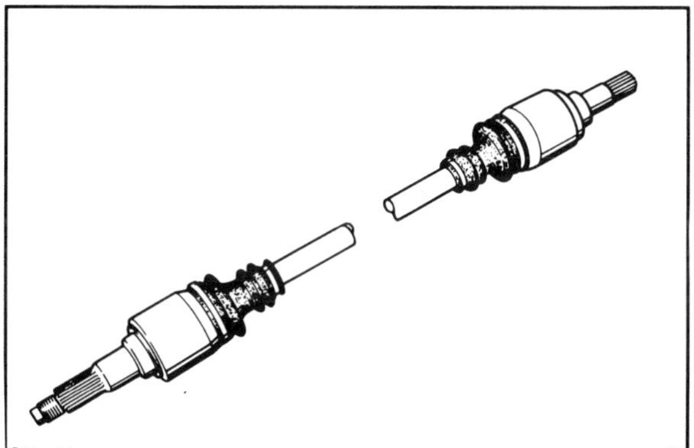

S15-71 W

- Hinterachswelle aus dem Ausgleichgetriebegehäuse herausziehen und durch den Bremsträger herausnehmen.

Achtung: Die Hinterachswelle darf nur ganz wenig abgewinkelt werden. Der maximal zulässige Beugungswinkel der Tripodegelenke beträgt in ausgebautem Zustand 13°.

Einbau

- Hinterachswelle durch Bremsträger einführen und mit Vielkeilverzahnung in das Ausgleichgetriebe einsetzen.
- Radnabe einbauen.

Hinterachswelle zerlegen/ Gummimanschette auswechseln

Nur Modelle ohne ABS

Defekte Gummimanschetten sofort erneuern. Zum Erneuern der Schutzhülle muß die Achswelle zerlegt werden. Falls Schmutz in das Fett eingedrungen ist, Gelenk auswaschen und mit neuem Spezialfett schmieren.

Zerlegen

- Hinterachswelle ausbauen.
- Schellen an den Gummimanschetten lösen. **Achtung:** Sind Klemm- oder Drahtschellen montiert, diese mit Seitenschneider durchkneifen und beim Einbau entsprechende Schraubschellen verwenden.

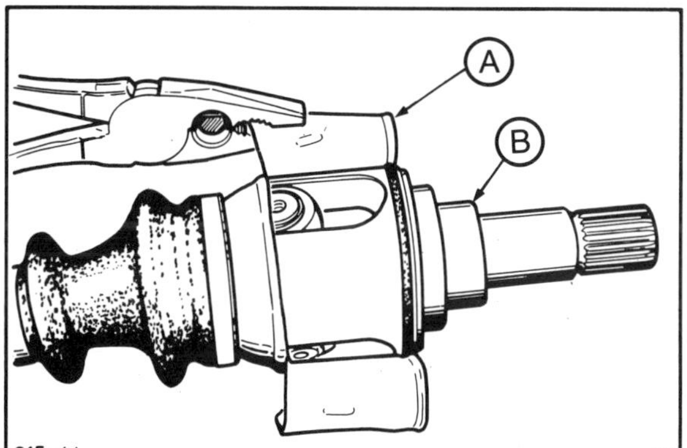

S15-44 W

- Verschlußkappe –A– längs aufsägen und mit einer Zange aufrollen. Achswellenstumpf –B– mit Druckfeder abnehmen.
- Sitz des Tripodegelenks zur Welle für den Wiedereinbau kennzeichnen.
- Sicherungsring außen am Tripodegelenk entfernen.

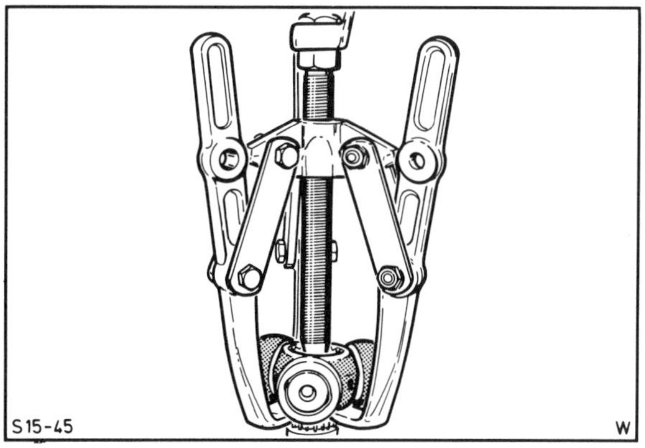

S15-45 W

- Gummimanschetten sowie Rest der Verschlußkappe auf der Welle zurückschieben.

Achtung: Zum Erneuern der Gummimanschetten braucht nur ein Gelenk ausgebaut zu werden. Grundsätzlich beide Manschetten auswechseln, auch wenn nur eine beschädigt ist.

- Tripodegelenk mit handelsüblichem Dreiarmabzieher abziehen.

- Kunststoffscheibe und Verschlußkappe sowie Gummimanschetten von der Welle abnehmen.
- O-Ring vom Tripodegelenkstück abhebeln.
- Zweites Gelenk, falls erforderlich, auf die gleiche Weise abbauen.

Zusammenbau

- Neue Gummimanschetten mit Verschlußkappe(n) und neuen Schellen auf die Welle schieben.
- Kunststoffscheibe aufschieben, dabei zeigt die nach außen gewölbte Seite zur Wellenmitte hin.
- Tripodegelenk mit einem geeigneten Rohr auf die Achswelle schlagen. Dabei die beim Ausbau angebrachte Kennzeichnung beachten.

Achtung: Beide Tripodegelenke müssen versetzt zueinander auf der Welle montiert werden.

- Sicherungsring einsetzen.
- Neuen O-Ring am Tripodegelenkstück aufschieben, siehe Abbildung S 15-48.
- Achswellenstumpf mit Druckfeder an das Tripodegelenk ansetzen und mit ca. 15 g Spezialfett schmieren. Fett-Spezifikation: S-M1C75-A oder SQM-1C9004-A von FORD oder Mobil-Fett Rex E 22.

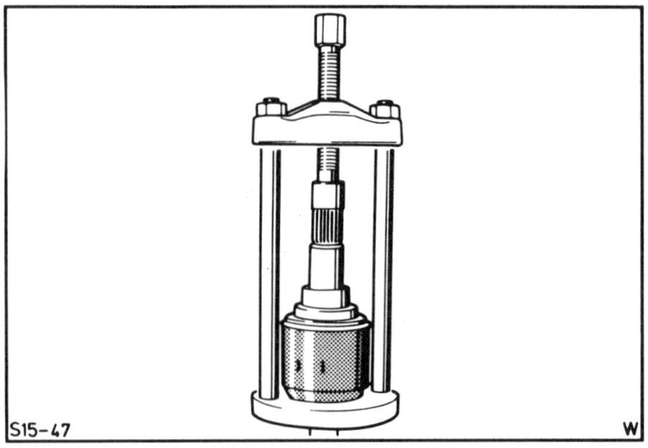

S15-47 W

- Verschlußkappe mit geeignetem Abzieher auf den Wellenstumpf ziehen.

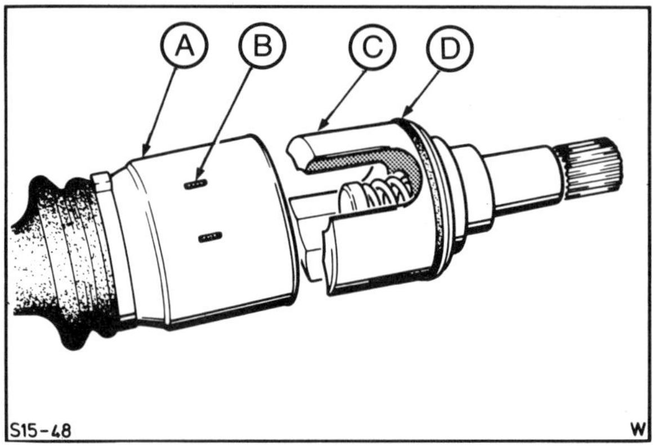

S15-48 W

Achtung: Die 6 Einkerbungen –B– auf der Verschlußkappe –A– müssen bei der Montage der Verschlußkappe zwischen die Laufbahnen des Tripodegelenkstücks –C– geführt werden. Beim Aufziehen der Verschlußkappe O-Ring –D– nicht beschädigen.

- Verschlußkappe an 3 Stellen umbördeln.
- Abzieher entfernen und Verschlußkappe auf dem gesamten Umfang umbördeln.
- Tripodegelenke nochmals mit Spezialfett füllen.

Füllmengen: 1,6-l-Limousine: **65 g**; 1,6-l-Turnier sowie 2,0-l-Limousine und Turnier: **85 g**. Da die Gelenkstücke bereits mit ca. 15 g Fett geschmiert wurden, beträgt die Gesamtfüllmenge 80 ± 10 g beziehungsweise 100 ± 10 g.

- Gummimanschetten auf die Verschlußkappen schieben und mit Schellen befestigen.

Hinterfeder aus- und einbauen

Ausbau

- Am Hinterrad Radkappe abnehmen und Radmuttern lösen.
- Fahrzeug hinten aufbocken, siehe Seite 249.
- Hinterrad abnehmen.
- Bremstrommel ausbauen, siehe Seite 167.

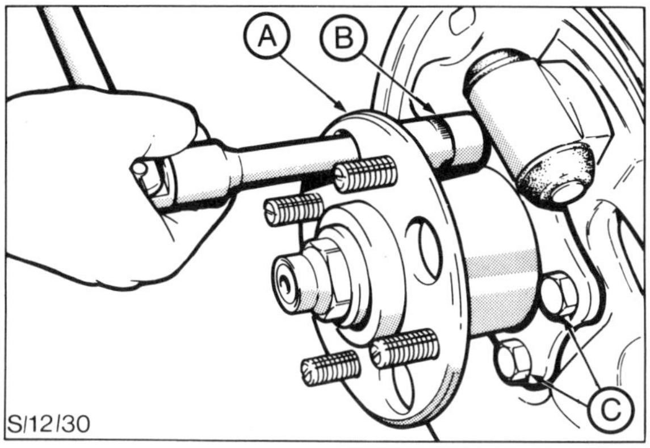

- 4 Befestigungsschrauben –C– für Radnabe mit Steckschlüssel –B– herausdrehen. Dazu Achswellenflansch –A– so verdrehen, daß sich eine Öffnung jeweils über dem Schraubenkopf befindet.

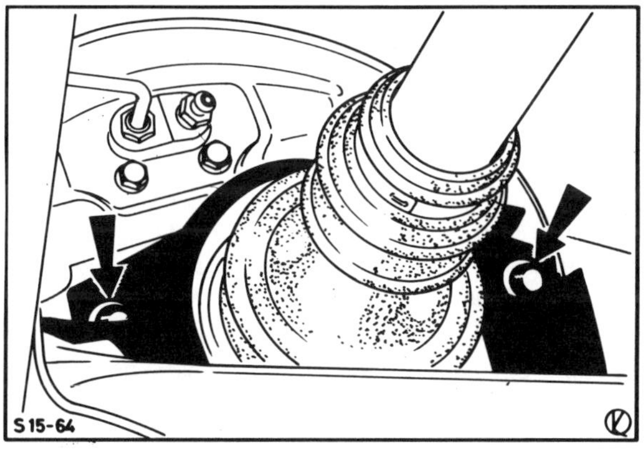

- Plastikabdeckung für äußeres Achsgelenk ausclipsen –Pfeile– und herausnehmen. Dazu Klemmringe mit Schraubendreher von den Schrauben abhebeln.

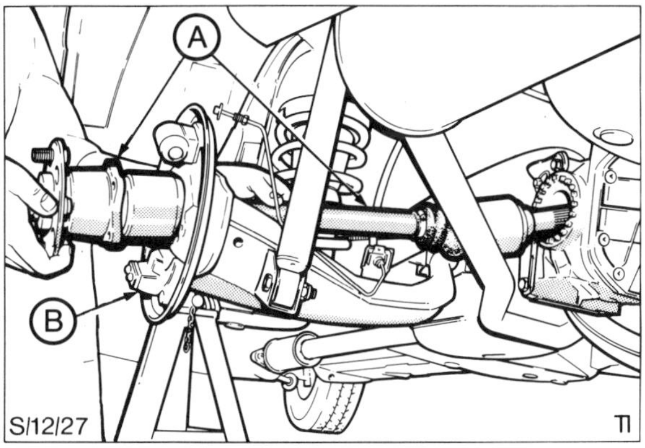

- Achswelle –A– komplett durch den Bremsträger –B– herausziehen. Dabei Achswelle führen, damit sie nicht nach unten durchhängt.

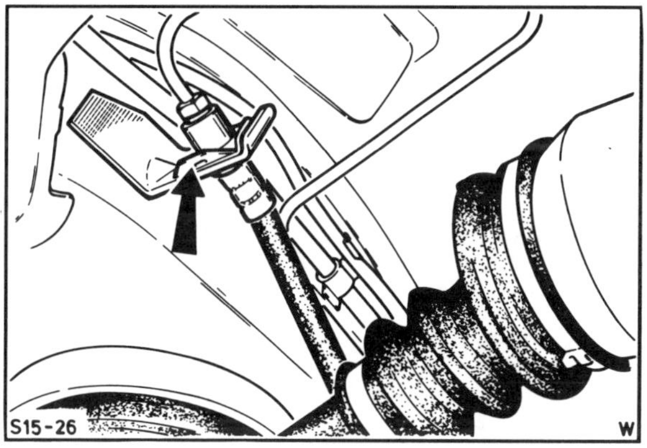

- U-Sicherung –Pfeil– herausziehen und Bremsleitung vom Halter abnehmen. **Achtung:** Bremsleitung nicht öffnen, sonst muß die Bremsanlage entlüftet werden.
- Schräglenker mit Werkstattwagenheber so weit abstützen, bis die Schraubenfeder belastet ist.
- **TURNIER:** Stoßdämpfer ausbauen, **Limousine:** Stoßdämpfer nur unten ausbauen, siehe Seite 144.

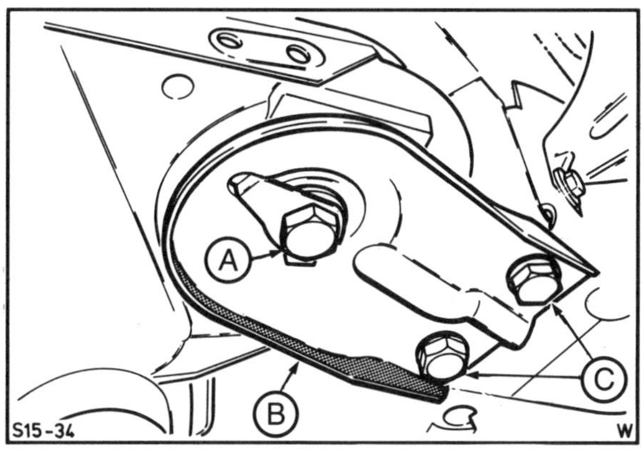

- Hinterachs-Querträger an einer Seite von der Bodengruppe abschrauben. Dazu Sicherungsblech aufbiegen und Bolzen –A– am Gummilager herausdrehen. Anschließend Führungsplatte –B– mit 2 Schrauben –C– von der Bodengruppe abschrauben.

- Schräglenker absenken und Hinterradfeder mit Auflagegummi herausnehmen.

Einbau

- Hinterradfeder mit Auflagegummi in den Schräglenker einsetzen und mit Wagenheber anheben. Dabei auf richtigen Sitz der Schraubenfeder in der Führung achten. **Turnier:** Mit der Hinterradfeder gleichzeitig Stoßdämpfer einsetzen, siehe Seite 144.
- Führungsplatte für Hinterachs-Querträger ansetzen, Bolzen in das Gummilager reindrehen und mit 80 Nm festziehen; Sicherungsblech umbiegen. Führungsplatte mit 2 Schrauben und 45 Nm an die Bodengruppe anschrauben.
- Bremsleitung am Halter einhängen und mit Clip sichern.
- 2 Halteschrauben aus dem Bremsträger herausdrehen und Hinterachswelle mit Radnabe komplett einsetzen.
- Radnabe mit 4 **neuen** Schrauben am Schräglenker befestigen; Anzugsdrehmoment **60 Nm.**
- Plastikabdeckung für äußeres Achsgelenk einsetzen und mit 2 Clips an den beiden oberen Schrauben befestigen.
- Bremstrommel einbauen, siehe Seite 167.
- Hinterrad ansetzen, Radmuttern handfest anziehen.
- Fahrzeug ablassen, Radmuttern mit **100 Nm** anziehen und Radkappen aufsetzen.

W Wartung an der Hinterachse

Ölstand im Ausgleichgetriebe prüfen

Der Ölstand ist alle 20000 km zu überprüfen.

- Fahrzeug waagerecht aufbocken, siehe Seite 249.

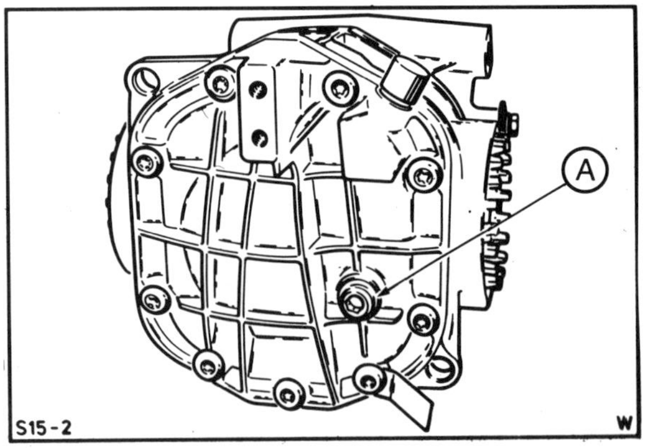

- Öleinfüllschraube –A– mit Innensechskantschlüssel herausdrehen.
- Ölstand prüfen.
  6,5"-/7"-Achse: Der Ölstand muß **10 mm** unterhalb der Unterkante der Einfüllöffnung liegen.
  7,5"-Achse: Der Ölstand muß an der Unterkante der Einfüllöffnung liegen.
- Zur Prüfung einen Draht ca. 15 mm rechtwinklig abbiegen. Im Abstand von 10 mm zur Biegestelle mit einem Seitenschneider eine Kerbe anbringen.
- Draht durch die Einfüllöffnung einführen und an die Unterkante der Öffnung anlegen.
- Anschließend Draht herausziehen und Flüssigkeitsstand ablesen.
- Falls erforderlich, Getriebeöl SAE 90 der FORD-Spezifikation SQMC-9002-AA nachfüllen. Hierfür ist eine Ölspritzkanne erforderlich. **Achtung:** Bei Fahrzeugen mit Sperrdifferential Getriebeöl der FORD-Spezifikation ESW-M2C-104-A verwerden.

Achtung: Getriebeöl ist ziemlich dickflüssig, deshalb nur eine kleine Menge einfüllen und anschließend einige Minuten warten bis das Öl herunterläuft und sich sammelt.

- Ölstand mit Meßdraht erneut prüfen.
- Öleinfüllstopfen mit 40 Nm festschrauben.

Ölfüllmenge: 6,5"-Achse:. . . . 0,8 l
7"-Achse: . . . . . 0,9 l
7,5"-Achse . . . . 1,3 l

Zuordnung der Achsen:

Motor / Modell	Achse
1,6-/1,8-l OHC Limousine	6,5" / 7"
1,6-/1,8-l OHC Turnier 1,6-/1,8-l-CVH 2,0-l OHC 1,8-l TD / 2,3-l D	7"
2,0-l DOHC	7" / 7,5"
2,9-l V6	7,5"

Die Lenkung

Die Lenkung besteht praktisch aus zwei Hauptgruppen: der Lenksäule mit dem Lenkrad und dem Lenkgetriebe mit den Spurstangen.

Die Zahnstange ist an jedem Ende über ein Kugelgelenk mit den Spurstangen verbunden. Die Spurstangen übertragen die Lenkkräfte über Spurstangengelenke auf die Lenkhebel des Schwenklagers und somit auf die Vorderräder.

Die Lenksäule besteht aus dem unter der Instrumententafel befestigten Mantelrohr und der darin geführten Lenkspindel. Die zweigeteilte Lenkspindel mit einem Verbindungsgelenk ist als Sicherheitslenksäule ausgebildet.

Die Zahnstangenlenkung ist leichtgängig und spielfrei von Anschlag zu Anschlag. Sie ist wartungsfrei, jedoch ist auf einwandfreie Abdichtung der Manschetten zu achten. Arbeiten an der Lenkung sollten der FORD-Werkstatt vorbehalten bleiben.

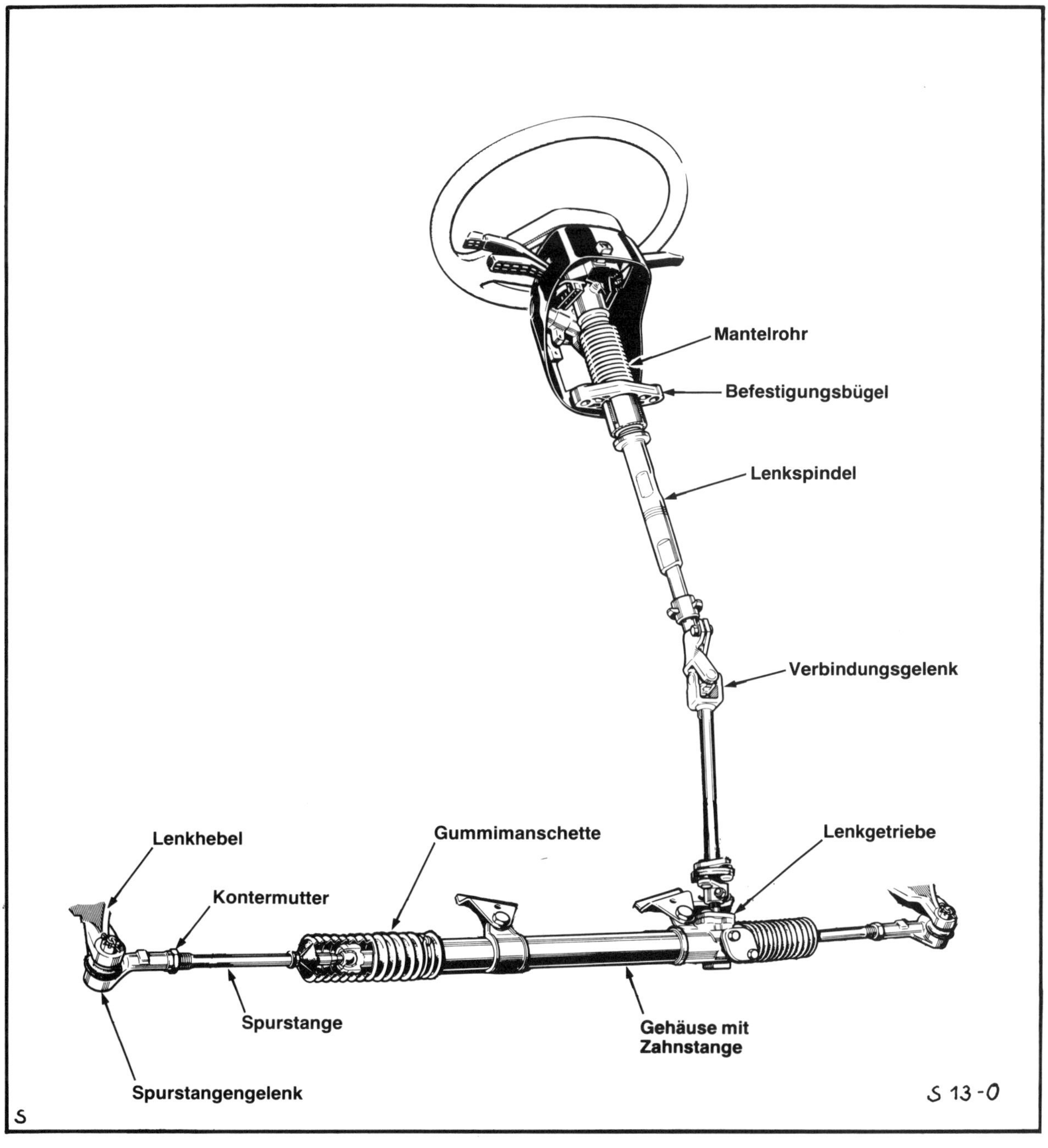

Lenkrad aus- und einbauen

Ausbau

- Räder in Geradeausstellung bringen.
- Kunststoff-Abdeckung von der Lenkradnabe abhebeln.

- Gegebenenfalls Schalter für Horn ausbauen. Hierzu beide Schalterkabel vom Schleifring abklemmen, Befestigungsschrauben –Pfeile– herausdrehen und Schalter abnehmen.
- Mutter für Lenkrad abschrauben.
- Lenkrad mit dem Handballen von der Lenksäule abschlagen.
- Lenkrad und Rückstellnocken für den Blinker abnehmen.

Einbau

- Rückstellnocken mit dem Stift nach oben einsetzen.
- Lenkrad ansetzen und den Kunststoff-Rückstellnocken so verdrehen, daß der Stift am Nocken in die Nut am Lenkrad eingreift.
- Lenkrad aufschieben und mit selbstsichernder Mutter auf den Sechskant der Lenksäule aufziehen. Mutter mit 30 Nm festziehen. Dabei Lenkschloß mit Zündschlüssel entriegeln, damit es beim Anziehen der Mutter nicht verklemmt.
- Falls ausgebaut, Schalter in das Lenkrad einsetzen und mit 2 Schrauben befestigen. Kabel am Schleifring anschließen.
- Lenkradabdeckung aufdrücken.
- Gegebenenfalls Hornschalter auf Funktion prüfen.

Spurstangengelenk aus- und einbauen/Gummimanschette auswechseln

Ausbau

- Radmuttern lösen.
- Fahrzeug vorn aufbocken, siehe Seite 249.
- Rad abnehmen.
- Schraubschellen der Gummimanschetten lösen und zurückschieben. Sind Klemm- oder Drahtschellen montiert, diese durchkneifen und beim Einbau durch Schraubschellen ersetzen.

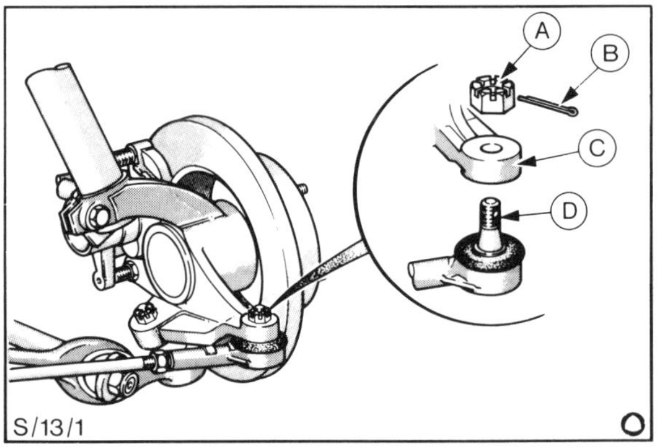

- Spurstangengelenk –D– vom Lenkhebel –C– abschrauben, dazu Splint –B– herausziehen und Kronenmutter –A– lösen. **Achtung:** Kronenmutter nicht abschrauben, damit beim Herausdrücken des Gelenks der Gewindeansatz des Bolzens nicht beschädigt wird.

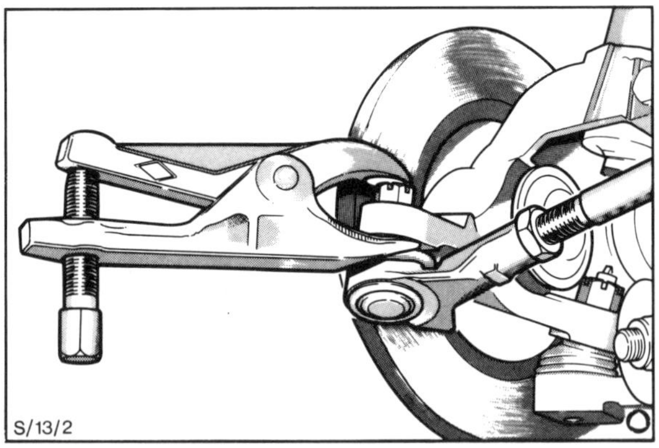

- Spurstangengelenk mit handelsüblichem Ausdrücker herauspressen und Kronenmutter abschrauben.
- Kontermutter lösen und Spurstangengelenk von der Spurstange abschrauben. **Achtung:** Umdrehungen notieren und Gelenk beim Einbau gleich weit einschrauben.
- Kontermutter abschrauben und Gummimanschette abziehen.

Einbau

Achtung: Linkes und rechtes Spurstangengelenk nicht verwechseln. Der Ansatz am Gelenk muß in eingebautem Zustand nach hinten zeigen.

- Spurstange leicht einfetten und **neue** Manschette mit **neuen** Schraubschellen aufziehen.
- Kontermutter aufschrauben.
- Spurstangengelenk entsprechend den gezählten Umdrehungen aufschrauben.
- Gelenk in den Lenkhebel einsetzen.
- Kronenmutter mit 25 Nm anziehen und mit neuem Splint sichern. Geht der Splint nicht durch die Bohrung, Mutter weiter festziehen, **nicht** lösen.
- Rad montieren.
- Fahrzeug ablassen und Radmuttern mit 100 Nm festziehen.
- Spureinstellung überprüfen, gegebenenfalls korrigieren.
- Kontermutter mit 60 Nm festziehen.
- Gummimanschette mit neuen Schraubschellen befestigen.

Die Lenkhilfe

Die hydraulische Lenkhilfe besteht aus einer Flügelzellen-Ölpumpe, einem Ölvorratsbehälter und einem Ölkühler.

Die Ölpumpe befindet sich im Vorratsbehälter; Dieselfahrzeuge besitzen einen separaten Vorratsbehälter. Die Ölpumpe saugt das Hydrauliköl aus dem Vorratsbehälter an und fördert es über eine Druckleitung zum Steuerventil. Das Steuerventil sitzt im Lenkgetriebe. Es ist mit der Lenkspindel mechanisch verbunden und leitet das Öl je nach Lenkeinschlag in die entsprechende Seite des Arbeitszylinders. Dort drückt das Öl gegen den Zahnstangenkolben und unterstützt dadurch die Lenkbewegung. Gleichzeitig preßt der Kolben das Öl auf der anderen Seite des Arbeitszylinders über die Rücklaufnut des Steuerventils durch den Ölkühler zurück zum Vorratsbehälter.

Lenkhilfe entlüften

Luft im Hydrauliksystem macht die Lenkhilfe unwirksam. Die Luft kann eintreten bei Reparaturen, wenn die Anlage geöffnet wird, oder durch Undichtigkeiten, wenn aufgrund des Ölverlustes die Pumpe Luft ansaugt.

- Verschlußkappe des Vorratsbehälters öffnen und Hydrauliköl der FORD-Spezifikation SQM2C-9010-A einfüllen, bis der vorgeschriebene Stand bei kaltem Öl erreicht wird.

Achtung: Das Hydrauliköl darf vor dem Einfüllen nicht geschüttelt werden, damit sich keine Blasen bilden und muß langsam eingefüllt werden.

- Minus-Anschluß, Klemme 1, von der Zündspule abklemmen. Bei Fahrzeugen mit Dieselmotor Kabel vom Kraftstoffabschaltventil abziehen und isoliert ablegen.
- Motor mehrmals ca. 2 Sekunden starten und dabei das Lenkrad von Anschlag zu Anschlag drehen (Helfer!). Gleichzeitig laufend Öl nachfüllen, bis sich der Ölstand stabilisiert und keine Luftblasen mehr aufsteigen.

Achtung: Der Flüssigkeitsstand darf dabei nicht so weit sinken, daß die Pumpe Luft ansaugt.

- Ölstand prüfen und gegebenenfalls berichtigen; Verschlußdeckel aufschrauben.
- Elektrische Leitung an Zündspule beziehungsweise an Kraftstoffabschaltventil anschließen.
- Nach Probefahrt Leitungsanschlüsse, Gummimanschetten, Lenkgetriebe sowie Pumpe auf Undichtigkeiten überprüfen.
- Ölstand bei betriebswarmer Lenkhilfe nochmals kontrollieren.

Ölstand für Lenkhilfe kontrollieren

Der Ölstand kann bei betriebswarmer oder kalter Lenkhilfe geprüft werden. Falls erforderlich, Hydrauliköl gemäß FORD-Spezifikation SQM2C-9010-A nachfüllen.

Benzinmotor

- Deckel des Vorratsbehälters abnehmen.
- Ölmeßstab mit sauberem, nicht fusselndem Lappen abwischen und Deckel einschrauben.
- Deckel wieder abnehmen und Ölstand am Meßstab ablesen. Gegebenenfalls vorgeschriebenes Hydrauliköl nachfüllen.

Achtung: Liegt der Ölstand weit unter der Markierung oder muß häufig Öl nachgefüllt werden, so ist die Lenkhilfe auf Undichtigkeit zu untersuchen.

- Je nach Motorversion ist die Lenkhilfe mit einem von 2 unterschiedlichen Meßstäben ausgerüstet.

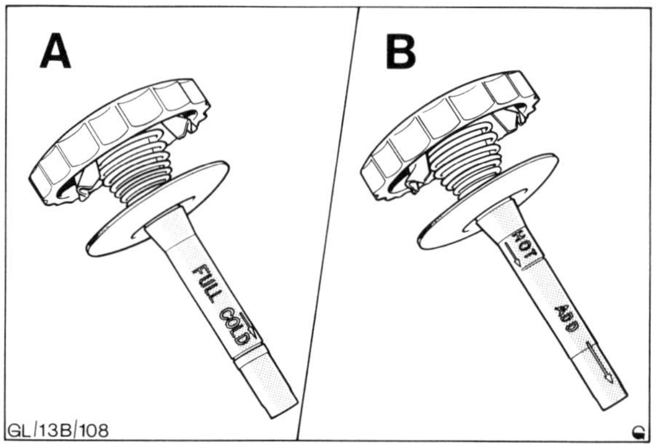

- Meßstab 1 hat die Markierungen HOT –B– und auf der Rückseite FULL COLD –A–. Bei betriebswarmem Öl soll sich der Ölstand an der Markierung HOT befinden. In kaltem Zustand soll das Öl bei der Markierung FULL COLD stehen.
- Meßstab 2 besitzt die Markierungen MIN und MAX, wobei MAX den Ölstand bei warmem Öl angibt und MIN der Sollwert für kaltes Öl ist.

Dieselmotor

Dieselfahrzeuge besitzen einen separaten Nachfüllbehälter, der am linken Stehblech befestigt ist. Dieser Behälter ist durchsichtig und außen mit MIN- und MAX-Markierungen versehen. Der Ölstand kann daher von außen am Vorratsbehälter abgelesen werden.

- Die MAX-Markierung gibt den Sollwert für warmes Hydrauliköl an, die MIN-Markierung den Sollwert für kaltes Öl.

Achtung: Bei der Ölstandskontrolle bzw. -berichtigung in kaltem Zustand ist immer eine nochmalige Kontrolle bei betriebswarmer Lenkhilfe erforderlich.

Wartung an der Lenkung

Manschetten für Spurstangen prüfen

- Motorhaube öffnen und Manschetten von oben prüfen.
- Auf sichtbare Fettspuren (ölig glänzender Schmutz) an den Manschetten und in deren Umgebung achten.
- Festen Sitz der Schraub- oder Klemmschellen prüfen.
- Gummi der Manschette auf Porosität oder Risse untersuchen, dabei Räder nach beiden Seiten einschlagen.
- Unterseite der Manschetten mit Lampe kontrollieren, hierbei entweder Spiegel benutzen oder Fahrzeug vorn aufbocken.
- Defekte Manschetten umgehend auswechseln.

Lenkungsspiel prüfen/einstellen

- Fahrzeug auf den Rädern stehen lassen.
- Am Lenkrad durch Prüfen von Hand beurteilen, ob die Lenkung in der Mittelstellung spielfrei ist. Ein Spiel ist nicht zulässig.
- Ein Nachstellen der Lenkung ist in der Regel nicht erforderlich. Sollte trotzdem festgestellt werden, daß die Lenkung zuviel Spiel hat, dann ist eine Fachwerkstatt aufzusuchen, die eine genaue Prüfung des Lenkgetriebes vornehmen kann.

Staubkappen für Spurstangengelenke prüfen

- Fahrzeug vorn aufbocken, siehe Seite 249.
- Staubkappen mit Lampe auf Beschädigungen überprüfen, dabei auf Fettspuren an den Kappen und in deren Umgebung achten.
- Ist bereits Schmutz durch eine beschädigte Staubkappe in das Gelenk eingedrungen, so muß das jeweilige Gelenk ersetzt werden.
- Befestigungsmutter des Spurstangengelenks sowie Sicherungssplint auf festen Sitz überprüfen.

Spurstangengelenk auf Spiel überprüfen

- Räder in Geradeaus-Stellung, Motorhaube öffnen.
- Durch Helfer die Lenkung bewegen lassen, und zwar kurze schnelle Lenkeinschläge im Bereich der Mittelstellung.
- Bewegt sich dabei die Spurstange, ohne daß gleichzeitig der Lenkhebel mitgenommen wird, so ist das Spurstangengelenk ausgeschlagen.

Die Fahrzeugvermessung

Optimale Fahreigenschaften und geringster Reifenverschleiß sind nur dann zu erzielen, wenn die Stellung der Räder einwandfrei ist. Bei anomaler Reifenabnutzung sowie mangelhafter Straßenlage – bei schlechter Richtungsstabilität in Geradeausfahrt sowie schlechten Lenkeigenschaften in Kurvenfahrt – sollte die Werkstatt aufgesucht werden, um den Wagen optisch vermessen zu lassen.

Wo solch eine Gesamtvermessung nicht möglich ist, werden lediglich Sturz und Spur der Vorderräder überprüft.

Mehr als diese Prüfung von Sturz und Spur ist auch außerhalb der Werkstätten kaum durchzuführen. Ich beschränke mich deshalb auf die Beschreibung nur dieser Messungen, wobei zunächst die theoretischen Grundbegriffe erklärt werden sollen.

Die Spur

In der Regel müssen Vorderräder Vorspur haben, weil sie – veranlaßt durch Sturz und Rollwiderstand – in Geradeausfahrt etwas nach außen laufen, da Spiel in den Radlagern, Radaufhängungen und Spurstangengelenken vorhanden ist. Die Vorspur kompensiert das Bestreben der Vorderräder, nach außen zu laufen. Für die Vorspur werden die Räder so eingestellt, daß sie – in Höhe des Radmittelpunktes gemessen – vorn etwas enger zusammenstehen als hinten.

Nachspur bedeutet, daß die Vorderräder, gemessen in Höhe des Radmittelpunktes, vorn etwas weiter auseinanderstehen als hinten.

Der FORD SIERRA wird auf Vorspur eingestellt. Nachspur ist nur zulässig, solange sie innerhalb des Toleranzbereiches liegt, siehe auch unter „Einstellwerte".

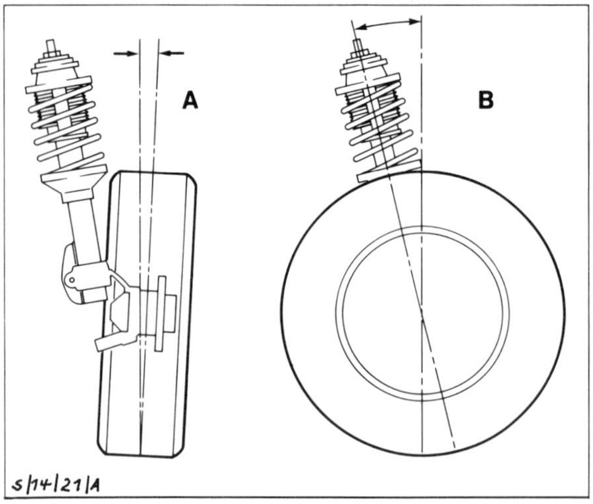

Der Sturz

Der Sturz vermindert die Übertragung von Fahrbahnstößen auf die Lenkung und hält bei Kurvenfahrt die Reibung möglichst gering.

Sturz –A– ist der Winkel, um den die Radebene von der Senkrechten abweicht. Die Vorderräder stehen also schräg, und zwar im Radaufstandspunkt mehr zusammen als oben.

Durch den Sturz- und Spreizwinkel werden die Berührungspunkte der Räder auf der Fahrbahn näher an die Schwenkachse des Achsschenkels herangebracht. Damit wird der sogenannte Lenkrollhalbmesser klein gehalten. Je kleiner der Lenkrollhalbmesser ist, desto leichtgängiger ist die Lenkung. Auch die Fahrbahnstöße wirken sich wesentlich schwächer auf das Lenkgestänge aus.

Nachlauf

Der Nachlauf –B– beeinflußt maßgeblich die Geradeausführung der Vorderräder. Zu geringer Nachlauf begünstigt ein Abweichen aus der Fahrtrichtung auf schlechten Straßen und bei Seitenwind, läßt überdies nach der Kurvenfahrt die Lenkung nicht weit genug zur Mittelstellung zurücklaufen. Der Nachlauf wird konstruktiv durch das Anwinkeln des Achsschenkels erreicht und ist nicht einstellbar, muß jedoch nach einer Reparatur des Vorderwagens oder des Vorderachskörpers kontrolliert werden (Werkstattarbeit!).

Das Einstellen

Die Fahrzeugvermessung ist zweckmäßig mit einem optischen Achsmeßgerät, das wagenunabhängig arbeitet, durchzuführen. Für jede Vermessung müssen folgende Voraussetzungen erfüllt sein:

- Vorschriftsmäßiger Reifendruck.
- Genau ebene, waagerechte Meßfläche.
- Fahrzeug hat Leergewicht (mit Reserverad und 3 Litern aufgetankt).
- Kein unzulässiges Spiel im Lenkgestänge.
- Kein unzulässiges Spiel in der Radaufhängung.
- Fahrzeug mehrmals richtig durchfedern.
- Felgenhörner müssen einwandfrei sein.
- Gleichmäßiges und einwandfreies Reifenprofil.

Einstellwerte für Spur, Sturz und Nachlauf der Vorderachse

Spureinstellung:	
Toleranzbereich, bis Nachstellung erforderlich ist	−0,5 mm Nachspur) bis +4,5 mm (Vorspur)
Einstellwert	2,0 mm (Vorspur) ± 1,0 mm

Modell			Nachlauf		Sturz	
			Nenn-wert	Toleranz-bereich	Nenn-wert	Toleranz-bereich
LIMOUSINE	Standard	Alle, außer XR 4 × 4	1°52′	3°22′...0°52′	−0°21′	0°39′...−1°21′
	Verstärkt	Alle	1°53′	3°23′...0°53′	0°04′	1°04′...−0°56′
TURNIER	Standard	OHC	1°50′	3°20′...0°50′	−0°19′	0°41′...−1°19′
		V6 und Diesel außer 4 × 4	1°44′	3°14′...0°44′	−0°25′	0°35′...−1°25′
	Standard mit Niveau-Regulierung	OHC	1°48′	3°18′...0°48′	−0°19′	0°41′...−1°19′
		V6 und Diesel	1°42′	3°12′...0°42′	−0°25′	0°35′...−1°25′
	Verstärkt	OHC und V6	2°07′	3°37′...1°07′	0°05′	1°05′...−0°55′
		Diesel	1°58′	2°56′...0°56′	−0°06′	0°54′...−1°06′
	Verstärkt mit Niveau-Regulierung	OHC und V6	1°52′	3°28′...0°58′	0°05′	1°05′...−0°55′
		Diesel	1°42′	3°22′...0°52′	−0°06′	0°54′...−1°06′
	Geschäftswagen-Paket	OHC und V6	1°50′	3°20′...0°50′	−0°19′	0°41′...−1°19′
		Diesel	1°43′	3°13′...0°43′	−0°26′	0°34′...−1°26′
Höchstzulässiger Unterschied zwischen links und rechts			1°0′		1°15′	

Spur an der Vorderachse messen

- Fahrzeug nach vorn auf eine ebene Fläche schieben.
- Fahrzeug mehrmals kräftig durchschwingen, damit sich die Vorderachsaufhängung richtig setzt.
- Fahrzeug um eine halbe Umdrehung der Räder vorwärtsschieben.
- Spurmeßgerät vorn am inneren Felgenrad der Räder ansetzen und Spur messen. Spurmaß notieren, Meßgerät entfernen.
- Fahrzeug um eine halbe Umdrehung vorwärtsschieben und Spur nochmals vorn messen, Maß notieren. Der Mittelwert aus den beiden Meßwerten gibt die tatsächliche Spur für vorn an.
- Meßvorgang nun am inneren Felgenrand hinter der Achse durchführen.

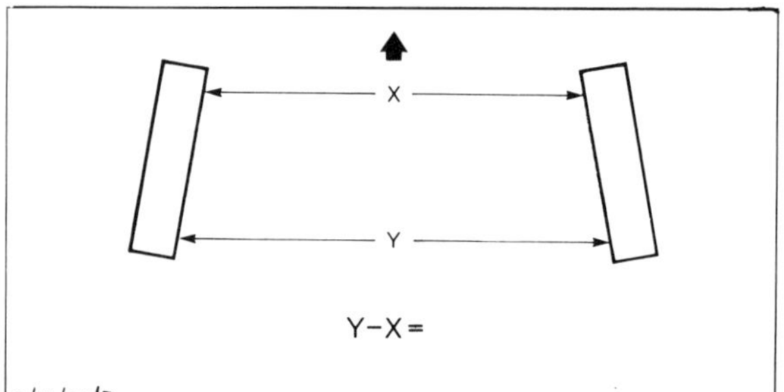

S/14/21/B

- Vorspur ermitteln, dazu den Spurmeßwert vor der Achse –X– vom Spurmeßwert hinter der Achse –Y– abziehen. Wenn das Ergebnis negativ ist, dann hat das Fahrzeug Nachspur.
- Vorspur bedeutet, daß die Vorderräder vorn enger zusammenstehen als hinten. Bei Nachspur stehen die Räder vorn weiter auseinander als hinten.

Spur einstellen

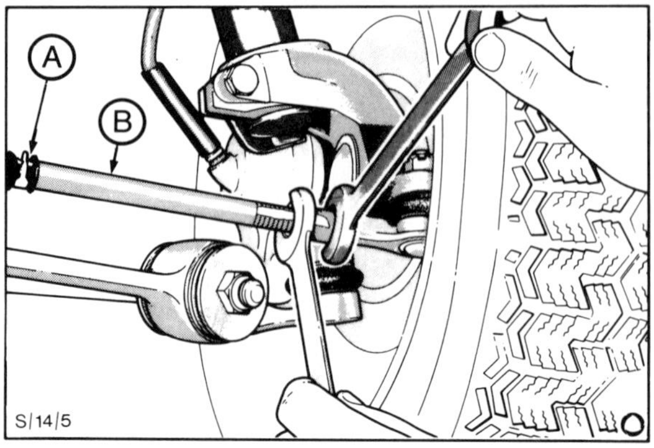

S/14/5

- Kontermuttern der Spurstangen –B– und Schellen –A– am äußeren Ende der Manschetten lösen.
- Beide Spurstangen – B – gleich weit verdrehen. Veränderung der Nachspur direkt am optischen Meßgerät bzw. am Wandschirm ablesen oder Spur erneut vermessen.

Achtung: Beide Spurstangen müssen um den gleichen Betrag verstellt werden, da sonst die Lenkradeinstellung nicht mehr stimmt.

- Manschetten mit Schellen befestigen und Kontermuttern der Spurstangen festziehen.

Die Bremsanlage

Das hydraulische Bremssystem besteht aus dem Hauptbremszylinder, den Scheibenbremsen für die Vorderräder und den Trommelbremsen beziehungsweise Scheibenbremsen für die Hinterräder. Das Bremssystem ist in zwei Bremskreise aufgeteilt. Einer wirkt auf die vorderen der andere auf die hinteren Bremsen. Bei Ausfall eines Bremskreises bremsen dadurch jeweils die Vorder- oder Hinterräder. Der Druck für beide Bremskreise wird im Hauptbremszylinder über das Bremspedal aufgebaut.

Bei Fahrzeugen mit Antiblockiersystem (ABS) gelten besondere Hinweise, siehe Seite 172.

Die Bremsflüssigkeit für das gesamte System erhält der Hauptbremszylinder aus dem Bremsflüssigkeitsbehälter, der vorne im Motorraum untergebracht ist.

Die Hinterradbremse stellt sich automatisch nach, es muß also nur noch in den vorgeschriebenen Intervallen die Belagdicke geprüft werden.

Die automatische Nachstellung erfolgt beim Betätigen der Bremse durch einen Nachstellhebel. Liegt ein entsprechender Belagverschleiß vor, so verstellt sich der Hebel gegenüber einer Ratsche beim 1,6-l-Motor, bzw. gegenüber einem Rändelstift bei den anderen Modellen mit Trommelbremse. Beim Lösen der Bremse arretiert die Ratsche bzw. der Rändelstift den Nachstellhebel in der vorher eingenommenen Lage. Die Bremsbacke kann sich dadurch nicht mehr so weit zurückstellen. Dadurch bleibt der Leerweg des Bremspedals über die gesamte Lebensdauer der Bremsbeläge gleich groß.

Die Handbremse wirkt über Seilzüge auf die Bremsbacken der Hinterräder.

Ein im Bremssystem eingebauter Bremskraftregler sorgt dafür, daß bei unterschiedlicher Wagenauslastung die Hinterräder nicht überbremst werden. Alle Arbeiten am Bremskraftregler sollten von einer Fachwerkstatt durchgeführt werden.

Beim Reinigen der Bremsanlage fällt Bremsstaub an. Dieser Staub kann zu gesundheitlichen Schäden führen. Deshalb beim Reinigen der Bremsanlage, insbesondere beim Ausblasen, darauf achten, daß der Bremsstaub nicht eingeatmet wird.

Die Bremsbeläge sind Bestandteil der Allgemeinen Betriebserlaubnis (ABE), außerdem sind sie von der Automobilfirma auf das jeweilige Fahrzeugmodell abgestimmt. Es empfiehlt sich deshalb, nur Original FORD-Bremsbeläge zu verwenden.

Das Arbeiten an der Bremsanlage erfordert peinliche Sauberkeit und exakte Arbeitsweise. Falls die nötige Arbeitserfahrung fehlt, sollten die Arbeiten an der Bremse von einer Fachwerkstatt durchgeführt werden.

Hinweis: Auf stark regennassen Fahrbahnen sollte während des Fahrens die Bremse von Zeit zu Zeit betätigt werden, um die Bremsscheiben von Rückständen zu befreien.

Durch die Zentrifugalkraft wird zwar das Wasser von den Bremsscheiben geschleudert, doch bleibt teilweise ein dünner Film von Silikonen, Gummiabrieb, Fett und Verschmutzungen zurück, der das Ansprechen der Bremse vermindert. Nach dem Einbau von neuen Bremsbelägen müssen diese eingebremst werden. Während einer Fahrtstrecke von rund 200 km sollten unnötige Vollbremsungen unterbleiben.

Scheibenbremssattel

Bremssattel für 1,8-/2,0-/2,3-l-Motoren mit innenbelüfteter Bremsscheibe.

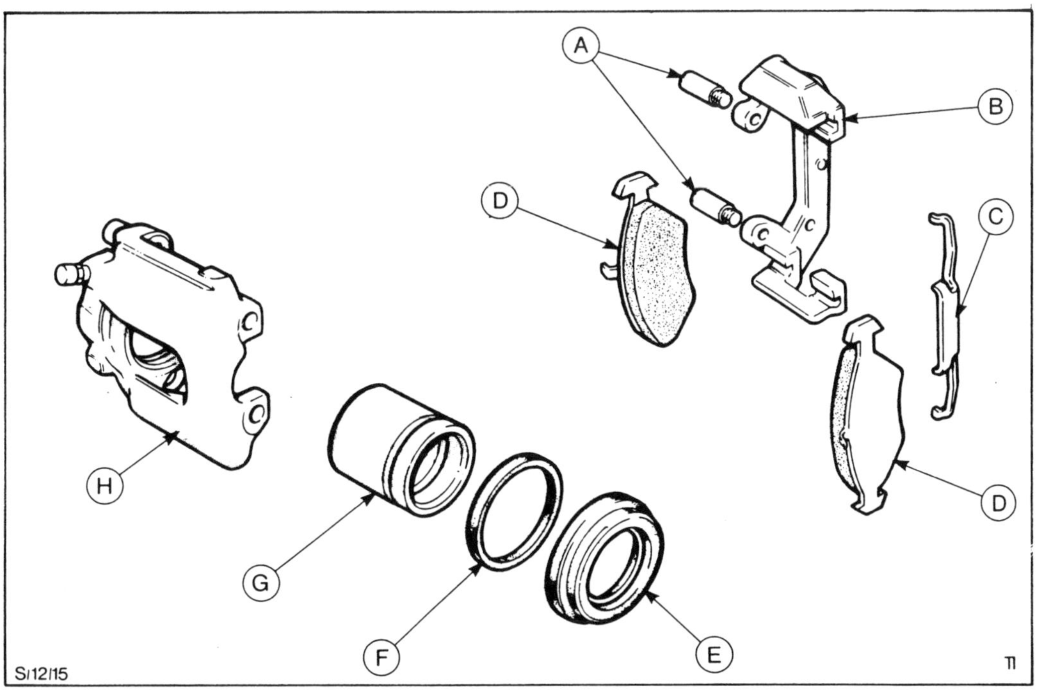

A – Führungsbolzen mit kunststoffbeschichtetem Gewinde
B – Bremsbelag-Halter
C – Halteklammer
D – Bremsbeläge
E – Staubmanschette
F – Kolbendichtung
G – Kolben
H – Kolbengehäuse

Scheibenbremsbeläge vorn aus- und einbauen

Ausbau

- Stellung der Vorderräder zur Radnabe mit Farbe kennzeichnen. Dadurch kann das ausgewuchtete Rad wieder in derselben Position montiert werden. Radmuttern lösen, dabei muß das Fahrzeug auf dem Boden stehen. Fahrzeug vorn aufbocken und Vorderräder abnehmen.

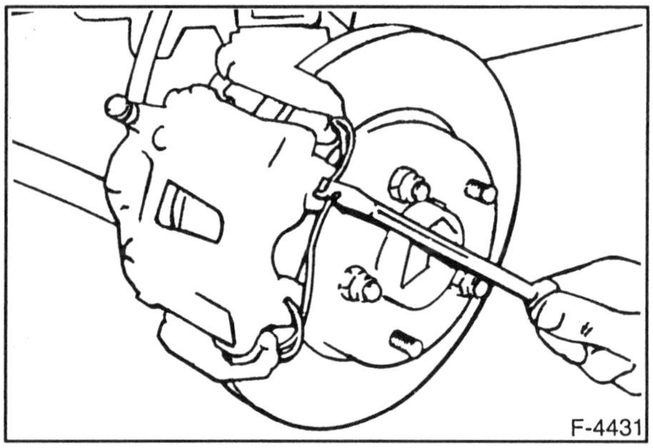

F-4431

- Mit einem Schraubendreher die Federhalteklammer vom Bremssattel abhebeln.

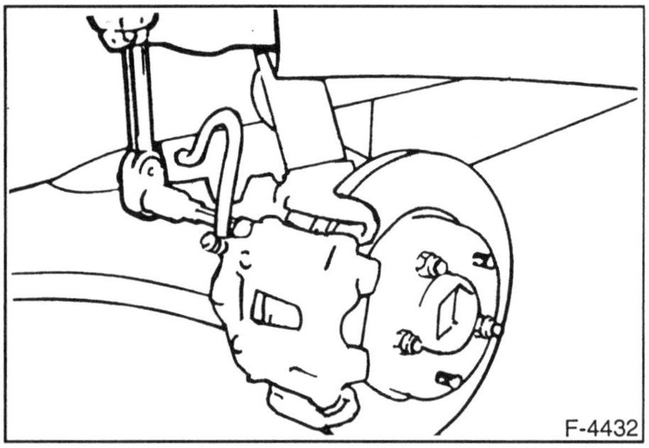

F-4432

- Abdeckkappe für Führungsbolzen heraushebeln. Die beiden Führungsbolzen mit einem 7 mm-Innensechskant-Steckschlüssel herausdrehen.
- Falls vorhanden, Stecker der Bremsbelag-Verschleißanzeige trennen.
- Kolbengehäuse vom Bremssattelträger abnehmen.
- Bremsbeläge vom Kolbengehäuse abnehmen.

Achtung: Ein Wechsel der Beläge vom rechten zum linken Rad ist nicht zulässig. Der Wechsel kann zu ungleichmäßiger Bremswirkung führen. Grundsätzlich alle Scheibenbremsbeläge einer Achse gleichzeitig erneuern. Sollen die Scheibenbremsbeläge wieder montiert werden, müssen sie gekennzeichnet werden.

Einbau

Achtung: Bei ausgebauten Bremsbelägen nicht auf das Bremspedal treten, sonst wird der Kolben aus dem Gehäuse herausgedrückt.

- Führungsfläche bzw. Sitz der Beläge im Bremssattelträger mit einer geeigneten Weichmetallbürste reinigen oder mit einem Lappen und Spiritus auswischen. Keine mineralölhaltigen Lösungsmittel oder scharfkantigen Werkzeuge verwenden.
- Vor Einbau der Beläge ist die Bremsscheibe durch Abtasten mit den Fingern auf Riefen zu untersuchen. Riefige Bremsscheiben sind zu erneuern.
- Bremsscheibendicke messen, siehe Seite 163.
- Staubkappe und Schutzmanschetten im Kolbengehäuse auf Anrisse prüfen. Eine beschädigte Staubkappe umgehend ersetzen, da eingedrungener Schmutz schnell zu Undichtigkeiten des Bremssattels führt. Der Bremssattel muß hierzu zerlegt werden (Werkstattarbeit).

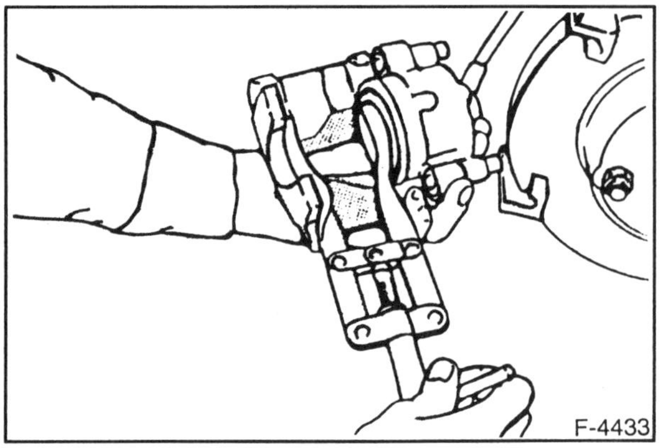

F-4433

- Bremskolben mit einem handelsüblichen Kolbenrücksetzwerkzeug zurückdrücken. Es geht auch mit einem Hartholzstab (Hammerstiel), dabei jedoch besonders darauf achten, daß der Kolben nicht verkantet wird und Kolbenfläche sowie Staubkappe nicht beschädigt werden.

Achtung: Beim Zurückdrücken der Kolben wird Bremsflüssigkeit aus den Bremszylindern in den Ausgleichbehälter gedrückt. Flüssigkeit im Behälter beobachten, eventuell Bremsflüssigkeit mit einem Saugheber absaugen.

Zum Absaugen eine Entlüfterflasche oder eine Plastikflasche verwenden, die nur mit Bremsflüssigkeit in Berührung kommt. Keine Trinkflaschen verwenden! **Bremsflüssigkeit ist giftig und darf auf gar keinen Fall mit dem Mund über einen Schlauch abgesaugt werden. Saugheber verwenden. Auch nach dem Belagwechsel darf die Max.-Marke am Bremsflüssigkeitsbehälter nicht überschritten werden, da sich die Flüssigkeit bei Erwärmung ausdehnt. Ausgelaufene Bremsflüssigkeit läuft am Hauptbremszylinder herunter, zerstört den Lack und führt zur Korrosion.**

Achtung: Bei hohem Bremsbelagverschleiß Leichtgängigkeit des Kolbens prüfen. Dazu Holzklotz in das Kolbengehäuse einsetzen und durch Helfer langsam auf das Bremspedal treten lassen. Der Bremskolben muß sich leicht heraus- und hineindrücken lassen. Zur Prüfung muß der andere Bremssattel eingebaut sein. Darauf achten, daß der

Bremskolben nicht ganz herausgedrückt wird. Bei schwergängigem Kolben Bremssattel instandsetzen lassen (Werkstattarbeit).

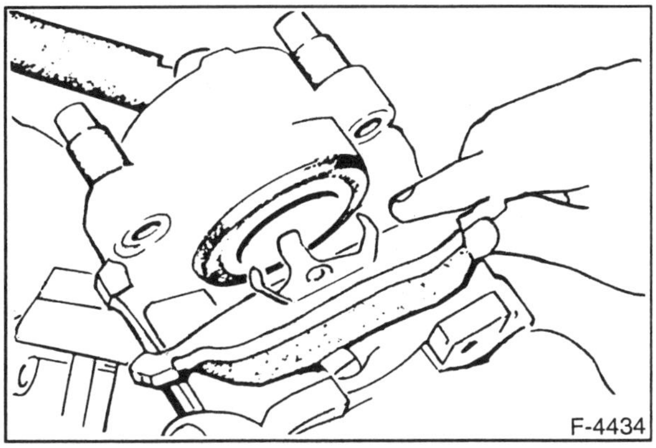

F-4434

- Inneren Bremsbelag mit Haltefeder in den Bremskolben einsetzen.
- Schutzpapier vom äußeren Bremsbelag abziehen und Belag in das Gehäuse einsetzen.
- Kolbengehäuse in Bremssattelträger einsetzen.

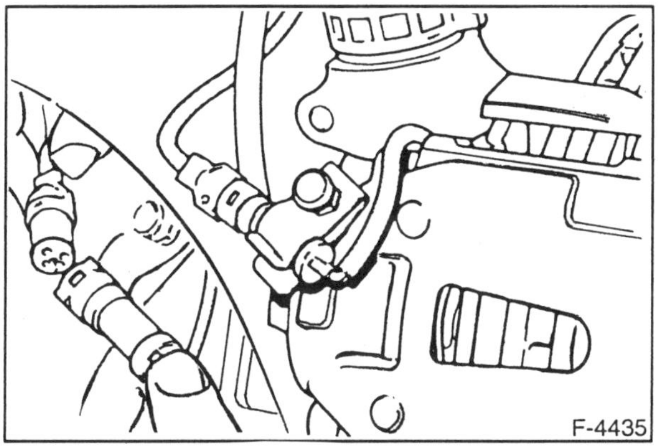

F-4435

- Anschlußleitung der Bremsbelag-Verschleißanzeige so verlegen, daß sie nicht von der Bremsscheibe durchgescheuert werden kann. Stecker der Verschleißanzeige verbinden.
- Führungsbolzen ansetzen und mit **25 Nm** festschrauben. Abdeckkappen aufdrücken.
- Federklammer in den Bremssattel einsetzen.
- Vorderräder anschrauben, dabei auf Markierungen zur Radnabe achten. Fahrzeug ablassen und Radmuttern mit **100 Nm** über Kreuz festziehen.

Achtung: Bremspedal im Stand mehrmals kräftig niedertreten, bis fester Widerstand spürbar ist.

- Bremsflüssigkeit im Ausgleichbehälter prüfen, gegebenenfalls bis zur Max.-Marke auffüllen.
- Neue Bremsbeläge vorsichtig einbremsen, dazu Fahrzeug mehrmals von ca. 80 km/h auf 40 km/h mit geringem Pedaldruck abbremsen. Dazwischen Bremse etwas abkühlen lassen.

Achtung: Bis zu einer Fahrstrecke von ca. 200 km sollten keine Vollbremsungen vorgenommen werden.

Scheibenbremsbeläge hinten aus- und einbauen

Zum Aus- und Einbau der hinteren Scheibenbremsbeläge wird das FORD-Spezialwerkzeug 12-006 zum Zurücksetzen der Kolben benötigt.

Ausbau

- Rad zur Radnabe mit Farbe kennzeichnen. Dadurch kann das ausgewuchtete Rad wieder an gleicher Stelle montiert werden.
- Radmuttern bei auf dem Boden stehendem Fahrzeug lösen.
- Fahrzeug hinten aufbocken.
- Rad abnehmen.

Achtung: Ein Wechsel der Beläge vom rechten zum linken Rad ist nicht zulässig. Der Wechsel kann zu ungleichmäßiger Bremswirkung führen. Grundsätzlich sind alle Scheibenbremsbeläge einer Achse gleichzeitig zu erneuern. Sollen die Scheibenbremsbeläge wieder montiert werden, müssen diese so gekennzeichnet werden, daß sie wieder an der gleichen Stelle eingebaut werden.

- Handbremsseil aus der Halteklammer am unteren Querlenker lösen.

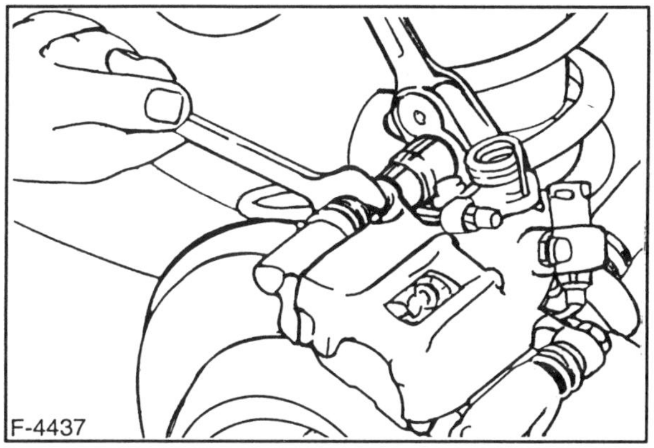

F-4437

- Den vorderen Führungsbolzen abschrauben.
- Stecker der Bremsbelag-Verschleißanzeige trennen.

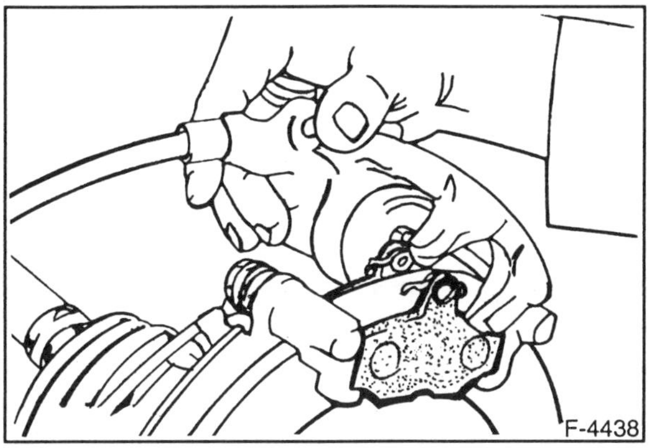

F-4438

- Kolbengehäuse nach oben klappen.
- Bremsbeläge abnehmen.

Einbau

Achtung: Bei ausgebauten Bremsbelägen nicht auf das Bremspedal treten, sonst wird der Kolben aus dem Gehäuse herausgedrückt.

- Führungsfläche bzw. Sitz der Beläge im Bremssattelträger mit einer geeigneten Weichmetallbürste reinigen oder mit einem Lappen und Spiritus auswischen. Keine mineralölhaltigen Lösungsmittel oder scharfkantigen Werkzeuge verwenden.
- Vor Einbau der Beläge ist die Bremsscheibe durch Abtasten mit den Fingern auf Riefen zu untersuchen. Riefige Bremsscheiben sind zu erneuern.
- Bremsscheibendicke messen, siehe Seite 163.
- Staubkappe und Schutzmanschetten im Kolbengehäuse auf Anrisse prüfen. Eine beschädigte Staubkappe umgehend ersetzen, da eingedrungener Schmutz schnell zu Undichtigkeiten des Bremssattels führt. Der Bremssattel muß hierzu zerlegt werden (Werkstattarbeit).

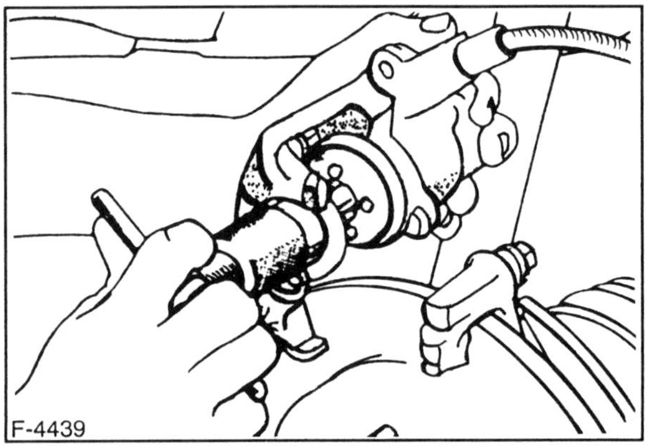

- Bremskolben mit FORD-Spezialwerkzeug 12-006 durch Eindrehen in das Gehäuse zurücksetzen. **Achtung:** Der Kolben darf **nicht** mit einem handelsüblichen Kolbenrücksetzwerkzeug oder einem Hartholzstab in das Gehäuse zurückgedrückt werden, da sonst der Kolben und die Stellschraube beschädigt werden.

Achtung: Beim Zurücksetzen der Kolben wird Bremsflüssigkeit aus den Bremszylindern in den Ausgleichbehälter gedrückt. Flüssigkeit im Behälter beobachten, eventuell Bremsflüssigkeit mit einem Saugheber absaugen. Zum Absaugen eine Entlüfterflasche oder eine Plastikflasche verwenden, die nur mit Bremsflüssigkeit in Berührung kommt. Keine Trinkflaschen verwenden! **Bremsflüssigkeit ist giftig und darf auf gar keinen Fall mit dem Mund über einen Schlauch abgesaugt werden. Saugheber verwenden. Auch nach dem Belagwechsel darf die Max.-Marke am Bremsflüssigkeitsbehälter nicht überschritten werden, da sich die Flüssigkeit bei Erwärmung ausdehnt. Ausgelaufene Bremsflüssigkeit läuft am Hauptbremszylinder herunter, zerstört den Lack und führt zur Korrosion.**

- Sicherstellen, daß Bremsbeläge und Bremsscheiben öl- und fettfrei sind, gegebenenfalls mit Spiritus reinigen.
- Schutzpapier von den Bremsbelägen abziehen und Beläge in das Gehäuse einsetzen.
- Kolbengehäuse herunterklappen.

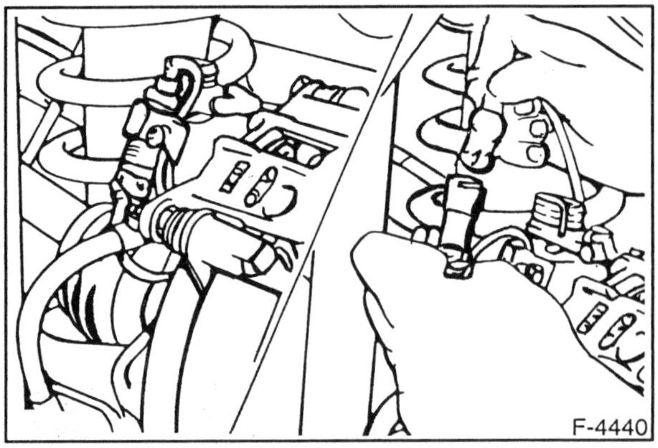

- Anschlußleitung der Bremsbelag-Verschleißanzeige so verlegen, daß sie nicht von der Bremsscheibe durchgescheuert werden kann. Stecker der Verschleißanzeige verbinden.
- Führungsbolzen ansetzen und mit **25 Nm** festschrauben.
- Handbremsseil in Halteklammer am unteren Querlenker einhängen.
- Hinterräder anschrauben, dabei auf Markierungen zur Radnabe achten. Fahrzeug ablassen und Radmuttern mit **100 Nm** über Kreuz festziehen.

Achtung: Bremspedal im Stand mehrmals kräftig niedertreten, bis fester Widerstand spürbar ist.

- Bremsflüssigkeit im Ausgleichbehälter prüfen, gegebenenfalls bis zur Max.-Marke auffüllen.
- Neue Bremsbeläge vorsichtig einbremsen, dazu Fahrzeug mehrmals von ca. 80 km/h auf 40 km/h mit geringem Pedaldruck abbremsen. Dazwischen Bremse etwas abkühlen lassen.

Achtung: Bis zu einer Fahrstrecke von ca. 200 km sollten keine Vollbremsungen vorgenommen werden.

Bremsscheibe aus- und einbauen

Achtung: Werden bei Fahrzeugen bis 8. 86 Bremsscheiben neuester Ausführung eingebaut, müssen die 36,5 mm langen Radbolzen durch 40 mm lange Bolzen ersetzt werden. Sonst ist der feste Sitz der Räder nicht gewährleistet.

Vorder- und Hinterradscheibenbremse

Ausbau

- Radmuttern lösen.
- Fahrzeug vorn oder hinten aufbocken, siehe Seite 249.
- Entsprechendes Rad abnehmen.
- Falls vorhanden, Kabel für Verschleißanzeige am Federbein ausclipsen.
- Bei der Hinterradscheibenbremse den Handbremsseilzug am hinteren Querlenker ausrasten.

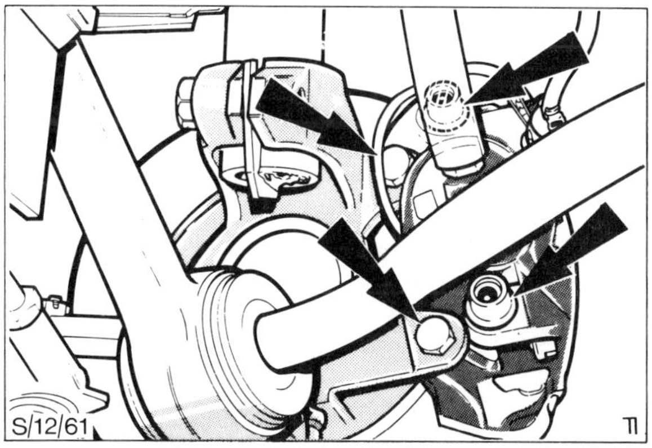

- 2 Befestigungsschrauben –Pfeile links– für Bremssattel herausdrehen. Bremssattel abnehmen und mit Draht am Stehblech aufhängen. Die Abbildung zeigt den Bremssattel beim 2,0-l-Motor; die Pfeile rechts deuten auf Gewindebolzen für das Kolbengehäuse, die Pfeile links auf die Befestigungsschrauben des Bremssattels.

Achtung: Bremsschlauch nicht lösen oder abschrauben, da sonst die Anlage entlüftet werden muß.

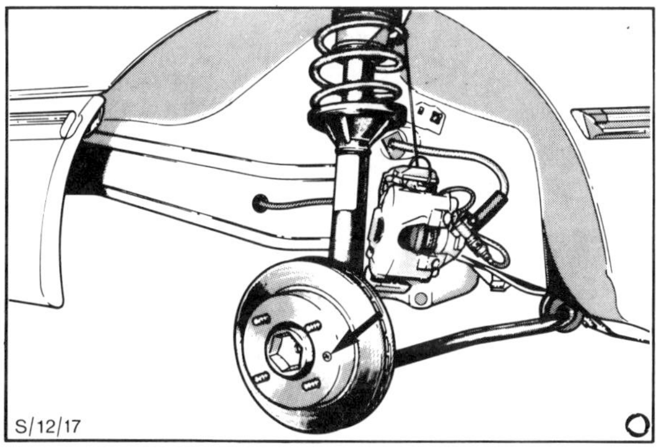

- Befestigungsschraube – Pfeil – herausdrehen und Bremsscheibe von der Radnabe abnehmen.

Achtung: Je nach Modell kann die Bremsscheibe auch mit einer Federklammer an einem Radbolzen befestigt sein. In diesem Fall Federklammer mit Dorn oder Schraubendreher lösen. Mit Reißnadel oder Farbe Stellung von Scheibenbremse zur Radnabe markieren.

Einbau

Um ein gleichmäßiges Bremsen beidseitig zu gewährleisten, müssen beide Bremsscheiben die gleiche Oberfläche bezüglich Schliffbild und Rauhtiefe aufweisen. Deshalb **grundsätzlich beide** Bremsscheiben ersetzen bzw. abdrehen lassen.

Die Werkstatt kann die Bremsscheibe auf Schlag prüfen. Maximaler Scheibenschlag (eingebaut) 0,15 mm.

- Alle Anlageflächen mit Spiritus und einem sauberen Lappen reinigen.
- Bremsscheibe aufsetzen und mit Kreuzschlitzschraube an der Radnabe befestigen, bzw. neue Federklammer aufschieben. Die Stellung der Bremsscheibe zur Radnabe ausrichten wie vor dem Ausbau.
- Bremssattel ansetzen und Befestigungsschrauben mit **55 Nm** festziehen.
- Falls vorhanden, Kabel für Verschleißanzeige am Federbein einclipsen. Ggf. Handbremsseil am Querlenker einclipsen.
- Rad montieren, Fahrzeug ablassen und Muttern mit 100 Nm anziehen.

Bremsscheibendicke prüfen

- Radmuttern lösen.
- Fahrzeug aufbocken, siehe Seite 249.
- Rad abnehmen.

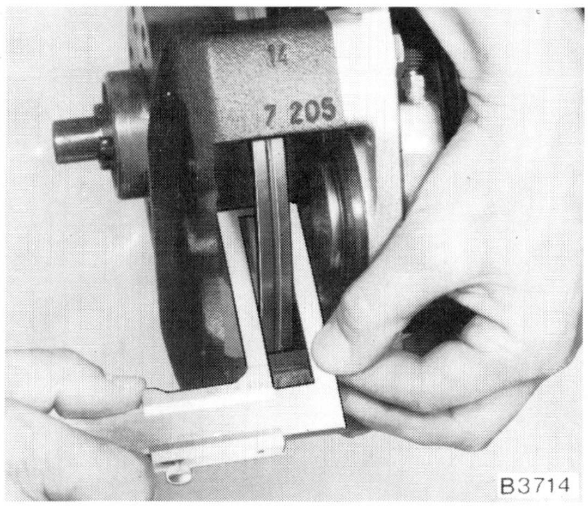

- Bremsscheibendicke messen. Die Werkstätten benutzen dazu eine spezielle Lehre, da sich durch Abnutzung der Bremsscheibe ein Rand bildet. Man kann die Bremsscheibendicke auch mit einer normalen Schieblehre messen, allerdings muß dann auf jeder Seite der Bremsscheibe eine 3 mm starke Unterlage zwischengelegt werden. Um die exakte Bremsscheibendicke zu haben, müssen von dem Maß dann die 6 mm für die Unterlage abgezogen werden.

	Vordere Bremsscheiben-dicke in mm		Hintere Bremsscheiben-dicke in mm	
Motor	Neu	Verschleiß-grenze	Neu	Verschleiß-grenze
1,6 l	12,65	ca. 11,3	10,0	ca. 8,9
1,8/2,0/2,3 l	24,0	ca. 22,7		

- Ist die Verschleißgrenze erreicht, muß die Bremsscheibe ausgetauscht werden.

Die Hinterradbremse

1,8-, 2,0-, 2,3-l-Motor

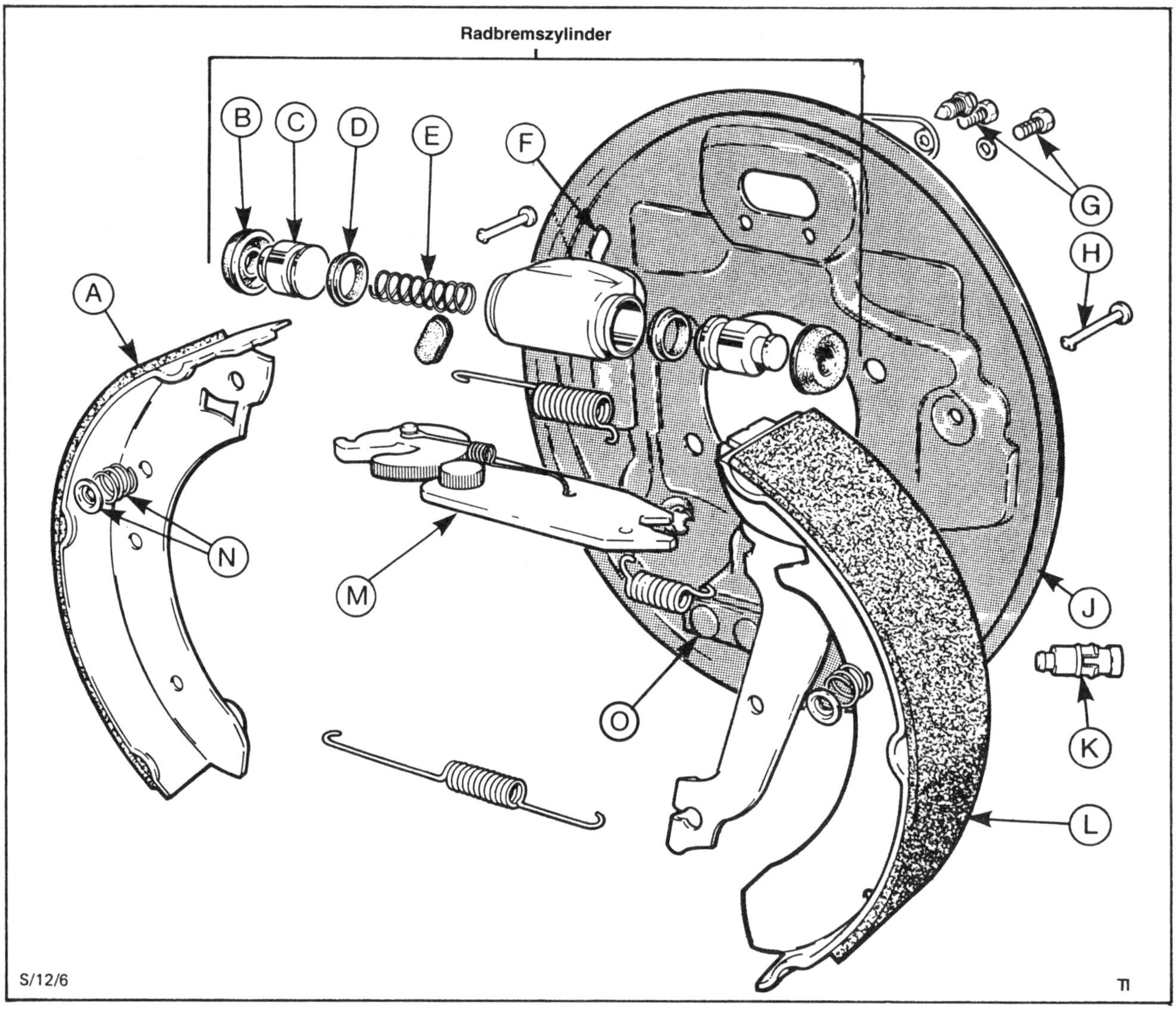

A – Auflaufbacke (vordere Bremsbacke)
B – Staubmanschette
C – Kolben
D – Kolbendichtung
E – Feder
F – Schauloch zur Kontrolle der Bremsbelagdicke
G – Befestigungsschrauben
H – Haltestift
J – Bremsträger
K – Prüfstift für Schwinghebel
L – Ablaufbacke (hintere Bremsbacke) mit Handbremsschwinghebel
M – Druckstange mit Nachstelleinrichtung
N – Haltefeder und Niederhalter
O – Stützlager

Bremsbacken aus- und einbauen

Der Belag an der vorderen Bremsbacke ist im Neuzustand etwas dicker als derjenige der hinteren Backe. Da sich der vordere Belag stärker abnutzt, erreichen beide Beläge nahezu gleichzeitig ihre Verschleißgrenze. Die Bremsbeläge sind auf die Bremsbacken aufgeklebt, deshalb Belag mit Backe auswechseln.

Ausbau

- Handbremse lösen.
- Bremstrommel ausbauen, siehe Seite 167.

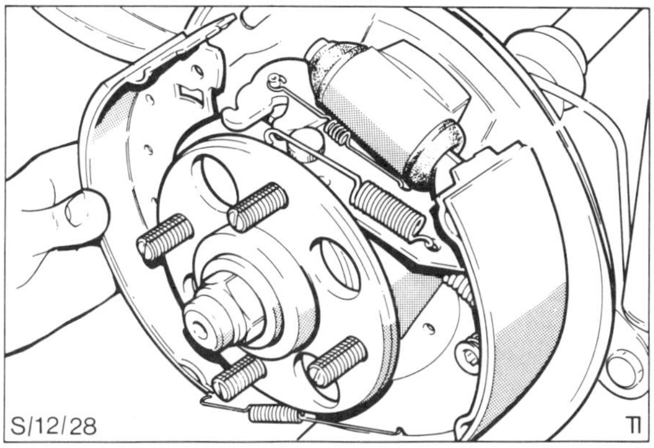

- Bremsbackenbefestigung der vorderen Bremsbacke herausnehmen. Dazu Federteller mit Zange gegen Feder drücken und um 90° verdrehen. Gleichzeitig von hinten Stift gegenhalten. Federteller und Feder abnehmen und Haltestift herausziehen.

1,8-, 2,0-, 2,3-l-Motor

- Bremsbacke vom Bremsträger wegziehen und gleichzeitig nach außen oben verdrehen.
- Rückzugfedern oben und unten aushängen.

1,6-l-Motor

- Vordere Bremsbacke unten vom Stützlager abheben, dabei Schraubendreher am Stützlager abstützen. Bremsbacke etwas nach außen drücken, am Stützlager vorbei zur hinteren Bremsbacke bewegen und dadurch untere Rückzugfeder entlasten. Untere Rückzugfeder von Hand aushängen.
- Vordere Bremsbacke oben vom Kolben wegziehen und am Radbremszylinder vorbei zur hinteren Bremsbacke bewegen. **Achtung:** Dabei Gummimanschette am Radbremszylinder nicht beschädigen.
- Nabenflansch so drehen, daß sich eine Öffnung über der oberen Rückzugfeder befindet, und Feder mit Spitzzange aushängen.

- Unteren Teil der Bremsbacke nach vorn oben schwenken, dabei rastet der Nachstellhebel –1– aus der Ratsche –2– aus.
- Vordere Bremsbacke mit Nachstellhebel aus der Druckstange aushängen.
- Hintere Bremsbackenbefestigung ausbauen.

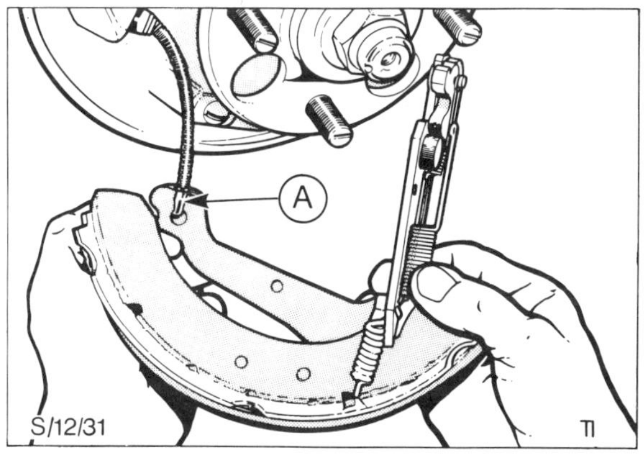

- Hintere Bremsbacke mit Handbrems-Schwinghebel und Druckstange herausschwenken. Handbremsseil –A– aushängen.

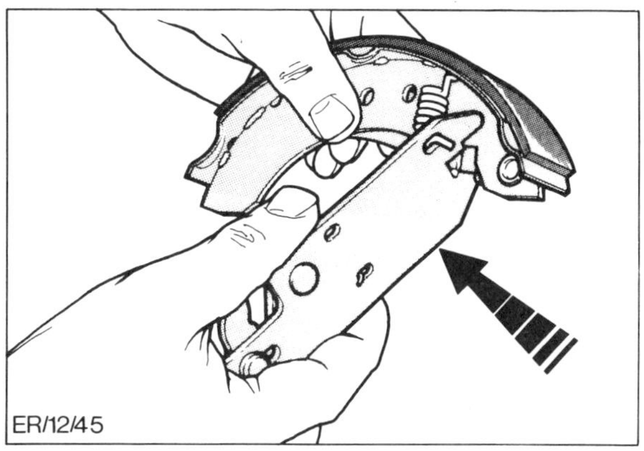

- Bremsbacke aus dem Schlitz der Druckstange – Pfeil – ziehen. Stange durch Verdrehen aus Rückzugfeder aushängen.

Einbau

- Gundsätzlich nur Bremsbacken gleicher Qualität verwenden. Bremstrommel und Bremsträger möglichst mit Preßluft ausblasen. **Achtung:** Bremsstaub nicht einatmen. Während die Bremsbacken ausgebaut sind, nicht auf die Bremse treten, da sonst die Bremskolben aus dem Radbremszylinder rutschen. Falls der Radbremszylinder feucht ist, Radbremszylinder überholen. Riefige Bremstrommeln ausdrehen lassen.

S/12/44

- Die sechs Bremsbackenauflagen an dem gereinigten Bremsträger vor dem Einbau hauchdünn einfetten mit Wolfracote-Fett oder Liqui Moly Schmierfix.

Achtung: Der Schwinghebel ist an der Bremsbacke lösbar angenietet und kann nur mit einer Ölkanne geschmiert werden. Neue Klammern an Nachstellvorrichtung und Schwinghebel anbringen.

- Nachstellautomatik auf Leichtgängigkeit überprüfen, gegebenenfalls etwas einfetten.
- Druckstange in die Rückzugfeder einhängen und auf den Schwinghebel schieben.

Achtung: Beim Einsetzen der Bremsbacken dürfen die Staubmanschetten der Radbremszylinder nicht beschädigt werden.

- Obere und untere Bremsbacken-Rückzugfeder in die hintere Bremsbacke einhängen.
- Ablaufbacke an Radbremszylinder und Stützlager ansetzen. **Achtung:** Das untere Ende des Schwinghebels muß am Prüfstift anliegen und darf nicht dahinter eingeklemmt sein.

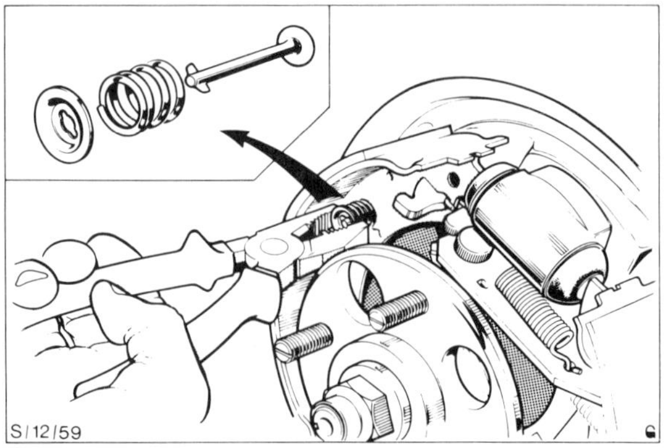

S/12/59

- Haltestift von hinten durchschieben und Feder aufsetzen. Feder mit Federteller und Zange spannen, dann Federteller um 90° drehen und dadurch sichern. Haltestift gleichzeitig von hinten gegenhalten.

1,8-, 2,0-, 2,3-l-Motor

- Rückzugfedern oben und unten in Auflaufbacke einhängen, dabei Bremsbacke senkrecht zum Bremsträger halten.
- Bremsbacke unten an Stützlager und oben über dem Ratschenhebel ansetzen. Anschließend Bremsbacke gegen den Bremsträger drücken.

1,6-l-Motor

- Nachstellhebel ganz in die Ratsche einrasten und obere Rückzugfeder in die vordere Bremsbacke einhängen.
- Nachstellhebel ausrasten, dazu Ratsche am Absatz nach unten drücken und Bremsbacke nach oben schwenken, siehe auch Abbildung S/39/1.
- Nachstellhebel in Druckstange einhängen.
- Bremsbacke nach unten schwenken und dabei Nachstellhebel wieder ganz einrasten. Bremsbacke am Stützlager vorbeibewegen und untere Rückzugfeder von Hand einhängen.
- Bremsbacke mit Schraubendreher zurückhebeln und in Stützlager einsetzen.
- Oberen Teil der Bremsbacke nach vorn ziehen, dabei wird die Bremsbacke vom Nachstellhebel arretiert.
- Bremsbacke gegen den Bremsträger drücken und an den Kolben anlegen. Dazu Ratschenhebel mit Schraubendreher lösen, bis die Bohrung in der Bremsbacke mit der im Bremsträger übereinstimmt.
- Bremsbacke mit Haltestift, Feder und Federteller befestigen.
- Bremsbacken zurückstellen und Bremstrommel einbauen.
- Hinterrad einbauen, Fahrzeug ablassen und Radmuttern mit 100 Nm festziehen.
- Fußbremse mehrmals kräftig niedertreten, bis die Hinterradbremse nicht mehr klickt. Damit ist die Hinterradbremse eingestellt.

Bremstrommel aus- und einbauen

Ausbau

- Radmuttern lösen.
- Fahrzeug hinten aufbocken, siehe Seite 249.
- Hinterrad abnehmen.
- Sicherungsklammer für Bremstrommel, falls vorhanden, vom Radbolzen abnehmen. Dabei Klammer mit Dorn linksherum lösen.
- Handbremse lösen und Bremstrommel abziehen.

Einbau

- Bremse reinigen, wenn möglich mit Preßluft ausblasen oder mit Spiritus und sauberem Lappen auswischen. Bremsstaub nicht einatmen.
- Nachstellautomatik auf Leichtgängigkeit prüfen, gegebenenfalls etwas fetten.

Achtung: Kein Fett oder Öl auf Bremsbeläge oder Bremsfläche bringen.

- Bremstrommel auf Verschleiß, Beschädigungen und Maßhaltigkeit prüfen. Bremsflächen mit Finger abtasten und bei spürbaren Riefen plandrehen lassen.
- Bremstrommel aufsetzen und Hinterrad montieren.
- Fahrzeug ablassen, Radmuttern mit 100 Nm festziehen.

Radbremszylinder aus- und einbauen

Achtung: Beim Ausbau des Radbremszylinders bleiben die Bremsbacken eingebaut.

Ausbau

- Bremstrommel ausbauen.
- Überwurfmutter der Bremsleitung abschrauben und Leitung mit geeignetem Stopfen verschließen.
- Bremsbacken so auseinanderziehen, daß der Nachstellhebel die Bremsbacken vom Radbremszylinder abhebt.

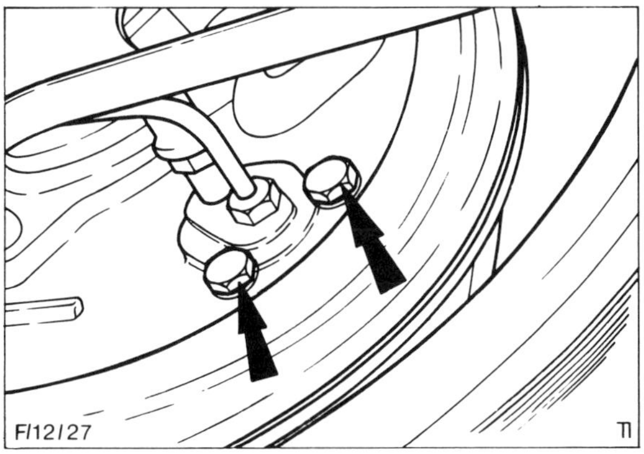

- Befestigungsschrauben – Pfeile – für Radbremszylinder hinten am Bremsträger herausdrehen und Bremszylinder mit Dichtring herausnehmen.

Einbau

- Radbremszylinder mit neuem Dichtring in den Bremsträger einsetzen und anschrauben.

1,8-, 2,0-, 2,3-l-Motor

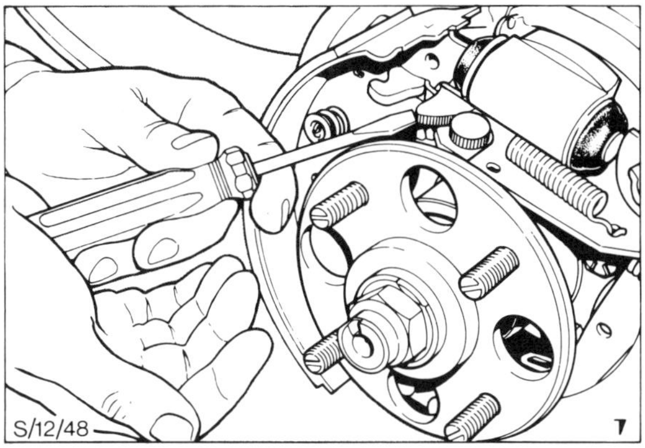

- Nachstellhebel wie in der Abbildung gezeigt mit Schraubendreher lösen.

1,6-l-Motor

- Mit Schraubendreher Ratsche am Absatz nach unten drükken, dadurch wird der Nachstellhebel gelöst und die Bremsbacken stellen sich zurück. Dabei gleichzeitig hintere Bremsbacke von Hand gegen den Kolben des Radbremszylinders drücken.

Achtung: Darauf achten, daß die Bremsbacken nun richtig an den Kolben des Radbremszylinders anliegen.

- Bremsleitung anschließen, Überwurfmutter mit 8 Nm anziehen.
- Bremstrommel einbauen.
- Bremsanlage entlüften.
- Fußbremse mehrmals kräftig niedertreten, bis die hintere Bremse nicht mehr klickt. Damit ist die Hinterradbremse eingestellt.

Radbremszylinder instand setzen

Falls der Radbremszylinder nicht erneuert werden soll, kann er auch in eingebautem Zustand zerlegt werden. Dann müssen allerdings vorher die Bremsbacken ausgebaut werden. Radbremszylinder sind spätestens immer dann instandzusetzen, wenn Bremsflüssigkeit durch die Manschetten dringt. Zur Kontrolle Staubkappen vom Radbremszylinder abhebeln und in den Radbremszylinder schauen. Wenn es hinter den Staubkappen stark feucht oder der gesamte Radbremszylinder mit Bremsflüssigkeit überzogen ist, Radbremszylinder instand setzen. Überdies ist eine Reparatur notwendig, wenn die Kolben im Radbremszylinder nicht mehr leichtgängig hin- und hergleiten, Riefen oder Korrosionsstellen aufweisen. In einem solchen Fall wird das Rad beim Bremsen entweder nicht abgebremst, oder es bremst ständig.

Ausbau

- Bremsbacken ausbauen.

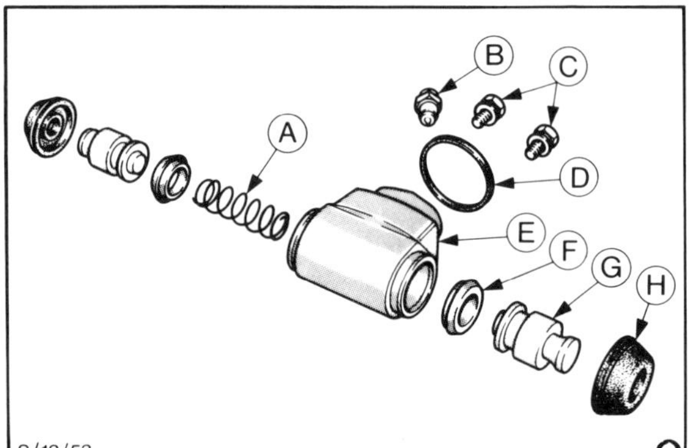

S/12/53

- Mit Schraubenzieher Schutzkappen –H– abhebeln. Vorsicht, Kappen nicht verletzen.
- Kolben –G– mit Manschette –F– und Feder –A– aus Radbremszylinder –E– herausnehmen. B – Entlüftungsschraube, C – Befestigungsschrauben, D – Dichtring.
- Radbremszylinder innen mit staubfreiem Lappen auswischen. Bei Riefen oder Rostnarben in der Lauffläche Radbremszylinder komplett erneuern. Alle Teile nur mit Spiritus oder Bremsflüssigkeit reinigen.

Einbau

Vorher Entlüfterschraube – B – gangbar machen, eventuell erneuern. Bei Instandsetzungsarbeiten **grundsätzlich** kompletten Reparatursatz (Manschetten) verwenden.

- Manschetten auf die Kolben setzen.
- Linken Kolben in Radbremszylinder einsetzen, Schutzkappe aufsetzen.
- Von rechts Feder einsetzen, Entlüfterschraube öffnen, Kolben einschieben, rechte Schutzkappe aufsetzen. Nach dem Komplettieren Entlüfterschraube schließen. Vorsicht: nicht überdrehen. Drehmoment max. 10 Nm.
- Bremse komplettieren.

Bremsleitungen und Bremsschläuche

Für das Bremsleitungssystem, das zusammen mit den druckfesten Bremsschläuchen für die Räder die Verbindung vom Hauptbremszylinder zu den vier Radbremsen herstellt, werden Rohre verwendet.

Die Rohrverbindungen zu den Bremszylindern und Verteilerstücken sind als sogenannte Kegelkupplungen ausgebildet.

Die Rohrenden sind vorn gestaucht und haben dann eine kegelförmige Anlagefläche für die ebenfalls mit einem kegeligen Grund versehenen Gewindeöffnungen in den Bremszylindern bzw. Verteilerstücken. Bevor die Rohrenden gestaucht werden, wird eine Rohrmutter auf das Rohr gesteckt, die dann später nach dem Einschrauben die kegelige Anlagefläche des Rohres gegen den kegeligen Grund der Gewindeöffnung drückt und damit zuverlässig abdichtet.

Die Bremsschläuche stellen die flexiblen Verbindungen zwischen den starren und beweglichen Fahrzeugteilen her.

Bremsleitung/Bremsschlauch ersetzen

- Fahrzeug aufbocken, siehe Seite 237.
- Bremsleitung an den Überwurfmuttern lösen und abnehmen.
- Leitungsanschluß in Richtung Hauptbremszylinder mit geeignetem Stopfen verschließen.
- Neue Bremsleitung möglichst an gleicher Stelle verlegen.
- Beim Anschließen der Bremsleitung die kegelige Anlagefläche mit einigen Tropfen Bremsflüssigkeit benetzen und mit 12–15 Nm festziehen.
- Neuen Bremsschlauch so einbauen, daß er ohne Drall durchhängt, und mit 12–15 Nm festziehen.
- Nach dem Einbau bei entlastetem Rad prüfen (Wagen angehoben), ob der Schlauch allen Radbewegungen folgt, ohne irgendwo anzuscheuern.

Achtung: Bremsschläuche nicht mit Öl oder Petroleum in Berührung bringen, nicht lackieren oder mit Unterbodenschutz besprühen.

- Bremsanlage entlüften.
- Fahrzeug ablassen.

Die Handbremse

Hinweis: Gelenke und Lagerstellen etwas einfetten.

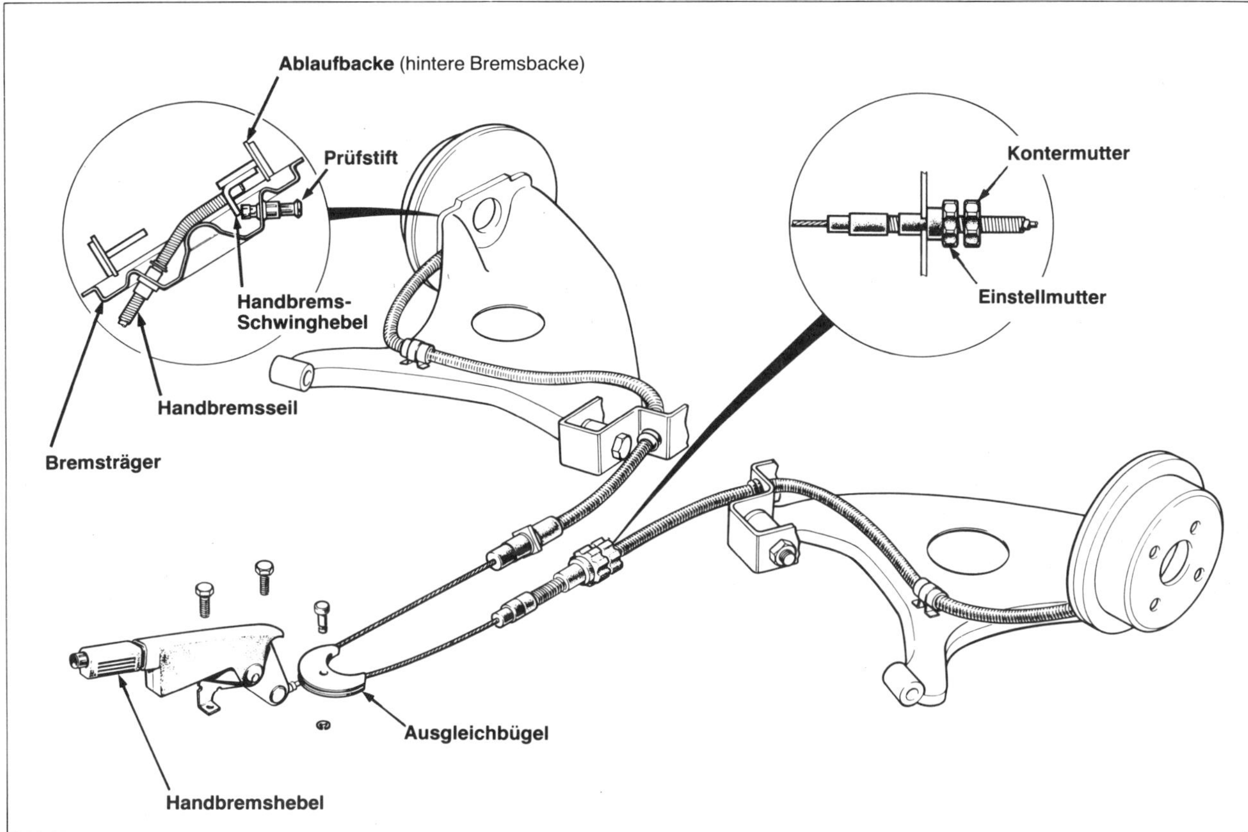

S/12/55 d

Handbremse einstellen

Die Hinterradbremse stellt sich automatisch nach, entsprechend dem Verschleiß der Bremsbeläge. Das Einstellen der Handbremse ist daher nur erforderlich, wenn der Handbremshebel oder die Bremsseile ausgewechselt wurden, oder die Handbremse trotz ausreichender Belagstärke nicht zieht.

- Fahrzeug hinten aufbocken, siehe Seite 249.
- Handbremshebel lösen.
- Bremspedal mehrmals betätigen, um eine richtige Selbstnachstellung zu gewährleisten.

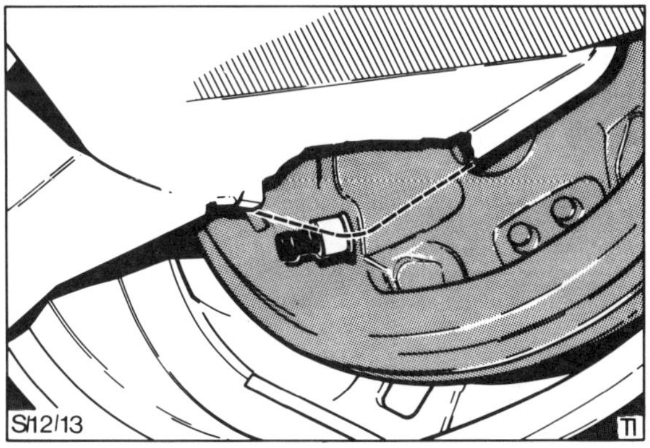

S/12/13

- Spiel der Prüfstifte messen. Die Prüfstifte sitzen jeweils an der Bremsträgerplatte gegenüber dem Bremsseil. Der Prüfstift darf sich insgesamt etwa 0,5 bis 1,0 mm bewegen lassen. Prüfstift mit dem Daumen reindrücken, dabei muß der Absatz auf dem Stift mit dem Rand der Kunststofführung fluchten. Die gestrichelte Linie gibt die Stellung des Handbrems-Schwinghebels an.

Achtung: Lassen sich die Prüfstifte nach dem Lockern des Bremsseils nicht bewegen, dann ist das Seil verklemmt (Seilverlegung prüfen), der Bremsmechanismus gestört oder die Stifte sitzen fest (gangbar machen).

- Bei ungleichem Spiel der Prüfstifte an der linken und an der rechten Bremse, Seilzug lockern und von Hand am Ausgleichbügel so verschieben, bis die Spielwerte rechts und links annähernd gleich sind.

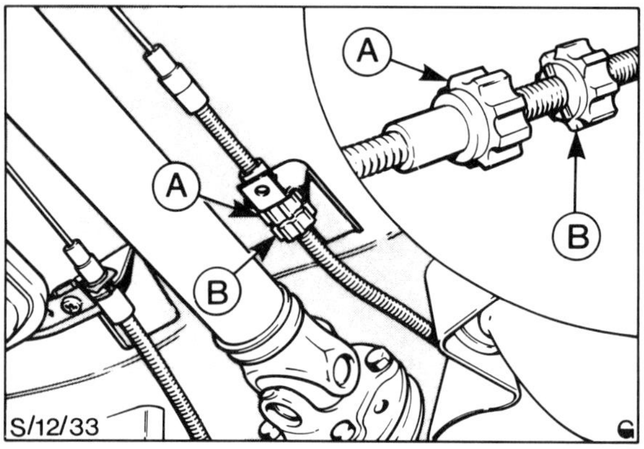

S/12/33

- Falls erforderlich, Kontermutter –B– lösen und Einstellmutter –A– verdrehen, bis das Spiel an den Prüfstiften den Sollwert erreicht.
- Kontermutter anziehen, bis sie mindestens 2-, höchstens 4mal klickt.
- Fahrzeug ablassen.

Handbremsseil hinten aus- und einbauen

Ausbau

- Handbremse lösen.
- Fahrzeug aufbocken, siehe Seite 249.

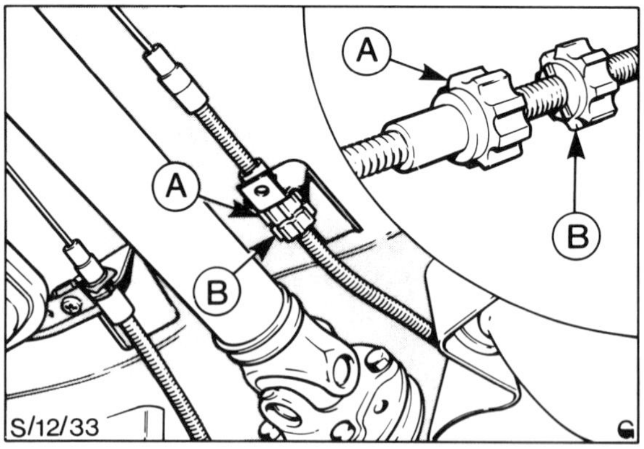

S/12/33

- Kontermutter –B– lösen, Einstellmutter –A– verdrehen und dadurch Seilzug entspannen.
- Ablauf-Bremsbacken ausbauen, siehe Seite 164.
- Handbremsseil aus Schwinghebel aushängen und durch Bremsträger herausziehen.

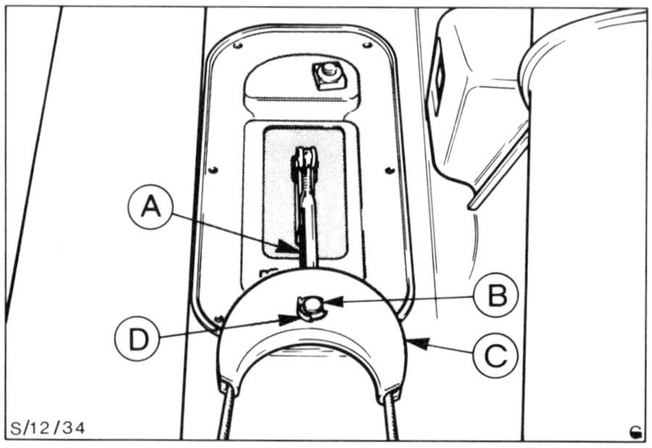

S/12/34

- Halteklammer –D– mit Schraubendreher vom Gabelbolzen –B– abdrücken. Ausgleichbügel –C– von der Betätigungsstange –A– abziehen.
- Sicherungsklammer von Handbremsseil und Bremsträger entfernen.
- Radaufhängung nach hinten biegen, um den Seilzugmantel lösen zu können.
- Handbremsseil durch den Hilfsrahmen der Hinterachse hindurchziehen und Bremsseil vom Fahrzeug abnehmen.

Einbau

- Handbremsseil unter dem Fahrzeug verlegen, siehe Abbildung S/12/55d.
- Seilzug durch den Bremsträger einführen und am Handbrems-Schwinghebel einhängen.
- Ablaufbremsbacken einbauen.
- Bremsseil mit Sicherungsklammer am Bremsträger befestigen.
- Seilzug-Außenmantel an den Hinterradaufhängungen befestigen, Klemmlaschen nach vorn biegen.
- Hintere Bremsen komplettieren, Räder anbauen.
- Bremsseil mit Ausgleichbügel an der Betätigungsstange befestigen, Gabelbolzen mit Klammer sichern.
- Handbremse einstellen.
- Fahrzeug ablassen und Radmuttern mit 100 Nm festziehen.

Hinweise zum Umgang mit der Bremsflüssigkeit

Sicherheitshinweis
Bremsflüssigkeit ist giftig. Keinesfalls Bremsflüssigkeit mit dem Mund über einen Schlauch absaugen. Bremsflüssigkeit nur in Behälter füllen, bei denen ein versehentlicher Genuss ausgeschlossen ist.

- Bremsflüssigkeit ist ätzend und darf deshalb nicht mit dem Autolack in Berührung kommen, gegebenenfalls sofort abwischen und mit viel Wasser abwaschen.

- Bremsflüssigkeit ist hygroskopisch. Das heißt, sie nimmt aus der Luft Feuchtigkeit auf, wodurch der Siedepunkt der Bremsflüssigkeit und somit die Wärmebelastbarkeit abnimmt. Bremsflüssigkeit deshalb nur in dicht geschlossenen Originalbehältern an trockenen Orten aufbewahren.
- **Bremsflüssigkeit darf nicht durch Mineralöl oder Kühlmittel/Frostschutzmittel verunreinigt werden.** Schon geringe Spuren Mineralöl machen die Bremsflüssigkeit unbrauchbar beziehungsweise führen zum Ausfall des Bremssystems. Dichtungen der Bremsanlage werden beschädigt, wenn sie mit mineralölhaltigen Mitteln zusammenkommen. Zum Reinigen dieser Teile keine ölgetränkten Putzlappen verwenden.
- **Bremsflüssigkeit, die schon einmal im Bremssystem verwendet wurde, darf nicht wieder verwendet werden. Auch beim Entlüften der Bremsanlage nur neue Bremsflüssigkeit verwenden.**
- Bremsflüssigkeits-Spezifikation: **Super DOT 4** beziehungsweise FORD-**ESD-M6C57-A**.
- Bremsflüssigkeit alle 2 Jahre wechseln, möglichst nach der kalten Jahreszeit.

Achtung: Bremsflüssigkeit ist ein Problemstoff und darf auf keinen Fall einfach weggeschüttet oder dem Hausmüll mitgegeben werden. Gemeinde- und Stadtverwaltungen informieren darüber, wo sich die nächste Problemstoff-Sammelstelle befindet beziehungsweise wie die örtlichen Bestimmungen über den Umgang mit Problemstoffen lauten.

Bremsanlage entlüften

Nach jeder Reparatur an der Bremse, bei der die Anlage geöffnet wurde, kann Luft in die Druckleitungen eingedrungen sein. Dann ist das Bremssystem zu entlüften. Luft ist auch dann in den Leitungen, wenn sich beim Treten auf das Bremspedal der Bremsdruck schwammig anfühlt. In diesem Fall muß die Undichtigkeit beseitigt und die Bremsanlage entlüftet werden.

Die Bremsanlage wird durch Pumpen mit dem Bremspedal entlüftet, dazu ist eine zweite Person notwendig.

Entlüften

Muß die ganze Anlage entlüftet werden, jeden Radbremszylinder (bzw. Bremssattel) einzeln entlüften. Das ist immer dann der Fall, wenn Luft in jeden einzelnen Bremszylinder gedrungen ist. Falls nur ein Radbremszylinder erneuert bzw. überholt wurde, genügt in der Regel das Entlüften des betreffenden Radzylinders.

Reihenfolge der Entlüftung: Zuerst die zwei vorderen Bremssättel entlüften, dann die beiden hinteren Radbremszylinder.

- Fahrzeug auf eine ebene Fläche stellen.
- Verschlußdeckel vom Ausgleichbehälter abnehmen und Bremsflüssigkeit bis zur Max.-Markierung auffüllen.
- Staubkappe von der Entlüfterschraube abnehmen und Ringschlüssel ansetzen. Bei älteren Fahrzeugen Entlüfterschraube vorsichtig gangbar machen.

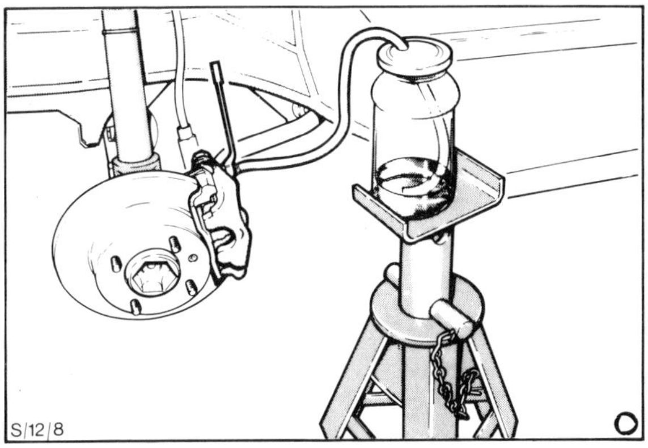

- Sauberen Schlauch aufstecken und anderes Schlauchende in eine mit Bremsflüssigkeit halbvoll gefüllte Flasche stecken. Die Auffangflasche soll mindestens 30 cm höher stehen als das Entlüfterventil. Dadurch wird verhindert, daß Luft über das Gewinde der Entlüfterschraube in das Bremssystem gelangt. Das Vorderrad ist in der Abbildung nur zur Verdeutlichung weggelassen.
- Von einer Hilfsperson Bremspedal so oft niedertreten lassen („pumpen"), bis sich im Bremssystem Druck aufgebaut hat. Zu spüren am wachsenden Widerstand beim Betätigen des Pedals.
- Ist genügend Druck vorhanden, Bremspedal ganz durchtreten. Fuß auf dem Bremspedal halten.
- Entlüfterventil am Bremszylinder etwa eine halbe Umdrehung mit Ringschlüssel öffnen. Ausfließende Bremsflüssigkeit in der Flasche sammeln. Darauf achten, daß sich das Schlauchende in der Flasche ständig unterhalb des Flüssigkeitsspiegels befindet.
- Sobald der Flüssigkeitsdruck nachläßt, sofort Entlüfterventil schließen.
- Pumpvorgang wiederholen, bis sich Druck aufgebaut hat. Bremspedal niedertreten, Fuß auf dem Bremspedal lassen, Entlüfterschraube öffnen, bis der Druck nachläßt, Entlüfterschraube schließen.
- Entlüftungsvorgang an einem Bremszylinder so lange wiederholen, bis sich in der Bremsflüssigkeit, die in die Entlüfterflasche strömt, keine Luftblasen mehr zeigen.
- Bei durchgetretenem Pedal Entlüfterschraube mit max. 10 Nm anziehen.
- Schlauch vom Entlüfterventil abziehen, Ringschlüssel entfernen und Staubkappe auf Ventil stecken.
- Die anderen Bremszylinder auf gleiche Weise entlüften.

Achtung: Während des Entlüftens ab und zu den Ausgleichbehälter beobachten. Der Flüssigkeitsspiegel darf nicht zu weit sinken, sonst wird über den Ausgleichbehälter Luft angesaugt. **Immer nur neue Bremsflüssigkeit nachgießen!**

- Vorratsbehälter mit neuer Bremsflüssigkeit auffüllen. **Achtung:** Der Flüssigkeitsstand darf auch bei aufgeschraubtem Deckel nicht über der Max.-Markierung liegen.
- Belüftungsbohrung im Deckel auf freien Durchgang prüfen.

Die ABS-Anlage

Auf Wunsch kann der FORD SIERRA mit ABS (Anti-Blockier-System) ausgestattet werden. Ein nachträglicher Einbau ist nicht möglich.

Das Antiblockiersystem (ABS) verhindert, daß bei scharfem Abbremsen die Räder blockieren. Dadurch verkürzt sich der Bremsweg, da der Kraftschluß zwischen Rädern und Fahrbahn größer ist, wenn sich beim Abbremsen die Räder eben noch drehen. Außerdem bleibt das Fahrzeug bei einer Vollbremsung lenkbar.

Das ABS ist funktionsbereit, sobald die Zündung eingeschaltet ist und die Geschwindigkeit 5–7 km/h erreicht. Es regelt alle Bremsvorgänge im Blockierbereich, sobald die Geschwindigkeit von 12 km/h einmal überschritten wurde.

Durch Drehzahlfühler, je zwei für die Vorder- und die Hinterräder, wird die Radgeschwindigkeit gemessen. Aus den Signalen der einzelnen Drehzahlfühler errechnet das elektronische Steuergerät eine Durchschnittsgeschwindigkeit, die in etwa der Fahrzeuggeschwindigkeit entspricht. Durch Vergleich der Radgeschwindigkeit für ein einzelnes Rad und der Durchschnittsgeschwindigkeit aller Räder erkennt das Steuergerät den Schlupfzustand des einzelnen Rades und kann dadurch feststellen, wenn sich ein Rad kurz vor dem Blockieren befindet.

Sobald ein Rad zum Blockieren neigt, der Bremsflüssigkeitsdruck im Bremssattel ist dann zu hoch im Verhältnis zur Haftfähigkeit der Reifen auf der Straße, hält das Hydrauliksystem aufgrund von Signalen des Steuergerätes den Flüssigkeitsdruck konstant. Das heißt, der Druck im Bremssattel erhöht sich nicht, auch wenn stärker auf das Bremspedal getreten wird. Besteht weiterhin Blockierneigung, wird der Flüssigkeitsdruck durch Öffnen eines Auslaßventils abgesenkt. Jedoch nur so weit, bis das Rad wieder geringfügig beschleunigt, dann wird der Druck wieder konstant gehalten.

Beschleunigt das Rad über einen bestimmten Wert hinaus, wird der Druck durch das Hydrauliksystem wieder erhöht, jedoch nicht über das Maß des allgemeinen Bremsdrucks hinaus.

Dieser Vorgang wiederholt sich bei scharfem Bremsen für jedes einzelne Rad so lange, bis das Bremspedal zurückgenommen wird, beziehungsweise bis kurz vor Stillstand (5–7 km/h) des Fahrzeuges.

Eine Sicherheitsschaltung im elektronischen Steuergerät sorgt dafür, daß sich das ABS bei einem Defekt (z. B. Kabelbruch) oder bei zu niedriger Betriebsspannung (Batteriespannung unter 10,5 Volt) selbst abschaltet. In diesem Fall leuchtet die ABS-Kontrolleuchte am Armaturenbrett während der Fahrt auf. Die herkömmliche Bremsanlage bleibt dabei in Betrieb. Das Fahrzeug verhält sich beim Bremsen dann so, als ob kein ABS eingebaut wäre.

Die Hydraulikeinheit besteht aus der Rückförderpumpe sowie aus Magnetventilen für die Vorderrad- und die Hinterradbremse.

Druckaufbau: Das Einlaßventil im Magnetventil ist geöffnet. Der Flüssigkeitsdruck im Bremssattel kann bis zu dem Wert ansteigen, der durch den Hauptbremszylinder hervorgerufen wird.

Druck konstant halten: Auslaß- und Einlaßventil im Magnetventil sind geschlossen. Der Flüssigkeitsdruck im Bremssattel verändert sich nicht, auch wenn sich der Druck zwischen Hauptbremszylinder und Magnetventil erhöht.

Druckabbau: Das Auslaßventil im Magnetventil ist geöffnet. Bremsflüssigkeit strömt über einen Speicher in die Rückförderpumpe, die die Flüssigkeit gegen den vorhandenen Druck in den Hauptbremszylinder zurückpumpt.

Das ist erforderlich, damit nicht die ganze Bremsflüssigkeit aus dem Hauptbremszylinder herausgedrückt werden kann. Die Pumpentätigkeit ist am deutlichen Pulsieren des Bremspedals spürbar. Die Pumpengeräusche werden durch je einen Dämpfer pro Bremskreis gedämpft.

Leuchtet während der Fahrt die ABS-Kontrollampe auf, dann weist dies darauf hin, daß sich das ABS abgeschaltet hat.

- Fahrzeug kurz anhalten, Motor abstellen und wieder starten.
- Batteriespannung prüfen. Wenn die Spannung unter 10,5 Volt liegt, Batterie laden.

Achtung: Wenn die ABS-Kontrolleuchte am Anfang einer Fahrt aufleuchtet und nach einiger Zeit wieder erlöscht, deutet das darauf hin, daß die Batteriespannung zunächst zu gering war, bis sie sich während der Fahrt durch Ladung über den Generator wieder erhöht hat.

- Fahrzeug aufbocken, Vorderräder abnehmen, elektrische Leitungen auf äußere Beschädigungen (durchgescheuert) prüfen.
- Weitere Prüfungen des ABS sollten der Werkstatt vorbehalten bleiben.

Hinweise

- Der Wechsel der Bremsbeläge geschieht wie beim herkömmlichen Bremssystem und kann selber durchgeführt werden.
- Fahrzeuge mit ABS haben Scheibenbremsen an allen 4 Rädern.

Wartung an der Bremsanlage

W

Bremsflüssigkeitsstand/Warnleuchte prüfen

Der Vorratsbehälter für die Bremsflüssigkeit befindet sich im Motorraum. Er hat zwei Kammern, je eine für jeden Bremskreis. Der Schraubverschluß hat eine Belüftungsbohrung, die nicht verstopft sein darf.

Der Vorratsbehälter ist durchscheinend, so daß der Bremsflüssigkeitsstand jederzeit von außen überwacht werden kann.

Der Flüssigkeitsstand soll, bei geschlossenem Deckel, nicht höher als die Max.-Markierung und nicht tiefer als 8 mm darunter liegen.

Nur Bremsflüssigkeit der Spezifikation **Super DOT 4** oder FORD-**ESD-M6C57-A** einfüllen.

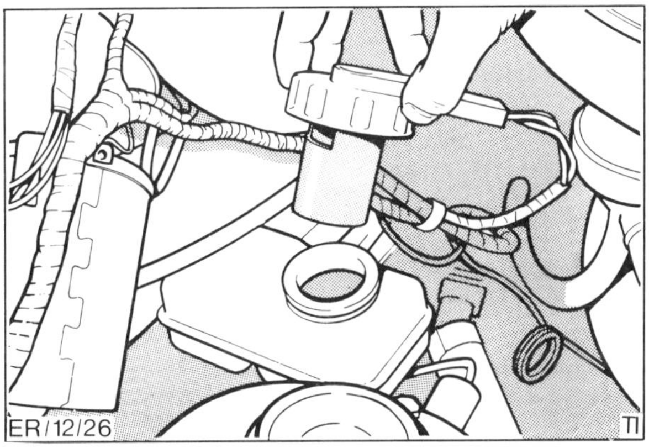

- Durch Abnutzung der vorderen Scheibenbremsen entsteht ein geringfügiges Absinken der Bremsflüssigkeit. Das ist normal.
- Sinkt die Bremsflüssigkeit jedoch innerhalb kurzer Zeit stark ab, ist das ein Zeichen für Bremsflüssigkeitsverlust.
- Die Leckstelle muß dann sofort ausfindig gemacht werden. In der Regel liegt es an verschlissenen Manschetten in den Radbremszylindern. Sicherheitshalber sollte die Überprüfung der Anlage von einer Fachwerkstatt durchgeführt werden.
- Bei Fahrzeugen mit ABS vor der Prüfung vom Bremsflüssigkeitsstand Pedal mehrmals betätigen, dann Zündschlüssel auf Position I drehen. Jetzt beginnt die Hydraulikpumpe der Bremsanlage zu arbeiten. Wenn kein Pumpengeräusch mehr zu vernehmen ist, Bremsflüssigkeitsstand prüfen.

Warnleuchte prüfen

- Zündschlüssel auf Position II drehen.
- Mit Daumen auf die Mitte der Verschlußkappe des Vorratsbehälters drücken.
- Ein Helfer kontrolliert, ob die Warnleuchte aufleuchtet.

Bremsbelagdicke prüfen

Einige Modelle sind mit einem Bremsbelag-Verschleißanzeiger ausgerüstet. Bei abgefahrenen Scheibenbremsbelägen leuchtet am Armaturenbrett eine Warnleuchte auf.

- Fahrzeug aufbocken, siehe Seite 237.

Scheibenbremse

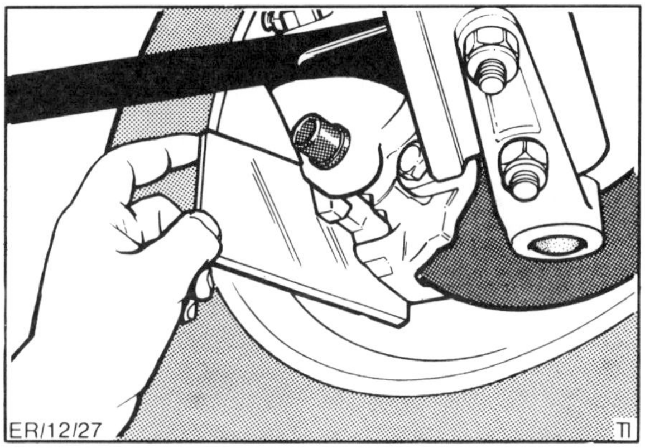

- Dicke der Beläge mit Spiegel prüfen oder Rad ausbauen.
- Beträgt die Belagdicke (ohne Rückenplatte) bei nur einem Bremsklotz 1,5 mm oder weniger, so sind alle 4 Bremsbeläge auszuwechseln. Belagdicke neu: 12,5 mm.

Hinweis: Nach einer Faustregel entspricht 1 mm Bremsbelag einer Fahrleistung von mindestens 1000 km. Diese Faustregel gilt unter ungünstigen Bedingungen. Im Normalfall halten die Beläge viel länger. Bei einer Belagdicke von 3,5 mm (ohne Rückenplatte) beträgt die Restnutzbarkeit der Bremsbeläge also noch mindestens 2000 km.

Trommelbremse

- Ovalen Gummistopfen von hinten aus dem Bremsträger herausziehen.
- Mit einer Lampe durch das Schauloch – F in Abbildung S/12/6 – leuchten und Dicke des Belages prüfen. Bei 1,0 mm oder weniger sind alle vier Beläge zu ersetzen. Belagdicke neu: Auflaufbacke 4,75 mm, Ablaufbacke 3,25 mm.
- Falls erforderlich, Grat an den Bremsbelagkanten mit Schraubendreher abkratzen.
- Gummistopfen wieder einsetzen, damit kein Spritzwasser in die Trommel gelangen kann.

W

Sichtprüfung der Bremsleitungen

Die Bremsleitungen sollen etwa alle 10000 km auf einwandfreien Zustand geprüft werden.

- Fahrzeug aufbocken, siehe Seite 249.
- Bremsleitungen mit Kaltreiniger reinigen.

Achtung: Die Bremsleitungen sind zum Schutz gegen Korrosion mit einer Kunststoffschicht überzogen. Wird diese Schutzschicht beschädigt, kann es zur Korrosion der Leitungen kommen. Aus diesem Grund dürfen Bremsleitungen nicht mit Drahtbürste, Schmirgelleinen oder Schraubenzieher gereinigt werden.

- Bremsleitungen vom Hauptbremszylinder zu den einzelnen Radbremszylindern mit Lampe überprüfen. Der Hauptbremszylinder sitzt im Motorraum unter dem Vorratsbehälter für Bremsflüssigkeit.
- Bremsleitungen dürfen weder geknickt noch gequetscht sein. Auch dürfen sie keine Rostnarben oder Scheuerstellen aufweisen. Andernfalls Leitung bis zur nächsten Trennstelle ersetzen.
- Bremsschläuche verbinden die Bremsleitungen mit den Radbremszylindern an den beweglichen Teilen des Fahrzeugs. Sie bestehen aus hochdruckfestem Material, können aber mit der Zeit porös werden, aufquellen oder durch scharfe Gegenstände angeschnitten werden. In einem solchen Fall sind sie sofort zu ersetzen.
- Bremsschläuche mit der Hand hin- und herbiegen, um Beschädigungen festzustellen.
- Anschlußstellen von Bremsleitungen und -schläuchen dürfen nicht durch ausgetretene Flüssigkeit feucht sein.

Achtung: Wenn der Vorratsbehälter und die Dichtungen durch ausgetretene Bremsflüssigkeit feucht sind, so ist das nicht unbedingt ein Hinweis auf einen defekten Hauptbremszylinder. Vielmehr dürfte die Bremsflüssigkeit durch die Belüftungsbohrung im Deckel oder durch die Deckeldichtung ausgetreten sein.

Handbremse prüfen

Die Handbremse wirkt auf die beiden Hinterräder.

- Fahrzeug aufbocken, siehe Seite 249.
- Handbremse um 1 Zahn anziehen und Hinterräder von Hand drehen. Dabei sollte eine leichte Bremswirkung spürbar sein (Bremse schleift).
- Handbremse bis zur 3. Raste anziehen. Nun müssen die beiden Hinterräder blockieren.
- Andernfalls Handbremse einstellen.
- Bei gelöstem Handbremshebel prüfen, ob beide Räder freilaufen. Falls die Bremsbacken schleifen, Bremseinstellung wiederholen bzw. Bremsanlage überprüfen.

Bremskraftverstärker prüfen

Der Bremskraftverstärker ist auf Funktion zu überprüfen, wenn zur Erzielung ausreichender Bremswirkung die Pedalkraft außergewöhnlich hoch ist.

- Bremspedal bei stehendem Motor mindestens 5mal kräftig durchtreten, dann bei belastetem Bremspedal Motor starten. Das Bremspedal muß jetzt unter dem Fuß spürbar nachgeben.
- Andernfalls Unterdruckschlauch am Bremskraftverstärker abschrauben, Motor starten. Durch Fingerauflegen am Ende des Unterdruckschlauches prüfen, ob Unterdruck erzeugt wird.
- Ist kein Unterdruck vorhanden: Unterdruckschlauch auf Undichtigkeiten und Beschädigungen prüfen, gegebenenfalls ersetzen. Sämtliche Schellen fest anziehen.
- Dieselmotor: Unterdruckschlauch von der Vakuumpumpe abziehen und mit dem Finger prüfen, ob Unterdruck am Schlauchanschluß anliegt.
- Ist Unterdruck vorhanden: Unterdruck messen, gegebenenfalls Bremskraftverstärker ersetzen lassen (Werkstattarbeit). **Achtung:** Dabei auch immer Rückschlagventil in der Unterdruckleitung ersetzen lassen, da die Membrane im Bremskraftverstärker durch eindringende Kraftstoffdämpfe (bei defektem Rückschlagventil) beschädigt werden kann.

Achtung: Falls beim 2,3-l-Dieselmotor nach dem Kaltstart eine verminderte Bremswirkung aufgrund fehlender Servo-Unterstützung festgestellt wird, kann eine geänderte Ölleitung zur Vakuumpumpe eingebaut werden (Werkstattarbeit).

Störungstabelle Bremse

Störung	Ursache	Abhilfe
Leerweg des Bremspedals zu groß	Bremsbacken teilweise oder völlig abgenutzt	■ Beläge erneuern
	Ein Bremskreis ausgefallen	■ Bremskreise auf Flüssigkeitsverlust prüfen
	Nachstellautomatik der Trommelbremse klemmt	■ Nachsteller gangbar machen
Bremspedal läßt sich weit und federnd durchtreten	Luft im Bremssystem	■ Bremse entlüften
	Zu wenig Bremsflüssigkeit im Ausgleichbehälter	■ Neue Bremsflüssigkeit nachfüllen, Bremse entlüften
	Dampfblasenbildung. Tritt meist nach starker Beanspruchung auf, z. B. Paßabfahrt	■ Bremsflüssigkeit wechseln. Bremse entlüften
Bremswirkung läßt nach, und Bremspedal läßt sich durchtreten	Undichte Leitung	■ Leitungsanschlüsse nachziehen oder Leitung erneuern
	Beschädigte Manschette im Haupt- oder Radbremszylinder	■ Manschette erneuern. Beim Hauptbremszylinder Innenteile ersetzen Ggf. Hauptbremszylinder ersetzen
	Speziell bei Scheibenbremse: Stationärer Gummidichtring beschädigt	■ Bremssattel überholen
Schlechte Bremswirkung trotz hohen Fußdrucks	Bremsbeläge verölt	■ Bremsbeläge erneuern
	Ungeeigneter Bremsbelag	■ Beläge erneuern. Original-FORD-Beläge verwenden
	Bremskraftverstärker defekt	■ Bremsservo prüfen
	Speziell bei Scheibenbremse: Bremsbeläge abgenutzt	■ Bremsbeläge erneuern
Bremse zieht einseitig	Unvorschriftsmäßiger Reifendruck, Bereifung ungleichmäßig abgefahren	■ Reifendruck prüfen und berichtigen. Abgefahrene Reifen ersetzen
	Bremsbeläge verölt	■ Bremsbeläge erneuern
	Verschiedene Bremsbelagsorten auf einer Achse	■ Beläge erneuern. Original-FORD-Beläge verwenden
	Schlechtes Tragbild der Bremsbeläge	■ Bremsbeläge austauschen
Bremsenrubbeln, erkennbar an Lenkradflattern bzw. Vibrieren des gesamten Fahrzeuges	Räder haben Unwucht	■ Reifen-Fülldruck und Profil prüfen ■ Räder auswuchten lassen ■ Felgen auf Seitenschlag prüfen
	Bremsscheibe ist nicht plan	■ Dicke der Bremsscheibe an 10 verschiedenen Stellen messen, Toleranz 0,01 mm Abdrücke der Bremsbeläge auf der Bremsscheibe nach längerer Standzeit vorhanden, ggf. Bremsscheibe ersetzen
	Seitenschlag und Axialspiel der Radnabe falsch	■ Radnabe bzw. Achsmutter ersetzen
	Lagerung für Stabilisator defekt	■ Ersetzen
	Speziell bei Trommelbremse Trommel verspannt	■ Fahrzeug hinten aufbocken, Radmuttern lösen. Fußbremse betätigen um die Räder zu zentrieren. Radmuttern mit Drehmomentschlüssel über Kreuz festziehen, ggf. Bremstrommeln und Bremsbacken ersetzen

Störung	Ursache	Abhilfe
Bremse zieht einseitig	**Speziell bei Scheibenbremse:** Verschmutzte Bremssattelschächte	■ Sitz- und Führungsflächen der Bremsbeläge im Bremssattel reinigen
	Korrosion in den Bremssattelzylindern	■ Bremssattel erneuern
	Bremsbelag ungleichmäßig verschlissen	■ Bremsbeläge erneuern (beide Räder)
	Speziell bei Trommelbremse: Kolben in den Radbremszylindern schwergängig	■ Radbremszylinder instand setzen
Bremse zieht von selbst an	Ausgleichsbohrung im Hauptbremszylinder verstopft	■ Hauptbremszylinder reinigen und Innenteile erneuern lassen
	Spiel zwischen Betätigungsstange und Hauptbremszylinderkolben zu gering	■ Spiel prüfen
Bremsen erhitzen sich während der Fahrt	Ausgleichsbohrung im Hauptbremszylinder verstopft	■ Hauptbremszylinder reinigen und Innenteile erneuern lassen
	Spiel zwischen Betätigungsstange und Hauptbremszylinder zu gering	■ Spiel prüfen
	Speziell bei Scheibenbremse: Drosselbohrung im Spezial-Bodenventil verstopft	■ Hauptbremszylinder reinigen, Innenteile ersetzen und Bremsflüssigkeit erneuern
	Speziell bei Trommelbremse: Bremsbacken-Rückzugfedern erlahmt	■ Rückzugfeder erneuern
Bremsen rattern	Ungeeigneter Bremsbelag	■ Beläge erneuern. Original-FORD-Beläge verwenden
	Speziell bei Scheibenbremse: Bremsscheibe stellenweise korrodiert	■ Scheibe mit Schleifklötzen sorgfältig glätten
	Bremsscheibe hat Seitenschlag	■ Scheibe nacharbeiten oder ersetzen
	Speziell bei Trommelbremse: Bremsbeläge verschlissen	■ Beläge erneuern. Original-FORD-Beläge verwenden
	Bremstrommel unrund	■ Bremstrommel ausdrehen, gegebenenfalls ersetzen
Bremsbeläge lösen sich nicht von der Bremsscheibe, Räder lassen sich schwer von Hand drehen	**Speziell bei Scheibenbremse:** Korrosion in den Bremssattelzylindern	■ Bremssattel überholen, eventuell austauschen
Bremse quietscht	Oft auf atmosphärische Einflüsse (Luftfeuchtigkeit) zurückzuführen	■ Keine Abhilfe erforderlich, und zwar dann, wenn Quietschen nach längerem Stillstand des Wagens bei hoher Luftfeuchtigkeit auftrat, aber nach den ersten Bremsungen sich nicht wiederholt

Störung	Ursache	Abhilfe
Bremse quietscht	**Speziell bei Scheibenbremse:** Ungeeigneter Bremsbelag	■ Beläge erneuern. Original-FORD-Beläge verwenden
	Bremsscheibe läuft nicht parallel zum Bremssattel	■ Anlagefläche des Bremssattels prüfen
	Verschmutzte Schächte im Bremssattel	■ Bremssattelschächte reinigen
	Speziell bei Trommelbremse: Ungeeigneter Bremsbelag	■ Beläge erneuern
	Loser Belag, Belag liegt nicht satt auf	■ Beläge erneuern
	Bremse verschmutzt	■ Radbremsen reinigen
	Rückzugfedern zu schwach	■ Rückzugfedern erneuern
Ungleichmäßiger Belag-Verschleiß	**Speziell bei Scheibenbremse:** Ungeeigneter Bremsbelag	■ Belag erneuern. Original-FORD-Beläge verwenden
	Bremssattel verschmutzt	■ Bremssattelschächte reinigen
	Kolben nicht leichtgängig	■ Kolbenstellung (Kolbenring) prüfen
	Bremssystem undicht	■ Bremssystem auf Dichtigkeit prüfen
Keilförmiger Bremsbelag-Verschleiß	**Speziell bei Scheibenbremse:** Bremsscheibe läuft nicht parallel zum Bremssattel	■ Anlagefläche des Bremssattels prüfen
	Korrosion in den Bremssätteln	■ Verschmutzung beseitigen
	Kolben arbeitet nicht richtig	■ Kolbenstellung (Kolbenring) prüfen
	ABS in Funktion	■ Normal, keine Abhilfe
Bremse pulsiert	**Speziell bei Scheibenbremse:** Seitenschlag oder Dickentoleranz der Bremsscheibe zu groß	■ Schlag und Toleranz prüfen. Scheibe nacharbeiten oder ersetzen
	Bremsscheibe läuft nicht parallel zum Bremssattel	■ Anlagefläche des Bremssattels prüfen
	Speziell bei Trommelbremse: Anlagefläche des Scheibenrades an der Bremstrommel nicht plan, dadurch Verzug der Bremstrommel	■ Es kann versucht werden, die Scheibenräder (Felgen) untereinander auszutauschen. Besser: Bremstrommel mit angeschraubtem Rad auf einer geeigneten Drehbank ausdrehen

Räder und Reifen

Der FORD SIERRA ist je nach Modell und Ausstattung mit Reifen und Felgen unterschiedlicher Größe ausgerüstet. Sofern Reifen bzw. Felgen montiert werden, die nicht in den Fahrzeugpapieren vermerkt sind, ist eine Eintragung in die Fahrzeugpapiere erforderlich.

Alle Scheibenräder sind als sogenannte Hump-Felgen ausgestattet. Der Hump ist ein in die Felgenschulter eingepreßter Wulst, der auch bei extrem scharfer Kurvenfahrt nicht zuläßt, daß der schlauchlose Reifen von der Felge gedrückt wird.

Stahlfelgen haben die Größen 13 × 5½ J beziehungsweise 14 × 5½ J, Leichtmetallfelgen dürfen nur die Größe 14 × 5½ J haben.

Reifenbezeichnungen

Beispiel: Aufschrift »195/70 R 14 89 H«

195 = Reifenbreite in mm
70 = Verhältnis Höhe zu Breite (die Höhe des Reifenquerschnitts beträgt 70 % von der Breite)
Fehlt eine besondere Angabe des Querschnittverhältnisses (z. B. 155 R 13), so handelt es sich um das »normale« Höhen-Breiten-Verhältnis. Es beträgt bei Gürtelreifen 82 %.
R = Radial-Bauart (= Gürtelreifen).
14 = Felgendurchmesser in Zoll.
89 = Tragfähigkeits-Kennzahl (falls vorhanden).
Achtung: Steht zwischen den Angaben 14 und 89 die Bezeichnung M+S, dann handelt es sich um einen Reifen mit Winterprofil.
H = Kennbuchstabe für zulässige Höchstgeschwindigkeit, H: bis 210 km/h.

Kennbuchstabe	Zulässige Höchstgeschwindigkeit
Q	160 km/h
R	170 km/h
S	180 km/h
T	190 km/h
H	210 km/h
V	240 km/h
ZR	über 240 km/h

Reifen-Herstellungsdatum

Das Herstellungsdatum steht auf dem Reifen im Hersteller-Code. **Beispiel:** DOT CUL2 UM8 509 ◁ TUBELESS

DOT = Department of Transportation (US-Verkehrsministerium)
CU = Kürzel für Reifenhersteller
L2 = Reifengröße
UM8 = Reifenausführung
509 = Herstellungsdatum = 50. Produktionswoche 1999
◁ = Symbol für das Jahrzehnt 1990 bis 1999
TUBELESS = schlauchlos (TUBETYPE = Schlauchreifen)

Achtung: Neureifen müssen seit 10/98 zusätzlich mit einer ECE-Prüfnummer an der Reifenflanke versehen sein. Diese Prüfnummer ist Bestandteil der ABE des Fahrzeugs.

Austauschen der Räder

Es ist nicht zweckmäßig, bei einem Austausch der Räder die Drehrichtung der Reifen zu ändern, da sich die Reifen nur unter vorübergehend stärkerem Verschleiß der veränderten Drehrichtung anpassen. Bei einigen Reifen ist eine Laufrichtung durch einen Pfeil auf der Seitenwand vorgegeben, die Laufrichtung ist dann unbedingt einzuhalten. Bei größerem Verschleiß der vorderen Reifen empfiehlt es sich, die Vorderräder gegen die Hinterräder zu tauschen. Dadurch haben alle 4 Reifen etwa die gleiche Lebensdauer.

- Zum Schutz gegen Festrosten ist der Zentriersitz des Scheibenrades an den Radnaben vorn und hinten bei jeder Demontage des jeweiligen Rades mit Wälzlagerfett leicht einzufetten.
- Radkappen mit Kunststoffende des Radmutternschlüssels (Bordwerkzeug) abhebeln.
- Vor der Demontage Rad mit Kreide zur Radnabe markieren, damit es in gleicher Stellung wieder montiert werden kann.

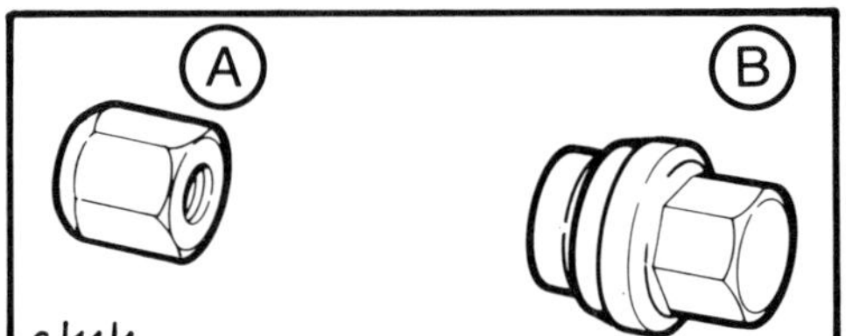

S/11/1

- Verzinkte oder schwarz phosphatierte Radmuttern – A – dürfen nur für Stahlfelgen, **nicht** aber für Leichtmetallfelgen verwendet werden.
- Aluminiumfelgen sind mit verchromten Flachkopfmuttern –B– befestigt. Eine konische Kegelscheibe, die auf der Mutter frei drehbar angeordnet ist, verhindert Beschädigungen an der Oberfläche der Leichtmetallfelge beim Festziehen. Diese Mutter darf nur für Leichtmetallfelgen verwendet werden.
- Leichtmetallfelgen sind durch einen Klarlacküberzug gegen Korrosion geschützt. Beim Radwechsel darauf achten, daß die Schutzschicht nicht beschädigt wird, andernfalls mit Klarlack ausbessern.

Achtung: Das Anzugsdrehmoment beträgt für alle Radmuttern 100 Nm.

Gleitschutzketten

Die Verwendung von Gleitschutzketten ist nur an der Antriebsachse (Hinterachse) erlaubt.
Mit Gleitschutzketten darf nicht schneller als 50 km/h gefahren werden. Auf schnee- und eisfreien Straßen sind die Gleitschutzketten abzunehmen.

Reifenmaße und Reifenfülldruck

Modell	Motor	Reifengröße Gürtelreifen schlauchlos	Reifenfülldruck (Überdruck) in bar			
			halbe Zuladung		volle Zuladung	
			vorn	hinten	vorn	hinten
Limousine	Benziner	165 R 13-T 185/65 R 14-T 185/65 R 14-H 195/60 R 14-H 195/65 R 14-T 195/65 R 14-H 195/65 R 14-V	1,8	1,8	2,0	3,1
		195/55 R 15-H	1,8	1,8	2,0	2,5
	Allrad	195/60 R 14-H 195/60 R 14-V	2,0	2,0	2,0	3,1
		195/55 R 15-H	1,8	1,8	2,0	2,5
	Diesel	165 R 13-T	2,0	2,0	2,0	3,1
		185/65 R 14-T 185/65 R 14-H 195/65 R 14-V	1,8	1,8	2,0	3,1
	RS Cosworth	205/50 ZR 15[1]	2,1	2,3	2,3	2,5
		205/50 ZR 15[2]	2,3	2,5	2,0	3,0
		195/55 R 15-Q M&S	2,1	2,3	2,3	2,5
		195/55 R 15-T/H M&S	2,3	2,5	2,0	3,0
Turnier	Benziner und Diesel	185/65 R 14-T 185/65 R 14-H 185/70 R 13-T 195/65 R 14-T 195/65 R 14-H	1,8	1,8	2,0	3,3
	Benziner	195/55 R 15-H	1,8	1,8	2,0	2,5
	Allrad	195/60 R 14-H 195/60 R 14-V	2,0	2,0	2,0	3,1
		195/55 R 15-H	1,8	1,8		2,5

[1]) Bei Geschwindigkeiten bis zu 160 km/h

[2]) Bei Geschwindigkeiten über 160 km/h

- Reifenfülldruck für das Reserverad: 250 kPa (2,5 bar).
- Sämtliche Überdruckangaben beziehen sich auf kalte Reifen. Der sich bei längerer Fahrt einstellende, um ca. 20 bis 40 kPa (0,2 bis 0,4 bar) höhere Überdruck darf nicht reduziert werden.
- Winterreifen werden in der Regel mit einem um 20 kPa (0,2 bar), teilweise auch 30 kPa (0,3 bar) höheren Überdruck gefahren. Die Luftdruckempfehlungen des jeweiligen Reifenherstellers bei Winterreifen sind zu beachten.
- Die zulässige Höchstgeschwindigkeit für Winter-Gürtelreifen mit M + S-Profil oder als Haftreifen beträgt 160 km/h = SR-Ausführung oder 190 km/h = HR-Ausführung.
- Der Aufkleber für den richtigen Reifenfülldruck befindet sich auf der Innenseite des Handschuhfachdeckels.
- Bei sportlicher Fahrweise empfiehlt es sich, den Reifenüberdruck an Vorder- und Hinterrädern um 20 kPa (0,2 bar) zu erhöhen. Bei dieser Erhöhung ist vom Basis-Überdruck auszugehen, wie er für die verschiedenen Belastungszustände vorgeschrieben ist.
- Wird das Fahrzeug über eine längere Strecke im Bereich der Höchstgeschwindigkeit gefahren, sollte der Reifenfülldruck erhöht werden. Ab 160 km/h je weitere 10 km/h um 10 kPa (0,1 bar) und ab 190 km/h bei HR-Reifen um 20 kPa (0,2 bar) je weitere 10 km/h.
  Beispiel: Für Geschwindigkeiten von 180 km/h bei SR- und HR-Reifen Fülldruck statt 180 kPa (1,8 bar) auf 200 kPa (2,0 bar) erhöhen, bei 200 km/h und HR-Reifen Fülldruck von 180 kPa (1,8 bar) auf 230 kPa (2,3 bar).

W Wartung an den Reifen

Reifenfülldruck prüfen

- Reifenfülldruck ca. alle 3 Monate sowie im Rahmen der Wartung prüfen.
- Zusätzlich sollte der Fülldruck vor längeren Autobahnfahrten kontrolliert werden, da hierbei die Temperaturbelastung für den Reifen am größten ist.

Reifenprofil prüfen

Die Reifen ausgewuchteter Räder nutzen sich bei gewissenhaftem Einhalten des vorgeschriebenen Luftdrucks und bei fehlerfreier Radeinstellung und Stoßdämpferfunktion auf der gesamten Lauffläche annähernd gleichmäßig ab. Im übrigen läßt sich keine generelle Aussage über die Lebensdauer bestimmter Reifenfabrikate machen, denn die Lebensdauer hängt von unterschiedlichen Faktoren ab:

- Fahrbahnoberfläche
- Reifendruck
- Fahrweise
- Witterung

Vor allem sportliche Fahrweise, scharfes Anfahren und starkes Bremsen fördern den schnellen Reifenverschleiß.

Achtung: Die Rechtsprechung verlangt, daß Reifen lediglich bis zu einer Profiltiefe von 1,6 mm abgefahren werden dürfen, und zwar müssen die Profilrillen auf der gesamten Lauffläche noch mindestens 1,6 mm Tiefe aufweisen. Es empfiehlt sich jedoch sicherheitshalber die Reifen bereits bei einer Profiltiefe von 2 mm auszutauschen.

Nähert sich die Profiltiefe der gesetzlich zulässigen Mindestprofiltiefe, das heißt, weist der mehrmals am Reifenumfang angeordnete 1,6 mm hohe Verschleißanzeiger an diesen Stellen kein Profil mehr auf, sollten die Reifen sofort gewechselt werden.

Achtung: Reifen auf Schnittstellen untersuchen und mit kleinem Schraubendreher Tiefe der Schnitte feststellen. Wenn die Schnitte bis zur Karkasse reichen, korrodiert durch eindringendes Wasser der Stahlgürtel. Dadurch löst sich unter Umständen die Lauffläche von der Karkasse, der Reifen platzt. Deshalb: Bei tiefen Einschnitten im Profil aus Sicherheitsgründen Reifen austauschen.

Ventil prüfen

- Schutzkappe vom Ventil abschrauben.
- Etwas Speichel auf das Ventil geben. Wenn sich eine Blase bildet, Ventil mit umgedrehter Schutzkappe festdrehen.

Achtung: Zum Anziehen des Ventils kann nur eine Metallschutzkappe verwendet werden. Metallschutzkappen sind an der Tankstelle erhältlich.

- Ventil erneut prüfen. Falls sich wieder Blasen bilden oder sich das Ventil nicht weiter anziehen läßt, Ventil erneuern.
- Grundsätzlich Schutzkappe wieder befestigen.

Auswuchten der Räder

Die serienmäßigen Räder werden im Werk ausgewuchtet. Das Auswuchten ist notwendig, um unterschiedliche Gewichtsverteilung und Materialungenauigkeiten auszugleichen. Im Fahrbetrieb macht sich die Unwucht durch trampelnde und flatternde Räder bemerkbar.
Solche Unwuchterscheinungen können mit der Zeit Achslagerschäden hervorrufen, außerdem kann es zum Aufschwingen der ganzen Karosserie kommen. Das macht sich vor allem durch eine Unruhe am Lenkrad bemerkbar. Die Räder etwa alle 20 000 km und nach jeder Reifenreparatur auswuchten lassen, da sich durch Abnutzung und Reparatur die Gewichts- und Materialverteilung am Reifen ändert.

Achtung: Bei Fahrzeugen mit Sperrdifferential dürfen die Räder nicht am Fahrzeug ausgewuchtet werden. Ein Selbst-Sperrdifferential ist an 2 zusätzlich angegossenen Taschen und einem „S“ auf der Blechfahne am Hinterachsgehäuse erkennbar.

Störungstabelle Reifen

Abnutzung	Ursache
Stärkerer Reifenverschleiß auf beiden Seiten der Lauffläche	Zu niedriger Reifenfülldruck
Stärkerer Reifenverschleiß in der Mitte der Lauffläche, über den gesamten Umfang	Zu hoher Reifenfülldruck
Auswaschungen der Profilseite	Statische und dynamische Unwucht des Rades. Eventuell zu großer Seitenschlag der Felge, zu großes Spiel in den Traggelenken
Auswaschungen in der Mitte des Reifenprofils	Statische Unwucht des Rades. Eventuell Folge von zu großem Höhenschlag
Starke Abnutzung an einzelnen Stellen in der Mitte der Lauffläche	Blockierspuren von Vollbremsungen. Eventuell unrunde Bremstrommel, die ein Blockieren bei stets derselben Radstellung begünstigt
Schuppenförmige oder sägezahnähnliche Abnutzung des Profils. In krassen Fällen mit Gewebebrüchen verbunden, die nach einiger Zeit nach außen sichtbar werden	Überbelastung des Wagens. Innenseite der Reifen auf Gewebebrüche untersuchen!
Gummizungen an den seitlichen Profilkanten	Fehlerhafte Radeinstellung. Reifen radiert. Bei Hinterrädern auch Zustand der Stoßdämpfer prüfen!
Gratbildung an einer Profilseite des Vorderrades	Falsche Spureinstellung. Reifen radiert. Häufiges Fahren auf stark gewölbter Fahrbahn. Schnelle Kurvenfahrt
Stoßbrüche im Reifenunterbau. Anfangs nur im Inneren des Reifens sichtbar	Überfahren von kantigen Steinen, Schienenstößen und ähnlichem bei hohen Geschwindigkeiten
Einseitig abgefahrene Laufflächen	Sturzeinstellung überprüfen

Ungewöhnlicher Reifenverschleiß

Ungleichmäßiger Reifenverschleiß ist zumeist die Folge zu geringen oder zu hohen Luftdrucks und kann auf Fehler in der Radeinstellung oder Radauswuchtung sowie auf mangelhafte Stoßdämpfer, Felgen oder Bremstrommeln zurückzuführen sein.

In erster Linie ist auf vorschriftsmäßigen Reifenfülldruck zu achten, wobei spätestens alle vier Wochen eine Prüfung vorgenommen werden sollte.

Achtung: Luftdruck nur bei kühlen Reifen prüfen. Der Reifenfülldruck steigt nämlich mit zunehmender Erhitzung bei schneller Fahrt an. Dennoch ist es völlig falsch, aus erhitzten Reifen Luft abzulassen.

Bei zu hohem Reifenfülldruck wird die Laufflächenmitte mehr abgenutzt, da der Reifen an der Lauffläche durch den hohen Innendruck mehr gewölbt ist.

Bei zu niedrigem Reifenfülldruck liegt die Lauffläche an den Reifenschultern stärker auf, und die Laufflächenmitte wölbt sich nach innen durch – dadurch stärkerer Reifenverschleiß der Reifenschultern.

Falsche Radeinstellung und Unwucht ergeben jeweils typische Reifenverschleißbilder, auf die in der Reifenverschleißtabelle hingewiesen wird.

Die Karosserie

Der FORD SIERRA besitzt eine selbsttragende Ganzstahlkarosserie, die mit der Bodengruppe verschweißt ist. Auch die vorderen Kotflügel sind angeschweißt. Größere Karosserie-Reparaturen können deshalb nur von einer Fachwerkstatt durchgeführt werden.

Stoßfänger aus- und einbauen

Ausbau

- Kühlergrill ausbauen.
- Blinklampen ausbauen, siehe Seite 224.
- Kabel für Zusatzscheinwerfer und, falls der hintere Stoßfänger ausgebaut wird, Kabel für Kennzeichenleuchte abziehen.
- Auf jeder Seite innen an den Kotflügeln Bajonettverschluß –4F– senkrecht stellen und herausnehmen.
- Beim Ghia-Modell Halteband –2D– auf jeder Seite der vorderen Stoßfängerverstärkung lösen.
- Halteklammer –3E– von der Karosserie mit je einer Schraube oben abschrauben.
- Stoßfänger waagerecht nach vorn bzw. nach hinten abziehen.

Achtung: Wird dabei der Halter –1B– beschädigt, Halter drehen, bis er aus der Dreiecksöffnung –5G– des Kotflügels herausgenommen werden kann.

Einbau

- Stoßfänger waagerecht einsetzen. Dabei Stift –1C– in den Halter –1B– einführen.
- Stoßfänger mit Halteklammern –3E– an die Karosserie anschrauben.
- Falls vorhanden, Haltebänder in die Stoßfängerverstärkungen einhängen.
- Auf jeder Seite Bajonettverschluß von innen her in die Stoßfänger einsetzen und um 90° drehen (Bajonettverschluß waagerecht stellen).
- Zusatzscheinwerfer bzw. Kennzeichenleuchte anklemmen.
- Kühlergrill einbauen.
- Blinklampen einbauen.

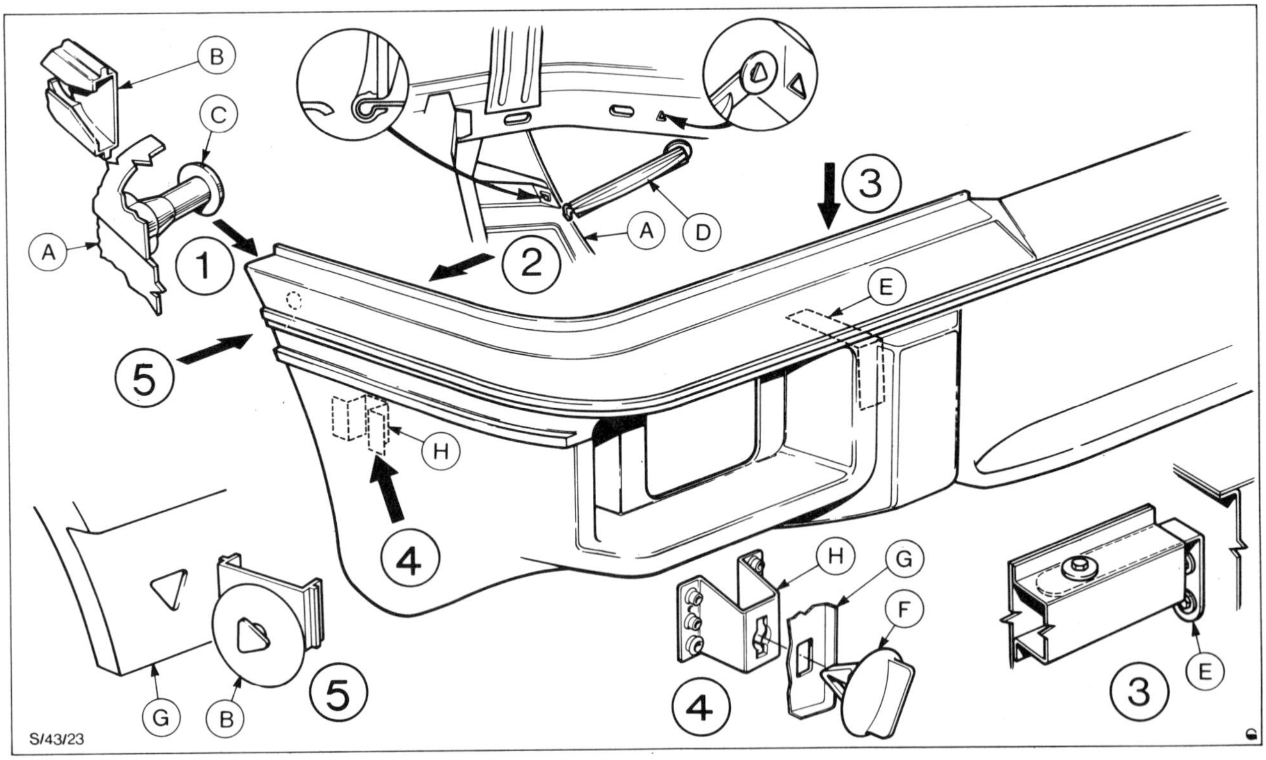

1 Schnellverbindung
A – Stoßfänger
B – Halter*
C – Befestigungsstift

2 Halteband aushängen
A – Stoßfänger
D – Halteband

3 Halteklammer abschrauben
E – Halteklammer

4 Bajonettverschluß lösen
F – Bajonettverschluß
G – Karosserie
H – Klammer

5 Halter
B – Halter*
G – Karosserie

* Bei –1B– und –5B– handelt es sich um denselben Halter.

Kühlergrill aus- und einbauen

1. Ausführung

Ausbau

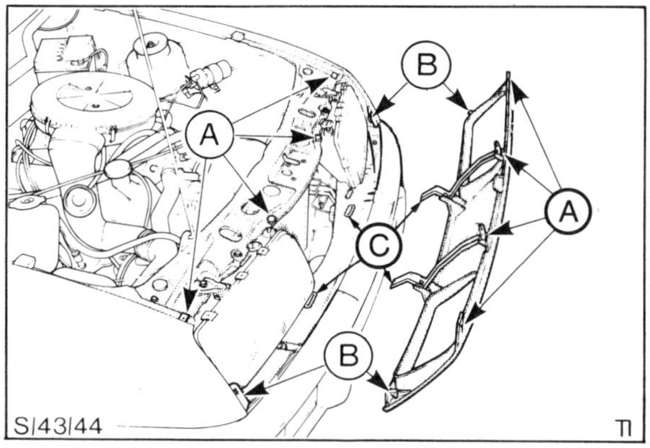

- 4 Befestigungsschrauben –A– herausdrehen.
- Kühlergrill hochziehen und damit die 2 Haltenasen –C– lösen.
- Grill links und rechts ausclipsen –B–.

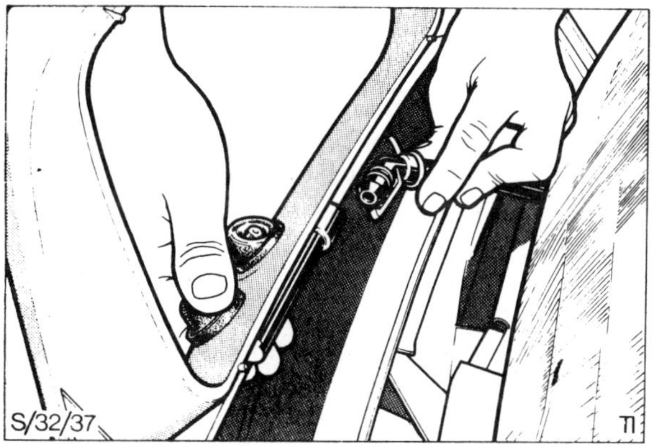

- Falls eingebaut, Schläuche von den Spritzdüsen für die Scheinwerfer-Waschanlage abziehen.

Einbau

- Kühlergrill ansetzen und die unteren Haltenasen in die Öffnungen am Querträger einführen.
- Kühlergrill einclipsen –B–, dabei auf richtigen Sitz der Gummiabdichtungen achten.
- Grill mit 4 Schrauben oben anschrauben.
- Gegebenenfalls Schläuche für Scheinwerfer-Waschanlage aufschieben.

2. Ausführung

- 2 Kreuzschlitzschrauben am Mittelteil herausdrehen.
- Die mittleren Haltenasen und die Haltenasen unten mit einem Schraubendreher aushängen, dabei Grill etwas vorziehen.
- Kühlergrill aus den seitlichen Führungen am Kotflügel herausziehen.
- Kühlergrill in die Aufnahmen am Kotflügel einhängen.
- Haltenasen in die Aufnahmeschlitze am Scheinwerfergehäuse unten einhaken und oben mit 2 Kreuzschlitzschrauben anschrauben.

Windlaufgrill aus- und einbauen

Ausbau

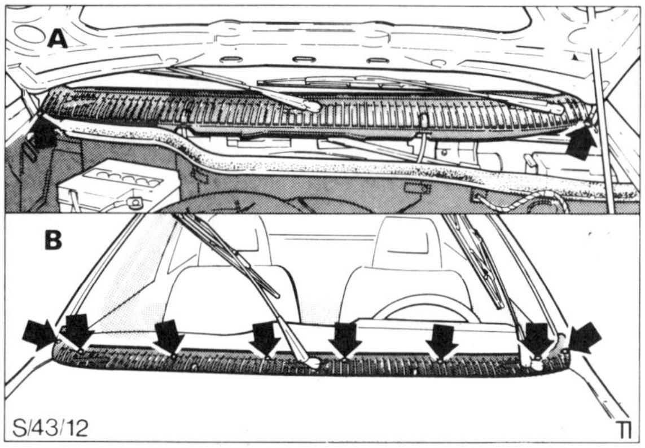

- Motorhaube öffnen und Zufuhrschlauch der Waschanlage abziehen.
- An jedem Ende des Grills eine Schraube herausdrehen –Pfeile in Abbildung A–.
- Motorhaube schließen und beide Wischerarme komplett abnehmen, siehe Seite 241.
- Abdeckungen über den Schrauben mit kleinem Schraubendreher heraushebeln und 8 Kunststoffschrauben am Windlaufgrill herausdrehen –Pfeile in Abbildung B–.
- Grill abnehmen.

Einbau

- Grill ansetzen und Halteclips zum darunterliegenden Windlaufblech ausrichten. Acht Kunststoffschrauben vorsichtig hineindrehen und Abdeckungen über den Schrauben anbringen.
- Beide Wischerarme einbauen, siehe Seite 241.
- Motorhaube öffnen und Zufuhrschlauch der Waschanlage anschließen.
- Grill an jedem Ende mit einer Schraube befestigen. Motorhaube schließen.

Zierleiste auswechseln

Basismodell L, GL

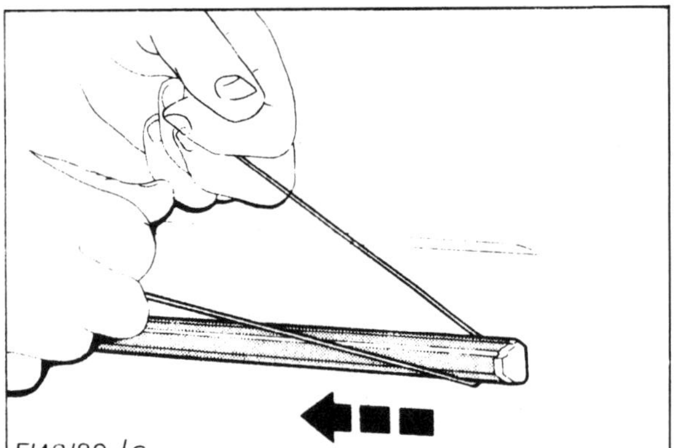
F/43/80 /S

- Klebeverbindung zwischen Zierleiste und Karosserie mit dünner Nylonschnur lösen und Zierleiste abnehmen.

Achtung: Die Klebeverbindungen für die Ornamente „Ford" auf dem Kühlergrill, „Ghia" auf dem Kotflügel und die Typenbezeichnung an der Heckklappe werden auf die gleiche Weise gelöst.

- Reste der Klebeverbindung mit Methylalkohol abwaschen.
- Schutzpapier von der Zierleiste abziehen, Leiste ausrichten und fest anpressen.

Ghia-Modell

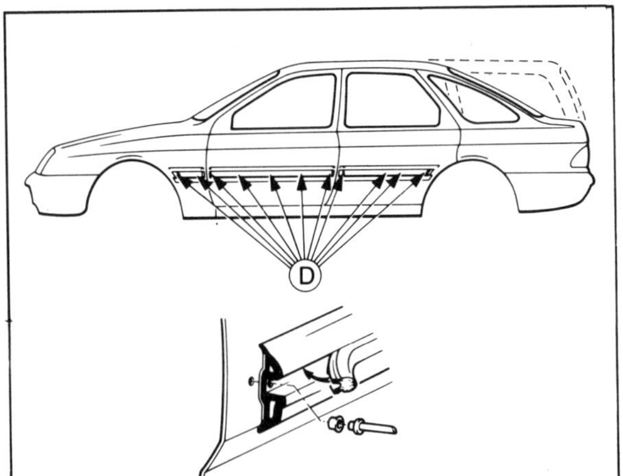

S/43/9

- Gummileiste mit Schraubendreher aus der Kunststoff-Zierleiste heraushebeln.
- Nieten ausbohren.
- Neue Zierleiste ansetzen und mit Popnieten befestigen.

Achtung: Hierfür wird eine spezielle Zange für Popnieten benötigt.

- Gummieinlage aufdrücken.

Haubenzug aus- und einbauen

Achtung: Ist der Haubenzug gerissen, Verriegelungshebel mit Schraubendreher nach links (in Fahrtrichtung gesehen) drükken, bis das Haubenschloß aufspringt. Der Schraubendreher wird von unten, zwischen Kühlergrill und Kühler hindurch, am Verriegelungshebel angesetzt.

Ausbau

- Untere Lenksäulenverkleidung mit 3 Schrauben abschrauben.
- Zusätzliche Schraube am Halter herausdrehen und Halter mit Haubenzug abnehmen.

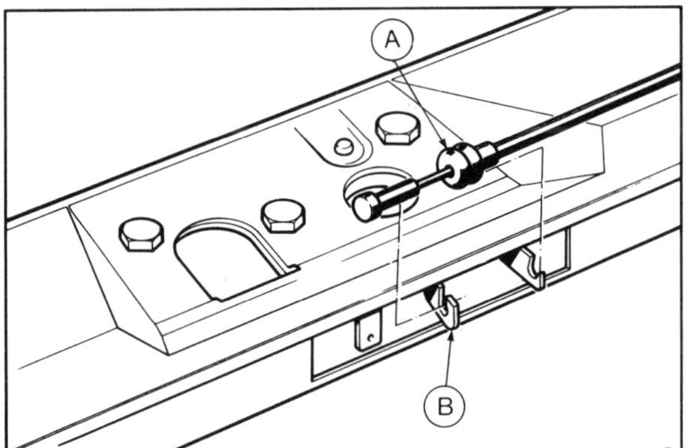

ER/41/3

- Gummitülle – A – vom Halter abziehen und Haubenzug aus dem Verriegelungshebel – B – aushängen.
- Haubenzug im Motorraum ausclipsen und durch die Stirnwand in den Innenraum durchziehen.

Einbau

- Haubenzug vom Innenraum durch die Bohrung in der Stirnwand in den Motorraum führen.

Achtung: Auf richtigen Sitz der Gummitülle achten, damit kein Spritzwasser in den Innenraum dringen kann.

- Im Motorraum Haubenzug in den Verriegelungshebel einhängen und die Gummitülle in den Halter schieben.
- Haubenzug seitlich im Motorraum einclipsen.
- Im Innenraum Halter an die Lenksäule anschrauben und untere Lenksäulenverkleidung mit 3 Schrauben befestigen.

Motorhaube aus- und einbauen

Ausbau

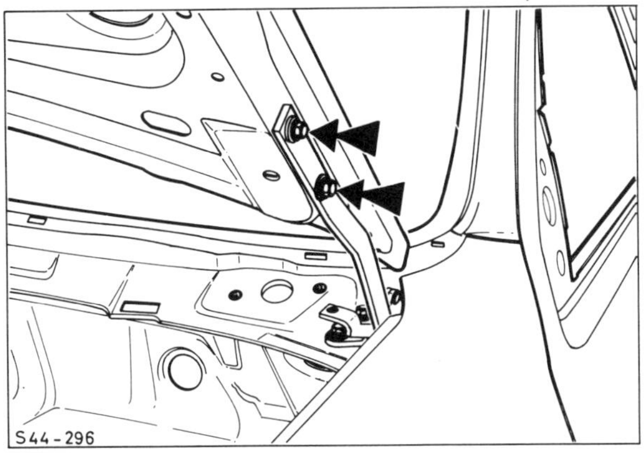
S44-296

- Lage der Befestigungsschrauben und Unterlegscheiben mit einer Reißnadel kennzeichnen (umkreisen). Das erleichtert später den schnellen und richtigen Einbau der alten Motorhaube.
- Masseband von der Motorhaube abschrauben.
- Motorhaube abschrauben. **Achtung:** Windlauf und Kotflügel durch Holzunterlage vor Beschädigungen schützen.
- Soll die Motorhaube ausgewechselt werden, Schließdorn und Sicherungshaken mit 2 Schrauben abschrauben.

Einbau

- Motorhaube ansetzen und entsprechend den vorher angebrachten Markierungen ausrichten und festschrauben.
- Haube vorsichtig schließen. Der Spalt zu den angrenzenden Bauteilen muß überall gleich groß sein. Die Haube muß sich auf gleicher Höhe mit Windlauf und Kotflügel befinden. Andernfalls Haube ausrichten. Dazu Befestigungsschrauben lösen und so fest anziehen, daß sich die Haube gerade noch verschieben läßt. Haube auf Spalt und Höhe ausrichten und Schrauben in dieser Stellung festziehen.
- Falls ausgebaut, Schließdorn anschrauben und einstellen.

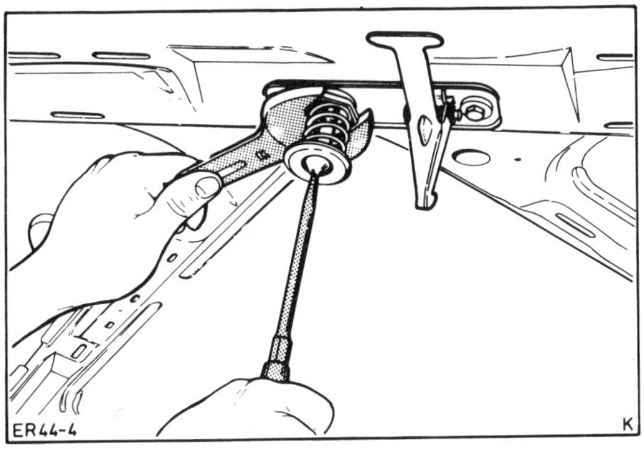
ER44-4

- Schließdorn mit Schraubendreher und Maulschlüssel so einstellen, daß dieser in das Haubenschloß voll einrastet und die Haube zur Oberfläche der Kotflügel bündig ist. Eventuell Gummipuffer einstellen.

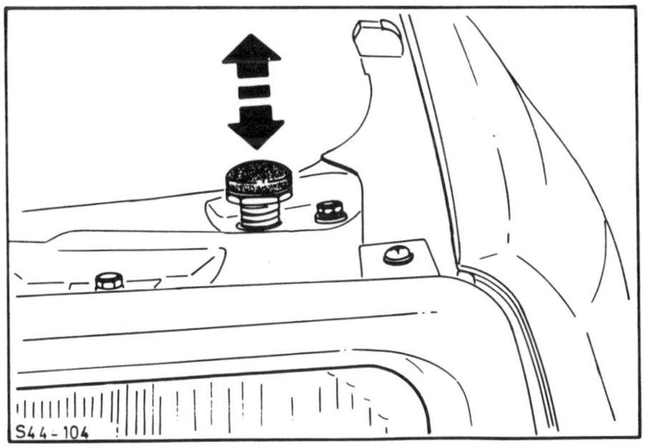
S44-104

- Gummipuffer für Haubenauflage durch Verdrehen in Pfeilrichtung verstellen, bis die Haube vorn die gleiche Höhe wie die Kotflügel einnimmt.
- Massekabel an die Motorhaube anschrauben.

Tür aus- und einbauen

Achtung: Ist das Fahrzeug mit einem elektrisch einstellbaren Außenspiegel, elektrischen Fensterhebern oder Warnschalter für nicht vollständig geschlossene Türen ausgerüstet, müssen vor dem Ausbau der Tür die Türverkleidung und die Türdichtfolie abgebaut und die Kabel abgeklemmt werden.

Ausbau

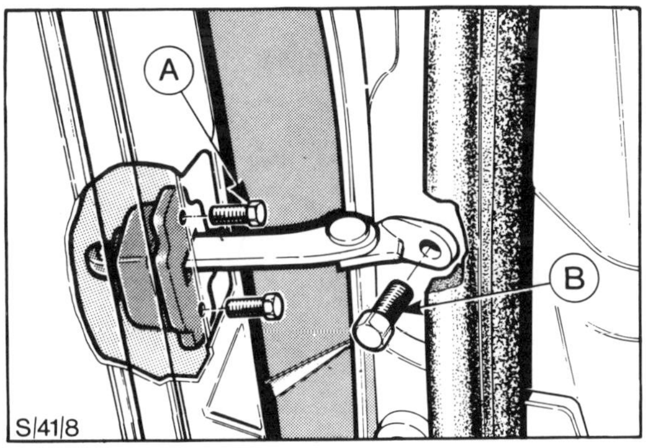

S/41/8

- Türfeststeller mit einer Schraube von der Karosserie abschrauben –B–. Die Befestigungsschrauben –A– des Türfeststellers an der Tür **nicht** herausdrehen.
- Seitliche Fußraumabdeckung mit 2 Schrauben abschrauben und am oberen Teil ausclipsen (2 Clips). Dämmaterial etwas abziehen.
- Bei Ausbau der Fahrertür: Abdeckungen unter der Instrumententafel und seitlichen Luftschlauch abnehmen.
- Bei Ausbau der Beifahrertür: Abdeckung der Luftdüse in der Instrumententafel abnehmen.
- Bei Ausbau der hinteren Tür: B-Säulen-Verkleidung abschrauben. An der B-Säule ist die hintere Tür angeschlagen. 1 Schraube oben, 3 in der Mitte und 2 Schrauben unten herausdrehen und die zweiteilige Verkleidung abnehmen.

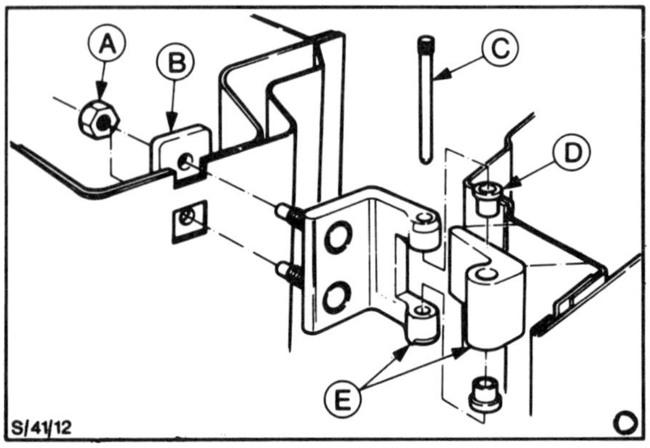

- Mit Reißnadel Lage der Muttern –A– und Halteplatten –B– markieren (umkreisen).
- Schrauben für unteres Scharnier herausdrehen und mit Halteplatte abnehmen. Scharnierbolzen –C–, Buchse –D– und Scharnier –E– werden nicht ausgebaut.
- Tür etwas anheben, obere Muttern abschrauben und mit Halteplatte herausnehmen.
- Tür abnehmen.

Einbau

- Tür ansetzen und nach unten abstützen.
- Tür entsprechend der angebrachten Markierungen ausrichten und oberes und unteres Scharnier anschrauben.
- Türfeststeller mit einer Schraube befestigen.

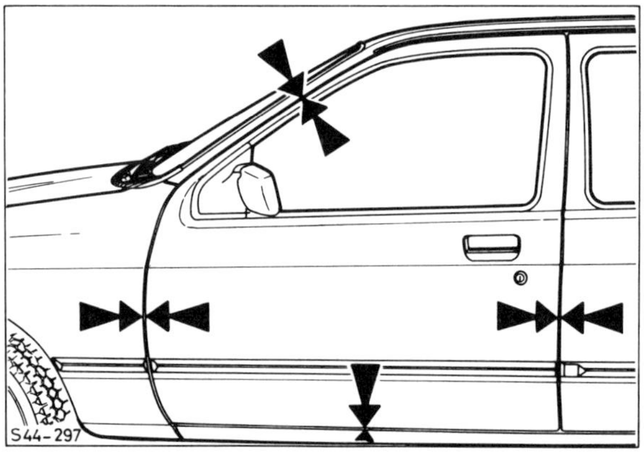

- Tür vorsichtig schließen. Durch eine Sichtkontrolle überprüfen, ob die Tür bündig sitzt und mit den benachbarten Blechen einwandfrei fluchtet. Wenn die Tür durchhängt, den Schließdorn ausbauen und die Muttern an beiden Scharnieren lösen. Die Tür an der hinteren unteren Ecke so weit anheben, daß sie einwandfrei fluchtet und der Spalt zwischen Tür und Türrahmen rundum gleichmäßig ist. Tür in dieser Position halten und Scharniermuttern festziehen. Schließdorn einbauen und gegebenenfalls einstellen.
- Bei der Vordertür Luftschlauch, Düsenabdeckung, Abdeckungen unter der Instrumententafel und seitliche Fußraumverkleidung montieren.
- Bei der Hintertür die obere und untere Verkleidung der „B"-Säule anschrauben.

Achtung: Falls ausgebaut, Kabelstrang anschließen und Türdichtfolie sowie Türverkleidung einbauen.

Türschloßanschlag einstellen

Der Schließmechanismus ist so eingestellt, daß bei geschlossener Tür die Türdichtungen unter Spannung stehen und somit das Eindringen von Zugluft und Regenwasser sowie das Auftreten von Klappergeräuschen verhindern.

Im Laufe der Zeit können sich die Gummidichtungen etwas setzen, was zu den oben aufgeführten Störungen führen kann. In einem solchen Fall ist die Türeinstellung zu justieren, und zwar am Türschloßanschlag.

Bis 9. 84

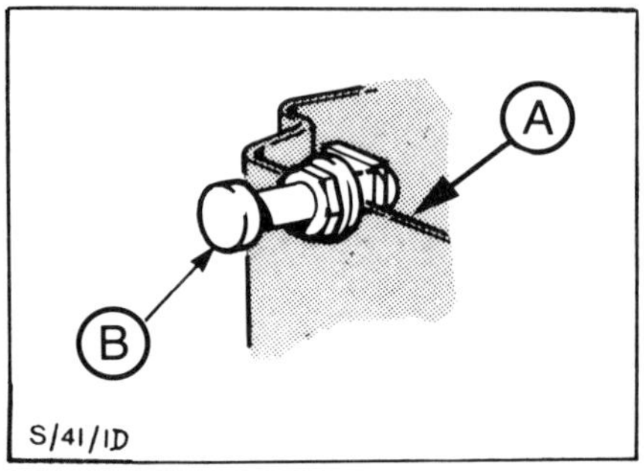

- Einbaulage des Türschloßbolzens –B– kennzeichnen. –A– Karosserie.
- Türschloßanschlag mit einem Maulschlüssel um ca. eine halbe Umdrehung lösen.
- Bolzen etwas (wenige Millimeter) nach innen schieben und wieder festziehen.

Seit 10. 84

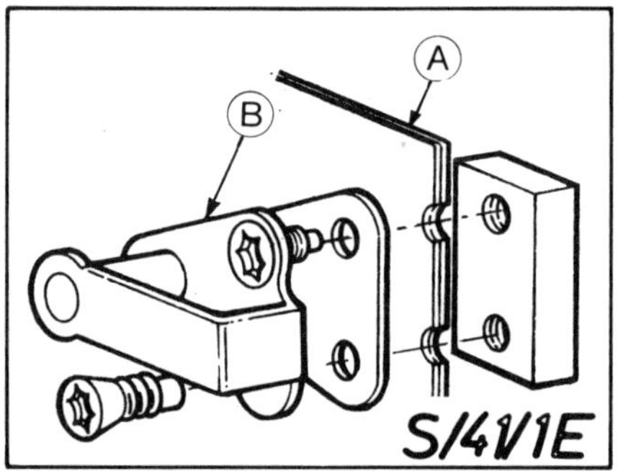

- Einbaulage des Türschloßanschlages –B– kennzeichnen. –A– Karosserie.
- 2 Innen-Torx-Schrauben am Anschlag etwas lösen und Anschlag wenige Millimeter nach innen schieben. Schrauben wieder festziehen.

Türschloßanschlag einstellen nach Türeinbau

- Bolzen um ca. eine halbe Umdrehung lösen.
- Tür schließen, dadurch wird der Bolzen justiert.
- Tür vorsichtig öffnen und Bolzen in dieser Lage festschrauben.

Achtung: Der Bügel des Türschloßanschlages muß sich beim Schließen der Tür in waagerechter Position befinden, sonst kann der Verriegelungsmechanismus beschädigt werden.

Außenspiegel aus- und einbauen

Ausbau

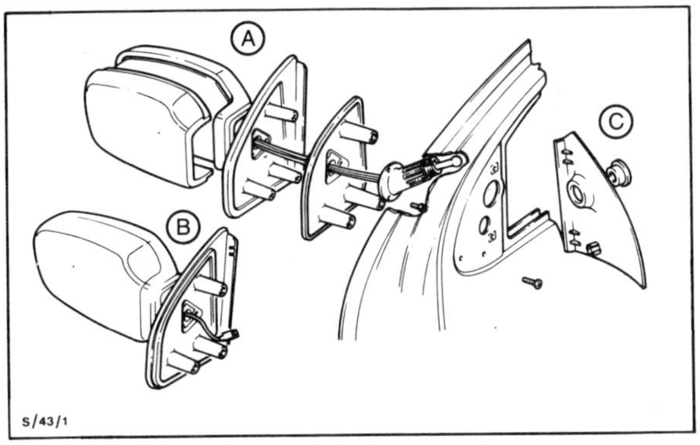

Elektrisch verstellbarer Außenspiegel –B–

- Türverkleidung ausbauen und Mehrfachstecker vom Betätigungsschalter abziehen.

Von innen mechanisch verstellbarer Außenspiegel –A–

- Ringmutter –C– am Einstellknopf abschrauben. Die Werkstatt verwendet dazu einen Spezialschlüssel. Die Mutter kann jedoch auch mit einem Dorn vorsichtig losgeschlagen werden.

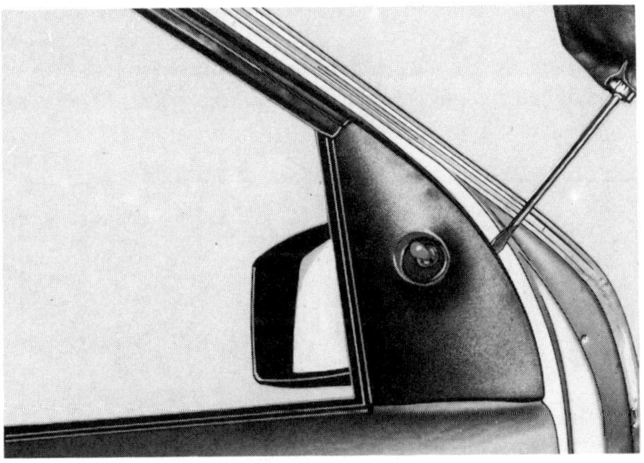

- Kunststoffabdeckung mit Schraubendreher von vorn abhebeln und nach hinten abziehen. **Achtung:** Damit der Lack nicht beschädigt wird, Papierpolster unter Schraubendreher legen.
- 3 Befestigungsschrauben am Spiegelfuß herausdrehen, dabei Spiegel außen festhalten, damit er nicht herunterfallen kann.
- Spiegel außen nach hinten ziehen und dadurch aus der Zierleiste lösen. Spiegel abnehmen.

Elektrisch verstellbarer Außenspiegel

- Spiegel nach außen so weit abhebeln, bis der Mehrfachstecker getrennt werden kann. Gegebenenfalls äußere Abdeckung des Spiegelgehäuses abclipsen.

Einbau

Elektrisch verstellbarer Außenspiegel

- Mehrfachstecker am Spiegel aufstecken.
- Spiegel an der Tür ansetzen und in die Zierleiste einführen.
- Spiegel nach den Bohrungen in der Tür ausrichten und mit 3 Schrauben anschrauben.
- Kunststoffdreieck mit Haltezungen und Clip an der inneren Platte befestigen.

Von innen mechanisch verstellbarer Außenspiegel

- Ringmutter anschrauben.

Elektrisch verstellbarer Außenspiegel

- Mehrfachstecker am Betätigungsschalter aufschieben. Türverkleidung einbauen.
- Falls ausgebaut, äußere Abdeckung für Spiegelgehäuse einclipsen.

Glas für Außenspiegel ersetzen

Feststehender Außenspiegel

Basis- und L-Modell

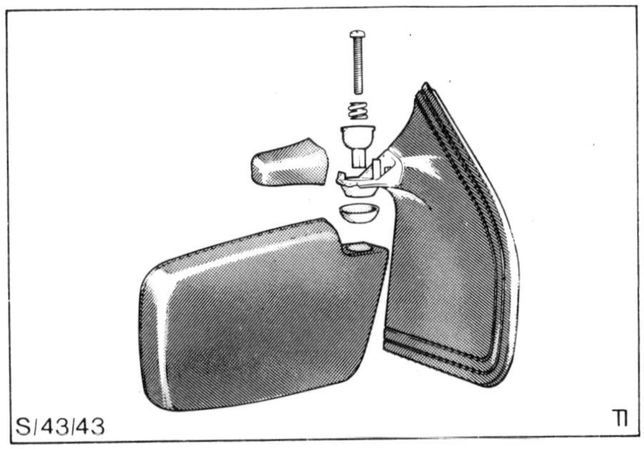

- Plastikabdeckung vom Spiegelgelenk abhebeln.
- Befestigungsschraube herausdrehen, dabei Spiegelglas festhalten, damit es nicht herunterfällt.
- Neues Spiegelglas wie in der Abbildung gezeigt ansetzen und festschrauben.
- Obere Abdeckung einclipsen.

GL- und Ghia-Modell

- Spiegelglas nach außen drehen und vom Kugelgelenk abdrücken.
- Pfanne hinten am neuen Spiegelglas auf die Kugel am Spiegelfuß ausrichten.
- Spiegelglas vorsichtig auf die Kugel aufdrücken.

Verstellbarer Außenspiegel
(elektrisch und mechanisch)

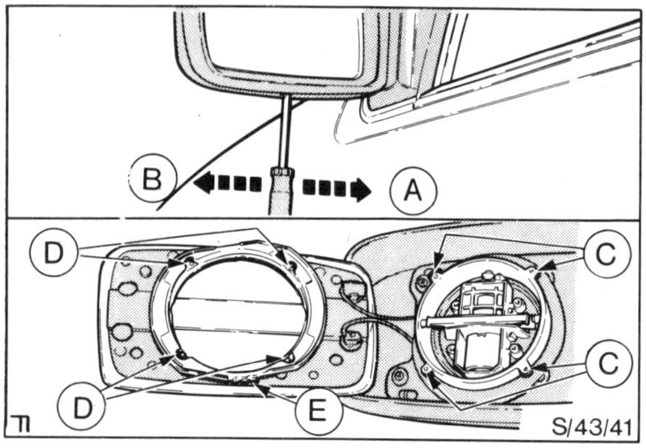

S/43/41

- Schraubendreher mit schmaler Klinge in die untere Öffnung des Spiegels einführen. Spiegelglas festhalten und Arretierungsring lösen. Dazu Schraubendreher in Richtung –A– bewegen.
- Spiegelglas herausnehmen.
- Neues Spiegelglas einsetzen. Vorher Arretierungsring –E– so drehen, daß die Stifte –D– frei werden. Glas so ansetzen, daß die Befestigungsstifte –D– in die Schlitze –C– eingreifen.
- Spiegelglas aufdrücken und mit Schraubendreher Arretierungsring in Richtung –B– bewegen und dadurch Spiegelglas sichern.

Achtung: Spiegelglas auf festen Sitz und freie Beweglichkeit prüfen.

Türverkleidung aus- und einbauen

Ausbau bis 12/86

- Innere Abdeckung für Außenspiegel abhebeln. Bei mechanisch von innen verstellbarem Außenspiegel vorher Ringmutter abschrauben, siehe Seite 187.

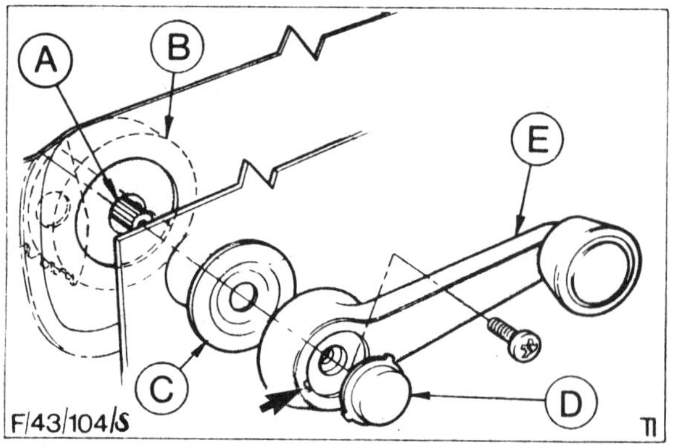

F/43/104/S

- Blende –D– von der Fensterkurbel –E– abhebeln, dazu kleinen Schraubendreher in die seitliche Nut einsetzen.
- Kreuzschlitzschraube herausdrehen und Kurbel –E– mit Blende –C– von der Kurbelachse –A– abziehen. B – Dämpfer.
- Kunststoffschale für Türgriff mit 2 Kreuzschlitzschrauben abschrauben und herausnehmen.
- Befestigungsschraube in der Mitte der Abdeckschale des Türinnenhebels herausdrehen, Türhebel in Öffnungsstellung bringen und Schale abnehmen, Lage der Befestigungsschraube siehe auch Abbildung S/41/1A –Pfeil– auf Seite 190.

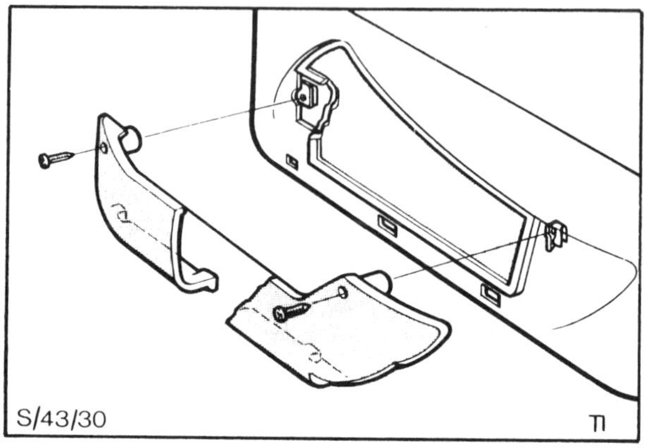

S/43/30

- Ablagetasche mit 2 Schrauben abschrauben, hinten ausclipsen, Ablagetasche anheben und Haltenasen unten aushängen.
- Bei Fahrzeugen mit elektrisch verstellbarem Außenspiegel Betätigungsschalter mit kleinem Schraubendreher heraushebeln und Mehrfachstecker abziehen.

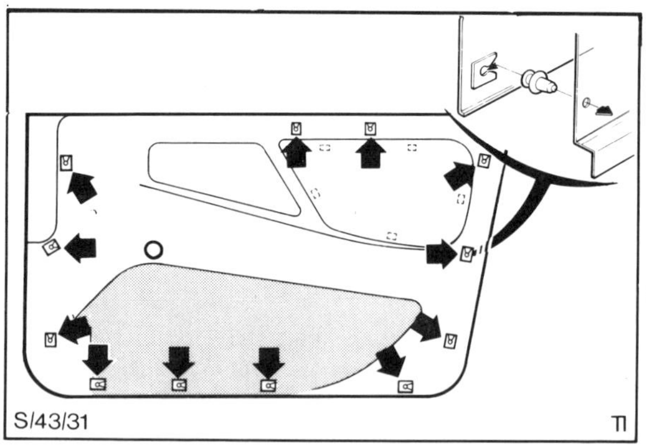

S/43/31

- Türverkleidung an den Befestigungsstellen –Pfeile– von Hand ausclipsen. Dabei Verkleidung jeweils über dem Befestigungsclip vom Türrahmen wegziehen. Zur Erleichterung kann ein breiter Plastik- oder Holzspachtel verwendet werden.

Einbau

- Beschädigte Clips ersetzen. Neuen Clip seitlich in die Federklammer an der Verkleidung einsetzen, siehe Abbildung S/43/31.
- Verkleidung ansetzen und, falls vorhanden, Schalter für elektrisch verstellbaren Außenspiegel einsetzen sowie Mehrfachstecker anschließen.
- Halteclips auf richtigen Sitz in den Klammern prüfen. Verkleidung so ausrichten, daß sich die Clips über den Bohrungen im Türrahmen befinden und Verkleidung mit dem Handballen aufdrücken.
- Ablagetasche unten einhängen, hinten einclipsen sowie oben mit 2 Befestigungsschrauben anschrauben.
- Fensterkurbel einbauen, dabei Blende mit der Wölbung zum Türrahmen einsetzen. Kurbel so auf die Kurbelachse aufschieben, daß sie bei geschlossenem Fenster schräg nach vorn oben zeigt.
- Kurbel mit Kreuzschlitzschraube anschrauben. Schraube vorher mit Sicherungsmittel, falls vorhanden, bestreichen.
- Plastikblende ausrichten und mit dem Daumen eindrücken.
- Kunststoffschale für Türgriff einsetzen und anschrauben.
- Abdeckschale für Türinnenhebel einsetzen und festschrauben.
- Innere Abdeckung für Außenspiegel aufdrücken. Gegebenenfalls Ringmutter anschrauben.

Modelle ab 1/87

Ausbau

Seit 1/87 werden anstelle der Halteclipse für die Türinnenverkleidung Befestigungsschrauben verwendet.

- Innere Abdeckung für Außenspiegel abhebeln. Bei mechanisch von innen verstellbarem Außenspiegel vorher Ringmutter abschrauben, siehe Seite 187.

S187-43-9

- Befestigungsschraube für Türverkleidung hinter innerer Abdeckung vom Außenspiegel herausdrehen.
- Fensterkurbel abschrauben und abziehen, siehe Bild F/43/104 S auf Seite 188.

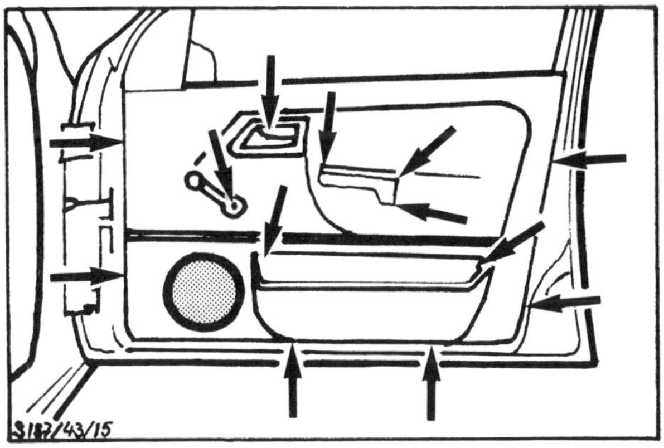

S187/43/15

- Plastikblende von Armstütze mit Schraubendreher abhebeln.
- Sämtliche Schrauben der Türverkleidung – Pfeile – herausdrehen, Abdeckungen entfernen. Bei den vorderen Türen die Türablagetasche abnehmen.
- Bei Ausbau der Verkleidung an den Hintertüren, Aschenbecher aushängen und die 2 Schrauben dahinter zusätzlich herausdrehen.
- Türverkleidung unten vom Türrahmen wegziehen, nach oben drücken und an der Oberkante aushängen.

Einbau

- Verkleidung ansetzen und mit je 2 Schrauben links und rechts außen anschrauben. Falls vorhanden, Schalter für elektrisch verstellbaren Außenspiegel einsetzen und Mehrfachstecker anschließen.
- Bei Vordertür, Ablagetasche ansetzen und mit vier Schrauben anschrauben.
- Fensterkurbel einbauen, dabei Blende mit der Wölbung zum Türrahmen einsetzen. Kurbel so auf die Kurbelachse aufschieben, daß sie bei geschlossenem Fenster schräg nach vorn oben zeigt.
- Kurbel mit Kreuzschlitzschraube anschrauben. Schraube vorher mit Sicherungsmittel, falls vorhanden, bestreichen.
- Türgriffschrauben einschrauben, Plastikabdeckung aufdrücken.
- Abdeckschale für den Türinnenhebel einsetzen und festschrauben. Bei der Hintertür zusätzlich die zwei Schrauben hinter dem Aschenbecher einschrauben und Aschenbecher einsetzen.
- Innere Abdeckung für den Außenspiegel aufdrücken. Gegebenenfalls Ringmutter anschrauben.
- Restliche Schrauben einschrauben.
- Plastikblenden von Fensterkurbel und Armstütze ausrichten und mit dem Daumen eindrücken.

Türhebel innen aus- und einbauen

Ausbau

- Türverkleidung ausbauen.
- Abdichtfolie im Bereich des Türhebels und der Betätigungsstangen vorsichtig lösen. **Achtung:** Die Folie reißt leicht ein.

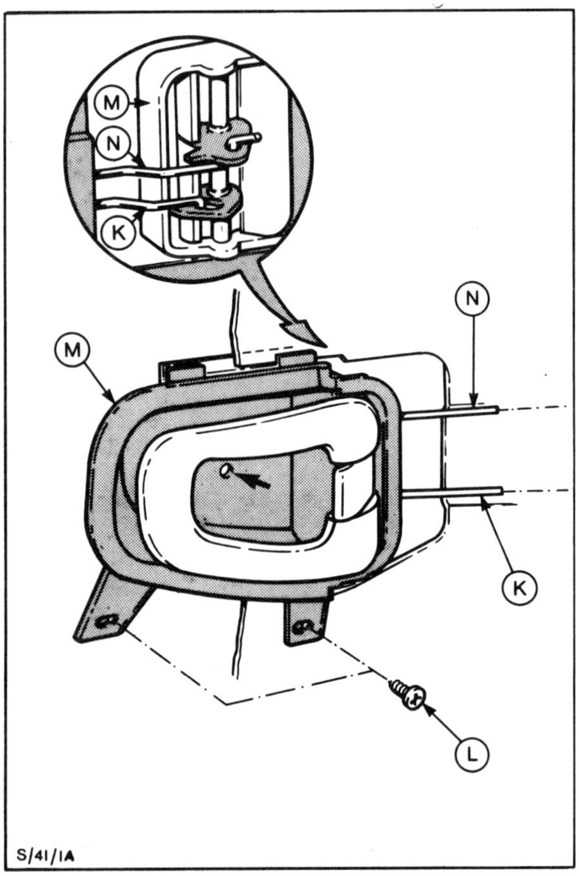

- 2 Schrauben –L– herausdrehen, Türinnengriff unten nach außen schwenken und oben aus Halteklammern aushängen.
- Halteclips der Betätigungsstangen –N/K– aus dem Türrahmen heraushebeln.
- Betätigungsstangen auf der Rückseite des Türinnengriffs – oberer Teil der Abbildung – aushängen. Dabei mit Stange –K– für Innengriff beginnen, dann Stange –N– für Schloßbetätigung.
- Türinnengriff mit zusätzlicher Schutzfolie abnehmen.

Einbau

- Betätigungsstangen an der Rückseite des Türinnengriffs in umgekehrter Reihenfolge wie beim Ausbau einhängen.
- Türinnengriff oben in den Türrahmen einhängen und unten anschrauben, dabei zusätzliche Schutzfolie nicht vergessen.
- Halteclips für die Betätigungsstangen in den Türrahmen eindrücken.
- Schutzfolie für Türverkleidung sorgfältig mit beidseitigem Klebeband auf Türausschnitt faltenfrei aufkleben. Die Abdichtung muß in jedem Fall aufgeklebt werden, sonst zieht es im Fahrzeug. Eine eingerissene Schutzfolie mit breitem Tesaband ausbessern.
- Türverkleidung einbauen.

Die Windschutzscheibe

Die Windschutzscheibe sowie die Scheibe für die Heckklappe und die hintere Seitenscheibe sind direkt an den Flansch des Fensterausschnitts geklebt. Dadurch ergibt sich eine höhere Festigkeit und bessere Abdichtung gegen eindringendes Wasser. Zudem verringert sich der Luftwiderstand und Gewicht wird eingespart. Zum Auswechseln der Scheiben ist jedoch neben verschiedenen Spezialwerkzeugen eine gewisse Erfahrung nötig. Aus diesem Grund sollte diese Arbeit der Werkstatt überlassen werden.

Türfensterscheibe aus- und einbauen

Ausbau

- Türverkleidung ausbauen.
- Schutzfolie oben und unten vorsichtig ablösen. **Achtung:** Die Folie reißt leicht ein. Unteren Teil nach oben klappen und am Türrahmen befestigen.

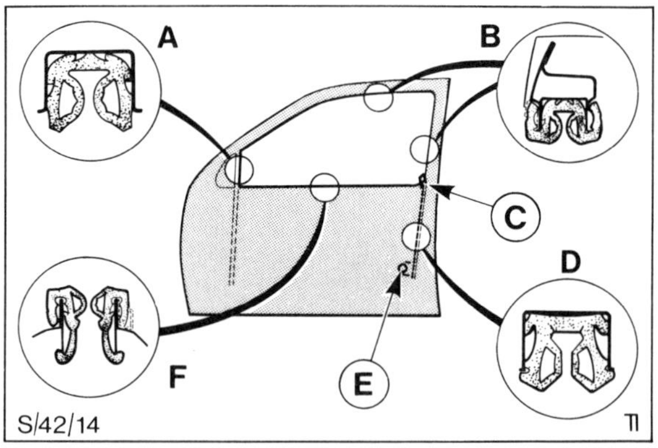

- Schraube –E– herausdrehen und Clip –C– der Fensterführung ausclipsen. –A/B– und –D/F– = Fenstergummi für Vordertür.

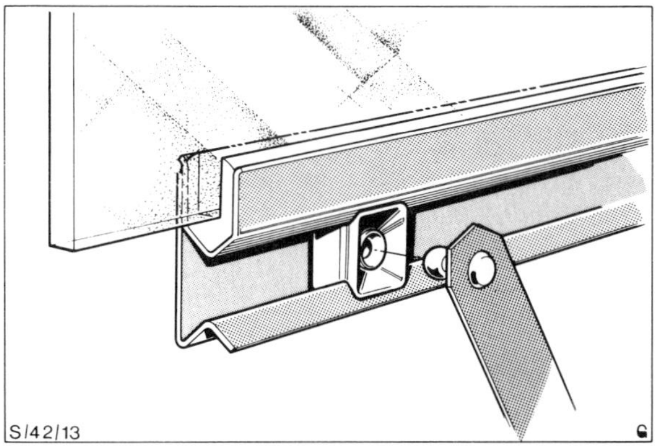

- Scheibe absenken, bis die Kugelverbindungen von Fensterführung und Kurbelapparat im unteren Türausschnitt sichtbar sind. Kugelverbindungen mit Schraubendreher lösen und Scheibe bis zum Türboden absenken.

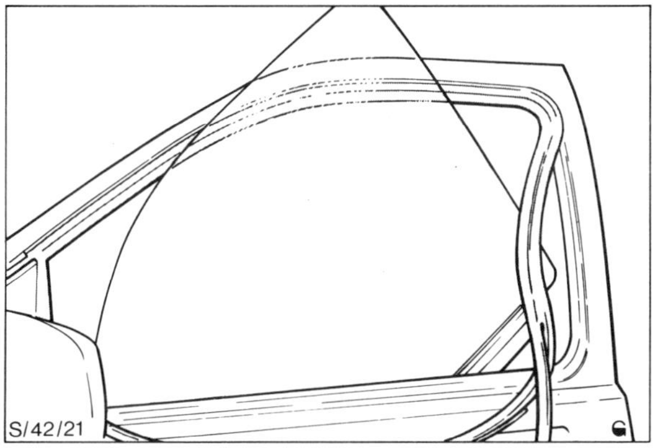

- Gummi der hinteren Fensterführung lösen. Je nach Modell ist dabei der Außenspiegel auszubauen und die Zierleistenverbindung zu lösen. Kunststoff-Fensterführung vom unteren Fensterrahmen abnehmen, dabei am vorderen Fensterdreieck beginnen.
- Scheibe nach oben aus dem Fensterrahmen herausnehmen. **Achtung:** Dabei Aluminiumführungen nicht beschädigen.

Einbau

- Fensterscheibe von oben in die Tür einsetzen.
- Kugelköpfe des Kurbelapparates in die Kunststoffgleitstücke eindrücken.
- Fenstergummi bzw. Kunststofführung im Fensterrahmen einsetzen und, falls ausgebaut, Spiegel einbauen.
- Scheibe anheben und Fensterführung mit Clip und Schraube befestigen. Dabei Befestigungsschraube im Langloch so festziehen, damit die Scheibe in Längsrichtung mindestens 5 mm Spiel hat.
- Schutzfolie faltenfrei ankleben. Eingerissene Stellen mit breitem Tesaband ausbessern. **Achtung:** Wenn die Schutzfolie nicht richtig abdichtet, kann es im Fahrzeug ziehen. Auf richtige Lage der Abdeckung für die unteren Entlüftungsschlitze achten.
- Türverkleidung einbauen.

Fensterkurbelapparat aus- und einbauen

Ausbau

- Türverkleidung ausbauen und Schutzfolie im Arbeitsbereich abziehen.
- Fensterscheibe runterkurbeln, ausclipsen und absenken, siehe Seite 190.

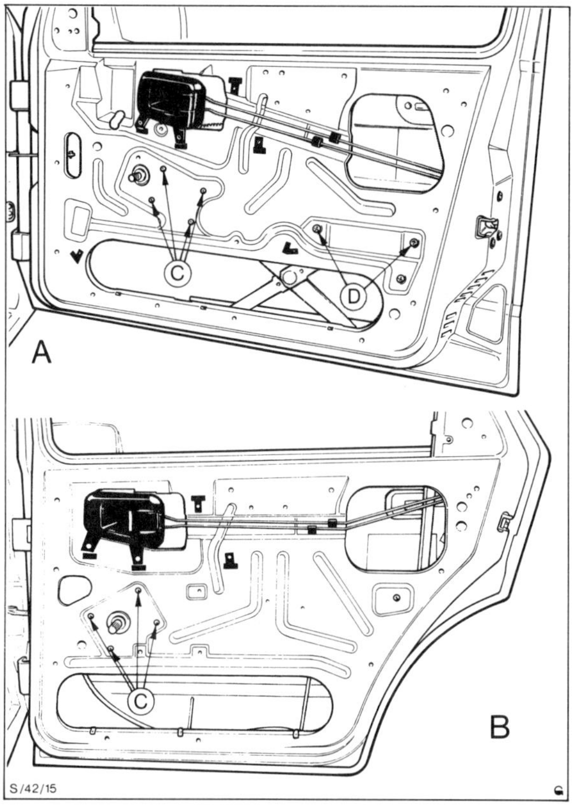

- 4 Befestigungsnieten –C– am Drehlager des Kurbelapparates ausbohren.
- Bei der vorderen Tür –A– zusätzlich 2 Nieten –D– an der Schiebeführung ausbohren. B – Hintertür.
- Kurbelapparat durch den unteren Türausschnitt herausnehmen.

Einbau

- Kurbelapparat durch den unteren Türausschnitt einführen. Drehlager mit vier Nieten befestigen. Bei Vordertüren Schiebeführung mit zwei Pop-Nieten befestigen. **Achtung:** Dazu werden eine spezielle Nietzange und entsprechende Pop-Nieten benötigt (oder Blechschrauben verwenden).
- Kunststoffgleitstücke der Hebeschiene und Kugelköpfe zueinander ausrichten und zusammendrücken.
- Türschutzfolie befestigen und Türverkleidung einbauen.

Türschließzylinder aus- und einbauen

Ausbau

- Türverkleidung ausbauen.
- Schutzfolie über Schließzylinder abziehen.

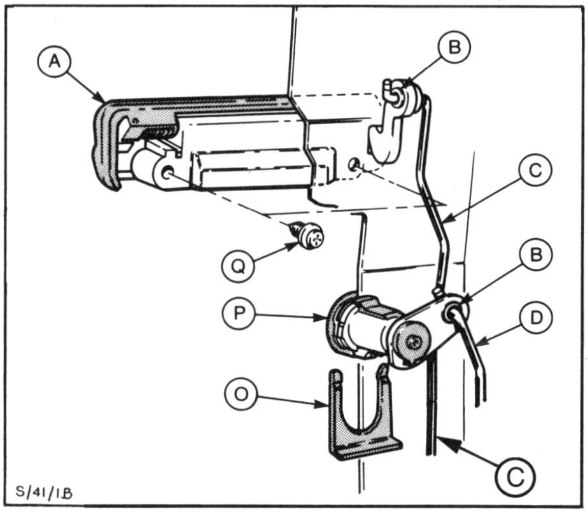

- Halteklammer –O– nach vorn herausziehen. Dabei Klammer nach oben und unten bewegen.
- Schließzylinder –P– etwas aus der Tür herausziehen, nach oben drehen und Kunststoffhebel –B– von der Verbindungsstange –D– mit Zange aushängen.
- Schließzylinder aus der Türöffnung herausnehmen

Einbau

Achtung: Ein neuer Schließzylinder wird zwar mit Kunststoffhebel, aber ohne Buchse –B– geliefert. Deshalb mit Zange neue Buchse in Kunststoffhebel eindrücken oder alten Hebel umbauen und mit Federklammer sichern.

- Schließzylinder schräg durch die Türöffnung einführen. Kunststoffhebel auf Betätigungsstange aufsetzen und mit Zange aufdrücken.
- Schließzylinder gegen die Tür andrücken, dabei auf richtigen Sitz der Dichtung achten.
- Halteklammer von vorn aufschieben und einrasten. **Achtung:** Halteklammer bis unter die vordere Nase des Schließzylinders aufschieben.
- Schutzfolie sorgfältig wieder ankleben, sonst kann es im Fahrzeug ziehen.
- Türverkleidung einbauen.

Türschloß aus- und einbauen

Ausbau

- Türverkleidung ausbauen.
- Schutzfolie im Arbeitsbereich abziehen.
- Türinnengriff ausbauen.

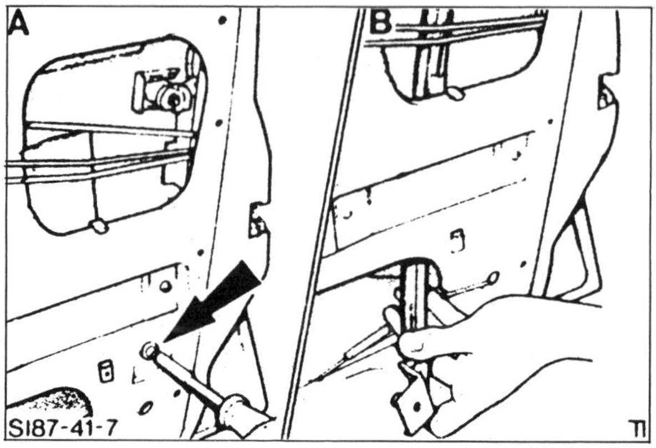

- Befestigungsschraube –Pfeil– der Verlängerung-Fensterführung herausschrauben und die Führung aus der Tür herausziehen.

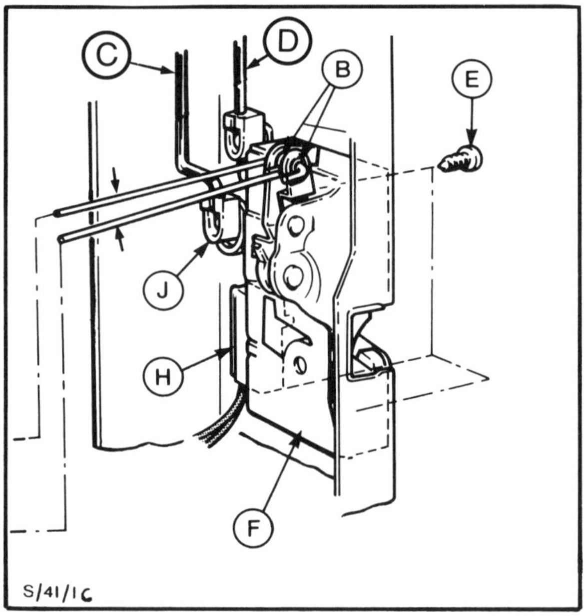

- Falls vorhanden, elektrische Leitung vom Warnschalter –H– abklemmen.
- Verbindungsstangen zum Außengriff –C– und zum Schließzylinder –D– ausbauen. Dazu Verbindungsclips –J– lösen.

- Zentralverriegelung: Mehrfachstecker vom Tür-Verriegelungsmotor abklemmen, Verriegelungsstange aushängen. 3 Befestigungsschrauben – Pfeile – entfernen, Motor herausnehmen.
- Befestigungsschrauben –E– herausdrehen und Schloß mit Betätigungsstangen –Pfeile– herausnehmen.

Einbau

- Türschloß mit Betätigungsstangen –Pfeile– einsetzen, zu den Bohrungen in der Tür ausrichten und anschrauben.
- Verbindungsstangen am Türschloß mit Clip befestigen.
- Gegebenenfalls Kabel an Warnschalter anklemmen.
- Türinnengriff einbauen.
- Zentralverriegelung: Gestänge am Verriegelungsmotor einhängen, Motor mit 3 Schrauben anschrauben. Mehrfachstecker aufstecken.
- Verlängerung der Fensterführung in die Befestigungsschiene einsetzen und Befestigungsschraube handfest einschrauben.
- Fenster herunterkurbeln, Verlängerung der Fensterführung ausrichten und so befestigen, daß das Fenster nicht schwergängig ist oder klemmt.
- Schutzfolie wieder ankleben, dabei auf richtigen Sitz achten. Eine eingerissene Folie ausbessern oder erneuern, sonst zieht es im Fahrzeug.
- Türverkleidung einbauen.

Heckklappe aus- und einbauen

Ausbau

- Kofferraum-Abdeckung links und rechts aushängen, nach hinten ziehen und herausnehmen.

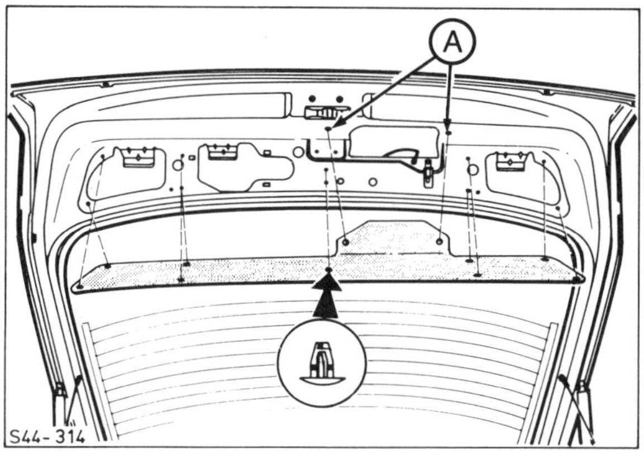

- Heckklappe öffnen und Verkleidung ausclipsen. Dazu breiten Schraubendreher in Höhe eines Clips zwischen Verkleidung und Heckklappe einführen. Dadurch löst sich der Clip um eine Raste. Um Beschädigungen am Lack zu verhindern, sauberen Lappen über die Klinge des Schraubendrehers legen. Auf diese Weise sämtliche Clips außer –A– lösen. Anschließend Clips mit Schraubendreher ganz heraushebeln. Dann Verkleidung am unteren Rand etwas von der Heckklappe abheben und dadurch die oberen Clips –A– um eine Raste lösen. Obere Clips mit Schraubendreher ganz heraushebeln und Verkleidung abnehmen.
- Folgende elektrische Leitungen, falls vorhanden, mit Tesaband kennzeichnen und abklemmen: heizbare Heckscheibe, Zentralverriegelung und elektrisch betätigte Entriegelung der Heckklappe, Warnschalter für nicht vollständig geschlossene Türen, Schalter für Kofferraumbeleuchtung. **Achtung:** Dazu je nach Modell Schalter für Kofferraumbeleuchtung ausbauen, siehe Seite 234.
- Gummimanschetten für Kabel abziehen und Kabelstrang aus der Heckklappe herausziehen.

Achtung: Zum leichteren Einbau vorher Schnur am Kabelstrang anbinden. Diese Schnur bleibt beim Abnehmen in der Klappe.

- Heckklappe mit geeignetem Brett und Holzzwischenlagen abstützen.

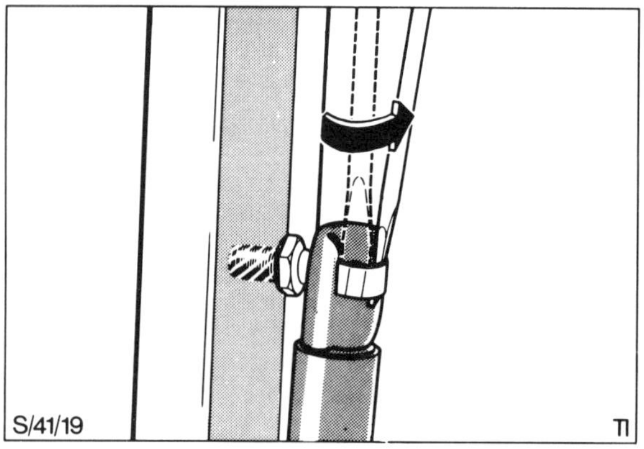

S/41/19

- Beide Türheber ausbauen. Dazu mit Schraubendreher Sicherungsklammer anheben und nach außen drehen. Türheber von der Kugelkopfschraube abziehen.

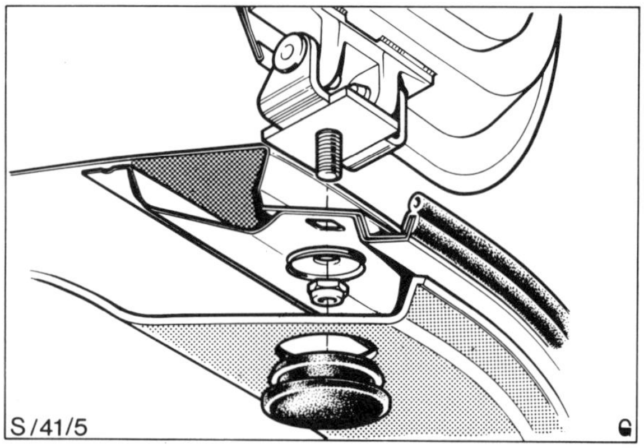

S/41/5

- Dachhimmel-Verschlußstopfen vorsichtig heraushebeln.
- Befestigungsmuttern von den Scharnieren abschrauben und mit Unterlegscheiben herausnehmen.
- Heckklappe abnehmen.

Einbau

- Heckklappe ansetzen und mit Unterlegscheiben an den Scharnieren festschrauben.
- Heckklappe abstützen.
- Türheber auf Kugelkopfschrauben aufsetzen und Sicherungsklammern aufdrücken.
- Schnur am Kabelstrang befestigen und Kabel durch die Heckklappe ziehen.
- Gummimanschetten befestigen und sämtliche Kabel entsprechend der vorher angebrachten Markierungen anklemmen.
- Heckklappe schließen und einstellen.
- Überstand der Klappe hinten zur Karosserie prüfen. Die Heckklappe muß mit der Oberfläche der Karosserie fluchten, andernfalls Klappe öffnen, Schließzapfen mit Maulschlüssel lösen und Klappe schließen. Dadurch justiert sich der Schließzapfen. Anschließend Schließzapfen festziehen.
- Überstand der Heckklappe oben prüfen. Die Klappe muß mit der Karosserie fluchten, gegebenenfalls Befestigungsmuttern an den Scharnieren lösen und Klappe entsprechend verschieben. Dabei auch auf etwa gleichgroßen Seitenabstand zur Karosserie achten. Anschließend Befestigungsmuttern festziehen.
- Abdeckstopfen in Dachhimmel einsetzen.
- Verkleidung ansetzen, Bohrungen ausrichten und Clips mit dem Daumen eindrücken.
- Kofferraum-Abdeckung einsetzen und seitlich einhängen.

Schloß für Heckklappe aus- und einbauen

Schrägheckmodell

Ausbau

- Verkleidung für Heckklappe ausbauen, siehe unter „Heckklappe ausbauen".

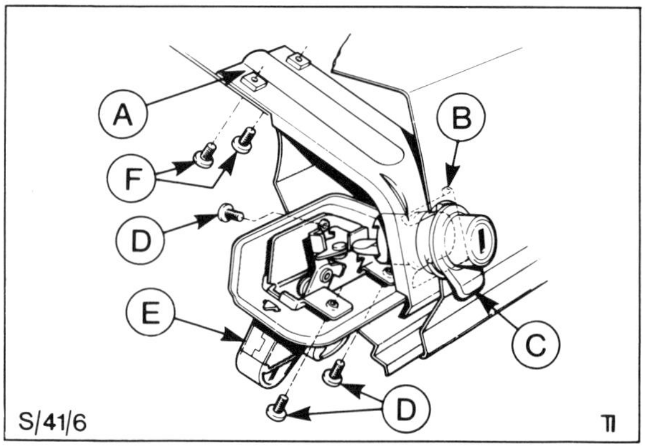

S/41/6

- Halteklammer –B– seitlich abziehen und Schließzylinder –C– herausnehmen.
- 2 Schrauben –F– herausdrehen und Schloßhalter –A– abnehmen.
- 3 Befestigungsschrauben –D– herausdrehen und Schloß –E– abnehmen.
- Falls vorhanden, Mehrfachstecker am Schloß abziehen und Gestänge der Zentralverriegelung aushängen.

Einbau

- Schloß einsetzen, Bohrungen ausrichten und Schloß anschrauben.
- Falls vorhanden, Gestänge der Zentralverriegelung einhängen und elektrische Anschlüsse aufschieben.
- Halter einsetzen und festschrauben.
- Schließzylinder durch die Öffnung in die Heckklappe einsetzen und mit Halteklammer sichern.
- Verkleidung ansetzen, Bohrungen ausrichten und Clips mit dem Daumen eindrücken.

Vordersitz aus- und einbauen

Ausbau

- Sitz ganz vorstellen.

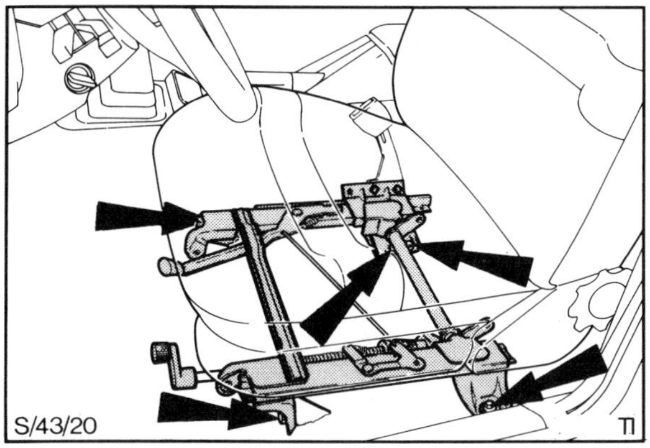

- Hinten am inneren Sitzversteller 2 Befestigungsschrauben, am äußeren Sitzversteller 1 Schraube entfernen –Pfeile–.
- Den Sitz zurückstellen und vorn am Versteller je eine Schraube entfernen –Pfeile–.
- Den Sitz von der Bodengruppe lösen und aus dem Fahrzeug heben.

Einbau

- Sitz an der Bodengruppe so ausrichten, daß die Bohrungen vorn im Sitzversteller mit denen im Fahrzeugboden übereinstimmen.
- Befestigungsschrauben einsetzen und handfest anziehen.
- Zuerst innere Schraube, dann äußere Schraube mit 30 Nm festziehen.
- Sitz vorstellen, Schrauben mit Unterlegscheiben einsetzen und handfest anschrauben.
- Zuerst innere Schrauben, dann äußere Schraube mit 30 Nm festziehen.

Rücksitzbank aus- und einbauen

Ausbau

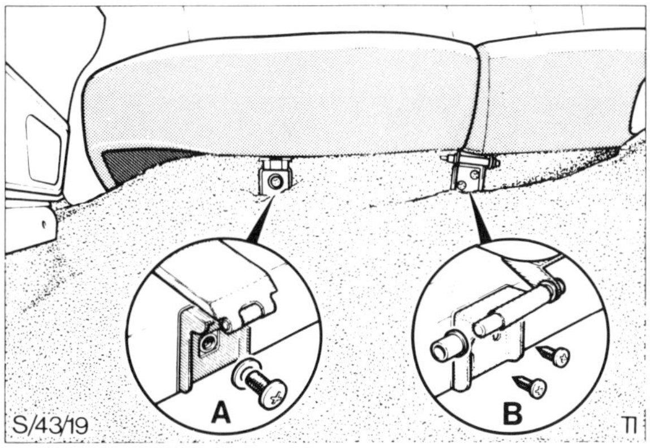

- Seitliche Gelenke –A– abschrauben.
- Bei Fahrzeugen mit geteilter Rücksitzbank, Mittelgelenk –B– abschrauben. **Achtung:** Wenn sich die Befestigungsschrauben unter dem Bodenteppich befinden, Sitzbankhälften seitlich vom Mittelgelenk abziehen.

Einbau

- Rücksitzbank einsetzen, Gelenke zu den Bohrungen ausrichten und anschrauben.
- Geteilte Rücksitzbank zuerst am Mittelgelenk einsetzen, dabei auf richtigen Sitz der Buchsen achten.
- Sicherheitsgurte richtig verlegen.
- Äußere Gelenke anschrauben.

Rücksitzlehne aus- und einbauen

Schrägheckmodell

Ausbau

- Rücksitzlehne nach vorn klappen.

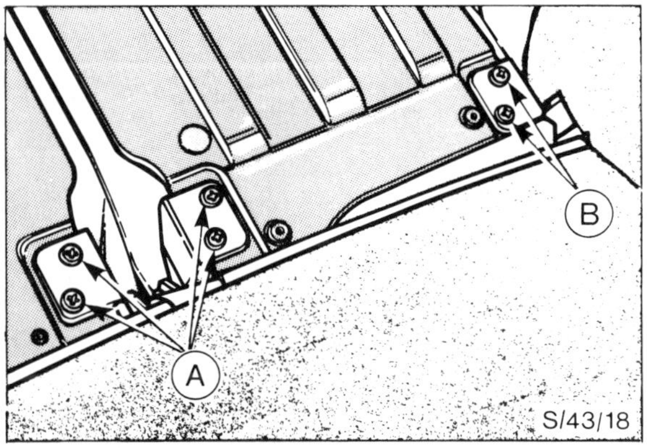

- Lehne links und rechts von den Gelenken abschrauben –B–.
- Bei geteilter Lehne, diese zusätzlich vom Mittelgelenk abschrauben –A–.

Schrägheckmodell

Einbau

- Rücksitzlehne an die äußeren Gelenke und gegebenenfalls an das Mittelgelenk anschrauben.

Stufenheckmodell

Ausbau

- Rücksitzbank ausbauen.

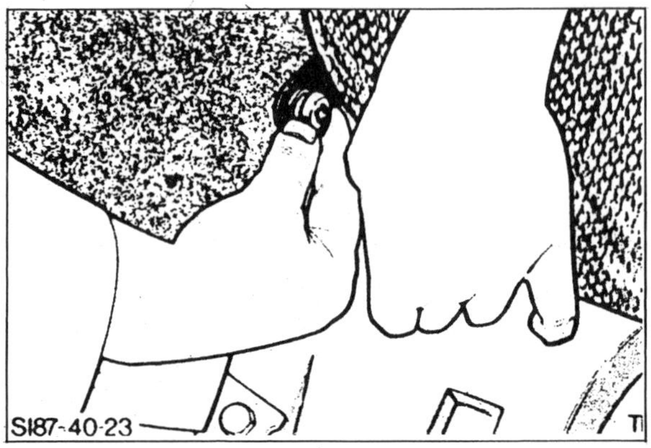

- 3 Befestigungsschrauben unterhalb der Sitzlehne herausdrehen. Diese Schrauben sind sogenannte Torxschrauben. Man benötigt zum Lösen der beiden äußeren Schrauben den Torxschraubenschlüssel T 50 und für die mittlere Schraube den Torxschraubenschlüssel T 40.

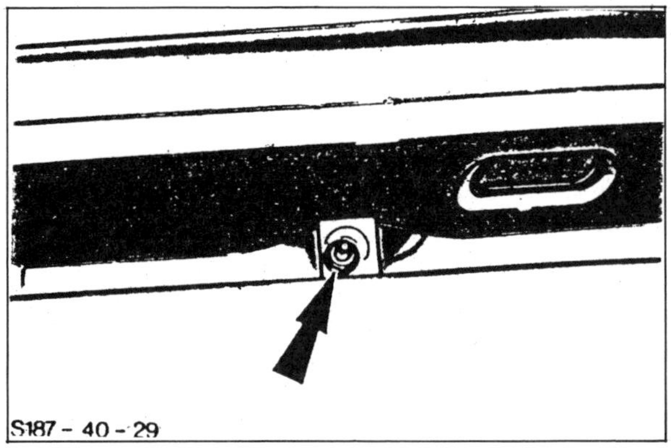

- Vom Kofferraum her 3 Befestigungsmuttern oben an der Zwischenwand zum Kofferraum herausschrauben.
- Sitzlehne nach vorn ziehen und herausnehmen.

Einbau

- Rücksitzlehne in die Rückwand vom Fahrgastraum einsetzen und ausrichten.
- Vom Kofferraum aus 3 Befestigungsmuttern aufschrauben.
- 3 Torxschrauben an der Unterkante der Rücksitzlehne einschrauben.
- Rücksitzbank einbauen.

Die Heizung

Beim FORD SIERRA wird zur Erwärmung des Innenraums das heiße Kühlmittel über einen Wärmetauscher geleitet. Frischluft strömt durch den Windlaufgrill an den Aluminiumlamellen des Wärmetauschers vorbei und erwärmt sich. Je nach der Klappenstellung im Heizungsgehäuse gelangt die angewärmte Luft durch die einzelnen Düsen und Heizungsöffnungen ins Fahrzeuginnere. Zur Verstärkung der Heizleistung dient ein dreistufiges elektrisches Heizgebläse.

Bedienungsschalter für Heizung aus- und einbauen/ Seilzüge einstellen

Ausbau

- Batterie-Massekabel abklemmen.
- Lenksäulenabdeckungen abschrauben, siehe Seite 233.
- Bedienungshebel für Heizung und Frischluft ganz nach oben stellen.
- Blende für Schalttafeleinsatz ausbauen, siehe Seite 231.
- Untere Abdeckungen links und rechts ausbauen.

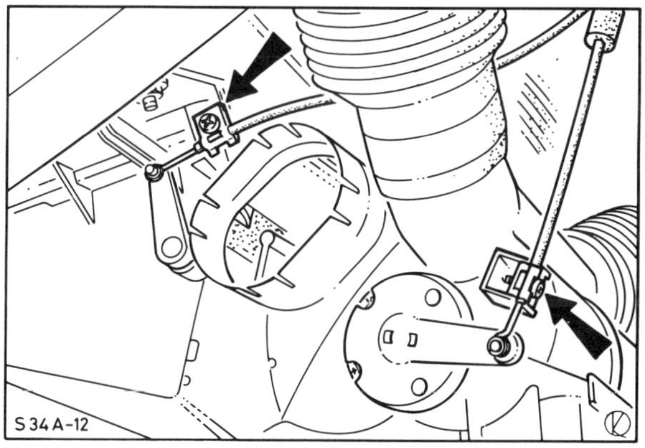

- Von der linken Fußraumseite her 2 Bowdenzüge für die Heizung abschrauben – Pfeile –. Vorher Luftschlauch abziehen.

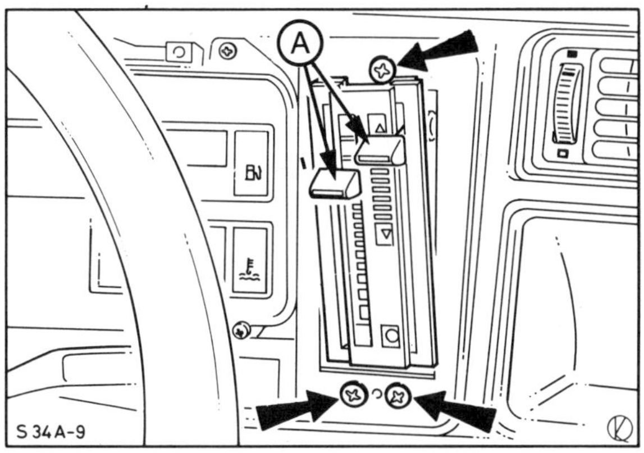

- Bedienungsknöpfe –A– nach hinten abziehen. Gegebenenfalls Knöpfe mit kleinem Schraubendreher leicht spreizen.
- Bedienungsschalter abschrauben – Pfeile –, durchschieben und nach unten herausnehmen. Eventuell Glühlampe mit Fassung herausnehmen.

Einbau

- Falls ausgebaut, Glühlampe mit Fassung in den Bedienungsschalter einsetzen.
- Bowdenzüge unten an der Heizung anschrauben.
- Beide Bedienungshebel ganz nach oben stellen, Züge aufstecken und Umhüllung festklemmen. **Achtung:** Die Einstellung der Heizungszüge wird am Bedienungsschalter durch Festklemmen der Umhüllung vorgenommen. Bedienungsschalter von Anschlag zu Anschlag bewegen und prüfen, ob Heizungs- bzw. Luftklappe vollständig öffnen und schließen.
- Untere Abdeckungen und Seitenverkleidungen einbauen.
- Mittelkonsole anschrauben, Schraubenabdeckungen einsetzen.
- Blende für Schalttafeleinsatz einbauen.
- Lenksäulen-Abdeckungen einbauen.
- Massekabel an Batterie anschließen.

Frischluftgebläse aus- und einbauen

Ausbau

- Massekabel von der Batterie abklemmen.
- Dichtgummi für die Luftkammer von der Stirnwand abziehen.

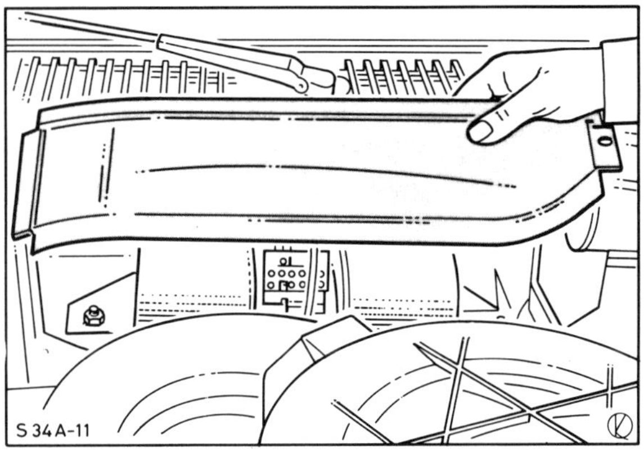

S 34A-11

- Abdeckung für Gebläsemotor abschrauben und herausnehmen.

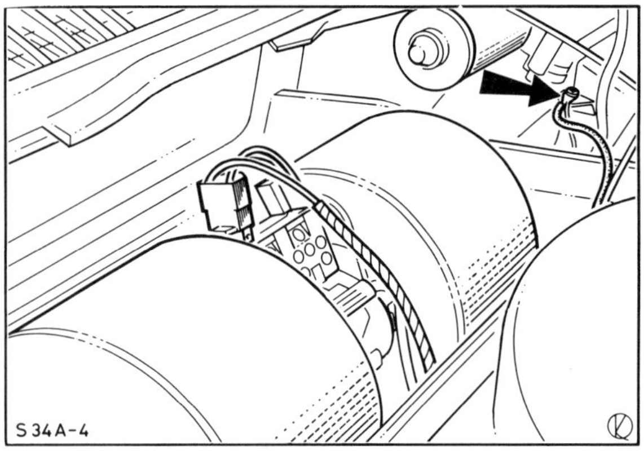

S 34A-4

- Mehrfachstecker vom Widerstand abziehen und Massekabel – Pfeil – abschrauben.

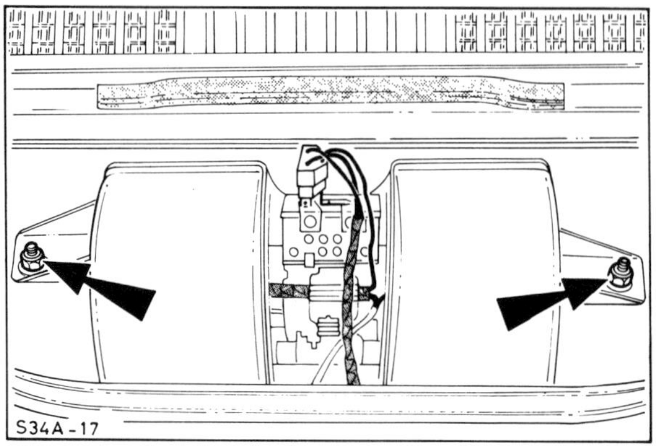

S34A-17

- Gebläse abschrauben – Pfeile – und herausnehmen.
- Lüfterabdeckung abnehmen, dazu Sicherungsclips abhebeln und Kunststoffklammern mit Schraubendreher lösen.
- Befestigungsbügel mit elektrischem Widerstand ausclipsen.
- Stecker vom Motor abziehen und Motor mit Lüfterrädern aus dem Gehäuse herausnehmen.

Einbau

- Motor komplett mit Lüfter in das Gehäuse einsetzen, Widerstand mit Lasche festclipsen und elektrische Leitung an Motor anschließen.
- Beide Gehäusehälften zusammensetzen und mit Klammern sichern.
- Gebläse einsetzen und festschrauben.
- Stecker auf Widerstand aufstecken und Massekabel anschrauben.
- Abdeckung anschrauben und Dichtgummi aufstecken.
- Masseband an Batterie anklemmen.

Die elektrische Anlage

Die elektrische Anlage des FORD SIERRA ist eine Gleichstromanlage mit einer Betriebsspannung von 12 Volt.

Als Stromerzeuger dient ein Drehstromgenerator mit einer Einrichtung zur Spannungs- und Ladestromregelung. Der Vorteil einer Drehstromlichtmaschine liegt darin, daß sie schon bei Motor-Leerlaufdrehzahl die Batterie lädt. Der Generator wird von der Motorkurbelwelle über einen Keilriemen angetrieben. Die nicht von den Verbrauchern benötigte Energie fließt in die Batterie und wird dort gespeichert.

Die wichtigsten Verbraucher der elektrischen Anlage sind:

- Anlasser
- Zündanlage
- Beleuchtungseinrichtung mit Blinkanlage
- Scheibenwischer- und Waschanlage
- Instrumente
- Signalhorn
- Innenbeleuchtung
- Gebläsemotor
- Zubehör: Heckscheibenheizung, Radio usw.

Zur Beleuchtungs- und Blinkeinrichtung gehören die beiden Scheinwerfer, die vorderen Blinkleuchten, die Blink-, Brems-, Schlußleuchten und die Kennzeichenleuchte.

Die Scheibenwisch- und -waschanlage besteht aus dem Scheibenwischermotor, dem Antriebsgestänge und den beiden Scheibenwischern. Die Scheibenwaschanlage arbeitet elektrisch. Der Scheibenwaschbehälter im Motorraum ist über eine Schlauchleitung mit den beiden Spritzdüsen verbunden.

Zur Instrumentierung gehören das Zentralinstrument mit Geschwindigkeitsmesser, Kraftstoffanzeige, Kilometerzähler und Kontrolleuchten für Öldruck, Ladestrom des Generators, Fernlicht und Blinklicht.

Die Zündanlage besteht im wesentlichen aus der Zündspule, dem Zündverteiler, dem Steuergerät, den Zündkabeln und den vier Zündkerzen.

Sämtliche Sicherungen und Relais sind in einem Gehäuse unter einem Deckel links im Motorraum untergebracht.

Löschen von Dauerspeichern

Bei vielen Reparaturvorgängen muß auch die Batterie abgeklemmt werden. Dadurch gehen dann die Inhalte der Dauerspeicher verloren. Das sind zum Beispiel der Fehlerspeicher im Einspritz-Steuergerät oder im Radio der Keycode für die Diebstahlsicherung. Damit diese Speicher nicht gelöscht werden, verwendet die Werkstatt ein sogenanntes »Memory-Erhaltungskabel«. Dieses Kabel wird mit einer 9-Volt-Trockenbatterie verbunden und über den Zigarettenanzünder angeschlossen. Erhältlich ist das Kabel von den Firmen Löwener und Mabeco.

Hinweise für den nachträglichen Einbau von Zubehör

Beim Bohren oder Schälen von Löchern in die Karosserie müssen die Lochränder anschließend entgratet und lackiert werden. Die beim Bohren zwangsläufig anfallenden Späne sind restlos aus der Karosserie zu entfernen. Insbesondere sind Zierleisten in unmittelbarer Nähe der Bohrstelle abzudecken, um zu vermeiden, daß sich Späne zwischen Lackierung und Zierleisten festsetzen und nach kurzer Zeit durch Witterungseinflüsse rosten und die Lackierung zerstören.

Bei allen Einbauarbeiten, die das elektrische Leitungssystem berühren, ist, um der Gefahr von Kurzschlüssen im elektrischen Leitungssystem vorzubeugen, grundsätzlich das Massekabel von der Fahrzeugbatterie abzuklemmen und zur Seite zu hängen.

Kabel, die beim Einbau von Zubehör zusätzlich zu dem serienmäßig eingebauten Kabelsatz im Fahrzeug verlegt werden müssen, sind nach Möglichkeit immer entlang der einzelnen Kabelstränge unter Verwendung der vorhandenen Kabelschellen und Gummitüllen zu verlegen.

Falls erforderlich, sind die neu verlegten Kabel, um entstehenden Geräuschen während der Fahrt vorzubeugen und Scheuern von Kabeln zu vermeiden, mit Isolierband, plastischer Masse, Kabelbändern und dgl. zusätzlich festzulegen. Hierbei ist besonders darauf zu achten, daß zwischen den Bremsleitungen und den festverlegten Kabeln ein Mindestabstand von 10 mm sowie zwischen den Bremsleitungen und den Kabeln, die mit dem Motor oder anderen Teilen des Fahrzeuges schwingen, ein Mindestabstand von 25 mm vorliegt.

Sofern zusätzliche elektrische Verbraucher eingebaut werden, ist in jedem Fall zu überprüfen, ob die erhöhte Belastung noch von der vorhandenen Drehstromlichtmaschine mit übernommen werden kann. Falls erforderlich, sollte ein Generator mit größerer Leistung vorgesehen werden.

Batterie aus- und einbauen

Ausbau

- Batteriekabel abklemmen, zuerst Masseband.

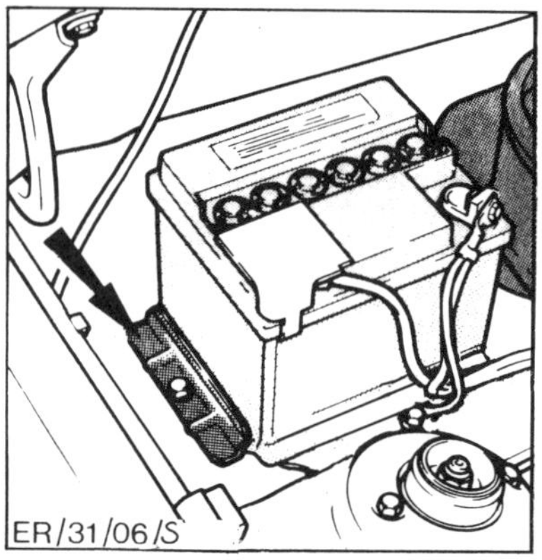

- Halteplatte abschrauben, Batterie etwas nach außen ziehen und herausnehmen.

Hinweise:
Batterien enthalten giftige Substanzen, die nicht in den Hausmüll gelangen dürfen. Wenn Sie eine neue Autobatterie kaufen, nehmen Sie die Altbatterie zum Händler mit. Sonst müssen Sie Pfand für die neue Batterie bezahlen.

Einbau

- Batterie einsetzen, Halteplatte anschrauben.
- Pluskabel an Pluspol anbringen, dann Masseband an Minuspol.
- Falls erforderlich, das Radio durch Eingabe des Keycodes der Diebstahlsicherung aktivieren. Zeituhr einstellen.

Batterie laden

Sicherheitshinweise:

- Batterie **nicht** bei laufendem Motor abklemmen.
- Batterie **niemals kurzschließen,** das heißt Plus- (+) und Minuspol (–) dürfen nicht verbunden werden. Bei Kurzschluß erhitzt sich die Batterie und kann platzen.
- Nicht mit offener Flamme in Batterie leuchten. Batteriesäure ist ätzend und darf nicht in die Augen, auf die Haut oder die Kleidung gelangen, gegebenenfalls mit viel Wasser abspülen.
- Die Batteriestopfen (kreuzförmige Schlitze) bleiben bei einer modernen Batterie mit Zentralentgasung beim Laden fest eingeschraubt.
- Gefrorene Batterie vor dem Laden auftauen. Eine entladene Batterie gefriert bei ca. –12° C. Batterie auf Gehäuserisse prüfen, gegebenenfalls ersetzen.

- Batterie zum Laden möglichst ausbauen. Zumindest aber Massekabel (–) sowie Pluskabel (+) abklemmen. Batterie nur in gut belüftetem Raum laden. Beim Laden der eingebauten Batterie die Motorhaube geöffnet lassen.
- Wenn keine wartungsfreie Batterie eingebaut ist: Säurestand prüfen, nötigenfalls destilliertes Wasser nachfüllen.
- Falls am Ladegerät der Ladestrom eingestellt werden kann, Ladestrom für Normalladung auf ca. 10 % der Kapazität einstellen. Bei einer 50-Ah-Batterie also etwa 5,0 A. Als Richtwert für die Ladezeit können dann 10 Stunden genommen werden.
- **Bei ausgeschaltetem Ladegerät** Pluskabel (+) des Ladegerätes an den Pluspol (+) der Batterie anschließen. Minuskabel (–) des Ladegerätes mit dem Minuspol (–) der Batterie verbinden. Ladegerät einschalten.
- Temperatur der Batterie durch Auflegen der Hand prüfen. Die Säuretemperatur darf während des Ladens ca. +55° C nicht überschreiten, gegebenenfalls Ladung unterbrechen oder Ladestrom herabsetzen.
- So lange laden, bis alle Zellen lebhaft gasen und bei drei im Abstand von je einer Stunde aufeinanderfolgenden Messungen die Spannung nicht mehr angestiegen ist.
- Nach dem Laden Ladegerät abklemmen und Batterie ca. 20 min ausgasen lassen. Batterie einbauen.

Batterie entlädt sich selbständig

Wenn der Verdacht auf Kriechströme besteht, Bordnetz nach folgender Anleitung prüfen.

- Zur Prüfung geladene Batterie verwenden.
- Am Amperemeter (Meßbereich von 0–5 mA bis 0–5 A) den höchsten Meßbereich einstellen. Masseband von Batterie abklemmen. Amperemeter zwischen Batterieminuspol und Masseband schalten. Amperemeter-Plus-Anschluß an Masseband und Amperemeter-Minuspunkt an Batterie-Minuspol.

Achtung: Die Prüfung kann auch mit einer Prüflampe durchgeführt werden. Leuchtet die Lampe zwischen Masseband und Minuspol der Batterie jedoch nicht auf, ist auf jeden Fall ein Ampèremeter zu verwenden.

- Alle Verbraucher ausschalten, vorhandene Zeituhr abklemmen, Türen schließen.
- Vom Amperebereich solange auf den Milliamperebereich zurückschalten, bis eine ablesbare Anzeige erfolgt (1–3 mA sind zulässig).
- Durch Herausnehmen der Sicherungen nacheinander die verschiedenen Stromkreise unterbrechen. Wenn bei einem der unterbrochenen Stromkreise die Anzeige auf Null zurückgeht, ist hier die Fehlerquelle zu suchen. Fehler können sein: korrodierte und verschmutzte Kontakte, duchgescheuerte Leitungen, interner Schluß in Aggregaten.
- Wird in den abgesicherten Stromkreisen kein Fehler gefunden, so sind die Leitungen an den nicht abgesicherten Aggregaten abzuziehen. Dieses sind: Generator, Anlasser, Zündanlage, Instrumente im Schalttafeleinsatz.
- Masseband an Batterie anklemmen.

Störungstabelle Batterie

Störung	Ursache	Abhilfe
Säurestand zu niedrig	● Überladung, Verdunstung (besonders im Sommer)	Destilliertes Wasser bis zur vorgeschriebenen Höhe nachfüllen (bei geladener Batterie)
Säure tritt aus den Verschlußstopfen aus	● Ladespannung zu hoch	Spannungsregler prüfen, ggf. austauschen
	● Säurestand zu hoch	Überschüssige Säure mit Säureheber absaugen
Säuredichte zu niedrig	● Batterie entladen	Batterie laden
	● Generator nicht in Ordnung	Generator prüfen, ggf. reparieren oder austauschen
	● Kurzschluß im Leitungsnetz	Elektrische Anlage überprüfen
	● Säure infolge Wartungsfehler verwässert	Säureausgleich durchführen
Säuredichte zu hoch	● Säure wurde nachgefüllt	Säureausgleich durchführen
Abgebende Leistung ist zu gering Spannung fällt stark ab	● Batterie entladen	Batterie nachladen
	● Ladespannung zu niedrig	Spannungsregler prüfen, ggf. austauschen
	● Anschlußklemmen lose oder oxydiert	Anschlußklemme reinigen und besonders Unterseite mit Säureschutzfett leicht einfetten, Befestigungsschrauben anziehen
	● Masseverbindung Batterie – Motor – Karosserie ist schlecht	Masseverbindung überprüfen, ggf. metallische Verbindungen herstellen oder Schraubverbindungen festziehen
	● Zu große Selbstentladung der Batterie durch Verunreinigung der Batteriesäure	Batterie austauschen
	● Evtl. Batterie sulfatiert (grauweißer Belag auf den Plus- und Minusplatten	Batterie mit kleinem Strom laden, damit sich der Belag langsam zurückbildet. Falls nach wiederholter Ladung und Entladung abgegebene Leistung immer noch zu gering, Batterie austauschen
	● Batterie verbraucht, aktive Masse der Platten ausgefallen	Batterie austauschen
Nicht ausreichende Ladung der Batterie	● Fehler an Generator, Spannungsregler oder Leitungsanschlüssen	Generator und Spannungsregler überprüfen, instandsetzen bzw. austauschen; Leitungen einwandfrei befestigen
	● Keilriemen locker	Keilriemen spannen oder austauschen
	● Zu viele Verbraucher angeschlossen	Größere Batterie einbauen; evtl auch größeren Generator verwenden
Dauernde Überladung	● Fehler am Spannungsregler, evtl. auch am Generator	Spannungsregler austauschen bzw. Generator überprüfen

Sicherungen auswechseln

Um Kurzschluß- und Überlastungsschäden an den Leitungen und Verbrauchern der elektrischen Anlage zu verhindern, sind die einzelnen Stromkreise mit Sicherungen geschützt. Im FORD SIERRA werden Sicherungen verwendet, die neuesten technischen Erkenntnissen entsprechen. Sie sind mit Messerkontakten ausgestattet, so daß herkömmliche Sicherungen nicht mehr verwendet werden können.

Alle Sicherungen sind in einem Sicherungskasten untergebracht, der sich links hinten im Motorraum befindet.

- Vordere Lasche des Plastikdeckels nach vorn drücken und Deckel abheben.

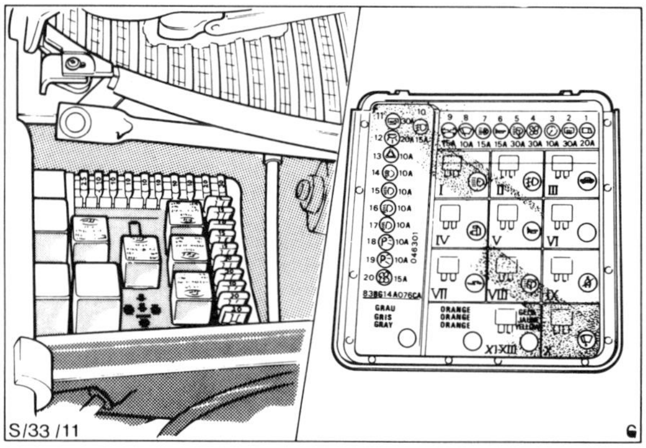

- Eine defekte Sicherung erkennt man am durchgebrannten Schmelzfaden –A– (Abbildung A 8324).
- Vor dem Auswechseln der Sicherung immer zuerst den betroffenen Verbraucher ausschalten. Die einzelnen Stromkreise sind auf der Innenseite am Deckel verzeichnet.
- Defekte Sicherung herausziehen.
- Neue Sicherung gleicher Nennstromstärke einsetzen.
- Die Nennstromstärke der Sicherung ist auf der Rückseite des Griffes aufgedruckt. Außerdem hat der Griff eine Kennfarbe, an der ebenfalls die Nennstromstärke zu erkennen ist. A = Schmelzfaden.

Nennstromstärke/Ampere	Kennfarbe
10	rot
15	blau
20	gelb
25	farblos
30	grün

- Zusätzliche Sicherungen für Radio (am Radiogerät) und elektrische Antenne (Leitungssicherung) befinden sich hinter dem Armaturenbrett.
- Brennt eine neu eingesetzte Sicherung nach kurzer Zeit wieder durch, muß der entsprechende Stromkreis überprüft werden.

Relais- und Sicherungstabelle

Bis 8/85

Relais im Sicherungskasten

Nr.	Stromkreis
I	Startsperre Automatik-Getriebe
II	Horn
III	Abblendlicht
IV	Zusatzfernscheinwerfer
V	Nebelscheinwerfer
VI	Elektr. betätigtes Hecktürschloß
VII	Wischer-Intervall vorn
VIII	Scheinwerfer-Waschanlage
IX	Warnleuchte – Sicherheitsgurte
X	Lenk-Startschloß
XI	Wischer-Intervall hinten
XII	Zeitverzögerte Innenbeleuchtung
XII	Beheizte Heckscheibe und Außenspiegel mit automatischer Abschaltung

Relais im Motorraum

- Vorglüheinrichtung (Dieselmotor)
- Drehzahlgeber

Relais unterhalb der Instrumententafel (in Handschuhkastennähe)

- Warmstart (Einspritzmotor)
- Glühlampenüberwachung
- Warnanzeige
- Zentraltürverriegelung

Relais am Halter Lenksäule

- Blinkleuchte, Warnblinkanlage
- Beheizbare vordere Sitze
- Zusatzkühlgebläse – Motorraum
- Elektrisch betätigte Antenne
- Elektrischer Fensterheber

Relais im Zusatz-Relaiskasten

Der Zusatz-Relaiskasten befindet sich im Motorraum auf der rechten Seite zwischen Federbeindom und Batterie.

- Saugrohrvorwärmer.
- Stromhalterelais für Zündungsrechner (ESC II) und Schrittmotor.
- Klimaanlage, mit 15-A-Sicherung am Relais.

Sicherungen

Nr.	Amp.	Verbraucher
1	30	Elektrischer Fensterheber
2	30	Beheizte Heckscheibe und Außenspiegel
3	10	Wischermotor
4	30	Heizgebläse, Heckscheibenwischer, Scheibenspüler
5	30	Scheinwerfer-Waschanlage
6	15	Horn (am Lenkrad)
7	15	Zusatzscheinwerfer
8	10	Zeituhr, Wischer-Intervallschalter, Econo-Warnleuchte, Türschließ- und Glühlampenfehlanzeige
9	15	Blinkleuchten, Bremsleuchten, Rückfahrleuchte
10	15	Nebelscheinwerfer
11	30	Elektr. betätigtes Hecktürschloß, Zentraltürverriegelung
12	25	Fußraum-Beleuchtung, beheizbare Sitze, zeitverzögerte Innenleuchte, Kofferraumleuchte, Digitaluhr, Zigarettenanzünder, Bord-Computer, Make-up-Spiegelbeleuchtung
13	10	Warnblinkanlage, Horn (am Mehrfunktionshebel)
14	10	Fernlicht links
15	10	Fernlicht rechts
16	10	Abblendlicht links
17	10	Abblendlicht rechts
18	10	Begrenzungsleuchte links, Kennzeichenleuchten, Schalterbeleuchtung, Motorraumleuchte
19	10	Schalterbeleuchtung (Nebelscheinwerfer und Nebelschlußleuchte), Begrenzungsleuchte rechts, Handschuhkastenleuchte, Instrumentenbeleuchtung
20	25	Zusatzkühlgebläse – Motorraum

Folgende Zusatzsicherungen befinden sich jeweils in einer Renkverschlußkabelhülse in den betroffenen Stromzufuhrleitungen:

Bord-Computer:
1,0 Ampere (unter der Instrumententafel)

Kraftstoff-Einspritzanlage:
20 Ampere (Nähe Relais)

Elektrisch betätigtes Hecktürschloß:
1 Ampere (Nähe Zündschloß)

Radio, siehe Seite 223.

Leitungssicherung (Schmelzpunkt ca. 55 A), siehe Seite 25.

Ab 9/90

Zentraler Sicherungskasten

Sicherungsnummer	Amperezahl	Abgesicherte Stromkreise
1	15	Fernlicht links, Zusatzscheinwerfer links
2	15	Fernlicht rechts, Zusatzscheinwerfer rechts
3	7,5	Abblendlicht links
4	7,5	Abblendlicht rechts, Scheinwerfer-Leuchtweitenregler
5	5	Begrenzungslicht links
6	5	Begrenzungslicht rechts
7	15	Instrumentenbeleuchtung, Kennzeichenleuchten
8	15	Radio
9	15	Scheinwerfer-Reinigungsanlage
10	7,5	Innenbeleuchtung, Zeituhr, Zentralverriegelung, elektr. verstellbare Außenspiegel
11	15	Kraftstoffpumpe
12	10	Warnblinkanlage, Diebstahlwarnanlage, Zentralverriegelung
13	20	Beheizbare vordere Sitze, Zigarettenanzünder
14	10	Horn
15	15	Wischermotoren, Scheibenspülerpumpe
16	20	Beheizbare Heckscheibe und Außenspiegel
17	15	Nebelscheinwerfer
18	25	Heizgebläse
19	10	Nebelschlußleuchte (für S und N)
20	10	Blinkleuchten, Rückfahrleuchten
21	7,5	Bremsleuchten
22	4	Steuerstromkreise, Kontrolleinrichtungen
23	20	Kraftstoffpumpe
24	30	Elektr. betätigte Fensterheber

Relais im zentralen Sicherungskasten

Relais-Bezeichnung	Geschaltete Stromkreise	Relais-Bezeichnung	Geschaltete Stromkreise
A	Motorlauf	II	Taglicht
B	Taglicht-Hilfsrelais o. Nebelschlußleuchte	III	Scheinwerfer-Reinigungsanlage
C	Horn	IV	Beheizbare Heckscheibe
D	Motorsteuerung	V	Wischer-Intervall vorn
E	Nebelschlußleuchte	VI	Zeitverzögerte Innenbeleuchtung
F	Abblendlicht		
G	Beheizbare Sitze	VII	Anti-Blockier-System (ABS)
H	Nebelscheinwerfer	VIII	Zeitrelais – Kick-down (Automatik-Getriebe)
I	Lenk-/Startschloß	IX	Wischer-Intervall hinten
		X	Fernscheinwerfer
		XI	Motorsteuerung
		XII	Startsperre Automatik-Getriebe

Zusatzsicherungen unterhalb der Instrumententafel
(rechts neben dem Heizungsgehäuse)

Zusatzsicherungen

Sicherungsnummer	Amperezahl	Farbe	Abgesicherte Stromkreise
28	25	weiß	Kühlgebläse II
29	30	grün	Klimaanlage
30	20	gelb	Anti-Blockier-System (ABS)
31	30	grün	Pumpe I (ABS-Bremsanlage)
32	15	gelb	Lambda-Geber (Katalysator)
33	25	weiß	Kühlgebläse I
34	30	grün	Pumpe II (ABS-Bremsanlage)
35	1	schwarz	EEC IV Modul
36	10	rot	EGR-Kontroll-Modul

9/85–8/90

Relais im Sicherungskasten

Nr.	Stromkreis
A	Frei
B	Taglicht-Hilfsrelais oder Nebelschlußleuchte
C	Horn
D	Motorsteuerung
E	Elektrisch verstellbarer und beheizbarer Außenspiegel
F	Abblendlicht
G	Beheizbare Sitze
H	Nebelscheinwerfer
I	Lenk-/Startschloß
II	Taglicht
III	Scheinwerfer-Reinigungsanlage
IV	Frei
V	Wischer-Intervall vorn
VI	Zeitverzögerte Innenbeleuchtung
VII	Anti-Blockier-System (ABS)
VIII	Zeitrelais – Kick-down (Automatik-Getriebe)
IX	Kraftstoffpumpe (Klimaanlage)
X	Fernscheinwerfer
XI	Motorsteuerung
XII	Startsperre Automatik-Getriebe

Relais unterhalb der Instrumententafel
(rechts neben der Heizung)

- Motorsteuerung
- Klimaanlage
- Kühlgebläse (Klimaanlage)
- Starthilfe oder Klimaanlage
- Pumpe (ABS-Bremsanlage)
- Anti-Blockier-System (Hauptrelais)

Relais am linken Stehblech im Motorraum

- Vorglüheinrichtung (Dieselmotor)
- Drehzahlsensor

Relais am Halter Lenksäule

- Blinkgeber

Module unten an der Instrumententafel (Beifahrerseite)

- ABS-Bremsanlage
- Kraftstoff-Einspritzanlage
- Zusatzwarnsystem
- Beheizbare Windschutzscheibe (Zeit)
- Beheizbare Windschutzscheibe

Modul unten links an der Instrumententafel

- Glühlampenüberwachung

Sicherungen im zentralen Sicherungskasten

Nr.	Amp.	Verbraucher
1	20	Fernlicht links, Zusatzfernscheinwerfer links
2	20	Fernlicht rechts, Zusatzfernscheinwerfer rechts
3	10	Abblendlicht links
4	10	Abblendlicht rechts
5	10	Begrenzungslicht links
6	10	Begrenzungslicht rechts
7	15	Instrumentenbeleuchtung, Kennzeichenleuchten
8	–	Frei
9	30	Scheinwerfer-Reinigungsanlage
10	20	Innenbeleuchtung, Zeituhr, Zentralverriegelung, elektr. verstellbarer Außenspiegel
11	20	Kraftstoffpumpe (Klimaanlage)
12	10	Warnblinkanlage
13	30	Beheizbare vordere Sitze, Zigarettenanzünder
14	30	Horn
15	30	Wischermotoren, Scheibenspülerpumpe
16	30	Beheizbare Heckscheibe und Außenspiegel
17	20	Nebelscheinwerfer
18	30	Heizgebläse
20	15	Blinkleuchten, Rückfahrleuchten
21	15	Bremsleuchten
22	10	Steuerstromkreise, Kontrolleinrichtungen
23	20	Elektr. betätigte Fensterheber vorn
24	30	Kraftstoffpumpe

Sicherungen unterhalb der Instrumententafel
(rechts neben der Heizung)

Nr.	Amp.	Farbe	Verbraucher
30	20	grün	Anti-Blockier-System (ABS)
31	30	violett	Pumpe (ABS-Bremsanlage)
32	15	gelb	Lambda-Geber (Katalysator)
35	1	schwarz	Modul-Motorsteuerung (Fahrzeuge mit Katalysator)

Sicherung Nähe Verbrauchscomputer

- Verbrauchscomputer (Farbe schwarz/1 Ampere)

Der Generator

Der FORD SIERRA ist mit einem Drehstromgenerator der Marken Bosch, Lucas oder Motorola ausgerüstet. Je nach Modell und Ausstattung kann ein Generator mit einer Leistung von 35 A bis 70 A eingebaut sein. Die Explosionsdarstellung zeigt den Bosch-Generator.

Der Generator wird von der Kurbelwelle über den Keilriemen angetrieben. Dabei dreht sich der Läufer mit der Erregerwicklung innerhalb der feststehenden Ständerwicklung mit doppelter Motordrehzahl.

Über Kohlebürsten und Schleifringe fließt der Erregerstrom durch die Erregerwicklung. Dabei bildet sich ein Magnetfeld. Die Lage des magnetischen Feldes zur Ständerwicklung ändert sich ständig, entsprechend der Umdrehung des Läufers. Dadurch wird in der Ständerwicklung ein Drehstrom erzeugt.

Da die Batterie aber nur mit Gleichstrom geladen werden kann, wird der Drehstrom durch Gleichrichter in der Diodenplatte in Gleichstrom umgewandelt. Der Spannungsregler verändert den Ladestrom durch Ein- und Ausschalten des Erregerstromes, entsprechend dem Ladezustand der Batterie. Gleichzeitig hält der Regler die Betriebsspannung konstant bei ca. 14 Volt, unabhängig von der Drehzahl.

Achtung: Im Gegensatz zum Gleichstromgenerator darf der Drehstromgenerator niemals ohne Batterie betrieben werden. Motor nicht ohne Batterie laufen lassen.

Bosch-Generator

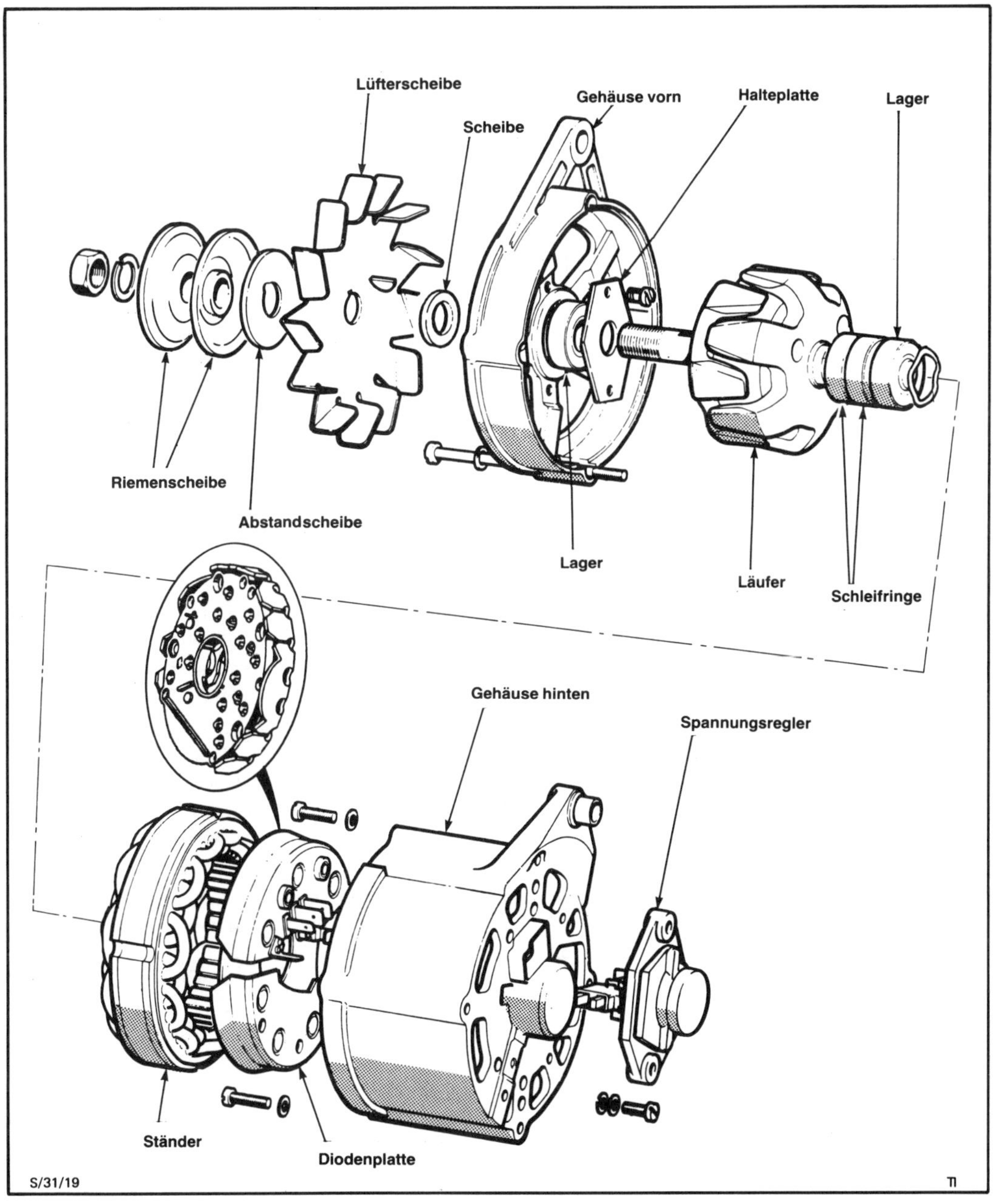

Generator aus- und einbauen

Ausbau

- Batterie-Massekabel abklemmen.
- Mehrfachstecker von der Rückseite des Drehstromgenerators abziehen. Vorher Federklammer mit Schraubendreher ausrasten.

- Befestigungsschrauben des Drehstromgenerators lösen.
- Generator zum Motor schwenken und Keilriemen abnehmen.
- Befestigungsschrauben entfernen und Generator herausnehmen.

Einbau

- Generator einsetzen und lose anschrauben.
- Keilriemen auflegen und spannen.
- Zuerst Klemmschraube an der Verstellasche festziehen, dann vordere Schraube und Mutter und schließlich hintere Schraube und Mutter festziehen.
- Mehrfachstecker aufschieben und mit Federklammer sichern.
- Massekabel an Batterie anschließen.

Keilriemen aus- und einbauen/ spannen

Ausbau

- Befestigungsschrauben für Generator lösen.
- Generator zum Motor schwenken und Keilriemen abnehmen.

Einbau

- Vor dem Einbau Keilriemen überprüfen. Sind die Flanken ausgefranst, Risse oder Bruchstellen vorhanden, Keilriemen auf jeden Fall ersetzen.

Achtung: Beim Dieselmotor ist ein Doppelkeilriemen eingebaut. Bei Ersatz immer **beide** Keilriemen erneuern.

- Keilriemen auflegen.

Spannen

- Generator mit Montierhebel vom Motor wegdrücken und dadurch Keilriemen spannen.

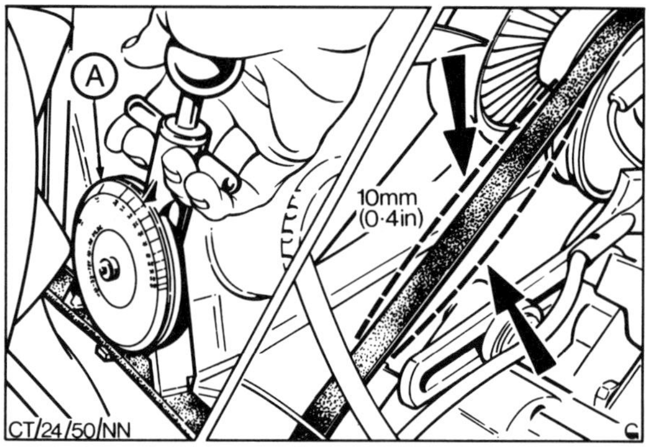

- Keilriemenspannung mit Spezialwerkzeug –A– prüfen. Sollwerte für einen neuen Riemen 400 bis 500 N, für einen gelaufenen Riemen 300 bis 400 N (Doppelriemen: 440 bis 620 N bzw. 300 bis 400 N). Als gelaufen gilt ein Keilriemen, der mindestens 10 Minuten in Betrieb war. **Achtung:** Prüfung mit Meßgerät nur bei kaltem Keilriemen durchführen.
- Steht das Spezialwerkzeug nicht zur Verfügung, Keilriemen mit dem Daumen zwischen den Riemenscheiben in der Mitte der längsten Spannweite eindrücken. Der Riemen darf sich maximal 4 mm eindrücken lassen, das Gesamtspiel muß etwa 10 mm betragen, sonst Keilriemen spannen.
- Klemmschraube an der Verstellasche festziehen und Keilriemenspannung nochmals überprüfen.
- Zuerst vordere, dann hintere Befestigungsschraube des Generators anziehen.

Keilrippenriemen aus- und einbauen/spannen

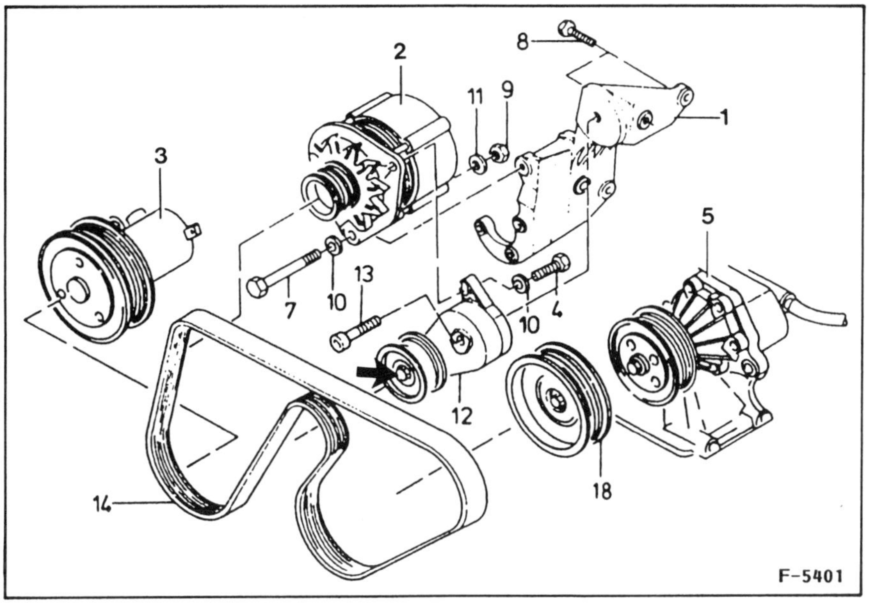

1 – **Halter**
2 – **Drehstromgenerator**
3 – **Servopumpe**
4 – **Sechskantschraube M8x50**
5 – **Kühlmittelpumpe**
7 – **Sechskantschraube M8x130**
8 – **Sechskantschraube M10x25**
9 – **Selbstsichernde Mutter**
10 – **Unterlegscheibe**
11 – **Unterlegscheibe**
12 – **Spanneinheit mit Spannrolle**
Bei kratzenden Geräuschen durch den Spanner (1,8-l-TD), Spanneinheit erneuern.
13 – **Innensechskantschraube**
14 – **Keilrippenriemen**
18 – **Riemenscheibe**

Ausbau

- Keilrippenriemen entspannen. Dazu Schraube –Pfeil– der Spannrolle etwas nach rechts drehen.
- Keilrippenriemen abnehmen und Spanneinheit langsam zurückdrehen.

Einbau

- Keilrippenriemen auflegen, dabei Kühlmittelpumpe zunächst aussparen. Spannrolle nach rechts drehen und Riemen auf die Riemenscheibe der Kühlmittelpumpe legen.
- Spanneinheit langsam zurückdrehen. Der Riemen wird durch die Federkraft der Spanneinheit gespannt.
- Richtigen Sitz des Keilrippenriemens auf allen Riemenscheiben sichtprüfen.

Prüfen

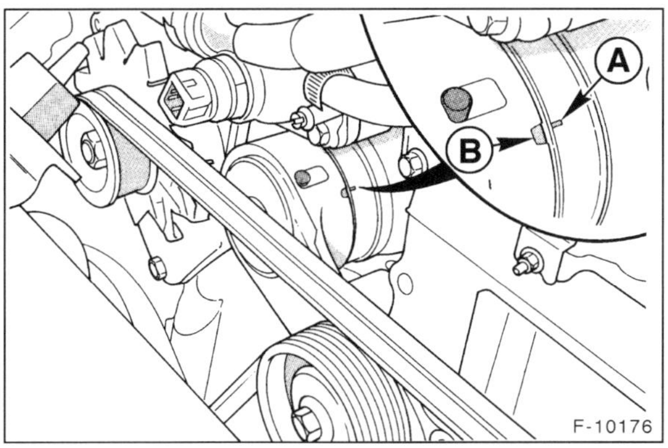

- Beim neuen Riemen steht die Markierung –A– am Motorblock gegenüber der Oberkante der Markierung –B– auf dem Riemenspanner. Wenn –A– der Unterkante von –B– gegenübersteht, Keilrippenriemen ersetzen (verschlissen).

Schleifkohlen für Generator/ Spannungsregler ersetzen/prüfen

Die Schleifkohlen sind nach einer Laufzeit von 60000 km jeweils im Rahmen der Wartung zu überprüfen.

Bosch-Generator

Ausbau

- Der Ausbau ist bei eingebautem Generator möglich.
- Batterie-Massekabel abklemmen.

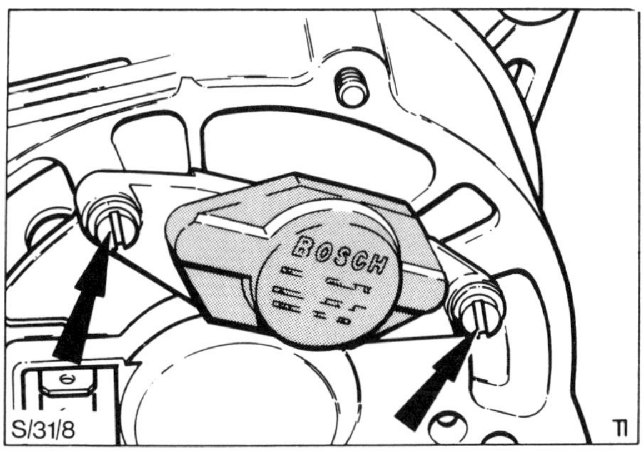

- Spannungsregler an der Rückseite des Generators abschrauben und herausziehen.

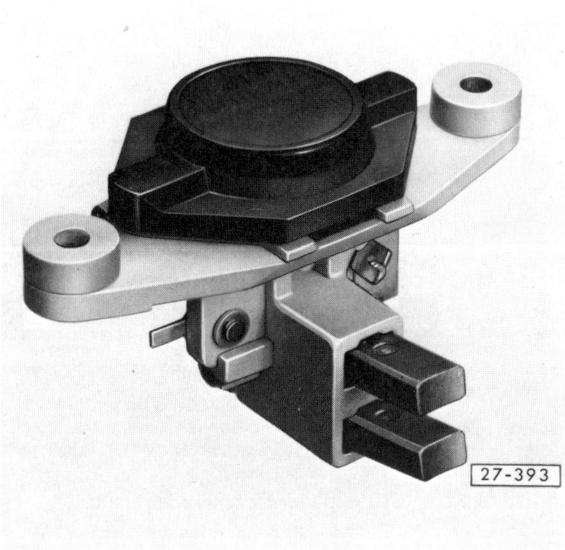

- Länge der Schleifkohlen neu = 10 mm, Verschleißgrenze = 5 mm.
- Gegebenenfalls Anschlußlitze auslöten und Schleifkohlen ersetzen.

Einbau

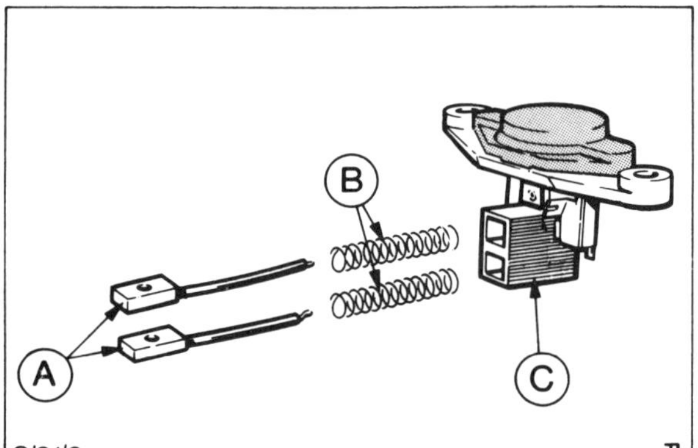

S/31/9

- Neue Kohlebürsten –A– und Federn –B– in den Bürstenhalter –C– einsetzen und Anschlüsse verlöten.
- Damit beim Anlöten der neuen Bürsten kein Lötzinn in der Litze hochsteigen kann, Anschlußlitze der Bürsten mit einer Flachzange fassen.
- Durch hochsteigendes Lötzinn würde die Litze steif und die Kohlebürste unbrauchbar werden.
- Der Isolierschlauch über der Litze muß neben der Lötstelle mit der vorhandenen Öse festgeklemmt werden.
- Nach dem Einbau neue Kohlebürsten auf leichten Lauf in den Bürstenhaltern prüfen.
- Spannungsregler einsetzen und festschrauben.
- Batterie-Massekabel anklemmen.

Lucas-Generator

Ausbau

- Der Ausbau ist bei eingebautem Generator möglich.

Achtung: Schleifkohlen und Spannungsregler können auch getrennt ausgebaut werden.

- Massekabel von der Batterie abklemmen.
- Mehrfachstecker vom Generator abziehen.
- Hinteren Deckel abschrauben, 2 Schrauben in der Mitte des Deckels.

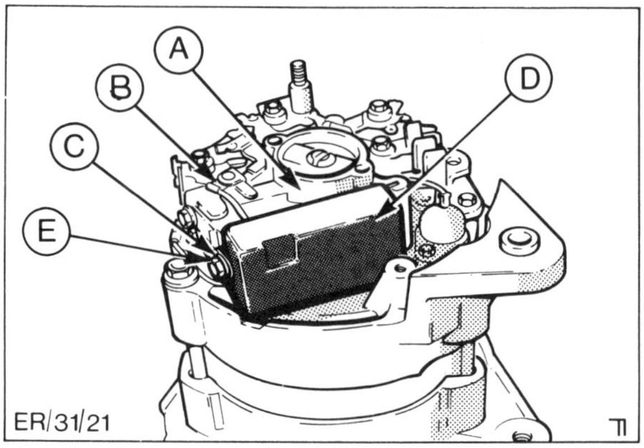

ER/31/21

- Regler –D– abklemmen, Verbindungslasche –B– lösen. Halteschraube –E– abschrauben, dabei Kunststoff-Distanzstück –C– nicht verlieren. Regler herausnehmen.

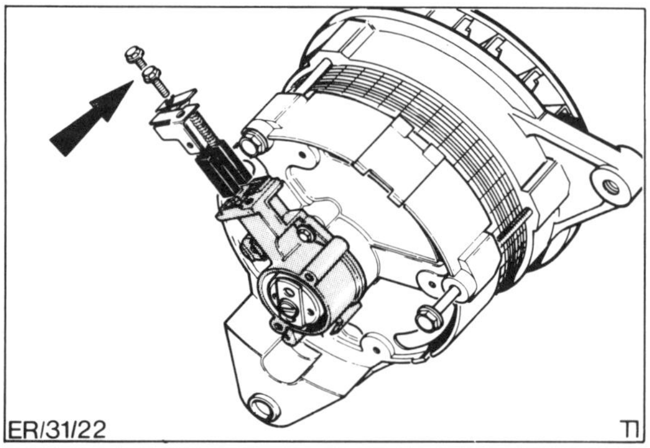
ER/31/22

- Halteschrauben – Pfeil – für Schleifkohlen herausdrehen und Kohlebürsten aus dem Bürstenhalter herausziehen. Die Bürsten müssen eine Mindestlänge von 5 mm haben, andernfalls ersetzen.

Einbau

- Kohlebürsten in den Bürstenhalter einsetzen und anschrauben.
- Spannungsregler einsetzen und anschrauben, Distanzstück nicht vergessen. Kabel anschließen, Verbindungslasche befestigen.
- Hinteren Deckel anschrauben.
- Mehrfachstecker aufschieben.
- Massekabel an Batterie anschließen.

Motorola-Generator

Ausbau

- Der Ausbau ist bei eingebautem Generator möglich.
- Batterie-Massekabel abklemmen.
- Mehrfachstecker vom Generator abziehen.

30 A/45 A-Generator

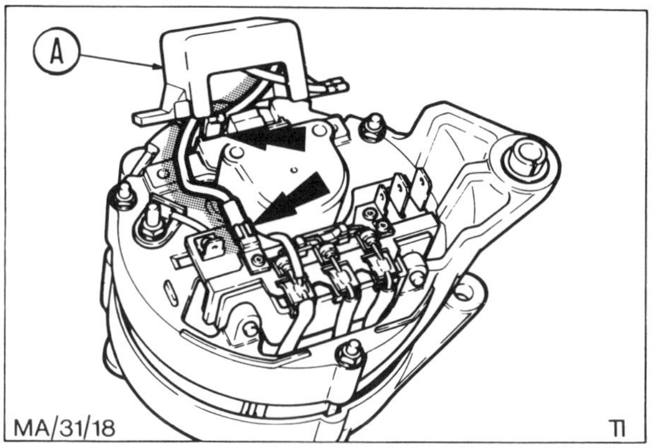

MA/31/18

- Regler –A– abschrauben, 2 Kabel – Pfeile – abklemmen.

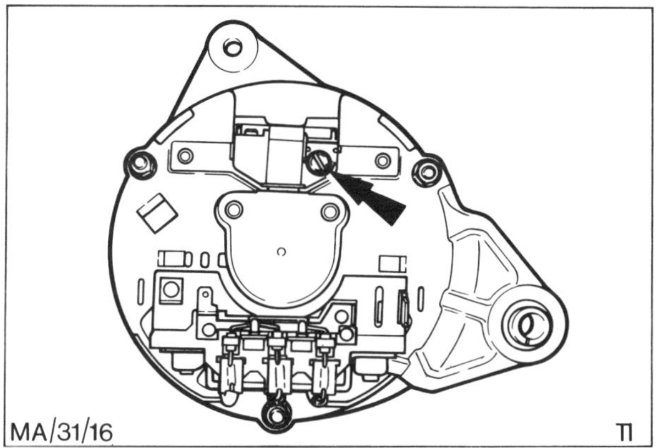

MA/31/16

- Halteschraube für Bürstenhalter herausdrehen.

55 A/70 A-Generator

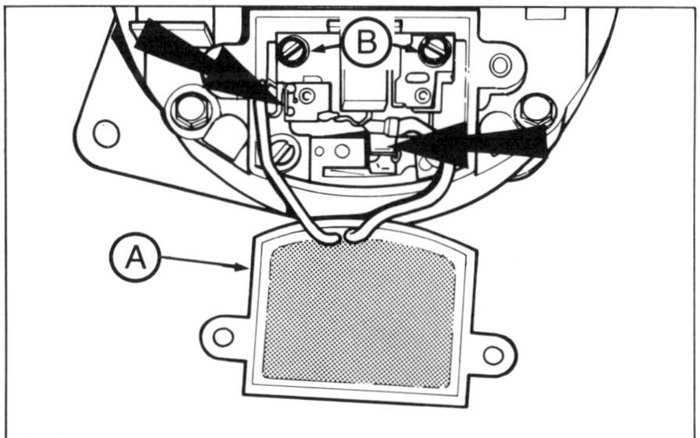

L/31/48

- Regler –A– abschrauben, 2 Kabel – Pfeile – abklemmen und Halteschrauben –B– für Bürstenhalter herausdrehen.
- Bürstenhalter vorsichtig nach außen drehen, damit die Kohlebürsten nicht beschädigt werden.

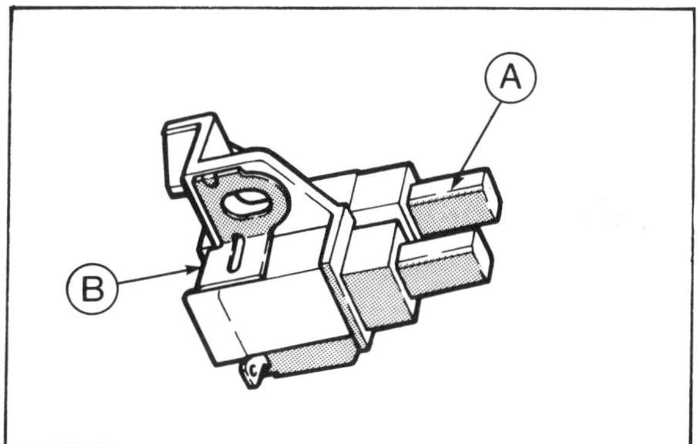

MA/31/17

- Die Kohlebürsten –A– müssen eine Mindestlänge von 4 mm haben.
- Gegebenenfalls Kohlebürsten auslöten –B– und herausnehmen.

Einbau

- Neue Kohlebürsten in den Bürstenhalter einsetzen und Anschlüsse verlöten.
- Bürstenhalter einsetzen und festschrauben.
- Kabel für Spannungsregler anklemmen und Regler anschrauben.
- Mehrfachstecker am Generator aufschieben.
- Batterie-Massekabel anschließen.

Störungstabelle Generator

Störung	Ursache	Abhilfe
Ladekontrollampe brennt nicht bei eingeschalteter Zündung	● Lampe durchgebrannt	Ersetzen
	● Batterie leer	Laden
	● Unterbrechung in der Leitungsführung zwischen Generator, Zündschloß und Kontrollampe	Mit Ohmmeter nach Stromlaufplan untersuchen
	● Steckverbindungen zwischen Relaisplatte und Generator nicht gesteckt	Kontrollieren, gegebenenfalls Stecker ersetzen
	● Schleifkohlen liegen nicht auf dem Schleifring auf	Freigängigkeit der Schleifkohlen und Mindestlänge (5 mm) prüfen
	● Erregerwicklung im Generator durchgebrannt	Läufer austauschen
Ladekontrollampe verlöscht nicht bei Drehzahlsteigerung	● Regler defekt	Regler prüfen Regler austauschen
	● Leitung zwischen Drehstromgenerator und Kontrollampe hat Masseanschluß	Leitungsstrang ersetzen
Ladekontrollampe brennt bei ausgeschalteter Zündung	● Plusdiode hat Kurzschluß	Dioden prüfen Diodenplatte austauschen

Der Anlasser

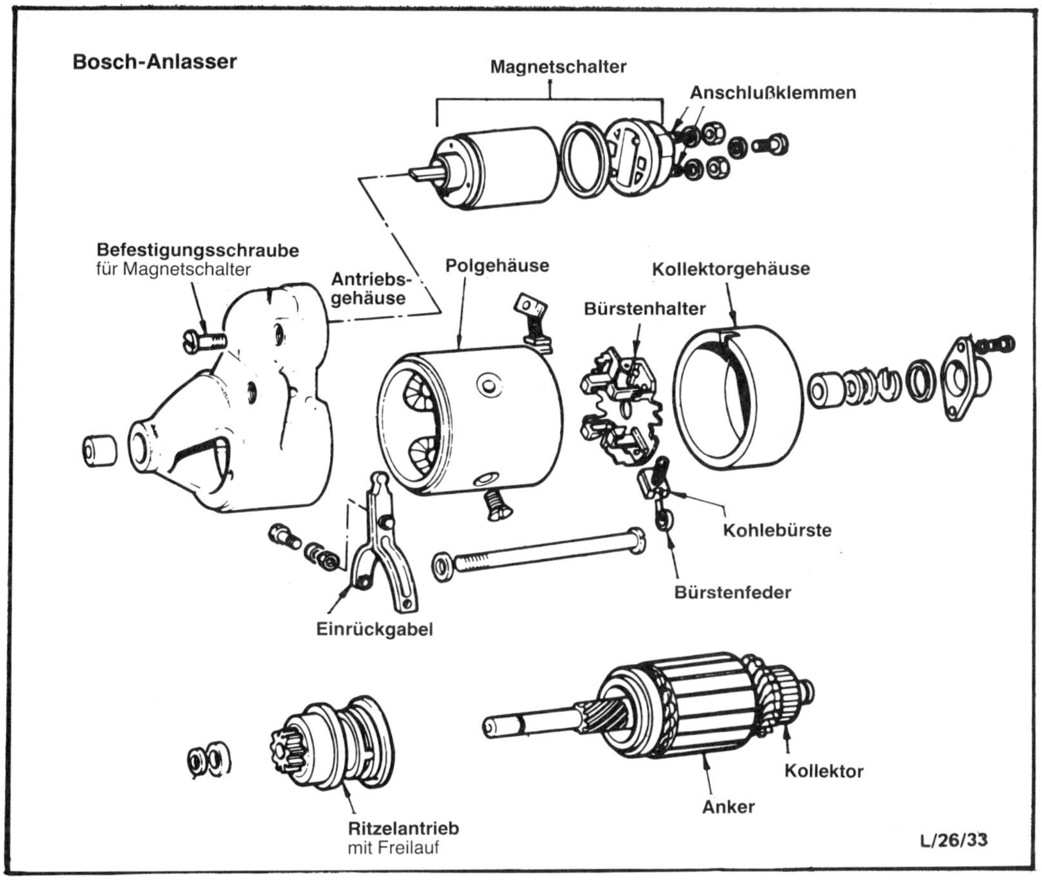

Anlasser aus- und einbauen

Achtung: Bei Fahrzeugen mit Katalysator kann es vorkommen, daß aufgrund der hohen Wärmeentwicklung der Stecker am Anlaß-Magnetschalter schmilzt. In diesem Fall muß ein neues Kabel mit höherer Temperaturbeständigkeit (ET-Nr. 6182291) eingebaut werden. Dazu Batterie-Massekabel abklemmen und Kabel in ausreichendem Abstand zum Abgassystem befestigen.

Ausbau

- Massekabel von der Batterie abklemmen.
- Fahrzeug vorn aufbocken, siehe Seite 249.
- Hauptstromkabel (rot) vom Anlasser trennen.
- Kabel vom Magnetschalter –B– abziehen.

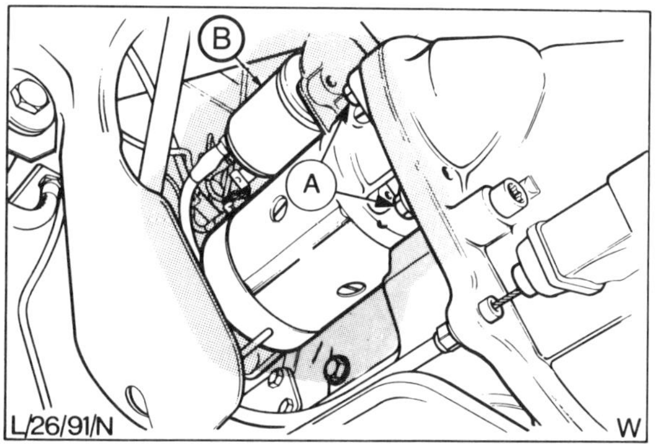

- 3 Befestigungsschrauben –A– für Anlasser herausdrehen und Anlasser nach unten abnehmen.

Einbau

- Anlasser von unten einsetzen und anschrauben.
- Kabel am Magnetschalter aufschieben, Hauptstromkabel anschließen.
- Fahrzeug ablassen.
- Batterie-Massekabel anklemmen.
- Starter auf Funktion überprüfen.

Störungstabelle Anlasser

Wenn ein Anlasser nicht durchdreht, ist zunächst zu prüfen, ob an der Klemme 50 des Magnetschalters (Steuerleitung, schwarz-rotes Kabel) die zum Einziehen benötigte Spannung von mindestens 8 Volt vorhanden ist. Liegt die Spannung unter dem genannten Wert, dann müssen die Leitungen, die zum Anlasserstromkreis gehören, nach dem Stromlaufplan überprüft werden. Ob der Anlasser bei voller Batteriespannung einzieht, kann folgendermaßen geprüft werden.

- Keinen Gang einlegen, Zündung eingeschaltet.
- Mit einer Leitung (Querschnitt mindestens 4 mm^2) die Klemmen 30 und 50 am Anlasser überbrücken, siehe auch Stromlaufplan.

Spurt der Anlasser dabei einwandfrei ein, so liegt der Fehler in der Leitungsführung zum Anlasser. Wenn der Anlasser nicht einspurt, muß er im ausgebauten Zustand überprüft werden.

Prüfvoraussetzung: Leitungsanschlüsse müssen festsitzen und dürfen nicht oxydiert sein.

Störung	**Ursache**	**Abhilfe**
Anlasser dreht sich nicht beim Betätigen des Zündanlaßschalters	● Batterie entladen	Batterie laden
	● Klemmen 30 und 50 am Anlasser überbrücken: Anlasser läuft an. Leitung 50 zum Zündanlaßschalter unterbrochen, Anlaßschalter defekt	Unterbrechung beseitigen, defekte Teile ersetzen
	● Kabel oder Masseanschluß ist unterbrochen. Batterie entladen	Batteriekabel und Anschlüsse prüfen. Spannung der Batterie messen, nötigenfalls laden
	● Ungenügender Stromdurchgang infolge lockerer oder oxydierter Anschlüsse	Batteriepole und -klemmen reinigen. Stromsichere Verbindungen zwischen Batterie, Anlasser und Masse herstellen
	● Keine Spannung an Klemme 50 (Magnetschalter)	Leitung unterbrochen Zündanlaßschalter defekt
Anlasser dreht sich zu langsam und zieht den Motor nicht durch	● Batterie entladen	Batterie laden
	● Kein Winteröl bzw. Mehrbereichsöl im Motor	Mehrbereichsöl einfüllen
	● Ungenügender Stromdurchgang infolge lockerer oder oxydierter Anschlüsse	Batteriepole und -klemmen und Anschlüsse am Anlasser reinigen, Anschlüsse festziehen
	● Kohlebürsten liegen nicht auf dem Kollektor auf, klemmen in ihren Führungen, sind abgenutzt, gebrochen, verölt oder verschmutzt	Kohlebürsten überprüfen, reinigen bzw. auswechseln. Führungen prüfen
	● Ungenügender Abstand zwischen Kohlebürsten und Kollektor	Kohlebürsten ersetzen und Führungen für Kohlebürsten reinigen
	● Kollektor riefig oder verbrannt und verschmutzt	Kollektor abdrehen oder Anker ersetzen
	● Spannung an Klemme 50 fehlt (mind. 8 Volt)	Zündanlaßschalter oder Magnetschalter überprüfen
	● Lager ausgeschlagen	Lager prüfen, ggf. auswechseln
	● Magnetschalter defekt	Schalter auswechseln
Anlasser spurt ein und zieht an, Motor dreht sich nicht oder nur ruckweise	● Ritzelgetriebe defekt	Ritzelgetriebe ersetzen
	● Ritzel verschmutzt	Ritzel reinigen
	● Zahnkranz am Schwungrad defekt	Zahnkranz nacharbeiten, falls erforderlich, Schwungrad erneuern
Ritzelgetriebe spurt nicht aus	● Ritzelgetriebe oder Steilgewinde verschmutzt bzw. beschädigt	Ritzelgetriebe reinigen ggf. ersetzen
	● Magnetschalter defekt	Magnetschalter ersetzen
	● Rückzugfeder schwach oder gebrochen	Rückzugfeder erneuern
Anlasser läuft weiter, nachdem der Zündschlüssel losgelassen wurde	● Magnetschalter hängt, schaltet nicht ab	Zündung sofort ausschalten, Magnetschalter ersetzen
	● Zündschloß schaltet nicht ab	Sofort Batterie abklemmen, Zündschloß ersetzen

Wartung an der elektrischen Anlage

W

Batterie prüfen

Bei einer wartungsfreien Batterie – erkennbar an der Aufschrift vorn auf der Batterie – ist unter normalen Betriebsbedingungen eine Kontrolle während der ersten 4 Jahre oder 100000 km nicht erforderlich.

Säurestand prüfen

Achtung: Nicht mit offener Flamme in die Batterie leuchten. Explosionsgefahr!

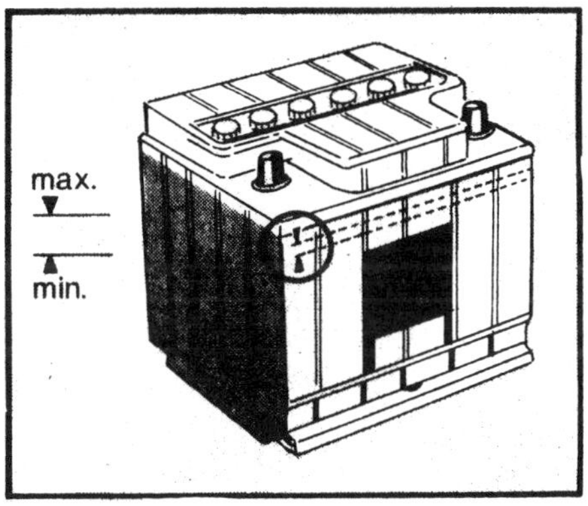

- Der Flüssigkeitsspiegel soll 6 mm über den Platten einschließlich der Separatoren stehen. Ist eine Säurestandsmarke vorhanden, dann ist der Säurestand danach einzurichten. Zum Nachfüllen nur destilliertes Wasser nehmen.
- Batterien mit zu hohem Flüssigkeitsstand können bei starker Ladung (längere Fahrten am Tage) überkochen. Zu niedriger Säurestand verkürzt die Lebensdauer der Batterie.

Säuredichte prüfen

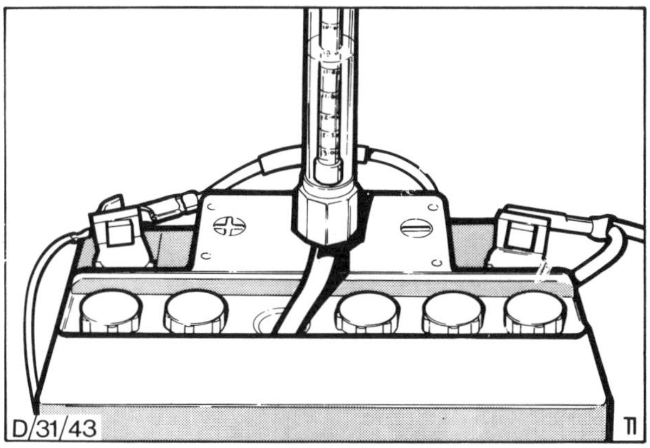

- Die Säuredichte ergibt in Verbindung mit der Spannungsmessung genauen Aufschluß über den Ladezustand der Batterie. Zur Prüfung dient ein Säureheber, der recht preiswert in Fachgeschäften angeboten wird. Je größer das spezifische Gewicht der angesaugten Batteriesäure ist, desto mehr taucht der Schwimmer auf. An der Skala kann man die Säuredichte in spezifischem Gewicht oder Grad Baumè ablesen. Folgende Werte müssen erreicht werden:

	normale Klimazonen		Tropen	
Ladezustand	Bè.	spez. Gewicht	Bè.	spez. Gewicht
entladen	16	1,12	11	1,08
halb entladen	24	1,20	18	1,14
gut geladen	32	1,28	27	1,23

Batterie-Pole reinigen

Bei der regelmäßigen Durchsicht des Wagens sind auch die Batterie-Pole und Anschlußklammern zu reinigen und mit Säureschutzfett einzureiben.

Achtung: Eine unbenutzte Batterie entlädt sich von selbst. Falls die Batterie nicht rechtzeitig überprüft und nachgeladen wird, können bleibende Schäden an den Platten auftreten. Wird also das Auto für mehrere Wochen stillgelegt, Batterie alle vier Wochen ent- und wieder aufladen.

Batterie unter Belastung prüfen

- Voltmeter an den Polen der Batterie anschließen.
- Motor starten und Spannung ablesen.
- Während des Startvorganges darf bei einer vollen Batterie die Spannung nicht unter 10 Volt (Säuretemperatur ca. 20° C) abfallen.
- Bricht die Spannung sofort zusammen und wurde in den Zellen eine unterschiedliche Säuredichte festgestellt, so ist auf eine defekte Batterie zu schließen.
- Die Gesamtspannung kann auch mit einem Batterie-Testgerät gemessen werden.

Keilriemen prüfen

- Mit Lampe in den Motorraum leuchten.
- Keilriemen sichtprüfen, dann Riemen etwas weiterdrehen. Dazu 4. Gang einlegen und Fahrzeug verschieben.
- Bei ausgefransten Flanken oder Rissen an der Riemeninnenseite Keilriemen ersetzen.
- Keilriemenspannung prüfen. Mit dem Daumen in der Mitte zwischend beiden Riemenscheiben beziehungsweise an der größten freien Länge des Keilriemens auf den Riemen drücken. Dabei soll sich der Riemen um 4 mm eindrücken lassen; das Gesamtspiel darf maximal 10 mm betragen. Andernfalls Keilriemen spannen. Spannung anschließend mit Meßgerät prüfen lassen, siehe Seite 206.

Achtung: Der Keilrippenriemen des DOHC-Motors wird durch eine automatische Spannvorrichtung gespannt. Im Rahmen der Wartung braucht die Spannung nicht geprüft oder eingestellt zu werden.

Die Zündanlage

Die Zündanlage erzeugt für jeden Zylinder des Motors im richtigen Augenblick den Zündfunken. Dieser setzt das angesaugte Kraftstoffluftgemisch in Brand. In der Zündspule wird hierzu die Batteriespannung von 12 Volt auf 30000 Volt umgeformt; bei der verteilerlosen Zündanlage erreicht die Zündspannung 37000 Volt.

Der Dieselmotor besitzt keine Zündanlage, da sich aufgrund der hohen Verdichtung die Luft so weit erwärmt, daß nach Einspritzen des Kraftstoffes die Zündung von selbst erfolgt.

Der Zündverteiler hat die Aufgabe, mit Hilfe des Impulsgebers die Zündspannung in der Zündspule zu induzieren und die in der Zündspule erzeugte Zündspannung über den Zündverteiler-Läufer zu der jeweils richtigen Zündkerze zu leiten. An den Zündkerzen-Elektroden springt der Zündfunke über, der das Kraftstoffluftgemisch im Zylinder entzündet.

Der FORD SIERRA ist mit einer kontaktlosen, elektronischen Zündanlage ausgestattet. Je nach Motor ist eine Transistor-Zündanlage (TSZ-Steuergerät) oder eine elektronische Kennfeldzündung (ESC-I bzw. ESC-II-Zündungsrechner) eingebaut. ESC = Elektronic Spark Control. Bei Einspritzmotoren trägt das Steuergerät für die kennfeldgesteuerte Zündanlage die Bezeichnung EEC IV (Electronic Engine Control). Der 1,6-l-Motor besitzt ein verteilerloses, vollelektronisches Zündsystem (EDIS = Electronic Distributerless Ignition System). Dabei werden alle Funktionen des Zündverteilers durch elektronische Bauteile übernommen.

Bei Fahrzeugen mit Einspritzmotor ist die Steuerung von Zündung und Einspritzung in ein gemeinsames Steuergerät integriert.

Das TSZ-Steuergerät beziehungsweise der Zündungsrechner befinden sich am linken Stehblech im Motorraum.

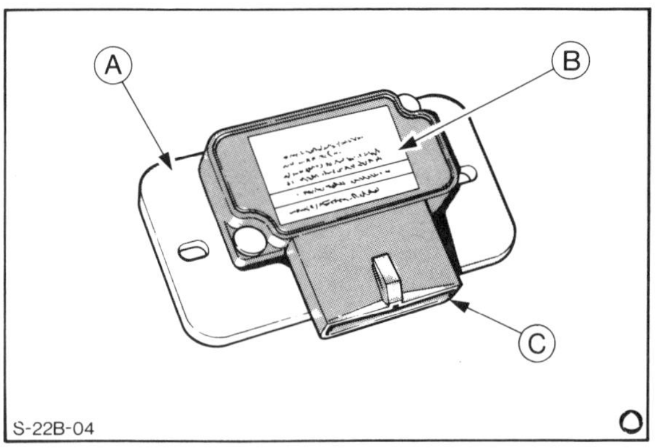

TSZ-Steuergerät

A – Wärmeableitplatte, B – Steuergerät, C – Anschluß für Mehrfachstecker.

Achtung: Die Arbeitswärme des Gerätes wird über die Karosserie abgeleitet, deshalb darf der Motor nicht laufen, wenn das Steuergerät nicht fest installiert ist.

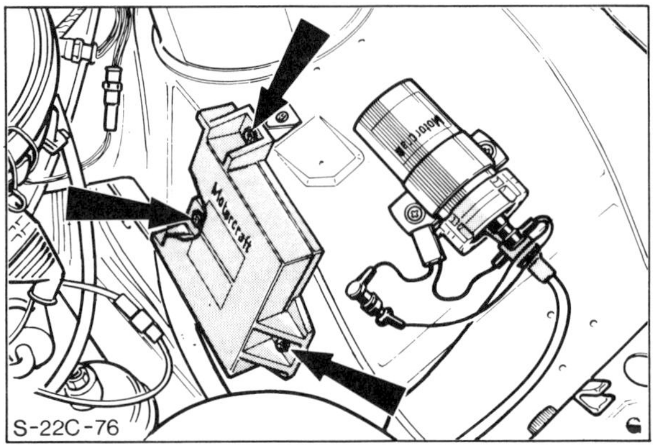

Zündungsrechner (ESC I bzw. ESC II)

Funktion der TSZ-Anlage

Die Transistorzündanlage ist ein kontaktloses Zündsystem. Anstelle des Unterbrecherkontaktes ist der Zündverteiler mit einem wartungsfreien Impulsgeber ausgestattet. Ein Zündkondensator ist nicht erforderlich. Der Impulsgeber besteht aus einem Dauermagneten, einer Magnetspule und einem mit der Verteilerwelle verbundenen Verteileranker.

Der Impulsgeber steuert das TSZ-Schaltgerät an und bestimmt somit den Aus- und Einschaltpunkt des Zündspulenstromes. Dadurch bestimmt der Impulsgeber auch den Zündzeitpunkt.

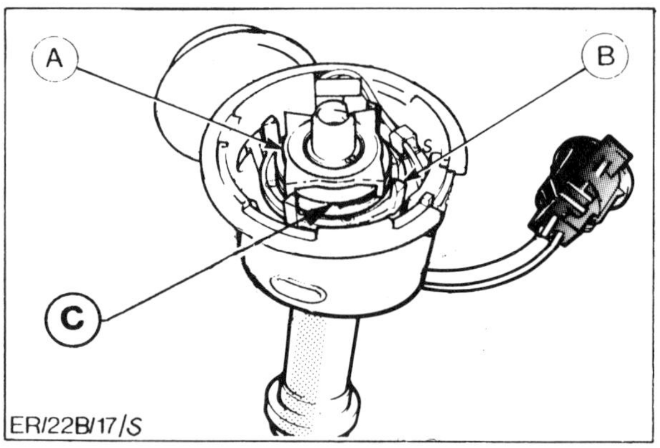

Bosch-Verteiler

Da sich der Verteileranker –A– mit der Verteilerwelle dreht, ändert sich der Abstand zwischen Verteileranker und den Statorpolen –B– ständig. Dadurch wird in die Magnetspule –C– eine Wechselspannung induziert. Entsprechend den Spannungsänderungen löst das Steuergerät zusammen mit der Zündspule den Zündfunken aus. Die Zündung erfolgt immer dann, wenn sich die Pole von Verteileranker und Stator gegenüberstehen. Der Schließwinkel wird vom elektronischen Steuergerät bestimmt und ständig der Motordrehzahl angepaßt.

Funktion der kennfeldgesteuerten Zündanlage

Die modernen Motoren sind vom Werk aus auf ein sehr mageres Kraftstoff/Luftgemisch eingestellt. Um dennoch eine sichere Zündung unter den verschiedensten Betriebsbedingungen zu gewährleisten, kommt hier eine kennfeldgesteuerte Zündanlage zum Einsatz.

Bei der kennfeldgesteuerten Zündanlage wird der optimale Zündzeitpunkt vom jeweiligen Betriebszustand des Motors bestimmt. Als Meßgrößen dienen die Motordrehzahl, die Motortemperatur und der Lastzustand (Saugrohrunterdruck). Darunter versteht man die momentane Belastung des Motors. Denn es ist ein Unterschied, ob das Fahrzeug beispielsweise mit 4000/min einen Berg rauf- oder runterfährt.

Das erforderliche Kennfeld für die Zündanlage wird durch Versuche auf dem Motorprüfstand ermittelt und anschließend in Fahrversuchen so abgestimmt, daß sich die günstigsten Werte für Verbrauch, Abgas und Fahrverhalten ergeben. Die ermittelten Werte werden im Steuergerät gespeichert.

Während der Fahrt werden aus den Funktionen Motordrehzahl, Motortemperatur und Lastzustand Signale an das Steuergerät gegeben, welches dann aus dem festgelegten Kennfeld für den momentanen Betriebszustand den richtigen Zündzeitpunkt (zum Beispiel 7° vor OT oder 0°) ermittelt.

Bei Ausfall der Information über Motortemperatur bzw. Saugrohrunterdruck können Mängel im Fahrverhalten auftreten, und zwar verringerte Motorleistung und eventuell höherer Verbrauch. Langfristige Schäden am Motor sind nicht zu befürchten, wenn der Defekt alsbald behoben wird.

Der Zündverteiler ist mit einem wartungsfreien Hallgeber ausgestattet. Ein Zündkondensator ist nicht erforderlich. Der Hallgeber besteht aus einer berührungslos arbeitenden Magnetschranke und einer an der Zündverteilerwelle befestigten Blende. Wird die Blende in den Luftspalt der Magnetschranke gedreht, so lenkt sie das Magnetfeld an der integrierten Halbleiterschaltung (Hall-IC) vorbei. Der Hallgeber erzeugt einen Impuls, worauf der Zündungsrechner die genaue Einschaltzeit für den Zündspulenstrom in der Primärwicklung berechnet.

Wird die Blende aus dem Luftspalt der Magnetschranke gedreht, legt der Rechner den Abschaltzeitpunkt für den Primärstromkreis fest und löst dadurch den induzierten Hochspannungsstrom an die Zündkerzen aus.

Je nach eingebautem Motor regelt das ESC-II-Steuergerät zusätzlich die Einschaltdauer der Saugrohrvorwärmung (1,8-l; 2,0-l seit 10.84) beziehungsweise die Leerlaufdrehzahl über einen Schrittmotor am Vergaser (2,0-l seit 10.84).

Achtung: Die Steuergerät-Ausführungen für 1,8- und 2,0-l-Motor sehen äußerlich gleich aus, dürfen jedoch nicht untereinander ausgetauscht werden.

Verteilerloses Zündsystem

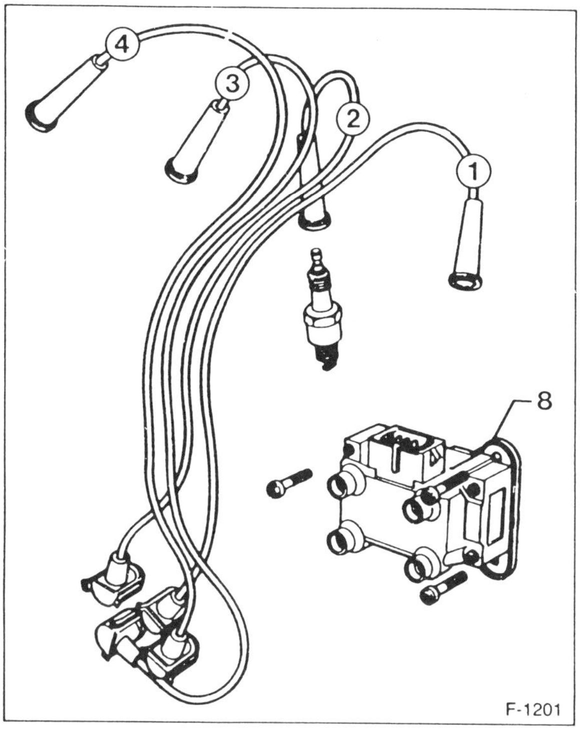

Die Hochspannungsverteilung auf die einzelnen Zylinder erfolgt durch statisch arbeitende, elektronisch gesteuerte Bauteile, die den herkömmlichen mechanisch arbeitenden Verteiler mit Verteilerläufer ersetzen. Die Zündanlage besitzt 2 in einem Gehäuse untergebrachte Zündspulen –8–, die bei jeder Kurbelwellenumdrehung zum richtigen Zündzeitpunkt je 2 Zündfunken abgeben. Jede Zündspule versorgt 2 Zylinder. Während der Zündfunke in dem Zylinder, der sich gerade in der Kompressionsphase befindet, das Gemisch zündet, wird der zweite Zündfunken in den Auspufftakt des korrespondierenden Zylinders abgegeben. Eine Kurbelwellenumdrehung später kehrt sich der Vorgang um. Der im Auspufftakt abgegebene Zündfunke erzielt keine Wirkung, richtet aber auch keinen Schaden an. Synchronisiert wird die Zündanlage durch Signale, die ein über dem Schwungrad befindlicher Impulsgeber an den Zündungsrechner abgibt.

Sicherheitsmaßnahmen zur elektronischen Zündanlage

Bei elektronischen Zündanlagen beträgt die Zündspannung bis zu 30 kV. Unter ungünstigen Umständen, zum Beispiel Feuchtigkeit im Motorraum, können Spannungsspitzen die Isolation durchschlagen, was bei Berührung zu Elektroschocks führt.

Um Verletzungen von Personen und/oder die Zerstörung der elektronischen Zündanlage zu vermeiden, ist bei Arbeiten an Fahrzeugen mit elektronischer Zündanlage folgendes zu beachten.

- Zündkabel nicht bei laufendem Motor bzw. bei Anlaßdrehzahl mit der Hand berühren bzw. abziehen.

- Leitungen der Zündanlage nur bei ausgeschalteter Zündung abklemmen. Bei eingeschalteter Zündung kann durch Erschütterung des Verteilers ein Hochspannungsstoß ausgelöst werden, auch wenn der Motor nicht läuft.
- Das An- und Abklemmen von Meßgeräteleitungen (Drehzahlmesser/Zündungstester) nur bei ausgeschalteter Zündung vornehmen.
- An Klemme 1 (−) darf kein Entstörkondensator und keine Prüflampe angeschlossen werden.
- Meßgeräte und Zündlichtlampen mit Spannungsversorgung 12 Volt bei laufendem Motor nicht an Klemme 15 der Zündspule anklemmen.
- Hochspannungskabel (Klemme 4) nach dem Abziehen aus dem Zündverteiler immer direkt an Masse legen, dazu Hilfskabel mit ausreichendem Querschnitt verwenden, andernfalls darf der Motor nicht in Anlaßdrehzahl betrieben werden (z. B. Kompressionsdruckprüfung).
- Starthilfe mit Schnellader ist nur 1 Minute und nur bis max. 16 Volt möglich.
- Die Zündspule darf nicht durch eine andere Ausführung ersetzt werden.
- Bei Erhitzung auf mehr als 80° C (z. B. Lackieren, Dampfstrahlen) darf der Motor nicht unmittelbar nach der Aufheizphase gestartet werden.
- Die Motorwäsche ist nur bei Motorstillstand durchzuführen.
- Bei Elektro- und Punktschweißen ist die Batterie komplett abzuklemmen.
- Personen mit einem Herzschrittmacher sollen keine Arbeiten an der elektronischen Zündanlage durchführen.

Zündverteiler prüfen

Achtung: Die folgenden Angaben gelten nur für die TSZ-Zündanlage.

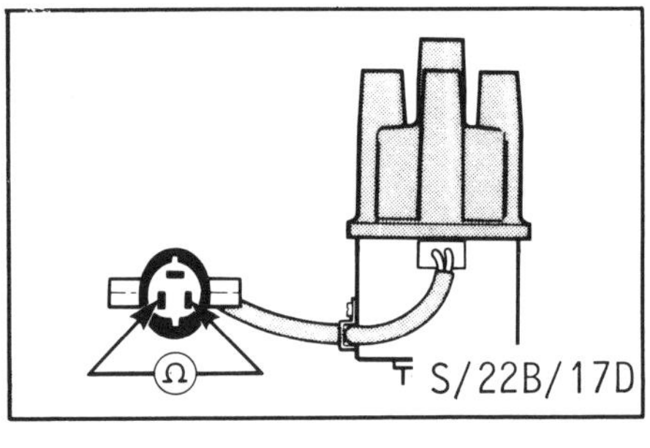

- Mehrfachstecker am Zündverteiler trennen.
- Ohmmeter wie in der Abbildung gezeigt anschließen und Widerstand messen.
- Der Widerstand muß 1 bis 1,2 kΩ betragen, andernfalls Verteiler ersetzen.

Zündverteiler aus- und einbauen

Achtung: Im Werk wird der Zündzeitpunkt mittels einer Mikrowellen-Einstellvorrichtung mit einer Genauigkeit von einem halben Grad festgelegt. Nach der Einstellung werden die Verteilerwelle und die Spannschraube versiegelt, um so die vollzogene genaue Einstellung zu kennzeichnen. Deshalb nur wenn unbedingt erforderlich den Zündverteiler ausbauen oder den Zündzeitpunkt einstellen.

Ausbau

- Batterie-Massekabel abklemmen.
- Massekabel am Verteiler abziehen.
- Verteilerkappe abnehmen. Bosch-Verteiler: Mit Schraubendreher 2 Halteklammern seitlich abdrücken. Lucas-Verteiler: Verteilerkappe abschrauben.

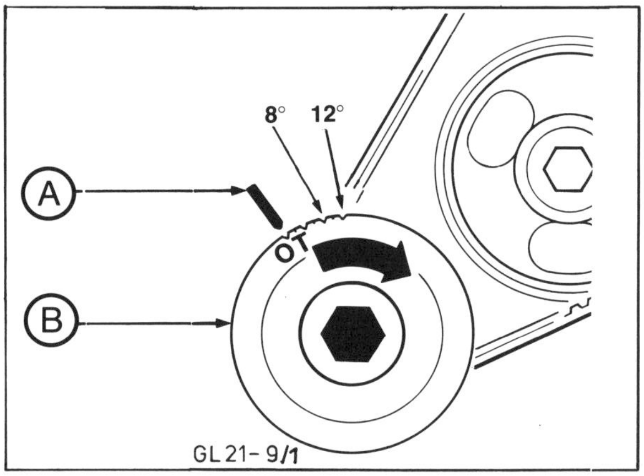

- Motor auf die Markierung der Zündzeitpunkt-Grundeinstellung drehen. Dazu Getriebe in Leerlaufstellung bringen, Handbremse anziehen und Motor an der Zentralschraube der Kurbelwellen-Riemenscheibe –B– in Motordrehrichtung verdrehen, bis die Zündmarkierung auf der Riemenscheibe gegenüber der Indexmarke –A– am Abdeckblech steht.

Motor	Zündzeitpunkt
1,6-/1,8-[1]/2,0-[1]l-Vergasermotor ohne Katalysator	10° vor OT
1,6-/1,8-[1]/2,0-[1]l-Vergasermotor mit Katalysator	6° vor OT
2,0-l-OHC-Einspritzmotor[1] ohne Kat.	12° vor OT
2,0-l-OHC-Einspritzmotor[2] mit Kat.	18° vor OT

[1]) Bei Betriebstemperatur und Leerlaufdrehzahl
[2]) Bei eingeschalteter Selbsttestfunktion Code 60

Kennfeldzündung

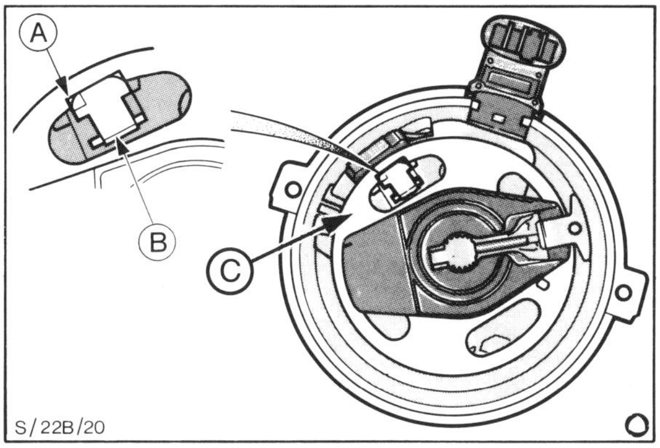

S/22B/20

- Wenn sich der Motor in der Zündzeitpunkt-Grundeinstellung befindet, muß gleichzeitig die eckige Aussparung –A– in der Öffnung des Lochankers –C– dem Aufnehmerstator –B– gegenüberstehen.
- Mehrfachstecker vom Verteiler abziehen.

TSZ-Anlage

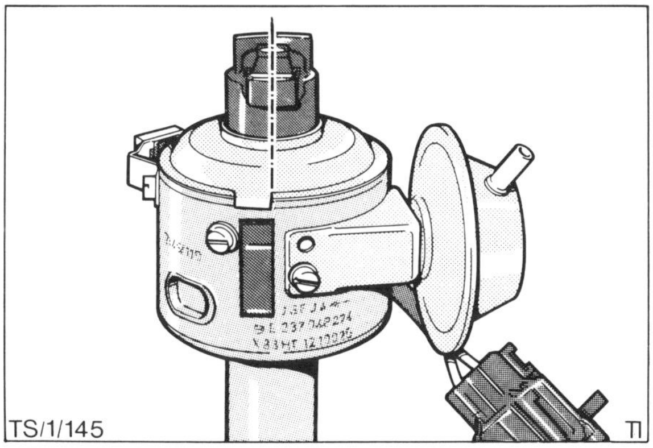
TS/1/145

- Wenn sich der Motor in der Zündzeitpunkt-Grundeinstellung befindet, muß gleichzeitig der Verteilerläufer auf die Ausschnittkante zeigen, die am nächsten zu der Unterdruckdose liegt.
- Unterdruckschlauch von der Dose –B– abziehen, siehe Abbildung TS/1/146.
- Mehrfachstecker –A– trennen.
- Versiegelung der Klemmschraube am Verteilerfuß abkratzen. Schraube lösen, Lasche zur Seite schwenken und Verteiler herausnehmen.

Achtung: Motor bei ausgebautem Verteiler **nicht verdrehen**.

Einbau

- Prüfen, ob sich der Motor noch in der Zündzeitpunkt-Grundeinstellung befindet.

Kennfeldzündung

- Verteilerwelle so drehen, daß der Ausschnitt im Lochanker dem Aufnehmerstator gegenübersteht.
- Mehrfachstecker am Verteiler aufschieben.
- Zündverteiler so einsetzen, daß der Winkel zwischen dem Mehrfachstecker und dem Motorblock 45° beträgt. Der Mehrfachstecker soll in Richtung des Ansaugkrümmers zeigen.
- Nach dem Einsetzen muß der Ausschnitt im Lochanker dem Aufnehmerstator gegenüberstehen.

TSZ-Anlage

- Verteilerwelle so drehen, daß der Läufer auf die Ausschnittskante zeigt, die am nächsten zu der Unterdruckdose liegt.

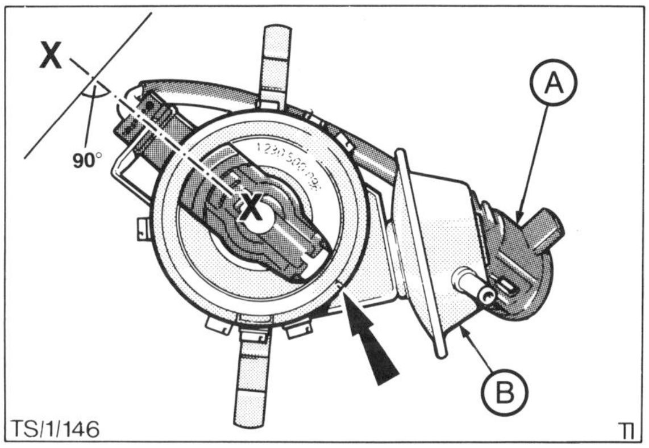

TS/1/146

- Verteilerläufer abziehen, Staubkappe so auflegen, daß sie in die Aussparung im Verteilergehäuse eingreift, dann Läufer wieder aufstecken. Durch leichtes Hin- und Herdrehen Läufer auf festen Sitz prüfen.
- Mehrfachstecker verbinden, dabei auf richtigen Sitz des Kabelbinders an der Unterdruckdose achten.
- Unterdruckschlauch am Verteiler aufstecken.
- Verteiler so einsetzen, daß die Linie X – X im rechten Winkel (90°) zur Kurbelwellen-Längsachse liegt. **Achtung:** Beim Einsetzen darf der Kabelstecker am Verteilergehäuse weder den Steuergehäusedeckel noch den Motorblock berühren.
- Nach dem Einsetzen muß der Verteilerläufer der Strichmarkierung gegenüberstehen –Pfeil–.

Alle Motoren:

- Verteiler mit Klemmschraube befestigen.
- Verteilerkappe innen reinigen und aufsetzen. Dabei muß der Zapfen der Verteilerkappe in die Aussparung im Verteilergehäuse eingreifen.
- Halteklammern aufdrücken und Masseband aufstecken.
- Batterie-Massekabel anklemmen.
- Zündzeitpunkt einstellen.

Zündzeitpunkt einstellen

Der Zündzeitpunkt braucht nur nach dem Ausbau des Verteilers eingestellt zu werden. Zum Einstellen werden ein Drehzahlmesser und eine Zündblitzpistole benötigt.

- Öltemperatur mindestens 30° C.
- Drehzahlmesser nach Vorschrift anschließen.
- Leerlaufdrehzahl prüfen, gegebenenfalls einstellen.
- Kurbelwellen-Riemenscheibe bei abgestelltem Motor und Getriebe in Leerlaufstellung an der Befestigungsschraube mit geeignetem Schlüssel verdrehen, bis die Zündmarkierungen zugänglich sind. Richtige Zündzeitpunkt-Kerbe mit Kreide deutlich markieren.
- Je nach Motor, siehe Tabelle, Unterdruckanschluß vom Verteiler bzw. vom Steuergerät abziehen und verschließen.

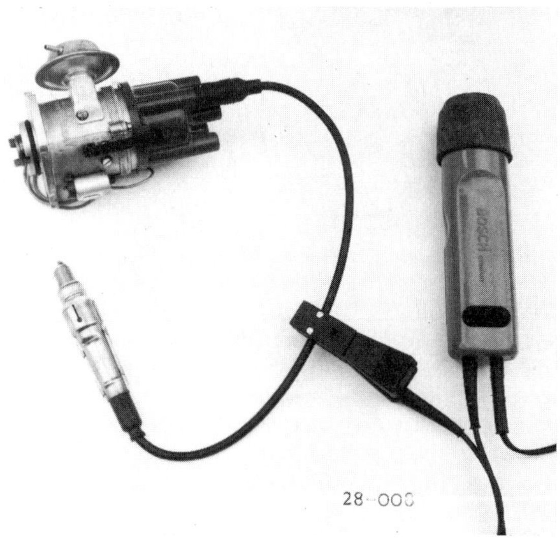

28-000

- Zündblitzpistole nach Bedienungsanleitung anschließen.
- Motor starten und im Leerlauf drehen lassen.

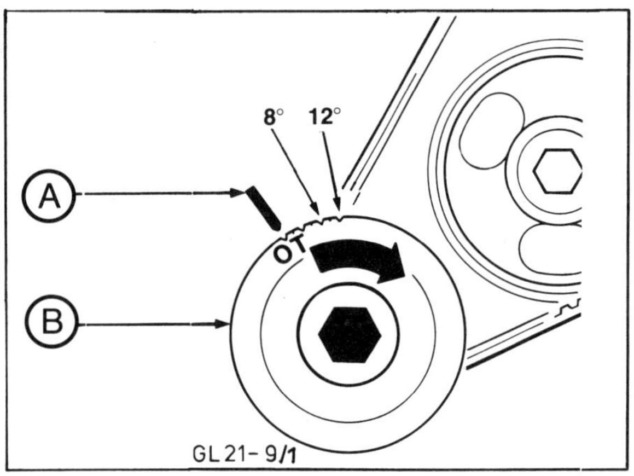

GL 21-9/1

- Bezugsmarke –A– mit Zündblitzlampe anblitzen.

Motor	Zündzeitpunkt
1,6-/1,8-[1]/2,0-[1]l-Vergasermotor ohne Katalysator	10° vor OT
1,6-/1,8-[1]/2,0-[1]l-Vergasermotor mit Katalysator	6° vor OT
2,0-l-OHC-Einspritzmotor[2] ohne Kat.	12° vor OT
2,0-l-OHC-Einspritzmotor[3] mit Kat.	18° vor OT

[1]) Unterdruckleitung abgezogen und verschlossen
[2]) Bei Leerlaufdrehzahl unter 900/min
[3]) Bei eingeschalteter Selbsttestfunktion Code 60

- Die Zündung ist richtig eingestellt, wenn beim Anblitzen die markierte Kerbe auf der Riemenscheibe –B– gegenüber der Bezugsmarke –A– scheinbar stillsteht.
- Stimmen die Zündzeitpunkt-Markierungen nicht überein, Motor abstellen.
- Klemmschraube für Verteiler lösen und Verteiler etwas verdrehen. Wenn der Zündzeitpunkt zu früh erfolgt, Verteiler wenige Millimeter in Drehrichtung des Verteilerfingers drehen. Erfolgte die Zündung zu spät, Verteiler in die entgegengesetzte Richtung drehen. Klemmschraube festziehen.
- Motor starten und Zündzeitpunkt nochmals prüfen. Gegebenenfalls Einstellvorgang wiederholen. **Achtung:** Da eine elektronische Zündanlage eingebaut ist, aus Sicherheitsgründen Verteiler **nicht** bei laufendem Motor von Hand verdrehen.
- Anschließend Stellung des Verteilers mit Lack kennzeichnen.
- Meßgeräte entfernen, Unterdruckschlauch aufstecken.

Die Zündkerzen

Die Zündkerze besteht aus der Mittel-Elektrode, dem Isolator mit Gehäuse und der oder den Masse-Elektrode(n). Zwischen Mittel- und Masse-Elektrode springt der Zündfunke über, der das Kraftstoff-/Luftgemisch entzündet. Man sollte niemals vom vorgeschriebenen Zündkerzentyp abweichen, der unter anderem von der Wärmewert-Kennzahl bestimmt wird.

Die Wärmewert-Kennzahl gibt den Grad der Wärmebelastbarkeit einer Zündkerze an. Je niedriger die Wärmewert-Kennzahl einer Kerze ist, desto höher ist die Wärmebelastbarkeit. Die Kerze kann also die Wärme besser ableiten, wodurch schädliche Glühzündungen (Motorklopfen) verhindert werden. Eine Kerze mit hoher Wärmebelastbarkeit hat allerdings den Nachteil, daß ihre Selbstreinigungstemperatur ebenfalls höher liegt. Sie neigt daher schneller zum Verrußen, insbesondere dann, wenn der Motor häufig seine Betriebstemperatur während der Fahrt nicht erreicht (Stadtverkehr, Kurzstreckenverkehr im Winter).

Der richtige Zündkerzen-Wärmewert wird vom Automobilhersteller festgelegt. Es gibt Zündkerzen mit einem oder mehreren Polen, mit unterschiedlicher Gewindelänge und unterschiedlichem Gewindedurchmesser. Beim Auswechseln von Zündkerzen ist es deshalb wichtig, daß nur solche Kerzen verwendet werden, die der Vorschrift des Automobilherstellers entsprechen.

Die durchschnittliche Lebensdauer von Zündkerzen ist recht unterschiedlich. Dabei spielt auch der Elektrodenwerkstoff eine wichtige Rolle. Die Chrom-Nickel-Legierung zeichnet sich durch sehr hohe Wärmeableitung und hohe Korrosionsfestigkeit aus; Silber bietet das beste Wärmeleitvermögen aller Metalle und Platin-Elektroden verfügen über eine hohe Korrosions- und Abbrandfestigkeit. Die Lebensdauer von Zündkerzen beträgt zwischen 30.000 Kilometer und bis zu 100.000 Kilometer, je nachdem, welcher Elektrodenwerkstoff verwendet wurde und ob ein- oder mehrpolige Zündkerzen zum Einsatz kommen.

Zündkerzengewinde erneuern

Falls festgestellt wird, daß das Zündkerzengewinde defekt ist, muß dieses erneuert werden. Dazu gibt es unter anderem von BERU einen entsprechenden Werkzeug- und Reparatursatz. Mit einem Spezialbohrer wird das alte Gewinde herausgeschält; der Zylinderkopf muß dazu nicht ausgebaut werden. Anschließend wird ein neues Gewinde in den Zylinderkopf geschnitten und die Zündkerze mit einem speziellen Gewindeeinsatz reingedreht. Nachträglich eingebaute Zündkerzengewindeeinsätze sitzen sicher und sind kompressionsdicht.

Der richtige Zündkerzentyp für den SIERRA

Die passenden Zündkerzen sind stets anhand des Motorcodes beziehungsweise der Motornummer zu ermitteln, siehe Seite 10.

Motorcode	Hubraum	Ford	EA[1]	Bosch	EA[1]	Beru	EA[1]	NGK	EA[1]
B4A	2,9 l	AGPR32C	0,75	FR7DC	0,7	14FR-7DU	0,8[2]	BCPR6ES	0,8
B4B,B4C	2,9 l	AGRF32C1	1,00	HR9DCX (nicht B4C)	1,0	–	–	BPR6EFS	0,8
JCT	1,3 l	BRF22C	0,75	DR7BC	0,7	18K-7BU	0,8[2]	APR6FS	0,8
LSD,LSDA LSE,LSF	1,6 l	BRF32C	0,75	DR8BC	0,7	18K-7BU	0,8[2]	APR6FS	0,8
LCS,LCT	1,6 l	BRF22C	0,75	DR7BC	0,7	18K-7BU (nicht LCT)	0,8[2]	APR6FS	0,8
L6B	1,6 l	AGPR32C1	1,00	FR7DCX	1,0	14FR-7DUX	1,1	BCPR6ES-11	1,1
NES,NET	2,0 l	BRF32[3] BRF32C	0,75	FR7DCX	0,7	18K-7BU	0,8[2]	APR6FS	0,8
NA,NA1,NE,NE1 NRD,NEJ,N4B	2,0 l	BRF32C	0,75	DR8BC	0,7	18K-7BU (nicht N4B)	0,8[2]	APR6FS	0,8
N5A	2,0 l	AGPR901C	0,75	–	–	–	–	BCR8FS	0,8
N5B	2,0 l	AGPR902P	1,00	–	–	–	–	R5686-9	0,9
N5C,N5D	2,0 l	AGPR12PP	1,10	–	–	–	–	PFR7B-11	1,1
N8A,N8C	2,0 l	AGPR32C	0,75	FR78	0,7	14FR-7DU	0,8[2]	BCPR6ES	0,8
NRB,NR2	2,0 l	BRF22C	0,75	DR7BC	0,8	18K-7BU	0,8[2]	APR6FS	0,8
N9A,N9C,N9E	2,0 l	AGPR22C	0,75	FR6DC (nicht N9E)	0,7	14FR-6DU	0,8	BCPR6ES	0,8
NYT	2,0 l	AGR22C	0,75	WR7DC	0,7	14R-7DU	0,8	BPR6ES	0,8
PR5,PR6,PR7 PR8,PR,PRI,PRT	2,8 l	AGR22C	0,75	WR7DC	0,7	14R-7DU	0,8	BPR6ES	0,8
R2A,R2C,R6A	1,8 l	AGPR32C AGPR32C1	1,00	FR7DCX (nicht R6A)	1,0	14FR7-DUX (nicht R6A)	1,1	BCPR6ES-11	1,1
REB	1,8 l	BRF22 BRF22C	0,75	DR7BC	0,7	18K-7BU	0,8[2]	APR6FS	0,8
RED	1,8 l	BRF22 BRF22C	0,75	DR7BC	0,7	18K-7BU	0,8[2]	APR6FS	0,8
YYT	2,3 l	AGR22C	0,75	WR7DC	0,7	14R-7DU	0,8	BPR6ES	0,8

[1]) EA = Elektrodenabstand in mm. [2]) Elektrodenabstand mit Fühlerlehre einstellen.
[3]) Für Motor NET ab 10/84 mit nachgerüstetem Katalysator.

W Wartung der Zündanlage

Die elektronische Zündanlage ist grundsätzlich wartungsfrei, dennoch sollten im Rahmen der Wartung die Anschlüsse und Zündkerzen überprüft werden.

Verteilerkappe prüfen

- Verteilerkappe abnehmen. Die Kappe muß innen trocken sein.
- Anschlußkontakte auf Verschleiß und Korrosion prüfen, gegebenenfalls mit Schmirgelleinen reinigen.
- Mittleren Kohlekontakt auf Leichtgängigkeit und Verschleiß prüfen. Dazu Kontakt mit dem Finger eindrücken.
- Verteilerkappe auf Kriechströme untersuchen. Kriechströme zeigen sich durch dünne, unregelmäßige Spuren auf der Oberfläche der Verteilerkappe.
- Verteilerkappe mit sauberem, trockenen Lappen auswischen und auf Haarrisse untersuchen. Anschließend Kappe innen mit Kontaktspray einsprühen.
- Verteilerläufer abziehen und auf Haarrisse sowie saubere Kontakte prüfen, gegebenenfalls reinigen.
- Filz in der Verteilerwelle, wo vorhanden, leicht ölen.
- Verteilerläufer aufstecken, dabei muß die Nase des Läufers in die Nut der Verteilerwelle einrasten. Verteilerläufer leicht hin- und herdrehen und dadurch festen Sitz prüfen.
- Verteilerkappe einbauen.

Zündkabel prüfen

- Massekabel von der Batterie abklemmen.
- Verteilerkappe abnehmen und Kerzenstecker abziehen. **Achtung:** Dabei am Stecker und nicht am Kabel ziehen.

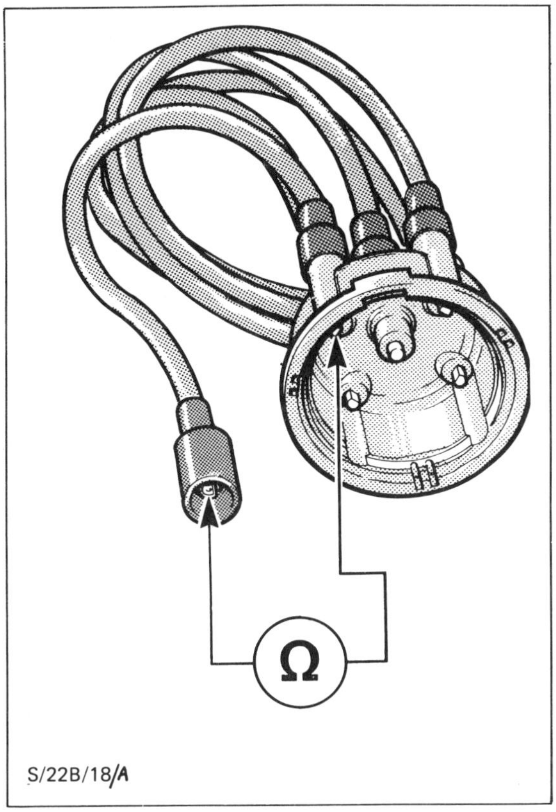

- Ohmmeter wie in der Abbildung gezeigt anschließen und Widerstand messen. Sollwert: 30 kΩ.
- Bei zu hohem Widerstand Kabelanschlüsse reinigen und Prüfung wiederholen, gegebenenfalls erneuern.
- Verteilerläufer prüfen.
- Massekabel an Batterie anklemmen.

Zündkerzen prüfen

- Die Zündkerzen sollen etwa alle 10.000 km herausgeschraubt, äußerlich gereinigt und der Elektrodenabstand überprüft werden, gegebenenfalls einstellen. Die Zündkerzen zuerst von Hand einschrauben und dann mit **15** bis **21 Nm** anziehen.

Hinweis: Braune Verfärbungen am unteren Teil der Zündkerzen-Isolatoren bedeuten keine Einschränkung der Zündkerzenfunktion. Die Verfärbung entsteht durch den Einfluß der Zündspannung auf die Umgebungsluft.

- Elektrodenabstand mit Fühlerlehre ermitteln.
- Zum Einstellen des Elektrodenabstands Masse-Elektrode nachbiegen. Von Champion ist hierfür ein praktisches Werkzeug im Handel, andernfalls seitlich gegen die Masse-Elektrode klopfen. Zum Aufbiegen kleinen Schraubendreher am Gewinderand der Kerze abstützen, keinesfalls an der Mittel-Elektrode, da diese sonst beschädigt wird.
- Elektrodenabstand siehe Zündkerzentabelle.

Zündspule prüfen

Die Zündspule kann mit einem Ohmmeter geprüft werden.

- Massekabel von der Batterie abklemmen.

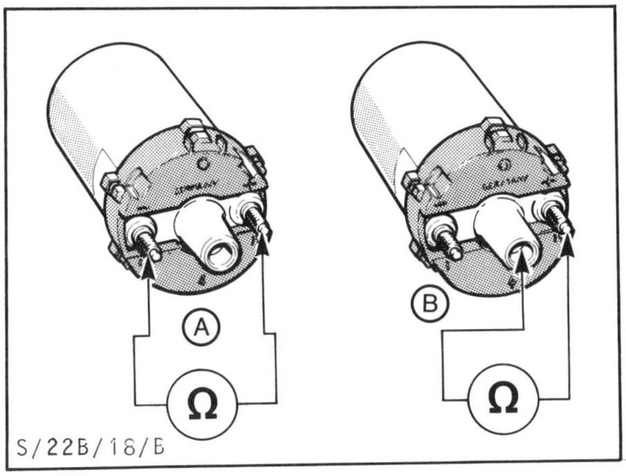

- Alle Anschlüsse an der Zündspule abklemmen. Dabei Niederspannungsanschlüsse vorher mit Tesaband markieren.

Primärwiderstand prüfen –A–

- Ohmmeter an die beiden Niederspannungsklemmen anschließen.
- Widerstand messen. Wird der Sollwert von 0,72 Ω bis 0,88 Ω nicht erreicht, Zündspule ersetzen.

Sekundärwiderstand prüfen –B–

- Ohmmeter an Klemme 4 (Hochspannungsklemme in der Mitte) und an eine Niederspannungsklemme anschließen.
- Widerstand messen. Wird der Sollwert 4,5 kΩ bis 7,0 kΩ nicht erreicht, Zündspule ersetzen.
- Elektrische Leitungen an Zündspule anklemmen.
- Massekabel an die Batterie anklemmen.

Achtung: Wird die Zündspule ersetzt, auf keinen Fall eine Zündspule für eine herkömmliche, unterbrechergesteuerte Zündanlage einbauen. Dadurch würde das Steuergerät zerstört werden.

Steht kein Ohmmeter zur Verfügung, kann folgendermaßen geprüft werden.

Achtung: Prüfung in der angegebenen Reihenfole durchführen. **Zündkabel während des Startens nicht mit der Hand halten. Hierzu gut isolierte Zange verwenden oder Kabel in der angegebenen Lage mit Tesaband am Motorblock befestigen.**

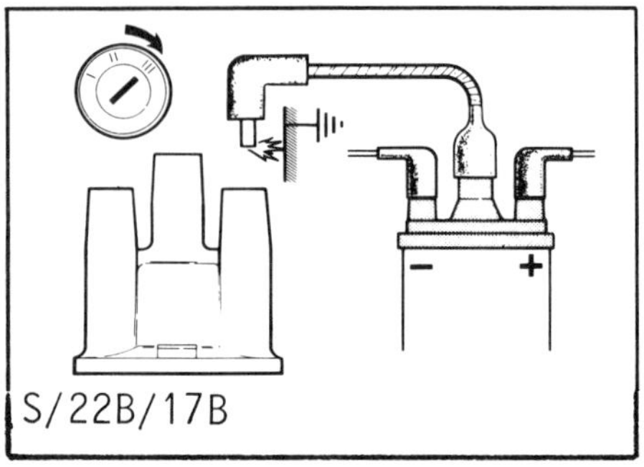

- Hochspannungskabel aus der Mitte der Verteilerkappe herausziehen und in einer Entfernung von etwa 10 mm gegen Masse halten. Beim Durchdrehen des Motors mit dem Anlasser müssen Funken vom Leitungsende überspringen.

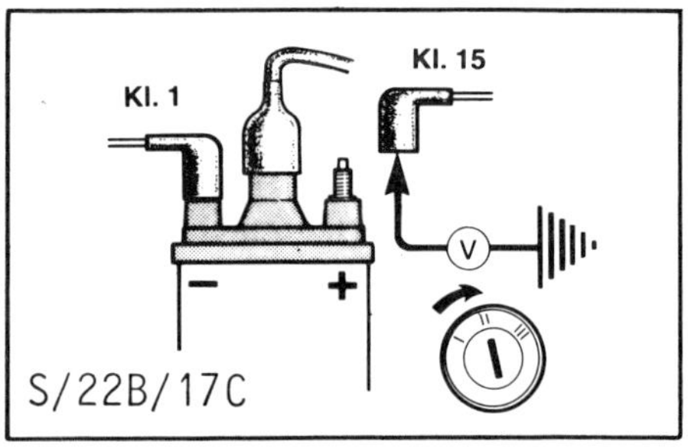

- Springt kein Funke über, zunächst Spannung mit Voltmeter an Klemme 15 der Zündspule bei eingeschalteter Zündung überprüfen. Sie muß mindestens 9 Volt betragen.

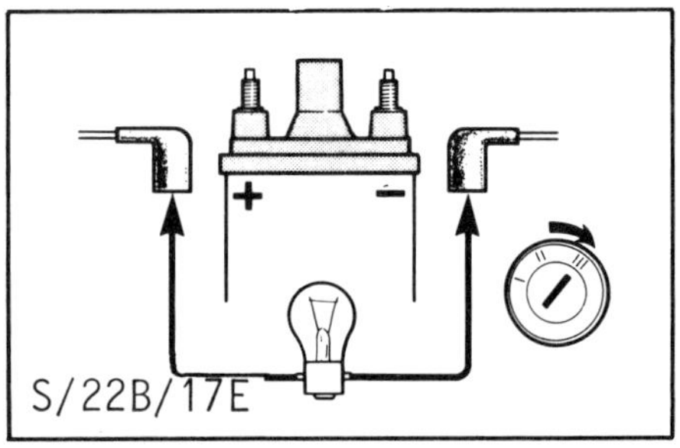

- Beide Niederspannungsanschlüsse von der Zündspule abziehen. Glühlampe 12 V / 21 W mit Hilfsleitung zwischen die beiden Kabelstecker anschließen und Motor starten. Wenn die Glühlampe während des Startens aufblitzt, Zündspule erneuern.

Zündkerzen aus- und einbauen

DOHC-Motor

Ausbau

- Sämtliche Kerzenstecker abziehen. Dabei an den Steckern, nicht an den Kabeln ziehen.
- Zündkerzen mit einem Kerzenschlüssel vorsichtig von Hand lösen. **Achtung:** Keinen Druckluftschrauber verwenden.

Einbau

- Eine geringe Menge »Never Seez« auf die unteren Gewindegänge der Kerze auftragen. **Achtung:** Kerze nicht direkt in die Dose eintauchen. »Never Seez« darf nicht auf die Elektroden gelangen.
- Zündkerzen ohne Schlüssel von Hand einschrauben und mit **15** bis **21 Nm** festziehen. **Achtung:** Zum Festziehen keinen Druckluftschrauber verwenden um sicherzustellen, daß das richtige Drehmoment eingehalten wird. Wird die Kerze zu stark angezogen, können Zündkerze und/oder Zylinderkopf beschädigt werden.

»Never Seez« gibt es von: Varybond Chemie GmbH, Am Friedhof 22, 48291 Telgte, Telefon 02504/6171 beziehungsweise Bostik GmbH, Gattenhöferweg 36, 61440 Oberursel, Telefon 06171/503-0.

- Zündkerzenstecker entsprechend der Zündfolge aufschieben und durch Hin- und Herbewegen festen Sitz prüfen.

Die Beleuchtungsanlage

Zur Beleuchtungsanlage zählen: Hauptscheinwerfer, Nebellampen, Heckleuchten, Bremsleuchten, Rückfahrscheinwerfer, Kennzeichenleuchten, Blinkleuchten, Innenleuchte und Instrumentenbeleuchtung.

Normale Glühlampen (nicht Halogenlampen) unterliegen dem Verschleiß. Etwa alle 2 Jahre sollten sie ausgewechselt werden, auch wenn sie noch intakt sind. Eine Glühlampe mit verminderter Leuchtkraft erkennt man auch an schwarzen Ablagerungen auf dem Glaskolben.

Vor dem Auswechseln der Glühlampe Schalter des betreffenden Verbrauchers ausschalten. **Achtung: Glaskolben nicht mit bloßen Fingern anfassen.** Der Fingerabdruck würde verdunsten und sich – aufgrund der Wärme – auf dem Reflektor niederschlagen und diesen erblinden lassen. Grundsätzlich Glühlampe nur durch eine gleiche Ausführung ersetzen. Versehentlich entstandene Berührungsflecken mit sauberem, nicht faserndem Tuch und Alkohol oder Spiritus entfernen.

Achtung: Wenn nach Ausschalten der Zündung Abblendlicht, Fernlicht oder Nebelscheinwerfer weiterleuchten, ist in der Regel das entsprechende Relais defekt. Und zwar wird durch Überhitzung der Kontaktflächen die Verbindung nicht unterbrochen. In diesem Fall Relais gegen die entsprechende Ausführung mit weißem Gehäuse austauschen, siehe Seite 203.

Scheinwerferlampe auswechseln

Ausbau

- Motorhaube öffnen und abstützen.

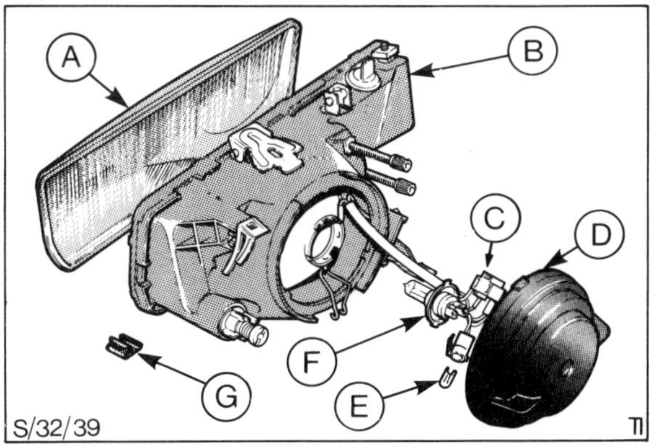

- Schutzkappe –D– nach links drehen und abnehmen.
- Mehrfachstecker –C– von der Glühlampe –F– abziehen. –E– Glühlampe für Standlicht, –A– Scheinwerferglas, –G– Halteklammern, –B– Gehäuse.
- Haltebügel etwas in Richtung Scheinwerfer drücken, dann zusammendrücken und aufklappen. Lampe herausnehmen.

Einbau

- Halogen-Lampe so einsetzen, daß die Haltenasen in die Aussparungen am Scheinwerfer eingreifen. Auf gleichmäßigen Sitz der Lampe achten (nicht verkanten). Haltebügel einhängen und dadurch Lampe sichern.
- Mehrfachstecker aufschieben.
- Schutzkappe ansetzen und durch Rechtsdrehen sichern.

Halogen-Fernscheinwerfer

Ausbau

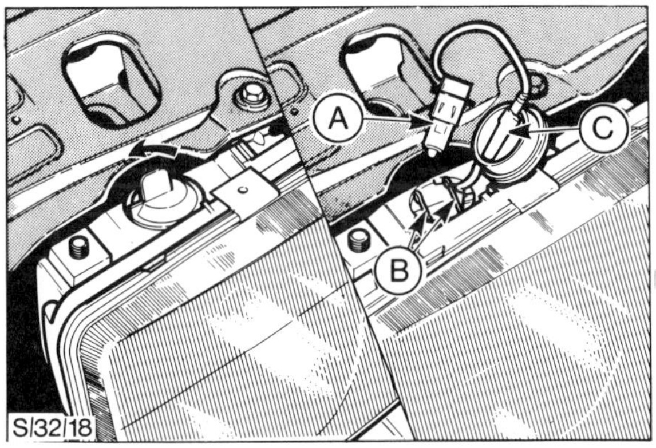

- Schutzkappe nach links drehen und abnehmen.
- Sicherungsklammer –B– lösen, Lampe –A– herausnehmen und Anschlußkabel abziehen.

Einbau

- Kabel anschließen.
- Glühlampe in den Reflektor einsetzen und mit Klammer sichern.
- Schutzkappe aufsetzen und durch Rechtsdrehen sichern.

Halogen-Nebelscheinwerfer

Ausbau

- Vordere Blinkleuchte ausbauen.

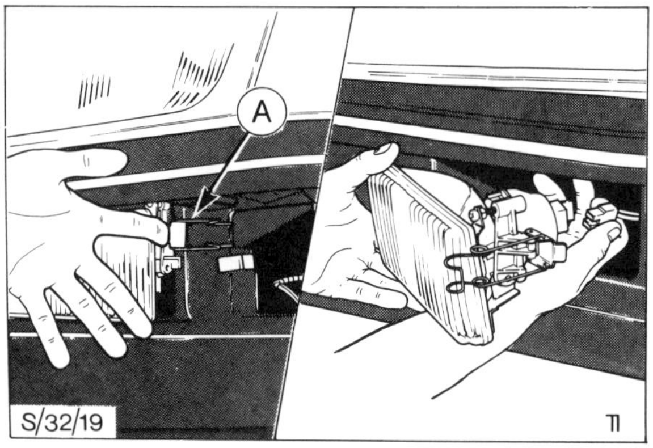

S/32/19

- Halteklammer –A– für Nebelscheinwerfer lösen.
- Nebelscheinwerfer etwas herausziehen und Mehrfachstecker abziehen.
- Scheinwerfer abnehmen.
- 2 Federklammern lösen und Lampe herausnehmen.

Einbau

- Lampe einsetzen und mit Federklammern sichern.
- Mehrfachstecker anschließen.
- Befestigungsstifte des Scheinwerfers ausrichten und Scheinwerfer ansetzen.
- Scheinwerfer in die Aufnahme drücken und mit Halteklammer befestigen.

Standlichtlampe aus- und einbauen

Ausbau

- Schutzkappe – D in Abbildung S/32/39 – nach links drehen und abnehmen.
- Lampenhalter für Standlichtlampe unter leichtem Drehen aus dem Reflektor ziehen, die Gummimanschette bleibt dabei in der Reflektorfassung.
- **Ghia- und XR4-Modell:** Nase am Lampenhalter niederdrücken und Halter herausziehen.
- Lampe ohne zu drehen herausziehen.

Einbau

- Neue Lampe in den Halter einsetzen.
- Halter in den Reflektor drücken, Schutzkappe ansetzen und durch Rechtsdrehen sichern.

Blinklampe vorn wechseln

Fahrzeuge ohne integrierte Nebelscheinwerfer, Blinkleuchte im Stoßfänger

Ausbau

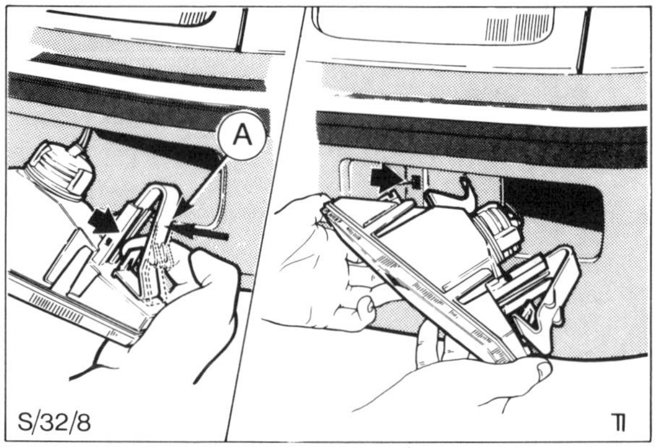

S/32/8

- Blinkleuchte am äußeren Rand nach hinten drücken.
- Hinter den Stoßfänger greifen und Kunststoffklammer –A– nach innen drücken – Pfeilrichtung/langer Pfeil –, bis sie einrastet und den Blinker frei gibt.
- Blinker nach vorn herausnehmen.
- Auf der Rückseite Lampenfassung nach links drehen und herausnehmen.
- Lampe eindrücken, nach links drehen und herausnehmen.

Einbau

- Lampe in Halter eindrücken und durch Rechtsdrehen sichern.
- Halter in Blinkleuchte einsetzen und durch Rechtsdrehen sichern.
- Mit dem Finger, wie in der Abbildung gezeigt, gegen den Verriegelungshebel der Kunststoffklammer drücken, bis die Klammer ausrastet.
- Blinkleuchte an der inneren Seite mit der Blechklammer in den Stoßfänger einhängen – rechte Abbildung.
- Blinkleuchte auf der äußeren Seite eindrücken, bis die Kunststoffklammer im Stoßfänger einrastet.

Fahrzeuge mit Blinkleuchte neben Scheinwerfer

Ausbau

- Haltefeder an der Rückseite der Blinkleuchte am Stehblech aushängen.
- Blinkleuchte seitlich herausnehmen.
- Lampenfassung nach links drehen und aus der Leuchte herausnehmen.
- Lampe eindrücken, nach links drehen und aus der Fassung herausnehmen.

Einbau

- Lampe mit Fassung in die Blinkleuchte einsetzen und durch Rechtsdrehen sichern.
- Blinkleuchte seitlich in den Kotflügel einsetzen. Dabei die zylindrischen Führungsstifte der Blinkleuchte in die zugehörigen Führungslöcher des Scheinwerfer-Haltebleches einführen.
- Haltefeder der Blinkleuchte am Stehblech einhängen.

Fahrzeuge mit integrierten Nebelscheinwerfern

Ausbau

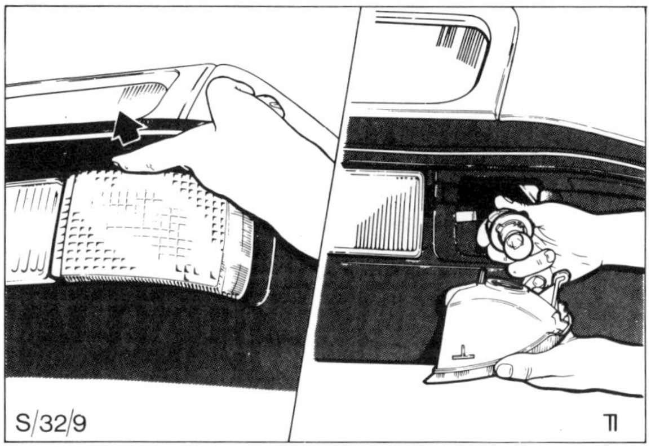

- Entriegelungshebel hochdrücken – linke Abbildung. Dadurch wird die Blinkleuchte gelöst und kann herausgenommen werden.
- Lampenfassung nach links drehen und herausnehmen.
- Lampe eindrücken, nach links drehen und herausnehmen.

Einbau

- Lampe eindrücken und durch Rechtsdrehen sichern.
- Lampenfassung in Blinkleuchte einsetzen und durch Rechtsdrehen sichern.
- Blinkleuchte in den Stoßfänger eindrücken, bis sie einrastet.

Brems-, Schluß-, Blinklampe auswechseln

Limousine

Ausbau

- Gerippten Kunststoffhalter auf der Rückseite des Lampenträgers nach innen drücken, Lampenträger herausschwenken und an der Außenseite aushängen.
- Mehrfachstecker abziehen.
- Lampe eindrücken, nach links drehen und herausnehmen.

Einbau

- Glühlampen in Lampenhalter eindrücken und durch Rechtsdrehen sichern.
- Mehrfachstecker aufschieben.
- Lampenhalter außen einhängen, innen nach hinten drükken, bis er einrastet.

TURNIER

Ausbau

- In der Abdeckung des Lampenträgers 4 Drehverschlüsse um 1/4 Umdrehung verdrehen und Abdeckung abnehmen.
- Je eine Haltezunge oben und unten vom Lampenträger wegdrücken und Lampenträger herausnehmen.
- Mehrfachstecker abziehen.
- Lampe eindrücken, nach links drehen und herausnehmen.

Einbau

- Lampe eindrücken und durch Rechtsdrehen sichern.
- Mehrfachstecker aufschieben.
- Lampenträger ansetzen und eindrücken, bis er einrastet.
- Abdeckung ansetzen und Drehverschlüsse um 1/4 Umdrehung verdrehen.

Kennzeichenlampe auswechseln

Ausbau

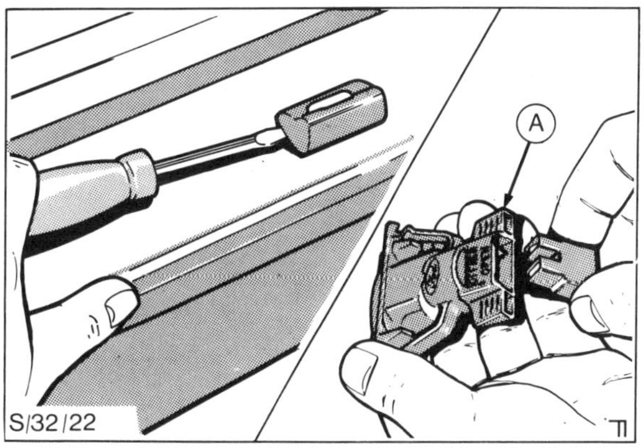

- Kennzeichenleuchte mit kleinem Schraubendreher heraushebeln.
- Lampenhalter –A– nach links drehen und herausziehen.
- Lampe aus dem Halter herausziehen, nicht drehen.

Einbau

- Neue Lampe in den Halter stecken.
- Halter in das Gehäuse einführen und durch Rechtsdrehen sichern.
- Kennzeichenleuchte in den Stoßfänger hineindrücken.

Glühlampentabelle

Um jederzeit eine Lampe auswechseln zu können, sollte stets ein Kasten mit Ersatzlampen (12 Volt) im Wagen mitgeführt werden.

Glühlampen

Fern- und Fahrlicht – Halogen H4	60/55 W
Fernscheinwerfer – Halogen H3	55 W
Nebelscheinwerfer – Halogen H3	55 W
Standlicht	4 W
Blinkleuchten vorn und hinten	21 W
Brems-, Schlußleuchte	21/5 W
Rückfahrleuchte	21 W
Nebelschlußleuchte	21 W
Kennzeichenleuchte	5 W
Motorraumleuchte	10 W
Kofferraumleuchte	10 W
Innenleuchte(n)	10 W
Leseleuchten	5 W
Beleuchtung, Make-up Spiegel	3 W
Handschuhkastenleuchte	2 W
Kontrolleuchten	1,3 W
Instrumentenbeleuchtung	2,6 W
Heizungsbetätigungs-Leuchte	1 W
Schaltkulisse-Leuchte	1,2 W
Zigarettenanzünder-Leuchte	1,2 W

Achtung: Die Kontrolleuchten in den Schaltern der Instrumententafel sind eingeschweißt und können nicht ausgetauscht werden.

Scheinwerfer einstellen

Für die Verkehrssicherheit ist die richtige Einstellung der Scheinwerfer von großer Bedeutung. Die exakte Einstellung der Scheinwerfer ist nur mit einem Spezialeinstellgerät möglich. Es wird deshalb nur gezeigt, wo der Scheinwerfer eingestellt werden kann und welche Bedingungen zum richtigen Einstellen der Scheinwerfer erfüllt sein müssen.

- Reifen müssen den vorgeschriebenen Reifenfülldruck haben.
- Das unbeladene Fahrzeug muß mit 75 kg (eine Person) auf dem Fahrersitz belastet sein.
- Kraftstofftank füllen.
- Vorderwagen mehrmals kräftig nach unten drücken, damit die Federung der Vorderradaufhängung sich setzt.
- Die Scheinwerfer dürfen nur bei Abblendlicht eingestellt werden. Das Neigungsmaß beträgt für Normalscheinwerfer X = 16 cm auf 10 m Entfernung.
  Zusatzscheinwerfer: X = 5 cm auf 10 m.
  Nebelscheinwerfer: X = 15 cm auf 5 m.

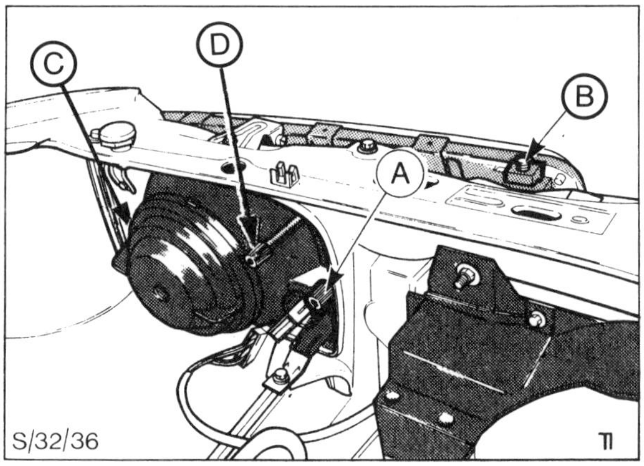

- Die Einstellschrauben sind vom Motorraum her zu erreichen.
  Normalscheinwerfer: C – für senkrechte Einstellung, D – für waagerechte Einstellung.
  Zusatzscheinwerfer: A – für senkrechte Einstellung, B – für waagerechte Einstellung.

- Nebelscheinwerfer: A – für senkrechte Einstellung. Die Blinkleuchte wurde in der Abbildung nur zur Verdeutlichung weggelassen.

Scheinwerfer aus- und einbauen

Ausbau

- Massekabel von der Batterie abklemmen.
- Kühlergrill ausbauen, siehe Seite 183.

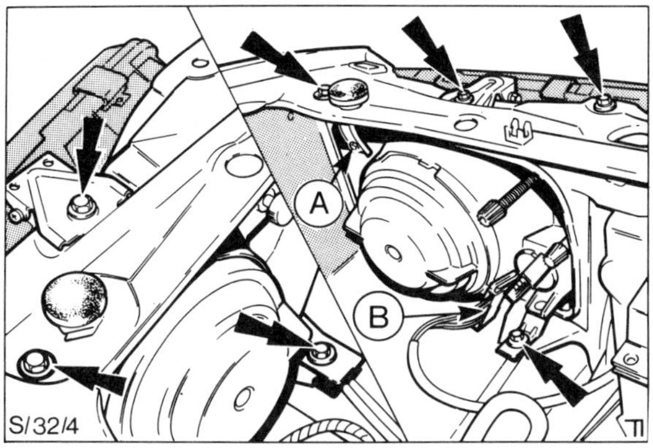

Linke Abbildung: Basis-, L-, GL-Modell
Rechte Abbildung: Ghia-, XR4-Modell

- Mehrfachstecker –B– abziehen.
- Befestigungsschrauben – Pfeile – herausdrehen.

Achtung: Zur Erleichterung beim Herausnehmen des Scheinwerfers Halter –A– (alle Modelle) nach unten schwenken.

Einbau

- Scheinwerfer einsetzen und Schrauben reindrehen, nicht festziehen.
- Kühlergrill einbauen.
- Scheinwerfer nach vorn schieben, bis er am Grill anliegt, dann Schrauben festziehen.
- Mehrfachstecker anschließen.
- Batterie-Massekabel anklemmen.
- Scheinwerfer einstellen.

Scheinwerferglas/Reflektor aus- und einbauen

Ausbau

- Scheinwerfer ausbauen.
- Lampen für Scheinwerfer und Standlicht ausbauen.

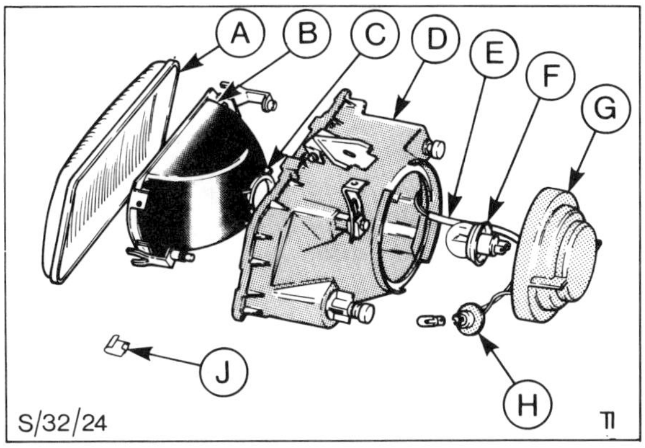

- Federklammern –J– vom Scheinwerfer abhebeln und Scheinwerferglas –A– mit Dichtring vom Gehäuse –D– abnehmen.
- Beide Einstellschrauben so weit herausdrehen, bis sich der Reflektor –B– vom Scheinwerfer lösen läßt, dabei Reflektor von den Einstellschrauben ausclipsen. C–Lampenhalter, E–Anschlußleitung, F–Biluxlampe, G–Schutzkappe, H–Halter für Standlichtlampe.

Achtung: Beim Ghia- bzw. XR4-Modell die oberen Reflektorbefestigungen mit einem Schraubendreher abdrücken.

Einbau

- Reflektor in das Scheinwerfergehäuse einsetzen und Kugelköpfe in die Einstellschrauben einclipsen, dazu Einstellschrauben hineindrehen.
- Dichtung und Scheinwerferglas ansetzen und mit Federklammern sichern. **Achtung:** Einbaumarkierungen beachten.
- Lampen in Scheinwerfer einsetzen.
- Scheinwerfer einbauen und einstellen.

Heckleuchte aus- und einbauen

Ausbau

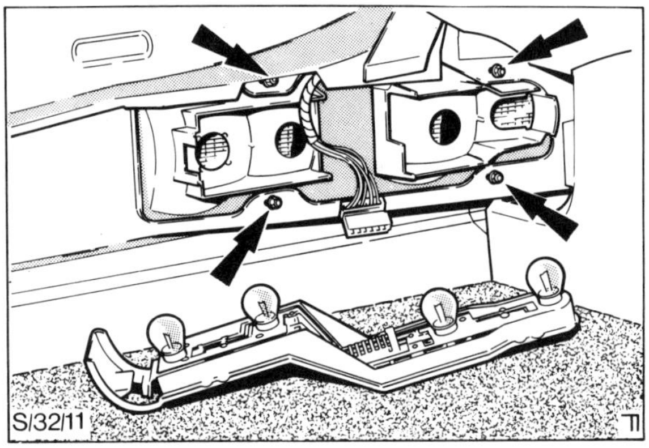

S/32/11

- Heckklappe öffnen und kompletten Lampenträger abdrükken, siehe unter „Lampenwechsel".
- Befestigungsschrauben – Pfeile – herausdrehen und Heckleuchte nach außen abnehmen.

Einbau

- Gummidichtung prüfen, falls porös oder beschädigt, erneuern.
- Heckleuchte mit Dichtung einsetzen und festschrauben.
- Lampenträger ansetzen und einrasten, dabei muß der Mehrfachstecker mit den Kabeln nach oben zeigen.

Innenraumleuchten auswechseln

Innenleuchte/Leseleuchte

- Schalter in Mittelstellung bringen, also Lampe ausschalten.

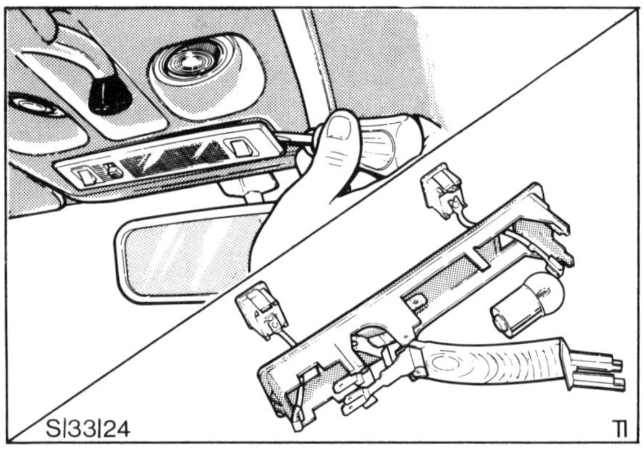

S/33/24

- Schraubendreher in die seitliche Öffnung einsetzen und Innenleuchte vorsichtig herausdrücken.

Achtung: Bei Fahrzeugen mit Leseleuchte vor dem Entfernen der Anschlüsse Leseleuchte ausbauen.

- Leseleuchte mit den Fingern durch die Öffnung der Innenleuchte herausdrücken. Lampenfassung nach links drehen und abziehen.
- Kabel für Leseleuchte und Innenleuchte von der Innenleuchte abziehen.
- Lampen aus dem Reflektor ausrasten.
- Lampen einrasten und Kabel anschließen.
- Leuchten in die Öffnungen eindrücken und einrasten.

Handschuhkasten-Leuchte

- Leuchte herausziehen.

S/33/21

- Lampe herausziehen, nicht drehen.
- Glühlampe in die Fassung einsetzen, Leuchte aufstecken und Lampe auf Funktion prüfen.

Aschenbecher-Leuchte

- Aschenbecher öffnen und das Schubfach herausnehmen.

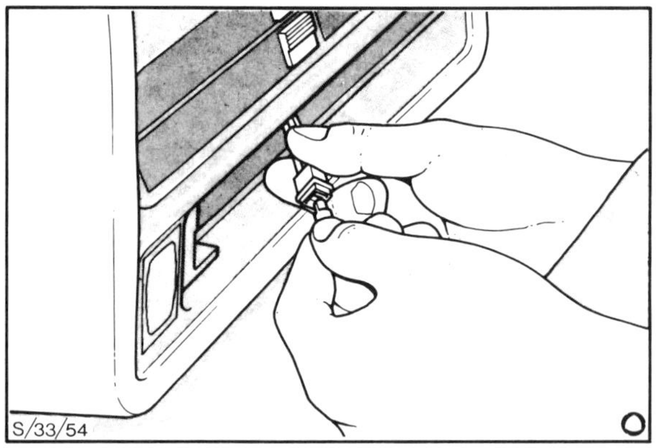

S/33/54

- Die Lampenfassung aus dem Gehäuse ziehen und die Glühlampe herausnehmen.
- Neue Glühlampe in die Fassung einsetzen und Fassung im Gehäuse montieren.
- Schubfach des Aschenbechers einsetzen.
- Glühlampe auf Funktion prüfen.

Gebläsedrehschalter-Leuchte

- Knopf vom Heizungsgebläseschalter abziehen. Falls erforderlich, mit einer dünnen Zange abziehen. Dabei Papierpolster als Schutz zwischen die Backen legen.

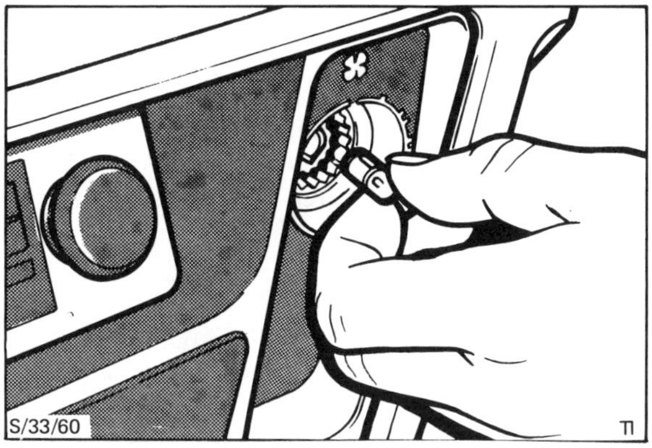

- Glühlampe aus der Bajonettfassung ziehen.
- Glühlampe einsetzen und durch Rechtsdrehen sichern.
- Schalterknopf aufsetzen und Glühlampe auf Funktion prüfen.

Heizungsschalter-Leuchte

- Abdeckung für Schalttafeleinsatz ausbauen, siehe Seite 219.

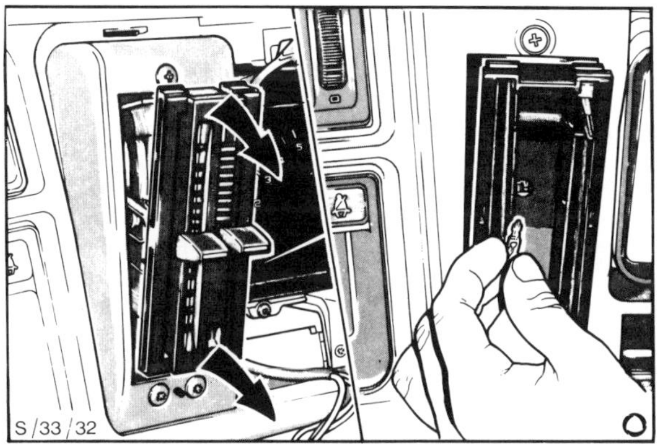

- Bedienungsknöpfe nach hinten abziehen, gegebenenfalls mit kleinem Schraubendreher spreizen.
- Lampenblende vorsichtig von der Platte des Bedienungsschalters abhebeln und Lampe aus der Fassung ziehen.
- Lampe einsetzen und Blende aufdrücken.
- Knöpfe aufstecken und Abdeckung einbauen.

Spiegelleuchte

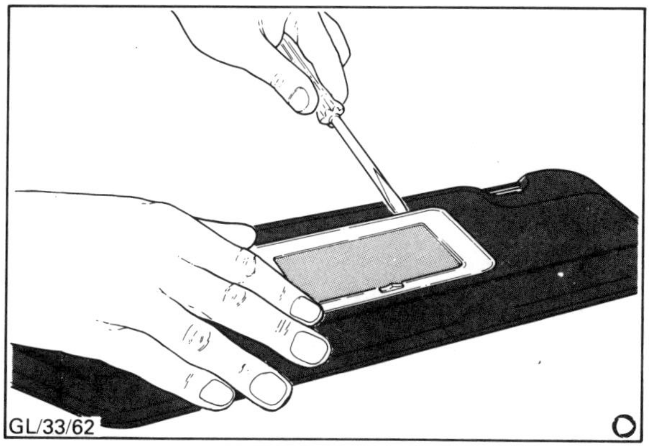

- Sonnenblende herunterklappen und mit einer dünnen Schraubendreherklinge Spiegel und Vorsteckscheibe vorsichtig abdrücken.
- Lampe(n) von den Federkontakten abnehmen.
- Neue Lampe(n) in die Federkontakte einsetzen. Spiegel und Vorsteckscheibe ansetzen und einrasten.
- Glühlampe(n) auf Funktion prüfen.

Schaltskala-Leuchte
(Automatik-Fahrzeuge)

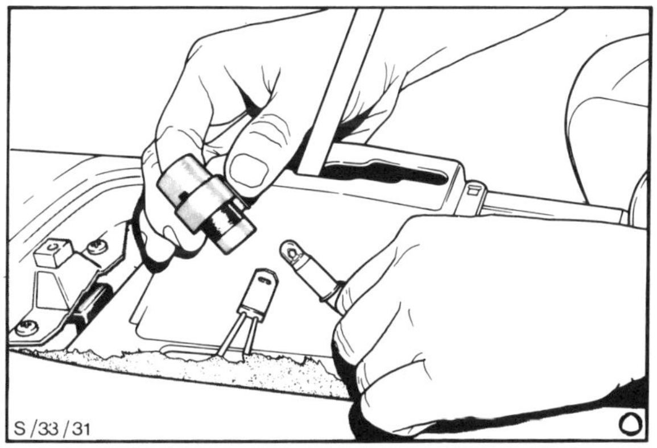

- Obere Abdeckung des Wählhebelgehäuses (Schaltskala) abschrauben, Lampenfassung nach oben herausziehen.
- Obere Abdeckung abziehen und Glühlampe aus der Bajonettfassung ziehen.
- Glühlampe in die Fassung einsetzen und obere Abdeckung eindrücken.
- Fassung am Wählhebel einsetzen, obere Abdeckung anbringen und Glühlampe auf Funktion prüfen.

Warnblink-Kontrolleuchte

- Obere Lenksäulenverkleidung abschrauben.
- Kontrollieren, ob der Schalter ausgeschaltet ist. Schalterkappe/Lampenabdeckung herausziehen.

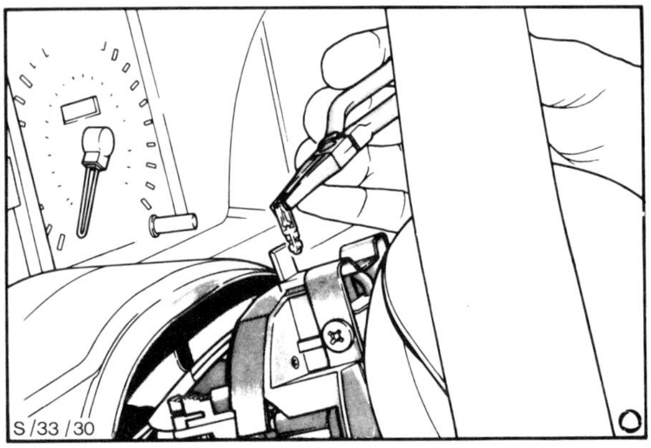

- Glühlampe (Glassockel) nach oben herausziehen, nicht drehen. Falls erforderlich, mit einer dünnen Zange, die zum Schutz umwickelt ist, abziehen.
- Glühlampe in den Schalter hineindrücken und Schalterkappe/Lampenabdeckung aufstecken.
- Obere Lenksäulenverkleidung ansetzen und mit einer Schraube befestigen.

Motorraumleuchte

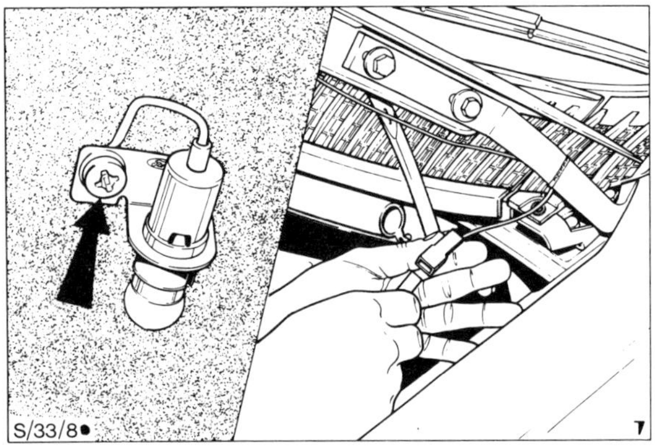

- Kabelstecker am Scharnierende der Motorhaube trennen und eine Schnur am Kabel befestigen.
- Wo vorhanden, Dämmaterial unter der Motorhaube entfernen.
- Kabel und Schnur durch die Motorhaube ziehen. Die Schnur vom Kabel abnehmen und die Leuchte von der Motorhaube abschrauben.

Achtung: Zum Auswechseln der Lampe braucht die Leuchte nicht ausgebaut zu werden.

- Schnur am Kabel befestigen. Schnur und Kabel durch die Motorhaube ziehen und das Kabel anschließen.
- Leuchte anschrauben und Funktion prüfen.

Kofferraumleuchte

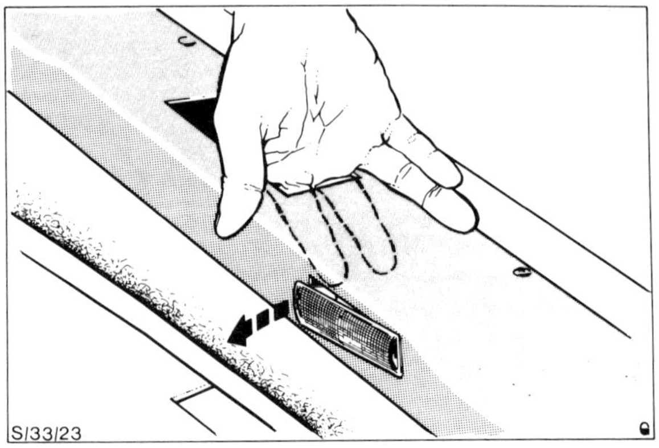

- Leuchte durch die Öffnung in der Verkleidung mit den Fingern herausdrücken oder mit Hilfe eines Schraubendrehers heraushebeln. **Achtung:** Schraubendreher zum Schutz umwickeln.
- Anschlußkabel von der Leuchte abklemmen und Leuchte entfernen.
- Anschlußkabel an der Leuchte anschließen und die Leuchte in die Halterung im Kofferraum einsetzen.
- Leuchte auf Funktion prüfen.

Die Armaturen

Beim FORD SIERRA sind die Armaturen in einem Schalttafeleinsatz zusammengefaßt. Nach Ausbau des Schalttafeleinsatzes können die Instrumente beziehungsweise Glühlampen ausgebaut werden.

Schalttafeleinsatz aus- und einbauen

Ausbau

- Massekabel von der Batterie abklemmen.
- Obere und untere Lenksäulenverkleidung ausbauen.
- Knöpfe von den Betätigungshebeln für Heizung und Lüftung abziehen, dazu gegebenenfalls Knöpfe mit kleinem Schraubendreher etwas spreizen.
- Falls eingebaut, Drehregler für die Instrumentenbeleuchtung und Regler für die Scheibenwischer-Intervallschaltung mit kleinem Schraubendreher vorsichtig heraushebeln, Mehrfachstecker abziehen.

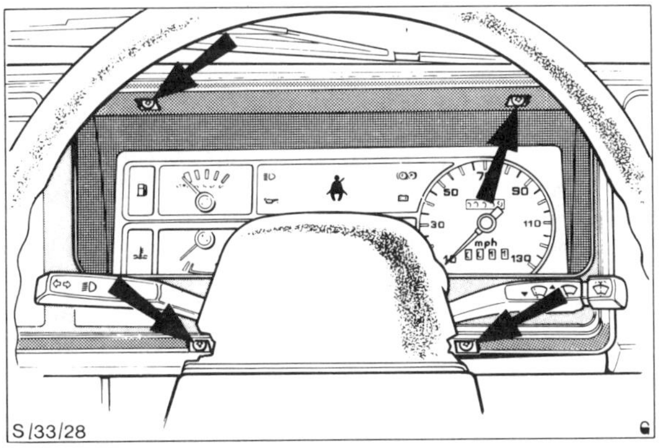

- Abdeckung für Schalttafeleinsatz abschrauben –Pfeile– und herausnehmen.

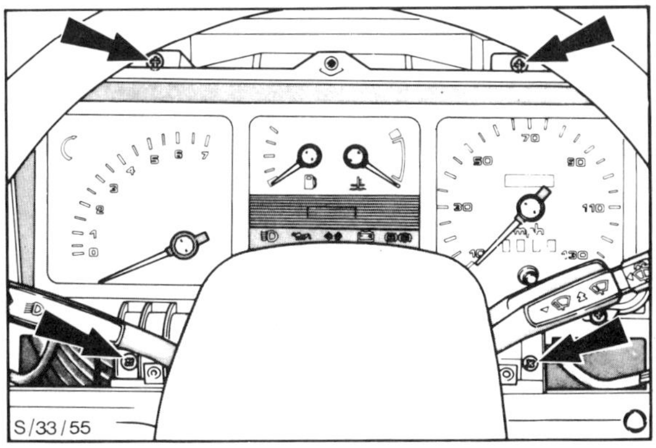

- Schalttafeleinsatz abschrauben –Pfeile– und herausziehen. Auf der rechten Seite hinter den Einsatz greifen und Mehrfachstecker sowie Tachowelle abziehen.

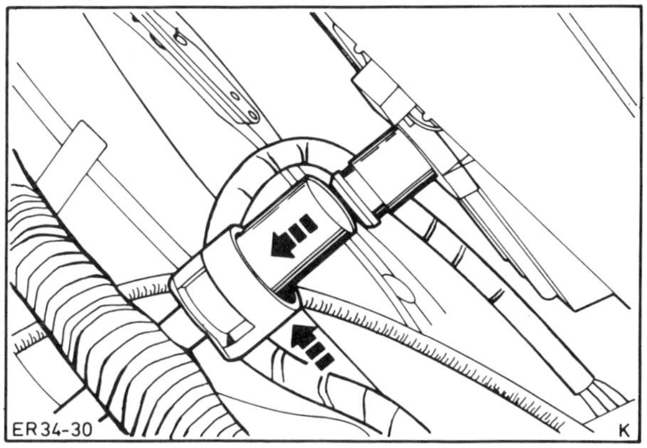

- Befestigungsklammer für Tachowelle lösen, dazu auf eine Seite des Sicherungsringes drücken und Welle herausziehen.
- Schalttafeleinsatz komplett herausnehmen.

Einbau

- Schalttafeleinsatz ansetzen, Mehrfachstecker sowie Tachowelle aufschieben. Tachowelle mit Klammer sichern.
- Schalttafeleinsatz in die Öffnung drücken und anschrauben.
- Abdeckung einsetzen und anschrauben.
- Obere und untere Lenksäulenverkleidung einbauen.
- Knöpfe auf die Bedienungshebel für die Heizung aufschieben.
- Gegebenenfalls Regler für Instrumentenbeleuchtung und Intervallschaltung anschließen und eindrücken.
- Massekabel an Batterie anklemmen.

Armaturen aus- und einbauen

Ausbau

- Massekabel von der Batterie abklemmen.
- Schalttafeleinsatz ausbauen.

- Abdeckscheibe abschrauben.

Achtung: Um eine Verschmutzung bzw. Beschädigung der Anzeigeinstrumente und ihrer Zeiger zu verhindern, die Einheit auf sauberes Papier oder einen weichen, nicht fusselnden Lappen legen.

Kontrollampen

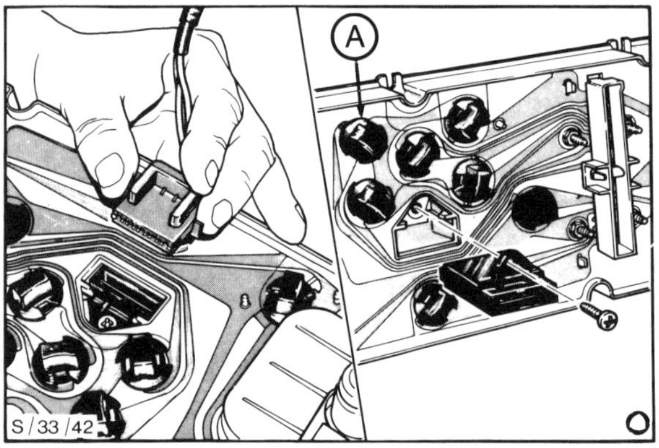

S/33/42

- Lampenfassung –A– durch Linksdrehen lösen und herausnehmen.
- Glühlampe aus der Fassung ziehen, nicht drehen.

Econo-Leuchte

- Mehrfachstecker von der Econo-Leuchte abziehen – Abbildung S/33/42, links.
- Befestigungsschraube herausdrehen und Leuchteinheit herausnehmen.

Achtung: Die Glühlampen der Econo-Leuchte sind nicht auswechselbar. Bei einem Defekt muß die gesamte Einheit erneuert werden.

Geschwindigkeitsmesser

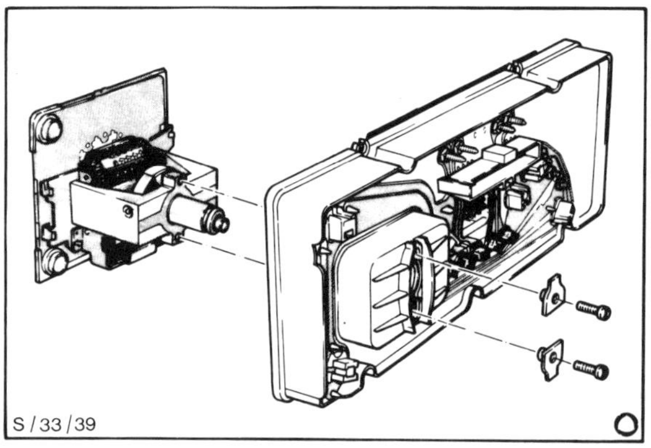
S/33/39

- Geschwindigkeitsmesser abschrauben und herausnehmen.

Drehzahlmesser

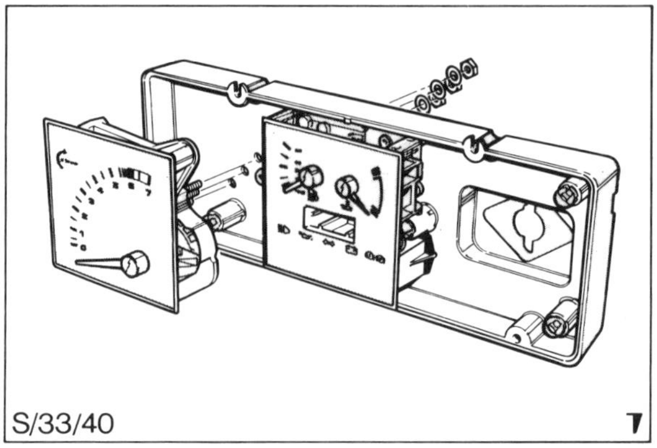
S/33/40

- 3 Muttern abschrauben und Drehzahlmesser herausnehmen.

Kraftstoffvorrats-/Temperaturanzeiger

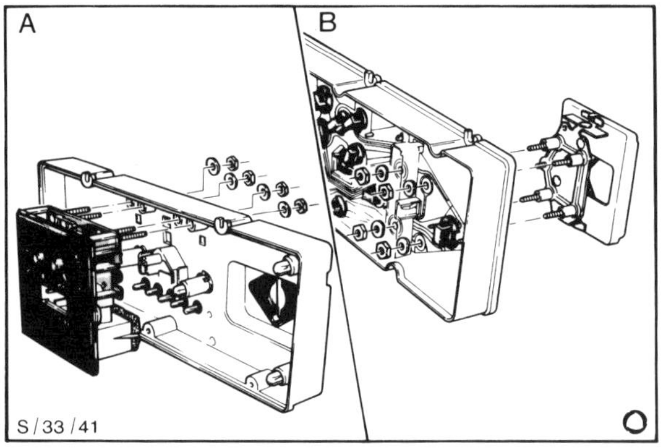

S/33/41

- Kombiinstrument abschrauben und herausziehen. A – GL-, Ghia-, XR4-Modell; B – Basis-, L-Modell.

Einbau

- Jeweiliges Instrument in die Aussparung einsetzen und mit Muttern bzw. Schrauben befestigen. Gegebenenfalls Mehrfachstecker anschließen.
- Abdeckscheibe anschrauben.
- Schalttafeleinsatz einbauen.
- Massekabel an Batterie anklemmen.

Blinker-, Scheibenwischer- und Lichtschalter aus- und einbauen

Ausbau

- Obere Lenksäulenverkleidung abbauen, dazu Kreuzschlitzschraube in der Öffnung vor dem Warnblinkschalter herausdrehen.

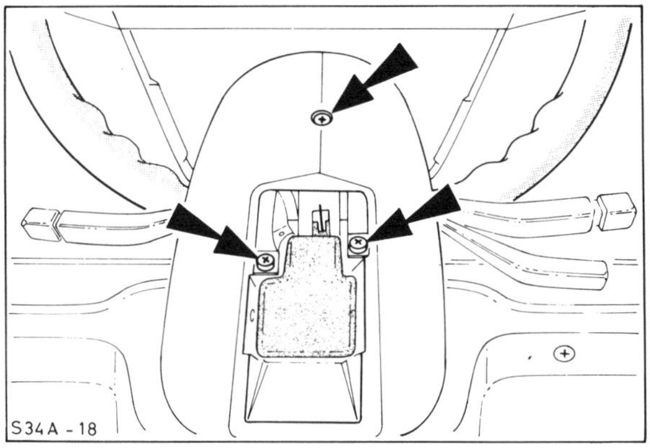

- Untere Lenksäulenverkleidung mit 3 Schrauben abschrauben.

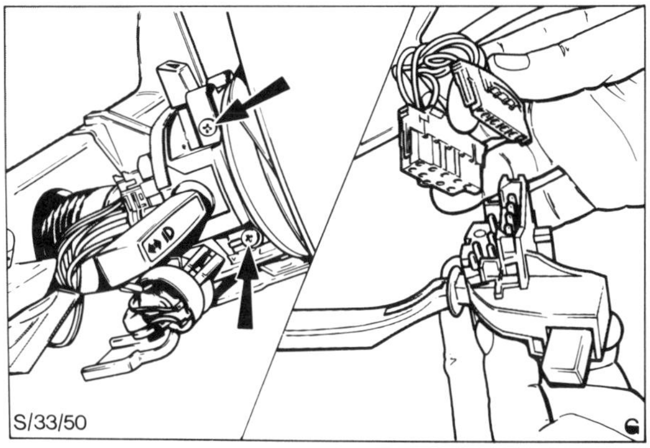

- Befestigungsschrauben für Blinkerschalter abschrauben, Mehrfachstecker abziehen und Schalter herausnehmen.
- Befestigungsschrauben für Scheibenwischer- und Lichtschalter abschrauben, Mehrfachstecker abziehen und Schalter abnehmen.

Einbau

- Mehrfachstecker auf die Schalter aufschieben und Schalter anschrauben.
- Obere und untere Lenksäulenverkleidung einsetzen und anschrauben.

Bremslichtschalter aus- und einbauen

Ausbau

- Untere Fußraumabdeckung ausbauen. Dazu 2 Blechclips an der Verbindung zur unteren Plastikabdeckung mit Schraubendreher heraushebeln und die beiden Blechzungen bei den Pedalen etwas zurückbiegen.

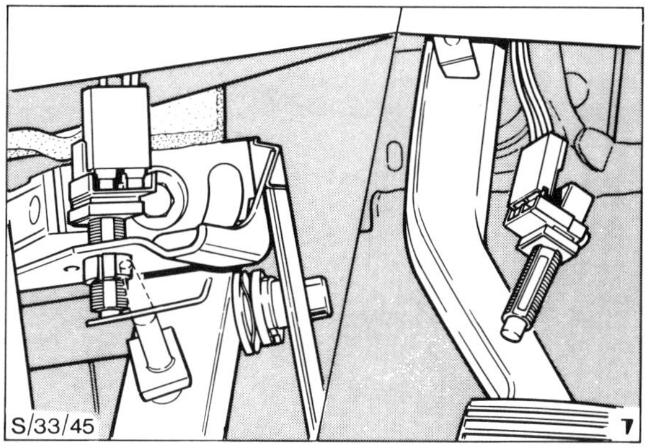

- Mehrfachstecker vom Schalter abziehen.
- Schalter durch Linksdrehen lösen und herausziehen.

Einbau

- Schalter in die Öffnung des Halterings einsetzen und hineindrücken, bis der Betätigungsstift am Pedal anliegt und eingedrückt wird. **Achtung:** Dabei muß das Bremspedal am Anschlag anliegen.
- Schalter durch Rechtsdrehen sichern. Eine weitere Einstellung ist nicht notwendig.
- Mehrfachstecker aufschieben.
- Schalter auf Funktion prüfen.

Schalter für Kofferraumbeleuchtung aus- und einbauen

Achtung: Der Schalter muß in der gleichen Lage wieder eingebaut werden.

Ausbau

- Batterie-Massekabel abklemmen.
- Verkleidung für Heckklappe ausbauen, siehe Seite 193.

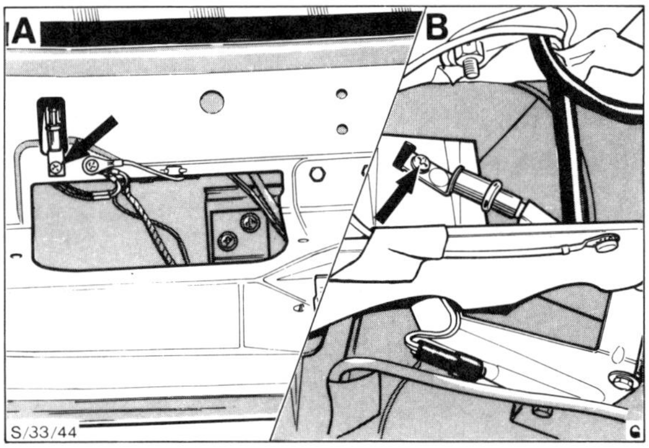

- Befestigungsschraube –Pfeil– herausdrehen und Schalter abnehmen. A–Limousine, B–TURNIER.
- Elektrische Leitung vom Schalter abziehen.

Einbau

- Stecker am Schalter aufschieben.
- Schalter einsetzen und anschrauben. Dabei Schraube gut festziehen.
- Verkleidung einbauen.
- Batterie-Massekabel anklemmen.

Schalter für Econo-Lampen aus- und einbauen

Der Schalter für die Econo-Lampen befindet sich am linken Stehblech im Motorraum. Er ist über einen Unterdruckschlauch mit dem Ansaugkrümmer verbunden. Der Schalter schaltet die Econo-Lampen im Schalttafeleinsatz ein oder aus, entsprechend dem Unterdruck im Ansaugrohr. Der im Saugrohr herrschende Unterdruck entspricht ziemlich genau dem augenblicklichen Kraftstoffverbrauch. Beeinflußt wird der Unterdruck durch die Stellung der Drosselklappe im Vergaser, die über Gaspedal und Gaszug betätigt wird.

Ausbau

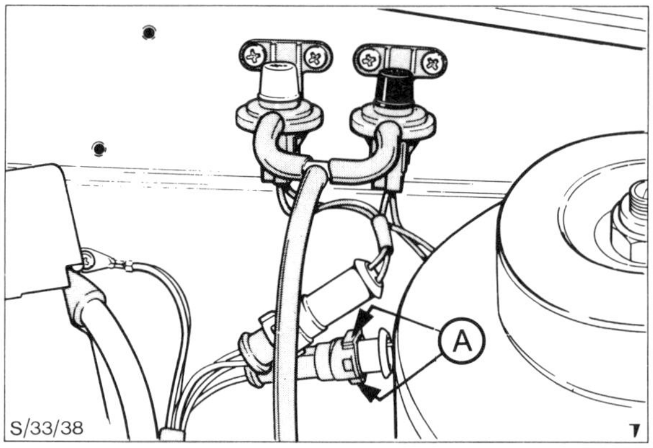

- Mehrfachstecker trennen, dabei Stecker seitlich –A– zusammendrücken.
- Unterdruckleitung vom Schalter abziehen.
- Halter abschrauben und mit Econo-Schalter abnehmen.

Einbau

- Econo-Schalter mit Halter anschrauben.
- Unterdruckleitung und Mehrfachstecker anschließen.

Radio aus- und einbauen

Achtung: Störgeräusche beim UKW-Radioempfang können durch die im Tank montierte elektrische Kraftstoffpumpe verursacht werden. Nähere Hinweise stehen am Ende dieses Kapitels.

Ausbau

- Massekabel von der Batterie abklemmen.
- Beide Bedienungsknöpfe abziehen, Einstell- und Distanzscheiben herausnehmen.
- Verkleidung abnehmen, dazu Befestigungsmuttern von den Abstimmwellen abschrauben.

S/39/2

- Haltezungen mit 2 Schraubendrehern nach innen drücken und Radio herausziehen.
- An der Rückseite des Radios Anschlüsse abziehen von: Antenne, Stromversorgung, Lautsprecher, Masse. Falls vorhanden, Stromanschluß für das Relais der elektrisch betätigten Antenne trennen. Bei Stereogerät Lautsprecheranschlüsse mit Tesaband kennzeichnen.

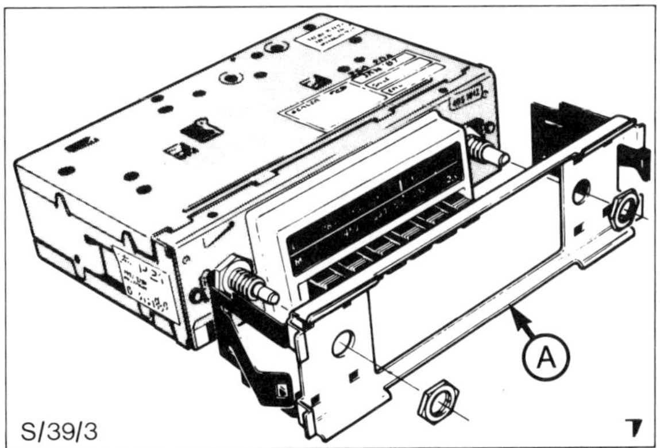

S/39/3

- Falls erforderlich, Montageblech –A– und hintere Kunststofführung abschrauben.

Einbau

- Gegebenenfalls Kunststofführung und Montageblech abschrauben.
- Sämtliche Kabel an der Rückseite des Radios anschließen.

Anschlüsse für elektronisches Radio/Cassettengerät

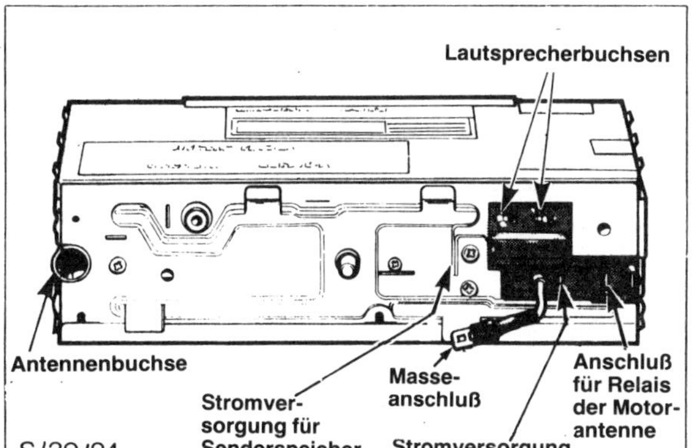

S/39/24

Anschlüsse für Radio/Cassettengerät

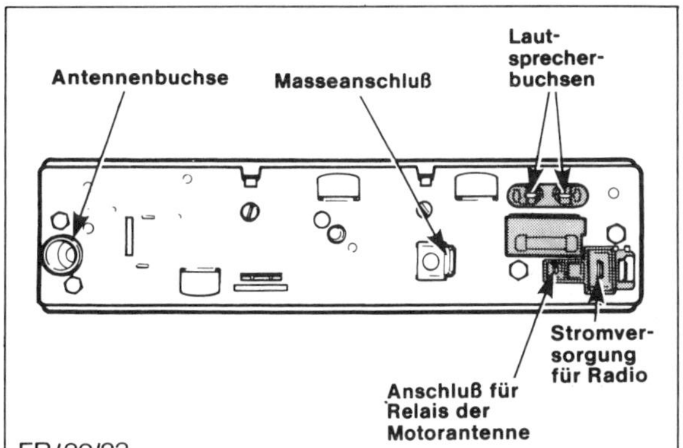

ER/39/23

Anschlüsse für Mono-Radio

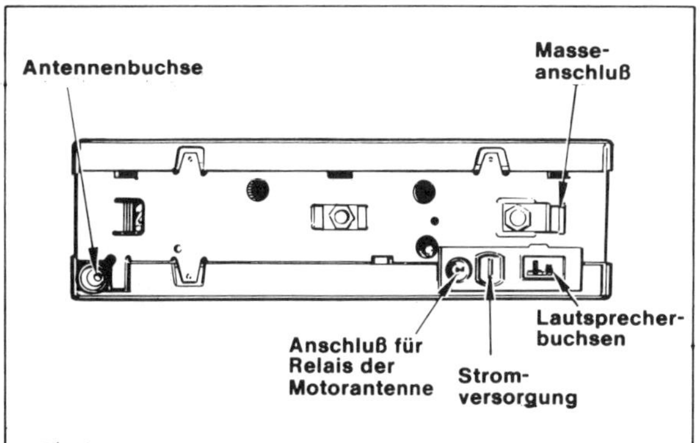

TE/39/15

- Radio in die Öffnung am Armaturenbrett schieben, dabei muß die hintere Halterung in die Laufschiene gleiten.
- Gerät vollständig hineindrücken, bis das Montageblech einrastet.

- Radio-Abdeckung mit der richtigen Seite nach oben ansetzen und festschrauben. Auf der Rückseite der Abdekkung befindet sich ein Pfeil und die Aufschrift TOP. Dieser Pfeil muß nach oben zeigen.
- Distanzscheibe und Tonregulierer aufschieben.
- Bedienungsknöpfe aufstecken.
- Batterie-Massekabel anklemmen.
- Radio auf Antenne abstimmen. Dazu schwachen Mittelwellensender einstellen und an der Antennenabgleichschraube (vorn in der Blende des Radios) mit kleinem Schraubendreher auf besten Empfang einstellen.

Achtung: Diese Einstellung braucht bei FORD-Elektronikgeräten nicht vorgenommen zu werden.

Sicherungen für das Radio bis 8/83

Radio ohne Cassettengerät: Leitungssicherung im Stromzuführungskabel (2 Ampere, träge Sicherung).

Radio mit Cassettengerät: Eigene Sicherung hinten im Gehäuse (2,5 Ampere, träge Sicherung).
Achtung: Auf diese Art sind teilweise auch Radios ohne Cassettengerät abgesichert.

Elektronisches Radio mit Cassettengerät: Eigene Sicherung für Radio- und Cassettenteil hinten im Gehäuse (3,15 Ampere, träge Sicherung).
Leitungssicherung für Speichereinheit des Radiogerätes (0,5 Ampere, träge Sicherung).

Sicherungen für das Radio ab 9/83

Radio ohne Cassettengerät: Leitungssicherung im Stromzuführungskabel (2 Ampere, träge Sicherung).

Radio mit Cassettengerät: Eigene Sicherung hinten im Gehäuse (3,15 Ampere, träge Sicherung).
Achtung: Auf diese Art sind teilweise auch Radios ohne Cassettengerät abgesichert.

Elektronisches Radio mit Cassettengerät: Eigene Sicherung für Radio- und Cassettenteil hinten im Gehäuse (6,3 Ampere, träge Sicherung).

Störgeräusche beim UKW-Radioempfang können durch die im Tank montierte elektrische Kraftstoffpumpe verursacht werden.

Prüfen

- Zündung in Stellung »I« schalten.
- Schwachen UKW-Sender einstellen, möglichst mit Sprachbeiträgen oder Musik mit leisen Passagen.
- Zündung in Position »II« schalten, Motor **nicht** starten. Die Kraftstoffpumpe läuft jetzt ca. 1 bis 2 Sekunden.
- Wenn die Störgeräusche auftreten während die Kraftstoffpumpe läuft, Pumpe durch eine Ausführung mit geänderter Entstörung in der Verkabelung ersetzen.
  Kraftstoffpumpe für 1,6-l-CFI-Motor: 6503693.
  Kraftstoffpumpe für 2,0-l-DOHC-Motor: 6503692.

Lautsprecher auswechseln

Achtung: Werden Lautsprecher mit hoher Leistung in der Nähe des Sicherheitsgurtmechanismus eingebaut, kann es aufgrund des stärkeren Magnetfeldes zur Beeinträchtigung der Funktion des Sicherheitsgurtes kommen.

Lautsprecher im Armaturenbrett

- Kunststoff-Abdeckung mit kleinem Schraubendreher aus den Halteklammern heraushebeln.

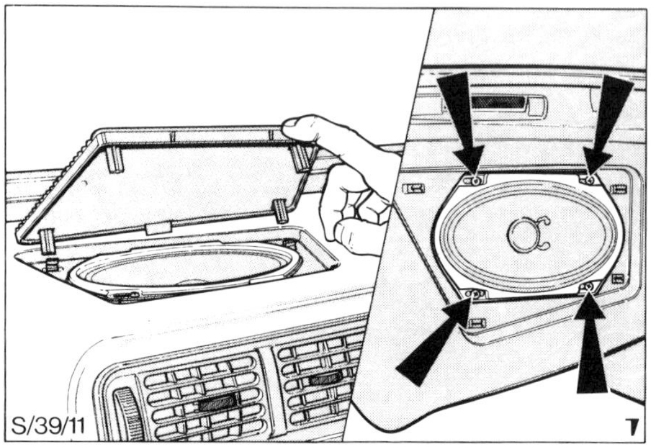

S/39/11

- 4 Befestigungsschrauben lösen und Lautsprecher herausnehmen.
- Von der Rückseite Lautsprecherkabel abziehen. Dabei an den Steckern ziehen, **nicht** an den Kabeln.
- Kabel aufstecken, Lautsprecher einsetzen und anschrauben. Abdeckung eindrücken.

Lautsprecher in der unteren Abdeckung

- Untere Abdeckung ausbauen.

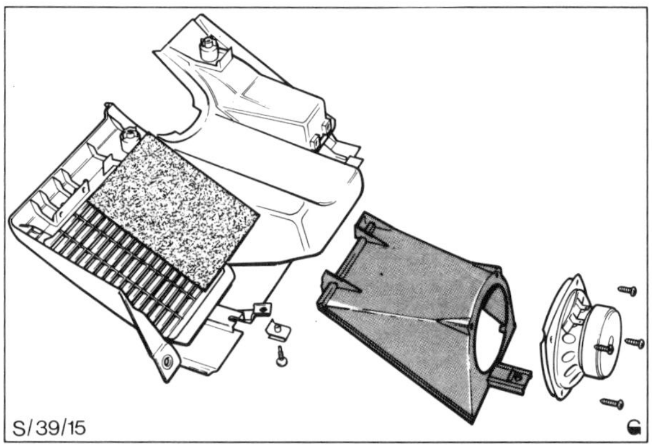

S/39/15

- Lautsprecher mit 4 Schrauben von der Kunststoffplatte abschrauben und aus der Öffnung ziehen.
- Lautsprecherkabel abziehen.
- Lautsprecherkabel anschließen.
- Lautsprecher in die Kunststoffplatte einsetzen, Bohrungen ausrichten und anschrauben.

Überblendregler aus- und einbauen

Ausbau

- Blende mit dünnem Schraubendreher vorsichtig abhebeln. Dabei Papierpolster unterlegen, damit keine Kratzer entstehen.

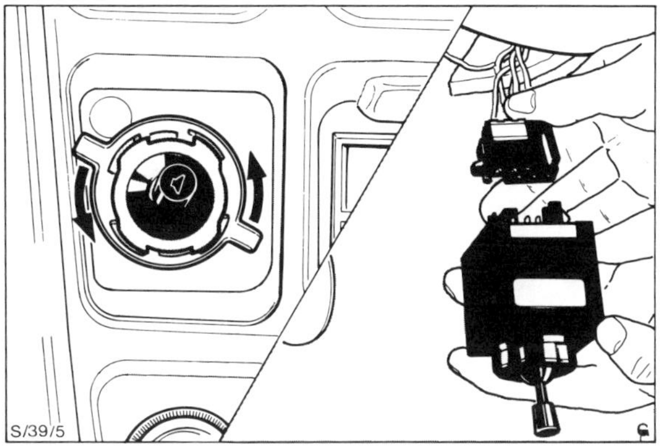

- Haltering etwas nach links drehen – linke Abbildung – und herausnehmen.
- Hinter das untere Konsolenteil greifen und Überblendregler herausdrücken.
- Mehrfachstecker abziehen.

Einbau

- Mehrfachstecker anschließen und Überblendregler in die Öffnung schieben.
- Haltering ansetzen und durch Rechtsdrehen sichern.
- Blende aufschieben.

Antenne aus- und einbauen

Ausbau

- Hintere Sitzbank hochklappen, Rückenlehne umlegen.
- Obere und untere Seitenwandverkleidung hinten links ausbauen, siehe Seite 239.

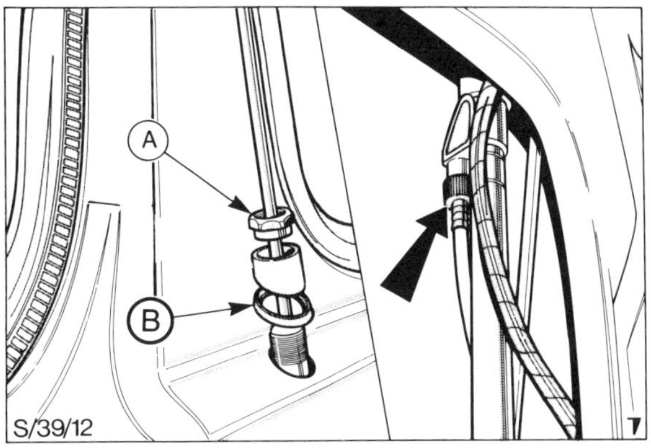

- Antennenkabel –Pfeil– von der Antenne abklemmen.

Motorantenne

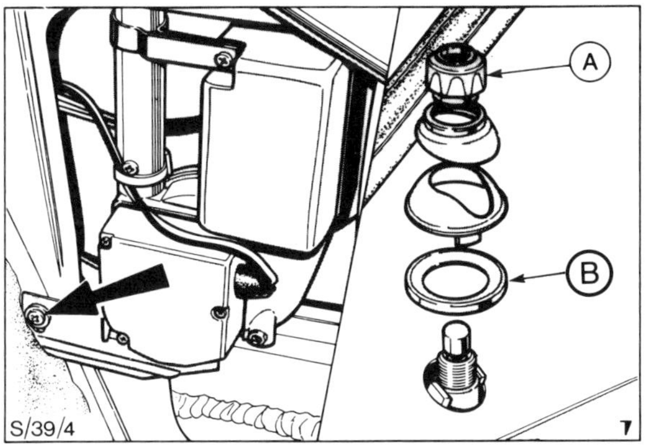

- Zusätzlich Mehrfachstecker abziehen und Halter abschrauben –Pfeil–.
- Oben Überwurfmutter –A– abschrauben und mit Ausgleichstücken und Dichtscheibe –B– abnehmen.

Einbau

- Werksseitig wird die Antenne an der hinteren Seitenwand auf der Fahrerseite installiert.

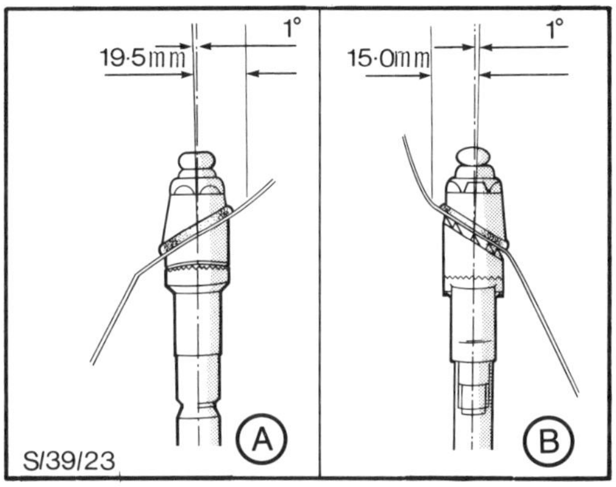

- Wenn keine Öffnung an der hinteren Seitenwand vorhanden ist, Loch mit 17,5 cm Durchmesser bohren. A–Limousine, B–Turnier. Anschließend Bohrung entgraten.
- Wird die vorhandene Antenne wieder eingebaut, Dichtung auf guten Zustand überprüfen, gegebenenfalls austauschen.
- Antenne in die Gummitülle des unteren Halters einsetzen und durch die Bohrung in der hinteren Seitenwand einführen.
- Dichtscheibe mit Ausgleichstücken und Überwurfmutter auflegen und Mutter anschrauben.
- Antennenkabel anschließen.
- **Motorantenne:** Mehrfachstecker aufschieben und Antenne unten am Halter anschrauben.
- Antenne auf Funktion prüfen.
- Hintere Seitenverkleidungen einbauen.

Mast für Motorantenne auswechseln

Die fünf Teleskoprohre der Antenne bezeichnet man als Mast. Die betreffenden Teile können nicht einzeln, sondern nur zusammen erneuert werden.

Ausbau

- Antenne ungefähr 400 mm weit ausfahren. Dazu den Zündschlüssel in Position I oder II drehen und das Radio einschalten, damit die Antenne voll ausfährt. Das Radio abstellen, damit die Antenne einfährt, und sobald die angegebene Höhe erreicht ist, Zündschlüssel in Position 0 drehen.

Achtung: Die Antenne auf keinen Fall von Hand herausziehen oder hineinschieben.

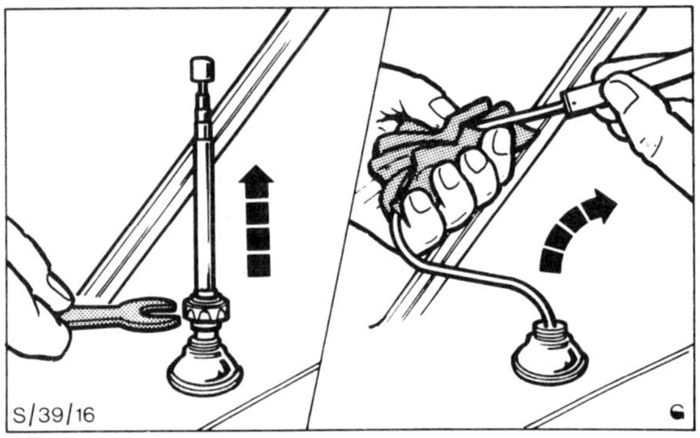

S/39/16

- Überwurfmutter abschrauben.

Achtung: Nachdem die Mutter abgeschraubt ist, auf keinen Fall Zündschlüssel in Position I oder II drehen und ein Aus- oder Einfahren der Antenne vornehmen, weil dabei das Kunststoff-Stromkabel beschädigt werden könnte.

- Antenne am äußeren unteren Teil fassen und Teleskoprohre senkrecht aus der Kotflügelbefestigung ziehen. Kunststoff-Stromkabel reinigen.

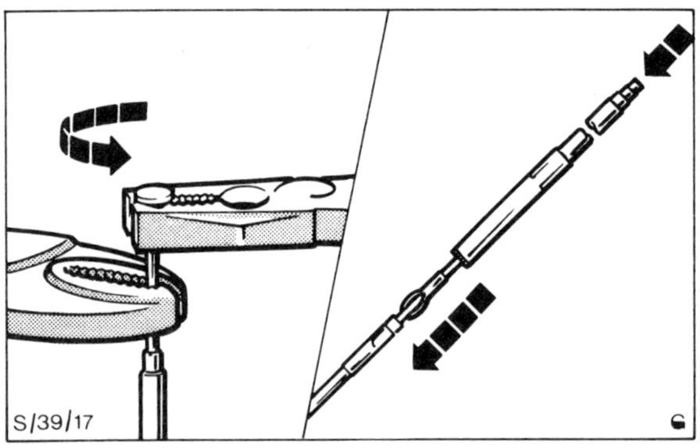

S/39/17

- Zwei Zangen am inneren, oberen Teil der Antenne und am Antennenkopf ansetzen und Kopf vom Mittelteil abschrauben.
- Inneren, oberen Teil in die Teleskoprohre schieben, damit die Kontermutter vom Stromkabel/Innenteil frei wird – rechte Abbildung –.

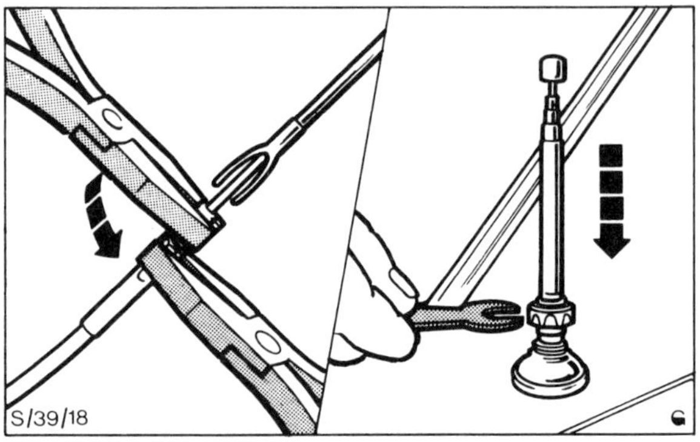

S/39/18

- Mit Zange, Innenteil und Stromkabel voneinander trennen und Mast komplett abnehmen.

Einbau

- Innenteil ansetzen und mit dem Stromkabel verbinden.
- Innenteil/Stromkabel in die Teleskoprohre drücken und Antennenkopf oben am Innenteil anschrauben.
- Inneren, oberen Teil in das Antennengehäuse schieben, Überwurfmutter aufschrauben und gut anziehen.
- Zündschlüssel auf Position I oder II stellen und Antenne auf Funktion prüfen.

Abdeckungen aus- und einbauen

Untere Abdeckung vorn Fahrerseite

- Seitenabdeckung vorn ausbauen, siehe Seite 185.
- Untere Lenksäulenverkleidung ausbauen, siehe Seite 233.

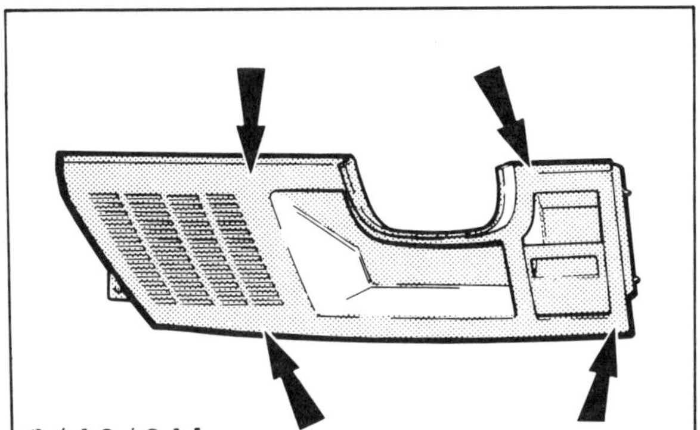
S/43/34A

- 4 Befestigungsschrauben herausdrehen.
- 2 Blechclips aus der Fußraumabdeckung mit Schraubendreher heraushebeln.
- Abdeckung auf der linken Seite etwas nach unten schwenken, dann nach links ziehen und herausnehmen. Falls vorhanden, Lautsprecherkabel abklemmen.
- Abdeckung von unten auf der rechten Seite einsetzen und unten mit der Fußraumabdeckung verbinden (2 Clips). Vorher Lautsprecherkabel anklemmen.
- Bohrungen ausrichten und Abdeckung anschrauben.
- Untere Lenksäulenverkleidung einbauen.
- Vordere Seitenverkleidung einbauen.

Untere Abdeckung vorn Beifahrerseite

- Seitenabdeckung vorn ausbauen, siehe Seite 185.
- Mittelkonsole ausbauen und zurückschieben. Vorher Kunststoffabdeckungen über den Schrauben mit kleinem Schraubendreher heraushebeln.

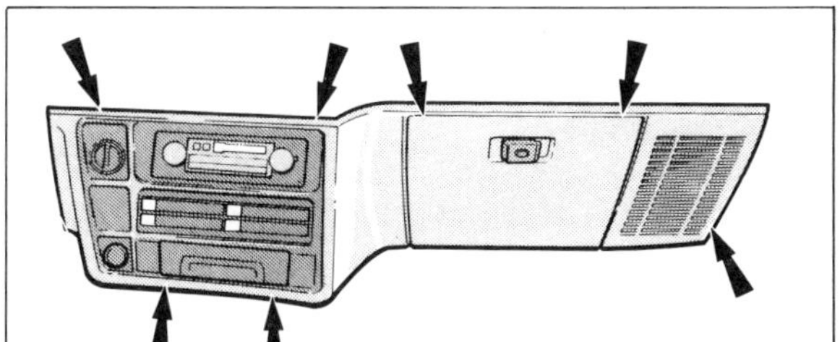
S/43/34B

- 7 Befestigungsschrauben herausdrehen, ein Blechclip herausziehen und Abdeckung etwas abziehen.
- Folgende elektrische Anschlüsse abziehen, falls vorhanden: Lautsprecher, Handschuhkastenleuchte, Aschenbecherleuchte, Mehrfachstecker-Heizungsschalter, Zigarettenanzünder, Radio.
- Abdeckung abnehmen.
- Abdeckung ansetzen und elektrische Anschlüsse verbinden.
- Abdeckung nach den Bohrungen ausrichten und anschrauben.
- Bohrungen für Mittelkonsole ausrichten und anschrauben, Abdeckkappen einclipsen.
- Seitenverkleidung einbauen.

Hintere Seitenverkleidung

- Rücksitz und Lehne vorklappen.

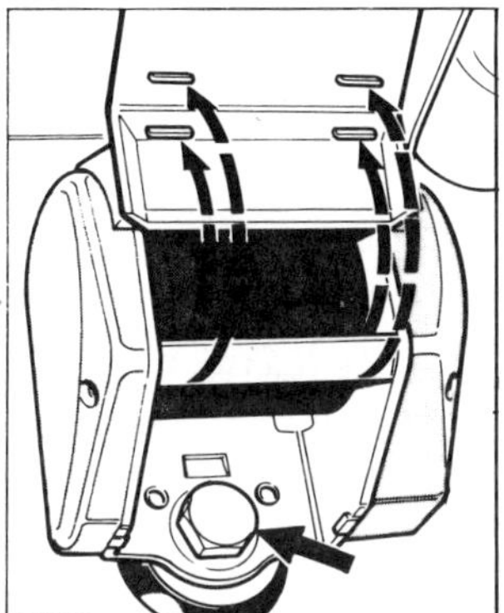
S/39/8

- Plastikabdeckung für die Aufroll-Automatik des hinteren Gurtes nach oben klappen.
- Aufroll-Automatik abschrauben –Pfeil– und zur Seite legen.

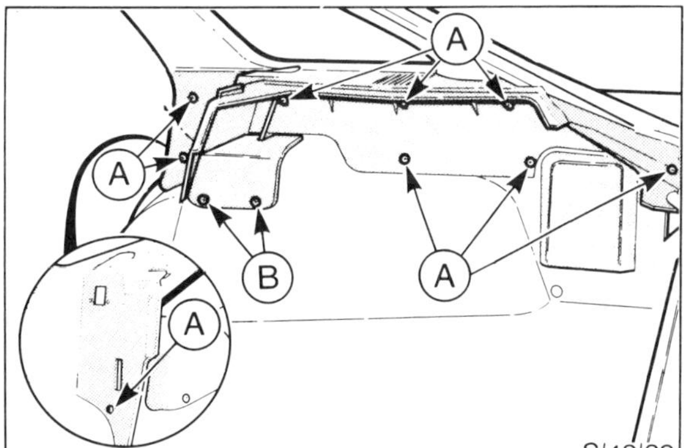

S/43/39

- Hintere Seitenverkleidung abschrauben, Clipse mit Schraubendreher heraushebeln.
- Seitenverkleidung einclipsen und anschrauben.
- Aufroll-Automatik mit Unterleg- und Distanzscheiben anschrauben und mit 35 Nm festziehen.
- Plastikabdeckung herunterklappen.
- Lehne und Sitz zurückklappen.

Die Scheibenwischeranlage

Scheibenwischergummi ersetzen

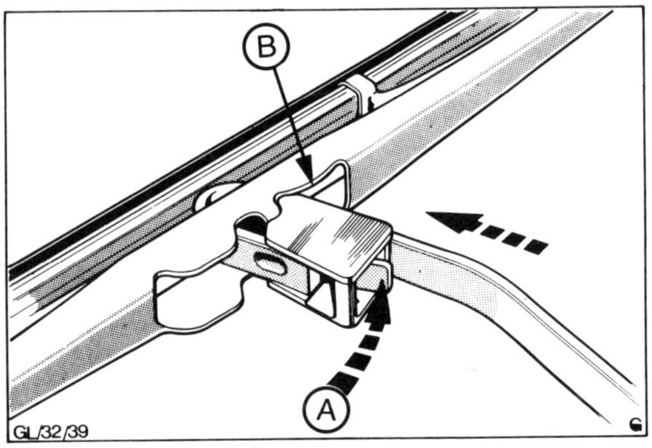

- Federklammer –A– niederdrücken und Wischerblatt nach unten aus dem Haken am Wischerarm schieben.
- Wischerblatt nach oben schieben und durch die Öffnung –B– vom Haken des Wischerarms abnehmen.

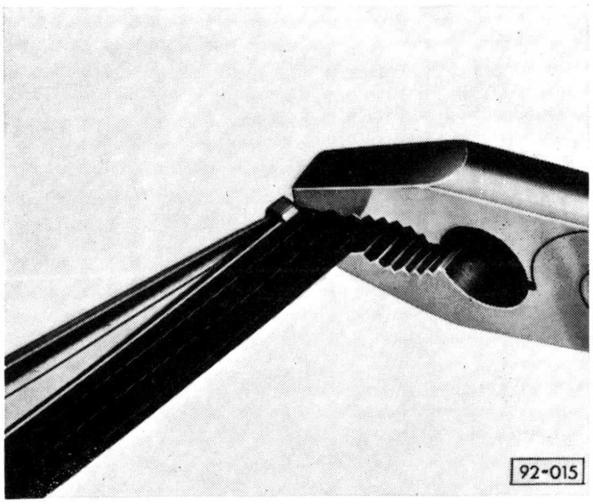

- An der geschlossenen Seite des Wischgummis beide Stahlschienen mit Kombizange zusammendrücken, seitlich aus der oberen Klammer herausnehmen und Gummi komplett mit Schienen aus den restlichen Klammern des Wischerblattes herausziehen.
- Neues Wischgummi in die unteren Klammern des Wischerblattes einknöpfen.

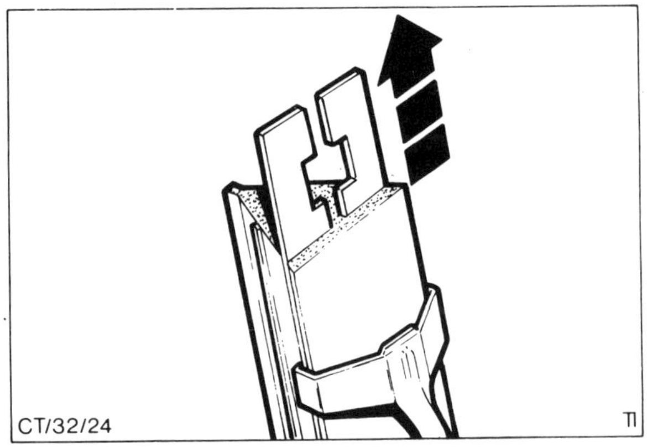

- Beide Schienen so in die erste Rille des Wischgummis einführen, daß Aussparungen der Schienen zum Gummi zeigen und in Gumminasen der Rille einrasten.
- Beide Stahlschienen und Gummi mit Kombizange wieder zusammendrücken und so in obere Klammer einsetzen, daß Klammernasen beidseitig in die Haltenuten des Wischgummis einrasten.
- Wischerblatt so auf den Wischerarm schieben, daß der Haken durch die Öffnung –B– (kleiner) eingeführt wird.
- Kunststoffklammer in den Haken einrasten.

Scheibenwascherdüse aus- und einbauen

Ausbau

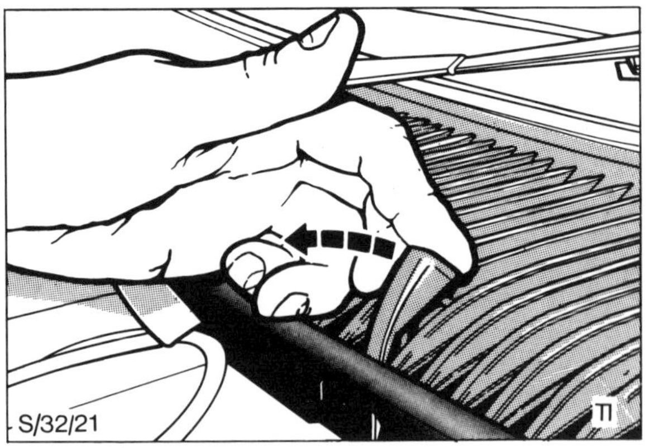

- Spritzdüse vorziehen, bis sie ausrastet.
- Düse mit Schraubendreher an der unteren Nut der Vorderseite anheben und Schlauch abziehen.

Einbau

- Waschwasserschlauch an die Düse anschließen.
- Düse in den Windlaufgrill hineindrücken, bis sie einrastet.
- Düse einstellen.

Scheibenwascherdüsen einstellen

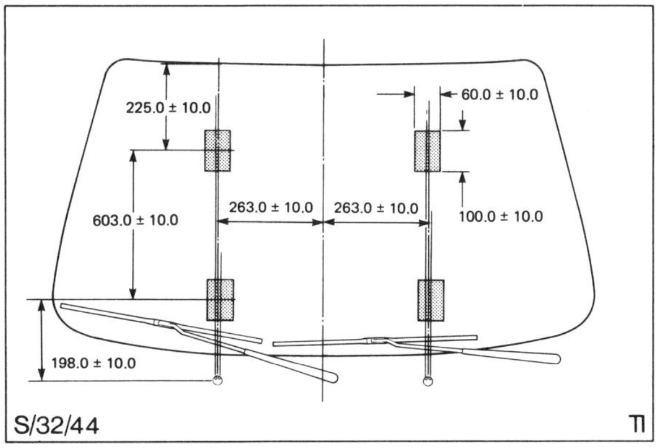

- Spritzstrahleinstellung für die Frontscheiben-Waschanlage, Maße in mm.

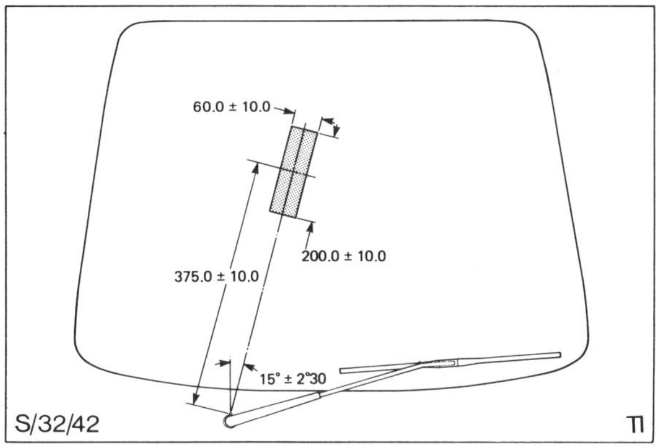

- Spritzstrahleinstellung für die Heckscheiben-Waschanlage –Limousine–.

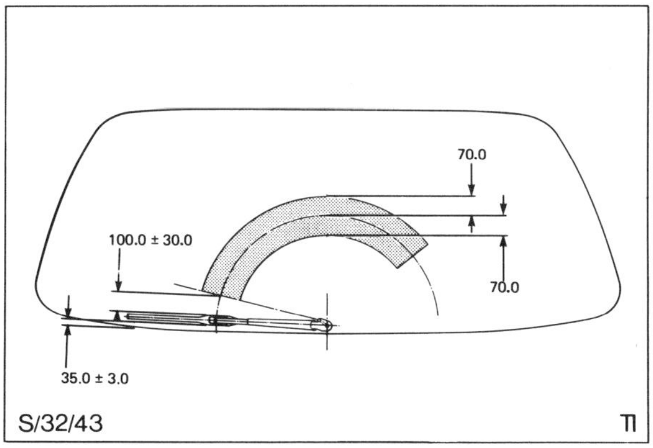

- Spritzstrahleinstellung für die Heckscheiben-Waschanlage –Turnier–.

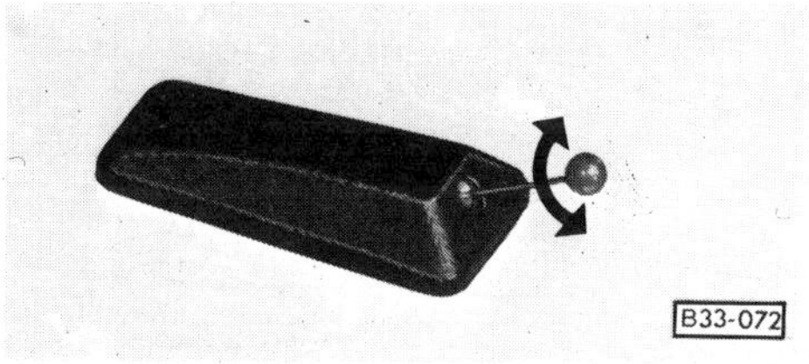

- Die Spritzrichtung kann gegebenenfalls mit einer Nadel korrigiert werden.

Scheibenwischermotor mit Halter und Gestänge aus- und einbauen

Achtung: Der Motor kann auch ohne Halter und Gestänge ausgebaut werden.

Ausbau

- Batterie-Massekabel abklemmen.

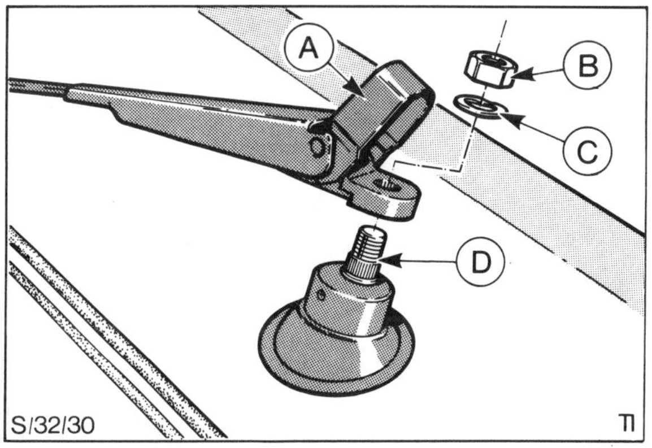

- Kunststoffkappe –A– hochschwenken.
- Mutter –B– abschrauben und mit Unterlegscheibe –C– abnehmen.
- Wischerarm von der Motorwelle –D– abziehen.
- Windlaufgrill ausbauen, siehe Seite 184.
- Mehrfachstecker vom Wischermotor abziehen.
- Stellung des Gestänges zueinander mit Reißnadel oder Filzstift markieren.

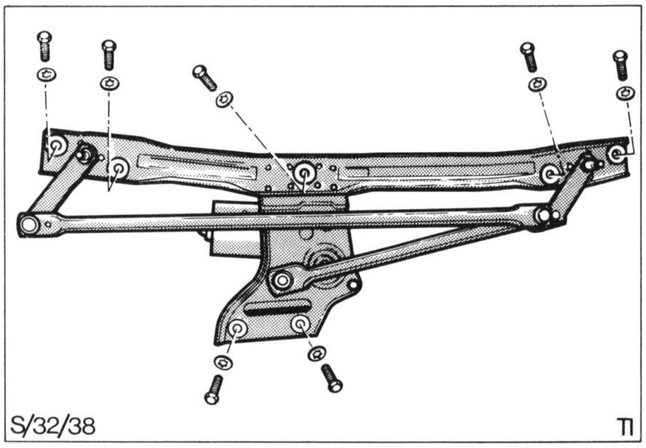

- Halter von der Karosserie abschrauben und mit Motor herausnehmen.

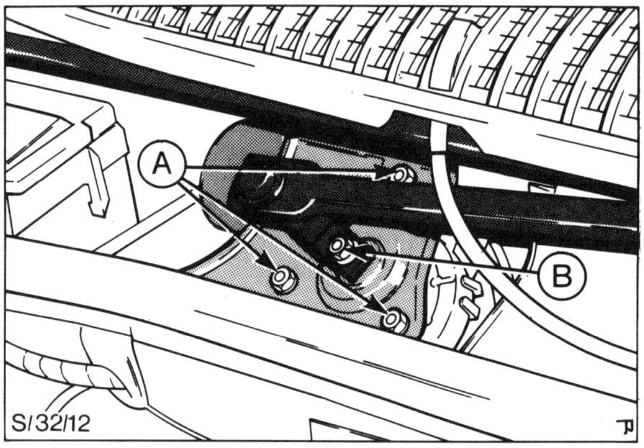

- Motor vom Halter –A– und vom Gestänge –B– abschrauben. **Achtung:** Der Motor kann auch ohne Halter und Gestänge ausgebaut werden. Falls die Befestigungsschrauben –A– nicht zugänglich sind, Wischermotor laufen lassen und in einer günstigen Stellung durch Ausschalten der Zündung oder Abklemmen der Batterie abstellen, damit der Wischermotor nicht bis zur Endstellung läuft.

Einbau

Vor dem Einbau Gestänge auf Leichtgängigkeit prüfen. Sämtliche Gelenke etwas fetten.

- Motorantriebswelle in Parkstellung bringen. Dazu Motor über Steckverbindung mit eingebautem Schalter für Scheibenwischer verbinden. Batterie-Massekabel anklemmen und Motor mehrere Minuten laufen lassen, dann Schalter ausschalten. Motor bleibt in Parkstellung stehen. Batterie-Massekabel abklemmen.
- Gestänge am Halter nach den angebrachten Markierungen ausrichten. Motor ansetzen, am Halter mit 6 Nm und am Gestänge mit 13 Nm anschrauben.
- Halter in Karosserie einsetzen und anschrauben.
- Windlaufgrill einbauen.
- Wischerarm aufstecken und mit Mutter und 10 Nm befestigen, Kunststoffabdeckung runterklappen.
- Batterie-Massekabel anklemmen.

Wischermotor hinten aus- und einbauen

Ausbau

- Batterie-Massekabel abklemmen.

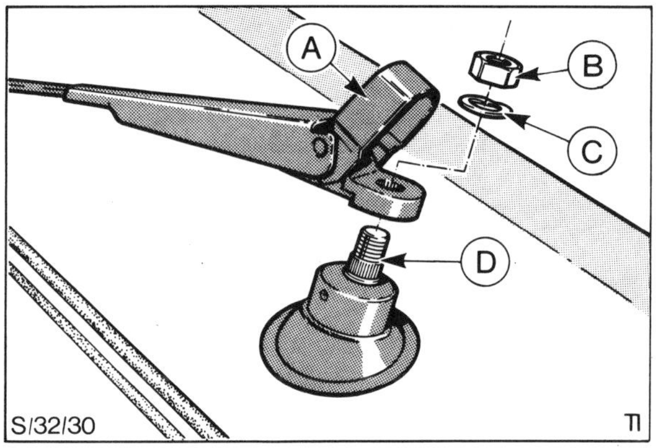

- Kunststoffkappe –A– hochschwenken.
- Mutter –B– abschrauben und mit Unterlegscheibe –C– abnehmen.
- Wischerarm von der Motorwelle –D– abziehen.
- Heckklappe öffnen und Verkleidung ausbauen, siehe Seite 193.

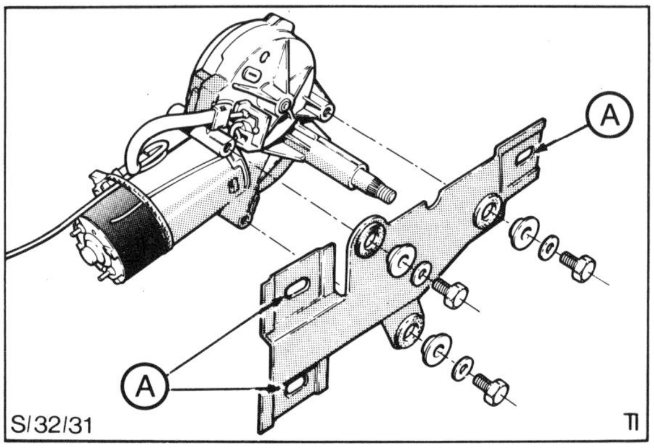

- Massekabel abschrauben.
- 3 Schrauben am Motorhalter herausdrehen –A– (TURNIER 4 Schrauben). Mehrfachstecker abziehen und Motor mit Halter herausnehmen. Zum leichteren Einbau Lage von Schrauben und Halter vorher mit Reißnadel oder Filzstift markieren (Schrauben umkreisen).
- Zuflußschlauch der Waschanlage vom Motor abziehen.
- Gegebenenfalls Halter vom Motor abschrauben.
- Gummidichtung an der Heckklappe auf Porosität oder Beschädigung prüfen, gegebenenfalls ersetzen.

Einbau

- Falls ausgebaut, Gummidichtung einbauen.
- Halter am Wischermotor mit 6 Nm anschrauben.
- Wischermotor in Heckklappe einsetzen, dabei Motor mit Kunststoffhülse durch die Gummitülle schieben. Zur Erleichterung Gummitülle mit Schmierseife oder Seifenlösung schmieren.
- Motorhalter entsprechend den vorher angebrachten Markierungen ausrichten und mit 7 Nm anschrauben.
- Mehrfachstecker aufschieben, Massekabel anschrauben und Zuflußschlauch für die Waschanlage aufstecken.
- Wischerarm aufstecken und mit Mutter und 10 Nm befestigen, Kunststoffabdeckung runterklappen.
- Massekabel an Batterie anklemmen und Wischbereich überprüfen, Wischerarm gegebenenfalls umstecken.
- Verkleidung ansetzen, Bohrungen ausrichten und Clips fest eindrücken.

Störungstabelle Scheibenwischergummi

Wischbild	Ursache	Abhilfe
Schlieren	● Wischgummi verschmutzt	Wischgummi mit harter Nylonbürste und einer Waschmittellösung oder Spiritus reinigen
	● Ausgefranste Wischlippen, Gummi ausgerissen oder abgenutzt	Wischgummi erneuern
	● Wischgummi gealtert, rissige Oberfläche	Wischgummi erneuern
Im Wischfeld verbleibende Wasserreste ziehen sich sofort zu Perlen zusammen	● Windschutzscheibe durch Lackpolitur, Öl oder Dieselrückstände verschmutzt	Windschutzscheibe mit sauberem Putzlappen und einem Fett-Öl-Silikonentferner reinigen
Wischerblatt wischt einseitig gut – einseitig schlecht, rattert	● Wischgummi einseitig verformt, „kippt nicht mehr"	Neues Wischgummi einbauen
	● Wischerarm verdreht, Blatt steht schief auf der Scheibe	Wischerarm vorsichtig verdrehen, bis richtige, senkrechte Stellung erreicht ist
Nicht gewischte Flächen	● Wischgummi aus der Fassung herausgerissen	Wischgummi vorsichtig in die Fassung einsetzen
	● Wischerblatt liegt nicht mehr gleichmäßig an der Scheibe an, da Federschienen oder Bleche verbogen	Wischerblatt ersetzen. Dieser Fehler tritt vor allem bei unsachgemäßem Montieren eines Ersatzblattes auf
	● Anpreßdruck durch Wischerarm zu gering	Wischerarmgelenke und Feder leicht einölen oder neuen Arm einbauen

Das Werkzeug

Langfristig zahlt es sich immer aus, wenn man qualitativ hochwertiges Werkzeug kauft. Neben einer Grundausstattung mit Maul- und Ringschlüsseln in den gängigen Größen und verschiedenen Torxschraubendrehern sowie einem Satz Steckschlüssel empfiehlt sich auch der Kauf eines Drehmomentschlüssels. Darüber hinaus ist bei manchen Arbeitsgängen der Einsatz von Spezialwerkzeug zwingend erforderlich.

Gutes und stabiles Werkzeug wird von der Firma HAZET (42804 Remscheid, Postfach 100461) angeboten. In den Tabellen sind die Werkzeuge mit der HAZET-Bestellnummer aufgeführt. Vertrieben wird das Werkzeug über den Fachhandel.

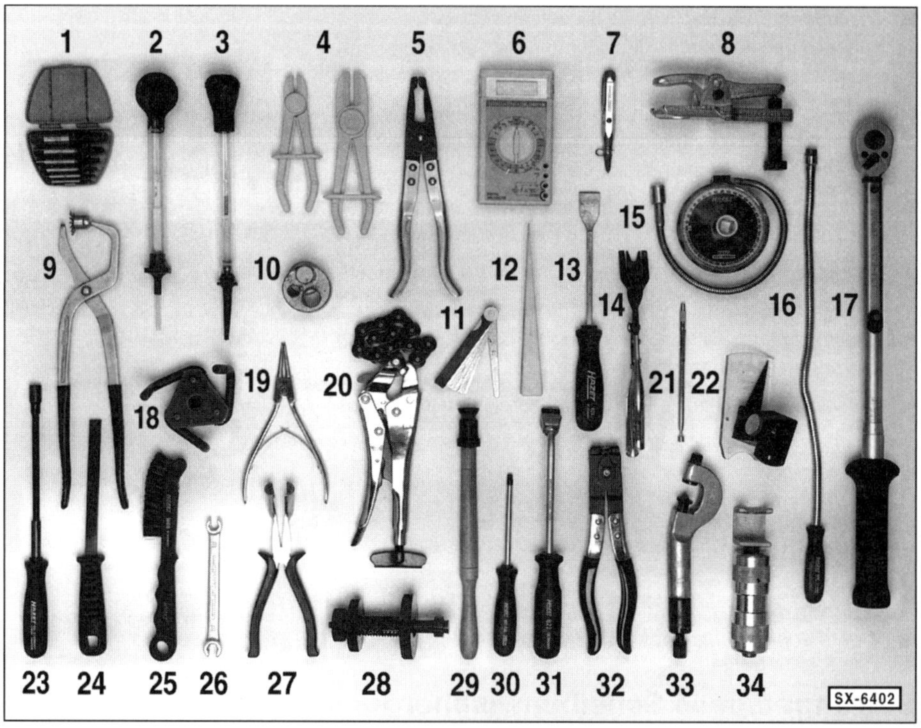

Abb.	Werkzeug	Hazet-Nr.
1	Schraubenausdrehersatz	840/5
2	Batteriesäureprüfer	4650-1
3	Kühlmittel- und Frostschutzprüfer	–
4	Abklemmzangen	4590
5	Zange für Ventilschaftabdichtungen	791-5
6	Multimeter	–
7	Spannungsprüflampe mit Spitze	2153
8	Ausdrücker für Spurstangenköpfe	779/1
9	Bremsfedernzange	797
10	Stehbolzenausdreher	845
11	Fühlerblattlehre 0,05–1,0 mm	2147
12	Montagekeil	1965/20
13	Flachschaber zur Beseitigung von Dichtungsrückständen an Zylinderkopf sowie Motorblock	824
14	Abdrückzange für Verkleidungen	799/4
15	Winkelscheibe für drehwinkelgesteuerten Schraubenanzug	6690
16	Magnet-Sucher	1976
17	Drehmomentschlüssel 40 – 200 Nm	6122–1CT
18	Ölfilterschlüssel	2172
19	Spitzzange für Sicherungsringe	1846C/2
20	Ketten-Abgasrohrschneider	4682
21	Spritzdüseneinsteller für Scheibenwaschanlage	4850-1
22	Winkeleinsteller für Scheibenwischerarme	4851-1

Abb.	Werkzeug	Hazet-Nr.
23	Steckschlüssel flexibel, 8 und 10 mm	426-8, -10
24	Bremssattelfeile	1968-1
25	Bremssatteldrahtbürste	1968
26	Offene Doppelringschlüssel für Überwurfmuttern der Bremsleitungen	612-8x10
27	Zündkerzensteckerzange	1849
28	Kupplungs-Zentrierwerkzeug	2174
29	Ventileinschleifer	795
30	Torxschraubendreher (verschiedene Größen)	837-T20, bis -T45
31	Ziehklinge zum Entfernen von Unterbodenschutz etc.	822
32	Klemmzange für Haltebänder der Gelenkwellenmanschetten	1847-1
33	Hydraulischer Muttersprenger	846-22
34	Schlag-Ausziehgerät für Bremsbeläge, Scheibenwischerarme etc.	1966
ohne Abbildung:		
	Zündkerzenschlüssel	4767 KF
	Innenvielzahnschlüssel für Ölpumpe, Zahnriemenspanner	990-8
	Innenvielzahnschlüssel für Zylinderkopfschrauben	990 SLg-12
	Spanngerät für Schraubenfedern der Vorderachse	4900
	Ventileinstellschlüssel (Geißfußschlüssel)	3429-5

Die Wagenpflege

Fahrzeug waschen

Aus Umweltschutzgründen ist es in den meisten Gemeinden verboten, Fahrzeuge auf öffentlichen Plätzen zu waschen. Wird das Auto sehr oft in einer automatischen Waschanlage gewaschen, hinterlassen die rotierenden Waschbürsten Schleifspuren auf dem Lack. Diese lassen sich verhindern, wenn man den Wagen von Hand in einer entsprechenden Waschanlage wäscht.

- Vogelkot, tote Insekten, Baumharze, Teerflecken, Streusalze und andere aggressive Ablagerungen sofort abwaschen, da sie ätzende Bestandteile enthalten, die Lackschäden verursachen.
- Beim Waschen reichlich Wasser verwenden. Lackierung nicht scharf abspritzen. Mit einem weichen Schwamm oder Waschhandschuh beziehungsweise einer weichen Bürste auf dem Dach beginnend von oben nach unten mit geringem Druck reinigen; Schwamm oft ausspülen.
- Waschmittel nur bei hartnäckiger Verschmutzung verwenden. Mit klarem Wasser gründlich nachspülen, um die Reste des Waschmittels zu entfernen. Bei regelmäßiger Benutzung von Waschmitteln muß öfter konserviert werden. Dem Waschwasser kann ein Konservierungsmittel beigegeben werden.
- In die Eintrittsöffnungen der Belüftungsanlage nur mit einem schwachen Strahl sprühen.
- Zum Abtrocknen sauberes Leder verwenden. Verschiedene Leder für Lack- und Fensterflächen verwenden, da Konservierungsmittelrückstände auf den Scheiben zu Sichtbehinderungen führen.
- Durch Streusalze besonders gefährdet sind alle innenliegenden Falze, Flansche und Fugen an Türen und Hauben. Diese Stellen müssen deshalb bei jedem Wagenwaschen – auch nach der Wäsche in automatischen Waschstraßen – mit einem Schwamm gründlich gereinigt und anschließend abgespült und abgeledert werden.
- Wagen niemals in der Sonne waschen oder trocknen. Wasserflecken sind sonst unvermeidlich.

Achtung: Nach der Wagenwäsche Bremsscheiben kurz trockenbremsen, da sich durch Nässe eine verringerte Bremswirkung ergibt.

Lackierung pflegen

Konservieren: So oft wie nötig soll die sauber gewaschene und getrocknete Lackierung mit einem Konservierungsmittel behandelt werden, um die Oberfläche durch eine porenschließende und wasserabweisende Wachsschicht gegen Witterungseinflüsse zu schützen. Auch wenn regelmäßig Waschkonservierer verwendet wird, empfiehlt es sich, den Lack mindestens zweimal im Jahr mit Hartwachs zu schützen.

Übergelaufenen Kraftstoff, übergelaufenes Öl oder Fett, beziehungsweise übergelaufene Bremsflüssigkeit **sofort entfernen,** sonst kommt es zu Lackverfärbungen.

Spätestens, wenn Wasser nicht mehr deutlich vom Lack abperlt, muß konserviert werden. Der Lack trocknet sonst aus.

Eine weitere Möglichkeit, den Lack zu konservieren, bieten Waschkonservierer. Waschkonservierer schützen die Lackierung jedoch nur ausreichend, wenn sie bei **jeder** Wagenwäsche verwendet werden und der zeitliche Abstand zwischen 2 Wäschen nicht mehr als 2 bis 3 Wochen beträgt. Nur Lackkonservierer verwenden, die Carnauba- oder synthetische Wachse enthalten.

Polieren: Polieren ist nur dann erforderlich, wenn der Lack infolge mangelhafter Pflege beziehungsweise unter der Einwirkung von Umwelteinflüssen unansehnlich geworden ist und sich durch eine Behandlung mit Konservierungsmitteln kein Glanz mehr erzielen läßt. Zu warnen ist vor stark schleifenden oder chemisch stark angreifenden Poliermitteln, auch wenn der erste Versuch damit noch so sehr zu überzeugen scheint.

Vor jedem Polieren muß der Wagen sauber gewaschen und sorgfältig abgetrocknet werden. Im übrigen ist nach der Gebrauchsanweisung für das Poliermittel zu verfahren.

Die Bearbeitung soll in nicht zu großen Flächen erfolgen, um ein vorzeitiges Eintrocknen der Politur zu vermeiden. Bei manchen Poliermitteln muß anschließend noch konserviert werden. Nicht in der prallen Sonne polieren!

Kunststoffteile und matt lackierte Teile dürfen nicht mit Konservierungs- oder Poliermitteln behandelt werden, da sich sonst Flecken bilden.

Teerflecke entfernen: Frische Teerflecke können mit einem in Waschbenzin getränkten weichen Lappen entfernt werden. Notfalls kann auch Tankstellenbenzin, Petroleum oder Terpentinöl verwendet werden. Sehr gut gegen Teerflecke eignet sich auch ein Lackkonservierer. Bei Verwendung dieses Mittels kann auf ein Nachwaschen verzichtet werden.

Insekten entfernen: Insekten enthalten aggressive Stoffe, die den Lackfilm beschädigen können. Deshalb sofort mit lauwarmer Seifen- oder Waschmittellösung abwaschen. Es gibt auch spezielle Insekten-Entferner.

Außenbeleuchtung: Leuchten- und Scheinwerferabdeckungen sind aus Kunststoff. Keine scheuernden oder ätzenden Mittel, keine Eiskratzer verwenden und nicht trocken säubern.

Kunststoffteile pflegen: Kunststoffteile, Kunstledersitze, Himmel, Leuchtengläser sowie mattschwarz gespritzte Teile mit Wasser und eventuell einem Shampoo-Zusatz säubern, Himmel nicht durchfeuchten. Kunststoffteile gegebenenfalls mit Kunststoffreiniger behandeln.

Scheiben reinigen: Schnee und Eis von Scheiben und Spiegeln nur mit einem Kunststoffschaber entfernen. Um Kratzer durch Schmutz zu vermeiden, sollte der Schaber nicht vor- und zurückbewegt, sondern nur geschoben werden. Fensterscheiben innen und außen mit sauberem, weichem Lappen abreiben. Bei starker Verschmutzung helfen Spiritus oder Salmiakgeist und lauwarmes Wasser oder auch ein spezieller Scheibenreiniger. Beim Reinigen der Windschutzscheibe Scheibenwischerarme nach vorn klappen.

Bei der Reinigung der Windschutzscheibe sind auch die Wischerblätter zu säubern.

Achtung: Bei Verwendung silikonhaltiger Mittel dürfen die zur Reinigung der Lackierung verwendeten Waschbürsten, Schwämme, Lederlappen und Tücher nicht für die Scheiben verwendet werden. Beim Einsprühen der Lackierung mit silikonhaltigen Pflegemitteln sollten die Scheiben mit Pappe oder anderem Material abgedeckt werden.

Gummidichtungen pflegen: Gummidichtungen durch Einpudern der Dicht- und Gleitflächen mit Talkum oder Besprühen mit Silikonspray geschmeidig halten. So werden auch quietschende oder knarrende Geräusche beim Türenschließen vermieden. Auch das Einreiben der betreffenden Flächen mit Schmierseife beseitigt die Geräusche.

Reifen reinigen: Reifen nicht mit einem Dampfstrahlgerät reinigen. Wird die Düse des Dampfstrahlers zu nahe an den Reifen gehalten, wird dessen Gummischicht innerhalb weniger Sekunden irreparabel zerstört, selbst bei Verwendung von kaltem Wasser. Ein auf diese Weise gereinigter Reifen sollte sicherheitshalber ersetzt werden.

Leichtmetall-Scheibenräder mit Felgenreiniger und Bürste reinigen, jedoch keine aggressiven, säurehaltigen, stark alkalischen und rauhen Reinigungsmittel oder Dampfstrahler über +60° C verwenden.

Sicherheitsgurte nur mit milder Seifenlauge in eingebautem Zustand säubern, nicht chemisch reinigen, da dadurch das Gewebe zerstört werden kann. Automatikgurte nur in trockenem Zustand aufrollen.

Unterbodenschutz/ Hohlraumkonservierung

Die Fahrzeugunterseite einschließlich der Radkästen ist mit Unterbodenschutz beschichtet. Die besonders stark gefährdeten Bereiche in den Radläufen sind mit Kunststoffschalen gegen Steinschlag geschützt. Vor der kalten Jahreszeit und nach einer Unterbodenwäsche sollte der Unterbodenschutz kontrolliert und gegebenenfalls ausgebessert werden.

Im Schleuderbereich des Unterbaues können sich Staub, Lehm und Sand ablagern. Den angesammelten Schmutz entfernen, zumal er während der Winterzeit auch noch mit Streusalz angereichert sein kann.

Motorwäsche/Motorraum konservieren: Vor und nach der Streusalzperiode sollte der Motorraum gereinigt und anschließend konserviert werden. Motorwäsche nur bei ausgeschalteter Zündung durchführen. Vor der Motorwäsche, die zum Beispiel mit Kaltreiniger und einem Dampfstrahlgerät durchgeführt werden kann, Generator, Sicherungskasten und Bremsflüssigkeitsbehälter mit Plastikhüllen abdecken.

Nach jeder Motorwäsche die Gelenkbereiche der Motorregulierung schmieren und den Motorraum einschließlich der im Motorraum befindlichen Teile der Bremsanlage, Achselemente mit Lenkung sowie Karosserieteile und Hohlräume mit einem hochwertigen Konservierungswachs einsprühen. Dabei den Keil- und Zahnriementrieb vor Wachs schützen.

Polsterbezüge pflegen/reinigen

Textilbezüge: Polsterbezüge mit Staubsauger und Bürste reinigen. Bei starker Verschmutzung Textilbezüge mit Trockenschaum reinigen.

Fett- und Ölflecke mit Reinigungsbenzin oder Fleckenwasser behandeln. Das Reinigungsmittel darf aber nicht unmittelbar auf den Stoff gegossen werden, da sich sonst unweigerlich Ränder bilden. Fleck durch kreisförmiges Reiben von außen nach innen bearbeiten. Andere Verschmutzungen lassen sich meistens mit lauwarmem Seifenwasser entfernen.

Lederbezüge: Bei starker Sonneneinstrahlung und längerer Standzeit Sitze abdecken, damit sie nicht ausbleichen.

Trikot- oder Wollappen mit Wasser leicht anfeuchten und Lederflächen säubern, ohne das Leder oder die Nahtstellen zu durchfeuchten. Anschließend das getrocknete Leder mit einem sauberen und weichen Tuch nachreiben.

Stärker verschmutzte Lederflächen mit einem milden Feinwaschmittel ohne Aufheller (2 Eßlöffel auf 1 Liter Wasser) reinigen. Fett- und Ölflecke vorsichtig ohne Reiben mit Reinigungsbenzin abtupfen.

Lackierte Lederpolster sollten nach dem Reinigen mit einem handelsüblichen Pflegemittel für Lederflächen behandelt werden. Solche Mittel sind bei den Fachwerkstätten und im Autofachhandel erhältlich. Das Mittel vor Gebrauch gut schütteln und mit einem weichen Lappen dünn auftragen. Nach dem Eintrocknen mit einem sauberen und weichen Tuch nachreiben. Diese Behandlung empfiehlt sich bei normaler Beanspruchung alle 6 Monate.

Steinschlagschäden ausbessern

Ausbeul- und Lackierarbeiten an der Autokarosserie setzen Erfahrung über den Werkstoff und dessen Bearbeitung voraus. Derartige Fertigkeiten werden in der Regel erst durch eine langjährige Praxis erreicht. Aus diesem Grund wird hier nur das Ausbessern von kleineren Lackschäden erläutert.

Zum Nachlackieren wird unbedingt dieselbe Lackfarbe benötigt, denn selbst kleinste Farbunterschiede fallen nach Abschluß der Arbeiten sofort ins Auge. Der jeweilige Fahrzeug-Farbton wird vom Hersteller durch die Lacknummer auf einem Aufkleber am Fahrertürpfosten vermerkt.

Treten dennoch Differenzen zwischen dem Originallack und dem Reparaturlack auf, dann liegt das daran, daß Fahrzeug-Lackierungen sich durch Alterung, ultraviolette Sonnenbestrahlung, extreme Temperaturdifferenzen, Witterungsbedingungen und chemische Einflüsse wie beispielsweise Industrieabgase mit der Zeit verändern. Außerdem können Oberflächenschäden, Farbveränderungen und Ausbleichen des Lackes eintreten, wenn Reinigung und Lackpflege mit ungeeigneten Mitteln durchgeführt wurden.

Die Metallic-Lackierung besteht aus 2 Schichten, dem Metallic-Grundlack und der farblosen Decklackierung. Beim Lackieren wird der Klarlack über den feuchten Grundlack gespritzt. Die Gefahr von Farbdifferenzen bei der nachträglichen Metallic-Lackierung ist besonders groß, da hier schon die unterschiedliche Viskosität des Reparaturlackes gegenüber dem Originallack zu Farbverschiebungen führt.

Es lohnt sich, auch kleinste Lackschäden regelmäßig zu beseitigen, da auf diese Weise Rostschäden und größere Reparaturen vermieden werden.

Für kleine Kratzer und Steinschläge, die lediglich den Decklack abgesplittert haben, also nicht bis aufs blanke Blech vorgedrungen sind, genügt im allgemeinen der Lackstift oder Tupflack. Dabei handelt es sich um eine kleine Lackdose, in deren Deckel ein Pinsel integriert ist. Der Lackstift wird im Auto-Zubehörhandel angeboten.

- Tiefere Steinschlagschäden, die schon kleine Rostnarben gebildet haben, mit einem »Rostradierer« beziehungsweise einem Messer oder einem kleinen Schraubendreher auskratzen, bis das blanke Blech erscheint. Wichtig ist, daß keine auch noch so kleine Roststelle mehr sichtbar ist. Bei »Rostradierern« handelt es sich um kleine Kunststoffhülsen, die zum Auskratzen des Rostes kurze Drahtborsten besitzen.
- Die blanken Stellen müssen einwandfrei trocken und fettfrei sein. Dazu Reparaturstelle sowie umgebenden Lack mit Silikonentferner reinigen.
- Auf die blanke Metallfläche mit einem dünnen Pinsel etwas Lackgrundierung (»Primer«) auftragen. Da das Grundiermittel meist in Sprühdosen erhältlich ist, etwas Grundiermittel in den Deckel der Dose sprühen und Pinsel dort eintauchen.
- Nachdem die Grundierung trocken ist, Stelle mit Tupflack ausbessern. Bei den Tupflackdosen ist der Pinsel bereits im Deckel integriert. Falls nur eine Spraydose mit der entsprechenden Farbe zur Verfügung steht, etwas Farbe in den Deckel der Dose sprühen und anschließend Lack mit einem dünnen Wasserfarbenpinsel auftragen. Dabei in einem Arbeitsgang immer nur eine dünne Lackschicht anbringen, damit der Lack nicht herunterlaufen kann. Anschließend Farbe gut trocknen lassen. Vorgang so oft wiederholen, bis der Krater ausgefüllt ist und die ausgebesserte Stelle gegenüber der umgebenden Lackfläche keine Vertiefung mehr bildet.

Fahrzeug aufbocken

Für viele Wartungs- und Reparaturarbeiten muß das Fahrzeug aufgebockt beziehungsweise hochgehoben werden. In der Werkstatt wird der Wagen in der Regel mit der Hebebühne angehoben, man kann ihn jedoch auch mit dem Fahrzeug- oder Werkstatt-Wagenheber anheben. Grundsätzlich darf das Fahrzeug nur an den hier abgebildeten Aufnahmepunkten angehoben werden.

Bei Arbeiten unter dem Fahrzeug muß dieses, falls es nicht auf einer Hebebühne steht, auf vier stabilen Unterstellböcken stehen. **Auf keinen Fall sollten Arbeiten unter dem Fahrzeug ausgeführt werden, wenn dieses nicht ausreichend gesichert ist.**

- Hebewerkzeuge zum Anheben des Fahrzeuges dürfen nur an den nachstehend gezeigten Stellen angesetzt werden, da sonst bleibende Verformungen am Fahrzeug nicht auszuschließen sind.
- Die Räder, die beim Anheben auf dem Boden stehen bleiben, mit Keilen gegen Vor- oder Zurückrollen sichern. Nicht auf die Handbremse verlassen, diese muß bei einigen Reparaturen gelöst werden.
- Fahrzeug nur auf ebener, fester Fläche aufbocken.

Achtung: Soll das Fahrzeug auf weichem Untergrund hochgebockt werden, so müssen breite Bretter unter Wagenheber sowie Unterstellböcke gelegt werden, damit sich das Gewicht auf eine größere Fläche verteilt.

- Durch eine geeignete Gummi- oder Holzzwischenlage werden beim Anheben Beschädigungen an der Karosserie vermieden.
- Fahrzeug mit Unterstellböcken so abstützen, daß jeweils ein Bein seitlich nach außen zeigt.
- Das Fahrzeug darf nur in unbeladenem Zustand angehoben werden.

Achtung: Keinesfalls darf der Wagen an Motor- oder Getriebeteilen angehoben oder abgestützt werden.

Anheb- und Aufbockpunkte

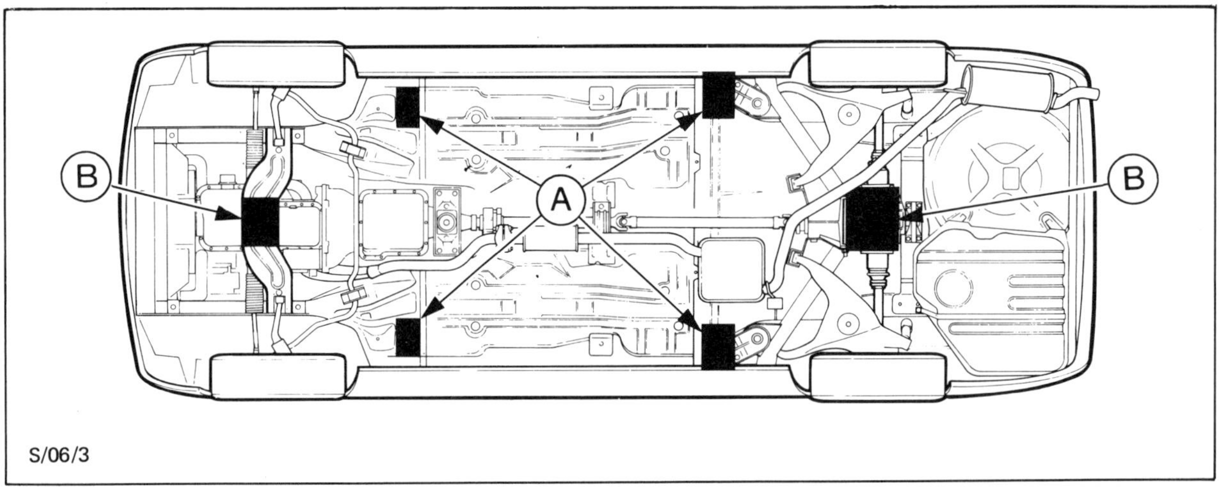

A – Ansatzpunkte für den Bordwagenheber und die Unterstellböcke.

B – Ansatzpunkte für den Werkstattwagenheber.

Wartungsplan FORD SIERRA

W

Die Wartung ist einmal im Jahr oder alle 10 000 km vorgesehen, dabei müssen folgende Arbeiten durchgeführt werden:

Motor

- Motor: Öl wechseln, Hauptstromölfilter ersetzen.
- Dieselmotor: Am Kraftstoffilter Wasser ablassen.
- Trockenluftfilter: Filtereinsatz reinigen.
- Kompression: Prüfen (Benzinmotor).
- Kühl- und Heizsystem: Flüssigkeitsstand prüfen, Konzentration des Frostschutzmittels prüfen. Sichtprüfung auf Undichtigkeiten und äußere Verschmutzung des Kühlers.
- Vergaser: Leerlauf des Motors bei betriebswarmem Motor prüfen.
- Dieselmotor: Leerlauf des Motors bei betriebswarmem Motor prüfen.
- Auspuffanlage: Auf Beschädigungen prüfen.
- Motor: Sichtprüfung auf Ölundichtigkeiten.
- Zündung: Zündwiderstände prüfen.
- Zündkerzen: Reinigen und Elektrodenabstand prüfen.

Getriebe, Achsantrieb

- Gelenkschutzhüllen: Auf Undichtigkeiten und Beschädigungen prüfen.
- Schaltgetriebe: Sichtprüfung auf Undichtigkeiten.
- Ausgleichgetriebe: Sichtprüfung auf Undichtigkeiten.

Vorderachse und Lenkung

- Spurstangenköpfe: Spiel und Befestigung prüfen, Staubkappen prüfen.
- Achsgelenk: Staubkappen prüfen.
- Lenkung: Spiel prüfen, Faltenbälge auf Undichtigkeiten und Beschädigungen prüfen.
- Lenkhilfe: Füllmenge im Vorratsbehälter prüfen, gegebenenfalls auffüllen.

Aufbau

- Unterbodenschutz: Sichtprüfung auf Beschädigungen.

Bremsen, Reifen, Räder

- Bremsanlage: Leitungen, Schläuche und Anschlüsse auf Undichtigkeiten und Beschädigungen prüfen.
- Bremsbeläge vorn und hinten: Belagstärke prüfen.
- Bremsflüssigkeit: Gegebenenfalls auffüllen.
- Warngeber für Bremsflüssigkeitsstand: Funktion prüfen.
- Bereifung: Auf Verschleiß und Beschädigungen prüfen (einschl. Reserverad).
- Reifenfülldruck und Profiltiefe kontrollieren.

Elektrische Anlage

- Alle Stromverbraucher: Auf Funktion prüfen.
- Scheinwerfer: Prüfen, gegebenenfalls einstellen.
- Scheibenwaschanlage: Auf Funktion prüfen, Düsenstellung kontrollieren.
- Batterie: Spannung und Säurestand prüfen.

Zusätzlich sind folgende Arbeiten durchzuführen:

Alle 2 Jahre oder 20 000 km

- Zündkerzen: Erneuern.
- Ventilspiel: Prüfen ggf. einstellen (**nicht** beim DOHC-Motor.
- Belüftungseinsatz in der Öleinfüllkappe reinigen.
- Keilriemen: Spannung und Zustand prüfen. Beim DOHC-Motor nur Zustand des Keilrippenriemens prüfen.
- Fahrzeuge mit automatischem Getriebe:
  a – Flüssigkeitsstand in der Getriebeautomatik mit Peilstab prüfen, gegebenenfalls ergänzen.
  b – Wählhebelgestänge ölen.
- Schaltgetriebe: Ölstand prüfen.
- Ausgleichgetriebe: Ölstand prüfen.
- Sturz und Gesamtspur prüfen.
- Haubenscharniere und Türfeststeller: Ölen. Deckelschloßober- und Unterteil: Fetten und Funktion überprüfen.
- Räder: Radmuttern auf vorgeschriebenes Drehmoment anziehen.

Alle 2 Jahre

- Bremssystem: Bremsflüssigkeit wechseln.
- Kühlsystem: Kühlflüssigkeit wechseln.

Achtung: Die Kühlflüssigkeit braucht im Rahmen der Wartung **nicht** gewechselt zu werden, wenn das Kühlsystem ausschließlich mit einer Mischung aus dem Kühlkonzentrat FORD-Super Plus 4 und Wasser gefüllt ist.

Alle 40 000 km

- Luftfiltereinsatz: Ersetzen (Benzin- und Dieselmotor).
- Luftfilter: Temperaturabhängige Umschaltung Kalt-/Warmluft auf Funktion prüfen (Vergaser).
- Benzineinspritzung: Kraftstoffilter erneuern.
- Dieselmotor: Kraftstoffiltereinsatz erneuern.
- Motorbelüftungsventil: Auswechseln (Benzinmotor).
- Zündung: Schmierfilz der Verteilerwelle ölen.
- Automatik: Bremsband einstellen (Werkstattarbeit).

Alle 60 000 km

- 1,8-l-Dieselmotor: Zahnriemen ersetzen.

Schaltpläne

Der Umgang mit den Schaltplänen

Die Schaltpläne vermitteln übersichtlich und anschaulich die Stromwege im Fahrzeug. Anhand der Legende läßt sich sehr schnell der Weg des Stromes innerhalb eines Stromkreises nachvollziehen.

In den einzelnen Plänen werden jeweils zusammengehörige Stromkreise dargestellt. Sämtliche Verbindungsleitungen vom Pluspol der Batterie bis zum Masseanschluß des Verbrauchers, einschließlich der dazwischengeschalteten Schaltungsteile, werden aufgeführt.

Damit sich Teile, die in mehreren Stromkreisen funktionswirksam sind, nicht in jedem Schaltplan wiederholen, sind sie in einem getrennten Plan aufgeführt. Dieser sogenannte „Einspeise-Plan" führt vom Pluspol der Batterie bis zur jeweiligen Sicherung oder einem anderen markanten Verteilerpunkt. Der Einspeise-Plan gilt für alle folgenden Schaltpläne. Diese Schaltpläne zeigen den Stromverlauf von der Sicherung oder dem Verteilerpunkt bis zum Verbraucher.

In der Erläuterung (Legende) unter jedem Schaltplan sind die Schaltungsteile mit der entsprechenden Positionsangabe aufgeführt. Jeder Schaltplan ist durch Buchstaben (A bis F) am linken und rechten Rand sowie durch Zahlen (1 bis 16) am oberen und unteren Rand in Suchfelder eingeteilt. Das gesuchte Schaltungsteil befindet sich im Schnittpunkt gedachter waagerechter und senkrechter Linien, ausgehend vom entsprechenden Buchstaben und der dazugehörigen Zahl, die als Positionsangabe in der Legende hinter dem Schaltungsteil stehen.

Im Schaltplan weisen die Zahlen in den Verbindungsleitungen auf die Stromkreisnummern (Bezeichnung nach DIN) hin.

Die wichtigsten Stromkreise:

31 – Masseanschluß. Die Kabel im Fahrzeug sind braun.

30 – Leitungen stehen stets unter Spannung, auch bei ausgeschalteter Zündung. Die Kabel sind meist rot oder rot mit farbigen Zusatzstreifen.

15 – Leitungen stehen nur unter Spannung bei eingeschalteter Zündung. Die Kabel sind meist grün oder schwarz mit farbigen Streifen.

Die Buchstaben in den gezeichneten Leitungen geben die Farbe des Kabels im Fahrzeug an. Eine Aufschlüsselung der Farben steht unter jedem Schaltplan.

Die Sicherungen sind in den Schaltplänen numeriert, entsprechend der Relais- und Sicherungstabelle im Kapitel „Elektrische Anlage".

Mit S-Nummern sind die Lötstellen und mit G-Nummern die Massestellen im Stromkreis gekennzeichnet.

Die linke Seite des Fahrzeugs, in Fahrtrichtung gesehen, wird im Schaltplan mit – LH –, die rechte Seite mit – RH – bezeichnet.

In den Schaltplänen ist auch das meiste elektrische Zubehör enthalten. Bei Schaltungsteilen und elektrischem Zubehör, die nur in Exportversionen vorhanden sind, weist im Plan ein kleines Nationalitätskennzeichen auf das betreffende Land hin.

Schaltpläne FORD SIERRA

Modelljahr 1992

Plan 1: Einspeise-System

Plan 2: Lade- und Anlaßsystem

Plan 3: Benzineinspritzung 2,0-l-DOHC-Motor mit Katalysator

Plan 4: Beleuchtung für Instrumente, Handschuhkasten, Kofferraum

Plan 5: Signal- und Warnanzeigen

Plan 6: Zentralverriegelung ① / Elektrische Fensterheber ②

Plan 7: Außenbeleuchtung

Plan 8: Scheiben-Wisch- und Waschanlage